Lineare Algebra

Von Prof. Dr. rer. nat. Karl-Heinz Kiyek
und Dr. rer. nat. Friedrich Schwarz
Universität-Gesamthochschule Paderborn

B. G. Teubner Stuttgart · Leipzig 1999

Prof. Dr. rer. nat. Karl-Heinz Kiyek

Geboren 1936 in Berlin. Studium der Mathematik, Physik und Astronomie in Würzburg. Promotion in Mathematik 1963 (Würzburg), Habilitation in Mathematik 1969 (Saarbrücken). 1971 Professor an der Universität des Saarlandes. Seit 1973 Professor an der Universität-Gesamthochschule Paderborn.

Dr. rer. nat. Friedrich Schwarz

Geboren 1937 in Hartmanitz. Studium der Mathematik, Physik und Astronomie in Würzburg. Promotion in Mathematik 1966 (Würzburg), von 1965 bis 1974 Assistent und Akademischer Rat (Universität Saarbrücken). Seit 1974 Akademischer Oberrat an der Universität-Gesamthochschule Paderborn.

Die Deutsche Bibliothek – CIP-Einheitsaufnahme

Kiyek, Karl-Heinz:
Lineare Algebra / von Karl-Heinz Kiyek und Friedrich Schwarz. – Stuttgart ; Leipzig : Teubner, 1999
  (Teubner-Studienbücher : Mathematik)
  ISBN-13: 978-3-519-02390-6   e-ISBN-13: 978-3-322-80097-8
  DOI: 10.1007/ 978-3-322-80097-8

Das Werk einschließlich aller seiner Teile ist urheberrechtlich geschützt. Jede Verwertung außerhalb der engen Grenzen des Urheberrechtsgesetzes ist ohne Zustimmung des Verlages unzulässig und strafbar. Das gilt besonders für Vervielfältigungen, Übersetzungen, Mikroverfilmungen und die Einspeicherung und Verarbeitung in elektronischen Systemen.

© 1999 B.G.Teubner Stuttgart · Leipzig

Vorwort

Der Studiengang Mathematik an deutschen Hochschulen umfaßt in den ersten beiden Semestern traditionellerweise die Vorlesungen über Analysis und Lineare Algebra. In diesem Buch, das aus den Vorlesungen der beiden Autoren über das letztgenannte Gebiet entstand, wird der Stoff der Linearen Algebra behandelt.

Zum Inhalt: Im ersten Kapitel werden zunächst in der gebotenen Kürze die für das Folgende notwendigen Begriffe aus der Algebra – Gruppen, Ringe, Körper, komplexe Zahlen – eingeführt. Sodann wird auf das Rechnen mit Matrizen eingegangen; der Gauß-Algorithmus, auf dem letztlich fast alle Rechenverfahren der Linearen Algebra beruhen, wird ausführlich dargestellt.

Die grundlegenden Begriffe der Linearen Algebra – Vektorräume und lineare Abbildungen – werden im zweiten Kapitel behandelt. Hierbei kann §7 über Lineare Gleichungssysteme bereits nach §4 gelesen werden. Dieses Kapitel schließt mit einem kurzen Exkurs über Lineare Geometrie.

Die wichtigsten Eigenschaften von Determinanten werden in Kapitel III studiert. Hier haben wir bewußt auf eine axiomatische Charakterisierung der Determinantenfunktion verzichtet.

Kapitel IV beginnt mit einer Einführung des Polynomrings in einer Unbestimmten über einem Körper; es werden der Euklidische Algorithmus, die Begriffe des größten gemeinsamen Teilers und des kleinsten gemeinsamen Vielfachen sowie die Primzerlegung von Polynomen behandelt. Ausführlich wird auf die Jordansche Normalform von Matrizen eingegangen; insbesondere wird ein Algorithmus zur rechnerischen Bestimmung von Transformationsmatrix und Jordanscher Normalform angegeben. Sodann wird die Smithsche Normalform einer Matrix [mit Einträgen im Polynomring über einem Körper] behandelt; aus der Smithschen Normalform erhält man dann die Frobeniussche Normalform und die rationale Jordansche Normalform von Matrizen mit Einträgen in einem Körper. Im letzten Paragraphen dieses Kapitels wird gezeigt, wie diese Normalformen zu direkten Summenzerlegungen eines endlichdimensionalen Vektorraums Anlaß geben.

Im letzten Kapitel schließlich werden unitäre und euklidische Vektorräume behandelt, und es werden Normalformen für normale, unitäre und orthogonale, hermitesche und symmetrische Matrizen hergeleitet. Dieses Kapitel schließt mit einem kleinen Ausflug in die metrische lineare Geometrie.

Dieses Buch dient nur als Einführung in den Stoff der Linearen Algebra. Es fehlen Kapitel über Multilineare Algebra, über quadratische Formen sowie über Lineares Optimieren. Auf Normalformen von Matrizen über vollkommenen Körpern sowie auf die Konstruktion kurzer Vektoren in Gittern wird nicht eingegangen. Anwendungen in der Geometrie werden nur kurz behandelt.

Zur Intention: Algorithmen der Linearen Algebra sind heute in jedem Computer-Algebra-System implementiert. Unsere Vorlesungen – und damit dieses Buch – sollen auch dazu dienen, die Studierenden möglichst frühzeitig mit einem solchen System vertraut zu machen und sie zu ermuntern, viele Beispiele nicht nur mit Bleistift und Papier, sondern auch mit den Algorithmen solcher Systeme zu behandeln. Es versteht sich von selbst, daß wir hierfür das in Paderborn entwickelte System MuPAD bevorzugt haben. Natürlich ist dieses Buch keine Einführung in MuPAD, doch sollte es den Studierenden nicht schwer fallen, sich an Hand des Tutoriums zu MuPAD [vgl. [7]] und den Hinweisen in diesem Buch die geringen zusätzlichen Kenntnisse anzueignen, die zur Benutzung von MuPAD notwendig sind.

Zur Darstellung: Wir haben bewußt – zur Erleichterung für die Leser – sehr viele Querverweise eingefügt. Ein Verweis – wie „vgl. (3.1.2)" – bezieht sich auf Abschnitt (1.2) in §1 des Kapitels III. Das Literaturverzeichnis enthält nur deutschsprachige Literatur, und zwar im wesentlichen nur Werke, auf die im Text hingewiesen wird. Ein sehr ausführlicher Index dient der Bequemlichkeit des Lesers. Die zahlreichen Aufgaben dienen dem Einüben und Vertiefen des Stoffes; neben simplen Rechenaufgaben werden auch den dargebotenen Stoff ergänzende Fragen behandelt. Es ist geplant, Musterlösungen und Hinweise auf die Verwendung von MuPAD auf einer Internet-Seite zur Verfügung zu stellen.

Unserer besonderer Dank gilt Frau B. Borchert und Frau H. Schapkow, die das Manuskript in LaTeX erstellten.

Paderborn, im Januar 1999　　　　　　　　　　K. Kiyek　　F. Schwarz

Internet-Anschriften

K. Kiyek:
email: karlh@uni-paderborn.de
http://www-math.uni-paderborn.de/~karlh

F. Schwarz:
email: fritz@uni-paderborn.de
http://www-math.uni-paderborn.de/~fritz

Lösungen der Aufgaben:
http://medoc.offis.uni-oldenburg.de:8081/samples.html#3-519-02390-3

MuPAD:
http://www.mupad.de

Maple:
http://www.maplesoft.com

Mathematica:
http://www.mathematica.com

Inhaltsverzeichnis

I Grundbegriffe — 9
  1 Mengen und Abbildungen 9
  2 Algebraische Strukturen 22
  3 Gruppen 26
  4 Ringe und Körper 31
  5 Das Rechnen mit Matrizen 37
  6 Der Gauß-Algorithmus 47
  7 Ähnliche und äquivalente Matrizen 65
  8 Die komplexen Zahlen 70

II Vektorräume — 76
  1 Vektorräume 76
  2 Erzeugendensysteme und Basen 82
  3 Lineare Abbildungen 97
  4 Lineare Abbildungen und Matrizen 106
  5 Direkte Summen 114
  6 Quotientenräume 120
  7 Lineare Gleichungssysteme 124
  8 Lineare Geometrie 135

III Determinanten — 148
  1 Permutationen 148
  2 Determinanten 151

IV Eigenwerttheorie — 169
  1 Polynomringe 169
  2 Der Divisionsalgorithmus 178
  3 Eigenwerte 191
  4 Minimalpolynom und charakteristisches Polynom 197
  5 Diagonalisierbare Endomorphismen 212
  6 Die Jordansche Normalform 217
  7 Praktische Berechnung der Jordanschen Normalform ... 231
  8 Die Smithsche Normalform 239
  9 Zyklische Unterräume 252
  10 Normalformen von Matrizen 255
  11 Direkte Zerlegungen in zyklische Unterräume 264

V Euklidische und unitäre Vektorräume   **271**
  1 Skalarprodukte 271
  2 Der adjungierte Endomorphismus 283
  3 Normale Endomorphismen 286
  4 Isometrien 295
  5 Selbstadjungierte Endomorphismen 302
  6 Abstände und Lote 308

Literatur   **312**

Index   **313**

I Grundbegriffe

1 Mengen und Abbildungen

(1.1.1) Im ersten Paragraphen werden vom Standpunkt der naiven Mengenlehre aus die Begriffe Menge und Abbildung und damit zusammenhängende weitere Begriffe erläutert. Die Sprechweise der naiven Mengenlehre wird im ganzen Buch benutzt werden.

(1.1.2) Unter einer Menge M versteht man eine Zusammenfassung von Objekten. Gehört ein Objekt x zur Menge M, so schreibt man $x \in M$ und sagt: „x ist ein Element von M", „x liegt in M", usw.; gehört ein Objekt y nicht zur Menge M, so schreibt man $y \notin M$ und sagt: „y ist nicht Element von M" oder „y liegt nicht in M".

(1.1.3) (1) Man kann eine Menge dadurch beschreiben, daß man alle ihre Elemente angibt. Dabei kommt es nicht auf die Reihenfolge des Anschreibens an; man darf auch ein Element mehrmals anschreiben. Beispiel: Die Menge, deren Elemente die Zahlen 1, 8 und 9 sind, schreibt man so auf:

$$M = \{1, 8, 9\} = \{9, 1, 8\} = \{1, 9, 9, 8\} = \{1, 1, 9, 8, 1, 8, 9\}.$$

(2) Man kann eine Menge dadurch beschreiben, daß man charakterisierende Eigenschaften ihrer Elemente angibt, zum Beispiel

$\mathbb{N} = \{1, 2, 3, 4, \ldots\} = \{x \mid x \text{ ist eine natürliche Zahl}\}$,
$\mathbb{Z} = \{\ldots, -3, -2, -1, 0, 1, 2, 3, \ldots\} = \{x \mid x \text{ ist eine ganze Zahl}\}$,
$\mathbb{Q} = \{x \mid x \text{ ist eine rationale Zahl}\}$,
$\mathbb{R} = \{x \mid x \text{ ist eine reelle Zahl}\}$,
$\mathbb{N}_0 = \{0, 1, 2, 3, \ldots\} = \{x \mid x \text{ ist Null oder eine natürliche Zahl}\}$
$\phantom{\mathbb{N}_0} = \{x \mid x \in \mathbb{Z} \text{ und } x \geq 0\} = \{x \in \mathbb{Z} \mid x \geq 0\}$,

und

$$\{1, 3, 5, 7, 9, 11\} = \{x \in \mathbb{N} \mid x \leq 12, x \text{ ungerade}\}.$$

(3) Die Menge, die kein Element enthält, heißt die leere Menge und wird mit $\emptyset$ bezeichnet.

(1.1.4) Definition: Es seien M und N Mengen.

(1) Wenn jedes Element von M auch Element von N ist, so schreibt man $M \subset N$ oder $N \supset M$ und sagt: „M ist eine Teilmenge von N". [Dabei darf auch $M = N$ sein.]
(2) Wenn M keine Teilmenge von N ist [d.h. wenn es (mindestens) ein $x \in M$ gibt, für das $x \notin N$ gilt], so schreibt man $M \not\subset N$.
(3) Wenn M eine Teilmenge von N und $M \neq N$ ist, so schreibt man $M \subsetneq N$ und sagt: „M ist eine echte Teilmenge von N".

(1.1.5) Beispiel: (1) Für jede Menge M gilt $\emptyset \subset M$ und $M \subset M$.
(2) Sind M und N Mengen und gilt $M \subset N$ und $N \subset M$, so ist $M = N$.
(3) Die Menge $\{x \in \mathbb{Z} \mid 2 \text{ teilt } x\}$ aller geraden ganzen Zahlen ist eine echte Teilmenge von $\mathbb{Z}$.
(4) Es gilt $\mathbb{N} \subsetneq \mathbb{N}_0$ und $\mathbb{N}_0 \subsetneq \mathbb{Z}$ und $\mathbb{Z} \subsetneq \mathbb{Q}$. Man schreibt kurz:

$$\mathbb{N} \subsetneq \mathbb{N}_0 \subsetneq \mathbb{Z} \subsetneq \mathbb{Q}.$$

(5) Es gilt $\mathbb{Q} = \{x \in \mathbb{R} \mid \text{ es existieren } a \in \mathbb{Z}, b \in \mathbb{N} \text{ mit } x = a/b\} \subset \mathbb{R}$. Es gilt sogar $\mathbb{Q} \subsetneq \mathbb{R}$.
Beweis: Zuerst wird gezeigt, daß die reelle Zahl $\sqrt{2}$ irrational ist, d.h. daß $\sqrt{2} \notin \mathbb{Q}$ gilt. [$\sqrt{2}$ ist die positive reelle Zahl, deren Quadrat 2 ist. Zu jeder reellen Zahl $x \geq 0$ gibt es eine eindeutig bestimmte Quadratwurzel $\sqrt{x} \in \mathbb{R}$, d.h. eine eindeutig bestimmte reelle Zahl ≥ 0, deren Quadrat gleich x ist. Dies wird in der Analysis bewiesen.]
Annahme: Es gilt $\sqrt{2} \in \mathbb{Q}$. Dann gibt es $a \in \mathbb{Z}$ und $b \in \mathbb{N}$ mit $\sqrt{2} = a/b$. Sind a und b beide gerade, so kann man im Bruch a/b mit 2 kürzen. Dies kann man solange tun, bis man im Zähler oder im Nenner bei einer ungeraden Zahl angekommen ist. Man erhält also Zahlen $a_0 \in \mathbb{Z}$ und $b_0 \in \mathbb{N}$, von denen mindestens eine ungerade ist, mit $\sqrt{2} = a_0/b_0$. Dann gilt $2 = (\sqrt{2})^2 = a_0^2/b_0^2$, also $a_0^2 = 2b_0^2$, und daher ist a_0^2 gerade. Weil das Quadrat einer ungeraden ganzen Zahl stets ungerade ist, ist daher a_0 gerade, d.h. es existiert ein $a_1 \in \mathbb{Z}$ mit $a_0 = 2a_1$. Dann gilt $2b_0^2 = (2a_1)^2 = 4a_1^2$ und daher $b_0^2 = 2a_1^2$. Also ist b_0^2 gerade, und wie eben folgt: b_0 ist gerade. Damit ist gezeigt, daß a_0 und b_0 beide gerade sind. Dies steht aber im Widerspruch zu der Tatsache, daß nach Voraussetzung (mindestens) eine der Zahlen a_0 und b_0 ungerade ist. Daher muß die Annahme $\sqrt{2} \in \mathbb{Q}$ falsch sein, und es ist gezeigt, daß $\sqrt{2} \notin \mathbb{Q}$ ist. Es gilt also $\mathbb{Q} \subset \mathbb{R}$ und $\sqrt{2} \in \mathbb{R}$, $\sqrt{2} \notin \mathbb{Q}$, d.h. es ist $\mathbb{Q} \subsetneq \mathbb{R}$.

(1.1.6) Bemerkung: Der Beweis in (1.1.5)(5) ist ein „indirekter Beweis". Ein solcher Beweis verläuft so: Man nimmt an, daß das logische

1 Mengen und Abbildungen

Gegenteil der Behauptung richtig ist. [Die Behauptung in (1.1.5) heißt $\sqrt{2} \notin \mathbb{Q}$; das logische Gegenteil davon ist die Aussage $\sqrt{2} \in \mathbb{Q}$.] Dann folgert man aus dieser Annahme einen Widerspruch gegen eine Aussage, deren Richtigkeit bekannt ist. [In (1.1.5)(5) ist das die Tatsache, daß eine der Zahlen a_0 und b_0 ungerade ist.]

(1.1.7) Bezeichnung: Ist M eine endliche Menge, also eine Menge mit nur endlich vielen Elementen, so wird die Anzahl ihrer Elemente mit $\#(M)$ bezeichnet.

(1.1.8) Bezeichnung: Es sei M eine Menge. Die Menge

$$\mathcal{P}(M) := \{A \mid A \subset M\}$$

aller Teilmengen von M heißt die Potenzmenge von M.

(1.1.9) Beispiel: (1) Es ist $\mathcal{P}(\emptyset) = \{\emptyset\}$; $\mathcal{P}(\emptyset)$ besteht also aus einem Element.
(2) Für $M = \{1\}$ gilt $\mathcal{P}(M) = \{\emptyset, \{1\}\} = \{\emptyset, M\}$.
(3) Für $M = \{1, 2, 3\}$ gilt

$$\mathcal{P}(M) = \{\emptyset, \{1\}, \{2\}, \{3\}, \{1,2\}, \{1,3\}, \{2,3\}, \{1,2,3\}\}.$$

(1.1.10) Definition: (1) Es sei $n \in \mathbb{N}$, und es seien $M_1, \ldots, M_n$ Mengen. Die Menge

$$\bigcup_{i=1}^{n} M_i = M_1 \cup \cdots \cup M_n := \{x \mid \text{es gibt ein } i \in \{1, \ldots, n\} \text{ mit } x \in M_i\}$$

heißt die Vereinigung der Mengen $M_1, \ldots, M_n$, und die Menge

$$\bigcap_{i=1}^{n} M_i = M_1 \cap \cdots \cap M_n := \{x \mid \text{für jedes } i \in \{1, \ldots, n\} \text{ gilt } x \in M_i\}$$

heißt der Durchschnitt der Mengen $M_1, \ldots, M_n$.
(2) Es seien M und N Mengen. Die Menge

$$M \smallsetminus N := \{x \mid x \in M \text{ und } x \notin N\}$$

heißt die Differenzmenge von M und N. Ist dabei $N \subset M$, so heißt $M \smallsetminus N$ auch das Komplement von N in M.

(1.1.11) Definition: In Verallgemeinerung von (1.1.10) wird definiert: Ist I eine nichtleere Menge und ist M_i für jedes $i \in I$ eine Menge, so heißen

$$\bigcup_{i \in I} M_i := \{x \mid \text{es gibt ein } i \in I \text{ mit } x \in M_i\}$$

die Vereinigung und

$$\bigcap_{i \in I} M_i := \{x \mid \text{für jedes } i \in I \text{ gilt } x \in M_i\}$$

der Durchschnitt der Mengen M_i mit $i \in I$.

(1.1.12) Bemerkung: Es sei $n \in \mathbb{N}$, und es seien $M_1, \ldots, M_n$ endliche Mengen. Dann ist $M_1 \cup \cdots \cup M_n$ eine endliche Menge, und es gilt

$$\#(M_1 \cup \cdots \cup M_n) \leq \#(M_1) + \cdots + \#(M_n).$$

Wenn die Mengen $M_1, \ldots, M_n$ paarweise elementfremd sind, d.h. wenn $M_i \cap M_j = \emptyset$ für alle $i, j \in \{1, \ldots, n\}$ mit $i \neq j$ ist, so gilt sogar

$$\#(M_1 \cup \cdots \cup M_n) = \#(M_1) + \cdots + \#(M_n).$$

(1.1.13) Bemerkung: Es seien L, M und N Mengen. Es gilt

$$
\begin{aligned}
M \cup N &= N \cup M, \; M \cap N = N \cap M, & \text{(a)} \\
(L \cup M) \cup N &= L \cup (M \cup N) \; [=: L \cup M \cup N], & \text{(b)} \\
(L \cap M) \cap N &= L \cap (M \cap N) \; [=: L \cap M \cap N], & \text{(c)} \\
L \cap (M \cup N) &= (L \cap M) \cup (L \cap N), & \text{(d)} \\
L \cup (M \cap N) &= (L \cup M) \cap (L \cup N), & \text{(e)} \\
M \cup \emptyset &= M, \; M \cap \emptyset = \emptyset, \; M \smallsetminus \emptyset = M, & \text{(f)} \\
M \smallsetminus (M \smallsetminus N) &= N, \text{ falls } N \subset M \text{ gilt}, & \text{(g)} \\
N \cap (M \smallsetminus N) &= \emptyset. & \text{(h)}
\end{aligned}
$$

Beweis: (a)-(c) und (f)-(h) folgen direkt aus den Definitionen in (1.1.10). (d) Für jedes $x \in L \cap (M \cup N)$ gilt $x \in L$ und $x \in M \cup N$, also $x \in L$ und ($x \in M$ oder $x \in N$), also $x \in L \cap M$ oder $x \in L \cap N$, also $x \in (L \cap M) \cup (L \cap N)$, d.h. es gilt

$$L \cap (M \cup N) \subset (L \cap M) \cup (L \cap N). \qquad (*)$$

Für jedes $y \in (L \cap M) \cup (L \cap N)$ gilt $y \in L \cap M$ oder $y \in L \cap N$, also ($y \in L$ und $y \in M$) oder ($y \in L$ und $y \in N$), also $y \in L$ und ($y \in M$ oder $y \in N$), also $y \in L$ und $y \in M \cup N$, also $y \in L \cap (M \cup N)$, d.h. es gilt

$$(L \cap M) \cup (L \cap N) \subset L \cap (M \cup N). \qquad (**)$$

Aus (*) und (**) folgt nach (1.1.5)(2) $L \cap (M \cup N) = (L \cap M) \cup (L \cap N)$.
(e) Daß auch $L \cup (M \cap N) = (L \cup M) \cap (L \cup N)$ gilt, folgt analog.

(1.1.14) Definition: Es sei $n \in \mathbb{N}$, und es seien $M_1, \ldots, M_n$ Mengen. Die Menge

$$\prod_{i=1}^{n} M_i = M_1 \times \cdots \times M_n := \{(x_1, \ldots, x_n) \mid x_i \in M_i \text{ für } i \in \{1, \ldots, n\}\}$$

aller (geordneten) n-tupel $(x_1, \ldots, x_n)$ aus Elementen $x_1 \in M_1, \ldots, x_n \in M_n$ heißt das cartesische Produkt der Mengen $M_1, \ldots, M_n$ [nach R. Descartes (Cartesius), 1596 – 1650]. Ist hierbei $M_1 = \cdots = M_n =: M$, so wird das cartesische Produkt mit M^n bezeichnet.

(1.1.15) Beispiel: (1) Für $M = \{1,2\}$ und $N = \{1,2,3\}$ gilt

$$M \times N = \{(1,1),(1,2),(1,3),(2,1),(2,2),(2,3)\}$$

und

$$N \times M = \{(1,1),(1,2),(2,1),(2,2),(3,1),(3,2)\}.$$

[Hier gilt $M \times N \neq N \times M$.]
(2) Für jede Menge M gilt

$$M \times \emptyset = \emptyset \text{ und } \emptyset \times M = \emptyset.$$

(3) In der analytischen Geometrie [begründet von Descartes (1637) und P. Fermat, 1601 – 1665] identifiziert man mit Hilfe eines rechtwinkligen Koordinatensystems die Punkte der Ebene mit den Elementen von $\mathbb{R} \times \mathbb{R}$.

(1.1.16) Bemerkung: Es sei $n \in \mathbb{N}$, und es seien $M_1, \ldots, M_n$ endliche Mengen. Dann ist $M_1 \times \cdots \times M_n$ eine endliche Menge, und es gilt

$$\#(M_1 \times \cdots \times M_n) = \#(M_1) \cdots \#(M_n).$$

(1.1.17) Definition: Es sei M eine Menge. Eine Teilmenge $R \subset M \times M$ heißt eine Relation auf M. Man schreibt statt $(x,y) \in R$ auch $x\,R\,y$ [oder verwendet dabei statt R ein anderes Zeichen]; statt $(x,y) \notin R$ schreibt man auch $x \not R y$.

(1.1.18) Beispiel: Es sei M eine Menge. Die Relation

$$\Delta(M) = \{(x,x) \mid x \in M\} \subset M \times M$$

heißt die Diagonale von $M \times M$. Für $x, y \in M$ gilt $x\,\Delta(M)\,y$ genau dann, wenn $x = y$ ist. $\Delta(M)$ liefert also die Gleichheit $=$ auf M.

(1.1.19) Definition: Es sei M eine Menge, und es sei R eine Relation auf M.
(1) R heißt reflexiv, wenn für jedes $x \in M$ gilt: Es ist $x\,R\,x$.
(2) R heißt symmetrisch, wenn für alle $x, y \in M$ mit $x\,R\,y$ gilt: Es ist $y\,R\,x$.
(3) R heißt transitiv, wenn für alle $x, y, z \in M$ mit $x\,R\,y$ und mit $y\,R\,z$ gilt: Es ist $x\,R\,z$.

(1.1.20) Definition: Eine Relation R auf einer Menge M heißt eine Äquivalenzrelation, wenn R reflexiv, symmetrisch und transitiv ist.

(1.1.21) Beispiel: (1) Es sei M eine Menge. Die Relation „$=$" auf M [vgl. (1.1.18)] ist reflexiv, symmetrisch und transitiv.
(2) Es sei $m \in \mathbb{N}$. Dann ist

$$R_m := \{(x,y) \in \mathbb{Z} \times \mathbb{Z} \mid m \text{ teilt } x - y\}$$

die Menge der Paare $(x,y) \in \mathbb{Z} \times \mathbb{Z}$, für die es ein $a \in \mathbb{Z}$ mit $x - y = am$ gibt. Man sieht, daß R_m reflexiv und symmetrisch ist. Daß R_m transitiv ist, sieht man so: Sind $x, y, z \in \mathbb{Z}$ und gilt xR_my und yR_mz, so gibt es $a, b \in \mathbb{Z}$ mit $x - y = am$ und $y - z = bm$, und daher gilt $x - z = (x - y) + (y - z) = am + bm = (a+b)m$, also xR_mz.

(1.1.22) Bezeichnung: Es sei R eine Äquivalenzrelation auf einer Menge M. Für jedes $x \in M$ heißt dann

$$(x)_R := \{y \in M \mid y\,R\,x\}$$

die Äquivalenzklasse von x bezüglich R.

1 Mengen und Abbildungen

(1.1.23) Satz: *Es sei M eine Menge, es sei R eine Äquivalenzrelation auf M, und es seien $x, y \in M$. Dann gilt entweder $(x)_R = (y)_R$ oder $(x)_R \cap (y)_R = \emptyset$, und zwar gilt*

$$(x)_R = (y)_R \Leftrightarrow \text{es gilt } x\, R\, y;$$
$$(x)_R \cap (y)_R = \emptyset \Leftrightarrow \text{es gilt } x\, \not R\, y.$$

[Das hier verwendete Symbol $\Leftrightarrow$ zwischen zwei Aussagen bedeutet, daß diese Aussagen äquivalent sind, d.h. daß die eine dann und nur dann richtig ist, wenn die andere richtig ist.]

Beweis: (1) Es gelte $(x)_R = (y)_R$. Weil R reflexiv ist, gilt $x\, R\, x$, also $x \in (x)_R = (y)_R = \{z \in M \mid z\, R\, y\}$ und daher $x\, R\, y$.

(2) Es gelte $x\, R\, y$. Für jedes $z \in (x)_R$ gilt $z\, R\, x$ und daher $z\, R\, y$ [denn R ist transitiv], also $z \in (y)_R$, und es folgt $(x)_R \subset (y)_R$. Wegen $x\, R\, y$ gilt $y\, R\, x$ [denn R ist symmetrisch], und wie eben folgt $(y)_R \subset (x)_R$. Also ist $(x)_R = (y)_R$.

(3) Aus (1) und (2) folgt: Es ist $(x)_R = (y)_R$, genau wenn $x\, R\, y$ gilt.

(4) Es gelte $(x)_R \cap (y)_R \neq \emptyset$. Dann gibt es ein $z \in M$ mit $z \in (x)_R$ und $z \in (y)_R$, also mit $z\, R\, x$ und $z\, R\, y$. Es folgt $x\, R\, z$ [denn R ist symmetrisch] und daher $x\, R\, y$ [denn R ist transitiv]. Also gilt $(x)_R = (y)_R$ [vgl. (2)].

(5) Aus (4) folgt: Gilt $x\, \not R\, y$, so gilt $(x)_R \cap (y)_R = \emptyset$. – Gilt $(x)_R \cap (y)_R = \emptyset$, so folgt $x\, \not R\, y$. [Denn wegen (2) wäre sonst $(x)_R = (y)_R$, und wegen $x \in (x)_R$ wäre daher $(x)_R \cap (y)_R = (x)_R \neq \emptyset$.]

(1.1.24) Bemerkung: Es sei R eine Äquivalenzrelation auf einer nichtleeren Menge M. Die verschiedenen Äquivalenzklassen $(x)_R$ mit $x \in M$ bilden ein System von Teilmengen von M mit der folgenden Eigenschaft: Sie sind nichtleer [denn für jedes $x \in M$ ist $x \in (x)_R$], und jedes $y \in M$ liegt in genau einer dieser Mengen [nämlich in $(y)_R$]. – Ein solches System von Teilmengen von M heißt eine Partition der Menge M.

(1.1.25) Beispiel: Die in (1.1.21)(2) erklärte Relation R_m auf $\mathbb{Z}$ ist eine Äquivalenzrelation. Für jedes $x \in \mathbb{Z}$ ist

$$(x)_{R_m} = \{y \in \mathbb{Z} \mid y\, R_m\, x\} = \{y \in \mathbb{Z} \mid m \text{ teilt } x - y\},$$

und es gibt genau m verschiedene [paarweise elementfremde] Äquivalenzklassen, nämlich die Klassen $(1)_{R_m}, (2)_{R_m}, \ldots, (m)_{R_m}$. Für $m = 4$ erhält man die vier Äquivalenzklassen

$$(1)_{R_4} = \{x \in \mathbb{Z} \mid 4 \text{ teilt } x - 1\} = \{\ldots, -7, -3, 1, 5, \ldots\},$$

$(2)_{R_4} = \{x \in \mathbb{Z} \mid 4 \text{ teilt } x - 2\} = \{\ldots, -6, -2, 2, 6, \ldots\},$
$(3)_{R_4} = \{x \in \mathbb{Z} \mid 4 \text{ teilt } x - 3\} = \{\ldots, -5, -1, 3, 7, \ldots\},$
$(4)_{R_4} = \{x \in \mathbb{Z} \mid 4 \text{ teilt } x - 4\} = \{\ldots, -8, -4, 0, 4, \ldots\}.$

(1.1.26) Definition: Es seien M und N nichtleere Mengen, und es sei $f \subset M \times N$ eine Teilmenge von $M \times N$. f heißt eine Abbildung von M in N, wenn es zu jedem $x \in M$ ein und nur ein $y \in N$ mit $(x, y) \in f$ gibt.

(1.1.27) Bemerkung: Es seien M und N nichtleere Mengen.
(1) Es sei $f \subset M \times N$ eine Abbildung von M in N. Ist $x \in M$, so gibt es ein eindeutig bestimmtes $y \in N$ mit $(x, y) \in f$; dieses Element y von N wird mit $f(x)$ bezeichnet und heißt das Bild von x bei f. Man sagt: „f ordnet jedem $x \in M$ genau ein $y \in N$ zu, nämlich $y = f(x)$", und schreibt: „$f: M \to N$ ist eine Abbildung".
(2) Es seien $f: M \to N$ und $g: M \to N$ Abbildungen. Es gilt $f = g$ dann und nur dann, wenn $f(x) = g(x)$ für jedes $x \in M$ gilt.
(3) Die Menge aller Abbildungen $f: M \to N$ wird mit $\text{Abb}(M, N)$ bezeichnet.
(4) Die Abbildungen $f: M \to \mathbb{R}$ einer nichtleeren Teilmenge $M \subset \mathbb{R}$ in $\mathbb{R}$ werden auch Funktionen genannt.

(1.1.28) Bemerkung: Es seien M und N nichtleere Mengen.
(1) Man kann eine Abbildung $f: M \to N$ dadurch definieren, daß man ihre Wertetafel angibt, d.h. dadurch, daß man für jedes $x \in M$ das Bild $f(x) \in N$ explizit angibt.
Beispiel: Es seien $M = \{1, 2, 3\}$ und $N = \{1, 2\}$, und es sei $f: M \to N$ definiert durch $f(1) = 2$, $f(2) = 1$ und $f(3) = 2$. [Man schreibt dann auch: $f: M \to N$ ist definiert durch $1 \mapsto 2$, $2 \mapsto 1$, $3 \mapsto 2$.]
(2) Man kann eine Abbildung $f: M \to N$ dadurch definieren, daß man ein „Verfahren" angibt, mit dessen Hilfe man $f(x)$ für jedes $x \in M$ aus x berechnen kann.
Beispiel: Die Abbildung

$$f: \mathbb{N} \to \mathbb{N} \quad \text{mit } f(x) = x^2 \text{ für jedes } x \in \mathbb{N}$$

ordnet jedem $x \in \mathbb{N}$ das Quadrat von x zu.

(1.1.29) Beispiel: (1) Es sei $f: \mathbb{R} \to \mathbb{R}$ die Funktion mit

$$f(x) = \begin{cases} x, & \text{falls } x \geq 0 \text{ ist,} \\ -x, & \text{falls } x < 0 \text{ ist.} \end{cases}$$

1 Mengen und Abbildungen

Man schreibt für jedes $x \in \mathbb{R}$ $f(x) = |x|$ („Betrag von x", „x absolut").

(2) Es sei M eine nichtleere Menge. Die Abbildung

$$\mathrm{id}_M \colon M \to M \quad \text{mit } \mathrm{id}_M(x) = x \text{ für jedes } x \in M$$

heißt die identische Abbildung auf M.

(1.1.30) Definition: Es seien M, N, M' und N' nichtleere Mengen, es seien $f \colon M \to N$ und $g \colon M' \to N'$ Abbildungen, und es gelte $f(x) \in M'$ für jedes $x \in M$. [Dies ist sicher dann erfüllt, wenn $N \subset M'$ ist.] Dann ist $g(f(x)) \in N'$ für jedes $x \in M$ erklärt. Die Abbildung

$$g \circ f \colon M \to N' \quad \text{mit } g \circ f(x) = g(f(x)) \text{ für jedes } x \in M$$

heißt die Hintereinanderausführung von g nach f oder die Komposition von g mit f. [Man liest $g \circ f$ als „g nach f".]

(1.1.31) Beispiel: (1) Es seien M und N nichtleere Mengen, und es sei $f \colon M \to N$ eine Abbildung. Es ist $f \circ \mathrm{id}_M \colon M \to N$ definiert, und für jedes $x \in M$ ist $f \circ \mathrm{id}_M(x) = f(\mathrm{id}_M(x)) = f(x)$, d.h. es gilt $f \circ \mathrm{id}_M = f$. Es ist auch $\mathrm{id}_N \circ f \colon M \to N$ definiert, und für jedes $x \in M$ ist $\mathrm{id}_N \circ f(x) = \mathrm{id}_N(f(x)) = f(x)$, d.h. es gilt $\mathrm{id}_N \circ f = f$.
(2) Es sei $f \colon \mathbb{R} \setminus \{0\} \to \mathbb{R}$ die Funktion mit $f(x) = |x|$ für jedes $x \in \mathbb{R}$, und es sei $g \colon \mathbb{R}_{>0} := \{t \in \mathbb{R} \mid t > 0\} \to \mathbb{R}$ die Funktion mit $g(x) = 1/x$ für jedes $x \in \mathbb{R}_{>0}$. Für jedes $x \in \mathbb{R} \setminus \{0\}$ ist $f(x) = |x| \in \mathbb{R}_{>0}$, und daher ist die Funktion $g \circ f \colon \mathbb{R} \setminus \{0\} \to \mathbb{R}$ erklärt: Für jedes $x \in \mathbb{R} \setminus \{0\}$ ist $g \circ f(x) = g(|x|) = 1/|x|$.

(1.1.32) Satz: *Es seien M, N, M', N', M'' und N'' nichtleere Mengen, es seien $f \colon M \to N$, $g \colon M' \to N'$ und $h \colon M'' \to N''$ Abbildungen, und es gelte $f(x) \in M'$ für jedes $x \in M$ und $g(y) \in M''$ für jedes $y \in M'$. Die Hintereinanderausführungen $(h \circ g) \circ f \colon M \to N''$ und $h \circ (g \circ f) \colon M \to N''$ sind beide erklärt, und es gilt*

$$(h \circ g) \circ f = h \circ (g \circ f).$$

Beweis: Für jedes $y \in M'$ ist $g(y) \in M''$, und daher ist $h \circ g \colon M' \to N''$ erklärt; für jedes $x \in M$ ist $f(x) \in M'$, und daher ist $(h \circ g) \circ f \colon M \to N''$ erklärt. Es ist $g \circ f \colon M \to N'$ erklärt, und für jedes $x \in M$ ist $(g \circ f)(x) = g(f(x)) \in M''$, und daher ist auch $h \circ (g \circ f) \colon M \to N''$ erklärt. Für jedes $x \in M$ gilt

$$((h \circ g) \circ f)(x) = (h \circ g)(f(x)) = h(g(f(x))),$$

$$(h \circ (g \circ f))(x) = h\big(g \circ f(x)\big) = h\big(g(f(x))\big),$$

und daher ist $(h \circ g) \circ f = h \circ (g \circ f)$.

(1.1.33) Definition: Es seien M und N nichtleere Mengen, und es sei $f: M \to N$ eine Abbildung.
(1) f heißt injektiv, wenn für alle x_1, $x_2 \in M$ mit $x_1 \neq x_2$ gilt: Es ist $f(x_1) \neq f(x_2)$ [wenn es also zu jedem $y \in N$ höchstens ein $x \in M$ mit $y = f(x)$ gibt].
(2) f heißt surjektiv, wenn es zu jedem $y \in N$ (mindestens) ein $x \in M$ mit $y = f(x)$ gibt.
(3) f heißt bijektiv, wenn f injektiv und surjektiv ist, d.h. wenn es zu jedem $y \in N$ ein und nur ein $x \in M$ mit $f(x) = y$ gibt.

(1.1.34) Beispiel: (1) Für jede nichtleere Menge M ist $\mathrm{id}_M: M \to M$ bijektiv.
(2) Die Funktion $x \mapsto |x| : \mathbb{R} \to \mathbb{R}$ ist nicht injektiv [denn es gilt $-2 \neq 2$ und $|-2| = |2|$] und nicht surjektiv [denn für jedes $x \in \mathbb{R}$ ist $|x| \neq -5$].
(3) Die Funktion $x \mapsto 1/x : \mathbb{R}_{>0} \to \mathbb{R}$ ist injektiv [denn sind x_1, $x_2 \in \mathbb{R}_{>0}$ mit $1/x_1 = 1/x_2$, so folgt $x_1 = x_2$] und nicht surjektiv [denn es ist $1/x \neq 0$ für jedes $x \in \mathbb{R}_{>0}$].
(4) Die Abbildung $f: \{1,2,3\} \to \{1,2\}$ mit $f(1) = 2$, $f(2) = 1$ und $f(3) = 2$ ist surjektiv und nicht injektiv.

(1.1.35) Satz: *Es seien M, N und P nichtleere Mengen, und es seien $f: M \to N$ und $g: N \to P$ Abbildungen. Es gilt:*
(1) Sind f und g injektiv, so ist $g \circ f$ injektiv.
(2) Sind f und g surjektiv, so ist $g \circ f$ surjektiv.
(3) Sind f und g bijektiv, so ist $g \circ f$ bijektiv.
(4) Ist $g \circ f$ injektiv, so ist f injektiv.
(5) Ist $g \circ f$ surjektiv, so ist g surjektiv.
(6) Ist $g \circ f$ bijektiv, so sind f injektiv und g surjektiv.

Beweis: (1) Es gelte: f und g sind injektiv. Sind x_1, $x_2 \in M$ mit $x_1 \neq x_2$, so gilt $f(x_1) \neq f(x_2)$, weil f injektiv ist, und daraus folgt $g \circ f(x_1) = g(f(x_1)) \neq g(f(x_2)) = g \circ f(x_2)$, weil g injektiv ist.
(2) Es gelte: f und g sind surjektiv. Für jedes $z \in P$ gilt: Weil g surjektiv ist, gibt es ein $y \in N$ mit $z = g(y)$, und weil f surjektiv ist, gibt es ein $x \in M$ mit $y = f(x)$, also mit $z = g(y) = g(f(x)) = g \circ f(x)$.

1 Mengen und Abbildungen

(4) Es gelte: $g \circ f$ ist injektiv. Sind $x_1, x_2 \in M$ mit $x_1 \neq x_2$, so gilt $g(f(x_1)) = g \circ f(x_1) \neq g \circ f(x_2) = g(f(x_2))$ und daher $f(x_1) \neq f(x_2)$. Also ist f injektiv.

(5) Es gelte: $g \circ f$ ist surjektiv. Für jedes $z \in P$ gilt: Es gibt ein $x \in M$ mit $z = g \circ f(x) = g(f(x))$, und daher gibt es ein $y \in N$ mit $z = g(y)$, nämlich $y = f(x)$. Also ist g surjektiv.

(3) folgt aus (1) und (2), und (6) folgt aus (4) und (5).

(1.1.36) Satz: *Es seien M, N nichtleere Mengen, und es sei $f: M \to N$ eine bijektive Abbildung. Dann gibt es eine eindeutig bestimmte Abbildung $g: N \to M$ mit $g \circ f = \mathrm{id}_M$ und mit $f \circ g = \mathrm{id}_N$, und hierfür gilt: g ist bijektiv.*

Bezeichnung: g heißt die Umkehrabbildung von f und wird mit f^{-1} bezeichnet.

Beweis: (1) Zu jedem $y \in N$ gibt es ein eindeutig bestimmtes $x \in M$ mit $y = f(x)$ [denn f ist bijektiv]. Ordnet man jedem $y \in N$ dieses $x \in M$ mit $y = f(x)$ zu, so erhält man eine Abbildung $g: N \to M$ mit $y = f(g(y)) = f \circ g(y)$ für jedes $y \in N$ und mit $x = g(f(x)) = g \circ f(x)$ für jedes $x \in M$, also mit $f \circ g = \mathrm{id}_N$ und mit $g \circ f = \mathrm{id}_M$. Weil $\mathrm{id}_N = f \circ g$ injektiv ist, ist nach (1.1.35)(4) g injektiv; weil $\mathrm{id}_M = g \circ f$ surjektiv ist, ist nach (1.1.35)(5) g surjektiv. Damit ist gezeigt: Es gibt eine bijektive Abbildung $g: N \to M$ mit $g \circ f = \mathrm{id}_M$ und $f \circ g = \mathrm{id}_N$.

(2) Es sei auch $g_1: N \to M$ eine Abbildung mit $g_1 \circ f = \mathrm{id}_M$ und $f \circ g_1 = \mathrm{id}_N$. Dann gilt $g_1 = g_1 \circ \mathrm{id}_N = g_1 \circ (f \circ g) = (g_1 \circ f) \circ g = \mathrm{id}_M \circ g = g$. Also gibt es nur eine Abbildung $g: N \to M$ mit $g \circ f = \mathrm{id}_M$ und $f \circ g = \mathrm{id}_N$.

(1.1.37) Bemerkung: Es seien M und N nichtleere Mengen.

(1) Es sei $f: M \to N$ eine Abbildung, und es gelte: Es gibt eine Abbildung $g: N \to M$ mit $g \circ f = \mathrm{id}_M$ und $f \circ g = \mathrm{id}_N$. Dann ist f bijektiv, und es gilt $f^{-1} = g$.

Beweis: Weil $g \circ f = \mathrm{id}_M$ injektiv ist, ist f injektiv; weil $f \circ g = \mathrm{id}_N$ surjektiv ist, ist f surjektiv [vgl. (1.1.35), (4) und (5)]. Also ist f bijektiv. Aus der Einzigkeitsaussage in (1.1.36) folgt $f^{-1} = g$.

(2) Es sei $f: M \to N$ eine bijektive Abbildung, und es sei $f^{-1}: N \to M$ ihre Umkehrabbildung. Für sie gilt $f \circ f^{-1} = \mathrm{id}_N$ und $f^{-1} \circ f = \mathrm{id}_M$. Nach (1) ist f^{-1} bijektiv, und es gilt $(f^{-1})^{-1} = f$.

(1.1.38) Bemerkung: Es seien M und N nichtleere Mengen, und es sei $f: M \to N$ eine Abbildung.

(a) Ist $M_1 \subset M$, so heißt die Teilmenge

$$f(M_1) := \{y \in N \mid \text{es gibt ein } x \in M_1 \text{ mit } y = f(x)\} = \{f(x) \mid x \in M_1\}$$

von N das Bild von M_1 bei f.
(b) Ist $N_1 \subset N$, so heißt die Teilmenge

$$\begin{aligned} f^{-1}(N_1) &:= \{x \in M \mid \text{ es gibt ein } y \in N_1 \text{ mit } y = f(x)\} \\ &= \{x \in M \mid f(x) \in N_1\} \end{aligned}$$

von M das Urbild von N_1 bei f.
(c) Ist $\emptyset \neq M_1 \subset M$, so heißt die Abbildung

$$f|M_1: M_1 \to N \quad \text{mit } (f|M_1)(x) = f(x) \text{ für jedes } x \in M_1$$

die Einschränkung oder die Restriktion von f auf M_1.
(d) Es gelte: $f: M \to N$ ist bijektiv. Es sei $f^{-1}: N \to M$ die Umkehrabbildung von f, und es sei $N_1 \subset N$. Dann bedeutet $f^{-1}(N_1)$ gemäß (1)(a) das Bild von N_1 bei f^{-1} und gemäß (1)(b) das Urbild von N_1 bei f. Aber man erhält dabei jeweils dieselbe Teilmenge von M, denn ein Element x von M liegt im Bild von N_1 bei f^{-1}, genau wenn es ein $y \in N_1$ mit $x = f^{-1}(y)$ gibt, also genau wenn es ein $y \in N_1$ mit $f(x) = y$ gibt, also genau wenn x im Urbild von N_1 bei f liegt.

(1.1.39) Beispiel: (1) Es sei $g: \mathbb{R} \to \mathbb{R}$ mit $x \mapsto |x|$. Für jedes $x \in \mathbb{R}_{\geq 0} := \{t \in \mathbb{R} \mid t \geq 0\}$ gilt $g^{-1}(\{x\}) = \{x, -x\}$, für jedes $x \in \mathbb{R}$ mit $x < 0$ gilt $g^{-1}(\{x\}) = \emptyset$.
(2) Ist $f: \{1,2,3\} \to \{1,2\}$ die Abbildung mit $f(1) = 2$, $f(2) = 1$ und $f(3) = 2$, so ist $f^{-1}(\{1\}) = \{2\}$ und $f^{-1}(\{2\}) = \{1,3\}$.

(1.1.40) Bemerkung: (1) Sind M und N nichtleere Mengen und ist $f: M \to N$ eine Abbildung, so gilt: Für alle Teilmengen X und Y von N ist $f^{-1}(X \cup Y) = f^{-1}(X) \cup f^{-1}(Y)$.
(2) Sind M, N, P nichtleere Mengen und sind $f: M \to N$ und $g: N \to P$ Abbildungen, so gilt: Für jedes $Z \subset P$ ist $(g \circ f)^{-1}(Z) = f^{-1}(g^{-1}(Z))$.

Aufgaben

A(1.1.1) Für die Mengen $M_1 := \{1,2,3,4,5\}$, $M_2 := \{n \in \mathbb{N} \mid n \geq 4\}$, $M_3 := \{2n \mid n \in \mathbb{N}\}$ und $M_4 := \{3n \mid n \in \mathbb{N}\}$ ermittle man

$$M_1 \cap M_2, \quad M_1 \cup M_2, \quad M_3 \cap M_4, \quad M_1 \setminus M_3, \quad (M_2 \setminus M_4) \cap M_3.$$

1 Mengen und Abbildungen

A(1.1.2) Es sei M eine nichtleere Menge, und es sei $a \in M$. Offensichtlich gilt: Die Teilmengen A von M mit $a \notin A$ sind die Teilmengen von $M \smallsetminus \{a\}$, und die Teilmengen A von M mit $a \in A$ haben die Gestalt $A = \{a\} \cup B$ mit einer Teilmenge B von $M \smallsetminus \{a\}$. Hiermit beweise man durch Induktion: Für jede endliche Menge M gilt $\#(\mathcal{P}(M)) = 2^{\#(M)}$.

A(1.1.3) (1) Es seien $M := \{1,2,3\}$ und $N := \{1,2,3,4\}$, es sei $f_1: M \to N$ die Abbildung mit $f_1(i) := i+1$ für jedes $i \in M$, und es sei $f_2: N \to M$ die Abbildung mit

$$f_2(i) = \begin{cases} 1 & \text{für } i = 1, \\ i-1 & \text{für } i = 2, 3, 4. \end{cases}$$

Man untersuche die Abbildungen f_1, f_2, $f_1 \circ f_2$, $f_2 \circ f_1$, $f_1 \circ f_2 \circ f_1$ und $f_2 \circ f_1 \circ f_2$ auf Injektivität, Surjektivität und Bijektivität.
(2) Es sei $g: \{1,2,3,4,5\} \to \{1,2,3,4\}$ eine Abbildung mit $g(1) = 2$, $g(2) = 3$ und $g(4) = 3$. Lassen sich die Werte $g(3)$ und $g(5)$ so wählen, daß g injektiv bzw. surjektiv bzw. bijektiv wird?

A(1.1.4) Es seien M und N nichtleere endliche Mengen mit $\#(M) = \#(N)$. Man zeige:
(1) Jede injektive Abbildung $f: M \to N$ ist bijektiv.
(2) Jede surjektive Abbildung $f: M \to N$ ist bijektiv.

A(1.1.5) Es seien M und N nichtleere endliche Mengen, es seien $m := \#(M)$ und $n := \#(N)$, und es sei $M = \{x_1, \ldots, x_m\}$.
(1) Man zeige: Die Abbildung $f \mapsto (f(x_1), \ldots, f(x_m)) : \text{Abb}(M, N) \to N^m$ ist bijektiv.
(2) Man ermittle $\#(\text{Abb}(M, N))$ und die Anzahl der injektiven Abbildungen $f: M \to N$.

A(1.1.6) Es sei M eine nichtleere Menge, und es sei $N := \{0,1\}$.
(1) Es seien f und g Abbildungen von M in N. Man überlege sich: Durch die Vorschriften $x \mapsto f(x) \cdot g(x)$ für jedes $x \in M$ und $x \mapsto 1 - f(x)$ für jedes $x \in M$ werden Abbildungen von M in N definiert.
(2) Für jede Teilmenge $A \subset M$ sei $\chi_A: M \to N$ die Abbildung mit

$$\chi_A(x) = \begin{cases} 1 & \text{für jedes } x \in A, \\ 0 & \text{für jedes } x \in M \smallsetminus A. \end{cases}$$

Man bestimme $\chi_\emptyset$ und χ_M.
(3) Wie kann man für Teilmengen $A, B \subset M$ die Abbildungen $\chi_{M \smallsetminus A}$, $\chi_{A \cap B}$ und $\chi_{A \cup B}$ mit Hilfe von χ_A und χ_B beschreiben?
(4) Man gebe – unter Benutzung der in (2) eingeführten Abbildungen – einen neuen Beweis für: Für alle $A, B, C \subset M$ gilt $A \cup (B \cap C) = (A \cup B) \cap (A \cup C)$.
(5) Man zeige: Die Abbildung $A \mapsto \chi_A : \mathcal{P}(M) \to \text{Abb}(M, N)$ ist bijektiv. Man folgere hieraus erneut das Ergebnis der Aufgabe A(1.1.2).

A(1.1.7) Es seien M und N nichtleere Mengen, es seien $A, B \subset M$ und C, $D \subset N$, und es sei $f: M \to N$ eine Abbildung. Man beweise oder widerlege jeweils durch ein Gegenbeispiel: Es gilt $f(A \cap B) = f(A) \cap f(B)$, $f(A \cup B) = f(A) \cup f(B)$, $f^{-1}(C \cap D) = f^{-1}(C) \cap f^{-1}(D)$.

2   Algebraische Strukturen

(1.2.1) Definition: Es sei $A \neq \emptyset$ eine Menge, und es sei

$$(a,b) \mapsto a * b : A \times A \to A$$

eine Abbildung, die jedem Paar $(a,b) \in A \times A$ ein Element $a * b \in A$ zuordnet. Dann heißt $*$ eine Verknüpfung auf A, und $(A, *)$ heißt eine algebraische Struktur.

(1.2.2) Definition: Es sei $(A, *)$ eine algebraische Struktur.
(1) $(A, *)$ heißt eine Halbgruppe, und $*$ heißt assoziativ, wenn gilt: Für alle $a, b, c \in A$ ist $(a * b) * c = a * (b * c)$ [Assoziativgesetz].
(2) $(A, *)$ heißt kommutativ, und $*$ heißt kommutativ, wenn gilt: Für alle $a, b \in A$ ist $a * b = b * a$ [Kommutativgesetz].
(3) Ein Element $e \in A$ heißt neutrales Element von $(A, *)$, wenn gilt: Für jedes $a \in A$ ist $e * a = a$ und $a * e = a$.
(4) $(A, *)$ heißt ein Monoid, wenn $(A, *)$ eine Halbgruppe ist und ein neutrales Element besitzt.

(1.2.3) Bemerkung: (1) Es sei $(A, *)$ eine Halbgruppe. Man kann in „Produkten" in $(A, *)$ Klammern (sinnvoll) setzen und weglassen [„allgemeines Assoziativgesetz"]. Zum Beispiel gilt für alle $a, b, c \in A$

$$(a * b) * c \stackrel{(\text{Ass})}{=} a * (b * c) =: a * b * c,$$

und für alle $a, b, c, d \in A$ gilt

$$((a * b) * c) * d \stackrel{(\text{Ass})}{=} (a * b) * (c * d) \stackrel{(\text{Ass})}{=} a * (b * (c * d))$$
$$\stackrel{(\text{Ass})}{=} a * ((b * c) * d) \stackrel{(\text{Ass})}{=} (a * (b * c)) * d$$
$$=: a * b * c * d.$$

(2) Es sei $(A, *)$ eine kommutative Halbgruppe. Man darf in „Produkten" in $(A, *)$ die „Faktoren" vertauschen [„allgemeines Kommutativgesetz"].

2 Algebraische Strukturen

Zum Beispiel gilt für alle $a, b \in A$

$$a * b \stackrel{(K)}{=} b * a,$$

und für alle $a, b, c \in A$ gilt

$$a * (b * c) \stackrel{(K)}{=} a * (c * b) \stackrel{(K)}{=} (c * b) * a \stackrel{(Ass)}{=} c * (b * a)$$
$$\stackrel{(K)}{=} c * (a * b) \stackrel{(Ass)}{=} (c * a) * b \stackrel{(K)}{=} b * (c * a) \stackrel{(K)}{=} b * (a * c),$$

also nach Weglassen der Klammern gemäß (1)

$$a * b * c = a * c * b = c * b * a = c * a * b = b * c * a = b * a * c.$$

(3) In einer algebraischen Struktur $(A, *)$ gibt es höchstens ein neutrales Element, denn sind $e, e' \in A$ neutral in $(A, *)$, so gilt $e' = e * e' = e$.
(4) In einem Monoid $(A, *)$ gibt es nach (3) ein eindeutig bestimmtes neutrales Element. Dieses wird mit e_A bezeichnet, falls nicht eine andere Bezeichnung üblich oder nötig ist.

(1.2.4) Beispiel: (1) $(\mathbb{N}_0, +), (\mathbb{Z}, +), (\mathbb{Q}, +)$ und $(\mathbb{R}, +)$ sind kommutative Monoide. Das neutrale Element ist jeweils die Zahl 0.
(2) $(\mathbb{N}, \cdot), (\mathbb{N}_0, \cdot), (\mathbb{Z}, \cdot), (\mathbb{Q}, \cdot)$ und $(\mathbb{R}, \cdot)$ sind kommutative Monoide. Das neutrale Element ist jeweils die Zahl 1.
(3) $(\mathbb{N}, +)$ ist eine kommutative Halbgruppe, aber kein Monoid, denn für jedes $x \in \mathbb{N}$ ist $x + 3 \neq 3$.
(4) Die Verknüpfung $(a, b) \mapsto a * b := a + ab : \mathbb{N} \times \mathbb{N} \to \mathbb{N}$ ist nicht assoziativ, denn z. B. gilt $(1 * 2) * 3 = 3 * 3 = 12$ und $1 * (2 * 3) = 1 * 8 = 9$. Sie ist nicht kommutativ, denn z. B. gilt $1 * 2 = 3$ und $2 * 1 = 4$. In $(\mathbb{N}, *)$ gibt es kein neutrales Element, denn für jedes $x \in \mathbb{N}$ gilt $5 * x = 5 + 5x \neq 5$.

(1.2.5) Bemerkung: Es sei $(A, *)$ ein Monoid, es sei e sein neutrales Element, und es sei $a \in A$.
(1) Man definiert für jedes $n \in \mathbb{N}_0$ ein Element $a^n \in A$, indem man festsetzt: Es ist $a^0 := e$, und für jedes $n \in \mathbb{N}$ ist $a^n := a^{n-1} * a$. Es gilt $a^1 = a^0 * a = e * a = a$, $a^2 = a^1 * a = a * a$, $a^3 = a^2 * a = (a * a) * a = a * a * a$ und so fort.
(2) Für die in (1) definierten Potenzen von a gelten die folgenden Rechenregeln, die man mittels Induktion beweist: Für alle $m, n \in \mathbb{N}_0$ gilt

$$a^m * a^n = a^{m+n} = a^{n+m} = a^n * a^m \text{ und } (a^m)^n = a^{mn} = a^{nm} = (a^n)^m.$$

Ist $b \in A$ und gilt $a * b = b * a$, so gilt für jedes $n \in \mathbb{N}_0$

$$(a * b)^n = a^n * b^n.$$

(1.2.6) Beispiel: Im Monoid $(\mathbb{R}, \cdot)$ sind die in (1.2.5) definierten Potenzen einer Zahl $a \in \mathbb{R}$ genau die üblichen Potenzen von a.

(1.2.7) Definition: Es sei $(A, *)$ eine algebraische Struktur, die ein neutrales Element e_A besitzt. Ein Element $a \in A$ heißt in $(A, *)$ invertierbar, wenn gilt: Es gibt ein $a' \in A$ mit $a' * a = e_A$ und mit $a * a' = e_A$.

(1.2.8) Bemerkung: Es sei $(A, *)$ ein Monoid, und es sei $a \in A$ in $(A, *)$ invertierbar. Dann gibt es ein $a' \in A$ mit $a' * a = e_A$ und mit $a * a' = e_A$. Ist auch $a'_1 \in A$ mit $a'_1 * a = e_A$ und mit $a * a'_1 = e_A$, so gilt

$$a'_1 = e_A * a'_1 = (a' * a) * a'_1 \stackrel{(\text{Ass})}{=} a' * (a * a'_1) = a' * e_A = a'.$$

Also gibt es ein und nur ein $a' \in A$ mit $a' * a = e_A$ und mit $a * a' = e_A$. Dieses a' heißt das Inverse von a in $(A, *)$ und wird mit a^{-1} bezeichnet, falls nicht eine andere Bezeichnung üblich oder nötig ist.

(1.2.9) Beispiel: (1) Für jedes $a \in \mathbb{Z}$ gilt: Es ist $(-a) + a = 0$ und $a + (-a) = 0$, d.h. a ist in $(\mathbb{Z}, +)$ invertierbar mit dem Inversen $-a$.
(2) Die Zahl 0 ist in $(\mathbb{R}, \cdot)$ nicht invertierbar, denn für jedes $x \in \mathbb{R}$ ist $x \cdot 0 = 0 \neq 1$. Für jedes $a \in \mathbb{R} \setminus \{0\}$ gilt: Es ist

$$\frac{1}{a} \cdot a = 1 \quad \text{und} \quad a \cdot \frac{1}{a} = 1,$$

d.h. a ist im Monoid $(\mathbb{R}, \cdot)$ invertierbar mit dem Inversen $\frac{1}{a}$.

(1.2.10) Satz: *Es sei $M \neq \emptyset$ eine Menge.*
(1) $(\text{Abb}(M, M), \circ)$ ist ein Monoid mit dem neutralen Element id_M.
(2) Eine Abbildung $f: M \to M$ ist im Monoid $(\text{Abb}(M, M), \circ)$ genau dann invertierbar, wenn sie bijektiv ist, und wenn dies der Fall ist, so ist das Inverse von f in $(\text{Abb}(M, M), \circ)$ gerade die Umkehrabbildung f^{-1} von f.
(3) Wenn es in M mindestens zwei verschiedene Elemente gibt, so ist das Monoid $(\text{Abb}(M, M), \circ)$ nicht kommutativ.

2 Algebraische Strukturen   25

Beweis: (1) Es ist $A := \mathrm{Abb}(M,M) \neq \emptyset$.
(a) $(A, \circ)$ ist eine Halbgruppe, denn für alle $f, g, h \in A$ gilt $(f \circ g) \circ h = f \circ (g \circ h)$ [vgl. (1.1.32)].
(b) id_M ist neutral in $(A, \circ)$, denn für jedes $f \in A$ gilt $\mathrm{id}_M \circ f = f$ und $f \circ \mathrm{id}_M = f$ [vgl. (1.1.31)(1)].
(2) Ist $f \in A$ bijektiv und ist $f^{-1}: M \to M$ die Umkehrabbildung von f, so gilt $f^{-1} \in A$ und $f^{-1} \circ f = \mathrm{id}_M$ und $f \circ f^{-1} = \mathrm{id}_M$, d.h. f ist in $(A, \circ)$ invertierbar mit dem Inversen f^{-1}. Ist umgekehrt $f \in A$ in $(A, \circ)$ invertierbar und ist $g \in A$ das Inverse von f in $(A, \circ)$, so gilt $g \circ f = \mathrm{id}_M$ und $f \circ g = \mathrm{id}_M$, und daher ist f bijektiv, und g ist die Umkehrabbildung von f [vgl. (1.1.36)].
(3) Es gelte: Es gibt $a, b \in M$ mit $a \neq b$. Es seien $f, g \in A$ die Abbildungen mit $f(x) := a$ und $g(x) := b$ für jedes $x \in M$. Es gilt $f \circ g(a) = f(g(a)) = f(b) = a$ und $g \circ f(a) = g(f(a)) = g(a) = b \neq a$, also ist $f \circ g \neq g \circ f$. Damit ist gezeigt: $(A, \circ)$ ist nicht kommutativ, wenn M mindestens zwei Elemente enthält.

(1.2.11) Satz: *Es sei $(A, *)$ ein Monoid.*
(1) *e_A ist in $(A, *)$ invertierbar, und es ist $e_A^{-1} = e_A$.*
(2) *Ist $a \in A$ in $(A, *)$ invertierbar, so ist auch a^{-1} in $(A, *)$ invertierbar, und es gilt $(a^{-1})^{-1} = a$.*
(3) *Sind $a, b \in A$ in $(A, *)$ invertierbar, so ist auch $a * b$ in $(A, *)$ invertierbar, und es gilt $(a * b)^{-1} = b^{-1} * a^{-1}$.*

Beweis: (1) Es gilt $e_A * e_A = e_A$, und daher ist e_A in $(A, *)$ invertierbar mit dem Inversen e_A.
(2) Ist $a \in A$ in $(A, *)$ invertierbar, so gilt $a * a^{-1} = e_A$ und $a^{-1} * a = e_A$, und daher ist a^{-1} in $(A, *)$ invertierbar mit dem Inversen a.
(3) Es seien $a, b \in A$ in $(A, *)$ invertierbar. Es gilt

$$(b^{-1} * a^{-1}) * (a * b) \overset{(\mathrm{Ass})}{=} b^{-1} * (a^{-1} * a) * b = b^{-1} * e_A * b = b^{-1} * b = e_A$$

und ebenso

$$(a * b) * (b^{-1} * a^{-1}) \overset{(\mathrm{Ass})}{=} a * (b * b^{-1}) * a^{-1} = a * e_A * a^{-1} = a * a^{-1} = e_A,$$

und somit ist $a * b$ in $(A, *)$ invertierbar mit dem Inversen $b^{-1} * a^{-1}$.

(1.2.12) Beispiel: Es sei $M \neq \emptyset$ eine Menge. Wendet man (1.2.11) auf das Monoid $(\mathrm{Abb}(M,M), \circ)$ an, so ergibt sich wegen (1.2.10)(2):

(a) Ist $f: M \to M$ bijektiv, so ist die Umkehrabbildung f^{-1} von f bijektiv, und ihre Umkehrabbildung ist f.
(b) Sind $f: M \to M$ und $g: M \to M$ bijektiv, so ist die Abbildung $f \circ g$ bijektiv, und ihre Umkehrabbildung ist $g^{-1} \circ f^{-1}$.

Aufgaben

A(1.2.1) Für alle $a, b \in \mathbb{Q}$ setze man $a * b := ab - a - b + 2$. Man zeige: Die so erklärte Verknüpfung $*$ auf $\mathbb{Q}$ ist assoziativ und kommutativ, und $(\mathbb{Q}, *)$ besitzt ein neutrales Element. Man ermittle alle in $(\mathbb{Q}, *)$ invertierbaren $a \in \mathbb{Q}$.

A(1.2.2) Für jedes $x \in \mathbb{R}$ sei $\mathrm{rd}(x)$ die Zahl, die aus x durch Runden auf drei Stellen nach dem Dezimalpunkt entsteht. [Es ist also z. B. $\mathrm{rd}(3.11115) = 3.111$, $\mathrm{rd}(3.1115) = 3.112$, $\mathrm{rd}(-3.1115) = -3.112$.] Es sei $A := \{a/1000 \mid a \in \mathbb{Z}\}$. Für alle $x, y \in A$ ist dann $x \odot y := \mathrm{rd}(xy) \in A$. Man sieht sogleich: Die so erklärte Verküpfung $\odot$ auf A ist kommutativ, und 1 ist in $(A, \odot)$ neutral. Außerdem gilt für reelle Zahlen x und y: Ist $x \leq y$, so ist auch $\mathrm{rd}(x) \leq \mathrm{rd}(y)$.
(1) Man untersuche, ob $(A, \odot)$ eine Halbgruppe ist.
(2) Man zeige, daß 0.111 in $(A, \odot)$ invertierbar ist, und gebe alle $x \in A$ an, für die $0.111 \odot x = 1$ gilt.
(3) Man untersuche, ob 1.11 und 11.1 in $(A, \odot)$ invertierbar sind.
(4) Man untersuche, ob in $(A, \odot)$ das allgemeine Kommutativgesetz gilt.

A(1.2.3) Es sei $(M, *)$ ein Monoid, und es sei $a \in M$. Man beweise:
(1) Wenn es Elemente $b, c \in M$ mit $b * a = e_M$ und $a * c = e_M$ gibt, so ist a in $(M, *)$ invertierbar.
(2) a ist dann und nur dann in $(M, *)$ invertierbar, wenn es ein Element $x \in M$ mit $a * x * a = e_M$ gibt.

A(1.2.4) Es sei $(M, *)$ ein Monoid. Ein Element $a \in M$ heißt regulär, wenn gilt: Für alle $x, y \in M$ mit $x \neq y$ ist $a * x \neq a * y$ und $x * a \neq y * a$. Es sei M_{reg} die Menge aller regulären Elemente von M. Man beweise:
(1) Für alle $a, b \in M_{\mathrm{reg}}$ gilt $a * b \in M_{\mathrm{reg}}$.
(2) $(M_{\mathrm{reg}}, *)$ ist ein Monoid.

3 Gruppen

(1.3.1) Definition: (1) Eine algebraische Struktur $(G, *)$ heißt eine Gruppe, wenn gilt: $(G, *)$ ist ein Monoid, in dem jedes Element invertierbar ist.
(2) Eine Gruppe $(G, *)$ heißt abelsch, wenn $*$ kommutativ ist [nach N. H. Abel, 1802 – 1829].

3 Gruppen

(1.3.2) Bemerkung: In einer Gruppe $(G, *)$ gibt es ein eindeutig bestimmtes neutrales Element [vgl. (1.2.3)(3)], und zu jedem Element von G gibt es ein eindeutig bestimmtes Inverses in $(G, *)$ [vgl. (1.2.8)].

(1.3.3) Beispiel: (1) $(\mathbb{Z}, +)$ ist eine abelsche Gruppe: Neutral darin ist die Zahl 0, und für jedes $a \in \mathbb{Z}$ gilt: Invers zu a in $(\mathbb{Z}, +)$ ist $-a$. Ebenso gilt: $(\mathbb{Q}, +)$ und $(\mathbb{R}, +)$ sind abelsche Gruppen.
(2) $(\mathbb{N}, +)$ ist eine kommutative Halbgruppe ohne neutrales Element und ist somit keine Gruppe.
(3) $(\mathbb{N}, \cdot)$ ist ein kommutatives Monoid, aber keine Gruppe [nur das neutrale Element 1 ist in $(\mathbb{N}, \cdot)$ invertierbar].
(4) $(\mathbb{R}, \cdot)$ ist ein kommutatives Monoid, aber keine Gruppe [denn 0 ist in $(\mathbb{R}, \cdot)$ nicht invertierbar].
(5) Für alle $a, b \in \mathbb{R}^\times := \{x \in \mathbb{R} \mid x \neq 0\} = \mathbb{R} \smallsetminus \{0\}$ gilt $ab \in \mathbb{R}^\times$, und daher ist $(a, b) \mapsto ab : \mathbb{R}^\times \times \mathbb{R}^\times \to \mathbb{R}^\times$ eine Verknüpfung auf $\mathbb{R}^\times$. $(\mathbb{R}^\times, \cdot)$ ist eine abelsche Gruppe: Neutral darin ist 1, und für jedes $a \in \mathbb{R}^\times$ ist $1/a \in \mathbb{R}^\times$ in $(\mathbb{R}^\times, \cdot)$ zu a invers. Ebenso ergibt sich für $\mathbb{Q}^\times := \mathbb{Q} \smallsetminus \{0\}$: $(\mathbb{Q}^\times, \cdot)$ ist eine abelsche Gruppe.

(1.3.4) Verabredung: Im folgenden wird eine Verknüpfung auf einer nichtleeren Menge M als „Multiplikation" $(a, b) \mapsto a \cdot b : M \times M \to M$ geschrieben, wenn nicht eine andere Bezeichnung üblich oder nötig ist; man schreibt dann für $a, b \in M$ auch ab statt $a \cdot b$. Man spricht dann von einer Halbgruppe A [statt $(A, \cdot)$], einem Monoid A [statt $(A, \cdot)$], einer Gruppe G [statt $(G, \cdot)$] und so fort. Sind keine anderen Bezeichnungen üblich oder nötig, so bezeichnet man das neutrale Element einer Gruppe G mit e_G und für jedes $a \in G$ das zu a inverse Element von G mit a^{-1}. Auch bei speziellen Gruppen und bei anderen algebraischen Strukturen läßt man das „Verknüpfungszeichen" weg, wenn klar ist, welche Verknüpfung gemeint ist.

(1.3.5) Satz: *Es sei A ein Monoid, und es sei*

$$A^* := \{a \in A \mid a \text{ ist in } A \text{ invertierbar}\}.$$

(1) *Für alle $a, b \in A^*$ ist $ab \in A^*$.*
(2) *A^* ist mit der von A geerbten Verknüpfung $(a, b) \mapsto ab : A^* \times A^* \to A^*$ eine Gruppe. Neutral in A^* ist das neutrale Element e_A von A, und für jedes $a \in A^*$ gilt: Invers zu a in der Gruppe A^* ist das Inverse a^{-1} im Monoid A.*

Beweis: (1) Vgl. (1.2.11)(3).
(2) Es gilt $e_A \in A^*$ [vgl. (1.2.11)(1)], also $A^* \neq \emptyset$. A ist eine Halbgruppe, also auch $A^* \subset A$. Es ist $e_A \in A^*$ neutral. Für jedes $a \in A^*$ gilt $a^{-1} \in A^*$ [vgl. (1.2.11)(2)], und es ist $a^{-1}a = e_A = e_{A^*}$ und $aa^{-1} = e_A = e_{A^*}$, d.h. a ist auch in A^* invertierbar mit dem Inversen a^{-1}.

(1.3.6) Beispiel: (1) Es sei $M \neq \emptyset$ eine Menge. Aus (1.3.5), angewandt auf das Monoid $\text{Abb}(M, M)$, und aus (1.2.10) folgt:

$$S(M) := \text{Abb}(M, M)^* := \{ f \mid f \colon M \to M \text{ bijektiv} \}$$

ist mit der Verknüpfung $\circ$ eine Gruppe. Ihr neutrales Element ist id_M, und für jedes $f \in S(M)$ gilt: Invers zu f in der Gruppe $S(M)$ ist die Umkehrabbildung f^{-1} von f. $S(M)$ heißt die symmetrische Gruppe auf M; ihre Elemente heißen auch die Permutationen von M.
(2) Es sei M eine Menge, die mindestens drei verschiedene Elemente besitzt. Dann ist die Gruppe $S(M)$ nicht abelsch.
Beweis: Es seien $a, b, c \in M$ paarweise verschieden. Für die Abbildungen $f \colon M \to M$ und $g \colon M \to M$ mit

$$f(x) := \begin{cases} b & \text{für } x = a, \\ a & \text{für } x = b, \\ x & \text{für jedes } x \in M \smallsetminus \{a, b\}, \end{cases}$$

und

$$g(x) := \begin{cases} c & \text{für } x = a, \\ a & \text{für } x = c, \\ x & \text{für jedes } x \in M \smallsetminus \{a, c\} \end{cases}$$

gilt $f \circ f = g \circ g = \text{id}_M$ und daher nach (1.1.36) $f \in S(M)$ und $g \in S(M)$. Wegen $f \circ g(a) = f(g(a)) = f(c) = c$ und $g \circ f(a) = g(f(a)) = g(b) = b$ gilt $f \circ g \neq g \circ f$.
(3) Es sei $n \in \mathbb{N}$. Die Gruppe

$$S_n := S(\{1, 2, \ldots, n\})$$

heißt die n-te symmetrische Gruppe oder die symmetrische Gruppe vom Grad n. Für jedes $\sigma \in S_n$ schreibt man

$$\sigma = \begin{pmatrix} 1 & 2 & \ldots & i & \ldots & n-1 & n \\ \sigma(1) & \sigma(2) & \ldots & \sigma(i) & \ldots & \sigma(n-1) & \sigma(n) \end{pmatrix}.$$

3 Gruppen

Die Anzahl der n-tupel $(j_1, \ldots, j_n)$ aus paarweise verschiedenen Elementen $j_1, \ldots, j_n \in \{1, \ldots, n\}$ ist $n \cdot (n-1) \cdots 2 \cdot 1 =: n!$ [„n Fakultät"], und daher ist $\#(S_n) = n!$ [vgl. auch Aufgabe A(1.1.5)(2)].

(4) Die Gruppe S_3 besteht aus den $3! = 6$ Elementen

$$\varepsilon := \begin{pmatrix} 1 & 2 & 3 \\ 1 & 2 & 3 \end{pmatrix}, \quad \tau_1 := \begin{pmatrix} 1 & 2 & 3 \\ 1 & 3 & 2 \end{pmatrix}, \quad \tau_2 := \begin{pmatrix} 1 & 2 & 3 \\ 3 & 2 & 1 \end{pmatrix},$$

$$\tau_3 := \begin{pmatrix} 1 & 2 & 3 \\ 2 & 1 & 3 \end{pmatrix}, \quad \sigma_1 := \begin{pmatrix} 1 & 2 & 3 \\ 2 & 3 & 1 \end{pmatrix}, \quad \sigma_2 := \begin{pmatrix} 1 & 2 & 3 \\ 3 & 1 & 2 \end{pmatrix}.$$

$\varepsilon = \mathrm{id}_{\{1,2,3\}}$ ist das neutrale Element von S_3, und es gilt $\tau_1^{-1} = \tau_1$, $\tau_2^{-1} = \tau_2$, $\tau_3^{-1} = \tau_3$, $\sigma_1^{-1} = \sigma_2$ und $\sigma_2^{-1} = \sigma_1$. Es gilt

$$\sigma_1 \circ \tau_1 = \begin{pmatrix} 1 & 2 & 3 \\ 2 & 1 & 3 \end{pmatrix} = \tau_3 \neq \tau_2 = \begin{pmatrix} 1 & 2 & 3 \\ 3 & 2 & 1 \end{pmatrix} = \tau_1 \circ \sigma_1.$$

(1.3.7) Satz: *Es sei G eine Gruppe, und es seien $a, b \in G$.*
(1) [*Kürzungsregeln:*] *Wenn es ein $c \in G$ mit $ca = cb$ oder mit $ac = bc$ gibt, so ist $a = b$.*
(2) *Es gibt ein eindeutig bestimmtes $x \in G$ mit $ax = b$, nämlich $x := a^{-1}b$, und es gibt ein eindeutig bestimmtes $y \in G$ mit $ya = b$, nämlich $y := ba^{-1}$.*
(3) *Es gilt $(a^{-1})^{-1} = a$ und $(ab)^{-1} = b^{-1}a^{-1}$.*

Beweis: (1) Es sei $c \in G$. Gilt $ca = cb$, so folgt

$$a = e_G a = (c^{-1}c)a = c^{-1}(ca) = c^{-1}(cb) = (c^{-1}c)b = e_G b = b.$$

Gilt $ac = bc$, so folgt

$$a = ae_G = a(cc^{-1}) = (ac)c^{-1} = (bc)c^{-1} = b(cc^{-1}) = be_G = b.$$

(2) Für $x := a^{-1}b$ gilt $ax = a(a^{-1}b) = (aa^{-1})b = e_G b = b$, und ist $x_1 \in G$ mit $ax_1 = b$, so folgt $x_1 = e_G x_1 = (a^{-1}a)x_1 = a^{-1}(ax_1) = a^{-1}b = x$. Die zweite Aussage folgt analog.
(3) Vgl. (1.2.11), (2) und (3).

(1.3.8) Definition: Es sei G eine Gruppe; es sei $U \subset G$. U heißt eine Untergruppe von G, falls gilt: Es ist $U \neq \emptyset$, für alle $a, b \in U$ ist $ab \in U$, und für jedes $a \in U$ ist $a^{-1} \in U$.

(1.3.9) Bemerkung: Es sei G eine Gruppe, und es sei U eine Untergruppe von G. Dann ist U mit der von G geerbten Verknüpfung

$$(a,b) \mapsto ab : U \times U \to U \qquad (*)$$

eine Gruppe. Neutral in U ist das neutrale Element e_G von G, und für jedes $a \in U$ gilt: Invers zu a in der Gruppe U ist das Inverse a^{-1} von a in der Gruppe G.
Beweis: Es ist $U \neq \emptyset$, und für alle $a, b \in U$ ist $ab \in U$. Also steht in $(*)$ eine Verknüpfung auf U. Da G eine Halbgruppe ist, ist auch $U \subset G$ eine Halbgruppe. Wegen $U \neq \emptyset$ gibt es ein $a_0 \in U$. Nach (1.3.8) ist $a_0^{-1} \in U$, und daher ist, wieder nach (1.3.8), $e_G = a_0 a_0^{-1} \in U$. e_G ist neutral in G und daher auch in U. Also ist U ein Monoid mit dem neutralen Element e_G. Für jedes $a \in U$ gilt: Es ist $a^{-1} \in U$ [nach (1.3.8)], und es gilt $a^{-1}a = e_G = e_U$ und $aa^{-1} = e_G = e_U$, d.h. a ist in U invertierbar mit dem Inversen a^{-1}.

(1.3.10) Beispiel: (1) $\mathbb{Z}$ ist eine Untergruppe von $(\mathbb{R}, +)$, denn für alle $a, b \in \mathbb{Z}$ gilt $a + b \in \mathbb{Z}$ und $-a \in \mathbb{Z}$.
(2) $\{a \in \mathbb{Z} \mid a \text{ ist gerade}\}$ ist eine Untergruppe von $(\mathbb{Z}, +)$.
(3) $\mathbb{Q}^\times$ ist eine Untergruppe von $(\mathbb{R}^\times, \cdot)$, denn für alle $a, b \in \mathbb{Q}^\times$ ist $ab \in \mathbb{Q}^\times$ und $1/a \in \mathbb{Q}^\times$.
(4) Mit den Bezeichnungen aus (1.3.6)(4) gilt: $\{\varepsilon, \tau_1\}, \{\varepsilon, \tau_2\}, \{\varepsilon, \tau_3\}$ und $\{\varepsilon, \sigma_1, \sigma_2\}$ sind Untergruppen der symmetrischen Gruppe S_3.
(5) In jeder Gruppe G sind $\{e_G\}$ und G Untergruppen.

Aufgaben

A(1.3.1) Es sei $M := \{x \in \mathbb{R} \mid x \neq 0\}$, es seien $f_1, f_2, f_3, f_4 \in \text{Abb}(M, M)$ die Abbildungen mit

$$f_1(x) := x, \quad f_2(x) := \frac{1}{x}, \quad f_3(x) := -x, \quad f_4(x) := -\frac{1}{x} \quad \text{für jedes } x \in M,$$

und es sei $G := \{f_1, f_2, f_3, f_4\}$. Man zeige: Für alle $i, j \in \{1, 2, 3, 4\}$ gehört die Hintereinanderausführung $f_i \circ f_j$ zu G, und $(G, \circ)$ ist eine abelsche Gruppe.

A(1.3.2) Man zeige, daß für die Elemente

$$\varepsilon := \begin{pmatrix} 1 & 2 & 3 & 4 \\ 1 & 2 & 3 & 4 \end{pmatrix}, \quad \rho := \begin{pmatrix} 1 & 2 & 3 & 4 \\ 2 & 1 & 4 & 3 \end{pmatrix},$$

$$\sigma := \begin{pmatrix} 1 & 2 & 3 & 4 \\ 3 & 4 & 1 & 2 \end{pmatrix}, \quad \tau := \begin{pmatrix} 1 & 2 & 3 & 4 \\ 4 & 3 & 2 & 1 \end{pmatrix}$$

von S_4 gilt: $V_4 := \{\varepsilon, \rho, \sigma, \tau\}$ ist eine Untergruppe von S_4.

A(1.3.3) Es sei $G := \{(x,y) \mid x, y \in \mathbb{Z}\}$, und für alle $(x,y), (x',y') \in G$ sei
$$(x,y) * (x',y') := (x + x', (-1)^{x'} y + y').$$
Man zeige, daß G mit der so erklärten Verknüpfung $*$ eine Gruppe ist, und untersuche, ob diese Gruppe abelsch ist.

A(1.3.4) Es sei G eine Gruppe. Man zeige: $\{x \in G \mid xa = ax \text{ für jedes } a \in G\}$ ist eine Untergruppe von G. Diese Untergruppe von G heißt das Zentrum von G.

A(1.3.5) Es sei $G := \{(a,b,c) \mid a,b,c \in \mathbb{R}; a \neq 0, c \neq 0\}$, und für alle (a,b,c), $(a',b',c') \in G$ sei $(a,b,c) * (a',b',c') := (aa', ab' + bc', cc')$. Man zeige: G ist mit dieser Verknüpfung $*$ eine Gruppe. Man bestimme ihr Zentrum.

A(1.3.6) Es sei G eine Gruppe, und es sei $\sim$ die folgendermaßen erklärte Relation auf G: Es gelte $x \sim y$, wenn es ein $a \in G$ mit $a^{-1}xa = y$ gibt. Man zeige: $\sim$ ist eine Äquivalenzrelation auf G, und für $x \in G$ ist $(x)_\sim = \{x\}$ genau dann, wenn x im Zentrum $Z(G)$ von G liegt.

A(1.3.7) Es sei G eine Gruppe. Für alle $a, b \in G$ sei $[a,b] := aba^{-1}b^{-1}$. Man zeige: Für $a, b, c \in G$ gilt $[a,b]^{-1} = [b,a]$ und $c[a,b]c^{-1} = [cac^{-1}, cbc^{-1}]$.

4 Ringe und Körper

(1.4.1) Definition: Es sei $R \neq \emptyset$ eine Menge, auf der zwei Verknüpfungen gegeben sind, nämlich eine „Addition"
$$(a,b) \mapsto a + b : R \times R \to R$$
und eine „Multiplikation"
$$(a,b) \mapsto a \cdot b : R \times R \to R.$$
Man nennt R oder ausführlich $(R, +, \cdot)$ einen Ring, wenn gilt:
(a) $(R, +)$ ist eine abelsche Gruppe.
(b) $(R, \cdot)$ ist ein Monoid.
(c) Es gelten die Distributivgesetze: Für alle $a, b, c \in R$ gilt
$$a \cdot (b + c) = a \cdot b + a \cdot c \quad \text{und} \quad (b + c) \cdot a = b \cdot a + c \cdot a.$$

(1.4.2) Bemerkung: Es sei R ein Ring.
(1) Das eindeutig bestimmte neutrale Element der Gruppe $(R, +)$ heißt das Nullelement von R und wird mit 0 oder 0_R bezeichnet. Ist $a \in R$, so wird das eindeutig bestimmte Inverse von a in der Gruppe $(R, +)$ mit $-a$ bezeichnet.

(2) Das eindeutig bestimmte neutrale Element des Monoids $(R,\cdot)$ heißt das Einselement des Rings R und wird mit 1 oder 1_R bezeichnet, falls nicht eine andere Bezeichnung üblich oder nötig ist.
(3) Sind a, b, $c \in R$, so schreibt man $a - b$ statt $a + (-b)$, $-a + b$ statt $(-a) + b$, ab statt $a \cdot b$, $a + bc$ statt $a + (b \cdot c)$, $-ab$ statt $-(a \cdot b)$.
(4) Für $a_1, a_2, \ldots, a_m \in R$ setzt man

$$\sum_{i=1}^{m} a_i := a_1 + a_2 + \cdots + a_m;$$

ist dabei $m = 0$, so verabredet man, $\sum_{i=1}^{m} a_i := 0_R$ zu setzen [„leere Summe"].

(1.4.3) Bemerkung: Es sei R ein Ring.
(1) Für jedes $a \in R$ ist $-(-a) = a$ [vgl. (1.2.11)(2)], für alle $a, b \in R$ gilt

$$-(a+b) \stackrel{(1.2.11)(3)}{=} (-b) + (-a) \stackrel{(K)}{=} (-a) + (-b) = -a - b.$$

(2) Für jedes $a \in R$ gilt $0_R \cdot a = 0_R$ und $a \cdot 0_R = 0_R$.
Beweis: Für jedes $a \in R$ gilt $0_R \cdot a + 0_R = 0_R \cdot a = (0_R + 0_R) \cdot a = 0_R \cdot a + 0_R \cdot a$, und nach (1.3.7)(1), angewandt in der Gruppe $(R,+)$, folgt $0_R = 0_R \cdot a$. Analog folgt $0_R = a \cdot 0_R$.
(3) Für alle $a, b \in R$ gilt $(-a)b = -ab$, $a(-b) = -ab$ und $(-a)(-b) = ab$.
Beweis: Für alle $a, b \in R$ gilt $ab + (-a)b = (a + (-a))b = 0_R b \stackrel{(2)}{=} 0_R = ab + (-ab)$ und daher $(-a)b = -ab$ [vgl. (1.3.7)(1)]. Ebenso folgt $a(-b) = -ab$. Schließlich folgt $(-a)(-b) = -a(-b) = -(-ab) \stackrel{(1)}{=} ab$.
(4) [„Allgemeines Distributivgesetz":] Für $a_1, \ldots, a_m, b_1, \ldots, b_n \in R$ gilt

$$\left(\sum_{i=1}^{m} a_i \right) \cdot \left(\sum_{j=1}^{n} b_j \right) = \sum_{i=1}^{m} \sum_{j=1}^{n} a_i b_j.$$

(1.4.4) Definition: Es sei R ein Ring.
(1) $a \in R$ heißt Einheit in R, wenn a im Monoid $(R, \cdot)$ invertierbar ist.
(2) R heißt ein kommutativer Ring, wenn $(R, \cdot)$ kommutativ ist.

(1.4.5) Bemerkung: Es sei R ein Ring.

$$E(R) := \{ a \in R \mid a \text{ ist Einheit in } R \}$$

4 Ringe und Körper

ist mit der in R gegebenen Multiplikation · als Verknüpfung eine Gruppe [nach (1.3.5), angewandt auf $(R,\cdot)$]; ihr neutrales Element ist 1_R, und jedes $a \in E(R)$ besitzt in $E(R)$ ein eindeutig bestimmtes Inverses $a^{-1} \in E(R)$. Die Gruppe $E(R)$ heißt die Einheitengruppe von R.

(1.4.6) Beispiel: $\mathbb{Z}$, $\mathbb{Q}$ und $\mathbb{R}$ sind kommutative Ringe. Es gilt $E(\mathbb{Z}) = \{1,-1\}$, $E(\mathbb{Q}) = \mathbb{Q} \smallsetminus \{0\}$ und $E(\mathbb{R}) = \mathbb{R} \smallsetminus \{0\}$.

(1.4.7) Definition: Ein Ring R heißt ein Integritätsring, wenn er kommutativ ist, wenn $1_R \neq 0_R$ ist, und wenn gilt: Für alle $a, b \in R$ mit $a \neq 0_R$ und $b \neq 0_R$ ist $ab \neq 0_R$.

(1.4.8) Kürzungsregel: Es sei R ein Integritätsring. Sind $a, b, c \in R$ und gilt $c \neq 0_R$ und $ac = bc$, so ist $a = b$, denn aus $ac = bc$ folgt $(a-b)c = 0_R$, und wegen $c \neq 0_R$ folgt $a - b = 0_R$, also $a = b$.

(1.4.9) Definition: Es sei $K \neq \emptyset$ eine Menge, auf der zwei Verknüpfungen gegeben sind, nämlich eine „Addition"

$$(a,b) \mapsto a+b : K \times K \to K$$

und eine „Multiplikation"

$$(a,b) \mapsto a \cdot b : K \times K \to K.$$

Man nennt K oder ausführlich $(K, +, \cdot)$ einen Körper, wenn gilt:
(a) K ist ein kommutativer Ring, und es ist $1_K \neq 0_K$.
(b) Es gilt $E(K) = \{a \in K \mid a \neq 0_K\}$ [d.h. zu jedem $a \in K \smallsetminus \{0_K\}$ gibt es ein $x \in K$ mit $ax = 1_K$].

(1.4.10) Bemerkung: Es sei K ein Körper.
(1) $K^\times := E(K) = K \smallsetminus \{0_K\}$ ist mit der in K gegebenen Multiplikation · als Verknüpfung eine abelsche Gruppe mit dem neutralen Element 1_K und heißt die Multiplikativgruppe des Körpers K [vgl. (1.4.5)].
(2) Insbesondere besagt (1): Für alle $a, b \in K$ mit $a \neq 0_K$ und $b \neq 0_K$ ist $ab \neq 0_K$. Ein Körper ist also insbesondere ein Integritätsring.

(1.4.11) Beispiel: (1) $\mathbb{Q}$ und $\mathbb{R}$ sind Körper, $\mathbb{Z}$ ist ein Integritätsring und kein Körper.
(2) Es sei $\mathbb{F}_2$ eine Menge aus zwei Elementen, die mit 0 und 1 bezeichnet seien. Auf $\mathbb{F}_2$ werden eine Addition + und eine Multiplikation · definiert, und zwar durch die Wertetabellen

+	0	1
0	0	1
1	1	0

,

·	0	1
0	0	0
1	0	1

.

Man rechnet nach: $\mathbb{F}_2$ ist ein Körper, und zwar ist 0 sein Nullelement, und 1 ist sein Einselement.

(1.4.12) Bemerkung: Es sei S ein Ring, es sei $R \subset S$, und es gelte:
(a) R ist eine Untergruppe der Gruppe $(S, +)$.
(b) Für alle $a, b \in R$ ist $a \cdot b \in R$.
(c) Es ist $1_S \in R$.
Mit den von S geerbten Verknüpfungen $(a, b) \mapsto a + b : R \times R \to R$ und $(a, b) \mapsto a \cdot b : R \times R \to R$ ist R ein Ring [vgl. dazu (1.3.9)]; es gilt $0_R = 0_S$ und $1_R = 1_S$. Man nennt R einen Unterring von S und S einen Oberring von R.

(1.4.13) Bemerkung: Es sei L ein Körper, es sei $K \subset L$, und es gelte:
(a) K ist eine Untergruppe der Gruppe $(L, +)$.
(b) $K \smallsetminus \{0_L\}$ ist eine Untergruppe der Gruppe $(L^\times, \cdot)$.
Mit den von L geerbten Verknüpfungen $(a, b) \mapsto a + b : K \times K \to K$ und $(a, b) \mapsto a \cdot b : K \times K \to K$ ist K ein Körper [vgl. dazu (1.3.9)], es gilt $0_K = 0_L$ und $1_K = 1_L$. Man nennt K einen Teilkörper von L und L einen Erweiterungskörper von K.

(1.4.14) Bemerkung: (1) $\mathbb{Z}$ ist ein Unterring von $\mathbb{Q}$ und von $\mathbb{R}$, und $\mathbb{Q}$ ist ein Teilkörper von $\mathbb{R}$.
(2) Für $K := \{a + b\sqrt{2} \mid a, b \in \mathbb{Q}\}$ gilt $\mathbb{Q} \subset K \subset \mathbb{R}$.
(a) Für alle $x, y \in K$ gilt: Es existieren $a, b, c, d \in \mathbb{Q}$ mit $x = a + b\sqrt{2}$ und $y = c + d\sqrt{2}$, und wegen $a + c, b + d, -a, -b \in \mathbb{Q}$ gilt

$$x + y = (a + c) + (b + d)\sqrt{2} \in K \quad \text{und} \quad -x = -a + (-b)\sqrt{2} \in K.$$

Also ist K eine Untergruppe der Gruppe $(\mathbb{R}, +)$.
(b) Es sei $x \in K \smallsetminus \{0\}$. Dann existieren $a, b \in \mathbb{Q}$ mit $x = a + b\sqrt{2}$. Es gilt $a - b\sqrt{2} \neq 0$. [Annahme: Es ist $a = b\sqrt{2}$. Ist $b = 0$, so folgt $a = 0$ und daher $x = 0$, im Widerspruch zur Voraussetzung $x \neq 0$; ist $b \neq 0$, so folgt $\sqrt{2} = a/b \in \mathbb{Q}$, im Widerspruch zu $\sqrt{2} \notin \mathbb{Q}$, vgl. (1.1.5)(5).] Also

4 Ringe und Körper

ist $a^2 - 2b^2 = (a + b\sqrt{2}) \cdot (a - b\sqrt{2}) \neq 0$, und wegen $a/(a^2 - 2b^2) \in \mathbb{Q}$ und $-b/(a^2 - 2b^2) \in \mathbb{Q}$ gilt

$$\frac{1}{x} = \frac{a}{a^2 - 2b^2} + \frac{-b}{a^2 - 2b^2}\sqrt{2} \in K.$$

(c) Für alle $x, y \in K$ gilt: Es existieren $a, b, c, d \in \mathbb{Q}$ mit $x = a + b\sqrt{2}$, $y = c + d\sqrt{2}$, und wegen $ac + 2bd \in \mathbb{Q}$ und $ad + bc \in \mathbb{Q}$ gilt

$$xy = (ac + 2bd) + (ad + bc)\sqrt{2} \in K.$$

Außerdem gilt nach (b): Für jedes $x \in K \smallsetminus \{0\}$ ist $1/x \in K$. Also ist $K \smallsetminus \{0\}$ eine Untergruppe der Gruppe $(\mathbb{R}^\times, \cdot)$.
(d) Nach (a) und (c) ist K ein Teilkörper von $\mathbb{R}$, und $\mathbb{Q}$ ist ein Teilkörper von K.
(e) $R := \{a + b\sqrt{2} \mid a, b \in \mathbb{Z}\}$ ist ein Unterring von K und von $\mathbb{R}$, und $\mathbb{Z}$ ist ein Unterring von R.

(1.4.15) Bemerkung: Es sei R ein Ring.
(1) Es sei $a \in R$. Man definiert für jedes $n \in \mathbb{Z}$ ein Element $n \cdot a \in R$, indem man festsetzt: Es ist $0 \cdot a := 0_R$ und für jedes $m \in \mathbb{N}$ ist $m \cdot a := (m-1) \cdot a + a$ und $(-m) \cdot a := -(m \cdot a)$.
(2) Es seien $a, b \in R$. Für jedes $n \in \mathbb{Z}$ gilt $n \cdot a = (n \cdot 1_R)a = a(n \cdot 1_R)$, und für alle $m, n \in \mathbb{Z}$ gilt $(m+n) \cdot a = m \cdot a + n \cdot a$, $(mn) \cdot a = m \cdot (n \cdot a)$ und $(m \cdot a)(n \cdot b) = (mn) \cdot (ab)$.

(1.4.16) Bemerkung: Es sei K ein Körper, und es gelte: Es gibt ein $m \in \mathbb{N}$ mit $m \cdot 1_K = 0_K$. Dann ist $p := \min(\{m \in \mathbb{N} \mid m \cdot 1_K = 0\})$ eine Primzahl.
Beweis: Es gilt $p \cdot 1_K = 0_K$. Angenommen, p ist keine Primzahl. Dann gibt es $k, l \in \mathbb{N}$ mit $p = kl$ und mit $k < p$ und $l < p$. Nach Definition von p gilt $k \cdot 1_K \neq 0_K$ und $l \cdot 1_K \neq 0_K$, und daher ist, weil K ein Körper ist, $p \cdot 1_K = (kl) \cdot 1_K = (k \cdot 1_K)(l \cdot 1_K) \neq 0_K$, im Widerspruch zu $p \cdot 1_K = 0_K$.

(1.4.17) Definition: Es sei K ein Körper. Ist $m \cdot 1_K \neq 0_K$ für jedes $m \in \mathbb{N}$, so sagt man, daß K die Charakteristik 0 hat. Gibt es eine natürliche Zahl m mit $m \cdot 1_K = 0_K$ und ist die Primzahl p die kleinste solche Zahl, so sagt man, daß K die Charakteristik p hat.

(1.4.18) Beispiel: (1) Die Körper $\mathbb{Q}$, $\mathbb{R}$ und $\mathbb{C}$ haben die Charakteristik 0. Allgemeiner gilt: Jeder Teilkörper von $\mathbb{C}$ hat die Charakteristik 0.

(2) Der in (1.4.11)(2) konstruierte Körper $\mathbb{F}_2$ hat die Charakteristik 2.
(3) Ist K ein Körper der Charakteristik 2, so gilt für jedes $a \in K$: Es ist $a + a = 2 \cdot a = (2 \cdot 1_K)a = 0_K$, und daher gilt $a = -a$.
(4) Es sei K ein endlicher Körper. Da $\{m \cdot 1_K \mid m \in \mathbb{N}\}$ eine endliche Menge ist, gibt es $m, n \in \mathbb{N}$ mit $m < n$ und mit $m \cdot 1_K = n \cdot 1_K$. Es gilt $n - m \in \mathbb{N}$ und $(m - n) \cdot 1_K = 0_K$, und daher hat K nach (1.4.16) eine positive Charakteristik p. Man kann zeigen: Die Elementanzahl von K ist eine Potenz der Primzahl p.
(5) Man kann zeigen: Zu jeder Primzahl p und jedem $n \in \mathbb{N}$ gibt es einen Körper mit $q := p^n$ Elementen. Dieser ist im wesentlichen eindeutig bestimmt und wird mit $\mathbb{F}_q$ bezeichnet. $\mathbb{F}_q$ hat die Charakteristik p.

Aufgaben

A(1.4.1) Es sei d eine natürliche Zahl, die nicht das Quadrat einer natürlichen Zahl ist. [Dann gilt $\sqrt{d} \notin \mathbb{Q}$. Dies beweist man so ähnlich, wie in (1.1.5)(5) bewiesen wurde, daß $\sqrt{2} \notin \mathbb{Q}$ ist.] Man zeige: $\mathbb{Q}[\sqrt{d}] := \{a + b\sqrt{d} \mid a, b \in \mathbb{Q}\}$ ist ein Teilkörper des Körpers $\mathbb{R}$, und $\mathbb{Z}[\sqrt{d}] := \{a + b\sqrt{d} \mid a, b \in \mathbb{Z}\}$ ist ein Unterring des Körpers $\mathbb{Q}[\sqrt{d}]$.

A(1.4.2) Man gebe mindestens sieben verschiedene Elemente der Einheitengruppe $E(\mathbb{Z}[\sqrt{2}])$ des Rings $\mathbb{Z}[\sqrt{2}]$ an.

A(1.4.3) Es sei R ein kommutativer Ring, es seien $a, b \in R$, und es gelte $ab \in E(R)$. Man zeige: Dann gilt $a \in E(R)$ und $b \in E(R)$.

A(1.4.4) Man beweise: Ein endlicher Integritätsring ist ein Körper. [Man vgl. dazu Aufgabe A(1.1.4)(1).]

A(1.4.5) Es sei R ein Ring, der nicht nur aus seinem Nullelement 0 besteht. Ein Element $a \in R$ heißt nilpotent, wenn es ein $n \in \mathbb{N}$ mit $a^n = 0$ gibt.
(1) Man zeige: Für jedes $a \in R$ und jedes $m \in \mathbb{N}_0$ gilt

$$(1-a)(1+a+a^2+\cdots+a^m) = (1+a+a^2+\cdots+a^m)(1-a) = 1 - a^{m+1}.$$

(2) Man beweise: Ist $a \in R$ nilpotent, so gilt $a \notin E(R)$, $1 - a \in E(R)$ und $1 + a \in E(R)$.

A(1.4.6) Es sei K ein Körper. Für alle $a, b \in K$ sei $f_{a,b} \colon K \to K$ die Abbildung mit $f_{a,b}(x) = ax + b$ für jedes $x \in K$.
(1) Es sei $R := \{f_{a,b} \mid a, b \in K\}$. Man zeige: Für alle $f, g \in R$ sind

$$f + g \colon K \to K \quad \text{mit } (f+g)(x) := f(x) + g(x) \text{ für jedes } x \in K$$

und $f \circ g \colon K \to K$ Elemente von R. Man untersuche, ob $(R, +, \circ)$ ein Ring ist.
(2) Man zeige, daß $G := \{f_{a,b} \mid a \in K^\times, b \in K\}$ eine Untergruppe der symmetrischen Gruppe $S(K)$ [vgl. (1.3.6)] ist, und untersuche, ob die Gruppe G abelsch ist.

(3) Man zeige, daß $H := \{f_{a,0} \mid a \in K^\times\}$ eine Untergruppe von G ist, und untersuche, ob die Gruppe H abelsch ist.

A(1.4.7) (1) Es sei K ein Körper. Auf K wird die folgende Relation R definiert: Für $x, y \in K$ gelte xRy, genau wenn es ein $z \in K^\times$ mit $x = yz^2$ gibt.
(a) Man zeige: R ist eine Äquivalenzrelation auf K.
(b) Man zeige: Sind $x, y, x', y' \in K$ und gilt xRy und $x'Ry'$, so gilt $xx'Ryy'$.
(2) Es sei jetzt $K = \mathbb{R}$. Wieviele Äquivalenzklassen bezüglich der gemäß (1) definierten Relation R im Körper $\mathbb{R}$ gibt es?
(3) Wie sehen die Äquivalenzklassen bezüglich R im Fall $K = \mathbb{Q}$ aus?

5 Das Rechnen mit Matrizen

(1.5.1) In diesem Paragraphen ist R stets ein kommutativer Ring mit dem Nullelement $0 = 0_R$ und dem Einselement $1 = 1_R$, und m, n, p, q sind natürliche Zahlen.

(1.5.2) Definition: (1) Es sei für jedes $i \in \{1, \ldots, m\}$ und für jedes $j \in \{1, \ldots, n\}$ ein Element $\alpha_{ij} = \alpha_{i,j} \in R$ gegeben. Das Schema

$$A = \begin{pmatrix} \alpha_{11} & \alpha_{12} & \ldots & \alpha_{1n} \\ \alpha_{21} & \alpha_{22} & \ldots & \alpha_{2n} \\ \vdots & \vdots & & \vdots \\ \alpha_{m1} & \alpha_{m2} & \ldots & \alpha_{mn} \end{pmatrix} = (\alpha_{ij})_{1 \leq i \leq m, 1 \leq j \leq n} = (\alpha_{ij})_{i,j} = (\alpha_{ij})$$

heißt eine Matrix über R mit m Zeilen und n Spalten oder kürzer eine (m,n)-Matrix über R.
(2) Die Menge aller (m,n)-Matrizen über R wird mit $M(m,n;R)$, die Menge aller (n,n)-Matrizen über R wird mit $M(n;R)$ bezeichnet.

(1.5.3) Bezeichnung: (1) Es sei $A = (\alpha_{ij})_{1 \leq i \leq m, 1 \leq j \leq n} \in M(m,n;R)$.
(a) Für $i \in \{1, \ldots, m\}, j \in \{1, \ldots, n\}$ setzt man $A[i,j] := \alpha_{ij}$.
(b) Für $i \in \{1, \ldots, m\}$ heißt

$$A_{i\bullet} := (\alpha_{i1}, \alpha_{i2}, \ldots, \alpha_{in}) \in M(1, n; R)$$

die i-te Zeile von A, und für $j \in \{1, \ldots, n\}$ heißt

$$A_{\bullet j} := \begin{pmatrix} \alpha_{1j} \\ \alpha_{2j} \\ \vdots \\ \alpha_{mj} \end{pmatrix} \in M(m, 1; R)$$

die j-te Spalte von A.
(2) Es seien

$$b_1 = \begin{pmatrix} \beta_{11} \\ \vdots \\ \beta_{m1} \end{pmatrix}, \; b_2 = \begin{pmatrix} \beta_{12} \\ \vdots \\ \beta_{m2} \end{pmatrix}, \ldots, \; b_n = \begin{pmatrix} \beta_{1n} \\ \vdots \\ \beta_{mn} \end{pmatrix} \in M(m,1;R).$$

Dann ist

$$(b_1, b_2, \ldots, b_n) := (\beta_{ij})_{1 \leq i \leq m, 1 \leq j \leq n} \in M(m,n;R)$$

die Matrix mit den Spalten $b_1, b_2, \ldots, b_n$.
(3) Es seien

$$c_1 = (\gamma_{11}, \ldots, \gamma_{1n}), \; c_2 = (\gamma_{21}, \ldots, \gamma_{2n}), \ldots, \; c_m = (\gamma_{m1}, \ldots, \gamma_{mn})$$

$\in M(1,n;R)$. Dann ist

$$\begin{pmatrix} c_1 \\ c_2 \\ \vdots \\ c_m \end{pmatrix} := (\gamma_{ij})_{1 \leq i \leq m, 1 \leq j \leq n} \in M(m,n;R)$$

die Matrix mit den Zeilen $c_1, c_2, \ldots, c_m$.

(1.5.4) Definition: (1) Für alle $A = (\alpha_{ij})$, $B = (\beta_{ij}) \in M(m,n;R)$ setzt man

$$A + B := (\alpha_{ij} + \beta_{ij}) \in M(m,n;R).$$

(2) Für jedes $\lambda \in R$ und jedes $A = (\alpha_{ij}) \in M(m,n;R)$ setzt man

$$\lambda \cdot A = \lambda A := (\lambda \alpha_{ij}) \in M(m,n;R).$$

(1.5.5) Satz: (1) *Mit der in (1.5.4)(1) definierten Addition $+$ als Verknüpfung ist $M(m,n;R)$ eine abelsche Gruppe. Ihr neutrales Element ist die Nullmatrix*

$$0 := \begin{pmatrix} 0 & 0 & \ldots & 0 \\ 0 & 0 & \ldots & 0 \\ \vdots & \vdots & & \vdots \\ 0 & 0 & \ldots & 0 \end{pmatrix} \in M(m,n;R),$$

5 Das Rechnen mit Matrizen

und für jedes $A = (\alpha_{ij}) \in M(m,n;R)$ ist $-A := (-\alpha_{ij}) \in M(m,n;R)$ das Inverse von A in dieser Gruppe.

(2) Für alle $\lambda, \mu \in R$ und alle $A, B \in M(m,n;R)$ gilt

$$\lambda(A+B) = \lambda A + \lambda B, \quad (\lambda + \mu)A = \lambda A + \mu A,$$
$$(\lambda \mu)A = \lambda(\mu A), \quad 1_R \cdot A = A.$$

Beweis: Durch Rechnen im Ring R.

(1.5.6) Definition: Für jedes $A = (\alpha_{ij})_{1 \leq i \leq m, 1 \leq j \leq n} \in M(m,n;R)$ und jedes $B = (\beta_{ij})_{1 \leq i \leq n, 1 \leq j \leq p} \in M(n,p;R)$ definiert man auf folgende Weise eine Matrix $A \cdot B = AB \in M(m,p;R)$: Man setzt

$$AB = \begin{pmatrix} \alpha_{11} & \alpha_{12} & \ldots & \alpha_{1n} \\ \vdots & \vdots & & \vdots \\ \alpha_{i1} & \alpha_{i2} & \ldots & \alpha_{in} \\ \vdots & \vdots & & \vdots \\ \alpha_{m1} & \alpha_{m2} & \ldots & \alpha_{mn} \end{pmatrix} \cdot \begin{pmatrix} \beta_{11} & \ldots & \beta_{1j} & \ldots & \beta_{1p} \\ \beta_{21} & \ldots & \beta_{2j} & \ldots & \beta_{2p} \\ \vdots & & \vdots & & \vdots \\ \beta_{n1} & \ldots & \beta_{nj} & \ldots & \beta_{np} \end{pmatrix}$$

$$:= \left(\sum_{k=1}^{n} \alpha_{ik} \beta_{kj} \right)_{1 \leq i \leq m, 1 \leq j \leq p},$$

d.h. für jedes $i \in \{1, \ldots, m\}$ und jedes $j \in \{1, \ldots, p\}$ ist

$$(AB)[i,j] = \sum_{k=1}^{n} A[i,k]\, B[k,j].$$

(1.5.7) Satz: (1) Für alle $A \in M(m,n;R)$, $B \in M(n,p;R)$ und $C \in M(p,q;R)$ gilt [in $M(m,q;R)$]

$$(AB)C = A(BC) \quad [=: ABC].$$

(2) Für alle $A \in M(m,n;R)$ und $B, C \in M(n,p;R)$ gilt [in $M(m,p;R)$]

$$A(B+C) = AB + AC.$$

(3) Für alle $B, C \in M(m,n;R)$ und $A \in M(n,p;R)$ gilt [in $M(m,p;R)$]

$$(B+C)A = BA + CA.$$

(4) Für jedes $\lambda \in R$ und alle $A \in M(m,n;R)$ und $B \in M(n,p;R)$ gilt [in $M(m,p;R)$]

$$(\lambda A)B = \lambda(AB) = A(\lambda B) \quad [=: \lambda AB].$$

Beweis: (1) Für $A \in M(m,n;R)$, $B \in M(n,p;R)$ und $C \in M(p,q;R)$ sind $AB \in M(m,p;R)$ und $BC \in M(n,q;R)$ erklärt, also auch $(AB)C \in M(m,q;R)$ und $A(BC) \in M(m,q;R)$, und für alle $i \in \{1,\ldots,m\}$ und $j \in \{1,\ldots,q\}$ gilt

$$\begin{aligned}((AB)C)[i,j] &= \sum_{k=1}^{p}(AB)[i,k]\,C[k,j] \\ &= \sum_{k=1}^{p}\left(\sum_{l=1}^{n}A[i,l]\,B[l,k]\right)C[k,j] = \sum_{k=1}^{p}\sum_{l=1}^{n}A[i,l]\,B[l,k]\,C[k,j] \\ &= \sum_{l=1}^{n}\sum_{k=1}^{p}A[i,l]\,B[l,k]\,C[k,j] = \sum_{l=1}^{n}A[i,l]\left(\sum_{k=1}^{p}B[l,k]\,C[k,j]\right) \\ &= \sum_{l=1}^{n}A[i,l]\,(BC)[l,j] = (A(BC))[i,j],\end{aligned}$$

und somit ist $(AB)C = A(BC)$.
(2) Für alle $A \in M(m,n;R)$ und $B, C \in M(n,p;R)$ gilt $A(B+C) \in M(m,p;R)$ und $AB + AC \in M(m,p;R)$, und für alle $i \in \{1,\ldots,m\}$ und $j \in \{1,\ldots,p\}$ ist

$$\begin{aligned}(A(B+C))[i,j] &= \sum_{k=1}^{n}A[i,k]\,(B+C)[k,j] \\ &= \sum_{k=1}^{n}A[i,k]\,(B[k,j]+C[k,j]) \\ &= \sum_{k=1}^{n}A[i,k]\,B[k,j] + \sum_{k=1}^{n}A[i,k]\,C[k,j] \\ &= (AB)[i,j] + (AC)[i,j] = (AB+AC)[i,j],\end{aligned}$$

und somit ist $A(B+C) = AB + AC$.
(3) und (4) beweist man analog.

(1.5.8) Definition: Es sei $A = (\alpha_{ij})_{1 \leq i \leq m, 1 \leq j \leq n} \in M(m,n;R)$. Die Matrix

$$^tA := (\alpha_{ij})_{1 \leq j \leq n, 1 \leq i \leq m} = \begin{pmatrix} \alpha_{11} & \alpha_{21} & \cdots & \alpha_{m1} \\ \alpha_{12} & \alpha_{22} & \cdots & \alpha_{m2} \\ \vdots & \vdots & & \vdots \\ \alpha_{1n} & \alpha_{2n} & \cdots & \alpha_{mn} \end{pmatrix} \in M(n,m;R)$$

5 Das Rechnen mit Matrizen

heißt die transponierte Matrix zu A.

(1.5.9) Definition: Es sei $A \in M(m,n;R)$. Ist $A = {}^tA$, so heißt A symmetrisch; ist $A = -{}^tA$, so heißt A antisymmetrisch.

(1.5.10) Satz: (1) Für jedes $A \in M(m,n;R)$ ist ${}^t({}^tA) = A$.
(2) Für alle $A, B \in M(m,n;R)$ ist ${}^t(A+B) = {}^tA + {}^tB$.
(3) Für alle $\lambda \in R$ und $A \in M(m,n;R)$ gilt ${}^t(\lambda A) = \lambda {}^tA$.
(4) Für alle $A \in M(m,n;R)$ und $B \in M(n,p;R)$ ist ${}^t(AB) = {}^tB\, {}^tA$.

Beweis: (1), (2) und (3) sind klar.
(4) Es seien $A \in M(m,n;R)$ und $B \in M(n,p;R)$. Dann gilt ${}^t(AB) \in M(p,m;R)$ und ${}^tB\,{}^tA \in M(p,m;R)$, und für jedes $i \in \{1,\ldots,p\}$ und jedes $j \in \{1,\ldots,m\}$ gilt

$$
{}^t(AB)[i,j] = (AB)[j,i] = \sum_{k=1}^{n} A[j,k]B[k,i]
$$
$$
= \sum_{k=1}^{n} ({}^tA)[k,j]({}^tB)[i,k] = \sum_{k=1}^{n} ({}^tB)[i,k]({}^tA)[k,j] = ({}^tB\,{}^tA)[i,j],
$$

und somit ist ${}^t(AB) = {}^tB\,{}^tA$.

(1.5.11) Bezeichnung: (1) [Kronecker-Symbol] Für $i,j \in \mathbb{Z}$ setzt man

$$
\delta_{ij} := \begin{cases} 1 = 1_R, & \text{falls } i = j \text{ ist,} \\ 0 = 0_R, & \text{falls } i \neq j \text{ ist} \end{cases}
$$

[nach L. Kronecker, 1823 – 1891].
(2) Für alle $k \in \{1,\ldots,m\}$ und $l \in \{1,\ldots,n\}$ setzt man

$$
E_{kl} := (\delta_{ik} \cdot \delta_{jl})_{1 \leq i \leq m, 1 \leq j \leq n} \in M(m,n;R).
$$

Für $i \in \{1,\ldots,m\}$ und $j \in \{1,\ldots,n\}$ ist also

$$
E_{kl}[i,j] = \begin{cases} 1, & \text{falls } i = k \text{ und } j = l \text{ ist,} \\ 0, & \text{falls } i \neq k \text{ oder } j \neq l \text{ ist.} \end{cases}
$$

Die mn Matrizen $E_{11}, E_{12}, \ldots, E_{mn} \in M(m,n;R)$ heißen die Basismatrizen in $M(m,n;R)$.

(3) Die Basismatrizen in $M(m,1;K)$ sind

$$e_1 := \begin{pmatrix} 1 \\ 0 \\ 0 \\ \vdots \\ 0 \\ 0 \end{pmatrix}, \; e_2 := \begin{pmatrix} 0 \\ 1 \\ 0 \\ \vdots \\ 0 \\ 0 \end{pmatrix}, \ldots, \; e_m := \begin{pmatrix} 0 \\ 0 \\ 0 \\ \vdots \\ 0 \\ 1 \end{pmatrix}.$$

Man nennt diese Matrizen $e_1, \ldots, e_m$ die Basisvektoren in $M(m,1;K)$.

(4) Die Basismatrizen in $M(1,n;K)$ sind

$$e_1 := (1,0,0,\ldots,0,0), \; e_2 := (0,1,0,\ldots,0,0), \ldots, \; e_n := (0,0,0,\ldots,0,1).$$

Man nennt diese Matrizen $e_1, \ldots, e_n$ die Basisvektoren in $M(1,n;K)$.

(5) Die Matrix

$$E_n := (\delta_{ij})_{1 \leq i \leq n, 1 \leq j \leq n} = \begin{pmatrix} 1 & 0 & \ldots & 0 & 0 \\ 0 & 1 & \ldots & 0 & 0 \\ \vdots & \vdots & \ddots & \vdots & \vdots \\ 0 & 0 & \ldots & 1 & 0 \\ 0 & 0 & \ldots & 0 & 1 \end{pmatrix} \in M(n;R)$$

heißt die n-reihige Einheitsmatrix über R.

(1.5.12) Bemerkung: Es sei $A = (\alpha_{ij})_{i,j} \in M(m,n;R)$.
(1) Mit den Basismatrizen $E_{11}, E_{12}, \ldots, E_{mn} \in M(m,n;R)$ gilt: Es ist

$$A = \sum_{i=1}^{m} \sum_{j=1}^{n} \alpha_{ij} E_{ij}.$$

(2) Es gilt

$$E_m A = \left(\sum_{k=1}^{m} \delta_{ik} \alpha_{kj} \right)_{i,j} = (\alpha_{ij})_{i,j} = A,$$

$$A E_n = \left(\sum_{k=1}^{m} \alpha_{ik} \delta_{kj} \right)_{i,j} = (\alpha_{ij})_{i,j} = A.$$

5 Das Rechnen mit Matrizen

(1.5.13) Bemerkung: Es seien $E_{11}, E_{12}, \ldots, E_{mm} \in M(m; R)$ die Basismatrizen, und es seien $k, l, s, t \in \{1, \ldots, m\}$. Für alle $i, j \in \{1, \ldots, m\}$ gilt

$$\begin{aligned}(E_{kl} E_{st})[i,j] &= \sum_{r=1}^{m} E_{kl}[i,r] \, E_{st}[r,j] \\ &= \sum_{r=1}^{m} \delta_{ik}\delta_{rl}\delta_{rs}\delta_{jt} = \begin{cases} \delta_{ik}\delta_{jt}, & \text{falls } l = s \text{ ist,} \\ 0, & \text{falls } l \neq s \text{ ist,} \end{cases}\end{aligned}$$

und daher gilt

$$E_{kl}E_{st} = \left\{ \begin{array}{ll} E_{kt}, & \text{falls } l = s \text{ ist,} \\ 0, & \text{falls } l \neq s \text{ ist,} \end{array} \right\} = \delta_{ls} E_{kt}.$$

(1.5.14) Satz: (1) Mit der in (1.5.4)(1) definierten Addition

$$(A, B) \mapsto A + B : M(n; R) \times M(n; R) \to M(n; R)$$

und der in (1.5.6) definierten Multiplikation

$$(A, B) \mapsto AB : M(n; R) \times M(n; R) \to M(n; R)$$

ist $M(n; R)$ ein Ring. Sein Nullelement ist die Nullmatrix $0 \in M(n; R)$, sein Einselement ist die Einheitsmatrix $E_n \in M(n; R)$, und für jedes $A = (\alpha_{ij}) \in M(n; R)$ ist $-A = (-\alpha_{ij})$.
(2) Gilt $R \neq \{0_R\}$ und ist $n \geq 2$, so ist der Ring $M(n; R)$ nicht kommutativ.

Beweis: (1) Man vgl. (1.5.5), (1.5.7)(1)-(3) und (1.5.12)(2).
(2) Es gelte $R \neq \{0_R\}$ und $n \geq 2$, und es seien $E_{11}, E_{12}, \ldots, E_{nn} \in M(n; R)$ die Basismatrizen. Dann gilt [vgl. (1.5.13)]

$$E_{12}E_{21} = E_{11} \neq E_{22} = E_{21}E_{12}.$$

(1.5.15) Bemerkung: Im Ring $M(1; R)$ gilt für alle $\alpha, \beta \in R$: Es ist $(\alpha) + (\beta) = (\alpha + \beta)$ und $(\alpha) \cdot (\beta) = (\alpha\beta)$. Der Ring $M(1; R)$ ist also bis auf die Bezeichnung seiner Elemente [(α) statt α] genau der Ring R.

(1.5.16) Bezeichnung: (1) Eine Matrix $A \in M(n; R)$ ist eine Einheit im Ring $M(n; R)$, wenn es ein $B \in M(n; R)$ mit $AB = BA = E_n$ gibt [vgl. (1.4.4)].
(2) Es sei K ein Körper. Eine Matrix $A \in M(n; K)$ heißt eine invertierbare Matrix, wenn sie eine Einheit im Ring $M(n; K)$ ist.

(1.5.17) Bemerkung: (1) Es sei $A \in M(n;R)$ eine Einheit im Ring $M(n;R)$. Es gibt ein eindeutig bestimmtes $A^{-1} \in M(n;R)$ mit $A^{-1}A = E_n$ und mit $AA^{-1} = E_n$ [vgl. (1.4.5)].
(2) Mit der Matrizenmultiplikation · als Verknüpfung ist

$$\mathrm{GL}(n;R) := E\bigl(M(n;R)\bigr) = \{A \in M(n;R) \mid A \text{ ist Einheit in } M(n;R)\}$$

[vgl. (1.4.5)] eine Gruppe [GL steht für „general linear group"]. Das neutrale Element von $\mathrm{GL}(n;R)$ ist die Einheitsmatrix $E_n \in M(n;R)$.
(3) Es seien $A, B \in \mathrm{GL}(n;R)$. Dann gilt
(a) $A^{-1} \in \mathrm{GL}(n;R)$ und $(A^{-1})^{-1} = A$.
(b) $AB \in \mathrm{GL}(n;R)$ und $(AB)^{-1} = B^{-1}A^{-1}$.
(c) ${}^tA \in \mathrm{GL}(n;R)$ und $({}^tA)^{-1} = {}^t(A^{-1})$.
Beweis: Zu (a) und (b) vgl. man (1.2.11), und (c) folgt so: Nach (1.5.10)(4) gilt ${}^t(A^{-1}){}^tA = {}^t(AA^{-1}) = {}^tE_n = E_n$ und ${}^tA{}^t(A^{-1}) = {}^t(A^{-1}A) = {}^tE_n = E_n$.
(4) Ist $n \geq 2$ und gilt $R \neq \{0_R\}$, so ist die Gruppe $\mathrm{GL}(n;R)$ nicht abelsch.
Beweis: Es sei $n \geq 2$, und es seien $E_{11}, E_{12}, \ldots, E_{nn} \in M(n;R)$ die Basismatrizen. Für die Matrix $A := E_n + E_{12} \in M(n;R)$ gilt

$$\begin{aligned}(E_n - E_{12})A &= E_n + E_nE_{12} - E_{12}E_n + (-E_{12})E_{12} \\ &= E_n - E_{12}E_{12} \stackrel{(1.5.13)}{=} E_n\end{aligned}$$

und $A(E_n - E_{12}) = E_n$, und daher gilt $A \in \mathrm{GL}(n;R)$ [und $A^{-1} = E_n - E_{12}$]. Ebenso ist $B := E_n + E_{21} \in \mathrm{GL}(n;R)$. Es gilt

$$\begin{aligned}AB &= (E_n + E_{12})(E_n + E_{21}) = E_n + E_{21} + E_{12} + E_{12}E_{21} \\ &= E_n + E_{21} + E_{12} + E_{11}\end{aligned}$$

und

$$\begin{aligned}BA &= (E_n + E_{21})(E_n + E_{12}) = E_n + E_{12} + E_{21} + E_{21}E_{12} \\ &= E_n + E_{21} + E_{12} + E_{22},\end{aligned}$$

also ist $AB \neq BA$, denn wegen $0_R \neq 1_R$ gilt $E_{11} \neq E_{22}$.
(5) Die Gruppe $\mathrm{GL}(1;R)$ ist bis auf die Schreibweise für ihre Elemente gerade die Einheitengruppe $E(R)$ des Rings R.

(1.5.18) Bezeichnung: Eine Matrix $A \in M(n;R)$ heißt eine linke oder untere Dreiecksmatrix, wenn gilt: Für alle $i, j \in \{1, \ldots, n\}$ mit $i < j$

5 Das Rechnen mit Matrizen   45

ist $A[i,j] = 0$. Eine Matrix $B \in M(n;R)$ heißt eine rechte oder obere Dreiecksmatrix, wenn ^tB eine untere Dreiecksmatrix ist, also wenn gilt: Für alle $i,j \in \{1,\ldots,n\}$ mit $i > j$ ist $B[i,j] = 0$.
Es sei $A \in M(n;R)$. Es ist A genau dann eine obere (untere) Dreiecksmatrix, wenn ^tA eine untere (obere) Dreiecksmatrix ist.

(1.5.19) Satz: *Es gilt:*

$$\triangle(n;R) := \{A \in M(n;R) \mid A \text{ ist eine linke Dreiecksmatrix}\}$$

und

$$\nabla(n;R) := \{A \in M(n;R) \mid A \text{ ist eine rechte Dreiecksmatrix}\}$$

sind Unterringe des Rings $M(n;R)$.

Beweis: Das Einselement E_n des Rings $M(n;R)$ liegt in $\triangle(n;R)$, also gilt insbesondere $\triangle(n;R) \neq \emptyset$. Für alle $A,B \in \triangle(n;R)$ gehören, wie man sogleich sieht, auch $A+B$ und $-A$ zu $\triangle(n;R)$. Also ist $\triangle(n;R)$ eine Untergruppe der Gruppe $(M(n;R),+)$. Sind $A,B \in \triangle(n;R)$, so ist $AB \in \triangle(n;R)$, denn es gilt für alle $i,j \in \{1,\ldots,n\}$ mit $i<j$

$$(AB)[i,j] = \sum_{k=1}^{n} A[i,k]\,B[k,j] = \sum_{k=1}^{i} A[i,k]\,B[k,j] = 0,$$

da $A[i,k] = 0$ für jedes $k \in \{i+1,\ldots,n\}$ und $B[k,j] = 0$ für jedes $k \in \{1,\ldots,i\}$ gilt. Damit ist gezeigt, daß $\triangle(n;R)$ ein Unterring von $M(n;R)$ ist.
Ebenso ergibt sich, daß auch $\nabla(n;R)$ ein Unterring von $M(n;R)$ ist.

Aufgaben

A(1.5.1) (1) Es sei R ein kommutativer Ring, und es sei $A := \begin{pmatrix} \alpha & \beta \\ \gamma & \delta \end{pmatrix} \in M(2;R)$. Man beweise, daß

$$A^2 - (\alpha+\delta)A + (\alpha\delta - \beta\gamma)E_2 = 0$$

gilt, und folgere daraus: A ist genau dann eine Einheit im Ring $M(2;R)$, wenn $\alpha\delta - \beta\gamma$ eine Einheit im Ring R ist.
(2) Man zeige, daß die Matrizen

$$\begin{pmatrix} 111 & 1111 \\ 12320 & 123311 \end{pmatrix} \quad \text{und} \quad \begin{pmatrix} 4 & -3 \\ -3 & 1 \end{pmatrix}$$

aus $M(2;\mathbb{Q})$ invertierbar sind, und ermittle die inversen Matrizen. Dabei verwende man (1).

A(1.5.2) Es sei $\mathbb{F}_2$ der in (1.4.10)(2) beschriebene Körper mit zwei Elementen. Man gebe alle Elemente der Gruppe $\mathrm{GL}(2;\mathbb{F}_2)$ an. Dabei verwende man Aufgabe A(1.5.1). Ist diese Gruppe abelsch?

A(1.5.3) Es sei R ein kommutativer Ring, der nicht nur aus seinem Nullelement besteht. Man zeige: Ist $n \geq 2$, so sind die Ringe $\triangle(n;R)$ und $\triangledown(n;R)$ nicht kommutativ.

A(1.5.4) Es sei R ein kommutativer Ring.
(1) Man beweise: Für die Einheitengruppe des Rings $\triangle(2;R)$ gilt $E(\triangle(2;R)) = \{A \in \triangle(2;R) \mid A[1,1] \in E(R), A[2,2] \in E(R)\} = \triangle(2;R) \cap \mathrm{GL}(2;R)$. Man untersuche, ob diese Gruppe abelsch ist.
(2) Man formuliere und beweise die entsprechenden Aussagen für $\triangledown(2;R)$.

A(1.5.5) Es sei R ein kommutativer Ring, und es sei $A \in M(n;R)$. Man zeige, daß $Z_A := \{X \in M(n;R) \mid AX = XA\}$ ein Unterring des Rings $M(n;R)$ ist und daß $E(Z_A) = Z_A \cap \mathrm{GL}(n;R)$ gilt.

A(1.5.6) Die Folge $(f_n)_{n \geq 0}$ in $\mathbb{Z}$ mit $f_0 = 0$ und $f_1 = 1$ und mit $f_{n+2} = f_{n+1} + f_n$ für jedes $n \in \mathbb{N}_0$ heißt die Folge der Fibonacci-Zahlen. [Diese Folge wurde zuerst von Leonardo von Pisa, genannt Fibonacci, (um 1170 - 1250) betrachtet.]
(1) Man beweise durch Induktion: Für jedes $n \in \mathbb{N}$ ist

$$\begin{pmatrix} 1 & 1 \\ 1 & 0 \end{pmatrix}^n = \begin{pmatrix} f_{n+1} & f_n \\ f_n & f_{n-1} \end{pmatrix}.$$

(2) Man folgere aus (1): Für alle $k, m \in \mathbb{N}$ ist $f_{k+m} = f_{k+1}f_m + f_k f_{m-1}$.
(3) Es sei $x \in \mathbb{R}$ mit $x^2 = x + 1$. Man beweise: Für jedes $n \in \mathbb{N}$ ist $x^n = xf_n + f_{n-1}$. - Es seien $\alpha := (1 + \sqrt{5})/2$ und $\beta := (1 - \sqrt{5})/2$, also gelten $\alpha^2 = \alpha + 1$ und $\beta^2 = \beta + 1$. Man beweise die Formel von J. Ph. M. Binet (1843): Für jedes $n \in \mathbb{N}$ gilt

$$f_n = \frac{\alpha^n - \beta^n}{\sqrt{5}}.$$

A(1.5.7) Es sei K ein Körper.
(1) Es sei $A \in \mathrm{GL}(n;K)$. Man beweise durch Induktion, daß für jedes $j \in \mathbb{N}$ gilt: A^j ist invertierbar, und es ist $(A^j)^{-1} = (A^{-1})^j$.
(2) Es sei $A \in \mathrm{GL}(n;K)$. Für jedes $j \in \mathbb{N}$ setzt man $A^{-j} := (A^j)^{-1}$. Man beweise: Für jedes $k \in \mathbb{Z}$ gilt $(A^{-1})^k = A^{-k} = (A^k)^{-1}$.

A(1.5.8) (1) Für die Matrix

$$A := \begin{pmatrix} \sqrt{2}/2 & -\sqrt{2}/2 \\ \sqrt{2}/2 & \sqrt{2}/2 \end{pmatrix} \in M(2;\mathbb{R})$$

berechne man $A^2, A^3, A^4, A^5, A^6, A^7$ und A^8.

(2) Mit Hilfe von Aufgabe A(1.5.1) zeige man, daß A invertierbar ist, und ermittle A^{-1}.
(3) Man zeige: $G := \{A^i \mid i \in \mathbb{Z}\}$ ist eine Untergruppe von $\text{GL}(2;\mathbb{R})$, und es gilt $G = \{E_2, A, A^2, A^3, A^4, A^5, A^6, A^7\}$.

6 Der Gauß-Algorithmus

(1.6.1) In diesem Paragraphen ist stets R ein kommutativer Ring, und K ist ein Körper; m, n, p und q sind jeweils natürliche Zahlen.

(1.6.2) Bemerkung: (1) Eine Matrix $A = (\alpha_{ij}) \in M(m;R)$ heißt eine Diagonalmatrix, wenn für alle $i, j \in \{1, \ldots, m\}$ mit $i \neq j$ gilt: Es ist $\alpha_{ij} = 0$. Dann ist

$$A = \begin{pmatrix} \alpha_{11} & 0 & \cdots & 0 \\ 0 & \alpha_{22} & \cdots & 0 \\ \vdots & \vdots & \ddots & \vdots \\ 0 & 0 & \cdots & \alpha_{mm} \end{pmatrix} =: \text{diag}(\alpha_{11}, \alpha_{22}, \ldots, \alpha_{mm}).$$

(2) Für $A = \text{diag}(\alpha_1, \alpha_2, \ldots, \alpha_m)$, $B = \text{diag}(\beta_1, \beta_2, \ldots, \beta_m) \in M(m;R)$ gilt

$$A + B = \text{diag}(\alpha_1 + \beta_1, \alpha_2 + \beta_2, \ldots, \alpha_m + \beta_m)$$

und

$$AB = \text{diag}(\alpha_1\beta_1, \alpha_2\beta_2, \ldots, \alpha_m\beta_m) = BA.$$

(3) Für jede Diagonalmatrix $A \in M(m;R)$ gilt ${}^tA = A$.
(4) Es sei $A = \text{diag}(\alpha_1, \alpha_2, \ldots, \alpha_m) \in M(m;R)$. Dann gelten:
(a) Sind $\alpha_1, \alpha_2, \ldots, \alpha_m$ Einheiten im Ring R, so ist A eine Einheit im Ring $M(m;R)$, und die zu A inverse Einheit A^{-1} in $M(m;R)$ ist

$$A^{-1} = \text{diag}(\alpha_1^{-1}, \alpha_2^{-1}, \ldots, \alpha_m^{-1}).$$

(b) Ist A eine Einheit im Ring $M(m;R)$, so sind $\alpha_1, \ldots, \alpha_m$ Einheiten im Ring R.
Beweis: (a) Sind $\alpha_1, \ldots, \alpha_m \in E(R)$, so gilt für die Diagonalmatrix $B := \text{diag}(\alpha_1^{-1}, \alpha_2^{-1}, \ldots, \alpha_m^{-1}) \in M(m;R)$: Es ist

$$BA = AB = \text{diag}(\alpha_1\alpha_1^{-1}, \alpha_2\alpha_2^{-1}, \ldots, \alpha_m\alpha_m^{-1}) = \text{diag}(1, 1, \ldots, 1) = E_m.$$

(b) Ist A eine Einheit in $M(m;R)$, so existiert ein $B \in M(m;R)$ mit $AB = E_m$, also mit $\alpha_i B[i,i] = (AB)[i,i] = E_m[i,i] = 1$ für jedes $i \in \{1,\ldots,m\}$, und daher gilt $\alpha_1,\ldots,\alpha_m \in E(R)$.

(5) Für jedes $\alpha \in E(R)$ und jedes $k \in \{1,\ldots,m\}$ ist

$$D_k(\alpha) := \mathrm{diag}(1,\ldots,1,\underset{\underset{k}{\uparrow}}{\alpha},1,\ldots,1) \in M(m;R)$$

[mit α an der k-ten Stelle] eine Einheit in $M(m;R)$, und die dazu inverse Einheit ist

$$D_k(\alpha)^{-1} = \mathrm{diag}(1,\ldots,1,\underset{\underset{k}{\uparrow}}{\alpha^{-1}},1,\ldots,1) = D_k(\alpha^{-1}).$$

(6) Es sei $A = \mathrm{diag}(\alpha_1,\alpha_2,\ldots,\alpha_m) \in M(m;R)$, es seien $B = (\beta_{ij}) \in M(m,n;R)$ und $C = (\gamma_{ij}) \in M(n,m;R)$. Dann gilt

$$AB = (\alpha_i \beta_{ij}) = \begin{pmatrix} \alpha_1\beta_{11} & \alpha_1\beta_{12} & \ldots & \alpha_1\beta_{1n} \\ \alpha_2\beta_{21} & \alpha_2\beta_{22} & \ldots & \alpha_2\beta_{2n} \\ \vdots & \vdots & & \vdots \\ \alpha_m\beta_{m1} & \alpha_m\beta_{m2} & \ldots & \alpha_m\beta_{mn} \end{pmatrix}$$

und

$$CA = (\alpha_j \gamma_{ij}) = \begin{pmatrix} \alpha_1\gamma_{11} & \alpha_2\gamma_{12} & \ldots & \alpha_m\gamma_{1m} \\ \alpha_1\gamma_{21} & \alpha_2\gamma_{22} & \ldots & \alpha_m\gamma_{2m} \\ \vdots & \vdots & & \vdots \\ \alpha_1\gamma_{n1} & \alpha_2\gamma_{n2} & \ldots & \alpha_m\gamma_{nm} \end{pmatrix}.$$

Für jedes $i \in \{1,\ldots,m\}$ ist also $(AB)_{i\bullet} = \alpha_i B_{i\bullet}$, und für jedes $j \in \{1,\ldots,n\}$ ist $(CA)_{\bullet j} = \alpha_j C_{\bullet j}$.

(1.6.3) Bemerkung: Es seien $E_{11}, E_{12}, \ldots, E_{mm} \in M(m;R)$ die Basismatrizen [vgl. (1.5.11)(2)], und es seien $k, l \in \{1,\ldots,m\}$.

(1) Für jedes $A = (\alpha_{ij}) \in M(m,n;R)$ gilt

$$E_{kl}A = (\delta_{ik}\delta_{jl})_{i,j} \cdot (\alpha_{ij})_{i,j} = \left(\sum_{\mu=1}^{m} \delta_{ik}\delta_{\mu l}\alpha_{\mu j}\right)_{i,j} = (\delta_{ik}\alpha_{lj})_{i,j}$$

6 Der Gauß-Algorithmus

$$= \begin{pmatrix} 0 & 0 & \ldots & 0 \\ \vdots & \vdots & & \vdots \\ 0 & 0 & \ldots & 0 \\ \alpha_{l1} & \alpha_{l2} & \ldots & \alpha_{ln} \\ 0 & 0 & \ldots & 0 \\ \vdots & \vdots & & \vdots \\ 0 & 0 & \ldots & 0 \end{pmatrix} \leftarrow k\text{-te Zeile};$$

die k-te Zeile von $E_{kl}A$ ist also die l-te Zeile von A, und sonst stehen in $E_{kl}A$ überall Nullen.

(2) Für jedes $B = (\beta_{ij}) \in M(n,m;R)$ gilt

$$BE_{kl} = \left(\beta_{ij}\right)_{i,j} \cdot \left(\delta_{ik}\delta_{jl}\right)_{i,j} = \left(\sum_{\mu=1}^{m} \beta_{i\mu}\delta_{\mu k}\delta_{jl}\right)_{i,j} = \left(\beta_{ik}\delta_{jl}\right)_{i,j}$$

$$= \begin{pmatrix} 0 & \ldots & 0 & \beta_{1k} & 0 & \ldots & 0 \\ 0 & \ldots & 0 & \beta_{2k} & 0 & \ldots & 0 \\ \vdots & & \vdots & \vdots & \vdots & & \vdots \\ 0 & \ldots & 0 & \beta_{nk} & 0 & \ldots & 0 \end{pmatrix};$$
$$\uparrow$$
$$l\text{-te Spalte}$$

die l-te Spalte von BE_{kl} ist also die k-te Spalte von B, und sonst stehen in BE_{kl} überall Nullen.

(1.6.4) Bemerkung: Es seien $E_{11}, E_{12}, \ldots, E_{mm} \in M(m;R)$ die Basismatrizen, es seien $k, l \in \{1, \ldots, m\}$, und es sei

$$V_{kl} := E_m - E_{kk} - E_{ll} + E_{kl} + E_{lk}.$$

[Im Fall $k = l$ ist $V_{kl} = E_m$.]

(1) Aus (1.6.3)(1) folgt: Für jedes $A \in M(m,n;R)$ ist

$$V_{kl}A = A - E_{kk}A - E_{ll}A + E_{kl}A + E_{lk}A$$

die Matrix, die aus A durch Vertauschen der k-ten und der l-ten Zeile entsteht.

(2) Aus (1.6.3)(2) folgt: Für jedes $B \in M(n,m;R)$ ist

$$BV_{kl} = B - BE_{kk} - BE_{ll} + BE_{kl} + BE_{lk}$$

die Matrix, die aus B durch Vertauschen der k-ten und der l-ten Spalte entsteht.
(3) Es gilt ${}^tV_{kl} = V_{kl}$. Wegen $V_{kl}^2 = V_{kl}V_{kl} = E_m$ ist V_{kl} eine Einheit im Ring $M(m;R)$, und die zu V_{kl} inverse Einheit ist $V_{kl}^{-1} = V_{kl} = {}^tV_{kl}$.
(4) Die Matrizen V_{kl} mit $k, l \in \{1,\ldots,m\}$ heißen Vertauschungsmatrizen.

(1.6.5) Bemerkung: Es seien $E_{11}, E_{12}, \ldots, E_{mm} \in M(m;R)$ die Basismatrizen, und es seien $k, l \in \{1,\ldots,m\}$ mit $k \neq l$.
(1) Für jedes $\lambda \in R$ heißt die Matrix $A_{kl}(\lambda) := E_m + \lambda E_{kl} \in M(m;R)$ eine Additionsmatrix.
(2) Es ist ${}^tE_{kl} = E_{lk}$, und daher ist ${}^tA_{kl}(\lambda) = A_{lk}(\lambda)$ für jedes $\lambda \in R$.
(3) Für alle $\lambda, \mu \in R$ gilt $A_{kl}(\lambda)A_{kl}(\mu) = A_{kl}(\mu)A_{kl}(\lambda)$, denn es ist

$$\begin{aligned}
A_{kl}(\lambda)A_{kl}(\mu) &= (E_m + \lambda E_{kl})(E_m + \mu E_{kl}) \\
&= E_m + \lambda E_{kl} + \mu E_{kl} + \lambda\mu(E_{kl}E_{kl}) = E_m + (\lambda + \mu)E_{kl} \\
&= A_{kl}(\lambda + \mu) = A_{kl}(\mu + \lambda) = A_{kl}(\mu)A_{kl}(\lambda).
\end{aligned}$$

(4) Für jedes $\lambda \in R$ gilt: Es ist

$$A_{kl}(-\lambda)A_{kl}(\lambda) = A_{kl}(\lambda)A_{kl}(-\lambda) = A_{kl}(\lambda + (-\lambda)) = A_{kl}(0) = E_m,$$

d.h. $A_{kl}(\lambda)$ ist eine Einheit in $M(m;R)$, und es ist $A_{kl}(\lambda)^{-1} = A_{kl}(-\lambda)$.
(5) Es sei $A = (\alpha_{ij}) \in M(m,n;R)$, und es sei $\lambda \in R$. Nach (1.6.3)(1) gilt

$$A_{kl}(\lambda)A = (E_m + \lambda E_{kl})A = E_m A + \lambda E_{kl} A = A + \lambda E_{kl} A$$

$$= \begin{pmatrix}
\alpha_{11} & \alpha_{12} & \cdots & \alpha_{1n} \\
\vdots & \vdots & & \vdots \\
\alpha_{k1} + \lambda\alpha_{l1} & \alpha_{k2} + \lambda\alpha_{l2} & \cdots & \alpha_{kn} + \lambda\alpha_{ln} \\
\vdots & \vdots & & \vdots \\
\alpha_{m1} & \alpha_{m2} & \cdots & \alpha_{mn}
\end{pmatrix} \leftarrow k\text{-te Zeile}.$$

Die k-te Zeile von $A_{kl}(\lambda)A$ ist also die Summe der k-ten Zeile von A und des λ-fachen der l-ten Zeile von A.
(6) Es sei $B = (\beta_{ij}) \in M(n,m;R)$, und es sei $\lambda \in R$. Nach (1.6.3)(2) gilt

$$BA_{kl}(\lambda) = B(E_m + \lambda E_{kl}) = BE_m + \lambda BE_{kl} = B + \lambda BE_{kl}$$

6 Der Gauß-Algorithmus

$$= \begin{pmatrix} \beta_{11} & \ldots & \beta_{1l} + \lambda\beta_{1k} & \ldots & \beta_{1m} \\ \beta_{21} & \ldots & \beta_{2l} + \lambda\beta_{2k} & \ldots & \beta_{2m} \\ \vdots & & \vdots & & \vdots \\ \beta_{n1} & \ldots & \beta_{nl} + \lambda\beta_{nk} & \ldots & \beta_{nm} \end{pmatrix}.$$

$\uparrow$
l-te Spalte

Die l-te Spalte von $BA_{kl}(\lambda)$ ist also die Summe der l-ten Spalte von B und des λ-fachen der k-ten Spalte von B.

(1.6.6) Bemerkung: (1) Eine Matrix $F \in M(m;R)$ heißt Elementarmatrix, falls sie eine der folgenden Matrizen ist:
(a) $D_k(\alpha)$ mit $k \in \{1,\ldots,m\}$ und mit $\alpha \in E(R)$ [vgl. (1.6.2)(5)],
(b) V_{kl} mit $k, l \in \{1,\ldots,m\}$ [vgl. (1.6.4)],
(c) $A_{kl}(\lambda)$ mit $k, l \in \{1,\ldots,m\}$ und $k \neq l$ und mit $\lambda \in R$ [vgl. (1.6.5)(1)].
(2) Ist $F \in M(m;R)$ eine Elementarmatrix, so ist auch ${}^tF$ eine Elementarmatrix [vgl. (1.6.2)(3), (1.6.4)(3) und (1.6.5)(2)].
(3) Ist $F \in M(m;R)$ eine Elementarmatrix, so ist F eine Einheit in $M(m;R)$, und F^{-1} ist ebenfalls eine Elementarmatrix [vgl. (1.6.2)(5), (1.6.4)(3) und (1.6.5)(4)].

(1.6.7) Von jetzt an werden in diesem Paragraphen nur Matrizen über einem Körper K betrachtet.

(1.6.8) Definition: Es sei $T = (\tau_{ij}) \in M(m,n;K)$, und es sei $r \in \{0,1,\ldots,m\}$.
(1) T heißt eine Treppenmatrix vom Rang r, wenn $j(1), j(2),\ldots,j(r) \in \{1,\ldots,n\}$ mit folgenden Eigenschaften existieren:
(a) Es gilt $j(1) < j(2) < \cdots < j(r)$. [Ist $r = 0$, so ist diese Bedingung „leer".]
(b) Für jedes $i \in \{1,\ldots,r\}$ gilt $\tau_{i1} = \tau_{i2} = \cdots = \tau_{i,j(i)-1} = 0$ und $\tau_{i,j(i)} = 1$, d.h. in der i-ten Zeile von T stehen an der $j(i)$-ten Stelle eine Eins und davor lauter Nullen.
(c) Für jedes $i \in \{r+1,\ldots,m\}$ gilt $\tau_{ij} = 0$ für jedes $j \in \{1,\ldots,n\}$. [Ist $r = m$, so ist diese Bedingung „leer".]
(d) Für jedes $i \in \{1,\ldots,r\}$ gilt: Für jedes $k \in \{1,\ldots,i-1\}$ ist $\tau_{k,j(i)} = 0$, d.h. in der $j(i)$-ten Spalte von T stehen oberhalb [und nach (b) und (c) auch unterhalb] von $\tau_{i,j(i)} = 1$ lauter Nullen.
Die Indizes $j(1),\ldots,j(r)$ heißen die charakteristischen Spaltenindizes der Matrix T.

(2) T heißt eine schwache Treppenmatrix vom Rang r, wenn es Zahlen $j(1), j(2), \ldots, j(r) \in \{1, \ldots, n\}$ gibt, die die Bedingungen (a)-(c) in (1) erfüllen. Auch in diesem Fall heißen $j(1), \ldots, j(r)$ die charakteristischen Spaltenindizes der Matrix T.

(1.6.9) Bemerkung: (1) Jede Treppenmatrix $T \in M(m, n; K)$ ist eine schwache Treppenmatrix.
(2) Eine schwache Treppenmatrix $T \in M(m, n; K)$ hat genau dann den Rang 0, wenn $T = 0$ ist.
(3) Eine Treppenmatrix $T \in M(5, 10; K)$ vom Rang 4 und mit den charakteristischen Spaltenindizes $j(1) = 2$, $j(2) = 3$, $j(3) = 6$, $j(4) = 8$ sieht so aus:

$$T = \begin{pmatrix} 0 & 1 & 0 & * & * & 0 & * & 0 & * & * \\ 0 & 0 & 1 & * & * & 0 & * & 0 & * & * \\ 0 & 0 & 0 & 0 & 0 & 1 & * & 0 & * & * \\ 0 & 0 & 0 & 0 & 0 & 0 & 0 & 1 & * & * \\ 0 & 0 & 0 & 0 & 0 & 0 & 0 & 0 & 0 & 0 \end{pmatrix};$$

bei jedem $*$ steht darin ein Element von K. Eine schwache Treppenmatrix $T \in M(5, 10; K)$ vom Rang 4 und mit den charakteristischen Spaltenindizes $j(1) = 2$, $j(2) = 3$, $j(3) = 6$, $j(4) = 8$ sieht so aus:

$$T = \begin{pmatrix} 0 & 1 & * & * & * & * & * & * & * & * \\ 0 & 0 & 1 & * & * & * & * & * & * & * \\ 0 & 0 & 0 & 0 & 0 & 1 & * & * & * & * \\ 0 & 0 & 0 & 0 & 0 & 0 & 0 & 1 & * & * \\ 0 & 0 & 0 & 0 & 0 & 0 & 0 & 0 & 0 & 0 \end{pmatrix}.$$

(4) Ist $T \in M(m, n; K)$ eine Treppenmatrix vom Rang r und mit den charakteristischen Spaltenindizes $j(1), \ldots, j(r)$, so gilt $T_{\bullet j(k)} = {}^t(\delta_{1k}, \delta_{2k}, \ldots, \delta_{mk}) = e_k$ für jedes $k \in \{1, \ldots, r\}$. [Dabei sind $e_1, \ldots, e_m$ die Basisvektoren in $M(m, 1; K)$, vgl. (1.5.11)(3).]

(1.6.10) Hilfssatz: *Es seien $T, T' \in M(m, n; K)$ Treppenmatrizen, und es gebe ein $P \in \mathrm{GL}(m; K)$ mit $T' = PT$. Dann gilt $T' = T$.*

Beweis durch Induktion nach n: Es seien $T, T' \in M(m, 1; K)$ Treppenmatrizen. Dann ist T entweder 0 oder der Basisvektor $e_1 \in M(m, 1; K)$, und auch T' ist entweder 0 oder e_1. Ist $P \in \mathrm{GL}(m; K)$ mit $PT = T'$, so gilt: Ist $T = 0$, so ist $T' = P \cdot 0 = 0$, und ist $T' = 0$, so ist $T = P^{-1} \cdot 0 = 0$. Also gilt $T = T'$.

6 Der Gauß-Algorithmus

Es sei $n \in \mathbb{N}$, und es sei bereits bewiesen: Sind S, $S' \in M(m,n;K)$ Treppenmatrizen, zu denen es ein $P \in \mathrm{GL}(m;K)$ mit $S' = PS$ gibt, so ist $S' = S$. Es seien $T = (\tau_{ij})$, $T' = (\tau'_{ij}) \in M(m,n+1;K)$ Treppenmatrizen, und es gebe ein $P = (\gamma_{ij}) \in \mathrm{GL}(m;K)$ mit $T' = PT$. Dann sind $S := (\tau_{ij})_{1 \leq i \leq m, 1 \leq j \leq n}$ und $S' := (\tau'_{ij})_{1 \leq i \leq m, 1 \leq j \leq n}$ Treppenmatrizen in $M(m,n;K)$, und es gilt offensichtlich $S' = PS$. Aufgrund der Induktionsvoraussetzung folgt daraus $S = S'$, d.h. T und T' stimmen in ihren ersten n Spalten überein. Es seien r der Rang und $j(1),\ldots,j(r)$ die charakteristischen Spaltenindizes von T; es seien r' der Rang und $j'(1),\ldots,j'(r')$ die charakteristischen Spaltenindizes von T'.

1. Fall: Es gelte $j(r) \leq n$. Wegen $PS = S' = S$ gilt dann für jedes $i \in \{1,\ldots,m\}$: Es ist für jedes $k \in \{1,\ldots,r\}$

$$\delta_{ik} = \tau_{i,j(k)} = \tau'_{i,j(k)} = \sum_{l=1}^{m} \gamma_{il}\tau_{l,j(k)} = \sum_{l=1}^{m} \gamma_{il}\delta_{lk} = \gamma_{ik}$$

und daher

$$\tau'_{i,n+1} = \sum_{l=1}^{m} \gamma_{il}\tau_{l,n+1} = \sum_{l=1}^{r} \gamma_{il}\tau_{l,n+1} = \sum_{l=1}^{r} \delta_{il}\tau_{l,n+1} = \tau_{i,n+1}.$$

Damit ist gezeigt: Es gilt auch $T_{\bullet n+1} = T'_{\bullet n+1}$, und daher ist $T = T'$.
2. Fall: Es gelte $j'(r') \leq n$. Wegen $T = P^{-1}T'$ folgt wie im ersten Fall: Es ist $T' = T$.
3. Fall: Es gelte $j(r) = n+1$ und $j'(r') = n+1$. Dann hat S den Rang $r-1$, und S' hat den Rang $r'-1$, und wegen $S = S'$ gilt daher $r-1 = r'-1$, also $r = r'$. Somit haben T und T' dieselbe $(n+1)$-te Spalte ${}^t(0,\ldots,1,\ldots,0)$ mit 1 an der r-ten Stelle. Also gilt auch in diesem Fall $T = T'$.

(1.6.11) Bemerkung: Es sei $A \in M(m,n;K)$.
(1) Man sagt: Eine Treppenmatrix $T \in M(m,n;K)$ gehört zu A, wenn es eine Matrix $P \in \mathrm{GL}(m;K)$ mit $T = PA$ gibt.
(2) Es gibt höchstens eine zu A gehörige Treppenmatrix $T \in M(m,n;K)$.
Beweis: Sind $T_1, T_2 \in M(m,n;K)$ zu A gehörige Treppenmatrizen, so existieren $P_1, P_2 \in \mathrm{GL}(m;K)$ mit $T_1 = P_1 A$ und $T_2 = P_2 A$. Es gilt dann $T_2 = (P_2 P_1^{-1})T_1$ und $P_2 P_1^{-1} \in \mathrm{GL}(m;K)$ [vgl. (1.5.17)(3)], und daher ist nach (1.6.10) $T_1 = T_2$.

(1.6.12) Satz: *Es sei $A \in M(m,n;K)$. Dann gibt es eine Matrix $P \in \mathrm{GL}(m;K)$, die ein Produkt von Elementarmatrizen in $\mathrm{GL}(m;K)$ ist und für die PA eine Treppenmatrix ist.*

Beweis: Es seien $e_1,\ldots,e_m$ die Basisvektoren in $M(m,1;K)$ [vgl. dazu (1.5.11)].
(1) Es gelte $A = (\alpha_{ij}) \neq 0$. Es sei $j(1)$ die kleinste Zahl in $\{1,\ldots,n\}$ mit $A_{\bullet j(1)} \neq 0$, und es sei k die kleinste Zahl in $\{1,\ldots,m\}$ mit $\alpha_{k,j(1)} \neq 0$. Die Matrix
$$B^{(0)} = (\beta_{ij}^{(0)}) := V_{1k}A$$
geht aus A durch Vertauschen der k-ten und der ersten Zeile hervor, und daher ist $\beta_{1,j(1)}^{(0)} = \alpha_{k,j(1)} \neq 0$. Für die Matrix
$$C^{(0)} = (\gamma_{ij}^{(0)}) := D_1(1/\beta_{1,j(1)}^{(0)})B^{(0)} = D_1(1/\beta_{1,j(1)}^{(0)})V_{1k}A$$
gilt $\gamma_{1,j(1)}^{(0)} = 1$. Jetzt wird $C^{(0)}$ der Reihe nach mit den Additionsmatrizen $A_{21}(-\gamma_{2,j(1)}^{(0)}), A_{31}(-\gamma_{3,j(1)}^{(0)}),\ldots, A_{m1}(-\gamma_{m,j(1)}^{(0)}) \in \mathrm{GL}(m;K)$ von links multipliziert. Die Matrix
$$P_1 := A_{m1}(-\gamma_{m,j(1)}^{(0)})\cdots A_{21}(-\gamma_{2,j(1)}^{(0)})D_1(1/\beta_{1,j(1)}^{(0)})V_{1k} \in \mathrm{GL}(m;K)$$
ist ein Produkt von Elementarmatrizen, und die Matrix
$$A^{(1)} = (\alpha_{ij}^{(1)}) := A_{m1}(-\gamma_{m,j(1)}^{(0)})\cdots A_{21}(-\gamma_{2,j(1)}^{(0)})C^{(0)} = P_1 A$$
geht aus $C^{(0)}$ dadurch hervor, daß darin für jedes $i \in \{2,\ldots,m\}$ das $\gamma_{i,j(1)}^{(0)}$-fache der ersten Zeile von der i-ten Zeile subtrahiert wird. In den ersten $j(1) - 1$ Spalten der Matrix $A^{(1)}$ stehen nur Nullen, und es ist $A_{\bullet j(1)}^{(1)} = {}^t(1,0,\ldots,0) = e_1$, also hat $A^{(1)}$ bis zur $j(1)$-ten Spalte die Gestalt einer Treppenmatrix, deren erster charakteristischer Spaltenindex $j(1)$ ist.
Es sei $l \in \{1,\ldots,n\}$, und es seien bereits eine Matrix $P_l \in \mathrm{GL}(m;K)$, die ein Produkt von Elementarmatrizen ist, und Zahlen $j(1),\ldots,j(l) \in \{1,\ldots,n\}$ mit $j(1) < \cdots < j(l)$ so gefunden, daß für die Matrix $A^{(l)} = (\alpha_{ij}^{(l)}) := P_l A$ gilt: Es ist

$$\alpha_{i1}^{(l)} = \cdots = \alpha_{i,j(i)-1}^{(l)} = 0 \text{ und } \alpha_{i,j(i)}^{(l)} = 1 \quad \text{für jedes } i \in \{1,\ldots,l\},$$
$$\alpha_{i1}^{(l)} = \cdots = \alpha_{i,j(l)}^{(l)} = 0 \qquad\qquad\qquad \text{für jedes } i \in \{l+1,\ldots,m\}.$$

Bis zur $j(l)$-ten Spalte hat also $A^{(l)}$ die Gestalt einer schwachen Treppenmatrix, deren erste l charakteristische Spaltenindizes $j(1),\ldots,j(l)$ sind.

6 Der Gauß-Algorithmus

Ist $j(l) = n$, so ist $A^{(l)}$ eine schwache Treppenmatrix. Ist $j(l) < n$ und ist $\alpha_{ij}^{(l)} = 0$ für jedes $i \in \{l+1,\ldots,m\}$ und jedes $j \in \{j(l)+1,\ldots,n\}$, so ist $A^{(l)}$ eine schwache Treppenmatrix. Es gelte von jetzt an $j(l) < n$ und $\alpha_{ij}^{(l)} \neq 0$ für ein $i \in \{l+1,\ldots,m\}$ und ein $j \in \{j(l)+1,\ldots,n\}$. Es sei $j(l+1)$ die kleinste Zahl in $\{j(l)+1,\ldots,n\}$, zu der es ein $i \in \{l+1,\ldots,m\}$ mit $\alpha_{i,j(l+1)}^{(l)} \neq 0$ gibt, und es sei k die kleinste Zahl in $\{l+1,\ldots,m\}$ mit $\alpha_{k,j(l+1)}^{(l)} \neq 0$. Die Matrix

$$B^{(l)} = (\beta_{ij}^{(l)}) := V_{k,l+1} A^{(l)}$$

geht aus $A^{(l)}$ durch Vertauschen der k-ten und der $(l+1)$-ten Zeile hervor, und daher ist $\beta_{l+1,j(l+1)}^{(l)} = \alpha_{k,j(l+1)}^{(l)} \neq 0$. Für die Matrix

$$C^{(l)} = (\gamma_{ij}^{(l)}) := D_{l+1}(1/\beta_{l+1,j(l+1)}^{(l)}) B^{(l)} = D_{l+1}(1/\beta_{l+1,j(l+1)}^{(l)}) V_{k,l+1} A^{(l)}$$

gilt $\gamma_{l+1,j(l+1)}^{(l)} = 1$. Jetzt wird $C^{(l)}$ der Reihe nach von links mit den Additionsmatrizen $A_{l+2,l+1}(-\gamma_{l+2,j(l+1)}^{(l)}),\ldots,A_{m,l+1}(-\gamma_{m,j(l+1)}^{(l)}) \in \mathrm{GL}(m;K)$ multipliziert. Die Matrix

$$\begin{aligned}P_{l+1} :=\ & A_{m,l+1}(-\gamma_{m,j(l+1)}^{(l)}) \cdots A_{l+2,l+1}(-\gamma_{l+2,j(l+1)}^{(l)}) \\ & \cdot D_{l+1}(1/\beta_{l+1,j(l+1)}^{(l)}) V_{k,l+1} P_l \in \mathrm{GL}(m;K)\end{aligned}$$

ist ein Produkt von Elementarmatrizen, und die Matrix

$$A^{(l+1)} := A_{m,l+1}(-\gamma_{m,j(l+1)}^{(l)}) \cdots A_{l+2,l+1}(-\gamma_{l+2,j(l+1)}^{(l)}) C^{(l)} = P_{l+1} A$$

geht aus $C^{(l)}$ dadurch hervor, daß darin für jedes $i \in \{l+2,\ldots,m\}$ das $\gamma_{l+1,j(l+1)}^{(l)}$-fache der $(l+1)$-ten Zeile von der i-ten Zeile subtrahiert wird. Die ersten $j(l+1)-1$ Spalten von $A^{(l+1)}$ sind die ersten $j(l+1)-1$ Spalten von $A^{(l)}$, und es gilt $A^{(l)}[l+1,j(l+1)] = 1$ und

$$A^{(l+1)}[i,j(l+1)] = 0 \quad \text{für jedes } i \in \{l+2,\ldots,m\}.$$

Bis zur $j(l+1)$-ten Spalte hat also $A^{(l+1)}$ die Gestalt einer schwachen Treppenmatrix, deren erste $l+1$ charakteristische Spaltenindizes $j(1),\ldots,j(l),j(l+1)$ sind.

Nach höchstens min({m, n}) Schritten ist eine Matrix $P' \in \mathrm{GL}(m; K)$ gefunden, die ein Produkt von Elementarmatrizen ist und für die $P'A$ eine schwache Treppenmatrix ist.

(2) Es sei nun $T = (\tau_{ij}) \in M(m, n; K)$ eine schwache Treppenmatrix vom Rang r mit den charakteristischen Spaltenindizes $j(1) < \cdots < j(r)$, die nicht schon eine Treppenmatrix ist. Dann ist $r > 1$. Man multipliziert T der Reihe nach von links mit den Additionsmatrizen $A_{r-1,r}(-\tau_{r-1,j(r)}), \ldots, A_{1,r}(-\tau_{1,j(r)}) \in \mathrm{GL}(m; K)$. Die Matrix

$$Q_1 = A_{1,r}(-\tau_{1,j(r)}) \cdots A_{r-1,r}(-\tau_{r-1,j(r)}) \in \mathrm{GL}(m; K)$$

ist ein Produkt von Elementarmatrizen, und die Matrix

$$T^{(1)} = (\tau_{ij}^{(1)}) := Q_1 T$$

geht aus T dadurch hervor, daß für jedes $i \in \{1, \ldots, r-1\}$ das $\tau_{i,j(r)}$-fache der r-ten Zeile von der i-ten Zeile subtrahiert wird. $T^{(1)}$ ist eine schwache Treppenmatrix vom Rang r mit den charakteristischen Spaltenindizes $j(1) < \cdots < j(r)$, und es gilt $T^{(1)}_{\bullet j(r)} = e_r$ und $T^{(1)}_{\bullet j} = T_{\bullet j}$ für jedes $j \in \{1, \ldots, j(r)-1\}$, also insbesondere $T^{(1)}_{\bullet j(1)} = T_{\bullet j(1)} = e_1$.

Es sei $k \in \{1, \ldots, r-2\}$, und es sei eine Matrix $Q_k \in \mathrm{GL}(m; K)$ gefunden, die ein Produkt von Elementarmatrizen ist und für die gilt: $T^{(k)} = (\tau_{ij}^{(k)}) := Q_k T$ ist eine schwache Treppenmatrix vom Rang r mit den charakteristischen Spaltenindizes $j(1) < \cdots < j(r)$, und es ist $T^{(k)}_{\bullet j(i)} = e_i$ für jedes $i \in \{r-k+1, \ldots, r\}$ und für $i = 1$. Man multipliziert $T^{(k)}$ der Reihe nach von links mit den Additionsmatrizen $A_{r-k-1,r-k}(-\tau^{(k)}_{r-k-1,j(r-k)}), \ldots, A_{1,r-k}(-\tau^{(k)}_{1,j(r-k)}) \in \mathrm{GL}(m; K)$. Die Matrix

$$Q_{k+1} := A_{1,r-k}(-\tau^{(k)}_{1,j(r-k)}) \cdots A_{r-k-1,r-k}(-\tau^{(k)}_{r-k-1,j(r-k)}) \cdot Q_k$$

ist ein Produkt von Elementarmatrizen und daher ein Element von $\mathrm{GL}(m; K)$, und die Matrix

$$\begin{aligned} T^{(k+1)} &= A_{1,r-k}(-\tau^{(k)}_{1,j(r-k)}) \cdots A_{r-k-1,r-k}(-\tau^{(k)}_{r-k-1,j(r-k)}) T^{(k)} \\ &= Q_{k+1} T \end{aligned}$$

geht aus $T^{(k)}$ dadurch hervor, daß darin für jedes $i \in \{1, \ldots, r-k-1\}$ das $\tau^{(k)}_{i,j(r-k)}$-fache der $(r-k)$-ten Zeile von der i-ten Zeile subtrahiert

6 Der Gauß-Algorithmus 57

wird; sie ist daher eine schwache Treppenmatrix vom Rang r mit den charakteristischen Spaltenindizes $j(1) < \cdots < j(r)$, und es gilt $T^{(k+1)}_{\bullet j(i)} = e_i$ für jedes $i \in \{r-k, \ldots, r\}$; außerdem ist $T^{(k+1)}_{\bullet j(1)} = T^{(k)}_{\bullet j(1)} = e_1$.
Die Matrix $P'' := Q_{r-1} \in \mathrm{GL}(m; K)$ ist ein Produkt von Elementarmatrizen, und es gilt: $P''T$ ist eine schwache Treppenmatrix vom Rang r mit den charakteristischen Spaltenindizes $j(1) < \cdots < j(r)$ und mit $(P'T)_{\bullet i} = e_i$ für jedes $i \in \{1, \ldots, r\}$; sie ist also eine Treppenmatrix vom Rang r mit den charakteristischen Spaltenindizes $j(1) < \cdots < j(r)$.
(3) Es gelte $A \neq 0$. Aus (1) und (2) gewinnt man ein Verfahren zur Berechnung einer Matrix $P \in \mathrm{GL}(m; K)$, die ein Produkt von Elementarmatrizen ist und für die PA eine Treppenmatrix ist. Man berechnet zuerst, wie in (1) beschrieben, eine Matrix $P' \in \mathrm{GL}(m; K)$, die ein Produkt von Elementarmatrizen ist und für die $P'A$ eine schwache Treppenmatrix ist. Ist $P'A$ bereits eine Treppenmatrix, so setzt man $P := P'$ und ist fertig. Ist $P'A$ keine Treppenmatrix, so berechnet man, wie in (2) beschrieben, eine Matrix $P'' \in \mathrm{GL}(m; K)$, die ein Produkt von Elementarmatrizen ist und für die $P''(P'A)$ eine Treppenmatrix ist, und setzt $P := P''P'$. [Der Beweis in (2) zeigt übrigens, daß dann die Treppenmatrix $PA = P''(P'A)$ denselben Rang und dieselben charakteristischen Spaltenindizes besitzt wie die schwache Treppenmatrix $P'A$.]
(4) Ist $A = 0$, so ist nichts weiter zu beweisen: Man kann $P := E_m$ setzen.

(1.6.13) Satz: *Es sei $A \in M(m, n; K)$. Es gilt: Es gibt eine und nur eine Treppenmatrix $T \in M(m, n; K)$, die zu A gehört, und zwar existieren Elementarmatrizen $F_1, \ldots, F_p \in \mathrm{GL}(m; K)$ mit $T = F_p \cdots F_1 A$.*

Beweis: Nach (1.6.12) gibt es eine zu A gehörige Treppenmatrix $T \in M(m, n; K)$ und Elementarmatrizen $F_1, \ldots, F_p \in \mathrm{GL}(m; K)$ mit $T = F_p \cdots F_1 A$. Nach (1.6.11)(2) ist T die einzige zu A gehörige Treppenmatrix.

(1.6.14) Definition: Es sei $A \in M(m, n; K)$, es sei T die zu A gehörige Treppenmatrix, und es seien r der Rang von T und $j(1), \ldots, j(r)$ die charakteristischen Spaltenindizes von T. Man nennt r den Rang von A und schreibt $\mathrm{rang}(A) = r$, und man nennt $j(1), \ldots, j(r)$ die charakteristischen Spaltenindizes von A.

(1.6.15) Bemerkung: Es sei $T \in M(m, n; K)$ eine Treppenmatrix. Wegen $E_m \in \mathrm{GL}(m; K)$ und $T = E_m T$ ist T die zu T gehörige Treppenmatrix, und daher sind der Rang und die charakteristischen Spaltenindizes von T im Sinn der Definition in (1.6.8) genau der Rang und die charakteristischen Spaltenindizes von T im Sinn der Definition in (1.6.14).

(1.6.16) Bemerkung: Es sei $A \in M(m,n;K)$, es sei $T \in M(m,n;K)$ die Treppenmatrix zu A, und es sei $Q \in \mathrm{GL}(m;K)$ mit $T = QA$.
(1) Es gilt $0 \leq \mathrm{rang}(A) = \mathrm{rang}(T) \leq \min(\{m,n\})$.
(2) Wegen $T = QA$ ist $A = Q^{-1}T$. Es folgt: Es gilt $\mathrm{rang}(A) = 0$, genau wenn $\mathrm{rang}(T) = 0$ ist, also genau wenn $T = 0$ ist, also genau wenn $A = 0$ ist.
(3) Es sei $B \in \mathrm{GL}(m;K)$. Dann ist T auch die zu BA gehörige Treppenmatrix, und es ist $\mathrm{rang}(BA) = \mathrm{rang}(A)$.
Beweis: Es gilt $PB^{-1} \in \mathrm{GL}(m;K)$ [vgl. (1.5.17)], und es ist $T = PA = (PB^{-1})(BA)$. Also ist T die Treppenmatrix zu BA, und daher gilt $\mathrm{rang}(BA) = \mathrm{rang}(T) = \mathrm{rang}(A)$.

(1.6.17) Bemerkung: Es sei $A \in M(m,n;K)$, es sei $T \in M(m,n;K)$ die zu A gehörige Treppenmatrix, und es sei L ein Erweiterungskörper von K. Es gibt ein $P \in \mathrm{GL}(m;K)$ mit $T = PA$. Wegen $\mathrm{GL}(m;K) \subset \mathrm{GL}(m;L)$ ist $P \in \mathrm{GL}(m;L)$, und daher ist $T \in M(m,n;L)$ auch die zu der Matrix $A \in M(m,n;L)$ gehörige Treppenmatrix. Also hat A, aufgefaßt als Matrix über L, denselben Rang und dieselben charakteristischen Spaltenindizes wie A, aufgefaßt als Matrix über K.

(1.6.18) Bemerkung: (1) Das im Beweis von (1.6.12) geschilderte Verfahren zur Berechnung der Treppenmatrix zu einer Matrix $A \in M(m,n;K)$ nennt man nach dem großen Mathematiker C. F. Gauß [1777 – 1855] den Gauß-Algorithmus. Gauß hat diesen Algorithmus zur Berechnung der Lösungen von linearen Gleichungssystemen verwendet, die sich bei der Bahnbestimmung von Planetoiden ergaben. Wie sich in den folgenden Paragraphen zeigt, liegt der Gauß-Algorithmus vielen anderen Algorithmen der Linearen Algebra zugrunde. Er muß daher jedem, der sich mit diesem Teilgebiet der Mathematik befaßt, vertraut sein.
(2) Der Gauß-Algorithmus wurde im Beweis von (1.6.12) ausführlich verbal beschrieben. Man kann ihn ohne Schwierigkeiten für einen Rechner programmieren, und wie dies in einer konkreten Programmiersprache aussieht, wird am Ende dieses Paragraphen in Abschnitt (1.6.24) vorgeführt. Auch ein solches Programm ist, unabhängig von der verwendeten Programmiersprache, eine präzise Beschreibung eines Algorithmus. Jeder Mathematiker muß die verschiedenen Möglichkeiten, einen Algorithmus zu beschreiben, beherrschen.

6 Der Gauß-Algorithmus

(3) Der Gauß-Algorithmus aus dem Beweis in (1.6.12) liefert zu einer Matrix $A \in M(m,n;K)$ die zugehörige Treppenmatrix $T \in M(m,n;K)$ und eine Matrix $P \in \mathrm{GL}(m;K)$ mit $T = PA$. In nahezu allen Anwendungen benötigt man nur die Treppenmatrix T und nicht auch eine Matrix $P \in \mathrm{GL}(m;K)$ mit $T = PA$. [Wie man, falls erforderlich, ein solches P wirklich ausrechnet, ist in (1.6.22)(2) beschrieben.] Man registriert daher bei der Durchführung des Gauß-Algorithmus per Hand und auch per Computer nicht die auftretenden Elementarmatrizen, sondern führt die Umformungen, die im Beweis von (1.6.12) durch Multiplikation mit jeweils einer Elementarmatrix bewirkt werden, der Reihe nach direkt an der Matrix aus, zu der die Treppenmatrix zu berechnen ist. Diese Umformungen sind die folgenden Zeilenumformungen:

- die Vertauschung zweier Zeilen,
- die Multiplikation einer Zeile mit einem Element $\neq 0$ von K,
- die Addition eines Vielfachen einer Zeile zu einer anderen Zeile.

Wie man zu einer Matrix A mit Hilfe solcher Zeilenumformungen die zugehörige Treppenmatrix ermittelt, zeigt das folgende Beispiel. Dem Leser wird empfohlen, viele solche Beispiele mit Bleistift und Papier durchzurechnen.

(1.6.19) Beispiel: Die Matrix

$$A := \begin{pmatrix} 1 & 2 & 1 & 1 & 1 \\ -1 & -2 & -2 & 2 & 1 \\ 2 & 4 & 3 & -1 & 0 \\ 1 & 2 & 2 & -2 & 1 \end{pmatrix} \in M(4,5;\mathbb{R})$$

hat den ersten charakteristischen Spaltenindex $j(1) = 1$. Addition der ersten Zeile zur zweiten, Subtraktion des 2-fachen der ersten Zeile von der dritten und Subtraktion der ersten Zeile von der vierten liefern die Matrix

$$A_1 := \begin{pmatrix} 1 & 2 & 1 & 1 & 1 \\ 0 & 0 & -1 & 3 & 2 \\ 0 & 0 & 1 & -3 & -2 \\ 0 & 0 & 1 & -3 & 0 \end{pmatrix}.$$

Wegen $A_1[2,2] = A[3,2] = A[4,2] = 0$ und $A[2,3] \neq 0$ ist $j(2) = 3$ der zweite charakteristische Spaltenindex von A. Multiplikation der zweiten

Zeile von A_1 mit -1 und anschließende Subtraktion der neuen zweiten von der dritten und der vierten Zeile liefern die Matrix

$$A_2 := \begin{pmatrix} 1 & 2 & 1 & 1 & 1 \\ 0 & 0 & 1 & -3 & -2 \\ 0 & 0 & 0 & 0 & 0 \\ 0 & 0 & 0 & 0 & 2 \end{pmatrix}.$$

Der nächste charakteristische Spaltenindex von A ist demnach $j(3) = 5$. Nach Vertauschung der dritten und vierten Zeile von A_2 und Multiplikation der neuen dritten Zeile mit $1/2$ ergibt sich die schwache Treppenmatrix

$$S := \begin{pmatrix} 1 & 2 & 1 & 1 & 1 \\ 0 & 0 & 1 & -3 & -2 \\ 0 & 0 & 0 & 0 & 1 \\ 0 & 0 & 0 & 0 & 0 \end{pmatrix}.$$

Hieran liest man bereits ab: Es ist $\mathrm{rang}(A) = 3$, und die charakteristischen Spaltenindizes von A sind $j(1) = 1$, $j(2) = 3$ und $j(3) = 5$ [vgl. die Bemerkung am Ende des Beweises in (1.6.12)]. Wenn man nur den Rang und die charakteristischen Spaltenindizes von A benötigt, kann man jetzt aufhören. Benötigt man die zu A gehörige Treppenmatrix, so addiert man das 2-fache der dritten Zeile von S zur zweiten Zeile und subtrahiert die dritte Zeile von der ersten Zeile. Dies liefert die Matrix

$$B_1 := \begin{pmatrix} 1 & 2 & 1 & 1 & 0 \\ 0 & 0 & 1 & -3 & 0 \\ 0 & 0 & 0 & 0 & 1 \\ 0 & 0 & 0 & 0 & 0 \end{pmatrix}.$$

Durch Subtraktion der zweiten Zeile von B_1 von der ersten ergibt sich schließlich die zu A gehörige Treppenmatrix

$$T := \begin{pmatrix} 1 & 2 & 0 & 4 & 0 \\ 0 & 0 & 1 & -3 & 0 \\ 0 & 0 & 0 & 0 & 1 \\ 0 & 0 & 0 & 0 & 0 \end{pmatrix}.$$

(1.6.20) Satz: *Es sei $A \in M(m; K)$. Folgende Aussagen sind äquivalent:*
(1) *A ist invertierbar.*
(2) *Es gilt $\mathrm{rang}(A) = m$.*
(3) *Die zu A gehörige Treppenmatrix ist E_m.*
(4) *A ist ein Produkt von Elementarmatrizen.*

6 Der Gauß-Algorithmus

Beweis: Es sei $T \in M(m;K)$ die zu A gehörige Treppenmatrix. Nach (1.6.13) existieren Elementarmatrizen $F_1, \ldots, F_p \in M(m;K)$ mit $T = F_p \cdots F_1 A$.
(1) $\Rightarrow$ (2): Es gelte: A ist invertierbar. Es ist $A^{-1} \in \operatorname{GL}(m;K)$, und daher ist T nach (1.6.16)(3) die zu $A^{-1}A = E_m$ gehörige Treppenmatrix. Also gilt $T = E_m$ und daher $\operatorname{rang}(A) = \operatorname{rang}(E_m) = m$.
(2) $\Rightarrow$ (3): Es gelte $\operatorname{rang}(A) = m$. Dann ist T eine Treppenmatrix vom Rang m. Für ihre charakteristischen Spaltenindizes $j(1), j(2), \ldots, j(m)$ gilt $1 \leq j(1) < j(2) < \cdots < j(m) \leq m$ und daher $j(1) = 1, j(2) = 2, \ldots, j(m) = m$. Also ist $T = E_m$.
(3) $\Rightarrow$ (4): Es gelte $T = E_m$. Dann ist $E_m = F_p F_{p-1} \cdots F_1 A$, also ist $A = (F_p \cdots F_1)^{-1} E_m = (F_p \cdots F_1)^{-1} = F_1^{-1} \cdots F_p^{-1}$, und weil die Matrizen $F_1^{-1}, \ldots, F_p^{-1}$ Elementarmatrizen sind [vgl. (1.6.6)(3)], ist A somit ein Produkt von Elementarmatrizen.
(4) $\Rightarrow$ (1): Es gelte $A = \widetilde{F}_1 \cdots \widetilde{F}_t$ mit Elementarmatrizen $\widetilde{F}_1, \ldots, \widetilde{F}_t \in M(m;K)$. Da Elementarmatrizen invertierbar sind [vgl. (1.6.6)(3)], ist nach (1.5.17)(3) auch A invertierbar.

(1.6.21) Bemerkung: Es seien $A \in M(m,p;K)$ und $B \in M(m,q;K)$, und es sei $\widetilde{T} \in M(m, p+q; K)$ die Treppenmatrix zu der Matrix

$$\widetilde{A} := (A, B) = (A_{\bullet 1}, \ldots, A_{\bullet p}, B_{\bullet 1}, \ldots, B_{\bullet q}) \in M(m, p+q; K).$$

Es gibt ein $P \in \operatorname{GL}(m;K)$ mit $\widetilde{T} = P\widetilde{A} = (PA, PB)$. Die Matrix

$$T := (\widetilde{T}_{\bullet 1}, \ldots, \widetilde{T}_{\bullet p}) = PA \in M(m, p; K)$$

ist offensichtlich eine Treppenmatrix und ist somit die zu A gehörige Treppenmatrix [vgl. (1.6.11)(2)]. Diese einfache Feststellung erlaubt es, für eine Matrix $A \in M(m;K)$ zu entscheiden, ob sie invertierbar ist, und, wenn sie das ist, die inverse Matrix A^{-1} auszurechnen. Wie man das macht, zeigt der nächste Abschnitt.

(1.6.22) Bemerkung: (1) Es sei $A \in M(m;K)$, und es sei $\widetilde{T}$ die zur Matrix $(A, E_m) \in M(m, 2m; K)$ gehörige Treppenmatrix. Nach (1.6.21) ist $T =: (\widetilde{T}_{\bullet 1}, \ldots, \widetilde{T}_{\bullet m}) \in M(m;K)$ die zu A gehörige Treppenmatrix. Es gilt: A ist dann und nur dann invertierbar, wenn $T = E_m$ gilt, und ist dies der Fall, so ist

$$A^{-1} = (\widetilde{T}_{\bullet m+1}, \ldots, \widetilde{T}_{\bullet 2m}).$$

Beweis: Nach (1.6.20) ist A genau dann invertierbar, wenn T die Einheitsmatrix ist. Es gibt ein $P \in \mathrm{GL}(m; K)$ mit $\widetilde{T} = P(A, E_m)$. Ist A invertierbar, so gilt $PA = T = E_m$ und daher $A^{-1} = E_m A^{-1} = PAA^{-1} = PE_m = P$, und wegen $\widetilde{T} = P(A, E_m) = (PA, PE_m) = (PA, P)$ gilt

$$A^{-1} = P = (\widetilde{T}_{\bullet m+1}, \ldots, \widetilde{T}_{\bullet 2m}).$$

(2) Es sei $A \in M(m, n; K)$, und es sei T die zu A gehörige Treppenmatrix. Mit der in (1) verwendeten Methode kann man eine Matrix $P \in \mathrm{GL}(m; K)$ mit $T = PA$ berechnen. Dazu berechnet man die zur Matrix $(A, E_m) \in M(m, m+n; K)$ gehörige Treppenmatrix $\widetilde{T}$. Es gibt ein $P \in \mathrm{GL}(m; K)$ mit $\widetilde{T} = P(A, E_m)$, wegen $T = (\widetilde{T}_{\bullet 1}, \ldots, \widetilde{T}_{\bullet n})$ gilt damit

$$(T, \widetilde{T}_{\bullet n+1}, \ldots, \widetilde{T}_{\bullet m+n}) = \widetilde{T} = P(A, E_m) = (PA, PE_m) = (PA, P),$$

und daher ist

$$P = (\widetilde{T}_{\bullet n+1}, \ldots, \widetilde{T}_{\bullet m+n}).$$

(1.6.23) Beispiel: Es sei

$$A := \begin{pmatrix} 1 & 0 & 2 & 4 \\ 3 & 1 & 1 & 2 \\ 1 & 1 & 2 & 2 \\ 0 & 1 & 2 & 1 \end{pmatrix} \in M(4; \mathbb{R}).$$

Die zu der Matrix $(A, E_4) \in M(4, 8; \mathbb{R})$ gehörige Treppenmatrix ist

$$\widetilde{T} = \begin{pmatrix} 1 & 0 & 0 & 0 & 1 & 2 & -6 & 4 \\ 0 & 1 & 0 & 0 & -3 & -4 & 15 & -10 \\ 0 & 0 & 1 & 0 & 2 & 3 & -11 & 8 \\ 0 & 0 & 0 & 1 & -1 & -2 & 7 & -5 \end{pmatrix},$$

und daher gilt nach (1.6.22)(1): A ist invertierbar, und es ist

$$A^{-1} = \begin{pmatrix} 1 & 2 & -6 & 4 \\ -3 & -4 & 15 & -10 \\ 2 & 3 & -11 & 8 \\ -1 & -2 & 7 & -5 \end{pmatrix}.$$

6 Der Gauß-Algorithmus

(1.6.24) Ein MuPAD-Programm: In diesem Abschnitt wird gezeigt, wie man den im Beweis von (1.6.12) beschriebenen Gauß-Algorithmus in einer konkreten Programmiersprache formuliert, nämlich in der Programmiersprache des Computer-Algebra-Systems MuPAD.

Die folgende MuPAD-Funktion gauss liefert bei Anwendung auf eine Matrix A mit m Zeilen und n Spalten über einem Körper K das Tripel aus der zu A gehörigen Treppenmatrix, dem Rang r von A und dem r-tupel der charakteristischen Spaltenindizes von A. Diese Funktion verwendet einige Funktionen aus der MuPAD-Programm-Bibliothek linalg:

(a) linalg::nrows(A) liefert die Zeilenzahl m von A,
(b) linalg::ncols(A) liefert die Spaltenzahl n von A,
(c) für $i, k \in \{1, \ldots, m\}$ liefert linalg::swapRow(A,i,k) die Matrix, die aus A durch Vertauschen der i-ten und der k-ten Zeile hervorgeht,
(d) für $i \in \{1, \ldots, m\}$ und $c \in K$ liefert linalg::multRow(A,i,c) die Matrix, die aus A durch Multiplikation der i-ten Zeile mit c hervorgeht,
(e) für $i, k \in \{1, \ldots, m\}$ und $c \in K$ liefert linalg::addRow(A,k,i,c) die Matrix, die aus A durch Addition des c-fachen der k-ten Zeile zur i-ten Zeile hervorgeht.

Außerdem wird die Funktion iszero verwendet: Für ein Element $c \in K$ liefert iszero(c) TRUE, falls c das Nullelement der Körpers K ist, und andernfalls FALSE.

```
gauss := proc(A)
  local i, j, k, m, n, r, charind;
begin
  m := linalg::nrows(A);
  n := linalg::ncols(A);
  r := 0;
  charind := [];
  k := 1;
  for j from 1 to n do
    if k > m then
      break
    end_if;
    if iszero(A[k,j]) then
      for i from k + 1 to m do
        if (not iszero(A[i,j])) then
          A := linalg::swapRow(A,i,k);
          break
        end_if
```

```
      end_for
    end_if;
    if (not iszero(A[k,j])) then
      r := r + 1;
      charind := append(charind,j);
      A := linalg::multRow(A,k,1/A[k,j]);
      for i from k + 1 to m do
        A := linalg::addRow(A,k,i,-A[i,j])
      end_for;
      k := k + 1
    end_if
  end_for; # jetzt ist A eine schwache Treppenmatrix! #
  for k from r downto 2 do
    for i from 1 to k - 1 do
      A := linalg::addRow(A,k,i,-A[i,charind[k]])
    end_for
  end_for;
  return([A,r,charind])
end_proc:
```

(1.6.25) **MuPAD:** Die Funktion linalg::gaussJordan aus der MuPAD-Programm-Bibliothek linalg berechnet zu einer Matrix A die zugehörige Treppenmatrix und auf Wunsch auch den Rang und die charakteristischen Spaltenindizes von A. Nützlich beim Rechnen von Beispielen und beim Experimentieren mit eigenen oder von MuPAD bereitgestellten Funktionen ist die Funktion linalg::randomMatrix, die Matrizen aus zufällig gewählten Zahlen herstellt.

Aufgaben

A(1.6.1) (1) Man zeige, daß $Z := \{X \in M(n;R) \mid AX = XA \text{ für jedes } A \in M(n;R)\}$ ein kommutativer Unterring des Rings $M(n;R)$ ist.
(2) Man zeige: Es gilt $Z = \{\lambda E_n \mid \lambda \in R\}$. [Dabei nütze man aus: Ist $X \in Z$, so gilt $AX = XA$ für jede Basismatrix $A \in M(n;R)$ und für jede Vertauschungsmatrix $A \in M(n;R)$.]

A(1.6.2) Man finde die zu der Matrix

$$A := \begin{pmatrix} 1 & -1 & 1 & 1 & 1 & 2 \\ -1 & 2 & 1 & 0 & 4 & 7 \\ 0 & 0 & 0 & 1 & 2 & 3 \\ 2 & -1 & 4 & 0 & 1 & 4 \\ -1 & 1 & -1 & 0 & 1 & -5 \end{pmatrix} \in M(5,6;\mathbb{R})$$

gehörige Treppenmatrix und gebe den Rang und die charakteristischen Spaltenindizes von A an.

A(1.6.3) Für jedes $\alpha \in \mathbb{R}$ berechne man die zu der Matrix

$$A_\alpha := \begin{pmatrix} 5 & 3 & 7 & 1 & 2 \\ 7 & 4 & 10 & 1 & 3 \\ 3 & 15 & -9 & \alpha & -12 \end{pmatrix} \in M(3,5;\mathbb{R})$$

gehörige Treppenmatrix und gebe den Rang und die charakteristischen Spaltenindizes von A_α an.

A(1.6.4) Es seien $\alpha, \beta, \gamma \in K$. Man ermittle den Rang der Matrix

$$A := \begin{pmatrix} 1 & 1 & 1 \\ \alpha & \beta & \gamma \\ \alpha^2 & \beta^2 & \gamma^2 \end{pmatrix} \in M(3;K).$$

[Dabei sind verschiedene Fälle zu unterscheiden!]

A(1.6.5) (1) Man untersuche, ob die Matrix

$$A := \begin{pmatrix} 3 & 2 & 1 & 3 \\ 2 & 1 & 1 & 4 \\ 1 & 3 & 1 & 0 \\ 2 & 0 & 2 & 1 \end{pmatrix} \in M(4;\mathbb{Q})$$

invertierbar ist, und berechne gegebenenfalls die inverse Matrix.
(2) Man zeige, daß die Matrix

$$B := \begin{pmatrix} 1 & 0 & 0 & 0 & 0 & 0 \\ 1 & -1 & 0 & 0 & 0 & 0 \\ 1 & -2 & 1 & 0 & 0 & 0 \\ 1 & -3 & 3 & -1 & 0 & 0 \\ 1 & -4 & 6 & -4 & 1 & 0 \\ 1 & -5 & 10 & -10 & 5 & -1 \end{pmatrix} \in M(6;\mathbb{Q})$$

invertierbar ist, und berechne die inverse Matrix. [Die Einträge in B sind bis aufs Vorzeichen Binomialkoeffizienten. Man wage eine Vermutung!]

7 Ähnliche und äquivalente Matrizen

(1.7.1) In diesem Paragraphen ist K stets ein Körper, und m, n sind jeweils natürliche Zahlen.

(1.7.2) Bezeichnung: Es sei $r \in \mathbb{N}$, es seien $\alpha_1, \ldots, \alpha_r \in K$, und es sei $A := \operatorname{diag}(\alpha_1, \ldots, \alpha_r) \in M(r; K)$; es gelte $m \geq r$ und $n \geq r$. Die Matrix

$$\left(\begin{array}{cccc|c} \alpha_1 & 0 & \cdots & 0 & \\ 0 & \alpha_1 & \cdots & 0 & \\ \vdots & \vdots & \ddots & \vdots & 0 \\ 0 & 0 & \cdots & \alpha_r & \\ \hline & & & & \\ & 0 & & & 0 \\ & & & & \end{array} \right) \left.\begin{array}{l} \\ \\ \\ \\ \\ \\ \end{array}\right\} \begin{array}{l} r \text{ Zeilen} \\ \\ \\ m - r \text{ Zeilen} \end{array} = \begin{pmatrix} A & 0 \\ 0 & 0 \end{pmatrix}$$

$\underbrace{}_{r \text{ Spalten}} \underbrace{}_{n-r \text{ Spalten}}$

wird mit $\operatorname{diag}(\alpha_1, \ldots, \alpha_r, 0, \ldots, 0)$ bezeichnet. [Ist $m \neq n$, so ist diese Matrix keine Diagonalmatrix.]

(1.7.3) Definition: Für $r \in \{0, \ldots, \min(\{m, n\})\}$ definiert man eine Matrix $I_{m,n}(r) \in M(m, n; K)$ so: Man setzt $I_{m,n}(0) = 0$, und für $r > 0$ setzt man

$$I_{m,n}(r) = \operatorname{diag}(\underbrace{1, 1, \ldots, 1}_{r}, 0, \ldots, 0).$$

Es gilt $\operatorname{rang}(I_{m,n}(r)) = r$.

(1.7.4) Satz: Es sei $T = (\tau_{ij}) \in M(m, n; K)$ eine Treppenmatrix vom Rang r. Dann gibt es ein Produkt $Q \in M(n; K)$ von Elementarmatrizen mit

$$TQ = I_{m,n}(r).$$

Beweis: Ist $r = 0$, so kann $Q = E_n$ gewählt werden. Es sei also $r > 0$, und es seien $j(1) < \cdots < j(r)$ die charakteristischen Spaltenindizes von T. Ist $j(r) = n$, so ist $T_{r\bullet} = (0, \ldots, 0, 1)$, und es wird $Q_1 = E_n$ gewählt. Ist $j(r) < n$, so wird

$$Q_1 := A_{r,j(r)+1}(-\tau_{r,j(r)+1}) \cdots A_{rn}(-\tau_{rn}) \in \operatorname{GL}(n; K)$$

gesetzt. Dann ist $T^{(1)} = (\tau_{ij}^{(1)}) := TQ_1$ eine Treppenmatrix vom Rang r mit den charakteristischen Spaltenindizes $j(1), \ldots, j(r)$, und es ist $T_{r\bullet}^{(1)} = e_{j(r)}$ [es seien $e_1, \ldots, e_n \in M(1, n; K)$ die Basisvektoren, vgl. (1.5.11)(3)]. Die Matrix $T^{(1)}$ geht aus der Matrix T dadurch hervor, daß für jedes

7 Ähnliche und äquivalente Matrizen

$j \in \{j(r)+1,\ldots,n\}$ die mit τ_{rj} multiplizierte $j(r)$-te Spalte von der j-ten Spalte subtrahiert wird.

Ist $r = 1$, so hat $T^{(1)}$ die gewünschte Form. Es sei $r \geq 2$, und es sei $k \in \{2,\ldots,r\}$; es seien $Q_1,\ldots,Q_{k-1}$ Produkte von Elementarmatrizen in $\mathrm{GL}(n;K)$ so, daß

$$T^{(k-1)} = (\tau_{ij}^{(k-1)}) := TQ_1\cdots Q_{k-1} \in M(m,n;K)$$

eine Treppenmatrix vom Rang r mit den charakteristischen Spaltenindizes $j(1),\ldots,j(r)$ ist, für die

$$T^{(k-1)}_{r-k+1\bullet} = e_{j(r-k+1)},\ldots,T^{(k-1)}_{r\bullet} = e_{j(r)}$$

gilt. Ist $k = r$, so ist $T^{(r)}$ eine Matrix der gewünschten Form. Ist $k < r$, so wird

$$Q_k := A_{r-k,j(r-k)+1}(-\tau^{(k-1)}_{r-k,j(r-k)+1}) \cdots A_{r-k,n}(-\tau^{(k-1)}_{r-k,n}) \in \mathrm{GL}(n;K)$$

und

$$T^{(k)} := T^{(k-1)}Q_k$$

gesetzt. Es ist $T^{(k)}$ eine Treppenmatrix vom Rang r mit den charakteristischen Spaltenindizes $j(1),\ldots,j(r)$, für die

$$T^{(k)}_{r-k\bullet} = e_{j(r-k)},\ldots,T^{(k)}_{r,\bullet} = e_{j(r)}$$

gilt. Die Matrix $T^{(k)}$ geht aus $T^{(k-1)}$ dadurch hervor, daß für jedes $j \in \{j(r-k)+1,\ldots,n\}$ die mit $\tau^{(k-1)}_{r-k,j}$ multiplizierte $j(r-k)$-te Spalte von der j-ten Spalte subtrahiert wird. Nach r Schritten hat man eine Matrix $Q \in \mathrm{GL}(n;K)$ gefunden, die ein Produkt von Elementarmatrizen ist und für die $TQ = I_{m,n}(r)$ gilt.

(1.7.5) Folgerung: *Es sei $A \in M(m,n;K)$ eine Matrix vom Rang r.*
(1) *Es gibt $P \in \mathrm{GL}(m;K)$, $Q \in \mathrm{GL}(n;K)$ mit*

$$PAQ = I_{m,n}(r).$$

(2) *Sind $P' \in \mathrm{GL}(m;K)$, $Q' \in \mathrm{GL}(n;K)$ und ist*

$$P'AQ' = I_{m,n}(r') \quad \textit{mit } r' \in \{0,\ldots,\min(\{m,n\})\},$$

so ist $r' = r = \mathrm{rang}(A)$.

Beweis: (1) folgt aus (1.7.4) und (1.6.12).
(2) Nach (1) gibt es $P \in \mathrm{GL}(m; K)$, $Q \in \mathrm{GL}(n; K)$ mit $PAQ = I_{m,n}(r)$. Es ist $A = P^{-1} I_{m,n}(r) Q^{-1}$, und es ist auch $A = P'^{-1} I_{m,n}(r') Q'^{-1}$.
(a) Es ist $I_{m,n}(r) = PP'^{-1} I_{m,n}(r') Q'^{-1} Q = P_1 I_{m,n}(r') Q_1$ mit $P_1 := PP'^{-1} \in \mathrm{GL}(m; K)$, $Q_1 := Q'^{-1} Q \in \mathrm{GL}(n; K)$. Es ist $I_{m,n}(r)$ die zu $I_{m,n}(r') Q_1$ gehörige Treppenmatrix, also gilt $\mathrm{rang}(I_{m,n}(r') Q_1) = r$. In der Matrix $I_{m,n}(r') Q_1$ stehen unterhalb der r'-ten Zeile nur Nullen, also können auch in $I_{m,n}(r)$ unterhalb der r'-ten Zeile nur Nullen stehen, und deshalb ist $r' \geq r$.
(b) Es ist $I_{m,n}(r') = P_2 I_{m,n}(r) Q_2$ mit $P_2 := P' P^{-1}$, $Q_2 := Q^{-1} Q'$. Es ist $I_{m,n}(r')$ die Treppenmatrix zu $I_{m,n}(r) Q_2$. Wegen $\mathrm{rang}(I_{m,n}(r')) = r'$ folgt aus (a) durch Vertauschen der Rollen von $I_{m,n}(r)$ und $I_{m,n}(r')$, daß $r \geq r'$ gilt.
Aus (a) und (b) folgt $r = r'$.

(1.7.6) Satz: *Für jedes $A \in M(m, n; K)$ gilt $\mathrm{rang}({}^t A) = \mathrm{rang}(A)$.*

Beweis: Es sei $A \in M(m, n; K)$, und es sei $r := \mathrm{rang}(A)$. Nach (1.7.5)(1) existieren $P \in \mathrm{GL}(m; K)$ und $Q \in \mathrm{GL}(n; K)$ mit $PAQ = I_{m,n}(r)$. Es gilt ${}^t Q \in \mathrm{GL}(n; K)$ und ${}^t P \in \mathrm{GL}(m; K)$ [vgl. (1.5.17)(3)(c)], und es gilt

$${}^t Q ({}^t A) {}^t P = {}^t (PAQ) = {}^t I_{m,n}(r) = I_{n,m}(r),$$

und daher ist nach (1.7.5)(2) $\mathrm{rang}({}^t A) = r = \mathrm{rang}(A)$.

(1.7.7) Folgerung: *Es seien $A, B \in M(n; K)$. Gilt $AB = E_n$, so sind A und B invertierbar, und es gilt $A^{-1} = B$ und $B^{-1} = A$.*

Beweis: Es sei T die zu A gehörige Treppenmatrix, und es sei $P \in \mathrm{GL}(n; K)$ mit $T = PA$. Dann ist $TB = P$. Wegen $\mathrm{rang}(P) = n = \mathrm{rang}({}^t P)$ [vgl. (1.6.20) und (1.7.6)] besteht keine Zeile von P nur aus Nullen. Wäre $T_{i\bullet} = 0$ für ein $i \in \{1, \ldots, n\}$, so wäre $P_{i\bullet} = 0$. Daher gilt $T_{i\bullet} \neq 0$ für jedes $i \in \{1, \ldots, n\}$, also ist $\mathrm{rang}(A) = \mathrm{rang}(T) = n$, und daher ist A invertierbar [vgl. (1.6.20)]. Es folgt $B = (A^{-1} A) B = A^{-1}(AB) = A^{-1}$. Nach (1.5.17)(3)(a) folgt daher: B ist invertierbar, und es ist $B^{-1} = (A^{-1})^{-1} = A$.

(1.7.8) Definition: Es seien $A, B \in M(m, n; K)$. A heißt zu B äquivalent, wenn es Matrizen $P \in \mathrm{GL}(m; K)$ und $Q \in \mathrm{GL}(n; K)$ mit $A = PBQ$ gibt. Man schreibt dann $A \sim B$.

7 Ähnliche und äquivalente Matrizen

(1.7.9) Satz: *Die in (1.7.8) erklärte Relation $\sim$ ist eine Äquivalenzrelation auf $M(m,n;K)$.*

Beweis: Es seien $A, B, C \in M(m,n;K)$. Es ist $A = E_m A E_n$, also gilt $A \sim A$. Es gelte $A \sim B$. Dann gibt es $P \in \mathrm{GL}(m;K)$, $Q \in \mathrm{GL}(n;K)$ mit $A = PBQ$; es ist daher $B = P^{-1}AQ^{-1}$, und wegen $P^{-1} \in \mathrm{GL}(m;K)$, $Q^{-1} \in \mathrm{GL}(n;K)$ gilt $B \sim A$. Es gelte $A \sim B$ und $B \sim C$. Dann gibt es $P, P_1 \in \mathrm{GL}(m;K)$, $Q, Q_1 \in \mathrm{GL}(n;K)$ mit $A = PBQ$, $B = P_1 C Q_1$, es ist $A = (PP_1)C(Q_1 Q) = P_2 C Q_2$ mit $P_2 = PP_1 \in \mathrm{GL}(m;K)$, $Q_2 = Q_1 Q \in \mathrm{GL}(n;K)$, und daher gilt $A \sim C$.

(1.7.10) Folgerung: *Es sei $s := \min(\{m,n\})$. Für die in (1.7.8) definierte Äquivalenzrelation $\sim$ auf $M(m,n;K)$ gilt:*
(1) Es gibt $s+1$ paarweise verschiedene Äquivalenzklassen, nämlich die Äquivalenzklassen $(I_{m,n}(0))_\sim, \ldots, (I_{m,n}(s))_\sim$.
(2) Es seien $A \in M(m,n;K)$, $r \in \{0,\ldots,s\}$. Es gilt $A \sim I_{m,n}(r)$, genau wenn $\mathrm{rang}(A) = r$ gilt.
(3) Es seien $A, B \in M(m,n;K)$. Es gilt $A \sim B$, genau wenn $\mathrm{rang}(A) = \mathrm{rang}(B)$ gilt.
(4) Es sei $A \in M(m,n;K)$, es seien $P \in \mathrm{GL}(m;K)$, $Q \in \mathrm{GL}(n;K)$. Dann ist $\mathrm{rang}(A) = \mathrm{rang}(PAQ)$.

Beweis: (1) und (2) folgen aus (1.7.5). (3) folgt aus (2), und (4) folgt aus (3).

(1.7.11) Definition: Es seien $A, B \in M(n;K)$. A heißt zu B **ähnlich**, wenn es ein $P \in \mathrm{GL}(n;K)$ mit $A = P^{-1}BP$ gibt.

(1.7.12) Satz: *(1) Ähnlichkeit ist eine Äquivalenzrelation auf $M(n;K)$.*
(2) Ähnliche Matrizen sind äquivalent.

Beweis: (1) beweist man wie die entsprechende Aussage in (1.7.9), und (2) ist klar.

Aufgaben

A(1.7.1) (1) Es sei $A \in M(n;K)$, und es sei $P \in \mathrm{GL}(n;K)$. Man zeige: Für jedes $i \in \mathbb{N}$ gilt $(P^{-1}AP)^i = P^{-1}A^i P$.
(2) Man zeige: Sind $A, B \in M(n;K)$ ähnlich, so sind für jedes $i \in \mathbb{N}$ die Matrizen A^i und B^i ähnlich.
(3) Man zeige: Sind $A, B \in \mathrm{GL}(n;K)$ ähnlich, so sind für jedes $i \in \mathbb{Z}$ die Matrizen A^i und B^i ähnlich.

A(1.7.2) Es sei $A \in M(m,n;K)$. Man zeige: Es gilt $\text{rang}(A) = 1$, genau wenn es von 0 verschiedene $x \in M(m,1;K)$ und $y \in M(1,n;K)$ mit $A = xy$ gibt.

A(1.7.3) Man schreibe eine MuPAD-Funktion, die zu einer Matrix $A \in M(m,n;K)$ vom Rang r Matrizen $P \in \text{GL}(m;K)$ und $Q \in \text{GL}(n;K)$ mit $PAQ = I_{m,n}(r)$ berechnet. [Man informiere sich über die MuPAD-Funktionen `linalg::swapCol`, `linalg::multCol` und `linalg::addCol`.]

8 Die komplexen Zahlen

(1.8.1) In diesem Paragraphen wird ein Körper konstruiert, der nicht nur für die Mathematik, sondern auch für die Physik und die technischen Wissenschaften sehr wichtig ist, nämlich der Körper der komplexen Zahlen. Auf diesen Körper stießen die Mathematiker zuerst, als sie darangingen, quadratische und kubische Gleichungen zu lösen.

(1.8.2) (1) Für alle $a, b \in \mathbb{R}$ sei

$$A(a,b) := \begin{pmatrix} a & b \\ -b & a \end{pmatrix} \in M(2;\mathbb{R}).$$

Es ist

$$K := \{A(a,b) \mid a,b \in \mathbb{R}\} = \left\{ \begin{pmatrix} a & b \\ -b & a \end{pmatrix} \,\middle|\, a,b \in \mathbb{R} \right\}$$

ein Unterring des Rings $M(2;\mathbb{R})$, denn das Einselement $E_2 = A(1,0)$ dieses Rings liegt in K, für alle $a, b, c, d \in \mathbb{R}$ gilt

$$A(a,b) + A(c,d) = A(a+c, b+d) \in K$$

und

$$A(a,b)\,A(c,d) = \begin{pmatrix} ac - bd & ad + bc \\ -(ad+bc) & ac - bd \end{pmatrix} = A(ac - bd, ad + bc) \in K,$$

und für alle $a, b \in \mathbb{R}$ ist

$$-A(a,b) = \begin{pmatrix} -a & -b \\ b & -a \end{pmatrix} = A(-a, -b) \in K.$$

Mit den vom Ring $M(2;\mathbb{R})$ geerbten Verknüpfungen $+$ und $\cdot$ ist K also ein Ring. Sein Nullelement ist die Nullmatrix $0 \in M(2;\mathbb{R})$, sein Einselement ist die Einheitsmatrix $E_2 \in M(2;\mathbb{R})$, und für jedes $A \in K$ gilt: Invers zu

8 Die komplexen Zahlen

A in der Gruppe $(K, +)$ ist $-A$. Der Ring K ist kommutativ, denn für alle $a, b, c, d \in \mathbb{R}$ gilt

$$A(c,d)A(a,b) = A(ca - db, cb + da) = A(ac - bd, ad + bc) = A(a,b)A(c,d).$$

(2) Es sei $x \in K$, und es gelte $x \neq 0_K$. Dann gibt es reelle Zahlen a und b, von denen mindestens eine von 0 verschieden ist, mit $x = A(a,b)$. Es ist $a^2 + b^2 \neq 0$, und mit

$$c := \frac{a}{a^2 + b^2} \quad \text{und} \quad d := \frac{-b}{a^2 + b^2}$$

gilt

$$\begin{aligned} xA(c,d) &= A(a,b)A(c,d) = A(ac - bd, ad + bc) \\ &= A\left(\frac{a^2}{a^2+b^2} - \frac{-b^2}{a^2+b^2}, \frac{-ab}{a^2+b^2} + \frac{ab}{a^2+b^2}\right) = A(1,0) = E_2. \end{aligned}$$

Weil K ein kommutativer Ring ist, ist daher auch $A(c,d)x = E_2$. Also ist die Matrix $x = A(a,b)$ invertierbar, und für die zu x inverse Matrix x^{-1} gilt $x^{-1} = A(c,d) \in K$.

(3) Nach (2) gibt es zu jedem $x \in K$ mit $x \neq 0_K$ ein $y \in K$ mit $xy = E_2$ und $yx = E_2$, nämlich die zu x inverse Matrix x^{-1}. Also ist jedes $x \in K \setminus \{0_K\}$ eine Einheit im Ring K. Der Ring K ist also ein Körper.

(4) Man rechnet sogleich nach, daß

$$K_0 = \{A(a,0) \mid a \in \mathbb{R}\} = \left\{ \begin{pmatrix} a & 0 \\ 0 & a \end{pmatrix} \,\middle|\, a \in \mathbb{R} \right\}$$

ein Teilkörper von K ist, daß die Abbildung

$$\varphi \colon \mathbb{R} \to K_0 \quad \text{mit} \quad \varphi(a) := A(a,0) \text{ für jedes } a \in \mathbb{R}$$

injektiv ist und $\varphi(a+b) = \varphi(a) + \varphi(b)$ und $\varphi(ab) = \varphi(a)\varphi(b)$ für alle $a, b \in \mathbb{R}$ gilt. Man identifiziert nun jedes $a \in \mathbb{R}$ mit seinem Bild $\varphi(a) \in K_0 \subset K$ und macht so $\mathbb{R}$ zu einem Teilkörper von K. Dabei werden insbesondere die Zahl 0 mit der Nullmatrix $0 = 0_K \in K$ und die Zahl 1 mit der Einheitsmatrix $E_2 = 1_K \in K$ identifiziert.

(5) Für das Element

$$i := A(0,1) = \begin{pmatrix} 0 & 1 \\ -1 & 0 \end{pmatrix}$$

von K gilt nach der in (4) beschriebenen Identifizierung der reellen Zahlen mit den Elementen von K_0: Es ist

$$i^2 = A(0,1)A(0,1) = A(-1,0) = \varphi(-1) = -1.$$

(6) Zu jedem $x \in K$ gibt es eindeutig bestimmte Zahlen $a, b \in \mathbb{R}$ mit

$$x = A(a,b) = \begin{pmatrix} a & b \\ -b & a \end{pmatrix} = \begin{pmatrix} a & 0 \\ 0 & a \end{pmatrix} + \begin{pmatrix} 0 & b \\ -b & 0 \end{pmatrix}$$
$$= \begin{pmatrix} a & 0 \\ 0 & a \end{pmatrix} + \begin{pmatrix} b & 0 \\ 0 & b \end{pmatrix} \cdot \begin{pmatrix} 0 & 1 \\ -1 & 0 \end{pmatrix} = a + bi.$$

(1.8.3) Bezeichnung: Der in (1.8.2) konstruierte Körper, in den $\mathbb{R}$ gemäß (1.8.2)(4) als Teilkörper eingebettet ist, wird mit $\mathbb{C}$ bezeichnet und heißt der Körper der komplexen Zahlen. Seine Elemente heißen die komplexen Zahlen.

(1.8.4) Bemerkung: (1) Es sei x eine komplexe Zahl. Es gibt dazu eindeutig bestimmte $a, b \in \mathbb{R}$ mit $x = a + bi$. Man nennt $\mathrm{Re}(x) := a$ den Realteil und $\mathrm{Im}(x) := b$ den Imaginärteil von x. Die komplexe Zahl $\overline{x} := a - bi$ heißt die zu x konjugierte komplexe Zahl. Es gilt

$$\mathrm{Re}(x) = a = \frac{x + \overline{x}}{2}, \quad \mathrm{Im}(x) = b = \frac{x - \overline{x}}{2i} \quad \text{und} \quad x\overline{x} = a^2 + b^2.$$

(2) Es seien $x, y \in \mathbb{C}$, und es seien $a := \mathrm{Re}(x)$, $b := \mathrm{Im}(x)$, $c := \mathrm{Re}(y)$ und $d := \mathrm{Im}(y)$. Die Konstruktion des Körpers $\mathbb{C}$ in (1.8.2) zeigt: Es gilt

$$x + y = (a+c) + (b+d)i, \quad -x = -a - bi \quad \text{und} \quad xy = (ac - bd) + (ad + bc)i,$$

und ist $x \neq 0$, so ist

$$x^{-1} = \frac{1}{x} = \frac{a}{a^2 + b^2} + \frac{-b}{a^2 + b^2} i = \frac{\overline{x}}{a^2 + b^2}.$$

Es gilt

$$\overline{\overline{x}} = x, \quad \overline{x + y} = \overline{x} + \overline{y}, \quad \overline{-x} = -\overline{x} \quad \text{und} \quad \overline{x \cdot y} = \overline{x} \cdot \overline{y},$$

und ist $x \neq 0$, so ist $\overline{x^{-1}} = \overline{x}^{-1}$.

(3) Es sei $x \in \mathbb{C}$, und es seien $a := \mathrm{Re}(x)$ und $b := \mathrm{Im}(x)$. Die nichtnegative reelle Zahl

$$|x| := \sqrt{a^2 + b^2} = \sqrt{x\overline{x}}$$

8 Die komplexen Zahlen 73

heißt der Betrag von x oder der Absolutbetrag von x. Es gilt $|-x| = |x|$ und $|\overline{x}| = |x|$ und

$$\begin{aligned} \operatorname{Re}(x) &\leq |\operatorname{Re}(x)| = |a| \leq \sqrt{a^2 + b^2} = |x|, \\ \operatorname{Im}(x) &\leq |\operatorname{Im}(x)| = |b| \leq \sqrt{a^2 + b^2} = |x|. \end{aligned}$$

Ist $x \in \mathbb{R}$, so ist $|x|$ der übliche Betrag der reellen Zahl x.

(1.8.5) Satz: *Für alle $x, y \in \mathbb{C}$ gilt*

$$|xy| = |x| \cdot |y|, \quad |x + y| \leq |x| + |y| \quad \text{und} \quad |x + y| \geq \bigl||x| - |y|\bigr|.$$

Beweis: Es seien $x, y \in \mathbb{C}$. Es gilt

$$|xy| = \sqrt{xy \cdot \overline{xy}} = \sqrt{x\overline{x} \cdot y\overline{y}} = \sqrt{x\overline{x}} \cdot \sqrt{y\overline{y}} = |x| \cdot |y|,$$

also ist $\operatorname{Re}(x\overline{y}) \leq |x\overline{y}| = |x| \cdot |\overline{y}| = |x| \cdot |y|$, und damit folgt

$$\begin{aligned} |x + y|^2 &= (x + y)(\overline{x} + \overline{y}) = x\overline{x} + x\overline{y} + \overline{x}y + y\overline{y} \\ &= |x|^2 + 2\operatorname{Re}(x\overline{y}) + |y|^2 \leq |x|^2 + 2|x| \cdot |y| + |y|^2 = (|x| + |y|)^2, \end{aligned}$$

also $|x + y| \leq |x| + |y|$. Es folgt $|x| = |(x + y) - y| \leq |x + y| + |y|$ und $|y| = |(x + y) - x| \leq |x + y| + |x|$, also gilt $|x| - |y| \leq |x + y|$ und $|y| - |x| \leq |x + y|$ und daher $|x + y| \geq \bigl| |x| - |y| \bigr|$.

(1.8.6) Satz: *Zu jedem $x \in \mathbb{C}$ gibt es ein $y \in \mathbb{C}$ mit $x = y^2$.*

Beweis: Ist $x = 0$, so setzt man $y := 0$. Ist $x \neq 0$ und sind $a := \operatorname{Re}(x)$ und $b := \operatorname{Im}(x)$, so setzt man

$$y := \begin{cases} \sqrt{\tfrac{1}{2}(a + \sqrt{a^2 + b^2})} + \sqrt{\tfrac{1}{2}(-a + \sqrt{a^2 + b^2})} \cdot i, & \text{falls } b \geq 0 \text{ ist,} \\ \sqrt{\tfrac{1}{2}(a + \sqrt{a^2 + b^2})} - \sqrt{\tfrac{1}{2}(-a + \sqrt{a^2 + b^2})} \cdot i, & \text{falls } b < 0 \text{ ist.} \end{cases}$$

(1.8.7) Bemerkung: Aus (1.8.6) ergibt sich auf gewohnte Weise, nämlich durch quadratische Ergänzung: Sind $u, v, w \in \mathbb{C}$ und ist $u \neq 0$, so hat die quadratische Gleichung $uX^2 + vX + w = 0$ im Körper $\mathbb{C}$ mindestens eine und höchstens zwei Lösungen [vgl. Aufgabe A(1.8.1)]. Daß in $\mathbb{C}$ wesentlich mehr gilt, besagt der sogenannte Fundamentalsatz der Algebra [vgl. (4.1.22)].

(1.8.8) Bemerkung: Es seien $m, n, p \in \mathbb{N}$.
(1) Für $A \in M(m,n;\mathbb{C})$ setzt man

$$\overline{A} := \bigl(\overline{A[i,j]}\bigr)_{1\leq i \leq m, 1\leq j \leq n} \in M(m,n;\mathbb{C}),$$
$$A^* := {}^t(\overline{A}) = \overline{{}^tA} \in M(n,m;\mathbb{C}).$$

Die Matrix A^* heißt die zu A adjungierte Matrix.
(2) Für alle $A, B \in M(m,n;\mathbb{C})$ und jedes $\alpha \in \mathbb{C}$ gilt

$$(A+B)^* = A^* + B^* \quad \text{und} \quad (\alpha A)^* = \overline{\alpha} A^*.$$

(3) Für alle $A \in M(m,n;\mathbb{C})$ und $B \in M(n,p;\mathbb{C})$ gilt [vgl. (1.5.10)(4)]

$$(AB)^* = B^* A^*.$$

(4) Für jedes $A \in \mathrm{GL}(n;\mathbb{C})$ gilt $A^* \in \mathrm{GL}(n;\mathbb{C})$ und $(A^*)^{-1} = (A^{-1})^*$.

(1.8.9) Satz: *Für jede Matrix $A \in M(m,n;\mathbb{C})$ gilt*

$$\mathrm{rang}(A^*) = \mathrm{rang}(\overline{A}) = \mathrm{rang}(A).$$

Beweis: Es sei $A \in M(m,n;\mathbb{C})$, und es sei $r := \mathrm{rang}(A)$. Nach (1.7.5)(1) gibt es Matrizen $P \in \mathrm{GL}(m;\mathbb{C})$ und $Q \in \mathrm{GL}(n;\mathbb{C})$ mit $PAQ = I_{m,n}(r)$. Es gilt $A^* \in M(n,m;\mathbb{C})$, $P^* \in \mathrm{GL}(m;\mathbb{C})$, $Q^* \in \mathrm{GL}(n;\mathbb{C})$ [vgl. (1.8.8)(4)] und $Q^* A^* P^* = (PAQ)^* = I_{m,n}(r)^* = {}^t I_{m,n}(r) = I_{n,m}(r)$ [vgl. (1.8.8)(3)], und daher folgt aus (1.7.5)(2), daß A^* den Rang r besitzt. Nach (1.7.6) gilt $\mathrm{rang}(A^*) = \mathrm{rang}({}^t(A^*))$, und es ist ${}^t(A^*) = \overline{A}$.

Aufgaben

A(1.8.1) Es seien $u, v, w \in \mathbb{C}$, und es gelte $u \neq 0$. Man zeige mit Hilfe quadratischer Ergänzung: Die Gleichung $uX^2 + vX + w = 0$ besitzt mindestens eine und höchstens zwei Lösungen $x \in \mathbb{C}$.

A(1.8.2) (1) Es sei $n \in \mathbb{N}$, und es sei $G_n := \{x \in \mathbb{C} \mid x^n = 1\}$. Man beweise, daß G_n eine Untergruppe der Multiplikativgruppe $\mathbb{C}^\times$ des Körpers $\mathbb{C}$ ist. Man zeige: Für jedes $x \in G_n$ gilt $|x| = 1$.
(2) Man berechne die Elemente von G_4, G_8, G_3 und G_6.

A(1.8.3) (1) Für alle $x, y \in \mathbb{C}$ sei

$$Q(x,y) := \begin{pmatrix} x & y \\ -\overline{y} & \overline{x} \end{pmatrix} \in M(2;\mathbb{C}).$$

8 Die komplexen Zahlen

Man beweise, daß $G := \{Q(x,y) \mid x,y \in \mathbb{C} \text{ mit } x \neq 0 \text{ oder } y \neq 0\}$ eine Untergruppe der Gruppe $\mathrm{GL}(2;\mathbb{C})$ ist. Ist die Gruppe G abelsch?

(2) Die Matrizen

$$I := \begin{pmatrix} i & 0 \\ 0 & -i \end{pmatrix}, \quad J := \begin{pmatrix} 0 & 1 \\ -1 & 0 \end{pmatrix}, \quad K := \begin{pmatrix} 0 & i \\ i & 0 \end{pmatrix}$$

sind Elemente von G. Man zeige, daß $Q_8 := \{E_2, -E_2, I, -I, J, -J, K, -K\}$ eine Untergruppe der Gruppe G ist. Ist die Gruppe Q_8 abelsch? [Die Gruppe Q_8 heißt die Quaternionengruppe.]

A(1.8.4) Man untersuche, ob die Matrix

$$A := \begin{pmatrix} 3+2i & 4-2i & 1+i \\ 2-i & 1+i & 2+i \\ 0 & 1-i & i \end{pmatrix} \in M(3;\mathbb{C})$$

invertierbar ist, und berechne gegebenenfalls die zu A inverse Matrix.

II Vektorräume

1 Vektorräume

(2.1.1) In diesem Paragraphen ist K stets ein Körper.

(2.1.2) Definition: Es sei $V \neq \emptyset$ eine Menge; es seien

$$(x,y) \mapsto x+y : V \times V \to V \quad \text{und} \quad (\alpha, x) \mapsto \alpha \cdot x : K \times V \to V$$

Abbildungen. Man nennt V einen K-Vektorraum oder einen Vektorraum über K, wenn gilt
(a) $(V,+)$ ist eine abelsche Gruppe,
(b) Für alle $\alpha, \beta \in K$ und alle $x, y \in V$ gilt

$$\alpha \cdot (x+y) = \alpha \cdot x + \alpha \cdot y, \quad (\alpha + \beta) \cdot x = \alpha \cdot x + \beta \cdot x,$$
$$(\alpha\beta) \cdot x = \alpha \cdot (\beta \cdot x), \quad 1_K \cdot x = x.$$

(2.1.3) Bemerkung: (1) Die in (2.1.2) definierten Vektorräume sind genaugenommen die Linksvektorräume über K. Analog kann man Rechtsvektorräume über K definieren.
(2) Die Elemente eines K-Vektorraums werden häufig Vektoren genannt; die Elemente aus K nennt man Skalare.

(2.1.4) Bemerkung: Es sei V ein K-Vektorraum.
(1) Das neutrale Element der Gruppe $(V,+)$ wird mit 0 oder mit 0_V bezeichnet; es heißt das Nullelement [oder auch der Nullvektor] in V und ist vom Nullelement 0_K des Körpers zu unterscheiden. Für jedes $x \in V$ wird das Inverse von x in der Gruppe $(V,+)$ mit $-x$ bezeichnet.
(2) Für $\alpha, \beta \in K$ und $x, y \in V$ schreibt man αx statt $\alpha \cdot x$, $-\alpha x$ statt $-(\alpha \cdot x)$, $\alpha x + \beta y$ statt $(\alpha \cdot x) + (\beta \cdot y)$, $\alpha \beta x$ statt $(\alpha \cdot \beta) \cdot x = \alpha \cdot (\beta \cdot x)$.
(3) Für $x_1, \ldots, x_m \in V$ setzt man $\sum_{i=1}^m x_i = x_1 + x_2 + \cdots + x_m$; ist dabei $m = 0$, so setzt man $\sum_{i=1}^m x_i = 0_V$.
(4) Durch Induktion nach m beweist man: Für jedes $\alpha \in K$ und für alle $x_1, \ldots, x_m \in V$ gilt

$$\alpha \sum_{i=1}^m x_i = \sum_{i=1}^m \alpha x_i.$$

1 Vektorräume

(2.1.5) Satz: *Es sei V ein K-Vektorraum, es seien $\alpha \in K$ und $x \in V$.*
(1) *Es gilt $\alpha \cdot 0_V = 0_V$ und $0_K \cdot x = 0_V$.*
(2) *Gilt $\alpha \neq 0_K$ und $x \neq 0_V$, so ist $\alpha x \neq 0_V$.*
(3) *Es ist $(-\alpha)x = -\alpha x$.*
(4) *Es ist $(-1_K)x = -x$.*

Beweis: (1) Mit Hilfe von (2.1.2) folgt

$$\alpha \cdot 0_V + 0_V = \alpha \cdot 0_V = \alpha(0_V + 0_V) = \alpha \cdot 0_V + \alpha \cdot 0_V,$$

und aus (1.3.7)(1), angewandt in der Gruppe $(V, +)$, ergibt sich, daß $0_V = \alpha \cdot 0_V$ ist. Ebenso folgt $0_V = 0_K \cdot x$, denn es gilt

$$0_K \cdot x + 0_V = 0_K \cdot x = (0_K + 0_K)x = 0_K \cdot x + 0_K \cdot x.$$

(2) Es gelte $\alpha \neq 0_K$ und $\alpha x = 0_V$. Mit Hilfe von (2.1.2) und von (1) folgt $x = 1_K \cdot x = (\alpha^{-1}\alpha)x = \alpha^{-1}(\alpha x) = \alpha^{-1} \cdot 0_V = 0_V$. Damit ist gezeigt: Gilt $\alpha \neq 0_K$ und $x \neq 0_V$, so ist $\alpha x \neq 0_V$.
(3) Mit Hilfe von (2.1.2) und (1) folgt $\alpha x + (-\alpha)x = (\alpha + (-\alpha))x = 0_K \cdot x = 0_V = \alpha x + (-\alpha x)$ und daher [nach (1.3.7)(1)] $(-\alpha)x = -\alpha x$.
(4) Mit Hilfe von (3) und (2.1.2) folgt $(-1_K)x = -(1_K \cdot x) = -x$.

(2.1.6) Beispiel: (1) Es seien $m, n \in \mathbb{N}$. Mit den in (1.5.4) erklärten Abbildungen

$$(A, B) \mapsto A + B : M(m, n; K) \times M(m, n; K) \to M(m, n; K),$$

$$(\lambda, A) \mapsto \lambda A : K \times M(m, n; K) \to M(m, n; K)$$

ist $M(m, n; K)$ ein K-Vektorraum [vgl. (1.5.5)].
(2) Es sei $n \in \mathbb{N}$. Nach (1) ist

$$K^n := M(n, 1; K) = \left\{ \begin{pmatrix} \alpha_1 \\ \alpha_2 \\ \vdots \\ \alpha_n \end{pmatrix} \Big| \alpha_1, \alpha_2, \ldots, \alpha_n \in K \right\}$$
$$= \{ {}^t(\alpha_1, \alpha_2, \ldots, \alpha_n) \mid \alpha_1, \alpha_2, \ldots, \alpha_n \in K \}$$

ein K-Vektorraum. (Die Bezeichnung K^n statt $M(n, 1; K)$ steht im Widerspruch zu der in (1.1.14) eingeführten Bezeichnung; sie ist aber so bequem, daß diese Inkonsequenz in Kauf genommen wird.) Darin gilt für jedes $\lambda \in K$ und alle

$$a = \begin{pmatrix} \alpha_1 \\ \alpha_2 \\ \vdots \\ \alpha_n \end{pmatrix}, \quad b = \begin{pmatrix} \beta_1 \\ \beta_2 \\ \vdots \\ \beta_n \end{pmatrix} \in K^n:$$

Es ist

$$a + b = \begin{pmatrix} \alpha_1 + \beta_1 \\ \alpha_2 + \beta_2 \\ \vdots \\ \alpha_n + \beta_n \end{pmatrix} \quad \text{und} \quad \lambda a = \begin{pmatrix} \lambda\alpha_1 \\ \lambda\alpha_2 \\ \vdots \\ \lambda\alpha_n \end{pmatrix}.$$

(3) Es sei $M \neq \emptyset$, es sei W ein K-Vektorraum, und es sei

$$V := \text{Abb}(M, W) = \{f \mid f: M \to W \text{ Abbildung }\}.$$

Für alle $f, g \in V$ definiert man $f + g \in V$ durch

$$(f + g)(x) := f(x) + g(x) \quad \text{für jedes } x \in M.$$

Mit der so erklärten Addition $(f, g) \mapsto f + g : V \times V \to V$ ist $(V, +)$ eine abelsche Gruppe. Ihr neutrales Element ist die Abbildung $0_V: M \to W$ mit $0_V(x) := 0_W$ für jedes $x \in M$, und für jedes $f \in V$ gilt: Invers zu f in $(V, +)$ ist die Abbildung $-f: M \to W$ mit $(-f)(x) := -f(x)$ für jedes $x \in M$.

Für jedes $\alpha \in K$ und jedes $f \in V$ definiert man $\alpha f \in V$ durch

$$(\alpha f)(x) := \alpha f(x) \quad \text{für jedes } x \in M.$$

Mit der eben erklärten Addition $+$ und der so erklärten Abbildung $(\alpha, f) \mapsto \alpha f : K \times V \to V$ ist V ein K-Vektorraum.

(4) Für $M := \mathbb{N}_0$ und $W = K$ erhält man aus (3) den K-Vektorraum $V := \text{Abb}(\mathbb{N}_0, K)$ aller Folgen $(\alpha_n) = (\alpha_n)_{n \geq 0}$ in K. Für alle (α_n), $(\beta_n) \in V$ und jedes $\lambda \in K$ gilt darin $(\alpha_n) + (\beta_n) = (\alpha_n + \beta_n)$ und $\lambda(\alpha_n) = (\lambda\alpha_n)$. Das Nullelement in V ist die konstante Folge mit dem Wert 0, und für jedes $(\alpha_n) \in V$ gilt $-(\alpha_n) = (-\alpha_n)$.

(5) Es sei L ein Körper, und es sei K ein Teilkörper von L. Die Addition $+$ und die Multiplikation $\cdot$ in L liefern Abbildungen

$$(x, y) \mapsto x + y : L \times L \to L \quad \text{und} \quad (a, x) \mapsto ax : K \times L \to L.$$

1 Vektorräume

Diese Abbildungen machen L offensichtlich zu einem K-Vektorraum.
(6) Nach (5) ist jeder Körper K ein Vektorraum über sich selbst. Der Körper $K := \mathbb{Q}[\sqrt{2}] = \{a + b\sqrt{2} \mid a, b \in \mathbb{Q}\}$ [vgl. (1.4.14)(2)] ist ein Teilkörper von $\mathbb{R}$, und daher ist $\mathbb{R}$ ein K-Vektorraum. Der Körper $\mathbb{Q}$ ist ein Teilkörper von K und von $\mathbb{R}$, und daher sind K und $\mathbb{R}$ Vektorräume über $\mathbb{Q}$.

(2.1.7) Definition: Es sei V ein K-Vektorraum; es sei $U \subset V$. U heißt ein Unterraum von V, wenn gilt: Es ist $U \neq \emptyset$, für alle $x, y \in U$ ist $x + y \in U$, und für jedes $\alpha \in K$ und jedes $x \in U$ ist $\alpha x \in U$.

(2.1.8) Bemerkung: Es sei V ein K-Vektorraum.
(1) Es sei U ein Unterraum von V. Nach (2.1.7) sind die Abbildungen

$$(x, y) \mapsto x + y : U \times U \to U \quad \text{und} \quad (\alpha, x) \mapsto \alpha x : K \times U \to U$$

definiert. Für jedes $x \in U$ ist $-x = (-1_K)x \in U$, und U ist daher eine Untergruppe von V, und folglich ist $(U, +)$ eine Gruppe [vgl. (1.3.9)]. Also ist U ein K-Vektorraum. Sein Nullelement ist 0_V, und für jedes $x \in U$ gilt: Invers zu x in $(U, +)$ ist das zu x in $(V, +)$ inverse Element $-x = (-1_K)x$.
(2) Jeder Unterraum W von V mit $W \subset U$ ist ein Unterraum des K-Vektorraums U, und jeder Unterraum des K-Vektorraums U ist ein Unterraum von V.

(2.1.9) Beispiel: (1) Für jeden K-Vektorraum V gilt: $\{0_V\}$ und V sind Unterräume von V.
(2) Es sei $n \in \mathbb{N}$. $U := \{{}^t(\alpha_1, \ldots, \alpha_n) \in \mathbb{R}^n \mid \alpha_1 = 0\}$ ist ein Unterraum von $\mathbb{R}^n$, und $U' := \{{}^t(\alpha_1, \ldots, \alpha_n) \in \mathbb{R}^n \mid \alpha_1 \geq 0\}$ und $U'' := \{{}^t(\alpha_1, \ldots, \alpha_n) \in \mathbb{R}^n \mid \alpha_1 \neq 0\}$ sind keine Unterräume von $\mathbb{R}^n$.
(3) Es sei V ein K-Vektorraum, es sei $I \neq \emptyset$ eine Menge, und für jedes $i \in I$ sei U_i ein Unterraum von V. Dann ist $\bigcap_{i \in I} U_i$ ein Unterraum von V, wie man unmittelbar bestätigt, und für jedes $j \in I$ gilt $\bigcap_{i \in I} U_i \subset U_j$.
(4) Es sei V ein K-Vektorraum, und es seien $U_1, \ldots, U_m$ Unterräume von V. Dann ist

$$U_1 + U_2 + \cdots + U_m = \sum_{i=1}^{m} U_i := \left\{ \sum_{i=1}^{m} x_i \,\middle|\, x_1 \in U_1, x_2 \in U_2, \ldots, x_m \in U_m \right\}$$

ein Unterraum von V, und für jedes $j \in \{1, \ldots, m\}$ gilt $U_j \subset \sum_{i=1}^{m} U_i$. $\sum_{i=1}^{m} U_i$ heißt die Summe der Unterräume $U_1, \ldots, U_m$ von V.

(2.1.10) Bemerkung: Es sei V ein K-Vektorraum, es sei U ein Unterraum von V, und es seien $x_1,\ldots,x_m \in U$ und $\alpha_1,\ldots,\alpha_m \in K$. Es ist

$$\sum_{i=1}^{m} \alpha_i x_i = \alpha_1 x_1 + \cdots + \alpha_m x_m \in U,$$

was man durch Induktion nach m beweist. Man sagt: $\sum_{i=1}^{m} \alpha_i x_i$ ist eine Linearkombination von $x_1,\ldots,x_m$ [mit Koeffizienten aus K].

(2.1.11) Satz: *Es sei V ein K-Vektorraum, es sei $X \subset V$, und es sei $\langle X \rangle$ der Durchschnitt aller Unterräume von V, die X enthalten.*
(1) $\langle X \rangle$ ist ein Unterraum von V und zwar der kleinste Unterraum von V, der X enthält, d.h. für jeden Unterraum U von V mit $X \subset U$ gilt $\langle X \rangle \subset U$.
(2) Ist $X = \emptyset$, so ist $\langle X \rangle = \{0_V\}$, und ist $X \neq \emptyset$, so ist

$$\langle X \rangle := \left\{ \sum_{i=1}^{m} \alpha_i x_i \,\bigg|\, m \in \mathbb{N}_0; \alpha_1,\ldots,\alpha_m \in K; x_1,\ldots,x_m \in X \right\}.$$

Beweis: (1) Es gibt Unterräume von V, die X umfassen, z.B. V selbst; die Aussage folgt aus (2.1.9)(3).
(2) Der kleinste Unterraum von V ist $\{0_V\}$, und daher ist $\langle \emptyset \rangle = \{0_V\}$. Ist $X \neq \emptyset$, so ist

$$U := \left\{ \sum_{i=1}^{m} \alpha_i x_i \,\bigg|\, m \in \mathbb{N}_0; \alpha_1,\ldots,\alpha_m \in K; x_1,\ldots,x_m \in X \right\}$$

offensichtlich ein Unterraum von V mit $X \subset U$, der nach (2.1.10) in jedem Unterraum U' von V mit $X \subset U'$ enthalten ist.

(2.1.12) Definition: Es sei V ein K-Vektorraum, und es sei $X \subset V$. Der in (2.1.11) erklärte Unterraum $\langle X \rangle$ heißt der von X erzeugte Unterraum von V.

(2.1.13) Beispiel: Es sei V ein K-Vektorraum.
(1) Es sei $x \in V$. Dann ist

$$\langle x \rangle := \langle \{x\} \rangle = \{\lambda x \mid \lambda \in K\}$$

der kleinste Unterraum von V, der x enthält. Ist dabei $x = 0_V$, so ist $\langle x \rangle = \{0_V\}$; ist $x \neq 0_V$, so ist die Abbildung $\lambda \mapsto \lambda x : K \to \langle x \rangle$ bijektiv

1 Vektorräume 81

[die Surjektivität ist klar, und die Injektivität folgt so: Sind $\lambda, \mu \in K$ mit $\lambda x = \mu x$, also mit $(\lambda - \mu)x = 0$, so gilt $\lambda - \mu = 0$ nach (2.1.5)(2) und daher $\lambda = \mu$].

(2) Es seien $x_1, \ldots, x_m \in V$. Dann ist $\langle x_1, \ldots, x_m \rangle := \langle \{x_1, \ldots, x_m\} \rangle$ der kleinste Unterraum von V, der $x_1, \ldots, x_m$ enthält. Es gilt

$$\langle x_1, \ldots, x_m \rangle = \left\{ \sum_{i=1}^{m} \alpha_i x_i \,\Big|\, \alpha_1, \ldots, \alpha_m \in K \right\} = \langle x_1 \rangle + \cdots + \langle x_m \rangle.$$

Aufgaben

A(2.1.1) Welche der Mengen

$$\begin{aligned}
U_1 &:= \{f \in \mathrm{Abb}(\mathbb{R},\mathbb{R}) \mid f(0) = f(1)\}, \\
U_2 &:= \{f \in \mathrm{Abb}(\mathbb{R},\mathbb{R}) \mid f(x) \geq 0 \text{ für jedes } x \in \mathbb{R}\} \\
&\quad \cup \{f \in \mathrm{Abb}(\mathbb{R},\mathbb{R}) \mid f(x) \leq 0 \text{ für jedes } x \in \mathbb{R}\}, \\
U_3 &:= \{f \in \mathrm{Abb}(\mathbb{R},\mathbb{R}) \mid f(x) = f(x-5) \text{ für jedes } x \in \mathbb{R}\}, \\
U_4 &:= \{f \in \mathrm{Abb}(\mathbb{R},\mathbb{R}) \mid f(x^2) = f(x)^2 \text{ für jedes } x \in \mathbb{R}\}
\end{aligned}$$

sind Unterräume des $\mathbb{R}$-Vektorraums $\mathrm{Abb}(\mathbb{R},\mathbb{R})$?

A(2.1.2) Es sei $n \in \mathbb{N}$. Man beweise, daß $\{A \in M(n;K) \mid {}^t\!A = A\}$ und $\{A \in M(n;K) \mid {}^t\!A = -A\}$ Unterräume des K-Vektorraums $M(n;K)$ sind.

A(2.1.3) Es sei $V \subset \mathrm{Abb}(\mathbb{R},\mathbb{C})$ die Menge der Funktionen $f: \mathbb{R} \to \mathbb{C}$ mit $f(-t) = \overline{f(t)}$ für jedes $t \in \mathbb{R}$. Man zeige: V ist ein Unterraum des $\mathbb{R}$-Vektorraums $\mathrm{Abb}(\mathbb{R},\mathbb{C})$.

A(2.1.4) Es sei V ein K-Vektorraum, und es seien X und Y Unterräume von V. Man zeige: $X \cup Y$ ist dann und nur dann ein Unterraum von V, wenn $X \subset Y$ oder $Y \subset X$ gilt.

A(2.1.5) Es sei V ein K-Vektorraum, und es seien X, Y und Z Unterräume von V. Man beweise:
(1) Es gilt $(X \cap Y) + (X \cap Z) = X \cap ((X \cap Y) + Z)$.
(2) Es gilt $(X \cap Y) + (X \cap Z) \subset X \cap (Y + Z)$, und darin steht das Gleichheitszeichen, wenn $Y \subset X$ gilt.
(3) Es gilt $X \cap (Y + Z) \supset Y + (X \cap Z)$, und darin steht das Gleichheitszeichen, wenn $Y \subset X$ gilt.

A(2.1.6) Es sei V ein K-Vektorraum, es seien U, U', W und W' Unterräume von V, und es gelte $U \cap U' = W \cap W'$. Man beweise: Es gilt

$$U = (U + (U' \cap W)) \cap (U + (U' \cap W')).$$

2 Erzeugendensysteme und Basen

(2.2.1) In diesem Paragraphen ist K stets ein Körper.

(2.2.2) Definition: Es sei V ein K-Vektorraum.
(1) $E \subset V$ heißt ein Erzeugendensystem von V, wenn $\langle E \rangle = V$ ist, d.h. wenn gilt: Zu jedem $x \in V$ existieren ein $m \in \mathbb{N}_0$, $\alpha_1, \ldots, \alpha_m \in K$ und $x_1, \ldots, x_m \in E$ mit $x = \sum_{i=1}^{m} \alpha_i x_i$. [Ist hierbei $E = \emptyset$, so ist $V = \{0_V\}$.]
(2) V heißt endlich erzeugt, wenn es ein endliches Erzeugendensystem von V gibt, d.h. wenn gilt: Es gibt ein $n \in \mathbb{N}_0$ und $x_1, \ldots, x_n \in V$ mit

$$V = \langle x_1, \ldots, x_n \rangle = \left\{ \sum_{i=1}^{n} \alpha_i x_i \ \Big| \ \alpha_1, \ldots, \alpha_n \in K \right\}.$$

[Ist hierbei $n = 0$, so ist $V = \langle \emptyset \rangle = \{0_V\}$.]

(2.2.3) Beispiel: (1) Für jeden K-Vektorraum V gilt $V = \langle V \rangle$.
(2) Es seien $m, n \in \mathbb{N}$, und es seien $E_{11}, E_{12}, \ldots, E_{mn} \in M(m, n; K)$ die Basismatrizen. Für jedes $A = (\alpha_{ij}) \in M(m, n; K)$ gilt

$$A = \sum_{i=1}^{m} \sum_{j=1}^{n} \alpha_{ij} E_{ij}.$$

Also ist $\{E_{11}, E_{12}, \ldots, E_{mn}\}$ ein (endliches) Erzeugendensystem des K-Vektorraums $M(m, n; K)$.

(2.2.4) Definition: Es sei V ein K-Vektorraum.
(1) Es sei $p \in \mathbb{N}$. $x_1, \ldots, x_p \in V$ heißen linear abhängig, wenn es Elemente $\alpha_1, \ldots, \alpha_p \in K$ gibt, die nicht alle Null sind und für die gilt: Es ist $\sum_{i=1}^{p} \alpha_i x_i = 0_V$.
(2) Es sei $m \in \mathbb{N}$. $a_1, \ldots, a_m \in V$ heißen linear unabhängig, wenn $a_1, \ldots, a_m$ nicht linear abhängig sind, d.h. wenn gilt: Sind $\lambda_1, \ldots, \lambda_m \in K$ und ist $\sum_{i=1}^{m} \lambda_i a_i = 0_V$, so gilt $\lambda_1 = \cdots = \lambda_m = 0$.
(3) Eine Teilmenge F von V heißt frei, wenn entweder $F = \emptyset$ ist oder wenn gilt: Je endlich viele paarweise verschiedene Elemente von F sind stets linear unabhängig.

(2.2.5) Bemerkung: Es sei V ein K-Vektorraum, es sei $m \in \mathbb{N}$, und es seien $a_1, \ldots, a_m \in V$ linear unabhängig. Unmittelbar aus der Definition in (2.2.4)(2) folgt:

2 Erzeugendensysteme und Basen   83

(a) Für jedes $i \in \{1, \ldots, m\}$ ist $a_i \neq 0$.
(b) $a_1, \ldots, a_m$ sind paarweise verschieden.
(c) Ist $q \in \{1, \ldots, m\}$ und sind $i(1), \ldots, i(q) \in \{1, \ldots, m\}$ paarweise verschieden, so sind $a_{i(1)}, \ldots, a_{i(q)}$ linear unabhängig.
(d) $\{a_1, \ldots, a_m\}$ ist eine freie Teilmenge von V.

(2.2.6) Beispiel: (1) Es seien $m, n \in \mathbb{N}$. Im K-Vektorraum $M(m, n; K)$ sind die Basismatrizen $E_{11}, E_{12}, \ldots, E_{mn}$ linear unabhängig, denn sind $\lambda_{11}, \lambda_{12}, \ldots, \lambda_{mn} \in K$ und gilt $\sum_{i=1}^{m} \sum_{j=1}^{n} \lambda_{ij} E_{ij} = 0$, also ausführlich geschrieben

$$\begin{pmatrix} \lambda_{11} & \lambda_{12} & \ldots & \lambda_{1n} \\ \vdots & \vdots & & \vdots \\ \lambda_{m1} & \lambda_{m2} & \ldots & \lambda_{mn} \end{pmatrix} = \sum_{i=1}^{m} \sum_{j=1}^{n} \lambda_{ij} E_{ij} = 0 = \begin{pmatrix} 0 & 0 & \ldots & 0 \\ \vdots & \vdots & & \vdots \\ 0 & 0 & \ldots & 0 \end{pmatrix},$$

so gilt $\lambda_{ij} = 0$ für jedes $i \in \{1, \ldots, m\}$ und jedes $j \in \{1, \ldots, n\}$.
(2) In $M(1, 3; \mathbb{R})$ sind $x_1 := (3, 2, -1)$, $x_2 := (-1, 12)$, $x_3 := (3, 7, 4)$ linear abhängig, denn es gilt $2x_1 + 3x_2 - x_3 = 0$.

(2.2.7) Definition: Es sei V ein K-Vektorraum. Eine Teilmenge B von V heißt eine Basis von V, wenn B ein Erzeugendensystem von V und eine freie Teilmenge von V ist.

(2.2.8) Beispiel: (1) Ein K-Vektorraum $V = \{0\}$, der nur aus seinem Nullelement besteht, hat die Basis $\emptyset$.
(2) Es seien $m, n \in \mathbb{N}$, und es seien $E_{11}, E_{12}, \ldots, E_{mn} \in M(m, n; K)$ die Basismatrizen. Aus (2.2.3)(2) und (2.2.6)(1) folgt: $\{E_{11}, E_{12}, \ldots, E_{mn}\}$ ist eine Basis des K-Vektorraums $M(m, n; K)$. Diese Basis heißt die Standardbasis von $M(m, n; K)$.
(3) Es sei $n \in \mathbb{N}$. Die Basismatrizen in $K^n = M(n, 1; K)$ sind

$$e_1 := \begin{pmatrix} 1 \\ 0 \\ 0 \\ \vdots \\ 0 \\ 0 \end{pmatrix}, \quad e_2 := \begin{pmatrix} 0 \\ 1 \\ 0 \\ \vdots \\ 0 \\ 0 \end{pmatrix}, \quad \ldots, \quad e_n := \begin{pmatrix} 0 \\ 0 \\ 0 \\ \vdots \\ 0 \\ 1 \end{pmatrix}.$$

Nach (2) ist $\{e_1, e_2, \ldots, e_n\}$ eine Basis des K-Vektorraums K^n. Diese Basis heißt die Standardbasis von K^n.

(4) Es sei $n \in \mathbb{N}$. Die Basismatrizen in $M(1,n;K)$ sind

$e_1 := (1,0,0,\ldots,0,0)$, $e_2 := (0,1,0,\ldots,0,0),\ldots, e_n := (0,0,0,\ldots,0,1)$.

Nach (2) ist $\{e_1, e_2, \ldots, e_n\}$ eine Basis des K-Vektorraums $M(1,n;K)$. Diese Basis heißt die Standardbasis von $M(1,n;K)$.

(2.2.9) Satz: *Es sei V ein K-Vektorraum, es sei $n \in \mathbb{N}$, und es seien $b_1, \ldots, b_n \in V$. Folgende Aussagen sind äquivalent:*
(1) *$\{b_1, \ldots, b_n\}$ ist eine Basis von V.*
(2) *Zu jedem $x \in V$ gibt es eindeutig bestimmte $\alpha_1, \ldots, \alpha_n \in K$ mit $x = \sum_{i=1}^{n} \alpha_i b_i$.*

Beweis: (a) Es gelte: $\{b_1, \ldots, b_n\}$ ist eine Basis von V. Es sei $x \in V$. Wegen $V = \langle b_1, \ldots, b_n \rangle$ gibt es $\alpha_1, \ldots, \alpha_n \in K$ mit $x = \sum_{i=1}^{n} \alpha_i b_i$. Es seien auch $\beta_1, \ldots, \beta_n \in K$ mit $x = \sum_{i=1}^{n} \beta_i b_i$. Dann gilt $0 = x - x = \sum_{i=1}^{n}(\alpha_i - \beta_i)b_i$, und weil $b_1, \ldots, b_n$ linear unabhängig sind, folgt: Für jedes $i \in \{1, \ldots, n\}$ gilt $\alpha_i - \beta_i = 0$, also $\alpha_i = \beta_i$.
(b) Es gelte (2). Dann ist jedes $x \in V$ eine Linearkombination von $b_1, \ldots, b_n$, also ist $V = \langle b_1, \ldots, b_n \rangle$, d.h. $\{b_1, \ldots, b_n\}$ ist ein Erzeugendensystem von V. Es seien $\lambda_1, \ldots, \lambda_n \in K$ mit $\sum_{i=1}^{n} \lambda_i b_i = 0$. Es ist auch $\sum_{i=1}^{n} 0_K \cdot b_i = 0$, und da nach Voraussetzung $0 \in V$ nur *eine* Darstellung als Linearkombination von $b_1, \ldots, b_n$ besitzt, folgt $\lambda_i = 0$ für jedes $i \in \{1, \ldots, n\}$. Damit ist gezeigt, daß $b_1, \ldots, b_n$ linear unabhängig sind. Also ist $\{b_1, \ldots, b_n\}$ eine Basis von V.

(2.2.10) Hilfssatz: *Es sei V ein K-Vektorraum, es seien $m, p \in \mathbb{N}$, es seien $x_1, \ldots, x_p \in V$, und es seien $a_1, \ldots, a_m \in \langle x_1, \ldots, x_p \rangle$ linear unabhängig. Dann ist $m \leq p$.*

Beweis: Zu jedem $j \in \{1, \ldots, m\}$ existieren $\alpha_{1j}, \ldots, \alpha_{pj} \in K$ mit $a_j = \sum_{i=1}^{p} \alpha_{ij} x_i$.
Ist $m = 1$, so ist nichts zu beweisen, und ist $p = 1$, so ist $m = 1$. Es gelte jetzt $m \geq 2$ und $p \geq 2$, und es sei bereits bewiesen: Sind $y_1, \ldots, y_{p-1} \in V$, ist $q \in \mathbb{N}$ und sind $b_1, \ldots, b_q \in \langle y_1, \ldots, y_{p-1} \rangle$ linear unabhängig, so ist $q \leq p - 1$.
(a) Es gelte: Für jedes $j \in \{1, \ldots, m\}$ ist $a_j \in \langle x_1, \ldots, x_{p-1} \rangle$. Dann gilt nach Induktionsvoraussetzung $m \leq p - 1$.
(b) Es gelte: Es gibt ein $j \in \{1, \ldots, m\}$ mit $a_j \notin \langle x_1, \ldots, x_{p-1} \rangle$. Da eine Umnumerierung von $a_1, \ldots, a_m$ weder an den Voraussetzungen noch an der Behauptung etwas ändert, darf man voraussetzen, daß $a_m \notin$

2 Erzeugendensysteme und Basen

$\langle x_1, \ldots, x_{p-1} \rangle$ gilt. Daher ist $\alpha_{pm} \neq 0$. Für jedes $j \in \{1, \ldots, m-1\}$ gilt

$$b_j := a_j - \alpha_{pj}\alpha_{pm}^{-1}a_m = \sum_{i=1}^{p}(\alpha_{ij} - \alpha_{pj}\alpha_{pm}^{-1}\alpha_{im})x_i \in \langle x_1, \ldots, x_{p-1} \rangle.$$

$b_1, \ldots, b_{m-1}$ sind linear unabhängig, denn sind $\lambda_1, \ldots, \lambda_{m-1} \in K$ und ist $\sum_{j=1}^{m-1} \lambda_j b_j = 0$, so gilt

$$0 = \sum_{j=1}^{m-1} \lambda_j(a_j - \alpha_{pj}\alpha_{pm}^{-1}a_m) = \sum_{j=1}^{m-1} \lambda_j a_j + \left(-\alpha_{pm}^{-1}\sum_{j=1}^{m-1}\lambda_j\alpha_{pj}\right)a_m,$$

und weil $a_1, \ldots, a_m$ linear unabhängig sind, folgt daraus $\lambda_j = 0$ für jedes $j \in \{1, \ldots, m-1\}$. Aus der Induktionsvoraussetzung folgt daher: Es gilt $m - 1 \leq p - 1$, also $m \leq p$.
Damit ist der Hilfssatz bewiesen.

(2.2.11) Folgerung: *Es sei V ein K-Vektorraum, es sei E eine endliche Teilmenge von V, und es sei F eine freie Teilmenge von $\langle E \rangle$. Dann ist auch F eine endliche Menge, und es ist $\#(F) \leq \#(E)$.*

Beweis: Ist $F = \emptyset$, so ist nichts zu beweisen, und ist $E = \emptyset$, so ist $\langle E \rangle = \{0\}$, und daher ist auch $F = \emptyset$. Ist $F \neq \emptyset$ und sind $a_1, \ldots, a_m$ paarweise verschiedene Elemente von F, so sind $a_1, \ldots, a_m$ linear unabhängige Elemente von $\langle E \rangle$, also gilt nach (2.2.10) $m \leq \#(E)$, und daher kann F nicht mehr als $\#(E)$ Elemente enthalten.

(2.2.12) Hilfssatz: *Es sei V ein K-Vektorraum, und es sei $E \subset V$ eine endliche Menge. Es gibt eine Basis $B \subset E$ des Unterraums $\langle E \rangle$ von V.*

Beweis: (a) Es gelte $\langle E \rangle = \{0\}$, also $E = \emptyset$ oder $E = \{0\}$. Dann ist $B := \emptyset$ eine Teilmenge von E und eine Basis von $\langle E \rangle$.
(b) Es gelte $\langle E \rangle \neq \{0\}$. Es gibt freie Mengen $F \subset E$, etwa $F = \emptyset$. Da nach (2.2.11) jede freie Teilmenge von E höchstens $\#(E)$ Elemente besitzt, gibt es eine freie Menge $B \subset E$ mit maximaler Elementanzahl, d.h. es gibt eine freie Menge $B \subset E$ mit der folgenden Eigenschaft: Für jede freie Menge $F \subset E$ gilt $\#(F) \leq \#(B)$. Wegen $\langle E \rangle \neq \{0\}$ gibt es ein $x \in E$ mit $x \neq 0$, und weil $\{x\}$ eine freie Teilmenge von E ist, gilt $m := \#(B) \geq 1$. Es sei $B = \{b_1, b_2, \ldots, b_m\}$.

Angenommen, es gibt ein $x \in E$ mit $x \notin \langle B \rangle$. Dann sind $b_1, \ldots, b_m, x$ linear unabhängig, denn sind $\lambda_1, \ldots, \lambda_m, \mu \in K$ mit $\sum_{i=1}^{m} \lambda_i b_i + \mu x = 0$, so folgt zuerst $\mu = 0$, da sonst $x = -\sum_{i=1}^{m} \lambda_i \mu^{-1} b_i \in \langle B \rangle$ wäre, und wegen $\sum_{i=1}^{m} \lambda_i b_i = 0$ folgt $\lambda_1 = \cdots = \lambda_m = 0$, da $b_1, \ldots, b_m$ linear unabhängig sind. Also ist $F := \{b_1, \ldots, b_m, x\}$ eine freie Teilmenge von E. Hierfür gilt $\#(F) = m + 1 > \#(B)$, im Widerspruch zur Wahl von B. Also gilt $E \subset \langle B \rangle$. Da $\langle E \rangle$ der kleinste Unterraum von V ist, der E enthält, folgt $\langle E \rangle \subset \langle B \rangle$. Wegen $B \subset E$ gilt andererseits $\langle B \rangle \subset \langle E \rangle$. Damit ist gezeigt, daß $\langle E \rangle = \langle B \rangle$ gilt. Also ist B ein Erzeugendensystem von $\langle E \rangle$. Da B eine freie Menge ist, ist B somit eine Basis des Unterraums $\langle E \rangle$ von V.

(2.2.13) Satz: *Es sei V ein endlich erzeugter K-Vektorraum. Dann gilt:*
(1) Es gibt endliche Basen von V, und zwar gilt für jedes Erzeugendensystem E von V: Es gibt eine Basis B von V mit $B \subset E$.
(2) Alle Basen von V sind endlich und haben dieselbe Elementanzahl.

Beweis: Es gibt ein endliches Erzeugendensystem E_0 von V.
(1) Es sei E ein Erzeugendensystem von V. Jedes der endlich vielen Elemente von E_0 ist eine Linearkombination endlich vieler Elemente von E, und daher gibt es eine endliche Teilmenge E' von E mit $E_0 \subset \langle E' \rangle$. Hierfür gilt $V = \langle E_0 \rangle \subset \langle E' \rangle \subset V$, also ist $V = \langle E' \rangle$. Somit ist E' ein endliches Erzeugendensystem von V. Nach (2.2.12) gibt es eine Basis B von $\langle E' \rangle = V$, die Teilmenge von E' und daher einerseits eine endliche Menge und andererseits eine Teilmenge von E ist.
(2) Nach (1) gibt es eine endliche Basis B von V. Es sei auch B' eine Basis von V. Wegen $B' \subset V = \langle B \rangle$ folgt aus (2.2.11), daß B' endlich ist und $\#(B') \leq \#(B)$ gilt. Da $B \subset V = \langle B' \rangle$ ist, ergibt sich wiederum aus (2.2.11), daß $\#(B) \leq \#(B')$ ist. Also ist $\#(B') = \#(B)$.

(2.2.14) Definition: Es sei V ein endlich erzeugter K-Vektorraum. Die Anzahl der Elemente einer und damit jeder Basis von V heißt die Dimension von V und wird mit $\dim(V)$ oder mit $\dim_K(V)$ bezeichnet.

(2.2.15) Bemerkung: (1) Endlich erzeugte K-Vektorräume nennt man auch endlichdimensionale K-Vektorräume.
(2) Es sei V ein K-Vektorraum, der kein endliches Erzeugendensystem und somit keine endliche Basis besitzt. Man nennt dann V einen unendlichdimensionalen K-Vektorraum. Mit etwas Mengentheorie kann man beweisen: Es gibt eine Basis von V, und zu Basen B und B' von V gibt

es eine bijektive Abbildung $f: B \to B'$ [vgl. dazu [4], Kap. II, §6, und [12], Kap. IV, §3].

(2.2.16) Beispiel: (1) Für einen endlich erzeugten K-Vektorraum V gilt $\dim(V) = 0$, genau wenn $V = \{0_V\}$ ist.
(2) Für alle $m, n \in \mathbb{N}$ gilt $\dim(M(m,n;K)) = mn$ [vgl. (2.2.8)(2)]. Insbesondere gilt für jedes $n \in \mathbb{N}$: Es ist $\dim(K^n) = n$.
(3) Der Körper $\mathbb{C}$ ist ein Erweiterungskörper von $\mathbb{R}$ und daher ein $\mathbb{R}$-Vektorraum [vgl. (2.1.6)(5)]. Zu jedem $x \in \mathbb{C}$ gibt es eindeutig bestimmte $a, b \in \mathbb{R}$ mit $x = a + bi$ [vgl. (1.8.4)(1)], also ist $\{1, i\}$ eine Basis des $\mathbb{R}$-Vektorraums $\mathbb{C}$, und daher ist $\dim_\mathbb{R}(\mathbb{C}) = 2$.
(4) Der in (1.4.14)(2) konstruierte Körper K ist ein $\mathbb{Q}$-Vektorraum, und $\{1, \sqrt{2}\}$ ist eine Basis des $\mathbb{Q}$-Vektorraums K, also ist $\dim_\mathbb{Q}(K) = 2$.
(5) Da $\mathbb{R}$ ein Erweiterungskörper von $\mathbb{Q}$ ist, ist $\mathbb{R}$ ein $\mathbb{Q}$-Vektorraum. Man kann zeigen, daß $\mathbb{R}$ ein unendlichdimensionaler $\mathbb{Q}$-Vektorraum ist.

(2.2.17) Bemerkung: Es sei V ein K-Vektorraum, es sei $p \in \mathbb{N}$, und es seien $a_1, \ldots, a_p \in V$. Der Unterraum $U := \langle a_1, \ldots, a_p \rangle$ von V ist ein endlich erzeugter K-Vektorraum. Nach (2.2.13) ist U ein K-Vektorraum endlicher Dimension, und es gibt eine Basis B von U mit $B \subset \{a_1, \ldots, a_p\}$. Der folgende Satz zeigt, wie man mit Hilfe des Gauß-Algorithmus die Dimension und eine Basis $B \subset \{a_1, \ldots, a_p\}$ von U berechnen kann.

(2.2.18) Satz: *Es sei V ein endlichdimensionaler K-Vektorraum, es sei $n := \dim(V) \geq 1$, und es sei $\{b_1, \ldots, b_n\}$ eine Basis von V. Es seien $p \in \mathbb{N}$ und $a_1, \ldots, a_p \in V$, es sei $A \in M(n, p; K)$ die Matrix mit*

$$a_j = \sum_{i=1}^n A[i,j]\, b_i \quad \text{für jedes } j \in \{1, \ldots, p\}$$

[*vgl.* (2.2.9)], *es sei $r := \text{rang}(A)$, und es seien $j(1), \ldots, j(r)$ die charakteristischen Spaltenindizes von A. Dann gilt für den Unterraum $U := \langle a_1, \ldots, a_p \rangle$ von V: Es ist $\dim(U) = r$, und $\{a_{j(1)}, a_{j(2)}, \ldots, a_{j(r)}\}$ ist eine Basis von U.*

Beweis: (1) Es gelte $A = 0$. Dann gilt $r = 0$ und $a_1 = \cdots = a_p = 0$, also ist $U = \{0\}$, und $\emptyset$ ist eine Basis von U.
(2) Es gelte $A \neq 0$, also $r \geq 1$. Es sei $T \in M(n, p; K)$ die zu A gehörige Treppenmatrix, und es sei $P \in \text{GL}(n; K)$ mit $T = PA$.

(a) Es sei $\{e_1, \ldots, e_n\}$ die Standardbasis von K^n. Für jedes $k \in \{1, \ldots, r\}$ ist $T_{\bullet j(k)} = e_k$ [vgl. (1.6.9)(4)]. Also gilt für jedes $j \in \{1, \ldots, p\}$: Es ist

$$\begin{aligned}
T_{\bullet j} &= {}^t(T[1,j], \ldots, T[r,j], 0, \ldots, 0) \\
&= \sum_{k=1}^{r} T[k,j] e_k = \sum_{k=1}^{r} T[k,j] T_{\bullet j(k)}, \\
A_{\bullet j} &= (P^{-1} T)_{\bullet j} = P^{-1} T_{\bullet j} = P^{-1} \sum_{k=1}^{r} T[k,j] T_{\bullet j(k)} \\
&= \sum_{k=1}^{r} T[k,j] P^{-1} T_{\bullet j(k)} = \sum_{k=1}^{r} T[k,j] (P^{-1} T)_{\bullet j(k)} \\
&= \sum_{k=1}^{r} T[k,j] A_{\bullet j(k)},
\end{aligned}$$

und daher ist für jedes $i \in \{1, \ldots, n\}$

$$A[i,j] = \sum_{k=1}^{r} T[k,j] A[i, j(k)].$$

Also ist für jedes $j \in \{1, \ldots, p\}$

$$\begin{aligned}
a_j &= \sum_{i=1}^{n} A[i,j] b_i = \sum_{i=1}^{n} \sum_{k=1}^{r} T[k,j] A[i, j(k)] b_i \\
&= \sum_{k=1}^{r} T[k,j] \left(\sum_{i=1}^{n} A[i, j(k)] b_i \right) \\
&= \sum_{k=1}^{r} T[k,j] a_{j(k)} \in \langle a_{j(1)}, \ldots, a_{j(r)} \rangle.
\end{aligned}$$

Es gilt also $U \subset \langle a_{j(1)}, \ldots, a_{j(r)} \rangle$ und daher $U = \langle a_{j(1)}, \ldots, a_{j(r)} \rangle$.

(b) Es seien $\lambda_1, \ldots, \lambda_r \in K$ mit $\sum_{k=1}^{r} \lambda_k a_{j(k)} = 0$. Dann gilt

$$0 = \sum_{k=1}^{r} \lambda_k a_{j(k)} = \sum_{k=1}^{r} \lambda_k \sum_{i=1}^{n} A[i, j(k)] b_i = \sum_{i=1}^{n} \left(\sum_{k=1}^{r} \lambda_k A[i, j(k)] \right) b_i,$$

und da $b_1, \ldots, b_n$ linear unabhängig sind, folgt: Für jedes $i \in \{1, \ldots, n\}$ ist $\sum_{k=1}^{r} \lambda_k A[i, j(k)] = 0$, d.h. es ist $\sum_{k=1}^{r} \lambda_k A_{\bullet j(k)} = 0$. Es gilt daher

$$0 = P \cdot \sum_{k=1}^{r} \lambda_k A_{\bullet j(k)} = \sum_{k=1}^{r} \lambda_k P A_{\bullet j(k)} = \sum_{k=1}^{r} \lambda_k (PA)_{\bullet j(k)}$$

$$= \sum_{k=1}^{r} \lambda_k T_{\bullet j(k)} = \sum_{k=1}^{r} \lambda_k e_k = {}^t(\lambda_1, \ldots, \lambda_r, 0, \ldots, 0),$$

also $\lambda_1 = \cdots = \lambda_r = 0$. Also sind $a_{j(1)}, \ldots, a_{j(r)}$ linear unabhängig.
(c) Aus (a) und (b) folgt: $\{a_{j(1)}, \ldots, a_{j(r)}\}$ ist eine Basis von U. Insbesondere gilt daher $\dim(U) = r$.

(2.2.19) Beispiel: Es sei V ein vierdimensionaler $\mathbb{R}$-Vektorraum, es sei $\{b_1, b_2, b_3, b_4\}$ eine Basis von V, und es seien $a_1 := b_1 - 2b_2 + b_4$, $a_2 := b_2 - b_3 + 2b_4$, $a_3 := 2b_1 - b_2 - 3b_3 + 8b_4$, $a_4 := b_1 - b_2 - b_3 + b_4$, $a_5 := b_2 - b_3$ und $a_6 := 2b_1 - 2b_2 - 2b_3 + 4b_4$. Die zu der Matrix

$$A := \begin{pmatrix} 1 & 0 & 2 & 1 & 0 & 2 \\ -2 & 1 & -1 & -1 & 1 & -2 \\ 0 & -1 & -3 & -1 & -1 & -2 \\ 1 & 2 & 8 & 1 & 0 & 4 \end{pmatrix}$$

gehörige Treppenmatrix ist

$$T := \begin{pmatrix} 1 & 0 & 2 & 0 & -1 & 1 \\ 0 & 1 & 3 & 0 & 0 & 1 \\ 0 & 0 & 0 & 1 & 1 & 1 \\ 0 & 0 & 0 & 0 & 0 & 0 \end{pmatrix}.$$

Nach (2.2.18) gilt daher für den Unterraum $U := \langle a_1, a_2, a_3, a_4, a_5, a_6 \rangle$ von V: $\{a_1, a_2, a_4\}$ ist eine Basis von U, und es ist $\dim(U) = 3$.

(2.2.20) Satz: *Es seien* $m, n \in \mathbb{N}$, *und es sei* $A \in A(m, n; K)$. *Es gilt*

$$\dim(\langle A_{\bullet 1}, \ldots, A_{\bullet n} \rangle) = \operatorname{rang}(A) = \dim(\langle A_{1 \bullet}, \ldots, A_{m \bullet} \rangle).$$

Beweis: (a) Es sei $\{e_1, \ldots, e_m\}$ die Standardbasis von K^m. Für jedes $j \in \{1, \ldots, n\}$ ist $A_{\bullet j} = A[1, j]e_1 + \cdots + A[m, j]e_m$. Nach (2.2.18) ist daher $\operatorname{rang}(A) = \dim(\langle A_{\bullet 1}, \ldots, A_{\bullet n} \rangle)$. Ebenso folgt $\operatorname{rang}({}^tA) = \dim(\langle ({}^tA)_{\bullet 1}, \ldots, ({}^tA)_{\bullet m} \rangle) = \dim(\langle {}^t(A_{1\bullet}), \ldots, {}^t(A_{m\bullet}) \rangle)$.
(b) Für jeden Unterraum U von K^n gilt offensichtlich: $U_t := \{{}^tx \mid x \in U\}$ ist ein Unterraum von $M(1, n; K)$, und es ist $\dim(U_t) = \dim(U)$, denn ist B eine Basis von U, so ist, wie man sogleich sieht, $\{{}^tb \mid b \in B\}$ eine Basis von U_t. Also gilt $\operatorname{rang}({}^tA) = \dim(\langle A_{1\bullet}, \ldots, A_{m\bullet} \rangle)$, und wegen (2.2.18) folgt die Behauptung.

(2.2.21) Bemerkung: Es sei $A \in M(m,n;K)$. Das Resultat in (2.2.20) kann so interpretiert werden: rang(A) ist einerseits die maximale Anzahl linear unabhängiger Spalten von A [der sogenannte Spaltenrang von A] und andererseits die maximale Anzahl linear unabhängiger Zeilen von A [der sogenannte Zeilenrang von A].

(2.2.22) Satz: *Es sei V ein endlichdimensionaler K-Vektorraum, es sei $n := \dim(V) \geq 1$, und es sei $\{b_1, \ldots, b_n\}$ eine Basis von V. Es seien $p \in \mathbb{N}$ und $a_1, \ldots, a_p \in V$, und es sei $A \in M(n,p;K)$ die Matrix mit*

$$a_j = \sum_{i=1}^{n} A[i,j]\, b_i \quad \text{für jedes } j \in \{1, \ldots, p\}.$$

Die folgenden Aussagen sind äquivalent:
(1) $a_1, \ldots, a_p$ sind linear unabhängig.
(2) Es gilt $\dim(\langle a_1, \ldots, a_p \rangle) = p$.
(3) Es gilt $\mathrm{rang}(A) = p$.

Beweis: Es sei $U := \langle a_1, \ldots, a_p \rangle$.
(1) $\Rightarrow$ (2): Sind $a_1, \ldots, a_p$ linear unabhängig, so ist $\{a_1, \ldots, a_p\}$ eine Basis von U, und es gilt daher $\dim(U) = p$.
(2) $\Rightarrow$ (3): Ist $\dim(U) = p$, so ist nach (2.2.18) rang(A) = $\dim(U) = p$.
(3) $\Rightarrow$ (1): Ist rang(A) = p, so hat A die charakteristischen Spaltenindizes $1, 2, \ldots, p$, und nach (2.2.18) folgt: $\{a_1, \ldots, a_p\}$ ist eine Basis von U, und daher sind $a_1, \ldots, a_p$ linear unabhängig.

(2.2.23) Bemerkung: Es sei V ein endlichdimensionaler K-Vektorraum, und es seien $a_1, \ldots, a_p \in V$. (2.2.22) zeigt, wie man mit Hilfe des Gauß-Algorithmus feststellen kann, ob $a_1, \ldots, a_p$ linear unabhängig sind oder nicht.

(2.2.24) Beispiel: Es seien $a_1 := {}^t(1,2,-3,1)$, $a_2 := {}^t(2,1,-4,3)$, $a_3 := {}^t(0,-2,-2)$, $a_4 := {}^t(-1,-1,-1,-1) \in \mathbb{R}^4$. Zu der Matrix $A := (a_1, a_2, a_3, a_4) \in M(4;\mathbb{R})$ gehört die Treppenmatrix

$$\begin{pmatrix} 1 & 0 & 0 & 1 \\ 0 & 1 & 0 & -1 \\ 0 & 0 & 1 & 1 \\ 0 & 0 & 0 & 0 \end{pmatrix},$$

also ist rang(A) = 3, und daher folgt aus (2.2.22), angewandt auf $V := \mathbb{R}^4$ und $\{b_1, b_2, b_3, b_4\} := \{e_1, e_2, e_3, e_4\}$, daß a_1, a_2, a_3 und a_4 linear abhängig sind.

(2.2.25) Satz: *Es sei V ein endlichdimensionaler K-Vektorraum, es sei $n := \dim(V) \geq 1$, es sei $\{b_1, \ldots, b_n\}$ eine Basis von V, es seien $a_1, \ldots, a_n \in V$, und es sei $A \in M(n; K)$ die Matrix mit $a_j = \sum_{i=1}^{n} A[i,j] b_i$ für jedes $j \in \{1, \ldots, n\}$. Es gilt: $\{a_1, \ldots, a_n\}$ ist genau dann eine Basis von V, wenn die Matrix A invertierbar ist, und ist dies der Fall, so gilt $b_j = \sum_{i=1}^{n}(A^{-1})[i,j] a_i$ für jedes $j \in \{1, \ldots, n\}$.*

Beweis: (a) Ist $\{a_1, \ldots, a_n\}$ eine Basis von V, so ist $V = \langle a_1, \ldots, a_n \rangle$, also ist nach (2.2.18) rang(A) = $\dim(V) = n$, und daher ist A nach (1.6.20) invertierbar.
(b) Es gelte: A ist invertierbar. Dann ist rang(A) = n [vgl. (1.6.20)], also sind $a_1, \ldots, a_n$ linear unabhängig [vgl. (2.2.22)]. Für jedes $j \in \{1, \ldots, n\}$ gilt

$$\begin{aligned}
\sum_{i=1}^{n}(A^{-1})[i,j] a_i &= \sum_{i=1}^{n}(A^{-1})[i,j] \left(\sum_{k=1}^{n} A[k,i] b_k\right) \\
&= \sum_{k=1}^{n}\left(\sum_{i=1}^{n} A[k,i](A^{-1})[i,j]\right) b_k \\
&= \sum_{k=1}^{n}(AA^{-1})[k,j] b_k = \sum_{k=1}^{n} \delta_{kj} b_k = b_j.
\end{aligned}$$

Also gilt $b_1, \ldots, b_n \in \langle a_1, \ldots, a_n \rangle$, und daher ist $V = \langle b_1, \ldots, b_n \rangle = \langle a_1, \ldots, a_n \rangle$. Damit ist gezeigt: $\{a_1, \ldots, a_n\}$ ist eine Basis von V.

(2.2.26) Satz: [Austauschsatz von E. Steinitz (1871 – 1928)] *Es sei V ein endlichdimensionaler K-Vektorraum, es sei B eine Basis von V, und es sei $F \subset V$ eine freie Menge. Dann ist $\#(F) \leq \dim(V)$, und es gibt eine Menge $F' \subset B$ so, daß $F \cup F'$ eine Basis von V ist.*

Beweis: Es seien $n := \dim(V) = \#(B)$ und $m := \#(F)$. Nach (2.2.11) gilt $m \leq \#(B) = n$. Wenn $n = 0$ ist, so ist $F = B = \emptyset$, und es ist $F' = \emptyset$ zu setzen; wenn $m = 0$ ist, so ist $F' = B$ zu setzen. Es seien $n \geq 1$ und $m \geq 1$, und es seien $B = \{b_1, \ldots, b_n\}$ und $F = \{a_1, \ldots, a_m\}$. Wegen $B \subset \{a_1, \ldots, a_m, b_1, \ldots, b_n\}$ ist $V = \langle B \rangle = \langle a_1, \ldots, a_m, b_1, \ldots, b_n \rangle$. Es sei $A \in M(n, m; K)$ die Matrix mit $a_j = \sum_{i=1}^{n} A[i,j] b_i$ für jedes

$j \in \{1, \ldots, m\}$. Nach (2.2.18) ist $\operatorname{rang}(A) = \dim(\langle a_1, \ldots, a_m \rangle) = m$, also hat A die charakteristischen Spaltenindizes $1, 2, \ldots, m$. Es sei $\widetilde{A} := (A, E_n) \in M(n, m+n; K)$, und es sei $\widetilde{T} \in M(n, m+n; K)$ die zu $\widetilde{A}$ gehörige Treppenmatrix. Es gilt

$$a_j = \sum_{i=1}^n \widetilde{A}[i,j] \, b_i \quad \text{für jedes } j \in \{1, \ldots, m\} \quad \text{und}$$

$$b_{j-m} = \sum_{i=1}^n \widetilde{A}[i,j] \, b_i \quad \text{für jedes } j \in \{m+1, \ldots, m+n\},$$

also ist $\operatorname{rang}(\widetilde{T}) = \operatorname{rang}(\widetilde{A}) = \dim(\langle a_1, \ldots, a_m, b_1, \ldots, b_n \rangle) = \dim(V) = n$ [vgl. (2.2.18)], und da $(\widetilde{T}_{\bullet 1}, \ldots, \widetilde{T}_{\bullet m})$ die zu A gehörige Treppenmatrix ist [vgl. (1.6.21)], gilt für die charakteristischen Spaltenindizes $j(1), j(2), \ldots, j(n)$ von $\widetilde{T}$ und somit von $\widetilde{A}$:

$$j(1) = 1, j(2) = 2, \ldots, j(m) = m < j(m+1) < \cdots < j(n) \leq m+n.$$

Für $F' := \{b_{j(m+1)-m}, \ldots, b_{j(n)-m}\} \subset B$ gilt daher nach (2.2.18): $F \cup F'$ ist eine Basis von $\langle a_1, \ldots, a_m, b_1, \ldots, b_n \rangle = V$.

(2.2.27) Bemerkung: Es sei V ein endlichdimensionaler K-Vektorraum, es sei $n := \dim(V) \geq 1$, es sei B eine Basis von V, und es seien $a_1, \ldots, a_m \in V$ linear unabhängig. Der Beweis in (2.2.26) zeigt, wie man mit Hilfe von (2.2.18), also mit Hilfe des Gauß-Algorithmus, Elemente $a'_1, \ldots, a'_{n-m} \in B$ finden kann, für die gilt: $\{a_1, \ldots, a_m, a'_1, \ldots, a'_{n-m}\}$ ist eine Basis von V.

(2.2.28) Folgerung: [Basisergänzungssatz] *Es sei V ein endlichdimensionaler K-Vektorraum, und es sei $F \subset V$ eine freie Menge. Dann ist $\#(F) \leq \dim(V)$, und es gibt eine Basis B von V mit $F \subset B$.*

Beweis: Das folgt unmittelbar aus (2.2.26).

(2.2.29) Bemerkung: Es sei V ein endlichdimensionaler K-Vektorraum, und es sei $n := \dim(V) \geq 1$.
(1) Es sei E ein endliches Erzeugendensystem von V. Nach (2.2.13)(1) gibt es eine Basis $B \subset E$ von V. Es folgt: $\#(E) \geq \#(B) = n$.
(2) Es sei E ein Erzeugendensystem von V mit $\#(E) = n$. Dann ist E eine Basis von V, denn es gibt eine Basis $B \subset E$ von V, und wegen $\#(B) = n$ folgt $E = B$.

2 Erzeugendensysteme und Basen   93

(3) Es sei $q \in \mathbb{N}$ mit $q > n$, und es seien $x_1, \ldots, x_q \in V$. Dann sind $x_1, \ldots, x_q$ linear abhängig.
(4) Es seien $a_1, \ldots, a_n \in V$ linear unabhängig. Dann ist $\{a_1, \ldots, a_n\}$ eine Basis von V, denn es gibt eine Basis B von V mit $a_1, \ldots, a_n \in B$, und wegen $\#(B) = n$ folgt $B = \{a_1, \ldots, a_n\}$.

(2.2.30) Satz: *Es sei V ein endlichdimensionaler K-Vektorraum, und es sei U ein Unterraum von V. Es gilt:*
(1) Der K-Vektorraum U hat eine endliche Dimension, und zwar ist $\dim(U) \leq \dim(V)$.
(2) Zu jeder Basis B_U von U gibt es eine Basis B von V mit $B_U \subset B$.

Beweis: (1) Ist $U = \{0_V\}$, so ist die Aussage klar. Es sei $U \neq \{0_V\}$.
Für jede freie Menge $F \subset U$ gilt nach (2.2.26): F ist endlich, und es ist $\#(F) \leq \dim(V)$. Also gibt es eine freie Menge $F \subset U$ mit der folgenden Eigenschaft: Für jede freie Menge $F' \subset U$ gilt $\#(F') \leq \#(F)$. Für jedes $x \in U$ mit $x \neq 0$ ist $\{x\}$ eine freie Teilmenge von U, und daher ist $m := \#(F) \geq 1$. Es sei $F = \{a_1, \ldots, a_m\}$.
Angenommen, es gibt ein $x \in U$ mit $x \notin \langle F \rangle$. Dann sind $a_1, \ldots, a_m, x$ linear unabhängig, denn sind $\lambda_1, \ldots, \lambda_m, \mu \in K$ mit $\sum_{i=1}^m \lambda_i a_i + \mu x = 0$, so folgt zuerst $\mu = 0$, da sonst $x = -\sum_{i=1}^m \lambda_i \mu^{-1} a_i \in \langle F \rangle$ wäre, und wegen $\sum_{i=1}^m \lambda_i a_i = 0$ folgt $\lambda_1 = \cdots = \lambda_m = 0$, da $a_1, \ldots, a_m$ linear unabhängig sind. Also ist $F' := \{a_1, \ldots, a_m, x\}$ eine freie Teilmenge von U. Hierfür gilt $\#(F') = m + 1 > \#(F)$, im Widerspruch zur Wahl von F. Also gilt $U \subset \langle F \rangle$. Wegen $F \subset U$ gilt $\langle F \rangle \subset U$, und daher ist $U = \langle F \rangle$. Da F eine freie Menge ist, ist F somit eine Basis von U. Da F eine endliche Menge ist, ist der K-Vektorraum U endlichdimensional. Nach (2.2.28) gilt $\dim(U) = \#(F) \leq \dim(V)$.
(2) folgt direkt aus (2.2.28).

(2.2.31) Satz: *Es sei V ein endlichdimensionaler K-Vektorraum. Es gilt:*
(1) Zu jedem $m \in \{0, 1, \ldots, \dim(V)\}$ gibt es einen Unterraum U von V mit $\dim(U) = m$.
(2) Sind U und U' Unterräume von V und gilt $U \subsetneq U'$, so ist $\dim(U) < \dim(U')$.
(3) Für einen Unterraum U von V gilt genau dann $\dim(U) = 0$, wenn $U = \{0\}$ ist.
(4) Für einen Unterraum U von V gilt genau dann $\dim(U) = \dim(V)$, wenn $U = V$ ist.

Beweis: Ist $\dim(V) = 0$, so ist nichts zu zeigen. Es gelte $n := \dim(V) \geq 1$.
(1) Es sei $\{b_1, \ldots, b_n\}$ eine Basis von V. Für jedes $m \in \{0, 1, \ldots, n\}$ ist $\langle b_1, \ldots, b_m \rangle$ ein Unterraum der Dimension m von V.
(2) Es seien U, U' Unterräume von V mit $U \subset U'$, und es sei B eine Basis von U. Nach (2.2.30)(1) gilt $\dim(U) \leq \dim(U')$. Ist $\dim(U) = \dim(U')$, so ist B eine freie Teilmenge von U' mit $\#(B) = \dim(U')$ und daher nach (2.2.29)(4) eine Basis von U', woraus $U' = \langle B \rangle = U$ folgt. Damit ist gezeigt: Gilt $U \subsetneq U'$, so ist $\dim(U) < \dim(U')$.
(3) und (4) folgen aus (2).

(2.2.32) Satz: *Es sei V ein K-Vektorraum, und es seien U_1 und U_2 endlichdimensionale Unterräume von V. Dann sind auch die Unterräume $U_1 \cap U_2$ und $U_1 + U_2$ von V endlichdimensional, und es gilt*

$$\dim(U_1 \cap U_2) + \dim(U_1 + U_2) = \dim(U_1) + \dim(U_2).$$

Beweis: Es seien $r := \dim(U_1)$ und $s := \dim(U_2)$. $U_1 \cap U_2$ und $U_1 + U_2 = \{y + z \mid y \in U_1, z \in U_2\}$ sind Unterräume von V. Ist $r = 0$ oder $s = 0$, so ist die Aussage klar. Es gelte von jetzt an $r > 0$ und $s > 0$.
(a) Da $U_1 \cap U_2$ ein Unterraum des K-Vektorraums U_1 ist, folgt aus (2.2.30)(1), daß $U_1 \cap U_2$ endlichdimensional ist und $d := \dim(U_1 \cap U_2) \leq \dim(U_1) = r$ ist. Es sei $\{a_1, \ldots, a_d\}$ eine Basis von $U_1 \cap U_2$. Nach (2.2.28) existieren $b_1, \ldots, b_{r-d} \in U_1$ mit: $\{a_1, \ldots, a_d, b_1, \ldots, b_{r-d}\}$ ist eine Basis von U_1. Wegen $U_1 \cap U_2 \subset U_2$ ist $d \leq s$, und es gibt $c_1, \ldots, c_{s-d} \in U_2$ mit: $\{a_1, \ldots, a_d, c_1, \ldots, c_{s-d}\}$ ist eine Basis von U_2.
(b) Es gilt $B := \{a_1, \ldots, a_d, b_1, \ldots, b_{r-d}, c_1, \ldots, c_{s-d}\} \subset U_1 \cup U_2 \subset U_1 + U_2$ und daher $\langle B \rangle \subset U_1 + U_2$. Für jedes $x \in U_1 + U_2$ gilt: Es existieren ein $y \in U_1 = \langle a_1, \ldots, a_d, b_1, \ldots, b_{r-d} \rangle \subset \langle B \rangle$ und ein $z \in U_2 = \langle a_1, \ldots, a_d, c_1, \ldots, c_{s-d} \rangle \subset \langle B \rangle$ mit $x = y + z$, und daher ist $x \in \langle B \rangle$. Also gilt $U_1 + U_2 = \langle B \rangle$.
(c) Es seien $\alpha_1, \ldots, \alpha_d, \beta_1, \ldots, \beta_{r-d}, \gamma_1, \ldots, \gamma_{s-d} \in K$, und es gelte

$$\sum_{i=1}^{d} \alpha_i a_i + \sum_{i=1}^{r-d} \beta_i b_i + \sum_{i=1}^{s-d} \gamma_i c_i = 0. \qquad (*)$$

Dann gilt

$$\sum_{i=1}^{d} \alpha_i a_i + \sum_{i=1}^{r-d} \beta_i b_i = -\sum_{i=1}^{s-d} \gamma_i c_i \in U_1 \cap U_2.$$

2 Erzeugendensysteme und Basen 95

Weil $\{a_1, \ldots, a_d\}$ eine Basis von $U_1 \cap U_2$ ist, existieren $\delta_1, \ldots, \delta_d \in K$ mit

$$-\sum_{i=1}^{s-d} \gamma_i c_i = \sum_{i=1}^{d} \delta_i a_i.$$

Da $a_1, \ldots, a_d, c_1, \ldots, c_{s-d}$ linear unabhängig sind, folgt $\delta_1 = \cdots = \delta_d = 0$ und $\gamma_1 = \cdots = \gamma_{s-d} = 0$. Nach (∗) gilt daher

$$\sum_{i=1}^{d} \alpha_i a_i + \sum_{i=1}^{r-d} \beta_i b_i = 0,$$

und weil $a_1, \ldots, a_d, b_1, \ldots, b_{r-d}$ linear unabhängig sind, folgt daraus, daß $\alpha_1 = \cdots = \alpha_d = 0$ und $\beta_1 = \cdots = \beta_{r-d} = 0$ gilt. Damit ist gezeigt, daß die Elemente $a_1, \ldots, a_d, b_1, \ldots, b_{r-d}, c_1, \ldots, c_{s-d}$ linear unabhängig sind.
(d) Nach (b) und (c) ist B eine Basis von $U_1 + U_2$, und daher gilt

$$\begin{aligned}\dim(U_1 + U_2) &= \#(B) = d + (r-d) + (s-d) = r + s - d \\ &= \dim(U_1) + \dim(U_2) - \dim(U_1 \cap U_2).\end{aligned}$$

Aufgaben

A(2.2.1) Es sei V ein K-Vektorraum, und es seien $a_1, \ldots, a_m \in V$ linear unabhängig; es seien $\alpha_1, \ldots, \alpha_m \in K$, und es sei $a := \alpha_1 a_1 + \cdots + \alpha_m a_m$. Man beweise: $a - a_1, \ldots, a - a_m$ sind dann und nur linear abhängig, wenn $\alpha_1 + \cdots + \alpha_m = 1$ gilt.

A(2.2.2) (1) Es sei V ein $\mathbb{R}$-Vektorraum, es seien $x, y, z \in V$ linear unabhängig. Man zeige: Dann sind auch $x + y$, $y + z$ und $z + x$ linear unabhängig.
(2) Es sei V ein $\mathbb{F}_2$-Vektorraum, es seien $x, y, z \in V$ linear unabhängig. Man untersuche, ob dann auch $x + y$, $y + z$ und $z + x$ linear unabhängig sind.

A(2.2.3) Es sei $V := \text{Abb}(\mathbb{R}, \mathbb{R})$ der $\mathbb{R}$-Vektorraum der Funktionen $f: \mathbb{R} \to \mathbb{R}$ [vgl. (2.1.6)(4)]. Man zeige, daß die Funktionen 1, cos und sin linear unabhängige Elemente von V sind.

A(2.2.4) Es sei V ein K-Vektorraum.
(1) Es sei $\{x_1, \ldots, x_n\}$ ein Erzeugendensystem von V, für das gilt: Für jedes $i \in \{1, \ldots, n\}$ ist $\{x_1, \ldots, x_n\} \smallsetminus \{x_i\}$ kein Erzeugendensystem von V. Man zeige: Dann ist $\{x_1, \ldots, x_n\}$ eine Basis von V.
(2) Es seien $y_1, \ldots, y_n \in V$ linear unabhängig, und es gelte für jedes $x \in V$: $x, y_1, \ldots, y_n$ sind linear abhängig. Man beweise: Dann ist $\{y_1, \ldots, y_n\}$ eine Basis von V.

A(2.2.5) Es sei V ein $\mathbb{R}$-Vektorraum mit $\dim(V) = 5$, es sei $\{b_1, b_2, b_3, b_4, b_5\}$ eine Basis von V, und es seien

$$a_1 := b_1 + 2b_2 + 3b_3 + 4b_4 + 5b_5, \quad a_2 := b_2 + 2b_3 + 2b_4 + 2b_5,$$
$$a_3 := b_1 - b_2 + b_3 + b_5, \quad a_4 := b_1 - b_3 + 2b_4,$$
$$a_5 := 2b_1 - 2b_2 + b_4 - b_5.$$

Man zeige, daß $\{a_1, a_2, a_3, a_4, a_5\}$ eine Basis von V ist, und stelle für jedes $j \in \{1,2,3,4,5\}$ b_j als Linearkombination von a_1, a_2, a_3, a_4 und a_5 dar.

A(2.2.6) Es sei V ein $\mathbb{R}$-Vektorraum mit $\dim(V) = 5$, es sei $\{b_1, b_2, b_3, b_4, b_5\}$ eine Basis von V, und es seien

$$a_1 := b_1 - b_2 + 2b_4 - b_5, \quad a_2 := b_1 - 2b_2 + b_4 - b_5,$$
$$a_3 := b_1 + b_2 + 4b_4 - b_5, \quad a_4 := b_1 + b_3 - b_5,$$
$$a_5 := b_1 + 4b_2 + 2b_3 + b_4 - b_5.$$

Man finde eine Basis B des Unterraums $U := \langle a_1, a_2, a_3, a_4, a_5 \rangle$ von V mit $B \subset \{a_1, a_2, a_3, a_4, a_5\}$ und ergänze sie zu einer Basis von V.

A(2.2.7) Es sei $M \neq \emptyset$ eine Menge, und es sei $V := \text{Abb}(M, K)$ der K-Vektorraum aller Abbildungen $f: M \to K$ [vgl. (2.1.6)(4)]. Für jedes $a \in M$ sei $f_a: M \to K$ die Abbildung mit $f_a(a) := 1$ und mit $f_a(x) := 0$ für jedes $x \in M \smallsetminus \{a\}$, und es sei $F := \{f_a \mid a \in M\}$.
(1) Man zeige: F ist eine freie Teilmenge von V.
(2) Man zeige: Ist M eine endliche Menge, so ist F eine Basis von V.
(3) Man beweise: Ist M eine unendliche Menge, so ist V unendlichdimensional, und F ist keine Basis von V.

A(2.2.8) Es sei $V := \text{Abb}(\mathbb{N}_0, \mathbb{C})$, es sei $k \in \mathbb{N}$, und es seien $\alpha_1, \ldots, \alpha_k \in \mathbb{C}$. Man zeige:

$$U := \left\{ f \in V \;\middle|\; f(n) = \sum_{j=1}^{k} \alpha_j f(n-j) \text{ für jedes } n \in \mathbb{N} \text{ mit } n \geq k \right\}$$

ist ein Unterraum des $\mathbb{C}$-Vektorraums V, und es ist $\dim(U) = k$.

A(2.2.9) Es sei V ein endlichdimensionaler K-Vektorraum, es sei $n := \dim(V)$, und es seien $U_1, \ldots, U_m$ Unterräume der Dimension $n-1$. Man zeige: Es gilt $\dim(U_1 \cap \cdots \cap U_m) \geq n - m$. [Hinweis: Man führe den Beweis durch Induktion nach m und verwende dabei (2.2.32).]

A(2.2.10) Man zeige, daß $U_1 := \{A \in M(2; \mathbb{R}) \mid A[1,2] = -A[1,1]\}$ und $U_2 := \{A \in M(2; \mathbb{R}) \mid A[2,1] = -A[1,1]\}$ Unterräume des $\mathbb{R}$-Vektorraums $M(2; \mathbb{R})$ sind, und bestimme die Dimensionen von U_1, U_2, $U_1 + U_2$ und $U_1 \cap U_2$.

A(2.2.11) Es sei V ein K-Vektorraum, und es seien $U_1, \ldots, U_m$ endlichdimensionale Unterräume von V. Man zeige: Der Unterraum $U := U_1 + \cdots + U_m$ von V ist endlichdimensional, und es gilt $\dim(U) \leq \dim(U_1) + \cdots + \dim(U_m)$.

A(2.2.12) Es sei K ein endlicher Körper der Charakteristik 2. Man beweise, daß die Elementanzahl von K eine Potenz von 2 ist. [Hinweis: Man überlege sich, daß $\{0_K, 1_K\}$ ein Teilkörper von K ist und lese Abschnitt (2.1.6)(5).]

3 Lineare Abbildungen

(2.3.1) In diesem Paragraphen ist K stets ein Körper.

(2.3.2) Definition: Es seien V und W K-Vektorräume. Eine Abbildung $\varphi\colon V \to W$ heißt linear, wenn gilt:
(a) Für alle $x, y \in V$ ist $\varphi(x + y) = \varphi(x) + \varphi(y)$.
(b) Für jedes $\alpha \in K$ und jedes $x \in V$ ist $\varphi(\alpha x) = \alpha\varphi(x)$.

(2.3.3) Bezeichnung: (1) Es seien V und W K-Vektorräume. Eine lineare Abbildung $\varphi\colon V \to W$ nennt man auch einen Homomorphismus von K-Vektorräumen.
(2) Es sei V ein K-Vektorraum. Eine lineare Abbildung $\varphi\colon V \to V$ nennt man auch einen Endomorphismus von V.

(2.3.4) Beispiel: (1) Sind V und W K-Vektorräume, so ist die Abbildung $x \mapsto 0_W\colon V \to W$ linear.
(2) Es sei V ein K-Vektorraum, und es sei U ein Unterraum von V. Dann ist die Abbildung $\iota\colon U \to V$ mit $\iota(x) = x$ für jedes $x \in U$ eine lineare Abbildung. Insbesondere ist $\mathrm{id}_V\colon V \to V$ eine lineare Abbildung.
(3) Es seien $m, n \in \mathbb{N}$, und es sei $A \in M(m, n; K)$. Die Abbildungen

$$x \mapsto Ax : K^n \to K^m \quad \text{und} \quad y \mapsto yA : M(1, m; K) \to M(1, n; K)$$

sind linear.
(4) Es sei $n \in \mathbb{N}$, und es sei $A \in \mathrm{GL}(n; K)$. Die Abbildungen

$$x \mapsto Ax : K^n \to K^n \quad \text{und} \quad y \mapsto yA : M(1, n; K) \to M(1, n; K)$$

sind bijektive lineare Abbildungen; ihre Umkehrabbildungen sind die linearen Abbildungen

$$x \mapsto A^{-1}x : K^n \to K^n \quad \text{und} \quad y \mapsto yA^{-1} : M(1, n; K) \to M(1, n; K).$$

(5) Es sei $n \in \mathbb{N}$. Für jede Matrix $A \in M(n; K)$ heißt

$$\mathrm{spur}(A) := \sum_{i=1}^{n} A[i, i] \in K$$

die Spur von A. Die Abbildung $A \mapsto \mathrm{spur}(A) : M(n;K) \to K$ ist linear [vgl. Aufgabe A(2.3.5)].
(6) Es sei $V := \mathrm{Abb}(\mathbb{N}_0, \mathbb{R})$ der $\mathbb{R}$-Vektorraum aller Folgen in $\mathbb{R}$ [vgl. (2.1.6)(4)]. Die Rechenregeln für konvergente Folgen in $\mathbb{R}$ liefern:

$$U := \{ (\alpha_j) \in V \mid (\alpha_j) \text{ konvergiert gegen ein } \alpha \in \mathbb{R} \}$$

ist ein Unterraum von V, und $(\alpha_j) \mapsto \lim_{j \to \infty}(\alpha_j) : U \to \mathbb{R}$ ist linear.
(7) Es sei $V := \mathrm{Abb}(\mathbb{R}, \mathbb{R})$ der $\mathbb{R}$-Vektorraum aller Funktionen $f: \mathbb{R} \to \mathbb{R}$ [vgl. (2.1.6)(3)]. Für jedes $x_0 \in \mathbb{R}$ ist $f \mapsto f(x_0) : V \to \mathbb{R}$ eine lineare Abbildung. Die Differentialrechnung liefert:

$$U := \{ f \in V \mid f \text{ ist in } \mathbb{R} \text{ differenzierbar} \}$$

ist ein Unterraum von V, und die Abbildung $f \mapsto f' : U \to V$ ist linear.

(2.3.5) Bemerkung: Es seien V und W K-Vektorräume, und es sei $\varphi : V \to W$ eine lineare Abbildung.
(1) Durch Induktion folgt: Für alle $\alpha_1, \ldots, \alpha_p \in K$, $x_1, \ldots, x_p \in V$ gilt

$$\varphi\left(\sum_{i=1}^p \alpha_i x_i \right) = \sum_{i=1}^p \alpha_i \varphi(x_i).$$

(2) Aus (2.1.5) folgt: Es gilt $\varphi(0_V) = \varphi(0_K \cdot 0_V) = 0_K \cdot \varphi(0_V) = 0_W$, und für jedes $x \in V$ ist $\varphi(-x) = \varphi((-1_K)x) = (-1_K)\varphi(x) = -\varphi(x)$.
(3) Es sei X ein K-Vektorraum, und es sei $\psi : W \to X$ linear. Man sieht: $\psi \circ \varphi : V \to X$ ist eine lineare Abbildung.
(4) Es gelte jetzt: φ ist bijektiv. Dann ist auch die Umkehrabbildung $\varphi^{-1} : W \to V$ von φ linear.
Beweis: Für alle $x', y' \in W$ und jedes $\alpha \in K$ gilt $\varphi(\varphi^{-1}(x') + \varphi^{-1}(y')) = \varphi(\varphi^{-1}(x')) + \varphi(\varphi^{-1}(y')) = x' + y'$ und $\varphi(\alpha \varphi^{-1}(x')) = \alpha \varphi(\varphi^{-1}(x')) = \alpha x'$, also $\varphi^{-1}(x') + \varphi^{-1}(y') = \varphi^{-1}(x' + y')$ und $\alpha \varphi^{-1}(x') = \varphi^{-1}(\alpha x')$.

(2.3.6) Bezeichnung: Es seien V und W K-Vektorräume.
(1) Es sei $\varphi : V \to W$ eine lineare Abbildung. φ heißt ein Isomorphismus, wenn φ bijektiv ist. Ist φ ein Isomorphismus, so ist nach (2.3.5)(4) auch die Umkehrabbildung $\varphi^{-1} : W \to V$ ein Isomorphismus.
(2) Die Vektorräume V und W heißen isomorph, wenn es einen Isomorphismus $\varphi : V \to W$ gibt.

3 Lineare Abbildungen

(2.3.7) Satz: *Es seien V und W K-Vektorräume, und es sei $\varphi\colon V \to W$ linear.*
(1) Für jeden Unterraum U von V ist das Bild von U bei φ, nämlich $\varphi(U) = \{\varphi(x) \mid x \in U\}$, ein Unterraum von W.
(2) Für jeden Unterraum U' von W ist das Urbild von U' bei φ, nämlich $\varphi^{-1}(U') = \{x \in V \mid \varphi(x) \in U'\}$, ein Unterraum von V.
(3) Für jede Teilmenge $X \subset V$ gilt $\langle \varphi(X) \rangle = \varphi(\langle X \rangle)$.

Beweis: (1) Es sei U ein Unterraum von V. Wegen $U \neq \emptyset$ ist $\varphi(U) \neq \emptyset$. Für alle $x, y \in U$ und $\alpha \in K$ gilt $\varphi(x) + \varphi(y) = \varphi(x+y) \in \varphi(U)$ und $\alpha\varphi(x) = \varphi(\alpha x) \in \varphi(U)$.
(2) Es sei U' ein Unterraum von W. Wegen $\varphi(0_V) = 0_W \in U'$ ist $0_V \in \varphi^{-1}(U')$, also ist $\varphi^{-1}(U') \neq \emptyset$. Für alle $x, y \in \varphi^{-1}(U')$ und $\alpha \in K$ gilt $\varphi(x+y) = \varphi(x) + \varphi(y) \in U'$ und $\varphi(\alpha x) = \alpha \varphi(x) \in U'$, also $x + y \in \varphi^{-1}(U')$ und $\alpha x \in \varphi^{-1}(U')$.
(3) Es sei $X \subset V$. Nach (1) ist $\varphi(\langle X \rangle)$ ein Unterraum von W, und wegen $X \subset \langle X \rangle$ gilt $\varphi(X) \subset \varphi(\langle X \rangle)$, also $\langle \varphi(X) \rangle \subset \varphi(\langle X \rangle)$ [vgl. (2.1.11)]. Nach (2) ist $\varphi^{-1}(\langle \varphi(X) \rangle)$ ein Unterraum von V, und wegen $\varphi(X) \subset \langle \varphi(X) \rangle$ gilt $X \subset \varphi^{-1}(\langle \varphi(X) \rangle)$ und daher $\langle X \rangle \subset \varphi^{-1}(\langle \varphi(X) \rangle)$ [vgl. (2.1.11)], also $\varphi(\langle X \rangle) \subset \langle \varphi(X) \rangle$.

(2.3.8) Satz: *Es seien V und W K-Vektorräume, es sei $\varphi\colon V \to W$ linear.*
(1) $\mathrm{im}(\varphi) := \varphi(V) = \{\varphi(x) \mid x \in V\}$ ist ein Unterraum von W [und heißt das Bild von φ].
(2) $\ker(\varphi) := \varphi^{-1}(\{0_W\}) = \{x \in V \mid \varphi(x) = 0_W\}$ ist ein Unterraum von V [und heißt der Kern von φ].
(3) φ ist genau dann surjektiv, wenn $\mathrm{im}(\varphi) = W$ gilt.
(4) φ ist genau dann injektiv, wenn $\ker(\varphi) = \{0_V\}$ gilt.

Beweis: (1) folgt aus (2.3.7)(1), (2) folgt aus (2.3.7)(2), und (3) ist klar.
(4)(a) Es gelte: φ ist injektiv. Für jedes $x \in V$ mit $x \neq 0_V$ gilt dann $\varphi(x) \neq \varphi(0_V) = 0_W$, also $x \notin \ker(\varphi)$. Also ist $\ker(\varphi) = \{0_V\}$.
(b) Es gelte $\ker(\varphi) = \{0_V\}$. Sind $x, y \in V$ mit $x \neq y$, so gilt $x - y \neq 0_V$, also $x - y \notin \ker(\varphi)$, also $\varphi(x) - \varphi(y) = \varphi(x - y) \neq 0_W$, also $\varphi(x) \neq \varphi(y)$. Also ist φ injektiv.

(2.3.9) Satz: *Es seien V und W K-Vektorräume, und es sei $\varphi\colon V \to W$ linear. Ist V endlichdimensional, so gilt $\dim(\mathrm{im}(\varphi)) \leq \dim(V)$, und zwar ist*

$$\dim\bigl(\mathrm{im}(\varphi)\bigr) + \dim\bigl(\ker(\varphi)\bigr) = \dim(V).$$

Beweis: Es ist $d := \dim(\ker(\varphi)) \leq \dim(V) =: n$ [vgl. (2.2.30)]. Es sei $\{a_1,\ldots,a_d\}$ eine Basis von $\ker(\varphi)$. Nach dem Basisergänzungssatz (2.2.28) existieren $b_1,\ldots,b_{n-d} \in V$ mit: $\{a_1,\ldots,a_d,b_1,\ldots,b_{n-d}\}$ ist eine Basis von V. Es gilt

$$\begin{aligned}\operatorname{im}(\varphi) &= \varphi(V) = \varphi(\langle a_1,\ldots,a_d,b_1,\ldots,b_{n-d}\rangle) \\ &\stackrel{(2.3.7)(3)}{=} \langle \varphi(a_1),\ldots,\varphi(a_d),\varphi(b_1),\ldots,\varphi(b_{n-d})\rangle \\ &= \langle 0,\ldots,0,\varphi(b_1),\ldots,\varphi(b_{n-d})\rangle = \langle \varphi(b_1),\ldots,\varphi(b_{n-d})\rangle.\end{aligned}$$

Es seien $\beta_1,\ldots,\beta_{n-d} \in K$, und es gelte $\sum_{i=1}^{n-d} \beta_i \varphi(b_i) = 0_W$. Für $x := \sum_{i=1}^{n-d} \beta_i b_i \in V$ gilt dann $\varphi(x) = \sum_{i=1}^{n-d} \beta_i \varphi(b_i) = 0_W$, also $x \in \ker(\varphi) = \langle a_1,\ldots,a_d\rangle$, und daher existieren $\alpha_1,\ldots,\alpha_d \in K$ mit $x = \sum_{i=1}^{d} \alpha_i a_i$. Da $a_1,\ldots,a_d,b_1,\ldots,b_{n-d}$ linear unabhängig sind und

$$\sum_{i=1}^{d}(-\alpha_i)a_i + \sum_{i=1}^{n-d}\beta_i b_i = x - x = 0_V$$

ist, gilt $\beta_1 = \cdots = \beta_{n-d} = 0$ [und $\alpha_1 = \cdots = \alpha_d = 0$]. Damit ist gezeigt, daß $\varphi(b_1),\ldots,\varphi(b_{n-d})$ linear unabhängig sind. Also ist $\{\varphi(b_1),\ldots,\varphi(b_{n-d})\}$ eine Basis von $\operatorname{im}(\varphi)$, und daher gilt

$$\dim(\operatorname{im}(\varphi)) = n - d = \dim(V) - \dim(\ker(\varphi)).$$

(2.3.10) Folgerung: *Es seien V und W K-Vektorräume, und es sei $\varphi\colon V \to W$ linear; es sei V endlichdimensional, es sei $n := \dim(V) \geq 1$, und es sei $\{b_1,\ldots,b_n\}$ eine Basis von V. Es gilt:*
(1) $\operatorname{im}(\varphi) = \langle \varphi(b_1),\ldots,\varphi(b_n)\rangle$.
(2) *φ ist surjektiv, genau wenn $\{\varphi(b_1),\ldots,\varphi(b_n)\}$ ein Erzeugendensystem von W ist.*
(3) *φ ist injektiv, genau wenn $\varphi(b_1),\ldots,\varphi(b_n)$ linear unabhängig sind.*
(4) *φ ist bijektiv, genau wenn $\{\varphi(b_1),\ldots,\varphi(b_n)\}$ eine Basis von W ist.*

Beweis: (1) folgt aus (2.3.7)(3), und (2) folgt aus (1).
(3) Ist φ injektiv, so ist $\ker(\varphi) = \{0\}$ [vgl. (2.3.8)(4)], also hat nach (2.3.9) der Unterraum $\operatorname{im}(\varphi) = \langle \varphi(b_1),\ldots,\varphi(b_n)\rangle$ von W die Dimension $\dim(V) - \dim(\ker(\varphi)) = n$, und daher ist $\{\varphi(b_1),\ldots,\varphi(b_n)\}$ eine Basis von $\operatorname{im}(\varphi)$ [vgl. (2.2.29)(2)]. Ist andererseits $\{\varphi(b_1),\ldots,\varphi(b_n)\}$ eine Basis von $\operatorname{im}(\varphi)$, so ist nach (2.3.9) $\dim(\ker(\varphi)) = \dim(V) - \dim(\operatorname{im}(\varphi)) = n-n = 0$, also gilt $\ker(\varphi) = \{0\}$, und daher ist φ injektiv [vgl. (2.3.8)(4)].
(4) folgt aus (2) und (3).

3 Lineare Abbildungen

(2.3.11) Bemerkung: Es seien V und W K-Vektorräume endlicher Dimension, und es sei $\varphi\colon V \to W$ eine lineare Abbildung.
(1) Ist $\dim(V) < \dim(W)$, so ist φ nicht surjektiv, denn es gilt dann $\dim(\operatorname{im}(\varphi)) \leq \dim(V) < \dim(W)$ und daher $\operatorname{im}(\varphi) \subsetneq W$.
(2) Ist $\dim(V) > \dim(W)$, so ist φ nicht injektiv, denn es gilt dann $\dim(\operatorname{im}(\varphi)) \leq \dim(W) < \dim(V)$, also ist nach (2.3.9) $\dim(\ker(\varphi)) > 0$, und daher ist $\ker(\varphi) \neq \{0\}$.
(3) Aus (1) und (2) folgt: Ist φ bijektiv, so ist $\dim(V) = \dim(W)$.

(2.3.12) Satz: *Es seien V und W endlichdimensionale K-Vektorräume, und es gelte $\dim(V) = \dim(W)$; es sei $\varphi\colon V \to W$ eine lineare Abbildung. Die folgenden Aussagen sind äquivalent:*
(1) *φ ist bijektiv.*
(2) *φ ist injektiv.*
(3) *φ ist surjektiv.*

Beweis: Nach (2.3.9) gilt $\dim(W) = \dim(V) = \dim(\ker(\varphi)) + \dim(\operatorname{im}(\varphi))$. Ist φ injektiv, so ist daher $\dim(W) = \dim(\operatorname{im}(\varphi))$, also ist $W = \operatorname{im}(\varphi)$, und φ ist somit surjektiv. Ist φ surjektiv, so gilt $\dim(W) = \dim(\operatorname{im}(\varphi))$, also $\dim(\ker(\varphi)) = 0$, also $\ker(\varphi) = \{0\}$, und daher ist φ injektiv.

(2.3.13) Satz: *Es seien V und W K-Vektorräume, V sei endlichdimensional, es sei $n := \dim(V) \geq 1$, es sei $\{b_1, \ldots, b_n\}$ eine Basis von V, und es seien $w_1, \ldots, w_n \in W$. Dann gibt es eine eindeutig bestimmte lineare Abbildung $\varphi\colon V \to W$ mit $\varphi(b_j) = w_j$ für jedes $j \in \{1, \ldots, n\}$, und zwar gilt: Es ist*

$$\varphi\left(\sum_{j=1}^{n} \alpha_j b_j\right) = \sum_{j=1}^{n} \alpha_j w_j \quad \text{für jedes} \quad \sum_{j=1}^{n} \alpha_j b_j \in V.$$

Beweis: Zu jedem $x \in V$ existieren eindeutig bestimmte $\alpha_1, \ldots, \alpha_n \in K$ mit $x = \sum_{j=1}^{n} \alpha_j b_j$, und daher ist

$$\varphi\colon V \to W \quad \text{mit} \quad \varphi\left(\sum_{j=1}^{n} \alpha_j b_j\right) := \sum_{j=1}^{n} \alpha_j w_j \quad \text{für jedes} \quad \sum_{j=1}^{n} \alpha_j b_j \in V$$

eine wohldefinierte Abbildung. Man sieht: φ ist linear, und für jedes $j \in \{1, \ldots, n\}$ ist $\varphi(b_j) = w_j$.

Es sei auch $\psi: V \to W$ linear mit $\psi(b_j) = w_j$ für jedes $j \in \{1, \ldots, n\}$. Dann gilt $\psi = \varphi$, denn für jedes $\sum_{j=1}^n \alpha_j b_j \in V$ ist

$$\psi\left(\sum_{j=1}^n \alpha_j b_j\right) = \sum_{j=1}^n \alpha_j \psi(b_j) = \sum_{j=1}^n \alpha_j w_j = \varphi\left(\sum_{j=1}^n \alpha_j b_j\right).$$

(2.3.14) Satz: *Es seien V und W endlichdimensionale K-Vektorräume, und es gelte $\dim(V) = \dim(W)$. Dann gibt es einen Isomorphismus $\varphi: V \to W$.*

Beweis: Es sei $n := \dim(V) = \dim(W)$. Ist $n = 0$, so ist $V = \{0_V\}$, $W = \{0_V\}$, und $\varphi: V \to W$ mit $\varphi(0_V) = 0_W$ ist ein Isomorphismus. Es gelte nun $n \geq 1$, und es seien $\{b_1, \ldots, b_n\}$ eine Basis von V und $\{w_1, \ldots, w_n\}$ eine Basis von W. Es sei $\varphi: V \to W$ die lineare Abbildung mit $\varphi(b_j) = w_j$ für jedes $j \in \{1, \ldots, n\}$ [vgl. dazu (2.3.13)]. Nach (2.3.10)(4) ist φ bijektiv.

(2.3.15) Bemerkung: Es sei V ein endlichdimensionaler K-Vektorraum, es sei $n := \dim(V) \geq 1$, es sei $\{b_1, \ldots, b_n\}$ eine Basis von V, und es sei $\{e_1, \ldots, e_n\}$ die Standardbasis von K^n [vgl. dazu (2.2.8)(3)]. Nach (2.3.13) gibt es eine eindeutig bestimmte lineare Abbildung $\varphi: V \to K^n$ mit $\varphi(b_j) = e_j$ für jedes $j \in \{1, \ldots, n\}$. Nach (2.3.10)(4) ist φ bijektiv; V ist also zu K^n isomorph. Für jedes $x \in V$ gilt: Es gibt eindeutig bestimmte $\alpha_1, \ldots, \alpha_n \in K$ mit $x = \sum_{j=1}^n \alpha_j b_j$, und damit gilt

$$\varphi(x) = \varphi\left(\sum_{j=1}^n \alpha_j b_j\right) = \sum_{j=1}^n \alpha_j \varphi(b_j) = \sum_{j=1}^n \alpha_j e_j = {}^t(\alpha_1, \alpha_2, \ldots, \alpha_n).$$

(2.3.16) Bemerkung: (1) Es seien V und W K-Vektorräume, und es sei $\mathrm{Abb}(V, W)$ der K-Vektorraum aller Abbildungen $\varphi: V \to W$ [vgl. (2.1.6)(3)]. Es gilt [vgl. Aufgabe A(2.3.1)]:

$$\mathrm{Hom}_K(V, W) := \{\varphi \in \mathrm{Abb}(V, W) \mid \varphi \text{ linear}\}$$

ist ein Unterraum von $\mathrm{Abb}(V, W)$.
(2) Für jeden K-Vektorraum V setzt man $\mathrm{End}_K(V) := \mathrm{Hom}_K(V, V)$.

(2.3.17) Definition: (1) Es sei A ein K-Vektorraum, auf dem noch eine weitere Verknüpfung

$$(a, b) \mapsto a \cdot b : A \times A \to A$$

3 Lineare Abbildungen

definiert ist. Man nennt A oder ausführlich $(A, +, \cdot)$ eine K-Algebra, wenn A mit der im K-Vektorraum A gegebenen Addition $+$ und mit dieser Verknüpfung $\cdot$ als Multiplikation ein Ring ist und wenn außerdem gilt: Für jedes $\lambda \in K$ und alle $a, b \in A$ gilt

$$\lambda(a \cdot b) = (\lambda a) \cdot b = a \cdot (\lambda b).$$

Ist die Multiplikation $\cdot$ auf A kommutativ, so heißt A eine kommutative K-Algebra.
(2) Es seien A und B K-Algebren. Eine lineare Abbildung $\varphi \colon A \to B$ heißt ein K-Algebra-Homomorphismus, wenn gilt: Es ist $\varphi(1_A) = 1_B$, und für alle $a, a' \in A$ ist

$$\varphi(a \cdot a') = \varphi(a) \cdot \varphi(a').$$

Einen bijektiven K-Algebra-Homomorphismus $\varphi \colon A \to B$ nennt man einen K-Algebra-Isomorphismus.

(2.3.18) Bemerkung: Es seien A, B K-Algebren, und es sei $\varphi \colon A \to B$ ein K-Algebra-Isomorphismus. Die Umkehrabbildung $\varphi^{-1} \colon B \to A$ ist ein K-Algebra-Homomorphismus, denn φ^{-1} ist linear, und für alle $b, b' \in B$ gilt $\varphi(\varphi^{-1}(b)\varphi^{-1}(b')) = \varphi(\varphi^{-1}(b))\varphi(\varphi^{-1}(b')) = bb'$, also $\varphi^{-1}(bb') = \varphi^{-1}(b)\varphi^{-1}(b')$. Weiter gilt $\varphi^{-1}(1_B) = 1_A$. Daher ist $\varphi^{-1} \colon B \to A$ ein K-Algebra-Isomorphismus.

(2.3.19) Beispiel: (1) Jeder Erweiterungskörper L von K ist mit den im Körper L gegebenen Verknüpfungen $+$ und $\cdot$ eine K-Algebra.
(2) Der K-Vektorraum $M(n; K)$ ist mit der Matrizenmultiplikation als Multiplikation eine K-Algebra, die für $n \geq 2$ nicht kommutativ ist [vgl. (1.5.7)(4) und (1.5.14)].
(3) Es sei V ein K-Vektorraum. Mit der Verknüpfung

$$(\varphi, \psi) \mapsto \varphi \circ \psi \colon \mathrm{End}_K(V) \times \mathrm{End}_K(V) \to \mathrm{End}_K(V)$$

als Multiplikation wird der K-Vektorraum $\mathrm{End}_K(V)$ zu einer K-Algebra. Das Einselement von $\mathrm{End}_K(V)$ ist id_V, und eine Abbildung $\varphi \in \mathrm{End}_K(V)$ ist dann und nur dann eine Einheit im Ring $\mathrm{End}_K(V)$, wenn φ bijektiv ist.
Beweis: Es seien $\varphi, \psi \in \mathrm{End}_K(V)$. Dann ist $\varphi \circ \psi \in \mathrm{End}_K(V)$ [vgl. (2.3.5)(3)], und für jedes $\lambda \in K$ gilt $\lambda(\varphi \circ \psi) = (\lambda \varphi) \circ \psi$ und auch $\lambda(\varphi \circ \psi) = \varphi \circ (\lambda \psi)$, denn für jedes $x \in V$ ist $(\varphi \circ (\lambda \psi))(x) = \varphi(\lambda \psi(x)) =$

$\lambda \varphi(\psi(x)) = (\lambda(\varphi \circ \psi))(x)$. Daß die Multiplikation $\circ$ auf A assoziativ ist, wurde in (1.1.32) gezeigt, und daß in $(\text{End}_K(V), +, \circ)$ die Distributivgesetze gelten und die Einheiten in $\text{End}_K(V)$ gerade die bijektiven linearen Abbildungen $\varphi: V \to V$ sind, rechnet man ohne Schwierigkeit nach.

Bezeichnungen: Für $\varphi, \psi \in \text{End}_K(V)$ wird künftig zur Vereinfachung der Schreibweise $\varphi\psi$ statt $\varphi \circ \psi$ geschrieben. Die Einheiten im Ring $\text{End}_K(V)$ heißen die Automorphismen des K-Vektorraums V, und die Einheitengruppe in $\text{End}_K(V)$ wird mit $\text{Aut}_K(V)$ bezeichnet.

Aufgaben

A(2.3.1) Es seien V und W K-Vektorräume, und es sei $\text{Abb}(V,W)$ der K-Vektorraum aller Abbildungen $\varphi: V \to W$. Man beweise:

$$\text{Hom}_K(V,W) := \{\varphi \in \text{Abb}(V,W) \mid \varphi \text{ linear}\}$$

und

$$H_0 := \{\varphi \in \text{Hom}_K(V,W) \mid \text{im}(\varphi) \text{ ist endlichdimensional}\}$$

sind Unterräume von $\text{Abb}(V,W)$.

A(2.3.2) Es seien V, W und X K-Vektorräume endlicher Dimension, es gelte $\dim(V) = \dim(W) = \dim(X)$, und es seien $\varphi: V \to W$ und $\psi: W \to X$ lineare Abbildungen. Man beweise: Ist $\psi \circ \varphi: V \to X$ bijektiv, so sind φ und ψ bijektiv.

A(2.3.3) Es sei V ein endlichdimensionaler K-Vektorraum. Man zeige: Es gibt dann und nur dann eine lineare Abbildung $\varphi: V \to V$ mit $\ker(\varphi) = \text{im}(\varphi)$, wenn $\dim(V)$ gerade ist.

A(2.3.4) Es sei V ein K-Vektorraum, und es sei $\varphi: V \to V$ eine lineare Abbildung. Man beweise:
(1) Für jedes $i \in \mathbb{N}$ gilt $\ker(\varphi^i) \subset \ker(\varphi^{i+1})$ und $\text{im}(\varphi^i) \supset \text{im}(\varphi^{i+1})$.
(2) Wenn $\ker(\varphi^{k+1}) = \ker(\varphi^k)$ für ein $k \in \mathbb{N}$ gilt, so gilt: Für jedes $i \in \mathbb{N}$ mit $i \geq k$ gilt $\ker(\varphi^i) = \ker(\varphi^k)$.
(3) Wenn $\text{im}(\varphi^{l+1}) = \text{im}(\varphi^l)$ für ein $l \in \mathbb{N}$ gilt, so gilt: Für jedes $i \in \mathbb{N}$ mit $i \geq l$ gilt $\text{im}(\varphi^i) = \text{im}(\varphi^l)$.
(4) Ist V endlichdimensional, so gibt es ein $k \in \mathbb{N}$ mit $\ker(\varphi^i) = \ker(\varphi^k)$ und $\text{im}(\varphi^i) = \text{im}(\varphi^k)$ für jedes $i \in \mathbb{N}$ mit $i \geq k$.
(5) Ist V endlichdimensional und gilt $\dim(\text{im}(\varphi^2)) = \dim(\text{im}(\varphi))$, so gilt $\ker(\varphi^2) = \ker(\varphi)$, und es ist $\text{im}(\varphi) \cap \ker(\varphi) = \{0\}$.

A(2.3.5) Es sei $n \in \mathbb{N}$.
(1) Man zeige: Die Abbildung $\text{spur}: M(n; K) \to K$ [vgl. (2.3.4)(5)] ist linear.
(2) Man zeige: Für alle $A, B \in M(n; K)$ gilt $\text{spur}(AB) = \text{spur}(BA)$.
(3) Man beweise: Sind $A, B \in M(n; K)$ ähnlich, so gilt $\text{spur}(A) = \text{spur}(B)$.
(4) Man gebe eine Basis und die Dimension des Kerns der linearen Abbildung $\text{spur}: M(n; K) \to K$ an.

3 Lineare Abbildungen

A(2.3.6) Es sei $n \in \mathbb{N}$, und es sei $\varphi: M(n;K) \to K$ eine lineare Abbildung mit $\varphi(AB) = \varphi(BA)$ für alle $A, B \in M(n;K)$. Man beweise: Es gibt ein $\gamma \in K$ mit $\varphi = \gamma \cdot \mathrm{spur}$.

A(2.3.7) Es sei $n \in M(n;K)$, und es sei $A \in M(n;K)$.
(1) Man zeige: Die Abbildung $\varphi: M(n;K) \to M(n;K)$ mit $\varphi(X) := AX - XA$ für jedes $X \in M(n;K)$ ist linear.
(2) Gibt es ein $A \in M(n;K)$, für das φ injektiv ist?
(3) Gibt es ein $A \in M(n;K)$, für das φ surjektiv ist?

A(2.3.8) Es sei V ein endlichdimensionaler K-Vektorraum, es sei $n := \dim(V) \geq 1$, und es sei $V^* := \mathrm{Hom}_K(V,K)$ der K-Vektorraum aller linearen Abbildungen von V in K. V^* heißt der zu V duale K-Vektorraum oder der Dualraum zu V.
(1) Es sei $\{v_1, \ldots, v_n\}$ eine Basis von V, und für jedes $i \in \{1, \ldots, n\}$ sei $v_i^* : V \to K$ die lineare Abbildung mit $v_i^*(v_j) := \delta_{ij}$ für jedes $j \in \{1, \ldots, n\}$.
(a) Man zeige: Für jedes $v \in V$ und jedes $v^* \in V^*$ gilt

$$v = \sum_{i=1}^{n} v_i^*(v) \, v_i \quad \text{und} \quad v^* = \sum_{i=1}^{n} v^*(v_i) \, v_i^*.$$

(b) Man zeige: $\{v_1^*, \ldots, v_n^*\}$ ist eine Basis von V^*. Diese Basis heißt die zu $\{v_1, \ldots, v_n\}$ duale Basis von V^*.
(2) Für jedes $x \in V$ sei $\Phi(x): V^* \to K$ die Abbildung mit $\Phi(x)(v^*) := v^*(x)$ für jedes $v^* \in V^*$. Man beweise: Für jedes $x \in V$ ist $\Phi(x): V^* \to K$ linear, und die Abbildung $\Phi: V \to V^{**} := \mathrm{Hom}_K(V^*, K)$ ist ein Isomorphismus von K-Vektorräumen.
(3) Man beweise, daß für jeden Unterraum U von V gilt:

$$U^\circ := \{v^* \in V^* \mid v^*(x) = 0 \text{ für jedes } x \in U\}$$

ist ein Unterraum von V^*, es gilt $\dim(U) + \dim(U^\circ) = n$, und es ist

$$U = \{x \in V \mid v^*(x) = 0 \text{ für jedes } v^* \in U^\circ\}.$$

(4) Es seien U_1 und U_2 Unterräume von V. Man zeige: Es gilt $(U_1 + U_2)^\circ = U_1^\circ \cap U_2^\circ$ und $(U_1 \cap U_2)^\circ = U_1^\circ + U_2^\circ$.
(5) Es sei W ein endlichdimensionaler K-Vektorraum, es sei $\varphi: V \to W$ eine lineare Abbildung, und es sei $\varphi^*: W^* \to V^*$ die Abbildung mit $\varphi^*(w^*) := w^* \circ \varphi$ für jedes $w^* \in W$. Man zeige:
(a) φ^* ist eine lineare Abbildung.
(b) φ^* ist genau dann surjektiv, wenn φ injektiv ist.
(c) φ^* ist genau dann injektiv, wenn φ surjektiv ist.

A(2.3.9) Es seien V, V' und W endlichdimensionale K-Vektorräume, und es sei $\varphi: V' \to V$ eine lineare Abbildung. Man zeige:

(1) Die Abbildung $\widehat{\varphi}\colon \operatorname{Hom}_K(V,W) \to \operatorname{Hom}_K(V',W)$ mit $\widehat{\varphi}(\alpha) := \alpha \circ \varphi$ für jedes $\alpha \in \operatorname{Hom}_K(V,W)$ ist linear.
(2) $\widehat{\varphi}$ ist genau dann surjektiv, wenn φ injektiv ist.
(3) $\widehat{\varphi}$ ist genau dann injektiv, wenn φ surjektiv ist.

A(2.3.10) Es seien V, W und W' endlichdimensionale K-Vektorräume, und es sei $\varphi\colon W \to W'$ eine lineare Abbildung. Man zeige:
(1) Die Abbildung $\widehat{\varphi}\colon \operatorname{Hom}_K(V,W) \to \operatorname{Hom}_K(V,W')$ mit $\widehat{\varphi}(\alpha) := \varphi \circ \alpha$ für jedes $\alpha \in \operatorname{Hom}_K(V,W)$ ist linear.
(2) $\widehat{\varphi}$ ist genau dann surjektiv, wenn φ surjektiv ist.
(3) $\widehat{\varphi}$ ist genau dann injektiv, wenn φ injektiv ist.

A(2.3.11) Es seien V, V' und V'' endlichdimensionale K-Vektorräume, und es seien $\varphi\colon V \to V'$ und $\psi\colon V' \to V''$ lineare Abbildungen.
(a) Es sei $\psi_0\colon \operatorname{im}(\varphi) \to V''$ die Einschränkung von ψ auf den Unterraum $\operatorname{im}(\varphi)$ von V', also die Abbildung mit $\psi_0(y) := \psi(y)$ für jedes $y \in \operatorname{im}(\varphi)$. Man zeige: ψ_0 ist linear, und es gilt $\operatorname{im}(\psi_0) = \operatorname{im}(\psi \circ \varphi)$ und $\ker(\psi_0) = \operatorname{im}(\varphi) \cap \ker(\psi)$.
(b) Man zeige: Es gilt $\dim(\operatorname{im}(\psi \circ \varphi)) = \dim(\operatorname{im}(\varphi)) - \dim(\operatorname{im}(\varphi) \cap \ker(\psi))$ und
$$\dim(\operatorname{im}(\varphi)) + \dim(\operatorname{im}(\psi)) - \dim(V') \leq \dim(\operatorname{im}(\psi \circ \varphi))$$
$$\leq \min(\{\dim(\operatorname{im}(\varphi)), \dim(\operatorname{im}(\psi))\}).$$

A(2.3.12) Es sei
$$\mathbb{H} := \left\{ \begin{pmatrix} x & y \\ -\overline{y} & \overline{x} \end{pmatrix} \in M(2;\mathbb{C}) \;\middle|\; x, y \in \mathbb{C} \right\}.$$

(1) Man beweise: $\mathbb{H}$ ist ein Unterring von $M(2;\mathbb{C})$, und jedes von der Nullmatrix verschiedene Element von $\mathbb{H}$ ist eine Einheit des Rings $\mathbb{H}$, aber $\mathbb{H}$ ist kein Körper. [Man vgl. Aufgabe A(1.8.3).]
(2) Man beweise: Mit den Abbildungen $(A,B) \mapsto AB \colon \mathbb{H} \times \mathbb{H} \to \mathbb{H}$ und $(\alpha, A) \mapsto \alpha A \colon \mathbb{R} \times \mathbb{H} \to \mathbb{H}$ ist $\mathbb{H}$ ein $\mathbb{R}$-Vektorraum der Dimension 4 und eine $\mathbb{R}$-Algebra. Man finde eine Basis.
(3) Man zeige: Die Gleichung $X^2 + 1_{\mathbb{H}} = 0$ hat in $\mathbb{H}$ unendlich viele Lösungen. [Die $\mathbb{R}$-Algebra $\mathbb{H}$ heißt der Schiefkörper oder die Algebra der Hamiltonschen Quaternionen (nach W. R. Hamilton, 1805 – 1865).]

4 Lineare Abbildungen und Matrizen

(2.4.1) In diesem Paragraphen ist K stets ein Körper, und m, n und p sind jeweils natürliche Zahlen; alle vorkommenden K-Vektorräume sind endlichdimensional.

4 Lineare Abbildungen und Matrizen

(2.4.2) Geordnete Basen: Es sei V ein K-Vektorraum der Dimension n. Man nennt eine Basis $\{x_1, \ldots, x_n\}$ von V eine *geordnete Basis* von V, wenn die durch die Numerierung der Elemente $x_1, \ldots, x_n$ festgelegte Reihenfolge nicht verändert werden darf.

(2.4.3) Es seien V und W K-Vektorräume, es sei $\dim(V) = n$ und $\dim(W) = m$, und es seien $\{v_1, \ldots, v_n\}$ eine geordnete Basis von V und $\{w_1, \ldots, w_m\}$ eine geordnete Basis von W.
(1) Es sei $\varphi \colon V \to W$ eine lineare Abbildung.
(a) Nach (2.2.9) gibt es zu jedem $j \in \{1, \ldots, n\}$ eindeutig bestimmte $\alpha_{1j}, \ldots, \alpha_{mj} \in K$ mit

$$\varphi(v_j) = \sum_{i=1}^{m} \alpha_{ij} w_i.$$

Man sagt:

$$A_\varphi := (\alpha_{ij})_{1 \leq i \leq m, 1 \leq j \leq n} \in M(m, n; K)$$

ist die Matrix von φ zu den geordneten Basen $\{v_1, \ldots, v_n\}$ von V und $\{w_1, \ldots, w_m\}$ von W.
(b) Es sei $x \in V$. Es existieren eindeutig bestimmte $\xi_1, \ldots, \xi_n \in K$ und $\eta_1, \ldots, \eta_m \in K$ mit $x = \sum_{j=1}^{n} \xi_j v_j$ und $\varphi(x) = \sum_{i=1}^{m} \eta_i w_i$ [vgl. (2.2.9)].
Es gilt

$$\sum_{i=1}^{m} \eta_i w_i = \varphi(x) = \varphi\left(\sum_{j=1}^{n} \xi_j v_j\right) = \sum_{j=1}^{n} \xi_j \varphi(v_j)$$
$$= \sum_{j=1}^{n} \xi_j \left(\sum_{i=1}^{m} \alpha_{ij} w_i\right) = \sum_{i=1}^{m} \left(\sum_{j=1}^{n} \alpha_{ij} \xi_j\right) w_i,$$

und daher ist $\eta_i = \sum_{j=1}^{n} \alpha_{ij} \xi_j$ für jedes $i \in \{1, \ldots, m\}$, d.h. es gilt

$$\begin{pmatrix} \eta_1 \\ \vdots \\ \eta_m \end{pmatrix} = A_\varphi \begin{pmatrix} \xi_1 \\ \vdots \\ \xi_n \end{pmatrix}.$$

(2) Es sei jetzt eine Matrix $A \in M(m, n; K)$ gegeben. Nach (2.3.13) gibt es eine eindeutig bestimmte lineare Abbildung $\varphi_A \colon V \to W$ mit

$$\varphi_A(v_j) = \sum_{i=1}^{m} A[i, j] w_i \quad \text{für jedes } j \in \{1, \ldots, n\}.$$

Man sieht: Dann ist A die Matrix von φ_A zu den geordneten Basen $\{v_1, \ldots, v_n\}$ von V und $\{w_1, \ldots, w_m\}$ von W.
(3) Für jedes $\varphi \in \operatorname{Hom}_K(V, W)$ sei $A_\varphi \in M(m, n; K)$ die Matrix von φ zu den geordneten Basen $\{v_1, \ldots, v_n\}$ von V und $\{w_1, \ldots, w_m\}$ von W. Die Abbildung

$$\begin{cases} \Omega \colon \operatorname{Hom}_K(V, W) \to M(m, n; K) \text{ mit} \\ \Omega(\varphi) := A_\varphi \text{ für jedes } \varphi \in \operatorname{Hom}_K(V, W) \end{cases}$$

ist bijektiv und linear. [Man beachte: Ω hängt von der Wahl der geordneten Basen $\{v_1, \ldots, v_n\}$ von V und $\{w_1, \ldots, w_m\}$ von W ab; man vgl. dazu auch (5).]
Beweis: Aus (1) und (2) folgt, daß Ω bijektiv ist. Es seien $\varphi, \psi \in \operatorname{Hom}_K(V, W)$ und $\lambda \in K$; es seien $A_\varphi = (\alpha_{ij})_{i,j}$ und $A_\psi = (\beta_{ij})_{i,j}$. Für jedes $j \in \{1, \ldots, n\}$ gilt

$$(\varphi + \psi)(v_j) = \varphi(v_j) + \psi(v_j) = \sum_{i=1}^m \alpha_{ij} w_i + \sum_{i=1}^m \beta_{ij} w_i = \sum_{i=1}^m (\alpha_{ij} + \beta_{ij}) w_i$$

und

$$(\lambda \varphi)(v_j) = \lambda \varphi(v_j) = \lambda \sum_{i=1}^m \alpha_{ij} w_i = \sum_{i=1}^m (\lambda \alpha_{ij}) w_i,$$

und daher gilt

$$\Omega(\varphi + \psi) = (\alpha_{ij} + \beta_{ij})_{i,j} = A_\varphi + A_\psi = \Omega(\varphi) + \Omega(\psi)$$

und

$$\Omega(\lambda \varphi) = (\lambda \alpha_{ij})_{i,j} = \lambda A_\varphi = \lambda \Omega(\varphi).$$

(4) Aus (3) und aus (2.3.11)(3) und (2.2.16)(2) folgt

$$\dim(\operatorname{Hom}_K(V, W)) = \dim(M(m, n; K)) = mn = \dim(V) \cdot \dim(W).$$

(5) Es sei $\varphi \in \operatorname{Hom}_K(V, W)$, und es sei $A_\varphi = (\alpha_{ij})_{i,j} \in M(m, n; K)$ die Matrix von φ zu den geordneten Basen $\{v_1, \ldots, v_n\}$ von V und $\{w_1, \ldots, w_m\}$ von W. Es sei $\{v_1', \ldots, v_n'\}$ eine geordnete Basis von V, und es sei $P = (\lambda_{ij})_{i,j} \in \operatorname{GL}(n; K)$ die Matrix mit $v_j' = \sum_{i=1}^n \lambda_{ij} v_i$ für jedes $j \in \{1, \ldots, n\}$ [vgl. (2.2.25)]. Es sei $\{w_1', \ldots, w_m'\}$ eine geordnete Basis von W, und es sei $Q = (\mu_{ij})_{i,j} \in \operatorname{GL}(m; K)$ die Matrix mit $w_j' = \sum_{i=1}^m \mu_{ij} w_i$ für jedes $j \in \{1, \ldots, m\}$. Ist $Q^{-1} = (\widetilde{\mu}_{ij})_{i,j}$, so

4 Lineare Abbildungen und Matrizen

gilt $w_j = \sum_{i=1}^{m} \widetilde{\mu}_{ij} w_i'$ für jedes $j \in \{1, \ldots, m\}$ [vgl. (2.2.25)]. Für jedes $j \in \{1, \ldots, n\}$ gilt dann

$$\begin{aligned}
\varphi(v_j') &= \varphi\left(\sum_{k=1}^{n} \lambda_{kj} v_k\right) = \sum_{k=1}^{n} \lambda_{kj} \varphi(v_k) = \sum_{k=1}^{n} \lambda_{kj} \left(\sum_{l=1}^{m} \alpha_{lk} w_l\right) \\
&= \sum_{l=1}^{m} \left(\sum_{k=1}^{n} \alpha_{lk} \lambda_{kj}\right) w_l = \sum_{l=1}^{m} \left(\sum_{k=1}^{n} \alpha_{lk} \lambda_{kj}\right) \left(\sum_{i=1}^{m} \widetilde{\mu}_{il} w_i'\right) \\
&= \sum_{i=1}^{m} \left(\sum_{l=1}^{m} \sum_{k=1}^{n} \widetilde{\mu}_{il} \alpha_{lk} \lambda_{kj}\right) w_i' = \sum_{i=1}^{m} (Q^{-1} A_\varphi P)[i,j] \, w_i',
\end{aligned}$$

und daher ist $A_\varphi' := Q^{-1} A_\varphi P$ die Matrix von φ zu den geordneten Basen $\{v_1', \ldots, v_n'\}$ von V und $\{w_1', \ldots, w_m'\}$ von W. Die Matrizen A_φ' und A_φ sind daher äquivalent. Ist dabei $\{v_1', \ldots, v_n'\} = \{v_1, \ldots, v_n\}$, so gilt $P = E_n$ und $A_\varphi' = Q^{-1} A_\varphi$, und ist $\{w_1', \ldots, w_m'\} = \{w_1, \ldots, w_m\}$, so gilt $Q = E_m$ und $A_\varphi' = A_\varphi P$.

(2.4.4) Es sei V ein K-Vektorraum, es sei $\dim(V) = n$, und es sei $\{v_1, \ldots, v_n\}$ eine geordnete Basis von V. Es sei $\varphi: V \to V$ eine lineare Abbildung.
(1) Für jedes $j \in \{1, \ldots, n\}$ gibt es eindeutig bestimmte Elemente $\alpha_{1j}, \ldots, \alpha_{nj} \in K$ mit $\varphi(v_j) = \sum_{i=1}^{n} \alpha_{ij} v_i$. Die Matrix $A_\varphi = (\alpha_{ij}) \in M(n; K)$ heißt die Matrix von φ zu der geordneten Basis $\{v_1, \ldots, v_n\}$ von V.
(2) Ist $\{v_1', \ldots, v_n'\}$ eine weitere geordnete Basis von V, und ist $P = (\lambda_{ij}) \in \mathrm{GL}(n; K)$ die Matrix mit $v_j' = \sum_{i=1}^{n} \lambda_{ij} v_i$ für jedes $j \in \{1, \ldots, n\}$, so ist $A_\varphi' = P^{-1} A P$ die Matrix von φ zu der geordneten Basis $\{v_1', \ldots, v_n'\}$ von V, wie aus (2.4.3)(5) folgt. Die Matrizen A_φ' und A_φ sind also ähnlich.
(3) Man setzt $\mathrm{spur}(\varphi) := \mathrm{spur}(A_\varphi)$. Da ähnliche Matrizen die gleiche Spur haben [vgl. Aufgabe A(2.3.5)], ist damit $\mathrm{spur}(\varphi)$ wohldefiniert.
(4) Man sieht: Die Abbildung $\mathrm{spur}: \mathrm{End}_K(V) \to K$ ist linear.

(2.4.5) Bemerkung: Es seien $\{e_1, \ldots, e_n\}$ die Standardbasis von K^n und $\{e_1', \ldots, e_m'\}$ die Standardbasis von K^m.
(1) Es sei $\varphi: K^n \to K^m$ eine lineare Abbildung. Zu jedem $j \in \{1, \ldots, n\}$ existieren eindeutig bestimmte $\alpha_{1j}, \ldots, \alpha_{mj} \in K$ mit

$$\varphi(e_j) = \sum_{i=1}^{m} \alpha_{ij} e_i' = {}^t(\alpha_{1j}, \ldots, \alpha_{mj}) := a_j,$$

und es gilt: $A_\varphi := (\alpha_{ij})_{i,j} = (a_1,\ldots,a_n) \in M(m,n;K)$ ist die Matrix von φ zu den Standardbasen in K^n und K^m. Für jedes $x = {}^t(\xi_1,\ldots,\xi_n) \in K^n$ gilt

$$\varphi(x) = {}^t(\eta_1,\ldots,\eta_m) = A_\varphi {}^t(\xi_1,\ldots,\xi_n) = A_\varphi\, x.$$

(2) Es sei $A \in M(m,n;K)$, und es sei $\psi\colon K^n \to K^m$ die Abbildung mit $\psi(x) := Ax$ für jedes $x \in K^n$. Man sieht: ψ ist linear, und A ist die Matrix von ψ zu den Standardbasen von K^n und K^m.

(2.4.6) Es seien V und W K-Vektorräume, es sei $\dim(V) = n$ und $\dim(W) = m$, und es seien $\{v_1,\ldots,v_n\}$ eine geordnete Basis von V und $\{w_1,\ldots,w_m\}$ eine geordnete Basis von W. Es sei $\varphi\colon V \to W$ linear, und es sei $A_\varphi \in M(m,n;K)$ die Matrix von φ zu den geordneten Basen $\{v_1,\ldots,v_n\}$ von V und $\{w_1,\ldots,w_m\}$ von W.
(1)(a) Nach (2.3.10)(1) ist $\{\varphi(v_1),\ldots,\varphi(v_n)\}$ ein Erzeugendensystem von $\mathrm{im}(\varphi)$, und für jedes $j \in \{1,\ldots,n\}$ ist $\varphi(v_j) = \sum_{i=1}^m A_\varphi[i,j]\, w_i$. Nach (2.2.18) ermittelt man folgendermaßen $\dim(\mathrm{im}(\varphi))$ und eine Basis von $\mathrm{im}(\varphi)$: Man berechnet [mit dem Gauß-Algorithmus] $r := \mathrm{rang}(A_\varphi)$ und die charakteristischen Spaltenindizes $j(1),\ldots,j(r)$ von A_φ; dann ist $\dim(\mathrm{im}(\varphi)) = r$, und $\{\varphi(v_{j(1)}),\ldots,\varphi(v_{j(r)})\}$ ist eine Basis von $\mathrm{im}(\varphi)$.
(b) Man setzt $\mathrm{rang}(\varphi) := \dim(\mathrm{im}(\varphi)) = \mathrm{rang}(A_\varphi)$.
(2)(a) Nach (2.3.9) und nach (1) gilt

$$\dim(\ker(\varphi)) = \dim(V) - \dim(\mathrm{im}(\varphi)) = n - \mathrm{rang}(A_\varphi) = n - \mathrm{rang}(\varphi).$$

(b) [Zur Berechnung einer Basis von $\ker(\varphi)$]: Die Abbildung

$$\psi\colon V \to K^n \quad \text{mit } \psi\Big(\sum_{j=1}^n \alpha_j v_j\Big) := {}^t(\alpha_1,\ldots,\alpha_n) \text{ für jedes } \sum_{j=1}^n \alpha_j v_j \in V$$

ist linear und bijektiv [vgl. (2.3.15)]. $U_0 := \psi(\ker(\varphi))$ ist ein Unterraum von K^n [vgl. (2.3.7)(1)], und $x \mapsto \psi(x)\colon \ker(\varphi) \to U_0$ ist eine bijektive lineare Abbildung. Also ist [wegen (2.3.11)(3)]

$$\dim(U_0) = \dim(\ker(\varphi)) = n - r = n - \mathrm{rang}(A_\varphi).$$

Ist $x = \sum_{j=1}^n \xi_j v_j \in V$ und ist $\varphi(x) = \sum_{i=1}^m \eta_i w_i$, so gilt

$$\psi(x) = {}^t(\xi_1,\ldots,\xi_n) \quad \text{und} \quad {}^t(\eta_1,\ldots,\eta_m) = A_\varphi {}^t(\xi_1,\ldots,\xi_n) = A_\varphi \psi(x),$$

4 Lineare Abbildungen und Matrizen   111

und es folgt: x liegt in $\ker(\varphi)$, genau wenn $\eta_1 = \cdots = \eta_m = 0$ gilt, also genau wenn $A_\varphi \psi(x) = 0$ ist. Also gilt

$$U_0 = \{\psi(x) \mid x \in \ker(\varphi)\} = \{y \in K^n \mid A_\varphi y = 0\}.$$

Man berechnet mit der in (2.7.6)(3) beschriebenen Methode Elemente

$$y_1 = {}^t(\eta_1^{(1)}, \ldots, \eta_m^{(1)}), \ldots, y_{n-r} = {}^t(\eta_1^{(n-r)}, \ldots, \eta_m^{(n-r)}) \in K^m$$

mit: $\{y_1, \ldots, y_{n-r}\}$ ist eine Basis von U_0. Für jedes $l \in \{1, \ldots, n-r\}$ ist

$$x_l := \psi^{-1}(y_l) = \sum_{j=1}^{n} \eta_j^{(l)} v_j \in \ker(\varphi),$$

und aus (2.3.10)(4), angewandt auf $y \mapsto \psi^{-1}(y) : U_0 \to \ker(\varphi)$, folgt: $\{x_1, \ldots, x_{n-r}\}$ ist eine Basis von $\ker(\varphi)$.
(3) Es gilt $\dim(\operatorname{im}(\varphi)) = \operatorname{rang}(A_\varphi)$ und $\dim(\ker(\varphi)) = n - \operatorname{rang}(A_\varphi)$, und daher folgt:
(a) φ ist genau dann surjektiv, wenn $\operatorname{rang}(A_\varphi) = m = \dim(W)$ ist.
(b) φ ist genau dann injektiv, wenn $\operatorname{rang}(A_\varphi) = n = \dim(V)$ ist.
(4) Es gelte jetzt $\dim(V) = n = m = \dim(W)$. Dann ist $A_\varphi \in M(n; K)$.
(a) Aus (3) folgt: φ ist bijektiv, genau wenn $\operatorname{rang}(A_\varphi) = n$ ist, also genau wenn A_φ invertierbar ist [vgl. (1.6.20)].
(b) Es gelte jetzt: φ ist bijektiv. Die Umkehrabbildung $\varphi^{-1}: W \to V$ von φ ist linear [vgl. (2.3.5)(4)], $\{\varphi(v_1), \ldots, \varphi(v_n)\}$ ist eine Basis von W [vgl. (2.3.10)(4)], und A_φ ist invertierbar. Für jedes $j \in \{1, \ldots, n\}$ gilt $\varphi(v_j) = \sum_{i=1}^{n} A_\varphi[i,j] w_i$ und daher $w_j = \sum_{i=1}^{n} (A_\varphi)^{-1}[i,j] \varphi(v_i)$ [vgl. (2.2.25)] und

$$\begin{aligned}\varphi^{-1}(w_j) &= \varphi^{-1}\left(\sum_{i=1}^{n} (A_\varphi)^{-1}[i,j] \varphi(v_i)\right) \\ &= \sum_{i=1}^{n} (A_\varphi)^{-1}[i,j] \varphi^{-1}(\varphi(v_i)) = \sum_{i=1}^{n} (A_\varphi)^{-1}[i,j] v_i.\end{aligned}$$

Damit ist gezeigt: $(A_\varphi)^{-1}$ ist die Matrix von φ^{-1} zu den geordneten Basen $\{w_1, \ldots, w_m\}$ von W und $\{v_1, \ldots, v_n\}$ von V.
(5) Es sei $V = W$, und es sei $\varphi \in \operatorname{End}_K(V)$ ein Automorphismus. Es sei A_φ die Matrix von φ zu der geordneten Basis $\{v_1, \ldots, v_n\}$ von V. Dann ist A_φ invertierbar, und $(A_\varphi)^{-1}$ ist die Matrix von φ^{-1} zu der geordneten Basis $\{v_1, \ldots, v_n\}$ von V.

(2.4.7) Es seien V, W und X K-Vektorräume, es gelte $\dim(V) = n$, $\dim(W) = m$ und $\dim(X) = p$, und es seien $\{v_1, \ldots, v_n\}$ eine geordnete Basis von V, $\{w_1, \ldots, w_m\}$ eine geordnete Basis von W und $\{x_1, \ldots, x_p\}$ eine geordnete Basis von X.
Es sei $\varphi \colon V \to W$ linear, und es sei $A_\varphi \in M(m,n;K)$ die Matrix von φ zu den geordneten Basen $\{v_1, \ldots, v_n\}$ von V und $\{w_1, \ldots, w_m\}$ von W.
Es sei $\psi \colon W \to X$ linear, und es sei $B_\psi \in M(p,m;K)$ die Matrix von ψ zu den geordneten Basen $\{w_1, \ldots, w_m\}$ von W und $\{x_1, \ldots, x_p\}$ von X.
Für jedes $j \in \{1, \ldots, n\}$ gilt

$$\psi \circ \varphi(v_j) = \psi\left(\sum_{k=1}^{m} A_\varphi[k,j] w_k\right) = \sum_{k=1}^{m} A_\varphi[k,j] \psi(w_k)$$
$$= \sum_{k=1}^{m} A_\varphi[k,j] \left(\sum_{i=1}^{p} B_\psi[i,k] x_i\right) = \sum_{i=1}^{p} \left(\sum_{k=1}^{m} B_\psi[i,k] A_\varphi[k,j]\right) x_i$$
$$= \sum_{i=1}^{p} (B_\psi A_\varphi)[i,j] x_i,$$

und daher ist $B_\psi A_\varphi$ die Matrix der linearen Abbildung $\psi \circ \varphi \colon V \to X$ zu den geordneten Basen $\{v_1, \ldots, v_n\}$ von V und $\{x_1, \ldots, x_p\}$ von X.

(2.4.8) Satz: *Es sei V ein endlichdimensionaler K-Vektorraum, es sei $\dim(V) = n$, und es sei $\{v_1, \ldots, v_n\}$ eine geordnete Basis von V; für jedes $\varphi \in \mathrm{End}_K(V)$ sei $A_\varphi \in M(n;K)$ die Matrix von φ zur Basis $\{v_1, \ldots, v_n\}$. Es gilt: Die Abbildung $\varphi \mapsto A_\varphi \colon \mathrm{End}_K(V) \to M(n;K)$ ist ein Isomorphismus von K-Algebren.*

Beweis: Das folgt unmittelbar aus (2.4.3)(3) und (2.4.7).

Aufgaben

A(2.4.1) Es seien $A \in M(m,n;K)$ und $B \in M(n,p;K)$. Man folgere aus dem Ergebnis von Aufgabe A(2.3.11): Es gilt

$$\mathrm{rang}(A) + \mathrm{rang}(B) - n \leq \mathrm{rang}(AB) \leq \min(\{\mathrm{rang}(A), \mathrm{rang}(B)\}).$$

A(2.4.2) Es sei V ein endlichdimensionaler K-Vektorraum, es sei $\dim(V) = n$, und es sei $\varphi \in \mathrm{End}_K(V)$; es gelte $\mathrm{rang}(\varphi) = 1$. Man zeige:
(1) Es gibt ein $z \in V$ und ein $z^* \in V^*$ mit $z \neq 0$ und $z^* \neq 0$ und mit $\varphi(x) = z^*(x) z$ für jedes $x \in V$. [Hinweis: Aufgabe A(1.7.2).]

4 Lineare Abbildungen und Matrizen

(2) Es seien z, z^* wie in (1). Sind auch $w \in V$, $w^* \in V^*$ mit $\varphi(x) = w^*(x)w$ für jedes $x \in V$, so gibt es ein $\alpha \in K^\times$ mit $w = \alpha z$ und $w^* = \alpha^{-1} z^*$, und es gilt $w^*(w) = z^*(z)$.
(3) Es gilt $z^*(z) = 0$, genau wenn $\varphi^2 = 0$ ist.
(4) Es gibt eine Basis von V so, daß die Matrix von φ zu dieser Basis $z^*(z)E_{11}$ ist, falls $z^*(z) \neq 0$ gilt, und E_{21} ist, falls $z^*(z) = 0$ gilt.

A(2.4.3) Es gelte $m > n$, und es seien $A \in M(m, n; K)$ und $B \in M(n, m; K)$. Man beweise, daß die Matrix AB nicht invertierbar ist. Gilt dies auch für BA?

A(2.4.4) Es seien V und W K-Vektorräume, es seien $\dim(V) = n$ und $\dim(W) = m$, und es sei $\varphi : V \to W$ eine lineare Abbildung. Es seien $\{v_1, \ldots, v_n\}$ eine Basis von V und $\{w_1, \ldots, w_m\}$ eine Basis von W, und es sei $A \in M(m, n; K)$ die Matrix von φ zu diesen Basen. Man beweise: Zu einer Matrix $B \in M(m, n; K)$ gibt es dann und nur dann Basen von V und W, zu denen B die Matrix von φ ist, wenn A und B äquivalent sind.

A(2.4.5) Es seien V und W $\mathbb{R}$-Vektorräume, und es gelte $\dim(V) = 5$ und $\dim(W) = 4$. Es sei $\{v_1, \ldots, v_5\}$ eine Basis von V, es sei $\{w_1, \ldots, w_4\}$ eine Basis von W, und es sei $\varphi : V \to W$ die lineare Abbildung mit

$$\varphi(v_1) = w_1 - 2w_2 + 2w_3 + w_4, \quad \varphi(v_2) = 2w_2 + 3w_3 - w_4,$$
$$\varphi(v_3) = w_1 - 4w_2 - w_3 + 2w_4, \quad \varphi(v_4) = w_1 + w_2 + 3w_3 - w_4,$$
$$\varphi(v_5) = w_1 + 5w_4.$$

(1) Man ermittle die Dimension und eine Basis von $\operatorname{im}(\varphi)$ und von $\ker(\varphi)$.
(2) Es sei A die Matrix von φ zu den Basen $\{v_1, \ldots, v_5\}$ von V und $\{w_1, \ldots, w_4\}$ von W, und es sei $r := \operatorname{rang}(A)$. Nach (1.7.5)(1) ist A zur Matrix $I_{4,5}(r) \in M(4,5;\mathbb{R})$ äquivalent. Man finde Basen von V und von W, für die gilt: Die Matrix von φ zu diesen Basen ist $I_{4,5}(r)$.

A(2.4.6) In $\mathbb{R}^4$ seien $a_1 := {}^t(1,0,0,2)$, $a_2 := {}^t(5,1,0,2)$, $a_3 := {}^t(-1,-1,1,0)$ und $a_4 := {}^t(2,1,-1,3)$. Es sei $\{e_1, e_2, e_3, e_4\}$ die Standardbasis von $\mathbb{R}^4$.
(1) Man beweise, daß $\{a_1, a_2, a_3, a_4\}$ eine Basis von $\mathbb{R}^4$ ist.
(2) Es sei $\varphi : \mathbb{R}^4 \to \mathbb{R}^3$ die lineare Abbildung mit

$$\varphi(a_1) = {}^t(2,1,-1), \quad \varphi(a_2) = {}^t(-1,4,2),$$
$$\varphi(a_3) = {}^t(10,-13,-11), \quad \varphi(a_4) = {}^t(-9,18,12).$$

Man bestimme $\varphi(e_1)$, $\varphi(e_2)$, $\varphi(e_3)$ und $\varphi(e_4)$ und gebe die Matrix von φ zur Basis $\{a_1, a_2, a_3, a_4\}$ von $\mathbb{R}^4$ und zur Standardbasis von $\mathbb{R}^3$ an. Man ermittle die Matrix von φ zu den Standardbasen von $\mathbb{R}^4$ und von $\mathbb{R}^3$.

A(2.4.7) Es seien V und W endlichdimensionale K-Vektorräume, es seien wie in Aufgabe A(2.3.8) $V^* := \operatorname{Hom}_K(V, K)$ und $W^* := \operatorname{Hom}_K(W, K)$, und es sei $\varphi : V \to W$ eine lineare Abbildung. Es seien $\dim(V) = n$ und $\dim(W) = m$, es seien $\{v_1, \ldots, v_n\}$ eine Basis von V und $\{w_1, \ldots, w_m\}$ eine Basis von W, und es sei $A \in M(m, n; K)$ die Matrix von φ zu diesen Basen.

Man ermittle die Matrix der in Aufgabe A(2.3.8)(5) definierten linearen Abbildung $\varphi^*: W^* \to V^*$ zu den in Aufgabe A(2.3.8)(1) definierten dualen Basen $\{w_1^*, \ldots, w_m^*\}$ von W^* und $\{v_1^*, \ldots, v_n^*\}$ von V^*.

5 Direkte Summen

(2.5.1) In diesem Paragraphen ist K stets ein Körper, und m ist eine natürliche Zahl.

(2.5.2) Definition: Es sei V ein K-Vektorraum, es seien $U_1, \ldots, U_m$ Unterräume von V, und es sei $U := \sum_{i=1}^{m} U_i$. Man nennt U die direkte Summe der Unterräume $U_1, \ldots, U_m$ von V und schreibt

$$U = U_1 \oplus U_2 \oplus \cdots \oplus U_m = \bigoplus_{i=1}^{m} U_i,$$

wenn es zu jedem $x \in U$ eindeutig bestimmte $x_1 \in U_1, \ldots, x_m \in U_m$ mit $x = x_1 + \cdots + x_m$ gibt. Man sagt dann auch: Die Summe $\sum_{i=1}^{m} U_i$ der Unterräume $U_1, \ldots, U_m$ von V ist direkt.

(2.5.3) Bemerkung: Es sei V ein K-Vektorraum, es seien $U_1, \ldots, U_m$, $U_1', \ldots, U_m'$ Unterräume von V, für jedes $i \in \{1, \ldots, m\}$ gelte $U_i' \subset U_i$, und es sei die Summe $U := U_1 + \cdots + U_m$ direkt. Dann ist auch die Summe $U' := U_1' + \cdots + U_m'$ direkt, und ist $U = U'$, so gilt auch $U_i = U_i'$ für jedes $i \in \{1, \ldots, m\}$, wie unmittelbar aus der Definition folgt.

(2.5.4) Satz: *Es sei V ein K-Vektorraum, es seien $U_1, \ldots, U_m$ Unterräume von V, und es sei $U := U_1 + \cdots + U_m$. Die folgenden Aussagen sind äquivalent:*
(1) *Es gilt $U = U_1 \oplus U_2 \oplus \cdots \oplus U_m$.*
(2) *Sind $x_1 \in U_1, \ldots, x_m \in U_m$ und gilt $x_1 + \cdots + x_m = 0$, so ist $x_j = 0$ für jedes $j \in \{1, \ldots, m\}$.*
(3) *Für jedes $j \in \{1, \ldots, m\}$ gilt*

$$U_j \cap (U_1 + \cdots + U_{j-1} + U_{j+1} + \cdots + U_m) = \{0\}.$$

(4) *Für jedes $j \in \{2, \ldots, m\}$ gilt*

$$(U_1 + \cdots + U_{j-1}) \cap U_j = \{0\}.$$

5 Direkte Summen

Beweis (1) $\Rightarrow$ (2): Es gelte (1), und es seien $x_1 \in U_1, \ldots, x_m \in U_m$ mit $0 = x_1 + \cdots + x_m$. Wegen $0 \in U_j$ für jedes $j \in \{1, \ldots, m\}$ und wegen $0 = 0 + \cdots + 0$ folgt $x_j = 0$ für jedes $j \in \{1, \ldots, m\}$ [auf Grund der Einzigkeitsforderung in der Definition in (2.5.2)].
(2) $\Rightarrow$ (1): Es gelte (2). Für jedes $x \in U$ gilt: Es gibt $x_1 \in U_1, \ldots, x_m \in U_m$ mit $x = x_1 + \cdots + x_m$, und sind auch $y_1 \in U_1, \ldots, y_m \in U_m$ mit $x = y_1 + \cdots + y_m$, so gilt $(x_1 - y_1) + \cdots + (x_m - y_m) = 0$, und wegen (2) folgt $x_1 = y_1, \ldots, x_m = y_m$. Also gilt $U = U_1 \oplus \cdots \oplus U_m$.
(2) $\Rightarrow$ (3): Es gelte (2). Es sei $j \in \{1, \ldots, m\}$, und es sei z ein Element von $U_j \cap (U_1 + \cdots + U_{j-1} + U_{j+1} + \cdots + U_m)$. Zu jedem $i \in \{1, \ldots, m\}$ mit $i \neq j$ gibt es ein $x_i \in U_i$ mit $z = x_1 + \cdots + x_{j-1} + x_{j+1} + \cdots + x_m$, also mit $x_1 + \cdots + x_{j-1} + (-z) + x_{j+1} + \cdots + x_m = 0$, und wegen (2) folgt insbesondere $z = 0$.
(3) $\Rightarrow$ (4): Es gilt $U_1 + \cdots + U_{j-1} \subset U_1 + \cdots + U_{j-1} + U_{j+1} + \cdots + U_m$ für jedes $j \in \{2, \ldots, m\}$.
(4) $\Rightarrow$ (2): Es gelte: Es gibt $x_1 \in U_1, \ldots, x_m \in U_m$, die nicht alle 0 sind und für die $x_1 + \cdots + x_m = 0$ ist. Für $j := \max(\{i \mid 1 \leq i \leq m; x_i \neq 0\})$ gilt $j \geq 2$, $x_j \neq 0$ und $x_1 + \cdots + x_j = 0$. Also ist $x_j = (-x_1) + \cdots + (-x_{j-1}) \in (U_1 + \cdots + U_{j-1}) \cap U_j$, und daher gilt (4) nicht. Damit ist gezeigt, daß (2) aus (4) folgt.

(2.5.5) Folgerung: *Es sei V ein K-Vektorraum, und es seien U_1 und U_2 Unterräume von V. Es gilt $V = U_1 \oplus U_2$, genau wenn $V = U_1 + U_2$ und $U_1 \cap U_2 = \{0\}$ gilt.*

(2.5.6) Folgerung: *Es sei V ein K-Vektorraum, es seien $U_1, \ldots, U_m$ Unterräume von V, und es gelte: Die Summe $U := U_1 + \cdots + U_m$ ist direkt. Dann gilt:*
(1) Für jedes $l \in \{1, \ldots, m\}$ ist die Summe $U_1 + \cdots + U_l$ direkt.
(2) Sind $U_1, \ldots, U_m$ endlichdimensional, so ist auch U endlichdimensional, und es ist $\dim(U) = \dim(U_1) + \cdots + \dim(U_m)$.

Beweis: (1) folgt aus (2.5.4), denn es ist $(U_1 + \cdots + U_{j-1}) \cap U_j = \{0\}$ für jedes $j \in \{2, \ldots, m\}$.
(2) folgt durch Induktion nach m. Ist $m = 1$, so gilt $U = U_1$ und $\dim(U) = \dim(U_1)$. Es gelte $m \geq 2$, und es sei bereits bewiesen: Eine direkte Summe von $m - 1$ endlichdimensionalen Unterräumen $W_1, \ldots, W_{m-1}$ von V hat die endliche Dimension $\dim(W_1) + \cdots + \dim(W_{m-1})$. Nach (1) ist die Summe $U' := U_1 + \cdots + U_{m-1}$ direkt, und nach Induktionsvoraussetzung ist daher $\dim(U') = \dim(U_1) + \cdots + \dim(U_{m-1})$. Es ist $U = U' + U_m$,

nach (2.5.4) ist $U' \cap U_m = (U_1 + \cdots + U_{m-1}) \cap U_m = \{0\}$, und aus (2.2.32) folgt: U ist endlichdimensional, und es ist

$$\begin{aligned}\dim(U) &= \dim(U' + U_m) = \dim(U') + \dim(U_m) - \dim(U' \cap U_m) \\ &= \dim(U') + \dim(U_m) = \dim(U_1) + \cdots + \dim(U_{m-1}) + \dim(U_m).\end{aligned}$$

(2.5.7) Folgerung: *Es sei V ein K-Vektorraum, es seien $U_1, \ldots, U_m$ Unterräume von V, und es gelte: V ist die direkte Summe der Unterräume $U_1, \ldots, U_m$. Für jedes $i \in \{1, \ldots, m\}$ seien $W_{i1}, \ldots, W_{ih_i}$ Unterräume von U_i, und es gelte: U_i ist die direkte Summe der Unterräume $W_{i1}, \ldots, W_{ih_i}$. Dann ist V die direkte Summe der Unterräume $W_{11}, \ldots, W_{mh_m}$.*

Beweis: Es ist klar, daß V die Summe der Unterräume $W_{11}, \ldots, W_{mh_m}$ ist. Es seien $x_{11} \in W_{11}, \ldots, x_{mh_m} \in W_{mh_m}$, und es gelte $x_{11} + \cdots + x_{mh_m} = 0$. Für jedes $i \in \{1, \ldots, m\}$ ist $y_i := x_{i1} + \cdots + x_{ih_i} \in U_i$, und es ist $y_1 + \cdots + y_m = 0$. Also gilt $y_1 = \cdots = y_m = 0$ [vgl. (2.5.4)], und mit dem gleichen Argument folgt $x_{i1} = \cdots = x_{ih_i} = 0$ für jedes $i \in \{1, \ldots, m\}$. Daher ist die Summe der Unterräume $W_{11}, \ldots, W_{mh_m}$ direkt.

(2.5.8) Satz: *Es sei V ein endlichdimensionaler K-Vektorraum, und es seien $U_1, \ldots, U_m$ Unterräume von V; für jedes $i \in \{1, \ldots, m\}$ sei B_i eine Basis von U_i. Die folgenden Aussagen sind äquivalent:*
(1) *Es ist $V = U_1 \oplus \cdots \oplus U_m$.*
(2) *Es gilt $V = U_1 + \cdots + U_m$ und $\dim(V) = \dim(U_1) + \cdots + \dim(U_m)$.*
(3) *$B := B_1 \cup \cdots \cup B_m$ ist eine Basis von V, und für alle $i, j \in \{1, \ldots, m\}$ mit $i \neq j$ ist $B_i \cap B_j = \emptyset$.*

Beweis (1) $\Rightarrow$ (2): Gilt $V = U_1 \oplus \cdots \oplus U_m$, so gilt $V = U_1 + \cdots + U_m$, und nach (2.5.6)(2) ist $\dim(V) = \dim(U_1) + \cdots + \dim(U_m)$.
(2) $\Rightarrow$ (3): Es gelte (2). Für jedes $i \in \{1, \ldots, m\}$ gilt $B_i \subset B$, also $U_i = \langle B_i \rangle \subset \langle B \rangle$, und daher ist $V = U_1 + \cdots + U_m \subset \langle B \rangle$. Also ist $V = \langle B \rangle$, und daher ist $\#(B) \geq \dim(V)$ [vgl. (2.2.29)(1)]. Auf der anderen Seite ist $\#(B) = \#(B_1 \cup \cdots \cup B_m) \leq \#(B_1) + \cdots + \#(B_m) = \dim(U_1) + \cdots + \dim(U_m) = \dim(V)$, und somit ist $\#(B) = \dim(V)$. Hieraus folgt, daß B eine Basis von V ist [vgl. (2.2.29)(2)] und daß $\#(B) = \#(B_1) + \cdots + \#(B_m)$ gilt. Gäbe es $i, j \in \{1, \ldots, m\}$ mit $i \neq j$ und $B_i \cap B_j \neq \emptyset$, so wäre $\#(B_i \cup B_j) = \#(B_i) + \#(B_j) - \#(B_i \cap B_j) < \#(B_i) + \#(B_j)$, und daher wäre $\#(B) < \#(B_1) + \cdots + \#(B_m)$. Also ist $B_i \cap B_j = \emptyset$ für alle $i, j \in \{1, \ldots, m\}$ mit $i \neq j$.

5 Direkte Summen

(3) $\Rightarrow$ (1): Es gelte (3). Jedes $x \in V$ ist eine Linearkombination der Elemente von $B = B_1 \cup \cdots \cup B_m$ und daher eine Summe von Elementen $x_1 \in \langle B_1 \rangle = U_1, \ldots, x_m \in \langle B_m \rangle = U_m$. Also gilt $V = U_1 + \cdots + U_m$.
(a) Es sei $j \in \{2, \ldots, m\}$, und es sei $x \in (U_1 + \cdots + U_{j-1}) \cap U_j = \langle B_1 \cup \cdots \cup B_{j-1} \rangle \cap \langle B_j \rangle$. Es gibt $\lambda_1, \ldots, \lambda_r \in K$ und paarweise verschiedene $b_1, \ldots, b_r \in B_1 \cup \cdots \cup B_{j-1}$ und $\mu_1, \ldots, \mu_s \in K$ und paarweise verschiedene $c_1, \ldots, c_s \in B_j$ mit $x = \sum_{i=1}^{r} \lambda_i b_i = \sum_{i=1}^{s} \mu_i c_i$. Wegen $(B_1 \cup \cdots \cup B_{j-1}) \cap B_j = (B_1 \cap B_j) \cup \cdots \cup (B_{j-1} \cap B_j) = \emptyset$ sind $b_1, \ldots, b_r, c_1, \ldots, c_s$ paarweise verschiedene Elemente der Basis B von V. Also sind $b_1, \ldots, b_r, c_1, \ldots, c_s$ linear unabhängig, und daher gilt $\lambda_i = 0$ für jedes $i \in \{1, \ldots, r\}$ und $\mu_i = 0$ für jedes $i \in \{1, \ldots, s\}$. Also ist $x = 0$.
(b) Nach (a) gilt $(U_1 + \cdots + U_{j-1}) \cap U_j = \{0\}$ für jedes $j \in \{1, \ldots, m\}$. Daher ist nach (2.5.4) die Summe $V = U_1 + \cdots + U_m$ direkt.

(2.5.9) Folgerung: *Es sei V ein endlichdimensionaler K-Vektorraum, und es seien U_1 und U_2 Unterräume von V. Es gilt $V = U_1 \oplus U_2$, genau wenn $V = U_1 + U_2$ und $\dim(V) = \dim(U_1) + \dim(U_2)$ gilt.*

(2.5.10) Folgerung: *Es sei V ein endlichdimensionaler K-Vektorraum. Zu jedem Unterraum U von V gibt es einen Unterraum U' von V mit $V = U \oplus U'$.*

Beweis: Es sei U ein Unterraum von V. Ist $U = \{0\}$, so setzt man $U' := V$, und ist $U = V$, so setzt man $U' := \{0\}$. Ist $0 < d := \dim(U) < \dim(V) =: n$, so wählt man eine Basis $\{a_1, \ldots, a_d\}$ von U und Elemente $b_1, \ldots, b_{n-d} \in V$, für die $\{a_1, \ldots, a_d, b_1, \ldots, b_{n-d}\}$ eine Basis von V ist [vgl. (2.2.30)], und setzt $U' := \langle b_1, \ldots, b_{n-d} \rangle$.

(2.5.11) Bemerkung: Es seien V und W K-Vektorräume, und es seien $U_1, \ldots, U_m$ Unterräume von V mit $V = U_1 \oplus \cdots \oplus U_m$; für jedes $i \in \{1, \ldots, m\}$ sei $\varphi_i : U_i \to W$ eine lineare Abbildung. Dann gibt es eine und nur eine lineare Abbildung $\varphi : V \to W$ mit $\varphi|U_i = \varphi_i$ für jedes $i \in \{1, \ldots, m\}$, und zwar gilt für jedes $x \in V$: Es gibt eindeutig bestimmte Elemente $x_1 \in U_1, \ldots, x_m \in U_m$ mit $x = x_1 + \cdots + x_m$, und damit gilt $\varphi(x) = \varphi_1(x_1) + \cdots + \varphi_m(x_m)$.

(2.5.12) Definition: Es sei V ein K-Vektorraum. Eine lineare Abbildung $\pi : V \to V$ heißt idempotent oder eine Projektion, wenn $\pi^2 = \pi$ gilt.

(2.5.13) Bemerkung: Es sei V ein K-Vektorraum, und es sei $\pi\colon V \to V$ eine Projektion. Dann gilt

$$V = \ker(\pi) \oplus \operatorname{im}(\pi),$$

und für jedes $x \in \operatorname{im}(\pi)$ ist $\pi(x) = x$.
Beweis: Ist $x \in \ker(\pi) \cap \operatorname{im}(\pi)$, so ist $x = \pi(y)$ mit einem $y \in V$, und es ist $x = \pi(y) = \pi(\pi(y)) = \pi(x) = 0$. Also ist $\ker(\pi) \cap \operatorname{im}(\pi) = \{0\}$. Für jedes $x \in V$ gilt $\pi(x - \pi(x)) = \pi(x) - \pi(x) = 0$, also $x - \pi(x) \in \ker(\pi)$ und somit $x = (x - \pi(x)) + \pi(x) \in \ker(\pi) + \operatorname{im}(\pi)$. Also ist $V = \ker(\pi) + \operatorname{im}(\pi)$. Für jedes $x \in \operatorname{im}(\pi)$ gilt $x - \pi(x) \in \operatorname{im}(\pi) \cap \ker(\pi) = \{0\}$ und daher $\pi(x) = x$.

(2.5.14) Beispiel: Es sei V ein K-Vektorraum, es seien $U_1, \ldots, U_m$ Unterräume von V, und es gelte $V = U_1 \oplus \cdots \oplus U_m$; es sei $i \in \{1, \ldots, m\}$. Zu jedem $x \in V$ gibt es eine eindeutig bestimmte Darstellung $x = x_1 + \cdots + x_m$ mit $x_1 \in U_1, \ldots, x_m \in U_m$. Man erhält daher eine wohlbestimmte Abbildung $\pi_i \colon V \to V$, wenn man jedem $x \in V$ den Summanden $x_i \in U_i$ in dieser Darstellung von x zuordnet. Sind $x, y \in V$ und $\alpha \in K$ und gilt $x = x_1 + \cdots + x_m$ und $y = y_1 + \cdots + y_m$ mit $x_j, y_j \in U_j$ für jedes $j \in \{1, \ldots, m\}$, so gilt $x + y = (x_1 + y_1) + \cdots + (x_m + y_m)$ und $\alpha x = \alpha x_1 + \cdots + \alpha x_m$, und wegen $x_j + y_j \in U_j$ und $\alpha x_j \in U_j$ für jedes $j \in \{1, \ldots, m\}$ ist $\pi_i(x + y) = x_i + y_i = \pi_i(x) + \pi_i(y)$ und $\pi_i(\alpha x) = \alpha x_i = \alpha \pi_i(x)$. Also ist $\pi_i \colon V \to V$ eine lineare Abbildung. Für jedes $x \in V$ gilt $\pi_i(x) \in U_i$ und daher $\pi_i(\pi_i(x)) = \pi_i(x)$, also $\pi_i^2 = \pi_i$, und somit ist $\pi_i \colon V \to V$ eine Projektion. Man sieht sogleich, daß $\operatorname{im}(\pi_i) = U_i$ gilt.

(2.5.15) Bezeichnung: Die Projektion $\pi_i \colon V \to V$ heißt die Projektion der direkten Summe $V = U_1 \oplus \cdots \oplus U_m$ auf den i-ten Summanden.

(2.5.16) Satz: *Es sei V ein K-Vektorraum.*
(1) *Es seien $U_1, \ldots, U_m$ Unterräume von V mit $V = U_1 \oplus \cdots \oplus U_m$, und für jedes $i \in \{1, \ldots, m\}$ sei $\pi_i \colon V \to V$ die Projektion auf U_i [vgl. (2.5.14)]. Es gilt*
(a) *Für alle $i, j \in \{1, \ldots, m\}$ mit $i \neq j$ ist $\pi_i \pi_j = 0$.*
(b) *Es gilt $\operatorname{id}_V = \pi_1 + \cdots + \pi_m$.*
(2) *Es seien $\pi_1, \ldots, \pi_m \in \operatorname{End}_K(V)$ Endomorphismen mit den Eigenschaften (a) und (b) aus (1). Dann sind $\pi_1, \ldots, \pi_m$ Projektionen, es gilt $V = \operatorname{im}(\pi_1) \oplus \cdots \oplus \operatorname{im}(\pi_m)$, und für jedes $i \in \{1, \ldots, m\}$ ist π_i die Projektion von V auf den i-ten Summanden $\operatorname{im}(\pi_i)$.*

5 Direkte Summen						119

Beweis: (1) Für alle $i, j \in \{1, \ldots, m\}$ mit $i \neq j$ gilt: Ist $x \in V$, so gilt $\pi_j(x) \in U_j$ und daher $\pi_i \pi_j(x) = 0$, und somit ist $\pi_i \pi_j = 0$. Für jedes $x \in V$ gilt offensichtlich $x = \pi_1(x) + \cdots + \pi_m(x)$. Also gilt im Ring $\operatorname{End}_K(V)$: Es ist $\operatorname{id}_V = \pi_1 + \cdots + \pi_m$.
(2) Für jedes $i \in \{1, \ldots, m\}$ gilt $\pi_i = \pi_i \operatorname{id}_V = \pi_i(\pi_1 + \cdots + \pi_m) = \pi_i^2$ nach (a), und daher ist π_i eine Projektion.
Für jedes $i \in \{1, \ldots, m\}$ ist $U_i := \operatorname{im}(\pi_i)$ ein Unterraum von V. Für jedes $x \in V$ gilt $x = \pi_1(x) + \cdots + \pi_m(x) \in U_1 + \cdots + U_m$ [wegen (b)], und daher ist $V = U_1 + \cdots + U_m$.
Es seien $x_1 \in U_1, \ldots, x_m \in U_m$, und es gelte $x_1 + \cdots + x_m = 0$. Für jedes $k \in \{1, \ldots, m\}$ gilt $\pi_k(x_k) = x_k$ [vgl. (2.5.13)]. Es sei $i \in \{1, \ldots, m\}$; dann gilt $\pi_i(x_j) = \pi_i \pi_j(x_j) = 0$ für jedes $j \in \{1, \ldots, m\}$ mit $j \neq i$, und somit gilt

$$0 = \pi_i(0) = \pi_i(x_1 + \cdots + x_m) = \pi_i(x_1) + \cdots + \pi_i(x_m) = \pi_i(x_i) = x_i.$$

Nach (2.5.4) gilt also $V = U_1 \oplus \cdots \oplus U_m$. Es ist leicht zu sehen, daß π_i für jedes $i \in \{1, \ldots, m\}$ die Projektion auf den i-ten Summanden ist.

(2.5.17) Satz: *Es sei V ein K-Vektorraum, es seien $U_1, \ldots, U_m$ Unterräume von V mit $V = U_1 \oplus \cdots \oplus U_m$, und für jedes $i \in \{1, \ldots, m\}$ sei $\pi_i : V \to V$ die Projektion dieser direkten Summe auf den i-ten Summanden [vgl. (2.5.14)]. Es sei $\varphi : V \to V$ eine lineare Abbildung. Es gilt $\varphi(U_i) \subset U_i$ für jedes $i \in \{1, \ldots, m\}$ genau dann, wenn $\varphi \pi_i = \pi_i \varphi$ für jedes $i \in \{1, \ldots, m\}$ gilt.*

Beweis: (1) Es gelte $\varphi(U_j) \subset U_j$ für jedes $j \in \{1, \ldots, m\}$. Für jedes $j \in \{1, \ldots, m\}$ gilt: Für jedes $x \in V$ ist $\pi_j(x) \in U_j$, also $\varphi \pi_j(x) \in \varphi(U_j) \subset U_j$, und daher ist $\pi_j \varphi \pi_j(x) = \varphi \pi_j(x)$, d.h. es ist $\pi_j \varphi \pi_j = \varphi \pi_j$. Durch Rechnen im Ring $\operatorname{End}_K(V)$ folgt: Für jedes $i \in \{1, \ldots, m\}$ ist

$$\begin{aligned}\pi_i \varphi &= \pi_i \varphi \operatorname{id}_V \stackrel{(b)}{=} \pi_i \varphi \sum_{j=1}^m \pi_j = \sum_{j=1}^m \pi_i \varphi \pi_j \\ &= \sum_{j=1}^m \pi_i \pi_j \varphi \pi_j \stackrel{(a)}{=} \pi_i \pi_i \varphi \pi_i = \pi_i \varphi \pi_i = \varphi \pi_i.\end{aligned}$$

[Bei (b) wurde (2.5.16)(1)(b), bei (a) wurde (2.5.16)(1)(a) verwendet.]
(2) Es sei $i \in \{1, \ldots, m\}$, und es gelte $\pi_i \varphi = \varphi \pi_i$. Für jedes $x \in U_i$ gilt $\pi_i(x) = x$ und daher $\varphi(x) = \varphi(\pi_i(x)) = \pi_i(\varphi(x)) \in \operatorname{im}(\pi_i) = U_i$, d.h. es ist $\varphi(U_i) \subset U_i$.

Aufgaben

A(2.5.1) Es sei V ein $\mathbb{R}$-Vektorraum mit $\dim(V) = 5$, es sei $\{b_1, b_2, b_3, b_4, b_5\}$ eine Basis von V, es seien

$$a_1 := b_1 + b_2 + 3b_3 + b_4 + b_5, \quad a_2 := 2b_1 - b_2 + 2b_3 + 2b_4 + 3b_5,$$
$$a_3 := 3b_1 + 2b_2 + b_3 - b_4 + 2b_5,$$

und es sei $U := \langle a_1, a_2, a_3 \rangle$. Man finde zwei verschiedene Unterräume U_1 und U_2 von V, für die $V = U \oplus U_1$ und $V = U \oplus U_2$ gilt.

A(2.5.2) Es sei V ein $\mathbb{R}$-Vektorraum mit $\dim(V) = 4$, es sei $\{b_1, b_2, b_3, b_4\}$ eine Basis von V, und es seien

$$a_1 := b_1 + 2b_2 - b_3 + b_4, \quad a_2 := 2b_1 - b_2 + 2b_3 - b_4,$$
$$a_3 := b_1 - 8b_2 + 7b_3 - 5b_4, \quad a_4 := 5b_1 - 4b_3 + 3b_4,$$
$$a_5 := b_1 + b_2 + b_3 + b_4, \quad a_6 := 5b_1 - 5b_2 + 7b_3 - 4b_4.$$

Für jeden der Unterräume $U_1 := \langle a_1, a_2, a_3, a_4 \rangle$, $U_2 := \langle a_5, a_6 \rangle$, $U_1 + U_2$ und $U_1 \cap U_2$ von V ermittle man die Dimension und eine Basis. Man finde einen Unterraum U von V, für den gilt: Es ist $V = U_1 \oplus U$.

A(2.5.3) Es sei $n \in \mathbb{N}$, und es sei K ein Körper mit einer von 2 verschiedenen Charakteristik. Man zeige: Für die Unterräume

$$U_1 := \{A \in M(n; K) \mid {}^t A = A\} \quad \text{und} \quad U_2 := \{A \in M(n; K) \mid {}^t A = -A\}$$

des K-Vektorraums $M(n; K)$ gilt $M(n; K) = U_1 \oplus U_2$. Man finde zu jeder Matrix $A \in M(n; K)$ die symmetrische Matrix $A_1 \in U_1$ und die antisymmetrische Matrix $A_2 \in U_2$ mit $A = A_1 + A_2$.

A(2.5.4) Es seien V und V' K-Vektorräume, es seien U_1 und U_2 Unterräume von V mit $V = U_1 \oplus U_2$, und es seien U_1' und U_2' Unterräume von V' mit $V' = U_1' \oplus U_2'$. Es sei $\pi: V \to V$ die Projektion von V auf U_2, es sei $\pi': V' \to V'$ die Projektion von V' auf U_2', und es sei $\varphi: V \to V'$ eine lineare Abbildung mit $\varphi(U_1) \subset U_1'$. Man zeige: Es gibt genau eine lineare Abbildung $\overline{\varphi}: U_2 \to U_2'$ mit $\overline{\varphi} \circ \pi = \pi' \circ \varphi$.

6 Quotientenräume

(2.6.1) In diesem Paragraphen ist K stets ein Körper.

(2.6.2) Konstruktion des Quotientenraums: Es sei V ein K-Vektorraum, und es sei U ein Unterraum von V. Es sei $\sim_U$ die durch

$$x \sim_U y \Leftrightarrow \text{es gilt } x - y \in U$$

6 Quotientenräume

definierte Relation auf V.
(1) $\sim_U$ ist eine Äquivalenzrelation auf V.
Beweis: Es seien $x, y, z \in V$. Wegen $x - x = 0 \in U$ gilt $x \sim_U x$. Gilt $x \sim_U y$, so gilt $x - y \in U$ und daher $y - x = -(x - y) \in U$, also gilt $y \sim_U x$. Gilt $x \sim_U y$ und $y \sim_U z$, so gilt $x - y \in U$ und $y - z \in U$, und daher gilt $x - z = (x - y) + (y - z) \in U$, also $x \sim_U z$. Damit ist gezeigt: $\sim_U$ ist reflexiv, symmetrisch und transitiv.
(2) Es seien $x, x', y, y' \in V$. Aus $x \sim_U x'$ und $y \sim_U y'$ folgt $(x+y) \sim_U (x'+y')$.
Beweis: Es gilt $x - x' \in U$ und $y - y' \in U$, also gilt $(x+y) - (x'+y') = (x - x') + (y - y') \in U$, und daher gilt $(x+y) \sim_U (x'+y')$.
(3) Es seien $x, x' \in V$, $\lambda \in K$. Aus $x \sim_U x'$ folgt $(\lambda x) \sim_U (\lambda x')$.
Beweis: Es gilt $x - x' \in U$, also gilt $\lambda x - \lambda x' = \lambda(x - x') \in U$, und daher gilt $(\lambda x) \sim_U (\lambda x')$.
(4) Die Menge der Äquivalenzklassen bezüglich $\sim_U$ wird mit V/U bezeichnet, und für jedes $x \in V$ sei $(x)_U \in V/U$ die Äquivalenzklasse von x.
(5) Auf der (nichtleeren) Menge V/U werden folgendermaßen eine Addition $V/U \times V/U \to V/U$ und eine Skalarmultiplikation $K \times V/U \to V/U$ definiert: Für alle $x, y \in V$, $\lambda \in K$ setzt man

$$(x)_U + (y)_U := (x+y)_U, \ \lambda \cdot (x)_U := (\lambda x)_U.$$

(a) Es seien $x, x', y, y' \in V$, $\lambda \in K$, und es gelte $x \sim_U x'$, $y \sim_U y'$. Dann gilt nach (2) und (3) $(x+y)_U = (x'+y')_U$, $(\lambda x)_U = (\lambda x')_U$.
(b) Nach (a) sind die Abbildungen

$$((x)_U, (y)_U) \mapsto (x)_U + (y)_U : V/U \times V/U \to V/U,$$

$$(\lambda, (x)_U) \mapsto (\lambda x)_U : K \times V/U \to V/U$$

wohldefiniert.
(c) Aus der Definition folgt unmittelbar: $(V/U, +)$ ist eine abelsche Gruppe. Neutral in $(V/U, +)$ ist das Element $(0_V)_U$, und zu $(x)_U$ ist $(-x)_U$ invers.
(d) Aus der Definition folgt unmittelbar: Mit der oben erklärten Skalarmultiplikation ist V/U ein K-Vektorraum.

(2.6.3) Definition: Es sei V ein K-Vektorraum, und es sei U ein Unterraum von V. Der in (2.6.2) definierte K-Vektorraum V/U heißt der Quotientenraum des K-Vektorraums V bezüglich des Unterraums U.

(2.6.4) Satz: *Es sei V ein K-Vektorraum, und es sei U ein Unterraum von V. Die Abbildung $\psi\colon V \to V/U$ mit $\psi(x) = (x)_U$ für jedes $x \in V$ ist linear. Ferner ist ψ surjektiv, und es gilt $\ker(\psi) = U$.*

Beweis: Es seien $x, y \in V$, $\lambda \in K$. Dann gelten

$$\begin{aligned}\psi(x+y) &= (x+y)_U = (x)_U + (y)_U = \psi(x) + \psi(y),\\ \psi(\lambda x) &= (\lambda x)_U = \lambda(x)_U = \lambda\psi(x),\end{aligned}$$

und daher ist ψ linear. Es ist klar, daß ψ surjektiv ist. Es sei $x \in V$. Dann ist $\psi(x) = 0_{V/U}$, genau wenn $(x)_U = 0_{V/U} = (0_V)_U$, also genau wenn $x \sim_U 0_V$, also genau wenn $x \in U$ gilt.

(2.6.5) Definition: Es sei V ein K-Vektorraum, und es sei U ein Unterraum von V. Die in (2.6.4) definierte lineare Abbildung $\psi\colon V \to V/U$ heißt die natürliche Abbildung von V auf den Quotientenraum V/U.

(2.6.6) Satz: *Es seien V und W K-Vektorräume, und es sei $\varphi\colon V \to W$ eine lineare Abbildung. Es sei U ein Unterraum von V mit $U \subset \ker(\varphi)$, und es sei $\psi\colon V \to V/U$ die natürliche Abbildung. Dann gibt es genau eine lineare Abbildung $\omega\colon V/U \to W$ mit $\omega \circ \psi = \varphi$. Weiter gilt $\ker(\omega) = \psi(\ker(\varphi))$ und $\operatorname{im}(\omega) = \operatorname{im}(\varphi)$.*

Beweis [Existenz]: Für jedes $x \in V$ wird $\omega((x)_U) := \varphi(x)$ gesetzt. Sind $x, x' \in V$ und gilt $x \sim_U x'$, so ist $x - x' \in U \subset \ker(\varphi)$, also gilt $0_W = \varphi(x - x') = \varphi(x) - \varphi(x')$, und daher ist $\varphi(x) = \varphi(x')$. Also ist $\omega\colon V/U \to W$ wohldefiniert. Für alle $x, y \in V$ und $\lambda \in K$ gelten

$$\begin{aligned}\omega((x+y)_U) &= \varphi(x+y) = \varphi(x) + \varphi(y) = \omega((x)_U) + \omega((y)_U),\\ \omega((\lambda x)_U) &= \varphi(\lambda x) = \lambda\varphi(x) = \lambda\omega((x)_U),\end{aligned}$$

und daher ist ω linear. Aus der Konstruktion folgt $\omega \circ \psi = \varphi$.
[Einzigkeit]: Es sei $\omega'\colon V \to W$ eine lineare Abbildung mit $\omega' \circ \psi = \varphi$. Für jede Äquivalenzklasse $(x)_U \in V/U$ gilt $\omega'((x)_U) = \omega'(\psi(x)) = \varphi(x) = \omega((x)_U)$, also ist $\omega' = \omega$.
Es sei $x \in V$. Gilt $\omega((x)_U) = 0_W$, so ist $\varphi(x) = 0_W$, also gilt $x \in \ker(\varphi)$ und folglich $(x)_U \in \psi(\ker(\varphi))$. Gilt $(x)_U \in \psi(\ker(\varphi))$, so ist $(x)_U = (y)_U$ mit einem $y \in \ker(\varphi)$, und wegen $x = y + u$ mit einem $u \in U$ und $U \subset \ker(\varphi)$ folgt $x \in \ker(\varphi)$, also $0_V = \varphi(x) = \omega((x)_U)$. Daher ist $\ker(\omega) = \psi(\ker(\varphi))$.
Aus der Konstruktion von ω folgt unmittelbar, daß $\operatorname{im}(\omega) = \operatorname{im}(\varphi)$ gilt.

6 Quotientenräume

(2.6.7) Folgerung: [Homomorphiesatz] *Es seien V und W K-Vektorräume, und es sei $\varphi\colon V \to W$ eine surjektive lineare Abbildung. Es sei $U := \ker(\varphi)$, es sei $\psi\colon V \to V/U$ die natürliche Abbildung, und es sei $\omega\colon V/U \to W$ die lineare Abbildung mit $\omega \circ \psi = \varphi$ [vgl. (2.6.6)]. Dann ist ω ein Isomorphismus.*

Beweis: Es gilt $W = \operatorname{im}(\varphi) = \operatorname{im}(\omega)$ nach (2.6.6), und daher ist ω surjektiv. Es ist $\ker(\omega) = \psi(U) = \{0_{V/U}\}$, also ist ω injektiv. Folglich ist ω ein Isomorphismus.

(2.6.8) Folgerung: *Es sei V ein K-Vektorraum, es seien U_1, U_2 Unterräume von V, und es gelte $V = U_1 \oplus U_2$. Dann sind V/U_1 und U_2 isomorph.*

Beweis: Es sei $\pi \in \operatorname{End}_K(V)$ die Projektion von $V = U_1 \oplus U_2$ auf U_2, es sei $\varphi\colon V \to U_2$ die lineare Abbildung mit $\varphi(x) = \pi(x)$ für jedes $x \in V$, und es sei $\psi\colon V \to V/U_1$ die natürliche Abbildung. Da φ surjektiv ist und $\ker(\varphi) = U_1$ gilt, ist die lineare Abbildung $\omega\colon V/U_1 \to U_2$ mit $\omega \circ \psi = \varphi$ ein Isomorphismus [vgl. (2.6.7)].

(2.6.9) Folgerung: *Es sei V ein endlichdimensionaler K-Vektorraum, und es sei U ein Unterraum von V. Dann gilt*

$$\dim(V) = \dim(U) + \dim(V/U).$$

Beweis: Es gibt einen Unterraum U' von V mit $V = U \oplus U'$ [vgl. (2.5.10)]. Nach (2.5.9) gilt $\dim(V) = \dim(U) + \dim(U')$, und nach (2.6.8) sind V/U und U' isomorphe K-Vektorräume, haben also die gleiche Dimension [vgl. (2.3.11)(3)].

(2.6.10) Satz: [Isomorphiesatz] *Es sei V ein K-Vektorraum, und es seien X, Y Unterräume von V. Dann sind die K-Vektorräume $X/(X \cap Y)$ und $(X + Y)/Y$ isomorph.*

Beweis: Es sind X und Y Unterräume von $X + Y$. Es sei $\iota\colon X \to X + Y$ die lineare Abbildung mit $\iota(x) = x$ für jedes $x \in X$ [vgl. (2.3.4)(2)], und es sei $\psi\colon (X + Y) \to (X + Y)/Y$ die natürliche Abbildung. Für alle $x \in X$, $y \in Y$ gilt $\psi(x + y) = \psi(x) + \psi(y) = \psi(x) = \psi(\iota(x))$, und daher ist $\psi \circ \iota$ surjektiv. Für $x \in X$ gilt $\psi(\iota(x)) = 0$, genau wenn $\iota(x) = x \in Y$ ist, also genau wenn $x \in X \cap Y$ ist. Daher ist die lineare Abbildung $\psi \circ \iota\colon X \to (X + Y)/Y$ surjektiv und hat den Kern $X \cap Y$. Nach (2.6.7) sind daher $X/(X \cap Y)$ und $(X + Y)/Y$ isomorph.

Aufgaben

A(2.6.1) Es seien V, V' K-Vektorräume, es sei $\varphi: V \to V'$ eine lineare Abbildung, es sei U ein Unterraum von V, und es sei U' ein Unterraum von V'. Es seien $\psi: V \to V/U$ und $\psi': V' \to V'/U'$ die natürlichen Abbildungen. Man zeige: Gilt $\varphi(U) \subset U'$, so gibt es genau eine lineare Abbildung $\overline{\varphi}: V/U \to V'/U'$ mit $\overline{\varphi} \circ \psi = \psi' \circ \varphi$.

A(2.6.2) Es seien $V_1, \ldots, V_n$ endlichdimensionale K-Vektorräume, und für jedes $i \in \{1, \ldots, n-1\}$ sei $\varphi_i: V_i \to V_{i+1}$ eine lineare Abbildung. Es sei φ_1 injektiv, es sei φ_n surjektiv, und für jedes $i \in \{1, \ldots, n-1\}$ gelte $\text{im}(\varphi_i) = \ker(\varphi_{i+1})$. Man zeige durch Induktion nach n: Es gilt

$$\sum_{i=1}^{n}(-1)^i \dim(V_i) = 0.$$

[Hinweis: Für den Induktionsschluß benutze man, daß $\varphi_2: V_2 \to V_3$ eine injektive lineare Abbildung $\overline{\varphi}_2: V_2/\text{im}(\varphi_1) \to V_3$ induziert.]

7 Lineare Gleichungssysteme

(2.7.1) In diesem Paragraphen ist K stets ein Körper, und m und n sind jeweils natürliche Zahlen.

(2.7.2) Es sei $A = (\alpha_{ij})_{1 \leq i \leq m, 1 \leq j \leq n} \in M(m, n; K)$, und es sei $b = {}^t(\beta_1, \ldots, \beta_m) \in K^m$.
(1) Aufgabe: Man ermittle alle $x = {}^t(\xi_1, \ldots, \xi_n) \in K^n$ mit

$$Ax = b, \qquad (*)$$

also mit

$$\begin{cases} \alpha_{11}\xi_1 + \alpha_{12}\xi_2 + \cdots + \alpha_{1n}\xi_n = \beta_1, \\ \alpha_{21}\xi_1 + \alpha_{22}\xi_2 + \cdots + \alpha_{2n}\xi_n = \beta_2, \\ \vdots \qquad \vdots \qquad \qquad \vdots \qquad \vdots \\ \alpha_{m1}\xi_1 + \alpha_{m2}\xi_2 + \cdots + \alpha_{mn}\xi_n = \beta_m. \end{cases}$$

(2) Das lineare Gleichungssystem $(*)$ heißt ein inhomogenes lineares Gleichungssystem; es heißt lösbar, wenn es ein $x^* \in K^n$ mit $Ax^* = b$ gibt.
(3) Das lineare Gleichungssystem $Ax = 0$ heißt das zu $(*)$ gehörige homogene lineare Gleichungssystem.
(4) Die Matrix A heißt die Matrix des linearen Gleichungssystems $(*)$; die Matrix $(A, b) = (A_{\bullet 1}, \ldots, A_{\bullet n}, b) \in M(m, n+1; K)$ heißt die erweiterte Matrix des linearen Gleichungssystems $(*)$.

7 Lineare Gleichungssysteme

(2.7.3) Satz: *Es sei $A \in M(m,n;K)$, und es sei $b \in K^m$.*
(1) *Das lineare Gleichungssystem*

$$Ax = b \qquad (*)$$

ist dann und nur dann lösbar, wenn für die erweiterte Matrix $(A,b) \in M(m, n+1; K)$ von $(*)$ gilt: Es ist $\mathrm{rang}(A,b) = \mathrm{rang}(A)$.
(2) $N_A := \{y \in K^n \mid Ay = 0\}$ *ist ein Unterraum von K^n, und es gilt* $\dim(N_A) = n - \mathrm{rang}(A)$.
(3) *Ist $(*)$ lösbar und ist $x^* \in K^n$ eine Lösung von $(*)$, so gilt*

$$\{x \in K^n \mid Ax = b\} = \{x^* + y \mid Ay = 0\} =: x^* + N_A.$$

Beweis: (1) $U_A := \langle A_{\bullet 1}, \ldots, A_{\bullet n} \rangle$ und $\widetilde{U}_A := \langle A_{\bullet 1}, \ldots, A_{\bullet n}, b \rangle$ sind Unterräume von K^m, und es gilt $U_A \subset \widetilde{U}_A$, $\dim(U_A) = \mathrm{rang}(A)$ und $\dim(\widetilde{U}_A) = \mathrm{rang}(A,b)$ [vgl. (2.2.20)]. Also gilt $\widetilde{U}_A = U_A$, genau wenn $\mathrm{rang}(A,b) = \mathrm{rang}(A)$ ist [vgl. (2.2.31)(2)]. $Ax = b$ ist lösbar, genau wenn es Elemente $\xi_1, \xi_2, \ldots, \xi_n \in K$ mit

$$\sum_{j=1}^{n} \xi_j A_{\bullet j} = A \cdot {}^t(\xi_1, \xi_2, \ldots, \xi_n) = b$$

gibt, also genau wenn $b \in U_A$ gilt, und dies ist offensichtlich damit äquivalent, daß $\widetilde{U}_A = U_A$ ist, also damit, daß $\mathrm{rang}(A,b) = \mathrm{rang}(A)$ gilt.
(2) Die Abbildung $y \mapsto Ay : K^n \to K^m$ ist linear, und A ist die Matrix dieser linearen Abbildung zu den Standardbasen von K^n und K^m. Ihr Kern N_A ist ein Unterraum von K^n, und es ist $\dim(N_A) = n - \mathrm{rang}(A)$ [vgl. (2.4.6)(2)].
(3) Für jedes $x^* \in K^n$ mit $Ax^* = b$ gilt

$$\begin{aligned}\{x \in K^n \mid Ax = b\} &= \{x \in K^n \mid Ax = Ax^*\} \\ &= \{x \in K^n \mid A(x^* - x) = 0\} \\ &= \{x \in K^n \mid x - x^* \in N_A\} = x^* + N_A.\end{aligned}$$

(2.7.4) Folgerung: *Es sei $A \in M(n;K)$.*
(1) *A ist invertierbar, genau wenn $\{y \in K^n \mid Ay = 0\} = \{0\}$ gilt.*
(2) *Ist A invertierbar, so gilt für jedes $b \in K^n$: Das lineare Gleichungssystem $Ax = b$ besitzt eine und nur eine Lösung $x^* \in K^n$, nämlich $x^* := A^{-1}b$.*

Beweis: (1) $N_A := \{y \in K^n \mid Ay = 0\}$ ist ein Unterraum von K^n, und es ist $\dim(N_A) = n - \text{rang}(A)$ [vgl. (2.7.3)(2)]. Also ist $N_A = \{0\}$, genau wenn $\text{rang}(A) = n$ ist, und dies ist nach (1.6.20) genau dann der Fall, wenn $A \in \text{GL}(n; K)$ ist.
(2) Es sei $b \in K^n$, und es gelte $A \in \text{GL}(n; K)$. Nach (1) ist $N_A = \{0\}$. Für $x^* := A^{-1}b \in K^n$ ist $Ax^* = AA^{-1}b = b$, und aus (2.7.3)(3) folgt: Es ist
$$\{x \in K^n \mid Ax = b\} = \{x^* + y \mid y \in N_A\} = \{x^*\}.$$

(2.7.5) Bemerkung: Es seien $A \in M(m, n; K)$ und $b \in K^m$, und es sei $P \in \text{GL}(m; K)$. Dann gilt
$$\{x \in K^n \mid Ax = b\} = \{x \in K^n \mid (PA)x = Pb\}.$$

(2.7.6) Berechnung aller Lösungen: Es seien $A \in M(m, n; K)$ und $b \in K^m$.
(1) Es sei $\widetilde{T} \in M(m, n+1; K)$ die zur Matrix $(A, b) \in M(m, n+1; K)$ gehörige Treppenmatrix. Es gibt ein $P \in \text{GL}(m; K)$ mit $\widetilde{T} = P \cdot (A, b) = (PA, Pb)$. Die Matrix $T := PA = (\widetilde{T}_{\bullet 1}, \ldots, \widetilde{T}_{\bullet n}) \in M(m, n; K)$ ist die zu A gehörige Treppenmatrix [vgl. (1.6.21)], und für
$$c = {}^t(\gamma_1, \ldots, \gamma_m) := Pb = \widetilde{T}_{\bullet n+1} \in K^m$$
gilt nach (2.7.5)
$$\{x \in K^n \mid Ax = b\} = \{x \in K^n \mid Tx = c\}.$$
Außerdem gilt
$$N_A = \{y \in K^n \mid Ay = 0\} = \{y \in K^n \mid Ty = 0\}.$$

(2) Es sei $r := \text{rang}(A) = \text{rang}(T)$, und es seien $j(1), \ldots, j(r)$ die charakteristischen Spaltenindizes von A.
(a) Nach (2.7.3) ist $Ax = b$ lösbar, genau wenn $\text{rang}(T, c) = \text{rang}(A, b) = r$ gilt, also genau wenn $\gamma_{r+1} = \gamma_{r+2} = \cdots = \gamma_m = 0$ gilt.
(b) Berechnung einer Lösung von $Ax = b$: Es gelte $\gamma_{r+1} = \gamma_{r+2} = \cdots = \gamma_m = 0$. Man setzt
$$\begin{cases} \xi^*_{j(k)} := \gamma_k & \text{für jedes } k \in \{1, \ldots, r\} \text{ und} \\ \xi^*_j := 0 & \text{für jedes } j \in \{1, \ldots, n\} \smallsetminus \{j(1), \ldots, j(r)\}. \end{cases}$$

7 Lineare Gleichungssysteme

Für $x^* := {}^t(\xi_1^*, \ldots, \xi_n^*) \in K^n$ gilt $Tx^* = c$ und daher $Ax^* = b$, denn für jedes $i \in \{1, \ldots, r\}$ ist

$$\sum_{j=1}^{n} T[i,j]\,\xi_j^* = \sum_{k=1}^{r} T[i,j(k)]\,\xi_{j(k)}^* = \sum_{k=1}^{r} \delta_{ik}\,\gamma_k = \gamma_i,$$

und für jedes $i \in \{r+1, \ldots, m\}$ ist

$$\sum_{j=1}^{n} T[i,j]\,\xi_j^* = \sum_{j=1}^{n} 0 \cdot \xi_j^* = 0 = \gamma_i.$$

x^* heißt die Standardlösung von $Ax = b$.

(3) Berechnung einer Basis von N_A: Nach (2.7.3)(2) ist

$$N_A = \{y \in K^n \mid Ay = 0\} = \{y \in K^n \mid Ty = 0\}$$

ein Unterraum von K^n, und es ist $\dim(N_A) = n - r$. Ist $r = n$, so ist $\emptyset$ eine Basis von N_A. Es gelte $r < n$, und es seien $q(1), \ldots, q(n-r) \in \mathbb{N}$ die Zahlen mit $\{1, \ldots, n\} = \{j(1), \ldots, j(r)\} \cup \{q(1), \ldots, q(n-r)\}$ und mit $q(1) < q(2) < \cdots < q(n-r)$. Für jedes $l \in \{1, \ldots, n-r\}$ setzt man

$$\begin{cases} \eta_{j(k)}^{(l)} := T[k, q(l)] & \text{für jedes } k \in \{1, \ldots, r\} \text{ und} \\ \eta_{q(k)}^{(l)} := -\delta_{kl} & \text{für jedes } k \in \{1, \ldots, n-r\} \end{cases}$$

und

$$y_l := {}^t(\eta_1^{(l)}, \ldots, \eta_n^{(l)}) \in K^n.$$

Es gilt: $\{y_1, \ldots, y_{n-r}\}$ ist eine Basis von N_A.
Beweis: (a) Es sei $l \in \{1, \ldots, n-r\}$. Für jedes $i \in \{1, \ldots, r\}$ gilt

$$\sum_{j=1}^{n} T[i,j]\,\eta_j^{(l)} = \sum_{k=1}^{r} T[i,j(k)]\,T[k,q(l)] + \sum_{k=1}^{n-r} T[i,q(k)]\,(-\delta_{kl})$$

$$= \sum_{k=1}^{r} \delta_{ik}\,T[k,q(l)] - T[i,q(l)] = T[i,q(l)] - T[i,q(l)] = 0,$$

und für jedes $i \in \{r+1, \ldots, m\}$ gilt

$$\sum_{j=1}^{n} T[i,j]\,\eta_j^{(l)} = \sum_{j=1}^{n} 0 \cdot \eta_j^{(l)} = 0.$$

Also gilt $Ty_l = 0$ und daher $y_l \in N_A$.

(b) $y_1, \ldots, y_{n-r}$ sind linear unabhängig.

Beweis: Es seien $\lambda_1, \ldots, \lambda_{n-r} \in K$ mit $\lambda_1 y_1 + \cdots + \lambda_{n-r} y_{n-r} = 0$. Dann gilt für jedes $k \in \{1, \ldots, n-r\}$

$$0 = \sum_{l=1}^{n-r} \lambda_l \, \eta_{q(k)}^{(l)} = \sum_{l=1}^{n-r} \lambda_l (-\delta_{kl}) = -\lambda_k,$$

und somit gilt $\lambda_1 = \cdots = \lambda_{n-r} = 0$.

(c) Nach (a) und (b) sind $y_1, \ldots, y_{n-r}$ linear unabhängige Elemente von N_A. Wegen $\dim(N_A) = n - r$ folgt [vgl. (2.2.29)(4)]: $\{y_1, \ldots, y_{n-r}\}$ ist eine Basis von N_A.

(2.7.7) Rezept: Es seien $A \in M(m,n;K)$ und $b \in K^m$.

(1) Man ermittelt [mit dem Gauß-Algorithmus] die zur Matrix (A,b) gehörige Treppenmatrix $\widetilde{T}$. Dann ist $T := (\widetilde{T}_{\bullet 1}, \ldots, \widetilde{T}_{\bullet n})$ die zu A gehörige Treppenmatrix.

(2) Ist $\text{rang}(\widetilde{T}) \neq \text{rang}(T)$, so ist $\{x \in K^n \mid Ax = b\} = \emptyset$.

(3) Ist $\text{rang}(\widetilde{T}) = \text{rang}(T) =: r$, so ermittelt man gemäß (2.7.6)(2) die Standardlösung x^* von $Ax = b$ und gemäß (2.7.6)(3) eine Basis $\{y_1, \ldots, y_{n-r}\}$ von $N_A = \{y \in K^n \mid Ay = 0\}$. Nach (2.7.3) gilt dann

$$\begin{aligned}\{x \in K^n \mid Ax = b\} &= x^* + N_A = x^* + \langle y_1, \ldots, y_{n-r}\rangle = \\ &= \Big\{x^* + \sum_{l=1}^{n-r} \lambda_l y_l \,\Big|\, \lambda_1, \ldots, \lambda_{n-r} \in K\Big\}.\end{aligned}$$

(2.7.8) Es seien $A \in M(m,n;K)$ und $b \in K^m$, und es gelte $r := \text{rang}(A) = \text{rang}(A,b)$. Es seien $j(1), \ldots, j(r)$ die charakteristischen Spaltenindizes von A, und es seien die Zahlen $q(1), \ldots, q(n-r)$ wie in (2.7.6)(3) erklärt. Aus (2.7.6) ergibt sich sogleich, daß man die Standardlösung x^* des linearen Gleichungssystems $Ax = b$ und die in (2.7.6)(3) angegebenen Lösungen $y_1, \ldots, y_{n-r}$ des homogenen Systems $Ay = 0$ an der zur Matrix (A,b) gehörigen Treppenmatrix $\widetilde{T}$ ablesen kann: Man fügt dazu in der Matrix $\widetilde{T}$ $n-r$ neue Zeilen der Form

$$(0, \ldots, 0, -1, 0, \ldots, 0)$$

so ein, daß die Elemente $\tau_{i,j(i)} = 1$ mit $i = 1, \ldots, r$ in T und die Elemente -1 der neuen Zeilen zusammen die Diagonale der so entstehenden Matrix

7 Lineare Gleichungssysteme 129

bilden. Dann ist x^* die Spalte aus den ersten n Elementen der letzten Spalte der neuen Matrix, und für jedes $k \in \{1, \ldots, n-r\}$ ist y_k die Spalte aus den ersten n Elementen der $q(k)$-ten Spalte der neuen Matrix. Will man dabei nur die Lösungen $y_1, \ldots, y_{n-r}$ des homogenen Systems ermitteln, so führt man die angegebene Umformung nur an der Matrix T aus.

(2.7.9) Beispiel: Es sei $T \in M(5, 10; K)$ wie in (1.6.9) eine Treppenmatrix vom Rang 4 und mit den charakteristischen Spaltenindizes $j(1) = 2$, $j(2) = 3$, $j(3) = 6$ und $j(4) = 8$. Dann sind $q(1) = 1$, $q(2) = 4$, $q(3) = 5$, $q(4) = 7$, $q(5) = 9$, $q(6) = 10$ zu setzen. Gemäß (2.7.8) entsteht aus T die Matrix

$$\begin{pmatrix} \downarrow & & & \downarrow & \downarrow & & \downarrow & & \downarrow & \downarrow \\ -1 & 0 & 0 & 0 & 0 & 0 & 0 & 0 & 0 & 0 \\ 0 & 1 & 0 & * & * & 0 & * & 0 & * & * \\ 0 & 0 & 1 & * & * & 0 & * & 0 & * & * \\ 0 & 0 & 0 & -1 & 0 & 0 & 0 & 0 & 0 & 0 \\ 0 & 0 & 0 & 0 & -1 & 0 & 0 & 0 & 0 & 0 \\ 0 & 0 & 0 & 0 & 0 & 1 & * & 0 & * & * \\ 0 & 0 & 0 & 0 & 0 & 0 & -1 & 0 & 0 & 0 \\ 0 & 0 & 0 & 0 & 0 & 0 & 0 & 1 & * & * \\ 0 & 0 & 0 & 0 & 0 & 0 & 0 & 0 & -1 & 0 \\ 0 & 0 & 0 & 0 & 0 & 0 & 0 & 0 & 0 & -1 \\ 0 & 0 & 0 & 0 & 0 & 0 & 0 & 0 & 0 & 0 \end{pmatrix} \begin{matrix} \leftarrow \\ \\ \\ \leftarrow \\ \leftarrow \\ \\ \leftarrow \\ \\ \leftarrow \\ \leftarrow \\ \end{matrix}.$$

Die waagrechten Pfeile $\leftarrow$ zeigen auf die neu eingefügten Zeilen und die senkrechten Pfeile $\downarrow$ auf die Spalten $y_1, \ldots, y_6$.

(2.7.10) Beispiel: Es seien

$$A := \begin{pmatrix} 1 & 2 & -1 & 0 & 4 \\ 1 & 4 & -5 & 1 & 3 \\ 3 & 2 & 5 & 2 & 2 \\ 2 & -2 & 10 & 1 & -1 \end{pmatrix} \in M(4, 5; \mathbb{R}) \quad \text{und} \quad b := \begin{pmatrix} 2 \\ 1 \\ 12 \\ 11 \end{pmatrix} \in \mathbb{R}^4.$$

Zu lösen ist das lineare Gleichungssystem

$$Ax = b. \qquad (*)$$

Der Gauß-Algorithmus liefert die zu (A, b) gehörige Treppenmatrix
$$\widetilde{T} := \begin{pmatrix} 1 & 0 & 3 & 0 & 2 & 4 \\ 0 & 1 & -2 & 0 & 1 & -1 \\ 0 & 0 & 0 & 1 & -3 & 1 \\ 0 & 0 & 0 & 0 & 0 & 0 \end{pmatrix}.$$

Die zu A gehörige Treppenmatrix ist somit
$$T := \begin{pmatrix} 1 & 0 & 3 & 0 & 2 \\ 0 & 1 & -2 & 0 & 1 \\ 0 & 0 & 0 & 1 & -3 \\ 0 & 0 & 0 & 0 & 0 \end{pmatrix}.$$

Es gilt $\mathrm{rang}(A) = \mathrm{rang}(T) = 3 = \mathrm{rang}(\widetilde{T}) = \mathrm{rang}(A, b)$, und daher ist (*) lösbar. Die charakteristischen Spaltenindizes von A sind 1, 2 und 4, und mit den Bezeichnungen aus (2.7.6)(a) ist $q(1) = 3$ und $q(2) = 5$. Das Verfahren aus (2.7.8) liefert die Matrix

$$\begin{pmatrix} 1 & 0 & 3 & 0 & 2 & 4 \\ 0 & 1 & -2 & 0 & 1 & -1 \\ 0 & 0 & -1 & 0 & 0 & 0 \\ 0 & 0 & 0 & 1 & -3 & 1 \\ 0 & 0 & 0 & 0 & -1 & 0 \\ 0 & 0 & 0 & 0 & 0 & -1 \end{pmatrix}.$$

Daran liest man ab: Die Standardlösung von (*) ist $x^* := {}^t(4, -1, 0, 1, 0)$, $N_A := \{y \in \mathbb{R}^5 \mid Ay = 0\}$ ist ein Unterraum von $\mathbb{R}^5$ der Dimension $\dim(N_A) = 5 - \mathrm{rang}(A) = 2$, und für $y_1 := {}^t(3, -2, -1, 0, 0)$ und $y_2 := {}^t(2, 1, 0, -3, -1)$ gilt: $\{y_1, y_2\}$ ist eine Basis von N_A. Die Menge aller Lösungen von (*) ist

$$x^* + N_A = \{x^* + \lambda_1 y_1 + \lambda_2 y_2 \mid \lambda_1, \lambda_2 \in \mathbb{R}\}.$$

(2.7.11) Bemerkung: Es seien $A \in M(m, n; K)$ und $d \in M(1, n; K)$, es sei $r := \mathrm{rang}(A)$. Das in (2.7.7) beschriebene Rechenverfahren liefert auch ein Verfahren zur Berechnung aller Lösungen des linearen Gleichungssystems
$$yA = d. \tag{*}$$
Für jedes $y \in M(1, m; K)$ gilt $yA = d$, genau wenn ${}^t A \, {}^t y = {}^t d$ gilt. Daher ist
$$W_A := \{y \in M(1, m; K) \mid yA = 0\}$$

7 Lineare Gleichungssysteme   131

ein Unterraum von $M(1,m;K)$ der Dimension $m - \text{rang}({}^tA)$ [vgl. dazu (2.2.20) und (2.7.3)(2)]. Es ist $\text{rang}({}^tA) = \text{rang}(A)$ [vgl. (1.7.6)], und daher gilt $\dim(W_A) = m - r$. Ist $\{x_1, \ldots, x_{m-r}\}$ eine Basis von $N_{{}^tA}$, so ist $\{{}^tx_1, \ldots, {}^tx_{m-r}\}$ eine Basis von W_A. Ist $x^* \in K^m$ die Standardlösung von ${}^tAx = {}^td$, so ist

$${}^tx^* + \{y \in M(1,m;K) \mid yA = 0\} = y^* + W_A$$

die Menge aller Lösungen von (∗).

(2.7.12) Satz: *Es seien $A \in M(m,n;K)$ und $b \in K^m$, und es sei $W_A := \{w \in M(1,m;K) \mid wA = 0\}$. Das lineare Gleichungssystem*

$$Ax = b \qquad (*)$$

ist dann und nur dann lösbar, wenn gilt: Für jedes $w \in W_A$ ist $wb = 0$.

Beweis: (1) Wenn es ein $x \in K^n$ gibt, für das $Ax = b$ gilt, so gilt für jedes $w \in W_A$: Es ist $wb = w(Ax) = (wA)x = 0 \cdot x = 0$.
(2) Nach (2.7.11) ist W_A ein Unterraum von $M(1,m;K)$ mit $\dim(W_A) = m - \text{rang}(A)$, und für die erweiterte Matrix $\widetilde{A} := (A,b)$ von (∗) gilt:

$$\begin{aligned} W_{\widetilde{A}} &:= \{w \in M(1,m;K) \mid w(A,b) = 0\} \\ &= \{w \in M(1,m;K) \mid wA = 0 \text{ und } wb = 0\} \\ &= \{w \in W_A \mid wb = 0\} \end{aligned}$$

ist ein Unterraum von $M(1,m;K)$ mit $\dim(W_{\widetilde{A}}) = m - \text{rang}(\widetilde{A})$. Gilt $wb = 0$ für jedes $w \in W_A$, so gilt $W_{\widetilde{A}} = W_A$, also $\dim(W_{\widetilde{A}}) = \dim(W_A)$, also $\text{rang}(\widetilde{A}) = \text{rang}(A)$, und nach (2.7.3) ist daher (∗) lösbar.

(2.7.13) Bemerkung: Es sei V ein endlichdimensionaler K-Vektorraum, es sei $\dim(V) = n$, und es sei $\{a_1, \ldots, a_n\}$ eine Basis von V. Es sei $A \in M(m,n;K)$, und es sei

$$U_A := \{\xi_1 a_1 + \cdots + \xi_n a_n \mid A \cdot {}^t(\xi_1, \ldots, \xi_n) = 0\}.$$

(1) U_A ist ein Unterraum von V, und es ist $\dim(U_A) = n - \text{rang}(A)$.
Beweis: Es sei $\{e_1, \ldots, e_n\}$ die Standardbasis von K^n. Die lineare Abbildung $\varphi: K^n \to V$ mit $\varphi(e_i) = a_i$ für jedes $i \in \{1, \ldots, n\}$ ist bijektiv [vgl. (2.3.10)(4)]. Für den Unterraum $N_A := \{y \in K^n \mid Ay = 0\}$ von K^n

gilt $\varphi(N_A) = U_A$, und daher ist U_A ein Unterraum von V, und es gilt $\dim(U_A) = \dim(N_A) = n - \mathrm{rang}(A)$ [vgl. (2.7.3)(2)].
(2) Es gelte $\mathrm{rang}(A) < n$. Dann ist $d := n - \mathrm{rang}(A) = \dim(U_A) = \dim(N_A) \geq 1$. Es sei $\{b_1, \ldots, b_d\}$ eine Basis von N_A, und es sei $B := (b_1, \ldots, b_d) \in M(n, d; K)$ die Matrix mit den Spalten $b_1, \ldots, b_d$. Für jedes $j \in \{1, \ldots, d\}$ gilt $b_j = \sum_{i=1}^n B[i,j]\, e_i$ und $\varphi(b_j) = \sum_{i=1}^n B[i,j]\, a_i$. Da φ bijektiv ist, ist $\{\varphi(b_1), \ldots, \varphi(b_d)\}$ eine Basis von U_A.
(3) Der Unterraum U_A ist mit Hilfe der Lösungsmenge des homogenen linearen Gleichungssystems $Ay = 0$ beschrieben. Um die Dimension und eine Basis von U_A zu berechnen, ermittelt man die zu A gehörige Treppenmatrix T, liest daran $\dim(U_A) = n - \mathrm{rang}(A)$ und wie in (2.7.5)(3) eine Basis $\{y_1, \ldots, y_d\}$ von $N_A = \{y \in K^n \mid Ay = 0\}$ ab und gewinnt daraus wie in (2) eine Basis von U_A.

(2.7.14) Bemerkung: Es sei V ein endlichdimensionaler K-Vektorraum. Bislang wurden Unterräume von V durch die Angabe von Erzeugendensystemen oder Basen festgelegt. In (2.7.13) wurden Unterräume von V durch homogene lineare Gleichungssysteme beschrieben, und es wurde angegeben, wie man die Dimension und eine Basis eines derart beschriebenen Unterraums berechnen kann. Im folgenden Abschnitt wird gezeigt, daß jeder Unterraum von V durch ein homogenes lineares Gleichungssystem beschrieben werden kann. Bisweilen ist eine solche Beschreibung von Unterräumen von V recht nützlich, etwa dann, wenn man die Dimension und eine Basis des Durchschnitts von Unterräumen von V zu ermitteln hat [vgl. (2.7.16)].

(2.7.15) Satz: *Es sei V ein endlichdimensionaler K-Vektorraum, es sei $\dim(V) = n$, es sei $\{a_1, \ldots, a_n\}$ eine Basis von V, und es sei U ein Unterraum von V. Dann gibt es ein $m \in \mathbb{N}$ und eine Matrix $A \in M(m, n; K)$ mit*
$$U = \{\xi_1 a_1 + \cdots + \xi_n a_n \mid A\,{}^t(\xi_1, \ldots, \xi_n) = 0\}.$$

Beweis: Es sei $d := \dim(U)$.
(a) Ist $d = 0$, so setzt man $m := n$ und $A := E_n$, und ist $d = n$, so setzt man $m := n$ und $A := 0$.
(b) Es gelte $1 \leq d \leq n-1$. Es sei $\{b_1, \ldots, b_d\}$ eine Basis von U, und es sei $B \in M(n, d; K)$ die Matrix mit $b_j := \sum_{i=1}^n B[i,j]\, a_i$ für jedes $j \in \{1, \ldots, d\}$. Es gilt $d = \mathrm{rang}(B) = \mathrm{rang}({}^tB)$ [vgl. (2.2.20)], und daher ist $W_B := \{y \in K^n \mid yB = 0\}$ nach (2.7.11) ein Unterraum von K^n mit $\dim(W_B) = n - d$. Es sei $\{c_1, \ldots, c_{n-d}\}$ eine Basis von W_B,

7 Lineare Gleichungssysteme

und es sei $C = (c_1, \ldots, c_{n-d}) \in M(n, n-d; K)$ die Matrix mit den Spalten $c_1, \ldots, c_{n-d}$. Für die Matrix $A := {}^tC \in M(n-d, n; K)$ gilt $\mathrm{rang}(A) = \mathrm{rang}({}^tC) = \mathrm{rang}(C) = n - d$, also ist

$$U_A := \{\xi_1 a_1 + \cdots + \xi_n a_n \mid A\,{}^t(\xi_1, \ldots, \xi_n) = 0\}$$

ein Unterraum von V der Dimension $n - \mathrm{rang}(A) = d$ [vgl. (2.7.13)(1)]. Es ist ${}^tBC = {}^tB(c_1, \ldots, c_{n-d}) = ({}^tBc_1, \ldots, {}^tBc_{n-d}) = (0, \ldots, 0) = 0$, also ist $AB = {}^tCB = {}^t({}^tBC) = 0$, d.h. für jedes $j \in \{1, \ldots, d\}$ gilt $A\,{}^t(B[1,j], \ldots, B[n,j]) = AB_{\bullet j} = (AB)_{\bullet j} = 0$ und daher $b_j = \sum_{i=1}^n B[i,j]\,a_i \in U_A$. Also gilt $U = \langle b_1, \ldots, b_d \rangle \subset U_A$, und wegen $\dim(U) = d = \dim(U_A)$ folgt $U = U_A$ [vgl. (2.2.31)(2)].

(2.7.16) Konstruktion einer Basis von $U \cap U'$: Es sei V ein endlichdimensionaler K-Vektorraum, es sei $\dim(V) = n$, und es sei $\{a_1, \ldots, a_n\}$ eine Basis von V. Es seien U, U' Unterräume von V, und es seien $A \in M(m, n; K)$, $A' \in M(m', n; K)$ Matrizen mit

$$U = \{\xi_1 a_1 + \cdots + \xi_n a_n \mid A\,{}^t(\xi_1, \ldots, \xi_n) = 0\},$$
$$U' = \{\xi_1 a_1 + \cdots + \xi_n a_n \mid A'\,{}^t(\xi_1, \ldots, \xi_n) = 0\}$$

[vgl. (2.7.15)]; es sei $\widetilde{A} = \begin{pmatrix} A \\ A' \end{pmatrix} \in M(m+m', n; K)$ die Matrix mit den Zeilen $A_{1\bullet}, \ldots, A_{m\bullet}, A'_{1\bullet}, \ldots, A'_{m'\bullet}$. Dann ist

$$U \cap U' = \{\xi_1 a_1 + \cdots + \xi_n a_n \mid \widetilde{A}\,{}^t(\xi_1, \ldots, \xi_n) = 0\}.$$

Wie man aus dieser Beschreibung von $U \cap U'$ eine Basis von $U \cap U'$ konstruiert, wurde in (2.7.13) vorgeführt.

(2.7.17) Beispiel: Es sei V ein dreidimensionaler $\mathbb{R}$-Vektorraum, es sei $\{a_1, a_2, a_3\}$ eine Basis von V, es seien $b_1 = a_1 - a_2 + a_3$, $b_2 = a_1 + a_2 + a_3$, $c_1 = a_1 - a_3$ und $c_2 = a_1 + 2a_2 + 3a_3$, und es seien $U := \langle b_1, b_2 \rangle$ und $U' := \langle c_1, c_2 \rangle$.
Ein lineares Gleichungssystem, das U beschreibt, erhält man mit Hilfe der im Beweis von (2.7.15) verwendeten Methode: Für die Matrix

$$B := \begin{pmatrix} 1 & 1 \\ -1 & 1 \\ 1 & 1 \end{pmatrix} \in M(2,3; \mathbb{R})$$

gilt rang(B) = 2, also ist dim(U) = 2, und $\{b_1, b_2\}$ ist eine Basis von U. Der Unterraum $N_B := \{y \in \mathbb{R}^3 \mid By = 0\}$ von $\mathbb{R}^3$ hat die Dimension 1, und $\{{}^t(1, 0, -1)\}$ ist eine Basis von N_B. Mit der Matrix $A := (1, 0, -1) \in M(1, 3; \mathbb{R})$ gilt daher $U = \{\xi_1 a_1 + \xi_2 a_2 + \xi_3 a_3 \mid A\,{}^t(\xi_1, \xi_2, \xi_3) = 0\}$. Entsprechend ergibt sich: Mit $A' := (-1, 2, -1) \in M(1, 3; \mathbb{R})$ ist $U' = \{\xi_1 a_1 + \xi_2 a_2 + \xi_3 a_3 \mid A'\,{}^t(\xi_1, \xi_2, \xi_3) = 0\}$. Für die Matrix

$$\widetilde{A} := \begin{pmatrix} A \\ A' \end{pmatrix} = \begin{pmatrix} 1 & 0 & -1 \\ -1 & 2 & -1 \end{pmatrix} \in M(2, 3; \mathbb{R})$$

gilt also $U \cap U' = \{\xi_1 a_1 + \xi_2 a_2 + \xi_3 a_3 \mid \widetilde{A}\,{}^t(\xi_1, \xi_2, \xi_3) = 0\}$. Die Treppenmatrix, die zu $\widetilde{A}$ gehört, ist

$$\begin{pmatrix} 1 & 0 & -1 \\ 0 & 1 & -1 \end{pmatrix},$$

also hat der Unterraum $N_{\widetilde{A}} := \{y \in \mathbb{R}^3 \mid \widetilde{A}y = 0\}$ von $\mathbb{R}^3$ die Dimension 1, und $\{{}^t(-1, -1, -1)\}$ ist eine Basis von $N_{\widetilde{A}}$. Nach (2.7.13) hat daher $U \cap U'$ die Dimension 1, und für $a := -(a_1 + a_2 + a_3)$ gilt: $\{a\}$ ist eine Basis von $U \cap U'$.

(2.7.18) MuPAD: Die MuPAD-Funktion `linalg::nullSpace` aus der MuPAD-Programm-Bibliothek `linalg` liefert zu einer Matrix A eine Basis des Lösungsraums N_A des homogenen linearen Gleichungssystems $Ax = 0$, und die Funktion `linalg::linearSolve` berechnet zu einer Matrix $A \in M(m, n; K)$ und einem $b \in K^m$ eine spezielle Lösung des Gleichungssystems $Ax = b$ und eine Basis von N_A.

Aufgaben

A(2.7.1) Für

$$A := \begin{pmatrix} 1 & -1 & 2 & -2 & 3 & 3 \\ -1 & 1 & -2 & 0 & -3 & -1 \\ 2 & 1 & 1 & 0 & 0 & 2 \\ 1 & 0 & 1 & 0 & 1 & 1 \end{pmatrix} \in M(4, 6; \mathbb{R}) \text{ und } b := \begin{pmatrix} 6 \\ -6 \\ 0 \\ 2 \end{pmatrix} \in \mathbb{R}^4$$

ermittle man die Lösungsmenge des linearen Gleichungssystems $Ax = b$.

A(2.7.2) (1) Für

$$A := \begin{pmatrix} 1 & -1 & 2 & -2 & 3 \\ -1 & 1 & -2 & 0 & -3 \\ 2 & 1 & 1 & 0 & 0 \\ 1 & 0 & 1 & 0 & 1 \end{pmatrix} \in M(4, 5; \mathbb{R}) \text{ und } b := \begin{pmatrix} 4 \\ -2 \\ 4 \\ 2 \end{pmatrix} \in \mathbb{R}^4$$

löse man das lineare Gleichungssystem $Ax = b$.
(2) Man ermittle alle $c \in \mathbb{R}^4$, für die das lineare Gleichungssystem $Ax = c$ lösbar ist. [Die Menge dieser c ist ein Unterraum von $\mathbb{R}^4$. Warum? Man gebe eine Basis an.] Man finde ein $d \in \mathbb{R}^4$, für das das lineare Gleichungssystem $Ax = d$ nicht lösbar ist.

A(2.7.3) Es seien $\lambda, \alpha_1, \ldots, \alpha_n, \beta_1, \ldots, \beta_{n+1} \in \mathbb{R}$. Man diskutiere, wann das lineare Gleichungssystem

$$\begin{cases} \lambda \xi_i + \alpha_i \xi_{n+1} = \beta_i & \text{für jedes } i \in \{1, \ldots, n\}, \\ \sum_{j=1}^{n} \alpha_j \xi_j + \lambda \xi_{n+1} = \beta_{n+1} \end{cases}$$

lösbar ist. [Hinweis: Man unterscheide die Fälle $\lambda = 0$ und $\lambda \neq 0$.]

A(2.7.4) Es sei $\alpha \in \mathbb{R}$, und es sei $A \in M(n; \mathbb{R})$ die Matrix mit $A[i, j] := 1 + (\alpha - 1)\delta_{ij}$ für alle $i, j \in \{1, \ldots, n\}$; es sei $b := {}^t(1, 1, \ldots, 1) \in \mathbb{R}^n$. Man ermittle die Menge aller Lösungen des linearen Gleichungssystems $Ax = b$.

A(2.7.5) In $M(1, 4; \mathbb{R})$ seien die Elemente $x_1 := (1, 2, 0, 1)$, $x_2 := (2, 1, 3, 1)$, $x_3 := (2, 4, 0, 2)$ und $y_1 := (1, 2, 1, 0)$, $y_2 := (-1, 1, 1, 1)$, $y_3 := (2, -1, 0, 1)$, $y_4 := (2, 2, 2, 2)$ gegeben. Man bestimme für jeden der Unterräume $U_1 := \langle x_1, x_2, x_3 \rangle$, $U_2 := \langle y_1, y_2, y_3, y_4 \rangle$, $U_1 + U_2$ und $U_1 \cap U_2$ von $M(1, 4; \mathbb{R})$ eine Basis.

A(2.7.6) Man beweise:
(1) Zu Matrizen $A \in M(m, n; K)$ und $B \in M(m, p; K)$ gibt es eine Matrix $X \in M(n, p; K)$ mit $AX = B$, genau wenn gilt: Es ist $\operatorname{rang}(A, B) = \operatorname{rang}(A)$.
(2) Zu Matrizen $A \in M(m, n; K)$ und $C \in M(p, n; K)$ gibt es eine Matrix $Y \in M(p, m; K)$ mit $YA = C$, genau wenn gilt: Es ist

$$\operatorname{rang}\begin{pmatrix} A \\ C \end{pmatrix} = \operatorname{rang}(A).$$

(3) Zu einer Matrix $A \in M(m, n; K)$ gibt es eine Matrix $B \in M(n, m; K)$ mit $AB = E_m$, genau wenn $\operatorname{rang}(A) = m$ ist.
(4) Zu einer Matrix $A \in M(m, n; K)$ gibt es eine Matrix $C \in M(n, m; K)$ mit $CA = E_n$, genau wenn $\operatorname{rang}(A) = n$ ist.

8 Lineare Geometrie

(2.8.1) In diesem Paragraphen werden die bislang entwickelten Begriffe der linearen Algebra zur Beschreibung geometrischer Sachverhalte herangezogen. Im folgenden ist n eine natürliche Zahl, K ist ein Körper, und V ist ein K-Vektorraum; seine Elemente werden auch Punkte genannt.

(2.8.2) Definition: Eine Teilmenge $\mathcal{A} \subset V$ heißt eine lineare Varietät, wenn es einen Unterraum U von V mit folgenden Eigenschaften gibt:
(a) Für alle $x, y \in \mathcal{A}$ gilt $x - y \in U$.
(b) Für jedes $x \in \mathcal{A}$ und jedes $u \in U$ gilt $x + u \in \mathcal{A}$.

(2.8.3) Bemerkung: (1) Jeder Unterraum U von V ist eine lineare Varietät [man wählt als Unterraum gemäß (2.8.2) den Unterraum U].
(2) $\emptyset$ ist eine lineare Varietät, und für jedes $x \in V$ ist $\{x\}$ eine lineare Varietät [man wählt als Unterraum gemäß (2.8.2) den Unterraum $\{0\}$].

(2.8.4) Bemerkung: Es sei $\mathcal{A} \subset V$ eine nichtleere lineare Varietät.
(1) Es gibt nur einen Unterraum U von V mit den in (2.8.2) genannten Eigenschaften (a) und (b).
Beweis: Es seien U_1 und U_2 Unterräume von V mit den in (2.8.2) genannten Eigenschaften (a) und (b). Es sei $x_0 \in \mathcal{A}$. Für jedes $u_1 \in U_1$ ist nach (b) $x_0 + u_1 \in \mathcal{A}$, also ist nach (a) $u_1 = (x_0 + u_1) - x_0 \in U_2$, und daher gilt $U_1 \subset U_2$. Analog folgt $U_2 \subset U_1$, und daher ist $U_1 = U_2$.
(2) Der nach (1) durch $\mathcal{A}$ eindeutig bestimmte Unterraum von V wird mit $U_\mathcal{A}$ bezeichnet.

(2.8.5) Bemerkung: (1) Es sei $x_0 \in V$, und es sei U ein Unterraum von V. Dann ist
$$\mathcal{A} = \{x_0 + u \mid u \in U\} =: x_0 + U$$
eine lineare Varietät in V, und es ist $U_\mathcal{A} = U$.
Beweis: Für alle $x_1, x_2 \in \mathcal{A}$ gilt: Es gibt $u_1, u_2 \in U$ mit $x_1 = x_0 + u_1$, $x_2 = x_0 + u_2$, und es folgt $x_1 - x_2 = u_1 - u_2 \in U$. Für alle $x \in \mathcal{A}$ und $y \in U$ gilt: Es gibt ein $u \in U$ mit $x = x_0 + u$, und wegen $u' := u + y \in U$ folgt $x + y = x_0 + (u + y) = x_0 + u' \in \mathcal{A}$. Also ist $\mathcal{A}$ eine lineare Varietät in V, und es ist $U_\mathcal{A} = U$.
(2) Es sei $\mathcal{A} \neq \emptyset$ eine lineare Varietät in V, und es sei $x_0 \in \mathcal{A}$. Dann gilt $\mathcal{A} = x_0 + U_\mathcal{A} = \{x_0 + u \mid u \in U_\mathcal{A}\}$.
Beweis: Es gilt $x_0 + U_\mathcal{A} \subset \mathcal{A}$ nach (2.8.2)(b). Für jedes $x \in \mathcal{A}$ gilt nach (2.8.2)(a) $x - x_0 \in U_\mathcal{A}$, also $x = x_0 + (x - x_0) \in x_0 + U_\mathcal{A}$.
(3) Es sei $\mathcal{A} \neq \emptyset$ eine lineare Varietät in V. Es gilt $U_\mathcal{A} = \{x - y \mid x, y \in \mathcal{A}\}$, und für jedes $x_0 \in \mathcal{A}$ ist $U_\mathcal{A} = \{y - x_0 \mid y \in \mathcal{A}\}$.
Beweis: Es sei $x_0 \in \mathcal{A}$. Dann ist $\mathcal{A} = x_0 + U_\mathcal{A}$. Für alle $x, y \in \mathcal{A}$ gilt: Es gibt $u, v \in U_\mathcal{A}$ mit $x = x_0 + u$ und $y = x_0 + v$, und es folgt $x - y = u - v \in U_\mathcal{A}$. Für jedes $u \in U_\mathcal{A}$ gilt $x_0 + u \in \mathcal{A}$ und daher $u = (x_0 + u) - x_0 \in \{x - x_0 \mid x \in \mathcal{A}\}$. Also gilt
$$\{x - x_0 \mid x \in \mathcal{A}\} \subset \{x - y \mid x, y \in \mathcal{A}\} \subset U_\mathcal{A} \subset \{x - x_0 \mid x \in \mathcal{A}\},$$
und daraus folgt die Behauptung.

8 Lineare Geometrie

(2.8.6) Satz: *Eine Teilmenge $\mathcal{A} \subset V$ ist eine lineare Varietät in V, genau wenn für jedes $m \in \mathbf{N}$, alle $x_1, \ldots, x_m \in \mathcal{A}$ und alle $\lambda_1, \ldots, \lambda_m \in K$ mit $\lambda_1 + \cdots + \lambda_m = 1$ gilt: Es ist $\lambda_1 x_1 + \cdots + \lambda_m x_m \in \mathcal{A}$.*

Beweis: Ist $\mathcal{A} = \emptyset$, so ist nichts zu zeigen. Es sei von jetzt an $\mathcal{A} \neq \emptyset$.
(1) Es sei $\mathcal{A}$ eine lineare Varietät. Es seien $x_1, \ldots, x_m \in \mathcal{A}$, $\lambda_1, \ldots, \lambda_m \in K$ mit $\lambda_1 + \cdots + \lambda_m = 1$. Es sei $x_0 \in \mathcal{A}$. Dann ist $\mathcal{A} = x_0 + U_{\mathcal{A}}$, und die Elemente $x_1 - x_0, \ldots, x_m - x_0$ liegen in $U_{\mathcal{A}}$ [vgl. (2.8.5)(3)]. Daher gilt $\lambda_1 x_1 + \cdots + \lambda_m x_m = x_0 + \lambda_1(x_1 - x_0) + \cdots + \lambda_m(x_m - x_0) \in \mathcal{A}$.
(2) Es gelte: Für jedes $m \in \mathbf{N}$, alle $\lambda_1, \ldots, \lambda_m \in K$ mit $\lambda_1 + \cdots + \lambda_m = 1$ und alle $x_1, \ldots, x_m \in \mathcal{A}$ ist $\lambda_1 x_1 + \cdots + \lambda_m x_m \in \mathcal{A}$. Es sei $x_0 \in \mathcal{A}$ [es ist $\mathcal{A} \neq \emptyset$], und es sei $U := \{x - y \mid x, y \in \mathcal{A}\}$. Es ist $0 = x_0 - x_0 \in U$, und daher ist $U \neq \emptyset$. Es seien $u_1, u_2 \in U$, $\lambda \in K$. Es gibt $x_1, y_1, x_2, y_2 \in \mathcal{A}$ mit $u_1 = x_1 - y_1$, $u_2 = x_2 - y_2$. Dann ist $u_1 + u_2 = (x_1 + x_2 - y_1) - y_2$, und wegen $x_1 + x_2 - y_1 \in \mathcal{A}$ [da $1_K + 1_K - 1_K = 1_K$] gilt $u_1 + u_2 \in U$. Es ist $\lambda u_1 = (\lambda x_1 + (1 - \lambda) y_1) - y_1 \in U$ [wegen $\lambda x_1 + (1 - \lambda) y_1 \in \mathcal{A}$]. Daher ist U ein Unterraum von V. Nun ist $\mathcal{A} = x_0 + U$, wie man sofort nachrechnet, also ist $\mathcal{A}$ eine lineare Varietät in V [vgl. (2.8.5)(1)].

(2.8.7) Bemerkung: Es seien $x, y \in V$, und es gelte $x \neq y$. Dann ist
$$[x, y] := \{\lambda x + (1 - \lambda) y \mid \lambda \in K\} = \{\alpha x + \beta y \mid \alpha, \beta \in K, \alpha + \beta = 1\}$$
eine lineare Varietät in V, die x und y enthält, und es ist $U_{[x,y]} = \langle x - y \rangle$. Jede lineare Varietät in V, die x und y enthält, enthält auch $[x, y]$.
Beweis: Es gilt
$$[x, y] = \{\lambda x + (1 - \lambda) y \mid \lambda \in K\} = \{y + \lambda(x - y) \mid \lambda \in K\} = y + \langle x - y \rangle,$$
und daher ist $[x, y]$ eine lineare Varietät in V, und es ist $U_{[x,y]} = \langle x - y \rangle$. Daß x und y in $[x, y]$ liegen, ist klar. Ist $\mathcal{A}$ eine lineare Varietät in V mit $x \in \mathcal{A}$ und $y \in \mathcal{A}$, so gilt $x - y \in U_{\mathcal{A}} = \{a - b \mid a, b \in \mathcal{A}\}$, also ist $U_{[x,y]} = \langle x - y \rangle \subset U_{\mathcal{A}}$, und es folgt $[x, y] = y + U_{[x,y]} \subset y + U_{\mathcal{A}} = \mathcal{A}$ [vgl. (2.8.5), (2) und (3)].

(2.8.8) Satz: *Es sei K ein Körper einer Charakteristik $\neq 2$, und es sei $\mathcal{A}$ eine nichtleere Teilmenge von V. $\mathcal{A}$ ist genau dann eine lineare Varietät, wenn gilt: Für alle $p, q \in \mathcal{A}$ mit $p \neq q$ gilt $[p, q] \subset \mathcal{A}$.*

Beweis: (1) Es gelte: $\mathcal{A}$ ist eine lineare Varietät. Nach (2.8.7) gilt: Sind $p, q \in \mathcal{A}$ und gilt $p \neq q$, so gilt $[p, q] \subset \mathcal{A}$.
(2) Es gelte: Für alle $p, q \in \mathcal{A}$ ist $[p, q] \subset \mathcal{A}$. Es sei $a \in \mathcal{A}$, und es sei $U := \{q - a \mid q \in \mathcal{A}\}$.
(a) Es gilt $\mathcal{A} = \{x + a \mid x \in U\}$. Zu jedem $x \in U$ gibt es nämlich ein $q \in \mathcal{A}$ mit $x = q - a$ und damit gilt $x + a = q \in \mathcal{A}$, und daher gilt $\{x + a \mid x \in U\} \subset \mathcal{A}$.

Für jedes $q \in \mathcal{A}$ gilt andererseits $q - a \in U$ und daher $q = (q-a) + a \in \{x + a \mid x \in U\}$, und somit gilt $\mathcal{A} \subset \{x + a \mid x \in U\}$.
(b) U ist ein Unterraum von V.
Beweis: (i) Wegen $a \in \mathcal{A}$ ist $0 = a - a \in U$, also ist insbesondere $U \neq \emptyset$.
(ii) Es sei $x \in U$. Ist $x = 0$, so gilt $\lambda x = 0 \in U$ für jedes $\lambda \in K$. Ist $x \neq 0$, so gilt $q := x + a \in \mathcal{A}$ und $q \neq a$, und für jedes $\lambda \in K$ gilt

$$\lambda x + a = \lambda(x + a) + (1 - \lambda)a = \lambda q + (1 - \lambda)a \in [q, a] \subset \mathcal{A}$$

und daher $\lambda x = (\lambda x + a) - a \in U$.
(iii) Es seien $x, y \in U$ linear abhängig. Ist $x = 0$, so gilt $x + y = y \in U$. Ist $x \neq 0$, so gibt es ein $\lambda \in K$ mit $y = \lambda x$, und wegen (ii) folgt $x + y = (1 + \lambda)x \in U$.
(iv) Es seien $x, y \in U$ linear unabhängig. Nach (a) gilt $b := x + a \in \mathcal{A}$ und $c := y + a \in \mathcal{A}$, und wegen $x \neq y$ gilt $b \neq c$. Weil K nicht die Charakteristik 2 besitzt, ist $2 \cdot 1_K = 1_K + 1_K$ nicht das Nullelement von K und besitzt daher in $K^\times$ ein Inverses, das mit $\frac{1}{2}$ bezeichnet sei. Es gilt

$$v := \left(\frac{1}{2}x + \frac{1}{2}y\right) + a = \frac{1}{2}(x + a) + \frac{1}{2}(y + a) = \frac{1}{2}b + \frac{1}{2}c \in [b, c] \subset \mathcal{A},$$

denn es gilt $b \in \mathcal{A}$ und $c \in \mathcal{A}$. Also ist $v - a \in U$, und nach (ii) ist daher $x + y = 2(v - a) \in U$.
(v) Nach (i) gilt $U \neq \emptyset$, für alle $x, y \in U$ gilt nach (iii) und (iv) $x + y \in U$, und für alle $x \in U$ und $\lambda \in K$ gilt nach (ii) $\lambda x \in U$. Also ist U ein Unterraum von V.
(c) U ist ein Unterraum von V, a ist ein Punkt in $\mathcal{A}$, und es ist $\mathcal{A} = \{x + a \mid x \in U\} = a + U$. Also ist $\mathcal{A}$ eine lineare Varietät in V [vgl. (2.8.5)(1)].

(2.8.9) Satz: *Es sei $I \neq \emptyset$ eine Menge, und für jedes $i \in I$ sei $\mathcal{A}_i$ eine lineare Varietät in V. Dann ist $\mathcal{D} := \bigcap_{i \in I} \mathcal{A}_i$ eine lineare Varietät in V, und ist $\mathcal{D} \neq \emptyset$, so ist $U_\mathcal{D} = \bigcap_{i \in I} U_{\mathcal{A}_i}$.*

Beweis: Ist $\mathcal{D} = \emptyset$, so ist nichts zu beweisen. Es gelte $\mathcal{D} \neq \emptyset$, und es sei $x_0 \in \mathcal{D}$. Für jedes $i \in I$ gilt $\mathcal{A}_i = x_0 + U_{\mathcal{A}_i}$ mit $U_{\mathcal{A}_i} = \{y - x_0 \mid y \in \mathcal{A}_i\}$ [vgl. (2.8.5)(3)], und es ist $U := \bigcap_{i \in I} U_{\mathcal{A}_i}$ ein Unterraum von V [vgl. (2.1.9)(3)]. Für jedes $x \in \mathcal{D}$ gilt: Zu jedem $i \in I$ gibt es ein $u_i \in U_{\mathcal{A}_i}$ mit $x = x_0 + u_i$, also gilt $x - x_0 = u_i \in U_{\mathcal{A}_i}$, und daher gilt $x - x_0 \in \bigcap_{i \in I} U_{\mathcal{A}_i} = U$. Also gilt $\mathcal{D} \subset x_0 + U$. Für jedes $u \in U$ gilt $x_0 + u \in \mathcal{A}_i$ für jedes $i \in I$, also $x_0 + u \in \mathcal{D}$, und daher ist $x_0 + U \subset \mathcal{D}$. Also ist $\mathcal{D} = x_0 + U$, somit ist $\mathcal{D}$ eine lineare Varietät in V, und es ist $U_\mathcal{D} = U$.

(2.8.10) Satz: *Es sei $Z \subset V$. Dann ist der Durchschnitt $[Z]$ aller Z enthaltenden linearen Varietäten in V eine lineare Varietät in V, die Z enthält, und*

8 Lineare Geometrie

zwar gilt: Ist $Z = \emptyset$, so ist $[Z] = \emptyset$, und ist $Z \neq \emptyset$, so ist

$$[Z] = \left\{ \sum_{i=1}^{m} \lambda_i x_i \,\Big|\, m \in \mathbb{N}; x_1, \ldots, x_m \in Z; \lambda_1, \ldots, \lambda_m \in K, \sum_{i=1}^{m} \lambda_i = 1 \right\}.$$

Beweis: Ist $Z = \emptyset$, so ist $[Z] = \emptyset$ [da $\emptyset$ eine lineare Varietät ist]. Es gelte $Z \neq \emptyset$. Jede lineare Varietät in V, die Z enthält, enthält nach (2.8.6) auch die Menge

$$\mathcal{A} := \left\{ \sum_{i=1}^{m} \lambda_i x_i \,\Big|\, m \in \mathbb{N}; x_1, \ldots, x_m \in Z; \lambda_1, \ldots, \lambda_m \in K, \sum_{i=1}^{m} \lambda_i = 1 \right\}.$$

Jetzt wird gezeigt, daß diese Menge $\mathcal{A}$ eine lineare Varietät in V ist. [Wegen $Z \subset \mathcal{A}$ ist damit bewiesen, daß $[Z] = \mathcal{A}$ ist.]
Sind $y_1, \ldots, y_r \in \mathcal{A}$ und $\mu_1, \ldots, \mu_r \in K$ mit $\mu_1 + \cdots + \mu_r = 1$, so gibt es ein $m \in \mathbb{N}$ und $x_1, \ldots, x_m \in Z$ mit: Zu jedem $i \in \{1, \ldots, r\}$ gibt es $\lambda_{i1}, \ldots, \lambda_{im} \in K$ mit $\lambda_{i1} + \cdots + \lambda_{im} = 1$ und $y_i = \lambda_{i1} x_1 + \cdots + \lambda_{im} x_m$, und damit gilt

$$\sum_{i=1}^{r} \mu_i y_i = \sum_{i=1}^{r} \mu_i \left(\sum_{j=1}^{m} \lambda_{ij} x_j \right) = \sum_{j=1}^{m} \left(\sum_{i=1}^{r} \mu_i \lambda_{ij} \right) x_j$$

und

$$\sum_{j=1}^{m} \left(\sum_{i=1}^{r} \mu_i \lambda_{ij} \right) = \sum_{i=1}^{r} \mu_i \left(\sum_{j=1}^{m} \lambda_{ij} \right) = \sum_{i=1}^{r} \mu_i = 1,$$

und daher ist $\mu_1 y_1 + \cdots + \mu_r y_r \in \mathcal{A}$. Also ist $\mathcal{A}$ nach (2.8.6) eine lineare Varietät in V, und daher ist $[Z] = \mathcal{A}$.

(2.8.11) Definition: (1) Ist Z eine Teilmenge von V, so heißt der Durchschnitt $[Z]$ aller Z enthaltenden linearen Varietäten in V die von Z aufgespannte oder die von Z erzeugte lineare Varietät in V.
(2) Ist $I \neq \emptyset$ eine Menge und ist $\mathcal{A}_i$ für jedes $i \in I$ eine lineare Varietät in V, so heißt

$$\bigvee_{i \in I} \mathcal{A}_i := \left[\bigcup_{i \in I} \mathcal{A}_i \right]$$

der Verbindungsraum der linearen Varietäten $\mathcal{A}_i$ mit $i \in I$.

(2.8.12) Bemerkung: (1) Ist Z eine Teilmenge von V, so ist $[Z]$ die kleinste lineare Varietät in V, die Z enthält.
(2) Ist $I \neq \emptyset$ eine Menge und ist $\mathcal{A}_i$ für jedes $i \in I$ eine lineare Varietät in V, so ist der in (2.8.11)(2) definierte Verbindungsraum $\bigvee_{i \in I} \mathcal{A}_i$ die kleinste lineare Varietät in V, die für jedes $i \in I$ die lineare Varietät $\mathcal{A}_i$ enthält.

(2.8.13) Bemerkung: (1) Es seien $x, y \in V$ mit $x \neq y$. Dann ist
$$\{x\} \vee \{y\} = [\{x,y\}] = [x,y].$$
Beweis: $[x,y]$ ist eine lineare Varietät in V, die x und y enthält, also ist $[\{x,y\}] \subset [x,y]$ [vgl. (2.8.11)]. Ist $z \in [x,y]$, so gibt es ein $\lambda \in K$ mit $z = \lambda x + (1-\lambda)y$, und daher ist $z \in [\{x,y\}]$ [vgl. (2.8.10)].
(2) Es seien $x_1, \ldots, x_m \in V$. Dann ist nach (2.8.10)
$$[x_1, \ldots, x_m] := [\{x_1, \ldots, x_m\}] = \{x_1\} \vee \cdots \vee \{x_m\}$$
$$= \left\{ \sum_{i=1}^m \lambda_i x_i \,\Big|\, \lambda_1, \ldots, \lambda_m \in K \text{ mit } \sum_{i=1}^m \lambda_i = 1 \right\}$$
die kleinste lineare Varietät in V, die die Punkte $x_1, \ldots, x_m$ enthält.

(2.8.14) Satz: *Es seien $\mathcal{A}$ und $\mathcal{B}$ lineare Varietäten in V. Dann sind $\mathcal{D} := \mathcal{A} \cap \mathcal{B}$ und $\mathcal{V} := \mathcal{A} \vee \mathcal{B}$ lineare Varietäten in V, und es gilt:*
(1) *Ist $\mathcal{D} \neq \emptyset$, so ist $U_\mathcal{D} = U_\mathcal{A} \cap U_\mathcal{B}$ und $U_\mathcal{V} = U_\mathcal{A} + U_\mathcal{B}$.*
(2) *Ist $\mathcal{A} \neq \emptyset$, $\mathcal{B} \neq \emptyset$ und $\mathcal{D} = \emptyset$, so gilt: Für jedes $x_0 \in \mathcal{A}$ und jedes $y_0 \in \mathcal{B}$ ist*
$$U_\mathcal{V} = (U_\mathcal{A} + U_\mathcal{B}) \oplus \langle x_0 - y_0 \rangle.$$

Beweis: (1) $\mathcal{D}$ ist eine lineare Varietät in V, und ist $\mathcal{D} \neq \emptyset$, so ist $U_\mathcal{D} = U_\mathcal{A} \cap U_\mathcal{B}$ [vgl. (2.8.9)]. Es seien $\mathcal{D} \neq \emptyset$ und $x_0 \in \mathcal{D}$. Wegen $\mathcal{A} \subset \mathcal{V}$ gilt $U_\mathcal{A} = \{x - y \mid x, y \in \mathcal{A}\} \subset \{x - y \mid x, y \in \mathcal{V}\} = U_\mathcal{V}$, und ebenso folgt $U_\mathcal{B} \subset U_\mathcal{V}$. Also ist $\mathcal{C} := x_0 + (U_\mathcal{A} + U_\mathcal{B})$ eine lineare Varietät, die in $\mathcal{V}$ enthalten ist. Weil $U_\mathcal{A}$ und $U_\mathcal{B}$ in $U_\mathcal{A} + U_\mathcal{B} = U_\mathcal{C}$ enthalten sind, gilt andererseits $\mathcal{A} = x_0 + U_\mathcal{A} \subset \mathcal{C}$ und $\mathcal{B} = x_0 + U_\mathcal{B} \subset \mathcal{C}$, und daher auch $\mathcal{V} \subset \mathcal{C}$. Also ist $\mathcal{V} = \mathcal{C} = x_0 + (U_\mathcal{A} + U_\mathcal{B})$, und es folgt $U_\mathcal{V} = U_\mathcal{A} + U_\mathcal{B}$.
(2) Es gelte $\mathcal{A} \neq \emptyset$, $\mathcal{B} \neq \emptyset$ und $\mathcal{D} = \emptyset$. Es seien $x_0 \in \mathcal{A}$ und $y_0 \in \mathcal{B}$. Wegen $\mathcal{D} = \emptyset$ gilt $x_0 \neq y_0$, und es ist $x_0 - y_0 \notin U_\mathcal{A} + U_\mathcal{B}$, denn sonst gäbe es $u \in U_\mathcal{A}$ und $v \in U_\mathcal{B}$ mit $x_0 - y_0 = u + v$, und es wäre $x_0 + (-u) = y_0 + v \in \mathcal{A} \cap \mathcal{B} = \mathcal{D}$, im Widerspruch zur Voraussetzung $\mathcal{D} = \emptyset$. Also gilt $(U_\mathcal{A} + U_\mathcal{B}) \cap \langle x_0 - y_0 \rangle = \{0\}$. Es sei $W := U_\mathcal{A} + U_\mathcal{B} + \langle x_0 - y_0 \rangle$. Für die lineare Varietät $x_0 + W$ gilt $\mathcal{A} = x_0 + U_\mathcal{A} \subset x_0 + W$ und $\mathcal{B} = x_0 + U_\mathcal{B} = x_0 + (-(x_0 - y_0)) + U_\mathcal{B} \subset x_0 + W$ und daher $\mathcal{V} \subset x_0 + W$. Auf der anderen Seite gilt $U_\mathcal{A} \subset U_\mathcal{V}$ und $U_\mathcal{B} \subset U_\mathcal{V}$ und $x_0 - y_0 \in U_\mathcal{V}$ und daher $W \subset U_\mathcal{V}$, also $x_0 + W \subset \mathcal{V}$. Also gilt $\mathcal{V} = x_0 + W$, und somit ist $U_\mathcal{V} = W$.

(2.8.15) Definition: Sind $\mathcal{A}$ und $\mathcal{B}$ nichtleere lineare Varietäten in V, für die $U_\mathcal{A} \subset U_\mathcal{B}$ gilt, so schreibt man $\mathcal{A} \parallel \mathcal{B}$ und nennt $\mathcal{A}$ zu $\mathcal{B}$ parallel.

(2.8.16) Definition: Es sei $\mathcal{A}$ eine lineare Varietät in V. Ist $\mathcal{A} = \emptyset$, so wird $\dim(\mathcal{A}) = -1$ gesetzt. Ist $\mathcal{A} \neq \emptyset$ und ist $U_\mathcal{A}$ endlichdimensional, so wird $\dim(\mathcal{A}) = \dim(U_\mathcal{A})$ gesetzt.

8 Lineare Geometrie

(2.8.17) Bemerkung: (1) Die nulldimensionalen linearen Varietäten in V sind gerade die Mengen $\{x\}$ mit $x \in V$.
(2) Es sei $\mathcal{G}$ eine eindimensionale lineare Varietät in V. Dann ist $U_{\mathcal{G}} = \langle u \rangle$ mit einem von Null verschiedenen $u \in U_{\mathcal{G}}$. Ist $x_0 \in \mathcal{G}$, so ist

$$\mathcal{G} = \{x_0 + \lambda u \mid \lambda \in K\}. \qquad (*)$$

Sind $x, y \in \mathcal{G}$ verschieden, so ist $U_{\mathcal{G}} = \langle x - y \rangle$, und es ist $\mathcal{G} = [x, y]$. Eindimensionale lineare Varietäten heißen Geraden; die Darstellung $(*)$ wird häufig eine Parameterdarstellung der Geraden $\mathcal{G}$ genannt.
(3) Es sei $\mathcal{E}$ eine zweidimensionale lineare Varietät in V. Dann gibt es linear unabhängige $u, v \in V$ mit $U_{\mathcal{E}} = \langle u, v \rangle$. Ist $x_0 \in \mathcal{E}$, so ist

$$\mathcal{E} = \langle x_0 + \lambda u + \mu v \mid \lambda, \mu \in K \}. \qquad (**)$$

Zweidimensionale lineare Varietäten heißen Ebenen; die Darstellung $(**)$ wird häufig eine Parameterdarstellung der Ebene $\mathcal{E}$ genannt.
(4) Es sei V ein endlichdimensionaler K-Vektorraum der Dimension n. Die $(n-1)$-dimensionalen linearen Varietäten in V werden Hyperebenen genannt.

(2.8.18) Satz: *Es seien $\mathcal{A}$ und $\mathcal{B}$ endlichdimensionale lineare Varietäten in V, und es seien $\mathcal{D} := \mathcal{A} \cap \mathcal{B}$ und $\mathcal{V} := \mathcal{A} \vee \mathcal{B}$. Dann sind $\mathcal{D}$ und $\mathcal{V}$ endlichdimensionale lineare Varietäten in V.*
(1) *Ist $\mathcal{D} \neq \emptyset$, so gilt*

$$\dim(\mathcal{D}) + \dim(\mathcal{V}) = \dim(\mathcal{A}) + \dim(\mathcal{B}).$$

(2) *Ist $\mathcal{A} \neq \emptyset$, $\mathcal{B} \neq \emptyset$ und $\mathcal{D} = \emptyset$, so gilt*

$$\dim(\mathcal{V}) = \dim(\mathcal{A}) + \dim(\mathcal{B}) - \dim(U_{\mathcal{A}} \cap U_{\mathcal{B}}) + 1.$$

Beweis: (1) Das folgt aus (2.8.14)(1) und (2.2.32).
(2) Es seien $x_0 \in \mathcal{A}$ und $y_0 \in \mathcal{B}$. Es gilt $U_{\mathcal{V}} = (U_{\mathcal{A}} + U_{\mathcal{B}}) \oplus \langle x_0 - y_0 \rangle$ [vgl. dazu (2.8.14)(2)], und daher gilt

$$\begin{aligned}\dim(\mathcal{V}) &= \dim(U_{\mathcal{V}}) \stackrel{*}{=} \dim(U_{\mathcal{A}}) + \dim(U_{\mathcal{B}}) - \dim(U_{\mathcal{A}} \cap U_{\mathcal{B}}) + 1 \\ &= \dim(\mathcal{A}) + \dim(\mathcal{B}) - \dim(U_{\mathcal{A}} \cap U_{\mathcal{B}}) + 1\end{aligned}$$

[bei $*$ wurden (2.2.32) und (2.5.6) benutzt].

(2.8.19) Bemerkung: (1) Es seien $\mathcal{A}$ und $\mathcal{B}$ endlichdimensionale lineare Varietäten in V mit $\mathcal{A} \subset \mathcal{B}$. Dann gilt $\dim(\mathcal{A}) \leq \dim(\mathcal{B})$, und ist $\dim(\mathcal{A}) = \dim(\mathcal{B})$, so ist $\mathcal{A} = \mathcal{B}$.
Beweis: Es sei $x_0 \in \mathcal{A}$. Dann gilt $\mathcal{A} = x_0 + U_{\mathcal{A}}$ und $\mathcal{B} = x_0 + U_{\mathcal{B}}$, und wegen $\mathcal{A} \subset \mathcal{B}$ folgt $U_{\mathcal{A}} \subset U_{\mathcal{B}}$. Die Behauptung folgt aus (2.2.31)(2).

(2) Es seien $\mathcal{G}$ und $\mathcal{H}$ Geraden in V. Dann sind $U_\mathcal{G}$ und $U_\mathcal{H}$ eindimensionale lineare Unterräume von V.
(a) $\mathcal{G}$ und $\mathcal{H}$ sind genau dann parallel, wenn $U_\mathcal{G} = U_\mathcal{H}$ gilt. Sind $\mathcal{G}$ und $\mathcal{H}$ parallel, so gilt entweder $\mathcal{G} = \mathcal{H}$ oder $\mathcal{G} \cap \mathcal{H} = \emptyset$. Im zweiten Fall ist $\mathcal{G} \vee \mathcal{H}$ eine Ebene [vgl. (2.8.18)].
(b) Es gelte $U_\mathcal{G} \neq U_\mathcal{H}$. Dann ist $\mathcal{G} \cap \mathcal{H} = \emptyset$, oder $\mathcal{G} \cap \mathcal{H}$ besteht aus einem Punkt. Im ersten Fall ist $\dim(\mathcal{G} \vee \mathcal{H}) = 3$ – man nennt dann $\mathcal{G}$ und $\mathcal{H}$ zueinander windschief –, und im zweiten Fall ist $\mathcal{G} \vee \mathcal{H}$ eine Ebene.
(3) Es seien $\mathcal{E}$ und $\mathcal{F}$ Ebenen in V.
(a) $\mathcal{E}$ und $\mathcal{F}$ sind genau dann parallel, wenn $U_\mathcal{E} = U_\mathcal{F}$ gilt. Nach (2.8.18) gilt in diesem Fall entweder $\mathcal{E} = \mathcal{F}$ oder $\mathcal{E} \cap \mathcal{F} = \emptyset$.
(b) Gilt $U_\mathcal{E} \neq U_\mathcal{F}$, so ist $\mathcal{E} \cap \mathcal{F}$ eine Gerade oder ein Punkt oder leer [vgl. (2.2.32) und (2.8.18) und benütze, daß $3 \leq \dim(U_\mathcal{E} + U_\mathcal{F}) \leq 4$ gilt].
(c) Ist $\dim(V) = 3$ und ist $U_\mathcal{E} \neq U_\mathcal{F}$, so ist $\mathcal{E} \cap \mathcal{F}$ eine Gerade.

(2.8.20) Hilfssatz: *Es sei $m \in \mathbb{N}_0$, es seien $x_0, \ldots, x_m \in V$, und es sei $\mathcal{A} = [x_0, \ldots, x_m]$. Dann gilt für jedes $k \in \{0, \ldots, m\}$: Es ist*

$$U_\mathcal{A} = \langle x_0 - x_k, \ldots, x_{k-1} - x_k, x_{k+1} - x_k, \ldots, x_m - x_k \rangle.$$

Beweis: Es sei $k \in \{0, \ldots, m\}$, und es sei

$$U = \langle x_0 - x_k, \ldots, x_{k-1} - x_k, x_{k+1} - x_k, \ldots, x_m - x_k \rangle.$$

Für jedes $i \in \{0, \ldots, m\}$ ist $x_i = x_k + (x_i - x_k)$ ein Punkt in der linearen Varietät $x_k + U$, und daher ist $[x_0, \ldots, x_m] \subset x_k + U$. Für jedes $u \in U$ gilt: Es gibt $\lambda_0, \ldots, \lambda_{k-1}, \lambda_{k+1}, \ldots, \lambda_m \in K$ mit

$$u = \sum_{i=0, i \neq k}^{m} \lambda_i (x_i - x_k),$$

also mit

$$x_k + u = \sum_{i=0, i \neq k}^{m} \lambda_i x_i + \left(1 - \sum_{i=0, i \neq k}^{m} \lambda_i \right) x_k,$$

und daher ist nach (2.8.13)(2) $x_k + u \in [x_0, \ldots, x_m] = \mathcal{A}$. Also gilt $\mathcal{A} = x_k + U$ und daher $U_\mathcal{A} = U$.

(2.8.21) Definition: Es sei $m \in \mathbb{N}_0$, und es seien $x_0, \ldots, x_m \in V$. Die Punkte $x_0, \ldots, x_m$ heißen geometrisch unabhängig, wenn die lineare Varietät $[x_0, \ldots, x_m]$ die Dimension m besitzt.

(2.8.22) Satz: *Es sei $m \in \mathbb{N}_0$, es seien $x_0, \ldots, x_m \in V$, und es sei $\mathcal{A} := [x_0, \ldots, x_m]$. Die folgenden Aussagen sind äquivalent:*

8 Lineare Geometrie

(1) $x_0, \ldots, x_m$ sind geometrisch unabhängig.
(2) Für jedes $k \in \{0, \ldots, m\}$ sind die Vektoren

$$x_0 - x_k, \ldots, x_{k-1} - x_k, x_{k+1} - x_k, \ldots, x_m - x_k$$

linear unabhängig.
(3) Es gibt ein $k \in \{0, \ldots, m\}$, für das die m Vektoren

$$x_0 - x_k, \ldots, x_{k-1} - x_k, x_{k+1} - x_k, \ldots, x_m - x_k$$

linear unabhängig sind.
(4) Zu jedem Punkt $x \in \mathcal{A}$ gibt es eindeutig bestimmte $\lambda_0, \ldots, \lambda_m \in K$ mit $\lambda_0 + \cdots + \lambda_m = 1$ und mit $x = \lambda_0 x_0 + \cdots + \lambda_m x_m$.

Beweis: Es gilt $\dim(\mathcal{A}) = \dim(U_\mathcal{A})$, und für jedes $k \in \{0, \ldots, m\}$ ist nach (2.8.20) $U_\mathcal{A} = \langle x_0 - x_k, \ldots, x_{k-1} - x_k, x_{k+1} - x_k, \ldots, x_m - x_k \rangle$. Hieraus folgt sogleich, daß die Aussagen (1), (2) und (3) äquivalent sind.
(2) $\Rightarrow$ (4): Es gelte (2), und es sei $x \in \mathcal{A}$. Dann gibt es $\lambda_0, \ldots, \lambda_m \in K$ mit $\lambda_0 + \cdots + \lambda_m = 1$ und mit $x = \lambda_0 x_0 + \cdots + \lambda_m x_m$. Es seien auch $\mu_0, \ldots, \mu_m \in K$ mit $\mu_0 + \cdots + \mu_m = 1$ und mit $x = \mu_0 x_0 + \cdots + \mu_m x_m$. Dann gilt

$$x - x_0 = \sum_{i=1}^{m} \lambda_i (x_i - x_0) \quad \text{und} \quad x - x_0 = \sum_{i=1}^{m} \mu_i (x_i - x_0),$$

und weil nach (2) $x_1 - x_0, \ldots, x_m - x_0$ linar unabhängig sind, ist $\lambda_i = \mu_i$ für jedes $i \in \{1, \ldots, m\}$. Hieraus folgt $\lambda_0 = 1 - (\lambda_1 + \cdots + \lambda_m) = 1 - (\mu_1 + \cdots + \mu_m) = \mu_0$.
(4) $\Rightarrow$ (3): Es gelte (4), es seien $\lambda_1, \ldots, \lambda_m \in K$ mit $\sum_{i=1}^{m} \lambda_i (x_i - x_0) = 0$, und es sei $\lambda_0 := 1 - \sum_{i=1}^{m} \lambda_i$. Es ist $\sum_{i=0}^{m} \lambda_i = 1$ und $\sum_{i=0}^{m} \lambda_i x_i = x_0 + \sum_{i=1}^{m} \lambda_i (x_i - x_0) = x_0$. Auf Grund der Einzigkeitsforderung in (4) folgt daraus $\lambda_i = 0$ für jedes $i \in \{1, \ldots, m\}$. Also sind die Vektoren $x_1 - x_0, \ldots, x_m - x_0$ linear unabhängig.

(2.8.23) Es sei $m \in \mathbb{N}_0$, es seien $x_0, \ldots, x_m \in V$, und es sei $\mathcal{A} := [x_0, \ldots, x_m]$. Ist $m = 0$, so gilt $\mathcal{A} = \{x_0\}$ und $\dim(\mathcal{A}) = 0$; ist $m \geq 1$ und sind $x_0, \ldots, x_m$ geometrisch unabhängig, so ist $\dim(\mathcal{A}) = m$, und jedes $x \in \mathcal{A}$ hat genau eine Darstellung $x = \lambda_0 x_0 + \cdots + \lambda_m x_m$ mit $\lambda_0, \ldots, \lambda_m \in K$ und $\lambda_0 + \cdots + \lambda_m = 1$. Man nennt dann $\lambda_0, \ldots, \lambda_m$ die baryzentrischen Koordinaten von x bezüglich $x_0, \ldots, x_m$ und sagt, daß $\mathcal{A} = x_0 + \langle x_1 - x_0, \ldots, x_m - x_0 \rangle$ eine Parameterdarstellung von $\mathcal{A}$ ist. [Man verwendet diese Sprechweise auch für die Darstellung $\mathcal{A} = y_0 + U_\mathcal{A}$ mit einem $y_0 \in \mathcal{A}$ und dem Unterraum $U_\mathcal{A}$ von V.]

(2.8.24) In den folgenden Abschnitten dieses Paragraphen werden der Einfachheit halber lineare Varietäten in K^n betrachtet; es wird insbesondere gezeigt, wie man lineare Varietäten durch lineare Gleichungssysteme beschreiben kann.

(2.8.25) Satz: (1) Es sei $\mathcal{A}$ eine lineare Varietät in K^n. Dann gibt es $m \in \mathbb{N}$, $A \in M(m,n;K)$ und $b \in K^m$ mit $\mathcal{A} = \{x \in K^n \mid Ax = b\}$.
(2) Es seien $A \in M(m,n;K)$, $b \in K^m$. Dann ist $\mathcal{A} := \{x \in K^n \mid Ax = b\}$ eine lineare Varietät in K^n, und es gilt $U_\mathcal{A} = \{u \in K^n \mid Au = 0\}$, falls $\mathcal{A} \neq \emptyset$ ist.

Beweis: (1) Ist $\mathcal{A} = \emptyset$, so setzt man $m := n$, $A := 0 \in M(n;K)$ und $b := {}^t(1,\ldots,1) \in K^n$.
Ist $\dim(\mathcal{A}) = 0$, so besteht $\mathcal{A}$ aus einem einzigen Punkt $x_0 \in K^n$, und man setzt $m := n$, $A := E_n$, $b := x_0$. Ist $\dim(\mathcal{A}) = n$, so ist $\mathcal{A} = K^n$, und man setzt $m := n$, $A := 0 \in M(n;K)$, $b := {}^t(0,\ldots,0) \in K^n$.
Es gelte $1 \leq d := \dim(\mathcal{A}) \leq n-1$. Dann ist $U_\mathcal{A}$ ein d-dimensionaler Unterraum von K^n. Nach (2.7.15) gibt es ein $A \in M(n-d,n;K)$ mit $U_\mathcal{A} = \{x \in K^n \mid Ax = 0\}$. Es sei $x_0 \in \mathcal{A}$. Dann ist $b := Ax_0 \in K^{n-d}$, und es gilt

$$\begin{aligned}\mathcal{A} &= x_0 + U_\mathcal{A} = \{x_0 + u \mid u \in U_\mathcal{A}\} = \{x_0 + u \mid u \in K^n, Ax = 0\}\\ &= \{x \in K^n \mid A(x - x_0) = 0\} = \{x \in K^n \mid Ax = b\}.\end{aligned}$$

(2) Es seien $A \in M(m,n;K)$ und $b \in K^m$; es sei $\mathcal{A}$ die Lösungsmenge von $Ax = b$. Ist $\mathcal{A} = \emptyset$, so ist $\mathcal{A}$ eine lineare Varietät. Ist $\mathcal{A} \neq \emptyset$, so ist nach (2.7.3)(3) $\mathcal{A} = x_0 + N_A$ mit einem $x_0 \in K^n$ und dem Unterraum $N_A = \{u \in K^n \mid Au = 0\}$ von K^n; nach (2.8.5) ist $\mathcal{A}$ eine lineare Varietät, und es gilt $U_\mathcal{A} = N_A$.

(2.8.26) Ein lineares Gleichungssystem für eine lineare Varietät: Es seien $m \in \mathbb{N}_0$ und $x_0, \ldots, x_m \in K^n$, und es sei $\mathcal{A} = [x_0, \ldots, x_m]$. Es wird ein lineares Gleichungssystem angegeben, dessen Lösungsmenge gerade $\mathcal{A}$ ist.
1. Schritt: Sind alle $x_0, \ldots, x_m$ gleich, so setzt man $A := E_n$ und $b := x_0$. Dann ist $\mathcal{A}$ die Lösungsmenge des linearen Gleichungssystems $Ax = b$. Im anderen Fall ist $m > 0$, und man bestimmt $d := \dim(U_\mathcal{A}) = \dim(\mathcal{A})$ und eine Basis $\{b_1, \ldots, b_d\} \subset \{x_1 - x_0, \ldots, x_m - x_0\}$ von $U_\mathcal{A}$ [vgl. (2.2.18)]. Ist $d = n$, so ist $\mathcal{A} = K^n$. In diesem Fall gilt mit $A := 0 \in M(n;K)$ und $b := 0 \in K^n$: Es ist $\mathcal{A} = \{x \in K^n \mid Ax = b\}$. Es gelte von jetzt an $d < n$.
2. Schritt: Zu der Matrix $B := (b_1, \ldots, b_d) \in M(n,d;K)$ bestimmt man eine Basis $\{a_1, \ldots, a_{n-d}\}$ des Unterraums $W_B := \{y \in M(1,n;K) \mid yB = 0\}$ von $M(1,n;K)$ [vgl. (2.7.11)].
3. Schritt: Es sei $A \in M(d-n,n;K)$ die Matrix mit den Zeilen $a_1, \ldots, a_{n-d}$. Dann ist [vgl. (2.7.15)]

$$\langle x_1 - x_0, \ldots, x_m - x_0 \rangle = \{x \in K^n \mid Ax = 0\},$$

und mit $b := x_0$ gilt $\mathcal{A} = \{x \in K^n \mid Ax = b\}$.

(2.8.27) Parameterdarstellung einer linearen Varietät: Es seien $A \in M(m,n;K)$ und $b \in K^m$. Um eine Parameterdarstellung der linearen Varietät $\mathcal{A} = \{x \in K^n \mid Ax = b\}$ zu bestimmen, geht man so vor:

8 Lineare Geometrie

Hat das lineare Gleichungssystem $Ax = b$ keine Lösung, so ist $\mathcal{A} = \emptyset$. In diesem Fall ist nichts zu tun. Im anderen Fall bestimmt man eine Lösung x_0 des Systems $Ax = b$ und eine Basis $\{b_1, \ldots, b_d\}$ von $N_A = \{x \in K^n \mid Ax = 0\}$ [vgl. (2.7.15)]. Dann ist

$$\mathcal{A} = x_0 + \langle b_1, \ldots, b_d \rangle = [x_0 + b_1, \ldots, x_0 + b_d].$$

[Ist $d = 0$, so ist $\mathcal{A} = \{x_0\}$.]

(2.8.28) Es sei $\mathcal{H}$ eine Hyperebene in K^n. Dann gibt es nach (2.8.26) und (2.8.27) ein von 0 verschiedenes $a = (\alpha_1, \ldots, \alpha_n) \in M(1, n; K)$ und ein $\beta \in K$, sowie ein $x_0 \in \mathcal{H}$ und $n - 1$ linear unabhängige $x_1, \ldots, x_{n-1} \in K^n$ mit

$$\begin{aligned}\mathcal{H} &= \{{}^t(\xi_1, \ldots, \xi_n) \in K^n \mid \alpha_1 \xi_1 + \cdots + \alpha_n \xi_n = \beta\} \\ &= \{x \in K^n \mid ax = \beta\} \\ &= \{x_0 + \lambda_1 x_1 + \cdots + \lambda_{n-1} x_{n-1} \mid \lambda_1, \ldots, \lambda_{n-1} \in K\}.\end{aligned}$$

(2.8.29) Durchschnitt und Verbindungsraum: Es seien $\mathcal{A}$ und $\mathcal{B}$ lineare Varietäten in K^n.
(1) Um den Durchschnitt $\mathcal{A} \cap \mathcal{B}$ zu ermitteln, geht man so vor: Man beschreibt $\mathcal{A}$ und $\mathcal{B}$ durch lineare Gleichungssysteme: Es seien $A \in M(p, n; K)$, $B \in M(q, n; K)$, $b \in K^p$, $c \in K^q$ so, daß

$$\mathcal{A} = \{x \in K^n \mid Ax = b\}, \quad \mathcal{B} = \{x \in K^n \mid Bx = c\}$$

gilt. Für

$$C := \begin{pmatrix} A \\ B \end{pmatrix} \in M(p+q, n; K) \quad \text{und} \quad d := \begin{pmatrix} b \\ c \end{pmatrix} \in K^{p+q}$$

gilt

$$\mathcal{A} \cap \mathcal{B} = \{x \in K^n \mid Cx = d\}.$$

(2) Um den Verbindungsraum $\mathcal{A} \vee \mathcal{B}$ zu bestimmen, geht man so vor: Ist $\mathcal{A} = \emptyset$ oder $\mathcal{B} = \emptyset$, so ist nichts zu tun. Andernfalls bestimmt man Parameterdarstellungen $\mathcal{A} = x_0 + U_\mathcal{A}$, $\mathcal{B} = y_0 + U_\mathcal{B}$ von $\mathcal{A}$ und $\mathcal{B}$, setzt $W = U_\mathcal{A} + U_\mathcal{B} + \langle x_0 - y_0 \rangle = \{u + v + \lambda(x_0 - y_0) \mid u \in U_\mathcal{A}, v \in U_\mathcal{B}, \lambda \in K\}$, und erhält [vgl. (2.8.18)] $\mathcal{A} \vee \mathcal{B} = x_0 + W$. Ist $\mathcal{A} \cap \mathcal{B} \neq \emptyset$, so kann man $x_0 = y_0 \in \mathcal{A} \cap \mathcal{B}$ wählen und erhält wie in (2.8.18) $\mathcal{A} \vee \mathcal{B} = x_0 + (U_\mathcal{A} + U_\mathcal{B})$.

(2.8.30) Beispiel: (a) In $\mathbb{R}^3$ seien die Ebenen

$$\begin{aligned}\mathcal{E} &:= \{{}^t(0,1,2) + \lambda\, {}^t(1,-1,1) + \mu\, {}^t(1,1,1) \mid \lambda, \mu \in \mathbb{R}\}, \\ \mathcal{F} &:= \{{}^t(1,-2,0) + \lambda\, {}^t(1,0,-1) + \mu\, {}^t(1,2,3) \mid \lambda, \mu \in \mathbb{R}\}\end{aligned}$$

gegeben. Um $\mathcal{E}$ durch ein lineares Gleichungssystem zu beschreiben, wendet man das Verfahren aus (2.8.26) an: Mit den dort benützten Bezeichnungen gilt

$$B = \begin{pmatrix} 1 & 1 \\ -1 & 1 \\ 1 & 1 \end{pmatrix}, \quad A = (1, 0, -1) \quad \text{und} \quad b = A \begin{pmatrix} 0 \\ 1 \\ 2 \end{pmatrix} = -2,$$

und daher ist

$$\mathcal{E} = \{x \in \mathbb{R}^3 \mid Ax = -2\} = \{{}^t(\xi_1, \xi_2, \xi_3) \in \mathbb{R}^3 \mid \xi_1 - \xi_3 = -2\}.$$

Entsprechend findet man für $\mathcal{F}$

$$B = \begin{pmatrix} 1 & 1 \\ 0 & 2 \\ -1 & 3 \end{pmatrix}, \quad A = (-1, 2, -1) \quad \text{und} \quad b = A \begin{pmatrix} 1 \\ -2 \\ 0 \end{pmatrix} = -5,$$

und daher ist

$$\mathcal{F} = \{x \in \mathbb{R}^3 \mid Ax = -5\} = \{{}^t(\xi_1, \xi_2, \xi_3) \in \mathbb{R}^3 \mid -\xi_1 + 2\xi_2 - \xi_3 = -5\}.$$

Die Ebenen $\mathcal{E}$ und $\mathcal{F}$ schneiden sich in der Geraden

$$\mathcal{G} := \mathcal{E} \cap \mathcal{F} = \left\{ x \in \mathbb{R}^3 \, \Big| \, \begin{pmatrix} 1 & 0 & -1 \\ -1 & 2 & -1 \end{pmatrix} x = \begin{pmatrix} -2 \\ -5 \end{pmatrix} \right\}.$$

Man findet: Es gilt

$$x_0 := {}^t(-2, -7/2, 0) \in \mathcal{G} \quad \text{und} \quad U_\mathcal{G} = \langle {}^t(-1, -1, -1) \rangle.$$

(b) Es sei $p := {}^t(1, 1/2, 1)$, und es sei $\mathcal{V} := [\mathcal{G} \cup \{p\}]$ der Verbindungsraum der Geraden $\mathcal{G}$ und des Punktes p. Nach (2.8.14) ist $U_\mathcal{V} = U_\mathcal{G} + U_{\{p\}} + \langle x_0 - p \rangle = \langle {}^t(-1, -1, -1) \rangle + \{0\} + \langle {}^t(-3, -4, -1) \rangle = \langle {}^t(-1, -1, -1), {}^t(-3, -4, -1) \rangle$ und

$$\begin{aligned}\mathcal{V} &= x_0 + U_\mathcal{V} \\ &= \{{}^t(-2, -7/2, 0) + \lambda \, {}^t(-1, -1, -1) + \mu \, {}^t(-3, -4, -1) \mid \lambda, \mu \in \mathbb{R}\}.\end{aligned}$$

Also ist $\mathcal{V}$ eine Ebene, und gemäß (2.8.26) ergibt sich

$$\mathcal{V} = \{{}^t(\xi_1, \xi_2, \xi_3) \in \mathbb{R}^3 \mid 3\xi_1 - 2\xi_2 - \xi_3 = 1\}.$$

(c) Für die Gerade $\mathcal{H} := \{{}^t(2, 3, -3) + \lambda \, {}^t(1, 3, 2) \mid \lambda \in \mathbb{R}\}$ ergibt sich gemäß (2.8.26): Es ist

$$\mathcal{H} = \left\{ x \in \mathbb{R}^3 \, \Big| \, \begin{pmatrix} 3 & -1 & 0 \\ 2 & 0 & -1 \end{pmatrix} x = \begin{pmatrix} 3 \\ 7 \end{pmatrix} \right\},$$

8 Lineare Geometrie

und daher ist

$$\mathcal{V} \cap \mathcal{H} = \left\{ x \in \mathbb{R}^3 \;\middle|\; \begin{pmatrix} 3 & -2 & -1 \\ 3 & -1 & 0 \\ 2 & 0 & -1 \end{pmatrix} x = \begin{pmatrix} 1 \\ 3 \\ 7 \end{pmatrix} \right\} = \begin{pmatrix} 12/5 \\ 21/5 \\ -11/5 \end{pmatrix}.$$

Die Ebene $\mathcal{V}$ und die Gerade $\mathcal{H}$ haben also genau einen Punkt gemeinsam, und dieser Schnittpunkt ist der Punkt $^t(12/5, 21/5, -11/5)$.

(2.8.31) Bemerkung: Man kann mit Hilfe der linearen Algebra eine begrifflich saubere Grundlegung der affinen und der euklidischen Geometrie geben. Dazu sei auf das Buch [4] von H.-J. Kowalsky und G. O. Michler und auf das Buch [12] von H. Zieschang verwiesen.

Aufgaben

A(2.8.1) Es seien p, q und $r \in \mathbb{R}^2$ drei geometrisch unabhängige Punkte. Es sei $a := (1/2)(p+q)$, $b := (1/2)(q+r)$, $c := (1/2)(r+p)$. Man zeige, daß die drei Geraden durch a und r, durch b und p und durch c und q sich in dem Punkt $(1/3)(p+q+r)$ schneiden.

A(2.8.2) Es sei V ein K-Vektorraum.
(1) Man zeige: $\|$ ist eine Äquivalenzrelation auf der Menge der Geraden in V.
(2) Man beweise das „Parallelenaxiom" von Euklid: Zu jeder Geraden $\mathcal{G} \subset V$ und jedem Punkt $p \in V$ gibt es eine und nur eine Gerade in V, die durch p geht und zu $\mathcal{G}$ parallel ist.

A(2.8.3) Es sei V ein K-Vektorraum einer Dimension ≥ 2, es seien p_1, p_2, p_3, p_4 und p_5 paarweise verschiedene Punkte in V, und es gelte $[p_1, p_2] \| [p_3, p_5]$ und $[p_2, p_3] \| [p_1, p_4]$. Man beweise: Es gibt eine Ebene $\mathcal{E} \subset V$, die durch jeden der Punkte p_1, p_2, p_3, p_4 und p_5 geht.

A(2.8.4) Es sei V ein K-Vektorraum, es sei $\mathfrak{M}$ eine Menge von Geraden in V, und für alle $\mathcal{G}, \mathcal{H} \in \mathfrak{M}$ gelte $\mathcal{G} \cap \mathcal{H} \neq \emptyset$. Man zeige: Es gibt einen Punkt $p \in V$, der auf jeder Geraden $\mathcal{G} \in \mathfrak{M}$ liegt, oder es gibt eine Ebene $\mathcal{E} \subset V$, in der jede Gerade $\mathcal{G} \in \mathfrak{M}$ liegt.

A(2.8.5) Es sei V ein K-Vektorraum einer Dimension ≥ 3, und es seien $\mathcal{G}$ und $\mathcal{H}$ zueinander windschiefe Geraden in V; es seien p_1 und p_2 zwei verschiedene Punkte auf $\mathcal{G}$, und es seien q_1 und q_2 zwei verschiedene Punkte auf $\mathcal{H}$. Man beweise: Dann sind die Verbindungsgeraden $[p_1, q_1]$ und $[p_2, q_2]$ ebenfalls zueinander windschief.

III Determinanten

1 Permutationen

(3.1.1) In diesem Paragraphen ist n stets eine natürliche Zahl, und S_n ist die symmetrische Gruppe vom Grad n.

(3.1.2) Bemerkung: Von der symmetrischen Gruppe S_n ist in (1.3.6) die Rede. Es ist S_n die Menge der bijektiven Abbildungen σ der Menge $\{1,\ldots,n\}$ in sich. Es gilt $\#(S_n) = n!$. Die Verknüpfung auf S_n ist die Hintereinanderausführung $\circ$; für $\sigma,\tau \in S_n$ wird $\sigma\tau := \sigma \circ \tau$ gesetzt und das Produkt von σ und τ genannt. Das neutrale Element ist die identische Abbildung $\varepsilon_n = \mathrm{id}_{\{1,\ldots,n\}}$, und für jedes $\sigma \in S_n$ gilt: Invers zu σ in der Gruppe S_n ist die Umkehrabbildung σ^{-1} von σ. Für jedes $\sigma \in S_n$ schreibt man

$$\sigma = \begin{pmatrix} 1 & 2 & \ldots & i & \ldots & n \\ \sigma(1) & \sigma(2) & \ldots & \sigma(i) & \ldots & \sigma(n) \end{pmatrix}.$$

(3.1.3) Definition: Es sei $\sigma \in S_n$. Sind $i, j \in \{1,\ldots,n\}$ und gilt $i < j$ und $\sigma(i) > \sigma(j)$, so heißt (i,j) ein Inversionspaar für σ. Die Anzahl $a(\sigma)$ der Inversionspaare für σ heißt die Inversionszahl von σ, und

$$\mathrm{sign}(\sigma) := (-1)^{a(\sigma)}$$

heißt die Signatur von σ.

(3.1.4) Beispiel: (1) Für das neutrale Element ε_n von S_n gilt $a(\varepsilon_n) = 0$ und daher $\mathrm{sign}(\varepsilon_n) = 1$.
(2) Für

$$\sigma = \begin{pmatrix} 1 & 2 & 3 & 4 & 5 \\ 2 & 5 & 4 & 3 & 1 \end{pmatrix} \in S_5$$

sind $(1,5), (2,3), (2,4), (2,5), (3,4), (3,5)$ und $(4,5)$ die Inversionspaare, und daher gilt $a(\sigma) = 7$ und $\mathrm{sign}(\sigma) = -1$.

(3.1.5) Definition: (1) Es sei $\tau \in S_n$, und es gelte: Es gibt $j, k \in \{1,\ldots,n\}$ mit $j \neq k$, mit $\tau(j) = k$ und $\tau(k) = j$ und mit $\tau(i) = i$ für jedes $i \in \{1,\ldots,n\}$ mit $i \neq j$ und $i \neq k$. Man nennt dann τ eine Transposition und schreibt $\tau = (j \quad k) = (k \quad j)$.
(2) Die Transpositionen $(1 \quad 2), (2 \quad 3),\ldots,(i \quad i{+}1),\ldots,(n{-}1 \quad n) \in S_n$ heißen Standardtranspositionen.

1 Permutationen

(3.1.6) Hilfssatz: *Es sei $\tau \in S_n$ eine Transposition. Dann existieren ein $q \in \mathbb{N}_0$ und Standardtranspositionen $\tau_1, \ldots, \tau_{2q+1} \in S_n$ mit $\tau = \tau_1 \cdots \tau_{2q+1}$.*

Beweis: Es existieren $j, k \in \{1, \ldots, n\}$ mit $j < k$ und mit $\tau = (j\ k)$. Ist $k - j = 1$, so ist τ eine Standardtransposition. Gilt $k - j > 1$ und ist bereits gezeigt, daß es ein $p \in \mathbb{N}_0$ und Standardtranspositionen $\tau_1, \ldots, \tau_{2p+1} \in S_n$ mit $(j\ k-1) = \tau_1 \cdots \tau_{2p+1}$ gibt, so folgt $\tau = (j\ k) = (k-1\ k)(j\ k-1)(k-1\ k) = (k-1\ k)\tau_1 \cdots \tau_{2p+1}(k-1\ k)$, und somit ist τ das Produkt von $2p + 3$ Standardtranspositionen.

(3.1.7) Satz: *Jede Permutation in S_n ist ein Produkt von Standardtranspositionen in S_n.*

Beweis: Für jedes $\rho \in S_n$ hat die Menge $M(\rho) := \{i \mid 1 \leq i \leq n;\ \rho(i) \neq i\}$ höchstens n Elemente.
Es sei $\sigma \in S_n$. Ist $\#(M(\sigma)) = 0$, so ist $\sigma = \varepsilon_n$, und man verabredet: ε_n ist das Produkt von 0 Standardtranspositionen [vgl. eine ähnliche Verabredung in (1.4.2)(4)]. Es gelte jetzt $\sigma \neq \varepsilon_n$, und es sei bereits bewiesen: Jedes $\rho \in S_n$ mit $\#(M(\rho)) < \#(M(\sigma))$ ist Produkt von Standardtranspositionen in S_n. Wegen $M(\sigma) \neq \emptyset$ gibt es ein $j \in M(\sigma)$. Es ist $k := \sigma(j) \neq j$, und da σ injektiv ist, ist $\sigma(k) \neq \sigma(j) = k$, d.h. es ist $k \in M(\sigma)$. Für die Transposition $\tau := (j\ k) \in S_n$ gilt $\tau\sigma(j) = \tau(k) = j$, und für jedes $i \in \{1, \ldots, n\}$ mit $i \neq j$ und $i \neq k$ gilt $\tau\sigma(i) = \tau(i) = i$. Also gilt $M(\tau\sigma) \subset M(\sigma) \smallsetminus \{j\}$ und daher $\#(M(\tau\sigma)) \leq \#(M(\sigma)) - 1$. Nach Induktionsvoraussetzung gibt es daher Standardtranspositionen $\tau_1, \ldots, \tau_s \in S_n$ mit $\tau\sigma = \tau_1 \cdots \tau_s$. Nach (3.1.6) gibt es Standardtranspositionen $\tau_1', \ldots, \tau_t' \in S_n$ mit $\tau = \tau_1' \cdots \tau_t'$, und wegen $\tau^{-1} = \tau$ gilt $\sigma = \tau^{-1}(\tau\sigma) = \tau(\tau\sigma) = \tau_1' \cdots \tau_t'\tau_1 \cdots \tau_s$. Damit ist der Satz bewiesen.

(3.1.8) Hilfssatz: *Es sei $\sigma \in S_n$, und es seien $\tau_1, \ldots, \tau_r \in S_n$ Standardtranspositionen mit $\sigma = \tau_1 \cdots \tau_r$. Dann gilt*

$$\text{sign}(\sigma) = (-1)^r.$$

Beweis: (a) Es sei $\rho \in S_n$, es sei $j \in \{1, \ldots, n-1\}$, und es sei $\tau := (j\ j+1) \in S_n$. Dann ist

$$\rho\tau = \begin{pmatrix} 1 & \cdots & j-1 & j & j+1 & j+2 & \cdots & n \\ \rho(1) & \cdots & \rho(j-1) & \rho(j+1) & \rho(j) & \rho(j+2) & \cdots & \rho(n) \end{pmatrix},$$

und man sieht, daß

$$a(\rho\tau) = \begin{cases} a(\rho) + 1, & \text{falls } \rho(j) < \rho(j+1) \text{ ist,} \\ a(\rho) - 1, & \text{falls } \rho(j) > \rho(j+1) \text{ ist,} \end{cases}$$

gilt, denn ist $\rho(j) < \rho(j+1)$, so ist $(j, j+1)$ kein Inversionspaar für ρ, aber eines für $\rho\tau$, und ist $\rho(j) > \rho(j+1)$, so ist $(j, j+1)$ ein Inversionspaar für ρ, aber keines für $\rho\tau$. Also gilt $\text{sign}(\rho\tau) = -\text{sign}(\rho)$.
(b) Es sei $\sigma \in S_n$, und es seien $\tau_1, \ldots, \tau_r \in S_n$ Standardtranspositionen mit $\sigma = \tau_1 \cdots \tau_r$. Dann ist $\text{sign}(\sigma) = (-1)^r$. Denn ist $r = 0$, so ist nichts zu beweisen, und ist $r > 0$ und ist bereits bewiesen, daß die Permutation $\rho := \tau_1 \cdots \tau_{r-1} \in S_n$ die Signatur $(-1)^{r-1}$ besitzt, so folgt

$$\begin{aligned} \text{sign}(\sigma) &= \text{sign}(\rho\tau_r) = (-1)^{a(\rho\tau_r)} \stackrel{(a)}{=} (-1)^{a(\rho)\pm 1} \\ &= -\text{sign}(\rho) \stackrel{(\text{Ind.Vsg.})}{=} -(-1)^{r-1} = (-1)^r. \end{aligned}$$

Damit ist der Hilfssatz bewiesen.

(3.1.9) Satz: (1) *Für alle* $\rho, \sigma \in S_n$ *gilt* $\text{sign}(\rho\sigma) = \text{sign}(\rho)\text{sign}(\sigma)$.
(2) *Für jedes* $\sigma \in S_n$ *gilt* $\text{sign}(\sigma^{-1}) = \text{sign}(\sigma)$.
(3) $A_n := \{\sigma \in S_n \mid \text{sign}(\sigma) = 1\}$ *ist eine Untergruppe von* S_n.

Beweis: (1) folgt aus (3.1.7) und (3.1.8).
(2) Für jedes $\sigma \in S_n$ gilt

$$\text{sign}(\sigma^{-1})\text{sign}(\sigma) \stackrel{(1)}{=} \text{sign}(\sigma^{-1}\sigma) = \text{sign}(\varepsilon_n) = 1$$

und daher $\text{sign}(\sigma^{-1}) = \text{sign}(\sigma)$.
(3) Wegen $\text{sign}(\varepsilon_n) = 1$ ist $\varepsilon_n \in A_n$. Sind $\sigma, \tau \in A_n$, so gilt nach (1) $\text{sign}(\sigma\tau) = \text{sign}(\sigma)\text{sign}(\tau) = 1$ und nach (2) $\text{sign}(\sigma^{-1}) = \text{sign}(\sigma) = 1$, also $\sigma\tau \in A_n$ und $\sigma^{-1} \in A_n$. Also ist A_n eine Untergruppe von S_n.

(3.1.10) Bezeichnung: Die Untergruppe $A_n = \{\sigma \in S_n \mid \text{sign}(\sigma) = 1\}$ der symmetrischen Gruppe S_n heißt die alternierende Gruppe vom Grad n.

(3.1.11) Folgerung: (1) *Für jede Transposition* $\tau \in S_n$ *ist* $\text{sign}(\tau) = -1$.
(2) *Sind* $\tau_1, \ldots, \tau_m \in S_n$ *Transpositionen, so gilt*

$$\text{sign}(\tau_1 \cdots \tau_m) = (-1)^m.$$

(3) *Für jede Transposition* $\tau \in S_n$ *ist* $\sigma \mapsto \sigma\tau : A_n \to S_n \smallsetminus A_n$ *eine bijektive Abbildung.*
(4) *Ist* $n \geq 2$, *so gilt* $\#(A_n) = \#(S_n \smallsetminus A_n) = n!/2$.

Beweis: (1) folgt aus (3.1.6) und (3.1.8), und (2) aus (1) und (3.1.9)(1).
(3) Es sei $\tau \in S_n$ eine Transposition. Für jedes $\sigma \in A_n$ gilt $\text{sign}(\sigma\tau) = \text{sign}(\sigma)\text{sign}(\tau) = -1$, also $\sigma\tau \in S_n \smallsetminus A_n$; für jedes $\rho \in S_n \smallsetminus A_n$ gilt $\text{sign}(\rho\tau) = \text{sign}(\rho)\text{sign}(\tau) = 1$, also $\rho\tau \in A_n$. $\sigma \mapsto \sigma\tau : A_n \to S_n \smallsetminus A_n$ ist bijektiv; die Umkehrabbildung ist die Abbildung $\rho \mapsto \rho\tau : S_n \smallsetminus A_n \to A_n$.
(4) Es sei $n \geq 2$. Nach (3) ist $\sigma \mapsto \sigma(1\ 2) : A_n \to S_n \smallsetminus A_n$ bijektiv. Also ist $\#(A_n) = \#(S_n \smallsetminus A_n)$, und daher gilt $\#(A_n) = \#(S_n)/2 = n!/2$.

2 Determinanten

(3.2.1) In diesem Paragraphen ist R stets ein kommutativer Ring, und n ist jeweils eine natürliche Zahl.

(3.2.2) Definition: Es sei $A = (\alpha_{ij}) \in M(n; R)$. Dann heißt

$$\det(A) = \begin{vmatrix} \alpha_{11} & \alpha_{12} & \cdots & \alpha_{1n} \\ \alpha_{21} & \alpha_{22} & \cdots & \alpha_{2n} \\ \vdots & \vdots & & \vdots \\ \alpha_{n1} & \alpha_{n2} & \cdots & \alpha_{nn} \end{vmatrix} := \sum_{\sigma \in S_n} \text{sign}(\sigma) \prod_{j=1}^{n} A[\sigma(j), j] \in R$$

die Determinante von A.

(3.2.3) Beispiel: (1) Es ist $S_1 = \{\varepsilon_1\}$. Für jedes $A = (\alpha_{11}) \in M(1; R)$ ist $\det(A) = \alpha_{11}$.
(2) Es ist $S_2 = \{\varepsilon_2, \tau\}$ mit $\tau = (1\ 2)$. Für jedes $A = (\alpha_{ij}) \in M(2; R)$ ist

$$\begin{aligned} \det(A) &= \begin{vmatrix} \alpha_{11} & \alpha_{12} \\ \alpha_{21} & \alpha_{22} \end{vmatrix} = \text{sign}(\varepsilon_2)\,\alpha_{11}\alpha_{22} + \text{sign}(\tau)\,\alpha_{12}\alpha_{21} \\ &= \alpha_{11}\alpha_{22} - \alpha_{12}\alpha_{21}. \end{aligned}$$

(3) Es ist $S_3 = \{\varepsilon_3, \tau_1, \tau_2, \tau_3, \sigma_1, \sigma_2\}$ mit $\tau_1 = (2\ 3)$, $\tau_2 = (1\ 3)$, $\tau_3 = (1\ 2)$ und

$$\sigma_1 = \begin{pmatrix} 1 & 2 & 3 \\ 2 & 3 & 1 \end{pmatrix} = (1\ 2)(2\ 3),\ \sigma_2 = \begin{pmatrix} 1 & 2 & 3 \\ 3 & 1 & 2 \end{pmatrix} = (2\ 3)(1\ 2).$$

Für jedes $A = (\alpha_{ij}) \in M(3;R)$ gilt

$$\begin{aligned}\det(A) &= \alpha_{11}\alpha_{22}\alpha_{33} + \alpha_{12}\alpha_{23}\alpha_{31} + \alpha_{13}\alpha_{21}\alpha_{32}\\&\quad - \alpha_{31}\alpha_{22}\alpha_{13} - \alpha_{32}\alpha_{23}\alpha_{11} - \alpha_{33}\alpha_{21}\alpha_{12}.\end{aligned}$$

Merkregel [Regel von P. F. Sarrus (1798 – 1861)]: Man bilde aus der gegebenen (3,3)-Matrix A die (3,5)-Matrix

$$\begin{pmatrix} \alpha_{11} & \alpha_{12} & \alpha_{13} & \alpha_{11} & \alpha_{12} \\ \alpha_{21} & \alpha_{22} & \alpha_{23} & \alpha_{21} & \alpha_{22} \\ \alpha_{31} & \alpha_{32} & \alpha_{33} & \alpha_{31} & \alpha_{32} \end{pmatrix},$$

indem man die erste und die zweite Spalte von A als vierte und fünfte Spalte zu A hinzunimmt; dann subtrahiere man von der Summe der drei von links oben nach rechts unten zu bildenden „Diagonalprodukte" die Summe der drei von links unten nach rechts oben zu bildenden „Diagonalprodukte".

(4) Für $n \geq 4$ ist die Formel in (3.2.2) zum Rechnen wenig geeignet, da $n!$ rasch wächst.

(3.2.4) Satz: *Es sei $A \in M(n;R)$. Es gilt*

$$\det(A) = \sum_{\sigma \in S_n} \mathrm{sign}(\sigma) \prod_{i=1}^{n} A[\,i,\sigma(i)\,] = \det({}^t\!A).$$

Beweis: Es gilt

$$\begin{aligned}\det({}^t\!A) &\stackrel{(3.2.2)}{=} \sum_{\sigma \in S_n} \mathrm{sign}(\sigma) \prod_{i=1}^{n} ({}^t\!A)[\sigma(i),i]\\&= \sum_{\sigma \in S_n} \mathrm{sign}(\sigma) \prod_{i=1}^{n} A[\,i,\sigma(i)\,]\\&= \sum_{\sigma \in S_n} \mathrm{sign}(\sigma) \prod_{j=1}^{n} A[\,\sigma^{-1}(j),j\,]\\&\stackrel{(3.1.9)(2)}{=} \sum_{\sigma \in S_n} \mathrm{sign}(\sigma^{-1}) \prod_{j=1}^{n} A[\,\sigma^{-1}(j),j\,]\\&\stackrel{(*)}{=} \sum_{\sigma \in S_n} \mathrm{sign}(\sigma) \prod_{j=1}^{n} A[\,\sigma(j),j\,] \;=\; \det(A)\end{aligned}$$

[$(*)$ gilt, weil $\sigma \mapsto \sigma^{-1}: S_n \to S_n$ eine bijektive Abbildung ist].

2 Determinanten

(3.2.5) Hilfssatz: *Es seien $A \in M(n;R)$, $b = {}^t(\beta_1, \ldots, \beta_n) \in R^n$, λ, $\mu \in R$ und $k \in \{1, \ldots, n\}$. Es gilt*

$$\det(A_{\bullet 1}, \ldots, A_{\bullet k-1}, \lambda A_{\bullet k} + \mu b, A_{\bullet k+1}, \ldots, A_{\bullet n})$$
$$= \lambda \det(A) + \mu \det(A_{\bullet 1}, \ldots, A_{\bullet k-1}, b, A_{\bullet k+1}, \ldots, A_{\bullet n}).$$

Beweis: Für die Matrix

$$B := (A_{\bullet 1}, \ldots, A_{\bullet k-1}, \lambda A_{\bullet k} + \mu b, A_{\bullet k+1}, \ldots, A_{\bullet n}) \in M(n;R)$$

gilt

$$\begin{aligned}
\det(B) &= \sum_{\sigma \in S_n} \operatorname{sign}(\sigma) \prod_{j=1}^{n} B[\sigma(j), j] \\
&= \sum_{\sigma \in S_n} \operatorname{sign}(\sigma) \prod_{j=1, j \neq k}^{n} A[\sigma(j), j] \left(\lambda A[\sigma(k), k] + \mu \beta_{\sigma(k)}\right) \\
&= \lambda \cdot \sum_{\sigma \in S_n} \operatorname{sign}(\sigma) \prod_{j=1}^{n} A[\sigma(j), j] \\
&\quad + \mu \cdot \sum_{\sigma \in S_n} \operatorname{sign}(\sigma) \prod_{j=1, j \neq k}^{n} A[\sigma(j), j] \beta_{\sigma(k)} \\
&= \lambda \det(A) + \mu \det(A_{\bullet 1}, \ldots, A_{\bullet k-1}, b, A_{\bullet k+1}, \ldots, A_{\bullet n}).
\end{aligned}$$

(3.2.6) Satz: *Es sei $A \in M(n;R)$.*
(1) *Wenn es ein $k \in \{1, \ldots, n\}$ mit $A_{\bullet k} = 0$ gibt, so ist $\det(A) = 0$.*
(2) *Wenn es $k, l \in \{1, \ldots, n\}$ mit $k \neq l$ und mit $A_{\bullet k} = A_{\bullet l}$ gibt, so ist $\det(A) = 0$.*
(3) *Für alle $k, l \in \{1, \ldots, n\}$ mit $k \neq l$ und für jedes $\lambda \in R$ ist*

$$\det(A_{\bullet 1}, \ldots, A_{\bullet k-1}, A_{\bullet k} + \lambda A_{\bullet l}, A_{\bullet k+1}, \ldots, A_{\bullet n}) = \det(A).$$

(4) *Für jedes $k \in \{1, \ldots, n\}$ und jedes $\lambda \in R$ ist*

$$\det(A_{\bullet 1}, \ldots, A_{\bullet k-1}, \lambda A_{\bullet k}, A_{\bullet k+1}, \ldots, A_{\bullet n}) = \lambda \det(A).$$

(5) *Für jedes $\rho \in S_n$ ist*

$$\det(A_{\bullet \rho(1)}, \ldots, A_{\bullet \rho(n)}) = \operatorname{sign}(\rho) \det(A).$$

(6) *Für jedes $\lambda \in R$ ist $\det(\lambda A) = \lambda^n \det(A)$.*

Beweis: (1) Es sei $k \in \{1, \ldots, n\}$, und es gelte $A_{\bullet k} = 0$. Dann ist

$$\det(A) = \sum_{\sigma \in S_n} \text{sign}(\sigma) \prod_{j=1, j \neq k}^{n} A[\,\sigma(j), j\,] \, A[\,\sigma(k), k\,] = 0.$$

(2) Es seien $k, l \in \{1, \ldots, n\}$ mit $k \neq l$, und es gelte $A_{\bullet k} = A_{\bullet l}$. Man setzt $\tau := (k \ \ l)$, $A_n := \{\sigma \in S_n \mid \text{sign}(\sigma) = 1\}$ und $B_n := S_n \smallsetminus A_n$. Es gilt $A_n \cup B_n = S_n$, $A_n \cap B_n = \emptyset$ und $B_n = \{\sigma\tau \mid \sigma \in A_n\}$ [vgl. (3.1.11)(3)]. Es gilt

$$\begin{aligned}\det(A) &= \sum_{\sigma \in A_n} \prod_{j=1}^{n} A[\,\sigma(j), j\,] - \sum_{\rho \in B_n} \prod_{j=1}^{n} A[\,\rho(j), j\,] \\ &= \sum_{\sigma \in A_n} \prod_{j=1}^{n} A[\,\sigma(j), j\,] - \sum_{\sigma \in A_n} \prod_{j=1}^{n} A[\,\sigma\tau(j), j\,] = 0,\end{aligned}$$

denn es gilt $\tau(k) = l$ und $\tau(l) = k$ und $\tau(i) = i$ für jedes $i \in \{1, \ldots, n\}$ mit $i \neq k$ und $i \neq l$, und daher ist für jedes $\sigma \in A_n$

$$\prod_{j=1}^{n} A[\,\sigma\tau(j), j\,] = A[\,\sigma(l), k\,] \cdot A[\,\sigma(k), l\,] \cdot \prod_{j \neq k, l} A[\,\sigma(j), j\,]$$

$$\stackrel{(*)}{=} A[\,\sigma(l), l\,] \cdot A[\,\sigma(k), k\,] \cdot \prod_{j \neq k, l} A[\,\sigma(j), j\,] = \prod_{j=1}^{n} A[\,\sigma(j), j\,]$$

[$(*)$ gilt wegen $A_{\bullet k} = A_{\bullet l}$].

(3) Es seien $k, l \in \{1, \ldots, n\}$ mit $k \neq l$, und es sei $\lambda \in R$. Dann gilt

$\det(A_{\bullet 1}, \ldots, A_{\bullet k-1}, A_{\bullet k} + \lambda A_{\bullet l}, A_{\bullet k+1}, \ldots, A_{\bullet n})$

$\stackrel{(3.2.5)}{=} \det(A) + \lambda \det(A_{\bullet 1}, \ldots, A_{\bullet l}, \ldots, A_{\bullet l}, \ldots, A_{\bullet n}) \stackrel{(2)}{=} \det(A).$

(4) folgt direkt aus (3.2.5), und (6) folgt aus (4).

(5) Es sei $\rho \in S_n$. Die Abbildung $\sigma \mapsto \rho\sigma \colon S_n \to S_n$ ist bijektiv [die Umkehrabbildung ist $\sigma \mapsto \rho^{-1}\sigma \colon S_n \to S_n$], und für jedes $\sigma \in S_n$ gilt

$$\text{sign}(\sigma) = \text{sign}(\rho)^2 \cdot \text{sign}(\sigma) \stackrel{(3.1.9)(1)}{=} \text{sign}(\rho) \cdot \text{sign}(\rho\sigma).$$

Für die Matrix $B := (A_{\bullet \rho(1)}, \ldots, A_{\bullet \rho(n)}) \in M(n; R)$ gilt: Für alle i, $j \in \{1, \ldots, n\}$ ist $B[i, j] = A[i, \rho(j)]$, und daher gilt

$$\det(B) \stackrel{(3.2.4)}{=} \sum_{\sigma \in S_n} \text{sign}(\sigma) \prod_{i=1}^{n} B[i, \sigma(i)]$$

2 Determinanten 155

$$= \sum_{\sigma \in S_n} \text{sign}(\sigma) \prod_{i=1}^{n} A[i, \rho\sigma(i)]$$

$$= \text{sign}(\rho) \cdot \sum_{\sigma \in S_n} \text{sign}(\rho\sigma) \prod_{i=1}^{n} A[i, \rho\sigma(i)]$$

$$= \text{sign}(\rho) \cdot \sum_{\tau \in S_n} \text{sign}(\tau) \prod_{i=1}^{n} A[i, \tau(i)]$$

$$= \text{sign}(\rho) \det(A).$$

Damit ist der Satz bewiesen.

Im Satz (3.2.6) wird untersucht, wie sich die Determinante einer Matrix bei Spaltenumformungen verhält. Der folgende Satz behandelt ein entsprechendes Resultat für Zeilenumformungen.

(3.2.7) Satz: *Es sei $A \in M(n; R)$.*
(1) Wenn es ein $k \in \{1, \ldots, n\}$ mit $A_{k\bullet} = 0$ gibt, so ist $\det(A) = 0$.
(2) Wenn es $k, l \in \{1, \ldots, n\}$ mit $k \neq l$ und mit $A_{k\bullet} = A_{l\bullet}$ gibt, so ist $\det(A) = 0$.
(3) Für alle $k, l \in \{1, \ldots, n\}$ mit $k \neq l$ und für jedes $\lambda \in R$ gilt

$$\det \begin{pmatrix} A_{1\bullet} \\ \vdots \\ A_{k-1\bullet} \\ A_{k\bullet} + \lambda A_{l\bullet} \\ A_{k+1\bullet} \\ \vdots \\ A_{n\bullet} \end{pmatrix} = \det(A).$$

(4) Für jedes $k \in \{1, \ldots, n\}$ und für jedes $\lambda \in R$ gilt

$$\det \begin{pmatrix} A_{1\bullet} \\ \vdots \\ A_{k-1\bullet} \\ \lambda A_{k\bullet} \\ A_{k+1\bullet} \\ \vdots \\ A_{n\bullet} \end{pmatrix} = \lambda \det(A).$$

(5) *Für jedes $\rho \in S_n$ gilt*

$$\det\begin{pmatrix} A_{\rho(1)\bullet} \\ A_{\rho(2)\bullet} \\ \vdots \\ A_{\rho(n)\bullet} \end{pmatrix} = \text{sign}(\rho)\det(A).$$

Beweis: (1) Es sei $k \in \{1,\ldots,n\}$, und es gelte $A_{k\bullet} = 0$. Dann gilt $({}^tA)_{\bullet k} = {}^t(A_{k\bullet}) = 0$, und es folgt

$$\det(A) \stackrel{(3.2.4)}{=} \det({}^tA) \stackrel{(3.2.6)(1)}{=} 0.$$

Jede der Aussagen (2)-(5) folgt wie eben mit Hilfe von (3.2.4) aus der entsprechenden Aussage im Satz (3.2.6).

(3.2.8) Beispiel: (1) Es sei $A \in \triangle(n;R)$. Dann ist

$$\det(A) = \prod_{i=1}^{n} A[i,i].$$

Beweis: Zu jedem $\sigma \in S_n$ mit $\sigma \neq \varepsilon_n$ gibt es ein $i \in \{1,\ldots,n\}$ mit $\sigma(i) < i$, also mit $A[i,\sigma(i)] = 0$. Es folgt

$$\det(A) = \text{sign}(\varepsilon_n)\prod_{i=1}^{n} A[i,\varepsilon_n(i)] + \sum_{\sigma \neq \varepsilon_n}\text{sign}(\sigma)\prod_{i=1}^{n} A[i,\sigma(i)] = \prod_{i=1}^{n} A[i,i].$$

(2) Es sei $A \in \triangledown(n;R)$. Dann gilt

$$\det(A) \stackrel{(3.2.4)}{=} \det({}^tA) \stackrel{(1)}{=} \prod_{i=1}^{n} A[i,i].$$

(3) Für alle $\alpha_1,\ldots,\alpha_n \in R$ gilt

$$\det(\text{diag}(\alpha_1,\ldots,\alpha_n)) \stackrel{(1)}{=} \prod_{i=1}^{n} \alpha_i.$$

Insbesondere gilt daher für die Einheitsmatrix $E_n \in M(n;R)$: Es ist $\det(E_n) = 1$.

2 Determinanten

(4) Für die Matrix

$$A := \begin{pmatrix} 0 & 2 & -1 & 4 \\ 2 & 1 & 3 & -5 \\ -1 & 4 & 2 & 1 \\ 3 & 0 & 2 & 0 \end{pmatrix} \in M(4; \mathbb{R})$$

gilt

$$
\begin{aligned}
\det(A) &\stackrel{(3.2.7)(5)}{=} - \begin{vmatrix} -1 & 4 & 2 & 1 \\ 2 & 1 & 3 & -5 \\ 0 & 2 & -1 & 4 \\ 3 & 0 & 2 & 0 \end{vmatrix} \\
&\stackrel{(3.2.7)(4)}{=} \begin{vmatrix} 1 & -4 & -2 & -1 \\ 2 & 1 & 3 & -5 \\ 0 & 2 & -1 & 4 \\ 3 & 0 & 2 & 0 \end{vmatrix} \\
&\stackrel{(3.2.7)(3)}{=} \begin{vmatrix} 1 & -4 & -2 & -1 \\ 0 & 9 & 7 & -3 \\ 0 & 2 & -1 & 4 \\ 0 & 12 & 8 & 3 \end{vmatrix} \\
&\stackrel{(3.2.7)(5),(4),(3)}{=} (-2) \cdot \begin{vmatrix} 1 & -4 & -2 & -1 \\ 0 & 1 & -1/2 & 2 \\ 0 & 0 & 23/2 & -21 \\ 0 & 0 & 14 & -21 \end{vmatrix} \\
&\stackrel{(3.2.7)(5),(4),(3)}{=} (-2) \cdot (-14) \cdot \begin{vmatrix} 1 & -4 & -2 & -1 \\ 0 & 1 & -1/2 & 2 \\ 0 & 0 & 1 & -3/2 \\ 0 & 0 & 0 & -15/4 \end{vmatrix} \\
&\stackrel{(1)}{=} (-2) \cdot (-14) \cdot \left(-\frac{15}{4}\right) = -105.
\end{aligned}
$$

(3.2.9) Satz: *Es seien $A, B \in M(n; R)$. Dann gilt*

$$\det(AB) = \det(A) \det(B).$$

Beweis: Es sei $C := AB$. Für jedes $j \in \{1, \ldots, n\}$ ist

$$C_{\bullet j} = \sum_{k=1}^{n} B[k, j] \, A_{\bullet k}.$$

Es gilt daher

$\det(C) =$
$= \det(C_{\bullet 1}, C_{\bullet 2}, \ldots, C_{\bullet n})$
$= \det\left(\sum_{k_1=1}^{n} B[k_1, 1] A_{\bullet k_1}, C_{\bullet 2}, \ldots, C_{\bullet n}\right)$
$\stackrel{(3.2.5)}{=} \sum_{k_1=1}^{n} B[k_1, 1] \det(A_{\bullet k_1}, C_{\bullet 2}, \ldots, C_{\bullet n})$
$= \sum_{k_1=1}^{n} B[k_1, 1] \det\left(A_{\bullet k_1}, \sum_{k_2=1}^{n} B[k_2, 2] A_{\bullet k_2}, C_{\bullet 3}, \ldots, C_{\bullet n}\right)$
$= \sum_{k_1=1}^{n} \sum_{k_2=1}^{n} B[k_1, 1] B[k_2, 2] \det(A_{\bullet k_1}, A_{\bullet k_2}, C_{\bullet 3}, \ldots, C_{\bullet n})$
$= \sum_{k_1=1}^{n} \sum_{k_2=1}^{n} \cdots \sum_{k_n=1}^{n} \prod_{j=1}^{n} B[k_j, j] \det(A_{\bullet k_1}, A_{\bullet k_2}, \ldots, A_{\bullet k_n}).$

Nach (3.2.6)(2) sind darin die Summanden, in deren Index-n-tupel $(k_1, k_2, \ldots, k_n)$ mindestens zwei Einträge gleich sind, Null. Es folgt

$\det(C) = \sum_{\substack{k_1,\ldots,k_n \in \{1,\ldots,n\} \\ \text{paarw. verschieden}}} \prod_{j=1}^{n} B[k_j, j] \det(A_{\bullet k_1}, A_{\bullet k_2}, \ldots, A_{\bullet k_n})$

$= \sum_{\sigma \in S_n} \prod_{j=1}^{n} B[\sigma(j), j] \det(A_{\bullet \sigma(1)}, A_{\bullet \sigma(2)}, \ldots, A_{\bullet \sigma(n)})$

$\stackrel{(12.6)(5)}{=} \sum_{\sigma \in S_n} \prod_{j=1}^{n} B[\sigma(j), j] \cdot \text{sign}(\sigma) \cdot \det(A) = \det(A)\det(B).$

(3.2.10) Bezeichnung: Es sei $A \in M(n; R)$, $n \geq 2$, und es seien $k, l \in \{1, \ldots, n\}$. Die $(n-1, n-1)$-Matrix, die aus A durch Streichen der k-ten Zeile und der l-ten Spalte entsteht, wird mit $A(k \mid l)$ bezeichnet.

(3.2.11) Hilfssatz: Es sei $n \geq 2$. Es sei $A \in M(n; R)$, es seien $k, l \in \{1, \ldots, n\}$, und es gelte $A[i, l] = 0$ für jedes $i \in \{1, \ldots, n\} \smallsetminus \{k\}$. Dann gilt

$$\det(A) = (-1)^{k+l} A[k, l] \det(A(k \mid l)).$$

2 Determinanten

Beweis: Es sei $T_n := \{\sigma \in S_n \mid \sigma(n) = n\}$. Für jedes $\sigma \in T_n$ ist die Abbildung $\overline{\sigma}: \{1,\ldots,n-1\} \to \{1,\ldots,n-1\}$ mit $\overline{\sigma}(i) = \sigma(i)$ für jedes $i \in \{1,\ldots,n-1\}$ ein Element von S_{n-1}, es gilt $\text{sign}(\overline{\sigma}) = \text{sign}(\sigma)$, und $\sigma \mapsto \overline{\sigma}: T_n \to S_{n-1}$ ist eine bijektive Abbildung. Für

$$\rho := \begin{pmatrix} 1 & \ldots & l-1 & l & l+1 & \ldots & n-1 & n \\ 1 & \ldots & l-1 & l+1 & l+2 & \ldots & n & l \end{pmatrix} \in S_n$$

gilt $\rho = (l \ n)(l \ n-1)\cdots(l \ l+2)(l \ l+1)$ und daher $\text{sign}(\rho) = (-1)^{n-l}$ [vgl. (3.1.11)(1)]. Für die Matrix $B := (A_{\bullet\rho(1)},\ldots,A_{\bullet\rho(n)}) \in M(n;R)$ gilt

$$\det(B) \stackrel{(3.2.6)(5)}{=} \text{sign}(\rho)\det(A) = (-1)^{n-l}\det(A).$$

Für

$$\tau := \begin{pmatrix} 1 & \ldots & k-1 & k & k+1 & \ldots & n-1 & n \\ 1 & \ldots & k-1 & k+1 & k+2 & \ldots & n & k \end{pmatrix} \in S_n$$

gilt $\tau = (k \ n)(k \ n-1)\cdots(k \ k+2)(k \ k+1)$ und daher $\text{sign}(\tau) = (-1)^{n-k}$, und für die Matrix

$$C := \begin{pmatrix} B_{\tau(1)\bullet} \\ B_{\tau(2)\bullet} \\ \vdots \\ B_{\tau(n)\bullet} \end{pmatrix} \in M(n;R)$$

gilt

$$\det(C) \stackrel{(3.2.7)(5)}{=} \text{sign}(\tau)\det(B) = (-1)^{n-k} \cdot (-1)^{n-l}\det(A).$$

Also ist $\det(A) = (-1)^{k+l}\det(C)$. Es gilt $C[i,n] = 0$ für jedes $i \in \{1,\ldots,n-1\}$, und daher ist

$$\begin{aligned}
\det(C) &= \sum_{\sigma \in S_n} \text{sign}(\sigma) \prod_{j=1}^{n} C[\sigma(j),j] \\
&= \sum_{\sigma \in T_n} \text{sign}(\sigma) \prod_{j=1}^{n-1} C[\sigma(j),j] C[n,n] \\
&= C[n,n] \cdot \sum_{\overline{\sigma} \in S_{n-1}} \text{sign}(\overline{\sigma}) \prod_{j=1}^{n-1} C[\overline{\sigma}(j),j] \\
&= C[n,n] \det(C(n \mid n)).
\end{aligned}$$

Wegen $C[n,n] = A[k,l]$ und $C(n \mid n) = A(k \mid l)$ folgt somit: Es ist
$$\det(A) = (-1)^{k+l} A[k,l] \det(A(k \mid l)).$$

(3.2.12) Satz: [P. S. de Laplace, 1749 – 1827] *Es sei $A \in M(n; R)$, es sei $n \geq 2$, und es seien $k, l \in \{1, \ldots, n\}$. Es gilt*
(1) [„Entwicklung nach der l-ten Spalte"]:
$$\det(A) = \sum_{i=1}^{n} (-1)^{i+l} A[i,l] \det(A(i \mid l)).$$

(2) [„Entwicklung nach der k-ten Zeile"]:
$$\det(A) = \sum_{j=1}^{n} (-1)^{k+j} A[k,j] \det(A(k \mid j)).$$

Beweis: (1) Es wird $e_i := {}^t(\delta_{1i}, \ldots, \delta_{ni}) \in M(n,1; R)$ für jedes $i \in \{1, \ldots, n\}$ gesetzt. Dann gilt $A_{\bullet l} = \sum_{i=1}^{n} A[i,l] e_i$ und

$$\begin{aligned}
\det(A) &= \det\left(A_{\bullet 1}, \ldots, A_{\bullet l-1}, \sum_{i=1}^{n} A[i,l] e_i, A_{\bullet l+1}, \ldots, A_{\bullet n}\right) \\
&\stackrel{(3.2.5)}{=} \sum_{i=1}^{n} A[i,l] \det(A_{\bullet 1}, \ldots, A_{\bullet l-1}, e_i, A_{\bullet l+1}, \ldots, A_{\bullet n}) \\
&\stackrel{(3.2.11)}{=} \sum_{i=1}^{n} A[i,l] \left((-1)^{i+l} \cdot 1 \cdot \det(A(i \mid l))\right) \\
&= \sum_{i=1}^{n} (-1)^{i+l} A[i,l] \det(A(i \mid l)).
\end{aligned}$$

(2) Durch Entwickeln nach der k-ten Spalte folgt

$$\begin{aligned}
\det(A) &\stackrel{(3.2.4)}{=} \det({}^tA) = \\
&\stackrel{(1)}{=} \sum_{j=1}^{n} (-1)^{j+k} ({}^tA)[j,k] \det(({}^tA)(j \mid k)) \\
&= \sum_{j=1}^{n} (-1)^{k+j} A[k,j] \det({}^tA(k \mid j)) \\
&\stackrel{(3.2.4)}{=} \sum_{j=1}^{n} (-1)^{k+j} A[k,j] \det(A(k \mid j)).
\end{aligned}$$

2 Determinanten

(3.2.13) Beispiel: (1) Für die Matrix

$$A := \begin{pmatrix} 2 & -1 & 1 & -2 \\ 4 & 1 & 2 & 0 \\ 2 & 1 & 0 & -1 \\ 2 & 0 & 3 & -5 \end{pmatrix} \in M(4; \mathbb{Z})$$

folgt durch Entwickeln nach der zweiten Spalte

$$\det(A) = -\begin{vmatrix} 4 & 2 & 0 \\ 2 & 0 & -1 \\ 2 & 3 & -5 \end{vmatrix} + \begin{vmatrix} 2 & 1 & -2 \\ 2 & 0 & -1 \\ 2 & 3 & -5 \end{vmatrix} - \begin{vmatrix} 2 & 1 & -2 \\ 4 & 2 & 0 \\ 2 & 3 & -5 \end{vmatrix}$$

$$= 28 + 2 - (-16) = 46.$$

Oder so: Es gilt

$$\det(A) = \begin{vmatrix} 2 & -1 & 1 & -2 \\ 4 & 1 & 2 & 0 \\ 2 & 1 & 0 & -1 \\ 2 & 0 & 3 & -5 \end{vmatrix} \stackrel{(3.2.7)(3)}{=} \begin{vmatrix} 2 & -1 & -1 & -2 \\ 6 & 0 & 3 & -2 \\ 4 & 0 & 1 & -3 \\ 2 & 0 & 3 & -5 \end{vmatrix}$$

$$\stackrel{(3.2.12)(1)}{=} -(-1) \cdot \begin{vmatrix} 6 & 3 & -2 \\ 4 & 1 & -3 \\ 2 & 3 & -5 \end{vmatrix} = 46.$$

(2) Es seien $t_0, t_1, \ldots, t_n \in R$. Für die Vandermondesche Matrix [A. Th. Vandermonde, 1735 – 1796]

$$V_n(t_0, t_1, \ldots, t_n) := \begin{pmatrix} 1 & t_0 & t_0^2 & \ldots & t_0^n \\ 1 & t_1 & t_1^2 & \ldots & t_1^n \\ \vdots & \vdots & \vdots & & \vdots \\ 1 & t_n & t_n^2 & \ldots & t_n^n \end{pmatrix} \in M(n+1; R)$$

gilt: Es ist

$$\det(V_n(t_0, t_1, \ldots, t_n)) = \prod_{0 \leq i < j \leq n} (t_j - t_i).$$

Beweis durch Induktion nach n: Für alle $t_0, t_1 \in R$ gilt

$$\det(V_1(t_0, t_1)) = \begin{vmatrix} 1 & t_0 \\ 1 & t_1 \end{vmatrix} = t_1 - t_0.$$

Es sei n eine natürliche Zahl mit $n \geq 2$, und es sei bereits bewiesen: Für alle $s_0, s_1, \ldots, s_{n-1} \in R$ ist

$$\det(V_{n-1}(s_0, \ldots, s_{n-1})) = \prod_{0 \leq i < j \leq n-1} (s_j - s_i).$$

Es seien $t_0, t_1, \ldots, t_n \in R$. Es gilt

$$\det(V_n(t_0, \ldots, t_n)) = \begin{vmatrix} 1 & t_0 & t_0^2 & \cdots & t_0^n \\ 1 & t_1 & t_1^2 & \cdots & t_1^n \\ \vdots & \vdots & \vdots & & \vdots \\ 1 & t_n & t_n^2 & \cdots & t_n^n \end{vmatrix}.$$

Für $k = n+1, n, \ldots, 3, 2$ subtrahiert man jeweils das t_0-fache der $(k-1)$-ten Spalte von der k-ten Spalte. Man erhält

$$\det(V_n(t_0, \ldots, t_n)) =$$

$$= \begin{vmatrix} 1 & 0 & 0 & \cdots & 0 \\ 1 & t_1 - t_0 & (t_1 - t_0)t_1 & \cdots & (t_1 - t_0)t_1^{n-1} \\ 1 & t_2 - t_0 & (t_2 - t_0)t_2 & \cdots & (t_2 - t_0)t_2^{n-1} \\ \vdots & \vdots & \vdots & & \vdots \\ 1 & t_n - t_0 & (t_n - t_0)t_n & \cdots & (t_n - t_0)t_n^{n-1} \end{vmatrix}$$

$$\stackrel{(3.2.12)(2)}{=} \begin{vmatrix} t_1 - t_0 & (t_1 - t_0)t_1 & \cdots & (t_1 - t_0)t_1^{n-1} \\ t_2 - t_0 & (t_2 - t_0)t_2 & \cdots & (t_2 - t_0)t_2^{n-1} \\ \vdots & \vdots & & \vdots \\ t_n - t_0 & (t_n - t_0)t_n & \cdots & (t_n - t_0)t_n^{n-1} \end{vmatrix}$$

$$\stackrel{(3.2.7)(4)}{=} \left(\prod_{j=1}^{n}(t_j - t_0)\right) \det(V_{n-1}(t_1, \ldots, t_n)) =$$

$$\stackrel{\text{(Ind.Vsg.)}}{=} \left(\prod_{j=1}^{n}(t_j - t_0)\right) \cdot \left(\prod_{1 \leq i < j \leq n}(t_j - t_i)\right)$$

$$= \prod_{0 \leq i < j \leq n} (t_j - t_i).$$

(3.2.14) Beispiel: (1) Es seien $p, q \in \mathbb{N}$ und $A \in M(p; R)$, $B \in M(p, q; R)$, $C \in M(q; R)$, und es sei

$$F := \begin{pmatrix} A & B \\ 0 & C \end{pmatrix} \in M(p+q; R).$$

2 Determinanten

Dann ist $\det(F) = \det(A)\det(C)$.
Beweis durch Induktion nach p: Für $p = 1$ erhält man die Behauptung durch Entwickeln nach der ersten Spalte. Es sei $p > 1$, und es sei (1) für Matrizen, in denen das Kästchen links oben eine $(p-1, p-1)$-Matrix ist, bereits bewiesen. Berechnet man $\det(F)$ durch Entwickeln nach der ersten Spalte, so erhält man aus (3.2.12)(1) und aus der Induktionsvoraussetzung

$$\det(F) = \sum_{i=1}^{p}(-1)^{i+1}A[i,1]\det\bigl(A(i \mid 1)\bigr)\det(C) = \det(A)\det(C).$$

(2) Es seien $n_1, \ldots, n_h \in \mathbb{N}$, und es sei $n = n_1 + \cdots + n_h$. Für jedes $k \in \{1, \ldots, h\}$ sei $A_k \in M(n_k; R)$. Dann ist

$$\det\begin{pmatrix} A_1 & & & \\ & A_2 & & \\ & & \ddots & \\ & & & A_h \end{pmatrix} = \det(A_1)\det(A_2)\cdots\det(A_h).$$

Dies folgert man leicht durch Induktion nach h aus (1). [Die Matrix, deren Determinante hier berechnet wird, ist eine Matrix mit n Zeilen und Spalten; sie wird mit $\mathrm{diag}(A_1, \ldots, A_h)$ bezeichnet.]

(3.2.15) Definition: Es sei $A \in M(n; R)$.
(1) Es gelte $n \geq 2$. Die Matrix

$$\mathrm{adj}(A) := \Bigl((-1)^{i+j}\det\bigl(A(j \mid i)\bigr)\Bigr)_{i,j} \in M(n; R)$$

heißt die Adjunkte der Matrix A.
(2) Ist $n = 1$, so wird $\mathrm{adj}(A) = E_1 = (1)$ gesetzt.

(3.2.16) Satz: *Es sei $A \in M(n; R)$. Dann gilt*

$$\mathrm{adj}(A) \cdot A = A \cdot \mathrm{adj}(A) = \det(A) \cdot E_n.$$

Beweis: Nur für $n \geq 2$ ist etwas zu zeigen. Für alle $i, j \in \{1, \ldots, n\}$ gilt

$$\bigl(\mathrm{adj}(A) \cdot A\bigr)[i,j] =$$
$$= \sum_{k=1}^{n}(\mathrm{adj}(A))[i,k]A[k,j] = \sum_{k=1}^{n}(-1)^{i+k}A[k,j]\det\bigl(A(k \mid i)\bigr)$$

$$\overset{(*)}{=} \det(A_{\bullet 1},\ldots,A_{\bullet i-1},A_{\bullet j},A_{\bullet i+1},\ldots,A_{\bullet j-1},A_{\bullet j},A_{\bullet j+1}\ldots,A_{\bullet n})$$
$$= \left\{ \begin{array}{ll} \det(A), & \text{falls } i = j \text{ ist,} \\ 0, & \text{falls } i \neq j \text{ ist [vgl. (3.2.6)(2)],} \end{array} \right\} = \det(A) \cdot \delta_{ij}$$

[bei $(*)$ wurde die rechts stehende Determinante nach der i-ten Spalte entwickelt]. Also gilt $\mathrm{adj}(A) \cdot A = \det(A) \cdot E_n$.
Daß $A \cdot \mathrm{adj}(A) = \det(A) \cdot E_n$ ist, folgt analog [mit Hilfe von (3.2.12)(2)].

(3.2.17) Satz: (1) *Es sei $A \in M(n; R)$. Dann ist A eine Einheit in $M(n; R)$, genau wenn $\det(A)$ eine Einheit in R ist. Ist dies der Fall, so ist $A^{-1} = \det(A)^{-1} \cdot \mathrm{adj}(A)$ und $\det(A^{-1}) = (\det(A))^{-1}$.*
(2) *Ist insbesondere R ein Körper, so ist $A \in \mathrm{GL}(n; R)$, genau wenn $\det(A) \neq 0$ ist.*

Beweis: (1) Es sei $\det(A)$ eine Einheit in R. Für die Matrix

$$B := \det(A)^{-1} \cdot \mathrm{adj}(A) \in M(n; R)$$

gilt nach (3.2.16) $AB = BA = E_n$, und daher ist A im Ring $M(n; R)$ eine Einheit. Ist umgekehrt A eine Einheit im Ring $M(n; R)$, so gibt es ein $B \in M(n; R)$ mit $AB = BA = E_n$, und nach (3.2.8)(3) ist $1 = \det(E_n) = \det(A)\det(B)$, also ist $\det(A)$ eine Einheit im Ring R. Wegen $B = A^{-1}$ ist $\det(A^{-1}) = (\det(A))^{-1}$.
(2) folgt sofort aus (1).

(3.2.18) Folgerung: *Es seien $A, B \in M(n; R)$. Gilt $AB = E_n$, so sind A und B Einheiten in $M(n; R)$, und es gilt $A^{-1} = B$ und $B^{-1} = A$.*

Beweis: Es gelte $AB = E_n$. Dann gilt $\det(A)\det(B) = 1$, also ist $\det(A)$ eine Einheit in R, und daher ist A eine Einheit in $M(n; R)$ [vgl. (3.2.17)]. Folglich gilt $A^{-1} = B$ und $B^{-1} = A$.

(3.2.19) Bezeichnung: Es sei $A \in M(m, n; R)$, und es sei $k \in \mathbb{N}$ mit $1 \leq k \leq \min(\{m, n\})$. Wählt man in A k Zeilen und Spalten aus, so bilden die Elemente, die gleichzeitig in den ausgewählten Zeilen und Spalten stehen, eine quadratische „Untermatrix" von A mit k Zeilen und Spalten. Ihre Determinante heißt eine k-reihige Unterdeterminante oder ein k-reihiger Minor der Matrix A.

2 Determinanten

(3.2.20) Satz: *Es sei K ein Körper. Es sei $A \in M(m,n;K)$, es gelte $A \neq 0$, und es sei $r_A \in \{1,\ldots,\min(\{m,n\})\}$ die größte Zahl mit: Es gibt eine r_A-reihige Unterdeterminante von A mit von Null verschiedener Determinante. Dann gilt $\operatorname{rang}(A) = r_A$.*

Beweis: Wegen $A \neq 0$ ist $r := \operatorname{rang}(A) > 0$.
(1) Nach (2.2.21) gibt es unter den Zeilen von A r linear unabhängige Zeilen; es sei $B \in M(r,n;K)$ eine Matrix, deren Zeilen r linear unabhängige Zeilen der Matrix A sind. Dann ist $\operatorname{rang}(B) = r$, und nach (2.2.21) gibt es unter den Spalten von B r linear unabhängige Spalten. Es sei $C \in M(r;K)$ eine Matrix, deren Spalten r linear unabhängige Spalten der Matrix B sind. Nach (1.6.20) ist C invertierbar, also ist $\det(C) \neq 0$ [vgl. (3.2.17)(2)], und daher ist $r \leq r_A$.
(2) Es gibt eine r_A-reihige Untermatrix B von A mit $\det(B) \neq 0$. Dann ist B invertierbar [vgl. (3.2.17)], also ist $\operatorname{rang}(B) = r_A$ [vgl. (1.6.20)], und folglich sind die Zeilen von B linear unabhängig [vgl. (2.2.21)]. Daher ist $r_A \leq r$.
(3) Aus (1) und (2) folgt $r = r_A$.

(3.2.21) Die Determinante eines Endomorphismus: Es sei K ein Körper, es sei V ein K-Vektorraum der endlichen Dimension n, und es sei $\varphi: V \to V$ eine lineare Abbildung. Sind $\{v_1,\ldots,v_n\}$ und $\{v'_1,\ldots,v'_n\}$ geordnete Basen von V und ist A_φ die Matrix von φ zur Basis $\{v_1,\ldots,v_n\}$ und A'_φ die Matrix von φ zur Basis $\{v'_1,\ldots,v'_n\}$, so gibt es ein $P \in \operatorname{GL}(n;K)$ mit $A'_\varphi = P^{-1}A_\varphi P$ [vgl. (2.4.4)], und daher ist

$$\det(A'_\varphi) = \det(P^{-1}A_\varphi P) = \det(P^{-1})\det(A_\varphi)\det(P) = \det(A_\varphi)$$

[vgl. (3.2.9) und (3.2.17)], d.h. $\det(A_\varphi)$ hängt nur von φ [und nicht von der Wahl einer Basis von V] ab. Man nennt

$$\det(\varphi) := \det(A_\varphi)$$

die Determinante von φ.
(2) Aus (2.4.6)(4)(a) und (3.2.17) folgt: φ ist genau dann bijektiv, wenn $\det(\varphi) \neq 0$ ist. Ist φ bijektiv, so gilt nach (2.4.6)(5) und (3.2.17) für die Umkehrabbildung $\varphi^{-1}: V \to V$ von $\varphi: V \to V$: Es ist $\det(\varphi^{-1}) = 1/\det(\varphi)$.
(3) Es sei auch $\psi: V \to V$ eine lineare Abbildung. Dann ist $\psi\varphi: V \to V$ linear [vgl. (2.3.5)(3)], und nach (2.4.7) und (3.2.9) gilt

$$\det(\psi\varphi) = \det(\psi)\det(\varphi).$$

(3.2.22) Die Cramersche Regel: [G. Cramer, 1704 – 1752] Es sei K ein Körper, und es seien $A \in M(n; K)$ und $b = {}^t(\beta_1, \ldots, \beta_n) \in K^n$; es gelte $\det(A) \neq 0$. Dann besitzt das lineare Gleichungssystem $Ax = b$ eine eindeutig bestimmte Lösung $x^* = {}^t(\xi_1^*, \ldots, \xi_n^*) \in K^n$, und zwar ist für jedes $j \in \{1, \ldots, n\}$

$$\xi_j^* = \frac{1}{\det(A)} \cdot \det(A_{\bullet 1}, \ldots, A_{\bullet j-1}, b, A_{\bullet j+1}, \ldots, A_{\bullet n}).$$

Beweis: Nach (3.2.17) ist A invertierbar, und daher besitzt $Ax = b$ eine eindeutig bestimmte Lösung $x^* = {}^t(\xi_1^*, \ldots, \xi_n^*) \in K^n$, nämlich

$$x^* = A^{-1} b \stackrel{(3.2.17)}{=} \frac{1}{\det(A)} \cdot \mathrm{adj}(A) \cdot b.$$

Für jedes $j \in \{1, \ldots, n\}$ gilt

$$\begin{aligned} \xi_j^* &= \frac{1}{\det(A)} \cdot \sum_{i=1}^n \mathrm{adj}(A)[j, i] \cdot \beta_i \\ &= \frac{1}{\det(A)} \cdot \sum_{i=1}^n (-1)^{i+j} \beta_i \det(A(i \mid j)) \\ &\stackrel{(3.2.12)(1)}{=} \frac{1}{\det(A)} \cdot \det(A_{\bullet 1}, \ldots, A_{\bullet j-1}, b, A_{\bullet j+1}, \ldots, A_{\bullet n}). \end{aligned}$$

(3.2.23) MuPAD: Die Funktion `linalg::det` aus der MuPAD-Programm-Bibliothek `linalg` berechnet Determinanten, und die Funktion `linalg::adjoint` berechnet zu einer Matrix deren Adjunkte.

Aufgaben

A(3.2.1) Es seien $\alpha, \beta \in \mathbb{R}$, und es sei $A_n \in M(n; \mathbb{R})$ die Matrix, für die gilt: Für jedes $i \in \{1, \ldots, n\}$ ist $A_n[i, i] := \alpha$ und $A_n[i, j] := \beta$ für jedes $j \in \{1, \ldots, n\}$ mit $j \neq i$. Man berechne $\det(A_n)$.

A(3.2.2) Es sei $A_n \in M(n; \mathbb{R})$ die Matrix, für die gilt: Für jedes $i \in \{1, \ldots, n\}$ ist $A_n[i, i] := i$ und $A_n[i, j] := n$ für jedes $j \in \{1, \ldots, n\}$ mit $j \neq i$. Man berechne $\det(A_n)$.

2 Determinanten

A(3.2.3) Für die Matrix

$$A_n := \begin{pmatrix} 3 & 2 & 0 & 0 & 0 & \cdots & 0 & 0 & 0 & 0 \\ 1 & 3 & 2 & 0 & 0 & \cdots & 0 & 0 & 0 & 0 \\ 0 & 1 & 3 & 2 & 0 & \cdots & 0 & 0 & 0 & 0 \\ \vdots & \vdots & \vdots & \vdots & \vdots & & \vdots & \vdots & \vdots & \vdots \\ 0 & 0 & 0 & 0 & 0 & \cdots & 0 & 1 & 3 & 2 \\ 0 & 0 & 0 & 0 & 0 & \cdots & 0 & 0 & 1 & 3 \end{pmatrix} \in M(n;\mathbb{R})$$

berechne man $d_n := \det(A_n)$. [Hinweis: Man ermittle dabei zuerst $\alpha, \beta \in \mathbb{R}$ mit $d_n = \alpha d_{n-1} + \beta d_{n-2}$ für jedes $n \geq 3$.]

A(3.2.4) Es seien $\alpha_1, \ldots, \alpha_n, \beta_1, \ldots, \beta_n \in \mathbb{R}$, und für jedes $k \in \{1, 2, \ldots, n\}$ sei

$$D_k := \begin{pmatrix} \alpha_1 + \beta_1 & \beta_1 & \beta_1 & \cdots & \beta_1 \\ \beta_2 & \alpha_2 + \beta_2 & \beta_2 & \cdots & \beta_2 \\ \vdots & \vdots & \vdots & & \vdots \\ \beta_k & \beta_k & \beta_k & \cdots & \alpha_k + \beta_k \end{pmatrix} \in M(k;\mathbb{R}).$$

Man beweise, daß $\det(D_n) = \alpha_n \det(D_{n-1}) + \alpha_1 \alpha_2 \cdots \alpha_{n-1} \beta_n$ gilt, und folgere daraus: Es ist

$$\det(D_n) = \prod_{i=1}^{n} \alpha_i + \sum_{i=1}^{n} \beta_i \left(\prod_{j=1, j \neq i}^{n} \alpha_j \right).$$

A(3.2.5) Es seien $A_1, \ldots, A_n \in M(m; R)$, und es sei

$$A = \begin{pmatrix} 0 & 0 & 0 & \cdots & 0 & A_1 \\ -E_m & 0 & 0 & \cdots & 0 & A_2 \\ 0 & -E_m & 0 & \cdots & 0 & A_3 \\ \vdots & \vdots & \vdots & & \vdots & \vdots \\ 0 & 0 & 0 & \cdots & -E_m & A_n \end{pmatrix} \in M(mn; R).$$

Man zeige: $\det(A) = \det(A_1)$.

A(3.2.6) Es sei R ein Integritätsring, es seien $A, B, C, D \in M(n; R)$, es seien A, B, C, D paarweise vertauschbar, und es gelte $\det(A) \neq 0$.
(1) Man finde Matrizen $X, Y \in M(n; R)$ mit

$$\begin{pmatrix} A & B \\ C & D \end{pmatrix} \begin{pmatrix} E_n & X \\ 0 & A \end{pmatrix} = \begin{pmatrix} A & 0 \\ C & Y \end{pmatrix}.$$

(2) Man beweise: Es gilt

$$\det \begin{pmatrix} A & B \\ C & D \end{pmatrix} = \det(AD - BC). \tag{$*$}$$

[$(*)$ gilt auch im Fall $\det(A) = 0$. Man vergleiche dazu Aufgabe A(4.1.2).]

A(3.2.7) Es sei K ein Körper, es sei $A = (\alpha_{ij}) \in \mathrm{GL}(n;K)$, es sei $\mathrm{adj}(A) = (\beta_{ij})$ die Adjunkte von A, und es sei $k \in \{1,\ldots,n-1\}$. Man zeige: Für die Matrizen

$$A_k := \left((\alpha_{ij})_{k+1 \leq i \leq n, k+1 \leq j \leq n}\right) \in M(n-k;K),$$
$$B_k := \left((\beta_{ij})_{1 \leq i \leq k, 1 \leq j \leq k}\right) \in M(k;K)$$

gilt $\det(B_k) = \det(A)^{k-1} \det(A_k)$. [Hinweis: Man berechne dazu das Produkt $A \cdot (B_{\bullet 1}, B_{\bullet 2}, \ldots, B_{\bullet k}, e_{k+1}, e_{k+2}, \ldots, e_n)$, worin $e_1, \ldots, e_n$ die Basisvektoren in $M(n,1;K)$ sind.]

A(3.2.8) Es sei K ein Körper, es sei $n \geq 2$, es sei $A \in M(n;K)$, und es sei $B := \mathrm{adj}(A)$. Man zeige: Aus $\mathrm{rang}(A) = n-1$ folgt $\mathrm{rang}(B) = 1$, und aus $\mathrm{rang}(A) \leq n-2$ folgt $B = 0$.

A(3.2.9) Es sei K ein Körper mit einer von 2 verschiedenen Charakteristik, und es sei $A \in M(n;K)$ eine schiefsymmetrische Matrix. Man zeige: Ist n ungerade, so ist $\det(A) = 0$.

A(3.2.10) Man zeige: Die Determinante der Matrix des linearen Gleichungssystems aus Aufgabe A(2.7.3) ist $\lambda^{n-1}(\lambda^2 - \alpha_1^2 - \cdots - \alpha_n^2)$.

A(3.2.11) (1) Man zeige mit Hilfe von (3.2.17)(2), daß die Matrix

$$\begin{pmatrix} 1 & -2 & 3 \\ -4 & 5 & -6 \\ 7 & -8 & 7 \end{pmatrix} \in M(3;\mathbb{R})$$

invertierbar ist, berechne A^{-1} mit Hilfe von (3.2.17)(1) und überzeuge sich so, daß (3.2.17) kein praktisch brauchbares Rechenverfahren liefert.
(2) Für

$$A := \begin{pmatrix} 3 & 2 & 1 & 3 \\ 2 & 1 & 1 & 4 \\ 1 & 3 & 1 & 0 \\ 2 & 0 & 2 & 1 \end{pmatrix} \in M(4;\mathbb{R}) \quad \text{und} \quad b := \begin{pmatrix} 1 \\ 9 \\ 9 \\ 8 \end{pmatrix} \in M(4,1;\mathbb{R})$$

löse man das lineare Gleichungssystem $Ax = b$ mit Hilfe der Cramerschen Regel [vgl. (3.2.22)] und überzeuge sich so, daß die Cramersche Regel kein praktisch brauchbares Rechenverfahren liefert.

IV Eigenwerttheorie

1 Polynomringe

(4.1.1) In diesem Paragraphen ist K stets ein Körper.

(4.1.2) Es sei $V := \{(\alpha_j)_{j\geq 0} \mid \alpha_j \in K \text{ für jedes } j \in \mathbb{N}_0\} = \text{Abb}(\mathbb{N}_0, K)$ der K-Vektorraum aller Folgen in K. Für alle $(\alpha_j)_{j\geq 0}, (\beta_j)_{j\geq 0} \in V$ und jedes $\lambda \in K$ gilt darin [vgl. (2.1.6)(4)]: Es ist

$$(\alpha_j)_{j\geq 0} + (\beta_j)_{j\geq 0} = (\alpha_j + \beta_j)_{j\geq 0} \quad \text{und} \quad \lambda \cdot (\alpha_j)_{j\geq 0} = (\lambda\alpha_j)_{j\geq 0}.$$

(1) Für jedes $n \in \mathbb{N}_0$ sei $e_n := (\delta_{jn})_{j\geq 0} \in V$. Die Menge $\{e_n \mid n \in \mathbb{N}_0\}$ ist eine freie Teilmenge von V [vgl. dazu Aufgabe A(2.2.7)(1)]. Für den Unterraum $R := \langle \{e_n \mid n \in \mathbb{N}_0\}\rangle$ von V gilt: $\{e_n \mid n \in \mathbb{N}_0\}$ ist eine Basis des K-Vektorraums R, und es ist

$$R = \left\{\sum_{j=0}^n \alpha_j e_j \mid n \in \mathbb{N}_0; \alpha_0, \alpha_1, \ldots, \alpha_n \in K\right\}$$
$$= \{(\alpha_j)_{j\geq 0} \in V \mid \{j \in \mathbb{N}_0 \mid \alpha_j \neq 0\} \text{ ist endlich}\}.$$

(2) Für alle $(\alpha_j)_{j\geq 0}, (\beta_j)_{j\geq 0} \in R$ ist

$$(\alpha_j)_{j\geq 0} \cdot (\beta_j)_{j\geq 0} := \left(\sum_{i=0}^j \alpha_i \beta_{j-i}\right)_{j\geq 0} = \left(\sum_{i+k=j} \alpha_i \beta_k\right)_{j\geq 0}$$

ein Element von R.
Beweis: Es seien $(\alpha_j)_{j\geq 0}, (\beta_j)_{j\geq 0} \in R$. Es existieren $k, l \in \mathbb{N}_0$ mit $\alpha_j = 0$ für jedes $j > k$ und $\beta_j = 0$ für jedes $j > l$. Für jedes $j > k+l$ gilt dann $\sum_{i=0}^j \alpha_i \beta_{j-i} = 0$, denn für jedes $i \leq k$ gilt $j - i > k + l - i \geq l$ und daher ist $\beta_{j-i} = 0$, und für jedes $i \in \{k+1, \ldots, j\}$ ist $\alpha_i = 0$.
(3) Die in (2) erklärte Multiplikation $\cdot$ auf R ist offensichtlich kommutativ. Sie ist assoziativ, denn für alle $(\alpha_j)_{j\geq 0}, (\beta_j)_{j\geq 0}, (\gamma_j)_{j\geq 0} \in R$ gilt

$$((\alpha_j)_{j\geq 0} \cdot (\beta_j)_{j\geq 0}) \cdot (\gamma_j)_{j\geq 0} = \left(\sum_{\lambda+\mu=j} \alpha_\lambda \beta_\mu\right)_{j\geq 0} \cdot (\gamma_j)_{j\geq 0}$$
$$= \left(\sum_{\lambda+\mu+\nu=j} \alpha_\lambda \beta_\mu \gamma_\nu\right)_{j\geq 0} = (\alpha_j)_{j\geq 0} \cdot \left(\sum_{\mu+\nu=j} \beta_\mu \gamma_\nu\right)_{j\geq 0}$$
$$= (\alpha_j)_{j\geq 0} \cdot ((\beta_j)_{j\geq 0} \cdot (\gamma_j)_{j\geq 0}).$$

Ähnlich beweist man die Gültigkeit des Distributivgesetzes: Für alle $(\alpha_j)_{j\geq 0}, (\beta_j)_{j\geq 0}, (\gamma_j)_{j\geq 0} \in R$ gilt

$$(\alpha_j)_{j\geq 0} \cdot ((\beta_j)_{j\geq 0} + (\gamma_j)_{j\geq 0}) = (\alpha_j)_{j\geq 0} \cdot (\beta_j)_{j\geq 0} + (\alpha_j)_{j\geq 0} \cdot (\gamma_j)_{j\geq 0}.$$

(4) Mit der im K-Vektorraum R gegebenen Addition $+$ und mit der in (2) erklärten Multiplikation $\cdot$ ist R ein kommutativer Ring und eine K-Algebra, und zwar gilt: Das Nullelement ist die konstante Folge $(\alpha_j)_{j\geq 0}$ mit $\alpha_j = 0_K$ für jedes $j \in \mathbb{N}_0$, das Einselement ist e_0, und für jedes $(\alpha_j)_{j\geq 0} \in R$ ist $-(\alpha_j)_{j\geq 0} = (-\alpha_j)_{j\geq 0}$.
(5) Die Abbildung

$$\varphi: K \to R \quad \text{mit} \quad \varphi(\alpha) := \alpha \cdot e_0 = \alpha \cdot 1_R \text{ für jedes } \alpha \in K$$

ist injektiv, und für alle $\alpha, \beta \in K$ und jedes $f \in R$ gilt

$$\varphi(\alpha + \beta) = \varphi(\alpha) + \varphi(\beta), \quad \varphi(\alpha \cdot \beta) = \varphi(\alpha) \cdot \varphi(\beta) \quad \text{und} \quad \varphi(\alpha) \cdot f = \alpha \cdot f.$$

Man identifiziert jedes $\alpha \in K$ mit seinem Bild $\varphi(\alpha) \in R$ und macht so den Körper K zu einem Teilkörper des Rings R. Nach dieser Identifizierung ist 0_K das Nullelement von R, und 1_K ist das Einselement von R.
(6) Man setzt $T := e_1$ und erhält durch Induktion: Für jedes $n \in \mathbb{N}$ ist

$$e_n = T^n = \underbrace{T \cdot T \cdots T}_{n \text{ Faktoren}}.$$

Nach (1.2.5) ist $T^0 = 1_R = e_0$. Es gilt [vgl. (1)]: $\{T^n \mid n \in \mathbb{N}_0\}$ ist eine Basis des K-Vektorraums R.
(7) Man setzt $K[T] := R$.

(4.1.3) Definition: Der in (4.1.2) definierte kommutative Ring $K[T]$ heißt der Polynomring in der Unbestimmten T über dem Körper K; seine Elemente heißen Polynome in der Unbestimmten T über K.

(4.1.4) Bemerkung: Es sei L ein Erweiterungskörper von K. Dann ist $L[T]$ ein Oberring von $K[T]$.

(4.1.5) Bemerkung: (1) Es sei $f \in K[T]$ mit $f \neq 0$. Dann gibt es ein eindeutig bestimmtes $n \in \mathbb{N}_0$ und eindeutig bestimmte $\alpha_0, \alpha_1, \ldots, \alpha_n \in K$ mit $\alpha_n \neq 0$ und mit

$$f = \sum_{j=0}^{n} \alpha_j T^j = \alpha_n T^n + \alpha_{n-1} T^{n-1} + \cdots + \alpha_1 T + \alpha_0.$$

1 Polynomringe

Man nennt n den Grad von f und schreibt $\deg(f) = n$. Die Elemente $\alpha_0, \ldots, \alpha_n \in K$ heißen die Koeffizienten des Polynoms f, $\alpha_n =: \operatorname{lcoeff}(f)$ heißt der höchste Koeffizient oder der Leitkoeffizient von f, und f heißt normiert, falls $\alpha_n = 1$ ist. [Ist $f \in K$, so ist f normiert, genau wenn $f = 1$ ist.]

(2) Es seien $f, g \in K[T]$ mit $f \neq 0$ und $g \neq 0$, und es seien $m := \deg(f)$ und $n := \deg(g)$. Es gibt eindeutig bestimmte $\alpha_0, \alpha_1, \ldots, \alpha_m \in K$ und $\beta_0, \beta_1, \ldots, \beta_n \in K$ mit $\alpha_m \neq 0$ und $\beta_n \neq 0$ und mit $f = \alpha_m T^m + \cdots + \alpha_0$ und $g = \beta_n T^n + \cdots + \beta_0$. Es wird $\alpha_{m+1} = \cdots = \alpha_{m+n} = \beta_{n+1} = \cdots = \beta_{m+n} = 0$ gesetzt. Es gilt

$$\begin{aligned} fg &= \left(\sum_{j=0}^{m} \alpha_j T^j\right)\left(\sum_{j=0}^{n} \beta_j T^j\right) = \sum_{i=0}^{m}\sum_{k=0}^{n} \alpha_i \beta_k T^{i+k} \\ &= \sum_{j=0}^{m+n}\left(\sum_{i+k=j} \alpha_i \beta_k\right) T^j = \sum_{j=0}^{m+n}\left(\sum_{i=0}^{j} \alpha_i \beta_{j-i}\right) T^j \\ &= \alpha_m \beta_n T^{m+n} + (\alpha_m \beta_{n-1} + \alpha_{m-1} \beta_n) T^{m+n-1} \\ &\quad + (\alpha_m \beta_{n-2} + \alpha_{m-1} \beta_{n-1} + \alpha_{m-2} \beta_n) T^{m+n-2} \\ &\quad + \cdots + (\alpha_1 \beta_0 + \alpha_0 \beta_1) T + \alpha_0 \beta_0, \end{aligned}$$

und wegen $\alpha_m \beta_n \neq 0$ gilt $fg \neq 0$ und

$$\deg(fg) = m + n = \deg(f) + \deg(g).$$

Insbesondere gilt daher: $K[T]$ ist ein Integritätsring, und die Einheitengruppe $E(K[T])$ von $K[T]$ ist die Multiplikativgruppe $K^\times$ von K.
(3) Für das „Nullpolynom" $0 = 0_{K[T]} = 0_K \in K[T]$ setzt man $\deg(0) := -\infty$ und verabredet: Es ist $-\infty < n$ für jedes $n \in \mathbb{N}_0$.

(4.1.6) Bemerkung: (1) Es sei $n \in \mathbb{N}_0$. $U_n := \{f \in K[T] \mid \deg(f) \leq n\}$ ist ein Unterraum des K-Vektorraums $K[T]$, es ist $\{1, T, T^2, \ldots, T^n\}$ eine Basis von U_n, und es gilt $\dim(U_n) = n + 1$.
(2) Es sei $(f_i)_{i \geq 0}$ eine Folge in $K[T]$, und darin gelte $\deg(f_i) = i$ für jedes $i \in \mathbb{N}_0$. Dann gilt: Für jedes $n \in \mathbb{N}_0$ ist $\{f_0, \ldots, f_n\}$ eine Basis von U_n, und $\{f_i \mid i \in \mathbb{N}_0\}$ ist eine Basis von $K[T]$.
Beweis: (a) Für jedes $n \in \mathbb{N}_0$ gilt $V_n := \langle f_0, \ldots, f_n \rangle \subset U_n$. Es ist $f_0 \in K^\times$, und daher gilt $V_0 = K = U_0$. Ist $n \in \mathbb{N}$ und ist bereits gezeigt, daß $V_{n-1} = U_{n-1}$ ist, so gilt $T^n - (1/\operatorname{lcoeff}(f_n))f_n \in U_{n-1} = V_{n-1}$, also $T^n \in V_n$, also $U_n \subset V_n$, und daraus folgt $U_n = V_n$.

(b) Nach (a) gilt für jedes $n \in \mathbb{N}_0$: $\{f_0, \ldots, f_n\}$ ist eine Basis von U_n. Hieraus folgt sogleich, daß $\{f_i \mid i \in \mathbb{N}_0\}$ eine Basis von $K[T]$ ist.

(4.1.7) Satz: *Es sei A eine K-Algebra, und es sei $a \in A$. Es gibt genau einen K-Algebra-Homomorphismus $\omega \colon K[T] \to A$ mit $\omega(T) = a$.*

Beweis [Existenz]: Für jedes $f = \alpha_0 + \alpha_1 T + \cdots + \alpha_n T^n \in K[T]$ wird

$$\omega(f) = \alpha_0 1_A + \alpha_1 a + \cdots + \alpha_n a^n \in A$$

gesetzt. Dann ist $\omega(1_{K[T]}) = 1_{K[T]} 1_A = 1_A$. Für $g = \beta_0 + \cdots + \beta_m T^m$, $h = \gamma_0 + \cdots + \gamma_n T^n \in K[T]$ gilt mit $p := m + n$ und mit $\beta_{m+1} = \cdots = \beta_p := 0$, $\gamma_{n+1} = \cdots = \gamma_p := 0$: Es gilt

$$g + h = \sum_{i=1}^{p}(\beta_i + \gamma_i) T^i, \quad gh = \sum_{i=0}^{p}\left(\sum_{j=0}^{i} \beta_j \gamma_{i-j}\right) T^i$$

und daher

$$\omega(g+h) = \sum_{i=0}^{p}(\beta_i + \gamma_i) a^i = \sum_{i=0}^{m} \beta_i a^i + \sum_{j=0}^{n} \gamma_j a^j = \omega(g) + \omega(h),$$

$$\omega(gh) = \sum_{i=0}^{p}\left(\sum_{j=0}^{i} \beta_j \gamma_{i-j}\right) a^i = \left(\sum_{i=0}^{m} \beta_i a^i\right)\left(\sum_{j=0}^{n} \gamma_j a^j\right) = \omega(g)\omega(h),$$

und für jedes $\lambda \in K$ gilt

$$\omega(\lambda g) = \sum_{i=0}^{m} \lambda \beta_i a^i = \lambda \cdot \sum_{i=0}^{m} \beta_i a^i = \lambda \omega(g).$$

Folglich ist ω ein K-Algebra-Homomorphismus mit $\omega(T) = a$.
[Einzigkeit]: Es sei auch $\psi \colon K[T] \to A$ ein K-Algebra-Homomorphismus mit $\psi(T) = a$. Für jedes $f = \alpha_0 + \alpha_1 T + \cdots + \alpha_n T^n \in K[T]$ gilt dann

$$\psi(f) = \alpha_0 \psi(1_{K[T]}) + \alpha_1 \psi(T) + \cdots + \alpha_n \psi(T)^n = \omega(f),$$

und daher gilt $\psi = \omega$.

(4.1.8) Definition: Es sei A eine K-Algebra, und es sei $a \in A$. Der in (4.1.7) definierte K-Algebra-Homomorphismus $\omega \colon K[T] \to A$ mit $\omega(T) = a$ heißt *der durch a definierte Einsetzungshomomorphismus*.

1 Polynomringe

(4.1.9) Beispiel: (1) Es sei L ein Erweiterungskörper von K, und es sei $t \in L$. Es gibt genau einen K-Algebra-Homomorphismus $\omega\colon K[T] \to L$, für den gilt: Für jedes Polynom $f = \alpha_0 + \alpha_1 T + \cdots + \alpha_m T^m \in K[T]$ ist $\omega(f) = \alpha_0 + \alpha_1 t + \cdots + \alpha_m t^m$.
(2) Es sei $g \in K[T]$ ein Polynom von positivem Grad. Es gibt genau einen K-Algebra-Homomorphismus $\omega\colon K[T] \to K[T]$ mit: Für jedes $f = \alpha_0 + \alpha_1 T + \cdots + \alpha_m T^m \in K[T]$ gilt $\omega(f) = \alpha_0 + \alpha_1 g + \cdots + \alpha_m g^m$.
(3) Es sei V ein K-Vektorraum, und es sei $\varphi \in \mathrm{End}_K(V)$. Es gibt genau einen K-Algebra-Homomorphismus $\omega\colon K[T] \to \mathrm{End}_K(V)$ mit: Für jedes $f = \alpha_0 + \alpha_1 T + \cdots + \alpha_m T^m \in K[T]$ gilt $\omega(f) = \alpha_0 \,\mathrm{id}_V + \alpha_1 \varphi + \cdots + \alpha_m \varphi^m$.
(4) Es sei $A \in M(n;K)$. Es gibt genau einen K-Algebra-Homomorphismus $\omega\colon K[T] \to M(n;K)$ mit: Für jedes $f = \alpha_0 + \alpha_1 T + \cdots + \alpha_m T^m \in K[T]$ gilt $\omega(f) = \alpha_0 E_n + \alpha_1 A + \cdots + \alpha_m A^m$.

(4.1.10) Polynomfunktionen: (1) Es sei $f \in K[T]$. Die Abbildung $t \mapsto f(t) : K \to K$ heißt die durch das Polynom f definierte Polynomfunktion.
(2) Verschiedene Polynome können dieselbe Polynomfunktion definieren. So gilt für $f := T^{10} + T^3 + 1 \in \mathbb{F}_2[T]$ und $g := T^2 + T + 1 \in \mathbb{F}_2[T]$: Es ist $f \neq g$ und $f(0) = 1 = g(0)$ und $f(1) = 1 = g(1)$. [Dies ist der Grund dafür, daß man (nicht nur in der Algebra) Polynome und nicht Polynomfunktionen betrachtet.]

(4.1.11) Bemerkung: Es sei $f = \sum_{j=0}^n \alpha_j T^j \in K[T]$, es gelte $n := \deg(f) \geq 1$, und es sei $t \in K$.
(1) Es gibt genau ein Polynom $g \in K[T]$ und genau ein $\alpha \in K$ mit $f = (T-t)g + \alpha$, und dabei gilt $\deg(g) = n-1$ und $\alpha = f(t)$.
Beweis: Zu bestimmen sind $\beta_0, \beta_1, \ldots, \beta_{n-1}, \alpha \in K$ [mit $\beta_{n-1} \neq 0$ und] mit

$$\sum_{j=0}^n \alpha_j T^j = f = (T-t) \sum_{j=0}^{n-1} \beta_j T^j + \alpha$$
$$= \beta_{n-1} T^n + \sum_{j=1}^{n-1} (\beta_{j-1} - t\beta_j) T^j + (\alpha - t\beta_0),$$

also mit

$$\begin{cases} \beta_{n-1} &= \alpha_n, \\ \beta_{j-1} &= \alpha_j + t\beta_j \quad \text{für } j = n-1, n-2, \ldots, 1, \\ \alpha &= \alpha_0 + t\beta_0. \end{cases} \quad (*)$$

Man sieht: Das Rekursionssystem $(*)$ für die Elemente $\beta_{n-1},\ldots,\beta_0,\alpha$ besitzt eine Lösung ${}^t(\beta_{n-1},\ldots,\beta_0,\alpha) \in K^{n+1}$, hierfür ist $\beta_{n-1} \neq 0$, und mit $g := \sum_{j=0}^{n-1} \beta_j T^j \in K[T]$ gilt $f = (T-t)g + \alpha$, sowie $f(t) = (t-t)g(t) + \alpha = \alpha$. Sind $h \in K[T]$ und $\beta \in K$ mit $f = (T-t)h + \beta$, so folgt zuerst $\beta = (t-t)h(t) + \beta = f(t) = \alpha$, dann $(T-t)(g-h) = f - f = 0$ und schließlich $g = h$ [wegen $T - t \neq 0$, vgl. (4.1.5)(2)].

(2) Zur bequemen Berechnung von $\alpha = f(t)$ [und bei Bedarf auch von $g = \sum_{j=0}^{n-1} \beta_j T^j$] dient das sogenannte Horner-Schema [W. G. Horner, 1796 – 1837], das sich aus $(*)$ ergibt:

	α_n	α_{n-1}	α_{n-2}	$\cdots$	α_2	α_1	α_0
$+$		$t\beta_{n-1}$	$t\beta_{n-2}$	$\cdots$	$t\beta_2$	$t\beta_1$	$t\beta_0$
$t\cdot$	β_{n-1}	β_{n-2}	β_{n-3}	$\cdots$	β_1	β_0	$\alpha = f(t)$

(3) Das Resultat in (1) ist ein Spezialfall der Division mit Rest im Polynomring $K[T]$ [vgl. (4.2.6)].

(4.1.12) Definition: Es sei $f \in K[T]$. $t \in K$ heißt eine Nullstelle von f, wenn $f(t) = 0$ ist.

(4.1.13) Satz: *Es sei $f \in K[T]$ mit $\deg(f) = n \geq 0$, und es seien $t_1,\ldots,t_m \in K$ paarweise verschiedene Nullstellen von f. Dann ist $m \leq n$, und es gibt ein $g \in K[T]$ mit $\deg(g) = n - m$ und mit*

$$f = (T - t_1)(T - t_2) \cdots (T - t_m) g.$$

Beweis: (a) Zu jedem $k \in \{1,\ldots,m\}$ gibt es ein $g_k \in K[T]$ mit

$$f = (T - t_1)(T - t_2) \cdots (T - t_k) g_k.$$

In der Tat: Wegen $f \neq 0$ und $f(t_1) = 0$ ist $\deg(f) \geq 1$. Nach (4.1.11)(1) gibt es ein $g_1 \in K[T]$ mit $f = (T - t_1)g_1 + f(t_1) = (T - t_1)g_1$. Es sei $k \in \{2,\ldots,m\}$, und es sei bereits ein $g_{k-1} \in K[T]$ gefunden, für das $f = (T-t_1)(T-t_2)\cdots(T-t_{k-1})g_{k-1}$ gilt. Wegen $f \neq 0$ ist $g_{k-1} \neq 0$. Da $(t_k - t_1)(t_k - t_2) \cdots (t_k - t_{k-1})g_{k-1}(t_k) = f(t_k) = 0$ gilt und da $t_1,\ldots,t_k$ paarweise verschieden sind, folgt $g_{k-1}(t_k) = 0$. Also ist $\deg(g_{k-1}) \geq 1$, und nach (4.1.11)(1) gibt es ein $g_k \in K[T]$ mit $g_{k-1} = (T-t_k)g_k$. Hiermit gilt $f = (T - t_1)(T - t_2) \cdots (T - t_k)g_k$.
(b) Nach (a) gibt es ein $g_m \in K[T]$ mit $f = (T-t_1)(T-t_2)\cdots(T-t_m)g_m$. Wegen $f \neq 0$ ist $g_m \neq 0$, und es folgt

$$n = \deg(f) = \deg((T - t_1)(T - t_2) \cdots (T - t_m)) + \deg(g_m) \geq m.$$

1 Polynomringe

(4.1.14) Folgerung: *Es sei $n \in \mathbb{N}_0$, und es seien $f, g \in K[T]$ mit $\deg(f) \leq n$ und $\deg(g) \leq n$. Gibt es mindestens $n+1$ paarweise verschiedene Elemente $t_1, \ldots, t_{n+1} \in K$ mit $f(t_1) = g(t_1), \ldots, f(t_n) = g(t_n)$, so ist $f = g$.*

Beweis: Es gelte $f \neq g$. Dann ist $f - g \in K[T]$ ein Polynom mit $0 \leq \deg(f - g) \leq n$ und besitzt daher nach (4.1.13) in K höchstens n verschiedene Nullstellen. Es gibt also höchstens n verschiedene $t \in K$ mit $f(t) = g(t)$.

(4.1.15) Bemerkung: Es sei K ein unendlicher Körper, und es seien $f, g \in K[T]$ mit $f \neq g$. Dann gibt es nach (4.1.14) unendlich viele $t \in K$ mit $f(t) \neq g(t)$. Insbesondere sind die Polynomfunktionen $t \mapsto f(t) : K \to K$ und $t \mapsto g(t) : K \to K$ verschieden.

(4.1.16) Eine Interpolationsaufgabe: Es sei $n \in \mathbb{N}_0$, es seien $t_0, \ldots, t_n \in K$ paarweise verschieden, und es seien $y_0, \ldots, y_n \in K$. Dann gibt es ein eindeutig bestimmtes $f \in K[T]$ mit $\deg(f) \leq n$ und mit $f(t_i) = y_i$ für jedes $i \in \{0, \ldots, n\}$. f heißt das Interpolationspolynom zu den Daten $t_0, \ldots, t_n, y_0, \ldots, y_n$, und $t_0, \ldots, t_n$ heißen die Stützstellen des Interpolationspolynoms f.

Beweis: (a) Da $t_0, \ldots, t_n$ paarweise verschieden sind, ist die Vandermondesche Matrix

$$V_n(t_0, \ldots, t_n) = \begin{pmatrix} 1 & t_0 & t_0^2 & \cdots & t_0^n \\ 1 & t_1 & t_1^2 & \cdots & t_1^n \\ \vdots & \vdots & \vdots & & \vdots \\ 1 & t_n & t_n^2 & \cdots & t_n^n \end{pmatrix} \in M(n+1; K)$$

invertierbar [vgl. (3.2.13)(2) und (3.2.17)(2)].
(b) Es seien $\alpha_0, \alpha_1, \ldots, \alpha_n \in K$, und es sei $f := \alpha_0 + \alpha_1 T + \cdots + \alpha_n T^n$. Es gilt $\alpha_0 + \alpha_1 t_i + \alpha_2 t_i^2 + \cdots + \alpha_n t_i^n = f(t_i) = y_i$ für jedes $i \in \{0, \ldots, n\}$, genau wenn

$$V_n(t_0, \ldots, t_n){}^t(\alpha_0, \ldots, \alpha_n) = {}^t(y_0, \ldots, y_n)$$

ist. Da $V_n(t_0, \ldots, t_n)$ invertierbar ist, besitzt dieses lineare Gleichungssystem eine und nur eine Lösung ${}^t(\alpha_0, \ldots, \alpha_n) \in K^{n+1}$.

(4.1.17) Interpolationspolynom nach Lagrange: Eine andere Methode zur Bestimmung eines Interpolationspolynoms geht auf J. L. Lagrange (1736 - 1813) zurück. Es sei $n \in \mathbb{N}_0$, es seien $t_0, \ldots, t_n \in K$ paarweise verschieden, und es seien $y_0, \ldots, y_n \in K$. Es wird

$$g_j = \prod_{i=0, i \neq j}^{n} \frac{T - t_i}{t_j - t_i} \in K[T] \quad \text{für jedes } j \in \{0, \ldots, n\}$$

gesetzt. Offensichtlich sind $g_0, \ldots, g_n$ Polynome vom Grad n, und es gilt $g_j(t_i) = \delta_{ij}$ für alle $i, j \in \{0, \ldots, n\}$. Es sei $f \in K[T]$ das Interpolationspolynom zu den Daten $t_0, \ldots, t_n, y_0, \ldots, y_n$ [vgl. (4.1.16)]; es gilt dann $f = y_0 g_0 + \cdots + y_n g_n$.

(4.1.18) Vielfachheit einer Nullstelle: Es sei $f \in K[T]$ mit $\deg(f) = n \geq 0$, und es sei $t \in K$ eine Nullstelle von f. Dann gibt es ein eindeutig bestimmtes $e \in \{1, \ldots, n\}$ und ein eindeutig bestimmtes $g \in K[T]$ mit $f = (T - t)^e g$ und mit $g(t) \neq 0$. Dieses e heißt die Vielfachheit der Nullstelle t von f.
Beweis [Existenz]: Wegen $f(t) = 0$ ist $n \geq 1$, und es gibt ein $f_1 \in K[T]$ mit $f = (T - t)f_1$ [vgl. (4.1.13)]. Ist $f_1(t) \neq 0$, so setzt man $e := 1$ und $g := f_1$. Ist $f_1(t) = 0$, so ist $n \geq 2$, und es gibt ein $f_2 \in K[T]$ mit $f_1 = (T - t)f_2$, also mit $f = (T - t)^2 f_2$. Ist $f_2(t) \neq 0$, so setzt man $e := 2$ und $g := f_2$. Ist $f_2(t) = 0$, so wird das Verfahren fortgesetzt. Wegen $\deg(f) > \deg(f_1) > \deg(f_2) > \cdots \geq 0$ bricht das Verfahren nach höchstens n Schritten ab.
[Einzigkeit]: Es seien $e_1, e_2 \in \mathbb{N}$ und $g_1, g_2 \in K[T]$ mit $f = (T-t)^{e_1} g_1$, $f = (T - t)^{e_2} g_2$, mit $g_1(t) \neq 0$, $g_2(t) \neq 0$ und mit $e_1 \leq e_2$. Dann gilt

$$(T - t)^{e_1}\bigl(g_1 - (T - t)^{e_2 - e_1} g_2\bigr) = 0,$$

also $g_1 = (T-t)^{e_2-e_1} g_2$ [vgl. (4.1.5)(2)]. Wäre $e_2 > e_1$, so wäre $g_1(t) = 0$, im Widerspruch zur Voraussetzung $g_1(t) \neq 0$.

(4.1.19) Bezeichnung: (1) Es sei $f \in K[T]$, und es seien $n := \deg(f) \geq 1$ und $\alpha_n := \mathrm{lcoeff}(f)$. f zerfällt über K in Linearfaktoren, wenn es [nicht notwendig verschiedene] $t_1, \ldots, t_n \in K$ gibt, für die gilt: Es ist $f = \alpha_n (T - t_1)(T - t_2) \cdots (T - t_n)$.
(2) K heißt ein algebraisch abgeschlossener Körper, wenn jedes Polynom $f \in K[T]$ mit $\deg(f) \geq 1$ über K in Linearfaktoren zerfällt.

1 Polynomringe

(4.1.20) Definition: Ein Erweiterungskörper $\overline{K}$ von K heißt ein algebraischer Abschluß von K, wenn gilt:
(a) $\overline{K}$ ist algebraisch abgeschlossen.
(b) Zu jedem $\alpha \in \overline{K}$ gibt es ein Polynom $f \in K[T]$ mit $f \neq 0$ und $f(\alpha) = 0$.

(4.1.21) Satz: [von E. Steinitz] *Es sei K ein Körper. Es gibt einen algebraischen Abschluß von K, und zu zwei algebraischen Abschlüssen $\overline{K}$ und $\overline{K}_1$ von K gibt es einen Isomorphismus $\Phi: \overline{K} \to \overline{K}_1$ von K-Algebren.*

Beweis: Der Beweis dieses Satzes erfordert Hilfsmittel aus der Mengenlehre und der Algebra, die hier nicht zu Verfügung stehen. Einen Beweis findet man zum Beispiel in [1], Abschnitt 3.4, oder in [9], Band II, Satz 56.22 und Satz 89.7.

(4.1.22) Satz: [Fundamentalsatz der Algebra] *Der Körper $\mathbb{C}$ der komplexen Zahlen ist algebraisch abgeschlossen und ist ein algebraischer Abschluß des Körpers $\mathbb{R}$ der reellen Zahlen.*

Beweis: Der Beweis läßt sich – trotz des Namens des Satzes – nicht mit algebraischen Methoden allein erbringen, sondern benötigt Hilfsmittel aus der Analysis. Er soll daher hier nicht geführt werden. Einen elementaren Beweis findet man in [11], Satz 11.A.7.

Aufgaben

A(4.1.1) Es sei $g \in K[T]$ mit $\deg(g) \geq 1$. Man zeige: Der K-Algebrahomomorphismus [vgl. (4.1.9)(2)] $f \mapsto f(g): K[T] \to K[T]$ ist injektiv; er ist surjektiv, genau wenn $\deg(g) = 1$ gilt.

A(4.1.2) Es seien $A, B, C, D \in M(n; K)$, und es seien A, B, C, D paarweise vertauschbar. Man zeige: Es gilt

$$\det \begin{pmatrix} A & B \\ C & D \end{pmatrix} = \det(AD - BC).$$

[Hinweis: Man wende Aufgabe A(3.2.6) auf die Matrizen $A - TE_n, B, C, D \in M(n; K[T])$ an.]

A(4.1.3) Für jedes Polynom $f = \sum_{j=0}^{n} \alpha_j T^j \in K[T]$ heißt das Polynom

$$D(f) := \sum_{j=1}^{n} j\alpha_j T^{j-1} = \sum_{j=0}^{n-1} (j+1)\alpha_{j+1} T^j \in K[T]$$

die formale Ableitung von f. Man zeige: $f \mapsto D(f): K[T] \to K[T]$ ist eine lineare Abbildung, und es gilt $D(gh) = gD(h) + hD(g)$ für alle $g, h \in K[T]$.

A(4.1.4) Es sei K ein endlicher Körper. Man zeige, daß der K-Vektorraum $V := \mathrm{Abb}(K, K)$ eine endliche Dimension besitzt, und gebe eine Basis von V an. [Hinweis: Man verwende (4.1.16).]

A(4.1.5) Es sei $n \in \mathbb{N}$, es gelte $n \geq 2$, es seien $f_1, \ldots, f_n \in K[T]$ Polynome vom Grad höchstens $n - 2$, und es seien $t_1, \ldots, t_n \in K$. Man zeige: Es ist $\det((f_i(t_j))_{1 \leq i \leq n, 1 \leq j \leq n}) = 0$.

A(4.1.6) Es seien $f_1, \ldots, f_{n+1} \in K[T]$ Polynome vom Grad $\leq n$; für jedes $i \in \{1, \ldots, n+1\}$ sei $f_i = \sum_{j=1}^{n+1} \alpha_{ij} T^{j-1}$. Es seien $\lambda_1, \ldots, \lambda_{n+1} \in K$ paarweise verschieden, und es seien $A, B, C \in M(n+1; K)$ die folgendermaßen definierten Matrizen:

$$A := (\alpha_{ij})_{1 \leq i,j \leq n+1}, \quad B := (\lambda_i^{j-1})_{1 \leq i,j \leq n+1}, \quad C := (f_i(\lambda_j))_{1 \leq i,j \leq n+1}.$$

(1) Man zeige: Es gilt $C = AB$.
(2) Man berechne

$$d_n := \begin{vmatrix} 1^n & 2^n & \ldots & (n+1)^n \\ 2^n & 3^n & \ldots & (n+2)^n \\ \vdots & \vdots & & \vdots \\ (n+1)^n & (n+2)^n & \ldots & (2n+1)^n \end{vmatrix}.$$

[Hinweis: Man benütze (1) mit den Polynomen $f_i = (T + i)^n \in \mathbb{Q}[T]$, $i \in \{1, \ldots, n+1\}$.]

A(4.1.7) (1) Es sei $n \in \mathbb{N}$, und es seien $a_0, \ldots, a_{n-1} \in \mathbb{Z}$. Man zeige, daß für das Polynom $f := T^n + a_{n-1} T^{n-1} + \cdots + a_0 \in \mathbb{Q}[T]$ gilt:
(a) Ist $r \in \mathbb{Q}$ eine Nullstelle von f, so ist $r \in \mathbb{Z}$. [Hinweis: Man schreibe $r = a/b$ als gekürzten Bruch [mit $a \in \mathbb{Z}$ und $b \in \mathbb{N}$], multipliziere die Gleichung $f(a/b) = 0$ mit b^n, nehme an, daß $b \neq 1$ ist, wähle eine Primzahl p, die b teilt, und leite einen Widerspruch her.]
(b) Ist $t \in \mathbb{Z}$ eine Nullstelle von f, so ist t ein Teiler von a_0.
(2) Es sei $n \in \mathbb{N}$ mit $n \geq 2$, und es sei a eine natürliche Zahl, die nicht die n-te Potenz einer natürlichen Zahl ist. Man zeige: Dann ist $\sqrt[n]{a}$ irrational.

2 Der Divisionsalgorithmus

(4.2.1) In diesem Paragraphen ist K ein Körper, und $K[T]$ ist der Polynomring über K in der Unbestimmten T.

(4.2.2) Definition: Es sei R ein kommutativer Ring. Eine nichtleere Teilmenge $\mathfrak{a} \subset R$ heißt ein Ideal in R, wenn gilt: Für alle $a, b \in \mathfrak{a}$ ist $a + b \in \mathfrak{a}$, und für alle $r \in R$ und $a \in \mathfrak{a}$ ist $ra \in \mathfrak{a}$.

2 Der Divisionsalgorithmus

(4.2.3) Bemerkung: Es sei R ein kommutativer Ring.
(1) Es sei $\mathfrak{a}$ ein Ideal in R. Dann ist $\mathfrak{a}$ eine Untergruppe von $(R, +)$, denn für alle $a, b \in \mathfrak{a}$ gilt $a + b \in \mathfrak{a}$, und für jedes $a \in \mathfrak{a}$ ist $-a = (-1)a \in \mathfrak{a}$.
(2) Es sei $\mathfrak{a}$ ein Ideal in R. Dann ist $\mathfrak{a} = R$, genau wenn $\mathfrak{a}$ eine Einheit $e \in R$ enthält. Ist nämlich $\mathfrak{a} = R$, so ist $1 \in \mathfrak{a}$. Ist $e \in \mathfrak{a}$ eine Einheit in R, so gilt $1 = e^{-1}e \in \mathfrak{a}$ und daher $r = r \cdot 1 \in \mathfrak{a}$ für jedes $r \in R$.
(3) $\{0\}$ und R sind Ideale in R. Ist R ein Körper, so sind dies nach (2) die einzigen Ideale in R.
(4) Der Durchschnitt von Idealen in R ist ein Ideal in R.
Beweis: Es sei $I \neq \emptyset$ eine Menge, und für jedes $i \in I$ sei $\mathfrak{a}_i$ ein Ideal im Ring R. Es ist $0 \in \mathfrak{a}_i$ für jedes $i \in I$, also ist $0 \in \mathfrak{a} := \bigcap_{i \in I} \mathfrak{a}_i$. Für alle $a, b \in \mathfrak{a}$ und $r \in R$ gilt: Für jedes $i \in I$ gilt $a + b \in \mathfrak{a}_i$ und $ra \in \mathfrak{a}_i$, also gilt $a + b \in \mathfrak{a}$ und $ra \in \mathfrak{a}$. Also ist $\mathfrak{a}$ ein Ideal in R.
(5) Es sei $E \subset R$. Es gibt Ideale in R, die E umfassen, zum Beispiel R, und der Durchschnitt (E) aller E umfassenden Ideale in R ist ein Ideal in R [vgl. (4)], und zwar ist (E) das kleinste Ideal in R, das E umfaßt, d.h. für jedes Ideal $\mathfrak{a}$ in R mit $E \subset \mathfrak{a}$ gilt $(E) \subset \mathfrak{a}$. [Man vergleiche eine ähnliche Festsetzung in (2.1.11).] Ist $E = \{a_1, \ldots, a_n\}$ eine nichtleere endliche Menge, so schreibt man $(a_1, \ldots, a_n) := (E)$. Ist $E = \emptyset$, so ist $(E) = \{0\} = (0)$.
(6) Es seien $a_1, \ldots, a_n \in R$. Dann ist

$$(a_1, \ldots, a_n) = \{r_1 a_1 + \cdots + r_n a_n \mid r_1, \ldots, r_n \in R\}. \qquad (*)$$

Beweis: Man prüft sofort nach, daß die auf der rechten Seite von $(*)$ stehende Menge ein Ideal in R ist, das $a_1, \ldots, a_n$ enthält. Andererseits enthält jedes Ideal in R, das $a_1, \ldots, a_n$ enthält, auch $r_1 a_1 + \cdots + r_n a_n$ für alle $r_1, \ldots, r_n \in R$.
(7) Für jedes $a \in R$ ist $(a) = \{ra \mid r \in R\}$ das kleinste Ideal in R, das a enthält.

(4.2.4) Definition: Es sei R ein kommutativer Ring.
(1) Ein Ideal $\mathfrak{a}$ in R heißt ein Hauptideal, wenn es ein $a \in R$ mit $\mathfrak{a} = (a)$ gibt.
(2) R heißt ein Hauptidealring, wenn gilt: R ist ein Integritätsring, und jedes Ideal in R ist ein Hauptideal.

(4.2.5) Bemerkung: (1) Es sei R ein Integritätsring, und es seien $a, b \in R$. Es gilt $(a) = (b)$, genau wenn es ein $e \in E(R)$ mit $a = eb$ gibt.

Beweis: Es gelte $(a) = (b)$. Wegen $a \in (a) = (b)$ und $b \in (b) = (a)$ gibt es $x, y \in R$ mit $a = xb$ und $b = ya$. Ist $a \neq 0$, so folgt wegen $a = xb = xya$, daß $xy = 1$ ist [denn R ist ein Integritätsring], und somit ist $x \in E(R)$. Gilt andererseits $a = eb$ mit einem $e \in E(R)$, so gilt: Für jedes $r \in R$ ist $ra = (re)b \in (b)$ und $rb = (re^{-1})a \in (a)$, und daher ist $(a) = (b)$.
(2) Es sei R ein Hauptidealring, es sei $\mathfrak{a}$ ein Ideal in R, und es sei $a \in R$ mit $\mathfrak{a} = (a)$. Dann ist $\{ea \mid e \in E(R)\}$ die Menge aller $b \in R$ mit $\mathfrak{a} = (b)$, wie sofort aus (1) folgt.

(4.2.6) Satz: [Division mit Rest] *Es sei* $g \in K[T]$ *mit* $g \neq 0$. *Zu jedem* $f \in K[T]$ *gibt es eindeutig bestimmte* $q, r \in K[T]$ *mit* $\deg(r) < \deg(g)$ *und mit*

$$f = qg + r.$$

Beweis [Einzigkeit]: Es seien $q_1, r_1, q_2, r_2 \in K[T]$ mit $f = q_1 g + r_1 = q_2 g + r_2$ und mit $\deg(r_1) < \deg(g)$ und $\deg(r_2) < \deg(g)$. Dann ist $\deg(r_1 - r_2) < \deg(g)$, und es gilt $r_1 - r_2 = (q_2 - q_1)g$. Wäre $q_2 - q_1 \neq 0$, so wäre $\deg(r_1 - r_2) = \deg((q_2 - q_1)g) \geq \deg(g)$. Also ist $q_1 = q_2$, und daraus folgt $r_1 = r_2$.
[Existenz]: Der folgende Algorithmus leistet das Verlangte:
Eingabe: $f, g \in K[T]$ mit $g \neq 0$;
Ausgabe: $q, r \in K[T]$ mit $f = qg + r$ und $\deg(r) < \deg(g)$.

```
1.   {Initialisierung:} r := f;  m := deg(g);  β := lcoeff(g);
2.   q := 0;
3.   while (r ≠ 0) and (deg(r) ≥ m) do
4.     begin
5.        n := deg(r);  γ := lcoeff(r)/β;
6.        q := q + γ * T^(n-m);  r := r - γ * T^(n-m) * g;
7.     end;
8.   return(q,r).
```

Korrektheit: Zu Beginn gilt $f = qg + r$, denn es ist $q = 0$ und $r = f$. Gilt vor einem Durchlauf der while-Schleife $f = qg + r$, so gilt vor der Umbenennung in Zeile 6 $f = (q + \gamma T^{n-m})g + r - \gamma T^{n-m}g$ und $\deg(r - \gamma T^{n-m}g) < \deg(r)$. Nach der Umbenennung in Zeile 6 - also nach Durchlaufen der while-Schleife - gilt wieder $f = qg + r$. Der Algorithmus bricht nach höchstens $\deg(f)$ Schritten ab und liefert nach dem Abbrechen das richtige Resultat.

2 Der Divisionsalgorithmus

(4.2.7) Bezeichnung: Es seien $f, g \in K[T]$ mit $g \neq 0$. Nach (4.2.6) gibt es eindeutig bestimmte Polynome $q, r \in K[T]$ mit $f = qg + r$ und mit $\deg(r) < \deg(g)$. Man setzt

$$f \operatorname{div} g := q \quad \text{und} \quad f \bmod g := r.$$

(4.2.8) Satz: *Der Polynomring $K[T]$ ist ein Hauptidealring. Genauer gilt: Ist $\mathfrak{a}$ ein Ideal in $K[T]$ mit $\mathfrak{a} \neq (0)$, so gibt es genau ein normiertes Polynom $g \in K[T]$ mit $\mathfrak{a} = (g)$, und dabei ist g das normierte Polynom kleinsten Grades in $K[T]$.*

Beweis: (0) ist ein Hauptideal. Es sei $\mathfrak{a}$ ein Ideal in $K[T]$ mit $\mathfrak{a} \neq (0)$. Für jedes $f \in \mathfrak{a} \smallsetminus \{0\}$ ist $\operatorname{lcoeff}(f)^{-1} f$ normiert und ein Element von $\mathfrak{a}$. Unter den in $\mathfrak{a}$ enthaltenen normierten Polynomen sei g ein solches von kleinstem Grad. Für jedes $f \in \mathfrak{a}$ gilt nach (4.2.6): Es gibt $q, r \in K[T]$ mit $f = qg + r$ und $\deg(r) < \deg(g)$, wegen $f \in \mathfrak{a}$ und $-qg \in \mathfrak{a}$ ist $r = f - qg \in \mathfrak{a}$, und daher gilt $r = 0$ [denn sonst wäre $\operatorname{lcoeff}(r)^{-1} r \in \mathfrak{a}$ ein normiertes Polynom, dessen Grad kleiner als $\deg(g)$ ist], und somit ist $f = qg \in (g)$. Also ist $\mathfrak{a} \subset (g)$. Wegen $g \in \mathfrak{a}$ folgt $\mathfrak{a} = (g)$. Ist $h \in \mathfrak{a}$ ebenfalls ein normiertes Polynom mit $\mathfrak{a} = (h)$, so gibt es ein $\alpha \in E(K[T]) = K^\times$ mit $g = \alpha h$ [vgl. (4.2.5)(1) und (4.1.5)(2)], und weil g und h normiert sind, folgt $\alpha = 1$, also $g = h$.

(4.2.9) Definition: Es seien $f, g \in K[T]$.
(1) f ist ein Teiler von g [f teilt g, g ist ein Vielfaches von f], wenn es ein $h \in K[T]$ mit $g = fh$, also mit $g \in (f)$ gibt. Man schreibt dann $f \mid g$.
(2) Wenn f kein Teiler von g ist, also $g \notin (f)$ gilt, so schreibt man $f \nmid g$.

(4.2.10) Rechenregeln: Es seien $f, g, h, u, v \in K[T]$.
(1) Gilt $f \mid g$ und $g \neq 0$, so gilt $f \neq 0$ und $\deg(f) \leq \deg(g)$.
(2) Gilt $f \mid u$ und $g \mid v$, so gilt $fg \mid uv$.
(3) Gilt $f \mid g$ und $f \mid h$, so gilt $f \mid ug + vh$.
(4) Gilt $f \mid g$ und $g \mid f$, so gibt es ein $\alpha \in K^\times$ mit $f = \alpha g$.
(5) Es gilt $f \mid 0$ und $\alpha \mid f$ für jedes $\alpha \in K^\times$.
Beweis: (1) Gilt $f \mid g$ und $g \neq 0$, so gilt $g = fw$ mit einem $w \in K[T]$ mit $w \neq 0$, und daher ist $f \neq 0$ und $\deg(g) = \deg(f) + \deg(w) \geq \deg(f)$.
(4) Gilt $f \mid g$ und $g \mid f$, so ist $(f) = (g)$, und die Behauptung folgt aus (4.2.5)(1).
Die anderen Aussagen beweist man auf ähnlich einfache Weise.

(4.2.11) Definition: Es seien $f_1, \ldots, f_n \in K[T]$. Ein Polynom $d \in K[T]$ heißt ein größter gemeinsamer Teiler von $f_1, \ldots, f_n$, wenn gilt:
(a) Für jedes $i \in \{1, \ldots, n\}$ gilt $d \mid f_i$.
(b) Für jedes $d' \in K[T]$ mit $d' \mid f_1, \ldots, d' \mid f_n$ gilt $d' \mid d$.

(4.2.12) Satz: *Es seien $f_1, \ldots, f_n \in K[T]$.*
(1) *Es gibt einen größten gemeinsamen Teiler $d \in K[T]$ von $f_1, \ldots, f_n$. Genauer gilt: $d \in K[T]$ ist ein größter gemeinsamer Teiler von $f_1, \ldots, f_n$, genau wenn $(f_1, \ldots, f_n) = (d)$ gilt.*
(2) *Ist $d \in K[T]$ ein größter gemeinsamer Teiler von $f_1, \ldots, f_n$, so ist $\{\alpha d \mid \alpha \in K^\times\}$ die Menge aller größten gemeinsamen Teiler von $f_1, \ldots, f_n$.*
(3) *Ist $d \in K[T]$ ein größter gemeinsamer Teiler von $f_1, \ldots, f_n$, so gibt es $u_1, \ldots, u_n \in K[T]$ mit $d = u_1 f_1 + \cdots + u_n f_n$.*

Beweis: Nach (4.2.8) ist $\mathfrak{a} := (f_1, \ldots, f_n)$ ein Hauptideal in $K[T]$. Es sei $d \in K[T]$ mit $\mathfrak{a} = (d)$. Wegen $d \in \mathfrak{a}$ existieren $u_1, \ldots, u_n \in K[T]$ mit $u_1 f_1 + \cdots + u_n f_n = d$ [vgl. (4.2.3)(6)]. Für jedes $i \in \{1, \ldots, n\}$ gilt $f_i \in \mathfrak{a} = (d)$, also $d \mid f_i$, und für jedes $d' \in K[T]$ mit $d' \mid f_1, \ldots, d' \mid f_n$ gilt: d' teilt $u_1 f_1 + \cdots + u_n f_n = d$ [vgl. (4.2.10)(3)]. Also ist d ein größter gemeinsamer Teiler von $f_1, \ldots, f_n$. Ist auch $d_1 \in K[T]$ ein größter gemeinsamer Teiler von $f_1, \ldots, f_n$, so gilt offensichtlich $d \mid d_1$ und $d_1 \mid d$, und daher gilt $(d_1) = (d) = \mathfrak{a}$. Damit sind (1) und (3) bewiesen, und (2) folgt mit Hilfe von (4.2.5)(2).

(4.2.13) Folgerung: *Es seien $f_1, \ldots, f_n \in K[T]$, es sei $d \in K[T]$ ein größter gemeinsamer Teiler von $f_1, \ldots, f_n$, und es sei L ein Erweiterungskörper von K. Dann ist d auch ein größter gemeinsamer Teiler der Polynome $f_1, \ldots, f_n$ im Ring $L[T]$.*

Beweis: Die in $K[T]$ gültige Relation $(f_1, \ldots, f_n) = (d)$ gilt auch in $L[T]$.

(4.2.14) Bemerkung: Es seien $f_1, \ldots, f_n \in K[T]$. Genau dann ist 0 ein größter gemeinsamer Teiler von $f_1, \ldots, f_n$, wenn $f_1 = \cdots = f_n = 0$ gilt. Gilt $f_1 = \cdots = f_n = 0$, so ist 0 der einzige größte gemeinsame Teiler von $f_1, \ldots, f_n$; man setzt dann $\mathrm{ggT}(f_1, \ldots, f_n) := 0$. Ist $f_i \neq 0$ für mindestens ein $i \in \{1, \ldots, n\}$, so gibt es nach (4.2.8) genau ein normiertes $d \in K[T]$ mit $(d) = (f_1, \ldots, f_n)$; dieses d ist der einzige normierte größte gemeinsame Teiler von $f_1, \ldots, f_n$, und man setzt in diesem Fall $\mathrm{ggT}(f_1, \ldots, f_n) := d$.

2 Der Divisionsalgorithmus

(4.2.15) Bezeichnung: Polynome $f_1, \ldots, f_n \in K[T]$ heißen teilerfremd, wenn $\mathrm{ggT}(f_1, \ldots, f_n) = 1$ gilt.

(4.2.16) Bemerkung: Es seien $f_1, \ldots, f_n \in K[T]$, und es sei $d := \mathrm{ggT}(f_1, \ldots, f_n)$.
(1) Es gelte: Nicht alle $f_1, \ldots, f_n$ sind 0. Dann ist $d \neq 0$. Die Polynome $f_1', \ldots, f_n' \in K[T]$ mit $f_i = f_i' d$ für jedes $i \in \{1, \ldots, n\}$ sind teilerfremd.
Beweis: Nach (4.2.12)(3) existieren Polynome $u_1, \ldots, u_n \in K[T]$ mit $d = u_1 f_1 + \cdots + u_n f_n$. Dann gilt $1 = u_1 f_1' + \cdots + u_n f_n'$, also $(f_1', \ldots, f_n') = (1)$, und daher sind $f_1', \ldots, f_n'$ teilerfremd [vgl. (4.2.12)].
(2) Es sei $n \geq 2$. Dann gilt

$$\mathrm{ggT}(f_1, \ldots, f_n) = \mathrm{ggT}(\mathrm{ggT}(f_1, \ldots, f_{n-1}), f_n).$$

Beweis: Es seien $d_1 := \mathrm{ggT}(f_1, \ldots, f_{n-1})$ und $d_2 := \mathrm{ggT}(d_1, f_n)$. Wegen $d_1 \mid f_i$ für jedes $i \in \{1, \ldots, n-1\}$ und $d_2 \mid d_1$ gilt $d_2 \mid f_i$ für jedes $i \in \{1, \ldots, n\}$. Es sei $d' \in K[T]$, und es gelte $d' \mid f_i$ für jedes $i \in \{1, \ldots, n\}$. Dann gilt $d' \mid d_1$ und $d' \mid f_n$ und daher $d' \mid d_2$. Also gilt $d_2 = d$.

(4.2.17) Hilfssatz: *Es seien $f, g, q \in K[T]$. Dann gilt*

$$\mathrm{ggT}(f, g) = \mathrm{ggT}(f - qg, g).$$

Beweis: Ein Polynom $h \in K[T]$ ist genau dann ein Teiler von f und g, wenn h ein Teiler von $f - qg$ und g ist. Also gilt $(f, g) = (f - qg, g)$ und daher $\mathrm{ggT}(f, g) = \mathrm{ggT}(f - qg, g)$.

(4.2.18) Es seien $f_1, \ldots, f_n \in K[T]$. In (4.2.12) wurde gezeigt, daß $f_1, \ldots, f_n$ einen größten gemeinsamen Teiler $d \in K[T]$ haben und daß es Polynome $u_1, \ldots, u_n \in K[T]$ mit $d = u_1 f_1 + \cdots + u_n f_n$ gibt; es wurde aber nicht gezeigt, wie man d und $u_1, \ldots, u_n$ berechnet. In (4.2.19) wird ein Verfahren angegeben, das zu zwei Polynomen $f, g \in K[T]$ einen größten gemeinsamen Teiler d von f und g und Polynome $u, v \in K[T]$ mit $d = uf + vg$ bestimmt. Der allgemeine Fall wird in (4.2.22) behandelt.

(4.2.19) Der erweiterte Euklidische Algorithmus:
Eingabe: $f, g \in K[T]$.
Ausgabe: Der größte gemeinsame Teiler $\mathrm{ggT}(f, g) \in K[T]$ von f und g, sowie Polynome $u, v \in K[T]$ mit $\mathrm{ggT}(f, g) = uf + vg$.

1. {Initialisierung:} $h := f$; $h' := g$;
2. $u := 1$; $v := 0$; $u' := 0$; $v' := 1$;
3. while $h' \neq 0$ do
4.   begin
5. $w := h \text{ div } h'$; $h'' := h \text{ mod } h'$;
6. $u'' := u - w * u'$; $v'' := v - w * v'$;
7. $h := h'$; $h' := h''$;
8. $u := u'$; $u' := u''$; $v := v'$; $v' := v''$;
9.   end;
10. $d := h$;
11. if $d \neq 0$ then
12.   begin
13. $d := \text{lcoeff}(d)^{-1} * d$;
14. $u := \text{lcoeff}(d)^{-1} * u$; $v := \text{lcoeff}(d)^{-1} * v$;
15.   end;
16. $\text{return}(d, u, v)$.

Korrektheit: Nach Zeile 2, also beim ersten Eintritt in die while-Schleife, gilt $\text{ggT}(h, h') = \text{ggT}(f, g)$, sowie $h = uf + vg$ und $h' = u'f + v'g$. Wenn vor einem Eintritt in die while-Schleife $\text{ggT}(h, h') = \text{ggT}(f, g)$, sowie $h = uf + vg$ und $h' = u'f + v'g$ gilt, so gilt nach Zeile 6 $h'' = h - wh' = uf + vg - w(u'f + v'g) = (u - wu')f + (v - wv')g = u''f + v''g$, und wegen $h'' = h - wh'$ ist nach (4.2.17) $\text{ggT}(h', h'') = \text{ggT}(h, h') = \text{ggT}(f, g)$. Nach der Umbenennung in den Zeilen 7 und 8 gilt wieder $\text{ggT}(h, h') = \text{ggT}(f, g)$, sowie $h = uf + vg$ und $h' = u'f + v'g$. Da bei jedem Durchlaufen der while-Schleife der Grad von h' mindestens um 1 abnimmt, ist nach endlich vielen Schritten $h' = 0$, und der Algorithmus liefert als Ergebnis entweder $d = 0$, sowie $u = 1$ und $v = 0$, oder er liefert $d = \text{lcoeff}(h)^{-1}h = \text{ggT}(h, 0) = \text{ggT}(h, h') = \text{ggT}(f, g)$, sowie Polynome $u, v \in K[T]$ mit $d = uf + vg$.

(4.2.20) Bemerkung: Der Algorithmus in (4.2.19) ist nach dem griechischen Mathematiker Euklid [um 300 v. Chr.] benannt, der in seinem Buch „Elemente" [[2], Buch VII], in dem das mathematische Wissen seiner Zeit zusammengefaßt ist und das für mehr als 2000 Jahre den Geometrieunterricht geprägt hat, ein analoges Verfahren zur Berechnung des größten gemeinsamen Teilers von zwei natürlichen Zahlen beschrieben hat.

(4.2.21) Bemerkung: Es seien $f, g \in K[T]$. Wenn man nur $\text{ggT}(f, g)$ und nicht auch Polynome $u, v \in K[T]$ mit $\text{ggT}(a, b) = uf + vg$ benötigt,

2 Der Divisionsalgorithmus

so verwendet man die einfache Version des in (4.2.19) beschriebenen Algorithmus: Man streicht Zeile 2, Zeile 6, Zeile 8 und Zeile 14 und läßt am Ende nur d ausgeben.

(4.2.22) Bemerkung: Es sei $n \in \mathbb{N}$ mit $n \geq 2$, und es seien $f_1, \ldots, f_n \in K[T]$. Man berechnet $d := \mathrm{ggT}(f_1, \ldots, f_n)$ und Polynome $u_1, \ldots, u_n \in K[T]$ mit $d = u_1 f_1 + \cdots + u_n f_n$ rekursiv, und zwar folgendermaßen: Ist $n = 2$, so wendet man den Algorithmus aus (4.2.19) auf f_1 und f_2 an. Ist $n \geq 3$ und hat man bereits $d_1 := \mathrm{ggT}(f_1, \ldots, f_{n-1})$ und Polynome $v_1, \ldots, v_{n-1} \in K[T]$ mit $d_1 = v_1 f_1 + \cdots + v_{n-1} f_{n-1}$ gefunden, so berechnet man mit dem Algorithmus aus (4.2.19) $\mathrm{ggT}(d_1, f_n)$ und Polynome u, $u_n \in K[T]$ mit $\mathrm{ggT}(d_1, f_n) = u d_1 + u_n f_n$ und erhält so $d = \mathrm{ggT}(d_1, f_n)$ [vgl. (4.2.19)(2)] und $d = (uv_1)f_1 + \cdots + (uv_{n-1})f_{n-1} + u_n f_n$.

(4.2.23) Definition: Ein Polynom $p \in K[T]$ heißt ein Primpolynom oder ein irreduzibles Polynom, wenn $\deg(p) \geq 1$ ist und p nur die „trivialen" Teiler α und αp mit $\alpha \in K^\times$ besitzt.

(4.2.24) Bemerkung: Es sei $p \in K[T]$. Ist $\deg(p) = 1$, so ist p irreduzibel. Ist $\deg(p) = 2$ oder $= 3$, so ist p irreduzibel, genau wenn p keine Nullstelle in K hat. [Denn ein Polynom $f \in K[T]$ mit $1 \leq \deg(f) \leq 3$ ist nicht irreduzibel, genau wenn es einen Teiler $g \in K[T]$ mit $\deg(g) = 1$ besitzt, also genau wenn es eine Nullstelle in K besitzt.]

(4.2.25) Satz: *Jedes Polynom in $K[T]$ von positivem Grad ist ein Produkt von endlich vielen Primpolynomen.*

Beweis: Angenommen, die Menge $\mathcal{M}$ der Polynome positiven Grades in $K[T]$, die nicht ein Produkt von Primpolynomen sind, ist nicht leer. Es sei $f_0 \in \mathcal{M}$ ein Polynom mit $\deg(f_0) \leq \deg(f)$ für jedes $f \in \mathcal{M}$. Wegen $f_0 \in \mathcal{M}$ ist f_0 kein Primpolynom, also gibt es Polynome $g, h \in K[T]$ von positivem Grad mit $f_0 = gh$. Wegen $\deg(g) < \deg(f_0)$ und $\deg(h) < \deg(f_0)$ gilt $g \notin \mathcal{M}$ und $h \notin \mathcal{M}$, also sind g und h Produkte von Primpolynomen, und daher ist auch f_0 ein Produkt von Primpolynomen, im Widerspruch zu $f_0 \in \mathcal{M}$. Damit ist gezeigt, daß $\mathcal{M}$ leer ist, daß also jedes $f \in K[T]$ ein Produkt von Primpolynomen ist.

(4.2.26) Hilfssatz: *Es seien $f_1, \ldots, f_n \in K[T]$, es sei $p \in K[T]$ ein Primpolynom, und es gelte $p \mid f_1 \cdots f_n$. Dann gibt es ein $i \in \{1, \ldots, n\}$ mit $p \mid f_i$.*

Beweis [durch Induktion nach n]: Ist $n = 1$, so ist nichts zu zeigen. Es sei $n \geq 2$, und es sei bereits gezeigt: Sind $g_1, \ldots, g_{n-1}$ Polynome in $K[T]$ und teilt p das Produkt $g_1 \cdots g_{n-1}$, so teilt p einen der Faktoren $g_1, \ldots, g_{n-1}$. Gilt $p \mid f_n$, so ist nichts mehr zu beweisen. Gilt $p \nmid f_n$, so sind die Polynome p und f_n teilerfremd [weil p ein Primpolynom ist], also gibt es $u, v \in K[T]$ mit $1 = up + vf_n$ [vgl. (4.2.12)(3)], damit gilt $f_1 \cdots f_{n-1} = (f_1 \cdots f_{n-1}u)p + v(f_1 \cdots f_n)$, und daher teilt p das Produkt $f_1 \cdots f_{n-1}$ und somit nach Induktionsvoraussetzung eines der Polynome $f_1, \ldots, f_{n-1}$.

(4.2.27) Satz: *Es seien $k, l \in \mathbb{N}$, und es seien $p_1, \ldots, p_k$, $q_1, \ldots, q_l$ normierte Primpolynome in $K[T]$ mit $p_1 \cdots p_k = q_1 \cdots q_l$. Dann ist $k = l$, und durch Umnumerieren kann man $p_i = q_i$ für jedes $i \in \{1, \ldots, k\}$ erreichen.*

Beweis: Man darf $k \leq l$ voraussetzen. Da p_1 ein Teiler von $q_1 \cdots q_l$ ist, gibt es nach (4.2.26) ein $i \in \{1, \ldots, l\}$ mit $p_1 \mid q_i$. Durch eine Umnumerierung von $q_1, \ldots, q_l$ erreicht man, daß $i = 1$ ist, also daß $p_1 \mid q_1$ gilt. Da p_1 und q_1 normierte Primpolynome sind, folgt $p_1 = q_1$ und daher $p_2 \cdots p_k = q_2 \cdots q_l$. Ist $k = 1$, so folgt $l = 1$. Es sei jetzt $k \geq 2$, und es sei bereits gezeigt: Sind $p'_1, \ldots, p'_{k-1}, q'_1, \ldots, q'_r \in K[T]$ normierte Primpolynome mit $p'_1 \cdots p'_{k-1} = q'_1 \cdots q'_r$, so ist $k - 1 = r$, und nach einer Umnumerierung von $q'_1, \ldots, q'_r$ gilt $q'_i = p'_i$ für jedes $i \in \{1, \ldots, k-1\}$. Wegen $p_2 \cdots p_k = q_2 \cdots q_l$ folgt daher: Es gilt $k - 1 = l - 1$ und daher $k = l$, und nach einer Umnumerierung von $q_2, \ldots, q_k$ gilt $p_i = q_i$ für jedes $i \in \{2, \ldots, k\}$.

(4.2.28) Primzerlegungen: (1) Es sei $\mathbb{P}$ die Menge der normierten Primpolynome in $K[T]$. Für jedes $\alpha \in K$ gilt $T - \alpha \in \mathbb{P}$. Ist K algebraisch abgeschlossen, so ist $\mathbb{P} = \{T - \alpha \mid \alpha \in K\}$.
(2) Aus (4.2.25) und (4.2.27) folgt: Jedes von Null verschiedene Polynom $f \in K[T]$ hat eine eindeutig bestimmte *Primzerlegung*

$$f = \varepsilon(f) \prod_{p \in \mathbb{P}} p^{v_p(f)} \qquad (*)$$

mit $\varepsilon(f) := \mathrm{lcoeff}(f) \in K^\times$, mit $v_p(f) \in \mathbb{N}_0$ für jedes $p \in \mathbb{P}$, und mit $v_p(f) > 0$ nur für endlich viele $p \in \mathbb{P}$. Für jedes $p \in \mathbb{P}$ gilt: f ist durch $p^{v_p(f)}$ teilbar, aber nicht durch $p^{v_p(f)+1}$.
Es sei f von positivem Grad, es seien $p_1, \ldots, p_n \in \mathbb{P}$ die paarweise verschiedenen Primpolynome, die f teilen, und für jedes $i \in \{1, \ldots, n\}$ sei

2 Der Divisionsalgorithmus

$e_i := v_{p_i}(f)$. Damit kann man die Primzerlegung (∗) von f in der Form

$$f = \varepsilon(f) p_1^{e_1} \cdots p_n^{e_n}$$

schreiben.
(3) Es seien $f, g \in K[T]$ von Null verschiedene Polynome mit den Primzerlegungen

$$f = \varepsilon(f) \prod_{p \in \mathbb{P}} p^{v_p(f)}, \quad g = \varepsilon(g) \prod_{p \in \mathbb{P}} p^{v_p(g)}.$$

(a) Die Primzerlegung von fg ist

$$fg = \bigl(\varepsilon(f)\varepsilon(g)\bigr) \prod_{p \in \mathbb{P}} p^{v_p(f)+v_p(g)},$$

d.h. es gilt $\varepsilon(fg) = \varepsilon(f)\varepsilon(g)$ und $v_p(fg) = v_p(f) + v_p(g)$ für jedes $p \in \mathbb{P}$.
(b) Genau dann gilt $f \mid g$, wenn $v_p(f) \leq v_p(g)$ für jedes $p \in \mathbb{P}$ gilt.
(c) f und g sind genau dann teilerfremd, wenn gilt: Für jedes $p \in \mathbb{P}$ ist $v_p(f) = 0$ oder $v_p(g) = 0$.

(4.2.29) Kleinste gemeinsame Vielfache: Es seien $f_1, \ldots, f_n \in K[T]$.
(1) Ein Polynom $m \in K[T]$ heißt ein kleinstes gemeinsames Vielfaches von $f_1, \ldots, f_n$, wenn gilt:
(a) Für jedes $i \in \{1, \ldots, n\}$ gilt $f_i \mid m$.
(b) Für jedes $m' \in K[T]$ mit $f_1 \mid m', \ldots, f_n \mid m'$ gilt $m \mid m'$.
(2) Ist eines der Polynome $f_1, \ldots, f_n$ gleich 0, so ist, wie man sofort sieht, 0 das einzige kleinste gemeinsame Vielfache von $f_1, \ldots, f_n$. Man setzt dann $\text{kgV}(f_1, \ldots, f_n) := 0$.
(3) Ist $f_i \neq 0$ für jedes $i \in \{1, \ldots, n\}$, so gilt für die Polynome

$$d := \prod_{p \in \mathbb{P}} p^{\min(\{v_p(f_1), \ldots, v_p(f_n)\})}, \quad m := \prod_{p \in \mathbb{P}} p^{\max(\{v_p(f_1), \ldots, v_p(f_n)\})} \in K[T]$$

offensichtlich: Es ist $d = \text{ggT}(f_1, \ldots, f_n)$, und m ist ein kleinstes gemeinsames Vielfaches von $f_1, \ldots, f_n$.
(4) Aus (2) und (3) folgt: $f_1, \ldots, f_n$ haben ein kleinstes gemeinsames Vielfaches.
(5) Es sei $m \in K[T]$ ein kleinstes gemeinsames Vielfaches von $f_1, \ldots, f_n$. Man überzeugt sich leicht, daß $\{\alpha m \mid \alpha \in K^\times\}$ die Menge aller kleinsten gemeinsamen Vielfachen von $f_1, \ldots, f_n$ ist.

(6) Es gelte $f_i \neq 0$ für jedes $i \in \{1,\ldots,n\}$. Dann gibt es nach (5) genau ein normiertes kleinstes gemeinsames Vielfaches von $f_1,\ldots,f_n$; dieses wird mit $\mathrm{kgV}(f_1,\ldots,f_n)$ bezeichnet.
(7) Ist $n \geq 2$, so gilt

$$\mathrm{kgV}(f_1,\ldots,f_n) = \mathrm{kgV}\bigl(\mathrm{kgV}(f_1,\ldots,f_{n-1}),f_n\bigr).$$

(8) Sind die Polynome $f_1,\ldots,f_n$ normiert und paarweise teilerfremd, so ist $\mathrm{kgV}(f_1,\ldots,f_n) = f_1 \cdots f_n$.

(4.2.30) **Bemerkung:** (1) Für alle $\alpha, \beta \in \mathbb{R}$ gilt, wie man ohne Mühe nachprüft: Es ist $\max(\{\alpha,\beta\}) + \min(\{\alpha,\beta\}) = \alpha + \beta$.
(2) Es seien $f, g \in K[T] \smallsetminus \{0\}$. Nach (4.2.29) und nach (1) gilt für jedes Primpolynom $p \in K[T]$: Es ist $v_p(\mathrm{ggT}(f,g)) + v_p(\mathrm{kgV}(f,g)) = v_p(f) + v_p(g)$. Also gilt

$$\mathrm{lcoeff}(f)\,\mathrm{lcoeff}(g)\,\mathrm{ggT}(f,g)\,\mathrm{kgV}(f,g) = fg.$$

Dies zeigt, wie man $\mathrm{kgV}(f,g)$ berechnet, falls man die Primzerlegungen von f und g nicht kennt: Man berechnet mit dem Euklidischen Algorithmus $\mathrm{ggT}(f,g)$, dividiert fg durch $\mathrm{ggT}(f,g)$ und normiert das Ergebnis.
(3) Ist $n \geq 3$ und sind $f_1,\ldots,f_n \in K[T] \smallsetminus \{0\}$, so berechnet man $\mathrm{kgV}(f_1,\ldots,f_n)$ mit Hilfe von (2) und der Rekursionsformel in (4.2.29)(7).

(4.2.31) **Rechenregeln:** (1) Es seien $f, g_1, g_2 \in K[T]$ von 0 verschieden, und es gelte $\mathrm{ggT}(f,g_1) = 1$ und $f \mid g_1 g_2$. Dann gilt $f \mid g_2$.
Beweis: Für jedes $p \in \mathbb{P}$ gilt $\min(\{v_p(f), v_p(g_1)\}) = 0$ und $v_p(f) \leq v_p(g_1) + v_p(g_2)$ und daher $v_p(f) \leq v_p(g_2)$. Also gilt $f \mid g_2$.
(2) Es seien $f_1,\ldots,f_n, g \in K[T] \smallsetminus \{0\}$, und für jedes $i \in \{1,\ldots,n\}$ gelte $\mathrm{ggT}(f_i,g) = 1$. Dann gilt $\mathrm{ggT}(f_1 \cdots f_n, g) = 1$.
Beweis: Es sei $p \in \mathbb{P}$. Für jedes $i \in \{1,\ldots,n\}$ ist $\min(\{v_p(f_i), v_p(g)\}) = 0$, und daher gilt $\min(\{v_p(f_1 \cdots f_n), v_p(g)\}) = 0$.
(3) Es seien $f_1,\ldots,f_n \in K[T]$ paarweise teilerfremd, es sei $g \in K[T]$, und es gelte $f_i \mid g$ für jedes $i \in \{1,\ldots,n\}$. Dann gilt $f_1 \cdots f_n \mid g$, denn $f_1 \cdots f_n$ ist ein kleinstes gemeinsames Vielfaches von $f_1,\ldots,f_n$ [vgl. (4.2.29), (2) und (8)].

(4.2.32) **Primzerlegungen in $\mathbb{R}[T]$ und $\mathbb{C}[T]$:** (1) Es sei $f \in \mathbb{C}[T]$ ein Polynom von positivem Grad. Da $\mathbb{C}$ algebraisch abgeschlossen ist [vgl. (4.1.22)], hat die Primzerlegung von f in $\mathbb{C}[T]$ die Form

$$f = \mathrm{lcoeff}(f)(T-a_1)^{e_1} \cdots (T-a_h)^{e_h}$$

2 Der Divisionsalgorithmus

mit paarweise verschiedenen komplexen Zahlen $a_1, \ldots, a_h$ und natürlichen Zahlen $e_1, \ldots, e_h$.
(2) Es sei $f \in \mathbb{R}[T]$ ein Polynom von positivem Grad. Ist $x \in \mathbb{C}$ eine nichtreelle Nullstelle von f, so ist auch $\overline{x}$ eine Nullstelle von f [denn es gilt $f(\overline{x}) = \overline{f(x)} = 0$], und es gilt $\overline{x} \neq x$, und daher gilt: Ist $x = a + ib \in \mathbb{C}$ mit $a := \mathrm{Re}(x)$ und $b := \mathrm{Im}(x) \neq 0$ eine Nullstelle von f, so ist $p := (T-x)(T-\overline{x}) = T^2 - 2aT + (a^2+b^2) \in \mathbb{R}[T]$ ein Teiler von f in $\mathbb{R}[T]$ [vgl. (4.1.13)], und p ist irreduzibel in $\mathbb{R}[T]$ [vgl. (4.2.24)].
Die Primzerlegung von f in $\mathbb{R}[T]$ hat deshalb die Form

$$f = \mathrm{lcoeff}(f)(T-a_1)^{e_1} \cdots (T-a_k)^{e_k} p_1^{f_1} \cdots p_l^{f_l}$$

mit $k, l \in \mathbb{N}_0$, mit paarweise verschiedenen $a_1, \ldots, a_k \in \mathbb{R}$, mit paarweise verschiedenen normierten irreduziblen Polynomen $p_1, \ldots, p_l \in \mathbb{R}[T]$ vom Grad 2 und mit natürlichen Zahlen $e_1, \ldots, e_k, f_1, \ldots, f_l$.

(4.2.33) Bemerkung: Für gewisse Körper K gibt es Algorithmen zur Berechnung der Primzerlegung eines Polynomes $f \in K[T]$. Für endliche Körper und für den Körper $\mathbb{Q}$ findet man solche Algorithmen zum Beispiel in [3], Kap. XV, §3 und §4. Jedes Computeralgebra-System verfügt über effiziente Algorithmen zur Berechnung von größten gemeinsamen Teilern und Primzerlegungen von Polynomen. In MuPAD und Maple heißen diese Funktionen gcd und factor.

Aufgaben

A(4.2.1) Es sei $f \in K[T]$ ein Polynom vom Grad $n \in \mathbb{N}_0$, und es sei U der von f erzeugte Unterraum des K-Vektorraums $K[T]$. Man zeige, daß $K[T]/U$ die Dimension n hat, und man gebe eine Basis von $K[T]/U$ an.

A(4.2.2) Es sei $f \in K[T]$ ein Polynom mit $f \neq 0$. Sind $g, h \in K[T]$, so sagt man, daß g zu h kongruent modulo f ist, und schreibt dafür $g \equiv h \pmod{f}$, wenn $g - h$ durch f teilbar ist.
(1) Man zeige: Die so erklärte Relation auf $K[T]$ ist eine Äquivalenzrelation.
(2) Es seien $g, g', h, h' \in K[T]$ mit $g \equiv g' \pmod{f}$ und $h \equiv h' \pmod{f}$. Man zeige: Dann gilt $g + h \equiv g' + h' \pmod{f}$ und $gh \equiv g'h' \pmod{f}$.

A(4.2.3) Man zeige: Zu teilerfremden Polynomen positiven Grades $f, g \in K[T]$ gibt es $u, v \in K[T]$ mit $\deg(u) < \deg(g)$, $\deg(v) < \deg(f)$ und $1 = uf + vg$.

A(4.2.4) Es seien $f_1, \ldots, f_n \in K[T]$ normierte Polynome, und für jedes $i \in \{1, \ldots, n\}$ sei $g_i := f_1 \cdots f_{i-1} f_{i+1} \cdots f_n$. Man zeige:
(1) Es gilt $\mathrm{ggT}(f_1, \ldots, f_n) \, \mathrm{kgV}(f_1, \ldots, f_n) = g_1 \cdots g_n$.
(2) Sind $f_1, \ldots, f_n$ paarweise teilerfremd, so gilt $\mathrm{ggT}(g_1, \ldots, g_n) = 1$.

A(4.2.5) Für die Polynome $f := T^5 - T^4 - 6T^3 - 50T^2 - 75T - 125$, $g := T^5 + 4T^4 + 12T^3 + 20T^2 + 23T + 20 \in \mathbb{Q}[T]$ berechne man $\text{ggT}(f,g)$.

A(4.2.6) Es sei $\mathbb{F}_2$ der in (1.4.11) beschriebene Körper mit 2 Elementen. Für die Polynome $f := T^7 + T^6 + T^4 + T^3 + T^2 + T + 1$, $g := T^6 + 1 \in \mathbb{F}_2[T]$ berechne man $\text{ggT}(f,g)$ und finde Polynome $u, v \in \mathbb{F}_2[T]$ mit $\text{ggT}(f,g) = uf + vg$.

A(4.2.7) Es sei $f := T^4 + T^3 - 2T^2 - 4T - 8 \in \mathbb{Q}[T]$. Man berechne die Primzerlegung von f. [Hinweis: Man kann Aufgabe A(4.1.7) benutzen.]

A(4.2.8) Es sei $f := T^6 + 3T^5 + 2T^4 + 3T^2 + 5T + 2 \in \mathbb{Q}[T]$. Man berechne die Primzerlegung von f. [Hinweis: Man kann Aufgabe A(4.1.7) benutzen.]

A(4.2.9) Das Polynom $f := T^4 + T^3 + T^2 + T + 1 \in \mathbb{Q}[T]$ ist ein Primpolynom im Ring $\mathbb{Q}[T]$, was man an dieser Stelle allerdings nur mit Mühe beweisen kann. Man finde die Primzerlegung von f im Ring $\mathbb{C}[T]$ und die Primzerlegung von f im Ring $\mathbb{R}[T]$.

A(4.2.10) Es sei $\mathbb{F}_2$ der in (1.4.11) beschriebene Körper mit 2 Elementen. Man berechne die Primzerlegung von $f := T^9 + T^8 + T^7 + T^5 + T^3 + 1 \in \mathbb{F}_2[T]$.

A(4.2.11) Es sei

$$A := \begin{pmatrix} 1 & 1 & 1 & \cdots & 1 \\ 1 & T+1 & 1 & \cdots & 1 \\ 1 & 1 & T+2 & \cdots & 1 \\ \vdots & \vdots & \vdots & \ddots & \vdots \\ 1 & 1 & 1 & \cdots & T+n \end{pmatrix} \in M(n+1; \mathbb{Q}[T]).$$

Man zeige: Es ist $\det(A) = T(T+1)\cdots(T+n)$.

A(4.2.12) Es sei L ein Erweiterungskörper von K, und es seien $f, g \in K[T]$. Man zeige: f ist ein Teiler von g in $K[T]$, genau wenn f ein Teiler von g in $L[T]$ ist.

A(4.2.13) Es sei K ein Körper der Charakteristik 0, und es sei $f \in K[T]$ ein Polynom vom Grad $n \geq 1$, das über K in Linearfaktoren zerfällt. Man zeige: f hat n paarweise verschiedene Nullstellen in K, genau wenn f und die formale Ableitung $D(f)$ von f [vgl. Aufgabe A(4.1.3)] teilerfremd sind.

A(4.2.14) Man beweise: Das Polynom $T^6 + 2T^4 + 4T^2 + 1 \in \mathbb{Q}[T]$ hat in $\mathbb{C}$ sechs verschiedene Nullstellen.

A(4.2.15) Es sei $f := T^6 + 4T^5 + 5T^4 - 5T^2 - 2T + 2 \in \mathbb{Q}[T]$. Man untersuche, ob f in $\mathbb{C}$ sechs verschiedene Nullstellen besitzt. Man ermittle die Primzerlegungen von f in $\mathbb{Q}[T]$, in $\mathbb{R}[T]$ und in $\mathbb{C}[T]$. [Hinweis: Man berechne zuerst einen größten gemeinsamen Teiler von f und der (in Aufgabe A(4.1.3) erklärten) formalen Ableitung $D(f)$ von f.]

A(4.2.16) Es sei R ein kommutativer Ring, es seien $\mathfrak{a}_1, \ldots, \mathfrak{a}_n$ Ideale in R, und es sei
$$\mathfrak{a}_1 + \cdots + \mathfrak{a}_n := \Big\{ \sum_{i=1}^n a_i \;\Big|\; a_1 \in \mathfrak{a}_1, \ldots, a_n \in \mathfrak{a}_n \Big\}.$$
Man beweise: $\mathfrak{a}_1 + \cdots + \mathfrak{a}_n$ ist ein Ideal in R, und zwar ist dies das kleinste Ideal in R, das $\mathfrak{a}_1 \cup \cdots \cup \mathfrak{a}_n$ umfaßt, d.h. es ist $\mathfrak{a}_1 + \cdots + \mathfrak{a}_n = (\mathfrak{a}_1 \cup \cdots \cup \mathfrak{a}_n)$.

A(4.2.17) Es seien $f_1, \ldots, f_n \in K[T]$. Man beweise: Ein Polynom $m \in K[T]$ ist dann und nur dann ein kleinstes gemeinsames Vielfaches von $f_1, \ldots, f_n$, wenn $(f_1) \cap \cdots \cap (f_n) = (m)$ ist.

3 Eigenwerte

(4.3.1) In diesem Paragraphen ist K ein Körper, $K[T]$ ist der Polynomring über K in der Unbestimmten T, V ist ein K-Vektorraum, und n ist eine natürliche Zahl.

(4.3.2) Bemerkung: (1) Es sei $\varphi \in \mathrm{End}_K(V)$. In (4.1.9)(3) wurde der Einsetzungshomomorphismus $f \mapsto f(\varphi) : K[T] \to \mathrm{End}_K(V)$ besprochen.
(2) Es seien $\varphi, \psi \in \mathrm{End}_K(V)$ vertauschbar, d.h. es gelte $\varphi\psi = \psi\varphi$. Für alle $i, j \in \mathbb{N}$ gilt dann $\varphi^i \psi^j = \psi^j \varphi^i$ [vgl. (1.2.5)], und daher ist $f(\varphi)g(\psi) = g(\psi)f(\varphi)$ für alle $f, g \in K[T]$.

(4.3.3) Bemerkung: (1) Es sei $A \in M(n;K)$. In (4.1.9)(4) wurde der Einsetzungshomomorphismus $f \mapsto f(A) : K[T] \to M(n;K)$ besprochen.
(2) Es seien $A, B \in M(n;K)$ vertauschbar, d.h. es gelte $AB = BA$. Dann ist $f(A)g(B) = g(B)f(A)$ für alle $f, g \in K[T]$.

(4.3.4) Definition: Es sei $\varphi \in \mathrm{End}_K(V)$. Ein Unterraum U von V heißt φ-invariant, wenn gilt: Für jedes $x \in U$ ist $\varphi(x) \in U$.

(4.3.5) Bemerkung: Es sei $\varphi \in \mathrm{End}_K(V)$, es sei U ein φ-invarianter Unterraum von V, und es sei $f = \alpha_0 + \alpha_1 T + \cdots + \alpha_m T^m \in K[T]$.
(1) Es gilt $f(\varphi)(U) \subset U$, denn für jedes $x \in U$ gilt $\varphi(x) \in U$, also gilt $\varphi^i(x) \in U$ für jedes $i \in \mathbb{N}$, und daher ist $f(\varphi)(x) \in U$.
(2) Die Abbildung $x \mapsto f(\varphi)(x) : U \to U$ wird mit $f(\varphi)|U$ bezeichnet [dies steht nicht in Einklang mit der in (1.1.38)(c) eingeführten Bezeichnung, nach der $f(\varphi)|U$ eine Abbildung von U in V ist]. Offensichtlich ist $f(\varphi)|U \in \mathrm{End}_K(U)$.

(4.3.6) Bemerkung: Es sei $\varphi \in \text{End}_K(V)$.
(1) $\{0\}$ und V sind φ-invariante Unterräume.
(2) Der Durchschnitt von φ-invarianten Unterräumen von V ist ein φ-invarianter Unterraum von V, und die Summe von endlich vielen φ-invarianten Unterräumen von V ist ein φ-invarianter Unterraum von V.
(3) Es sei U ein Unterraum von V. Es gibt φ-invariante Unterräume von V, die U enthalten, zum Beispiel V. Der Durchschnitt U_φ dieser Unterräume ist der kleinste φ-invariante Unterraum von V, der U enthält.
(4) Es sei $x \in V$. Der kleinste φ-invariante Unterraum von V, der x enthält, ist

$$\langle x \rangle_\varphi = \langle \{\varphi^i(x) \mid i \in \mathbb{N}_0\} \rangle = \{f(\varphi)(x) \mid f \in K[T]\},$$

und für jedes $h \in K[T]$ gilt $h(\varphi)(\langle x \rangle_\varphi) = \langle h(\varphi)(x) \rangle_\varphi \subset \langle x \rangle_\varphi$.
Beweis: Die Elemente von $W := \{f(\varphi)(x) \mid f \in K[T]\}$ sind offensichtlich genau die Linearkombinationen endlich vieler Elemente der Menge $E := \{\varphi^i(x) \mid i \in \mathbb{N}_0\}$. Also ist W ein Unterraum von V, und E ist ein Erzeugendensystem von W. Es gilt $x = \varphi^0(x) \in E \subset W$, und jeder φ-invariante Unterraum von V, der x enthält, enthält auch E [vgl. (4.3.5)(1)] und daher $W = \langle E \rangle$. Also ist $W = \langle x \rangle_\varphi$. Für jedes $h \in K[T]$ gilt: $\{\varphi^i h(\varphi)(x) \mid i \in \mathbb{N}_0\}$ ist ein Erzeugendensystem von $\langle h(\varphi)(x) \rangle_\varphi$, und daher gilt $h(\varphi)(\langle x \rangle_\varphi) = \langle h(\varphi)(x) \rangle_\varphi \subset \langle x \rangle_\varphi$.
(5) Es sei $f \in K[T]$. Dann ist $\ker(f(\varphi))$ ein φ-invarianter Unterraum von V, denn für jedes $x \in \ker(f(\varphi))$ gilt $f(\varphi)(\varphi(x)) = \varphi(f(\varphi)(x)) = \varphi(0) = 0$ und daher $\varphi(x) \in \ker(f(\varphi))$.

(4.3.7) Bemerkung: Es sei V ein endlichdimensionaler K-Vektorraum, es sei $\dim(V) = n$, und es sei $\varphi \in \text{End}_K(V)$.
(1) Es sei $U \neq V$ ein φ-invarianter Unterraum von V, und es sei $m := \dim(U) \geq 1$. Nach (2.5.10) gibt es einen Unterraum U' von V mit $V = U \oplus U'$. Es sei $\{x_1, \ldots, x_m\}$ eine geordnete Basis von U, und es sei $\{x_{m+1}, \ldots, x_n\}$ eine geordnete Basis von U'. Wegen $\varphi(U) \subset U$ gibt es Matrizen $A \in M(m; K)$, $B \in M(m, n-m; K)$ und $C \in M(n-m; K)$ mit

$$\varphi(x_j) = \sum_{i=1}^{m} A[i,j] x_i \qquad \text{für jedes } j \in \{1, \ldots, m\},$$
$$\varphi(x_j) = \sum_{i=1}^{m} B[i,j] x_i + \sum_{i=m+1}^{n} C[i,j] x_i \quad \text{für jedes } j \in \{m+1, \ldots, n\}.$$

3 Eigenwerte

Die Matrix von φ zu der geordneten Basis $\{x_1, \ldots, x_n\}$ von V ist daher die Matrix
$$\begin{pmatrix} A & B \\ 0 & C \end{pmatrix} \in M(n; K).$$

(2) Es sei $V = U_1 \oplus \cdots \oplus U_h$ die direkte Summe φ-invarianter Unterräume $U_1, \ldots, U_h$ von V. Für jedes $l \in \{1, \ldots, h\}$ sei $n_l := \dim(U_l) \geq 1$, sei $\{x_{1l}, \ldots, x_{n_l, l}\}$ eine geordnete Basis von U_l und sei A_l die Matrix von $\varphi \mid U_l \in \text{End}_K(U_l)$ zu dieser Basis. Dann ist $\{x_{11}, \ldots, x_{n_h, h}\}$ eine Basis von V [vgl. (2.5.8)], und die Matrix von φ zu dieser geordneten Basis ist $A = \text{diag}(A_1, \ldots, A_h)$.

(3) Ein Ziel dieses Kapitels ist das folgende: Man zerlege V so in eine direkte Summe von φ-invarianten Unterräumen, daß die Matrizen der Einschränkungen von φ auf diese Unterräume bei geeigneter Wahl der Basen möglichst einfach werden.

(4.3.8) Bezeichnung: Es sei $\varphi \in \text{End}_K(V)$. Für jedes $\lambda \in K$ ist
$$E(\varphi, \lambda) := \ker(\varphi - \lambda \, \text{id}_V) = \{x \in V \mid \varphi(x) = \lambda x\}$$
ein φ-invarianter Unterraum von V [vgl. (4.3.6)(5)].

(4.3.9) Definition: Es seien $\varphi \in \text{End}_K(V)$ und $\lambda \in K$.
(1) λ heißt ein Eigenwert von φ, wenn $E(\varphi, \lambda) \neq \{0\}$ ist.
(2) Ist λ ein Eigenwert von φ, so heißt jedes von 0 verschiedene Element $x \in E(\varphi, \lambda)$ ein Eigenvektor von φ zum Eigenwert λ, und der φ-invariante Unterraum $E(\varphi, \lambda)$ von V heißt der Eigenraum von φ zum Eigenwert λ.

(4.3.10) Bemerkung: Es sei $\varphi \in \text{End}_K(V)$.
(1) $\lambda \in K$ ist genau dann ein Eigenwert von φ, wenn es ein $x \in V$ mit $x \neq 0$ und mit $\varphi(x) = \lambda x$ gibt. $x \in V$ ist genau dann ein Eigenvektor von φ zum Eigenwert $\lambda \in K$, wenn $x \neq 0$ und $\varphi(x) = \lambda x$ gilt.
(2) Es sei $\lambda \in K$ ein Eigenwert von φ, und es sei $x \in V$ ein Eigenvektor von φ zum Eigenwert λ. Für jedes $f \in K[T]$ ist $f(\lambda)$ ein Eigenwert von $f(\varphi)$, und x ist ein Eigenvektor von $f(\varphi)$ zum Eigenwert $f(\lambda)$.
Beweis: Es gilt $\varphi(x) = \lambda x$, und hieraus folgt durch Induktion $\varphi^i(x) = \lambda^i x$ für jedes $i \in \mathbb{N}$. Ist $f = \alpha_0 + \alpha_1 T + \cdots + \alpha_m T^m \in K[T]$, so ist $f(\varphi)(x) = (\alpha_0 \, \text{id}_V + \alpha_1 \varphi + \cdots + \alpha_m \varphi^m)(x) = \alpha_0 x + \alpha_1 \lambda x + \cdots + \alpha_m \lambda^m x = f(\lambda) x$.
(3) $\lambda = 0$ ist ein Eigenwert von φ, genau wenn es ein $x \in V$ mit $x \neq 0$ und mit $\varphi(x) = 0$ gibt, also genau wenn φ nicht injektiv ist.

(4) Es sei φ bijektiv. Dann ist 0 kein Eigenwert von φ [vgl. (3)], und für jedes $\lambda \in K^\times$ gilt: λ ist ein Eigenwert von φ, genau wenn λ^{-1} ein Eigenwert von φ^{-1} ist. In der Tat: Ist $\lambda \in K^\times$ ein Eigenwert von φ und ist $x \in V$ ein Eigenvektor von φ zum Eigenwert λ, so gilt $\varphi(x) = \lambda x$ und daher $\varphi^{-1}(x) = \lambda^{-1}x$. Ist umgekehrt $\mu \in K^\times$ ein Eigenwert von φ^{-1} und ist $x \in V$ ein Eigenvektor von φ^{-1} zum Eigenwert μ, so gilt $\varphi(x) = \mu^{-1}x$.

(4.3.11) Beispiel: Es sei $V \neq \{0\}$. Der einzige Eigenwert von id_V in K ist 1_K, jedes $x \in V$ mit $x \neq 0$ ist ein Eigenvektor von id_V zum Eigenwert 1_K, und es ist $E(\mathrm{id}_V, 1_K) = V$. Der einzige Eigenwert in K der Nullabbildung $x \mapsto 0 : V \to V$ von V ist 0_K, und jedes $x \in V$ mit $x \neq 0$ ist ein Eigenvektor der Nullabbildung zum Eigenwert 0_K.

(4.3.12) Definition: Es sei $\varphi \in \mathrm{End}_K(V)$, es sei $\lambda \in K$ ein Eigenwert von φ, und es sei $k \in \mathbb{N}_0$. Der φ-invariante Unterraum von V

$$U(\varphi, \lambda, k) := \ker\bigl((\varphi - \lambda\,\mathrm{id}_V)^k\bigr)$$

[vgl. (4.3.6)] heißt der Unterraum der Hauptvektoren der Stufe k von φ zum Eigenwert λ.

(4.3.13) Bemerkung: Es sei $\varphi \in \mathrm{End}_K(V)$, und es sei $\lambda \in K$ ein Eigenwert von φ.
(1) Es ist $U(\varphi, \lambda, 0) = \{0\}$ und $U(\varphi, \lambda, 1) = E(\varphi, \lambda) \neq \{0\}$.
(2) Für jedes $k \in \mathbb{N}_0$ gilt $U(\varphi, \lambda, k) \subset U(\varphi, \lambda, k+1)$ [denn für jedes $\psi \in \mathrm{End}_K(V)$ gilt $\ker(\psi^k) \subset \ker(\psi^{k+1})$]. Deshalb ist $U(\varphi, \lambda) := \bigcup_{k \geq 0} U(\varphi, \lambda, k)$ ein φ-invarianter Unterraum von V; er heißt der Unterraum der Hauptvektoren von φ zum Eigenwert λ.
(3) Es gebe ein $k \in \mathbb{N}$ mit $U(\varphi, \lambda, k) = U(\varphi, \lambda, k+1)$; dann gilt $U(\varphi, \lambda, j) = U(\varphi, \lambda, k)$ für jedes $j \geq k$ [vgl. Aufgabe A(2.3.4)]. Es sei $l \in \mathbb{N}$ die kleinste Zahl mit $U(\varphi, \lambda, l) = U(\varphi, \lambda, l+1)$; dann gilt $U(\varphi, \lambda) = \bigcup_{i=0}^{l} U(\varphi, \lambda, i) = U(\varphi, \lambda, l)$.
(4) Es sei V ein endlichdimensionaler K-Vektorraum. Dann kann nicht $U(\varphi, \lambda, k) \subsetneq U(\varphi, \lambda, k+1)$ für jedes $k \in \mathbb{N}$ gelten. Es gibt also ein $k \in \mathbb{N}$ mit $U(\varphi, \lambda, k) = U(\varphi, \lambda, k+1)$. Für jedes solche k gilt $U(\varphi, \lambda) = U(\varphi, \lambda, k)$ [vgl. (3)].

(4.3.14) Satz: *Es sei $\varphi \in \mathrm{End}_K(V)$, und es seien $\lambda_1, \ldots, \lambda_r \in K$ paarweise verschiedene Eigenwerte von φ. Dann ist die Summe*

$$U(\varphi, \lambda_1) + \cdots + U(\varphi, \lambda_r)$$

3 Eigenwerte

direkt, und für jedes $k \in \mathbb{N}_0$ ist die Summe $U(\varphi, \lambda_1, k) + \cdots + U(\varphi, \lambda_r, k)$ direkt. Insbesondere ist die Summe $E(\varphi, \lambda_1) + \cdots + E(\varphi, \lambda_r)$ direkt.

Beweis: (1) Es sei $j \in \{1, \ldots, r\}$, es sei $k \in \mathbb{N}$, es sei $x \in U(\varphi, \lambda_j, k)$, und es gelte $x \notin U(\varphi, \lambda_j, k-1)$.
(a) Für jedes $l \in \mathbb{N}$ und jedes $\mu \in K$ mit $\mu \neq \lambda_j$ gilt $(\varphi - \mu \operatorname{id}_V)^l(x) \notin U(\varphi, \lambda_j, k-1)$. Es gilt nämlich $(\varphi - \lambda_j \operatorname{id}_V)(x) \in U(\varphi, \lambda_j, k-1)$, und nach Wahl von x ist $(\lambda_j - \mu)x \notin U(\varphi, \lambda_j, k-1)$, und daher ist $(\varphi - \mu \operatorname{id}_V)(x) = (\varphi - \lambda_j \operatorname{id}_V)(x) + (\lambda_j - \mu)x \notin U(\varphi, \lambda_j, k-1)$.
(b) Es seien $\mu_1, \ldots, \mu_s \in K$ von λ_j verschieden, und es sei $l \in \mathbb{N}$. Für das Polynom $g := ((T - \mu_1) \cdots (T - \mu_s))^l \in K[T]$ gilt $g(\varphi)(x) \notin U(\varphi, \lambda_j, k-1)$ [Beweis durch Induktion nach s mit Hilfe von (a)].
(2)(a) Es seien $x_1 \in U(\varphi, \lambda_1), \ldots, x_r \in U(\varphi, \lambda_r)$ nicht alle gleich Null. Es sei l die kleinste Zahl $k \in \mathbb{N}_0$ mit $x_i \in U(\varphi, \lambda_i, k)$ für jedes $i \in \{1, \ldots, r\}$. Da $x_1, \ldots, x_r$ nicht alle Null sind, ist $l \geq 1$. Es gibt ein $j \in \{1, \ldots, r\}$ mit $x_j \in U(\varphi, \lambda_j, l)$ und $x_j \notin U(\varphi, \lambda_j, l-1)$. Es sei

$$f = \prod_{i=1, i \neq j}^{r} (T - \lambda_i)^l \in K[T].$$

Für jedes $i \in \{1, \ldots, r\} \smallsetminus \{j\}$ gilt $x_i \in U(\varphi, \lambda_i, l)$, also $(\varphi - \lambda_i \operatorname{id}_V)^l(x_i) = 0$, und daher ist $f(\varphi)(x_i) = 0$. Nach (1) ist andererseits $f(\varphi)(x_j) \notin U(\varphi, \lambda_j, l-1)$, und daher ist $f(\varphi)(x_j) \neq 0$. Also ist $f(\varphi)(x_1 + \cdots + x_r) = f(\varphi)(x_1) + \cdots + f(\varphi)(x_r) = f(\varphi)(x_j) \neq 0$, und daraus folgt $x_1 + \cdots + x_r \neq 0$.
(b) Sind $x_1 \in U(\varphi, \lambda_1), \ldots, x_r \in U(\varphi, \lambda_r)$ und ist $x_1 + \cdots + x_r = 0$, so gilt nach (a) $x_i = 0$ für jedes $i \in \{1, \ldots, r\}$. Also ist die Summe $U(\varphi, \lambda_1) + \cdots + U(\varphi, \lambda_r)$ direkt [vgl. (2.5.4)].
(c) Es sei $k \in \mathbb{N}_0$. Für jedes $i \in \{1, \ldots, r\}$ ist $U(\varphi, \lambda_i, k) \subset U(\varphi, \lambda_i)$, und daher folgt aus (b), daß auch die Summe $U(\varphi, \lambda_1, k) + \cdots + U(\varphi, \lambda_r, k)$ direkt ist [vgl. (2.5.3)].

(4.3.15) **Eigenwerte von Matrizen:** Es sei $A \in M(n; K)$, es sei $\varphi: K^n \to K^n$ die lineare Abbildung mit $\varphi(x) = Ax$ für jedes $x \in K^n$, und es sei $E(A, \lambda) := E(\varphi, \lambda) = \{x \in V \mid Ax = \lambda x\}$.
(1) $\lambda \in K$ heißt ein Eigenwert von A, wenn λ ein Eigenwert von φ ist, wenn also $E(A, \lambda) \neq \{0\}$ ist. Ist λ ein Eigenwert von A, so heißt ein $x \in K^n$ ein Eigenvektor von A zum Eigenwert λ, wenn x ein Eigenvektor von φ zum Eigenwert λ ist, wenn also $x \neq 0$ und $Ax = \lambda x$ gilt, und der Unterraum $E(A, \lambda)$ von K^n heißt der Eigenraum von A zum Eigenwert λ.

(2) Es sei $\lambda \in K$ ein Eigenwert von A. Man nennt für $k \in \mathbb{N}_0$ die Elemente des Unterraums

$$U(A, \lambda, k) := U(\varphi, \lambda, k) = \{x \in V \mid (A - \lambda E_n)^k x = 0\}$$

von K^n die Hauptvektoren der Stufe k der Matrix A zum Eigenwert λ und die Elemente des Unterraums $U(A, \lambda) := U(\varphi, \lambda) = \bigcup_{k \geq 0} U(A, \lambda, k)$ von K^n die Hauptvektoren der Matrix A zum Eigenwert λ.
(3) Es sei $\lambda \in K$ ein Eigenwert von A. Es gilt $U(A, \lambda, 0) = \{0\}$ und $U(A, \lambda, 1) = E(A, \lambda)$, und für jedes $k \in \mathbb{N}_0$ ist $U(A, \lambda, k) \subset U(A, \lambda, k+1)$. Es gibt ein $k \in \mathbb{N}$ mit $U(A, \lambda, j) = U(A, \lambda, k)$ für jedes $j \geq k$, und für jedes solche $k \in \mathbb{N}$ gilt $U(A, \lambda) = \bigcup_{j=0}^{k} U(A, \lambda, j) = U(A, \lambda, k)$.

(4.3.16) Satz: *Es seien $A \in M(n; K)$ und $\lambda \in K$. Die folgenden Aussagen sind äquivalent:*
(1) *λ ist ein Eigenwert von A.*
(2) *Das lineare Gleichungssystem $(A - \lambda E_n)x = 0$ hat eine nichttriviale Lösung in K^n.*
(3) *Es gilt $\mathrm{rang}(A - \lambda E_n) < n$.*
(4) *Es gilt $\det(A - \lambda E_n) = 0$.*

Beweis: Das folgt aus (2.7.3)(2), (1.6.20) und (3.2.17)(2).

(4.3.17) Bemerkung: Es sei $A \in M(n; K)$.
(1) Aus (4.3.16) [oder aus (4.3.10), (3) und (4)] ergibt sich sofort: 0 ist genau dann ein Eigenwert von A, wenn $\det(A) = 0$ ist, und ist $\det(A) \neq 0$, so ist ein $\lambda \in K^\times$ ein Eigenwert von A, genau wenn λ^{-1} ein Eigenwert von A^{-1} ist.
(2) $\lambda \in K$ ist ein Eigenwert von A, genau wenn λ ein Eigenwert von ${}^tA$ ist [vgl. (3.2.4) und (4.3.16)].

(4.3.18) Bemerkung: Es sei V ein endlichdimensionaler K-Vektorraum, es sei $\dim(V) = n$, es sei $\varphi \in \mathrm{End}_K(V)$, und es sei $\lambda \in K$. Es sei $\{x_1, \ldots, x_n\}$ eine geordnete Basis von V, und es sei $A \in M(n; K)$ die Matrix von φ zu dieser Basis. Dann gilt $\mathrm{rang}(\varphi - \lambda \mathrm{id}_V) = \mathrm{rang}(A - \lambda E_n)$. Für $x = \xi_1 x_1 + \cdots + \xi_n x_n$ gilt $\varphi(x) = \lambda x$, genau wenn $A\,{}^t(\xi_1, \ldots, \xi_n) = \lambda\,{}^t(\xi_1, \ldots, \xi_n)$ gilt [vgl. (2.4.1)(1)(b)]. Daher ist λ ein Eigenwert von φ, genau wenn λ ein Eigenwert der Matrix A ist. λ ist daher ein Eigenwert von φ, genau wenn $\mathrm{rang}(\varphi - \lambda \mathrm{id}_V) < \dim(V)$ gilt.

4 Minimalpolynom und charakteristisches Polynom

(4.3.19) Rezept: Es sei $\dim(V) = n$, es sei $\varphi \in \mathrm{End}_K(V)$, und es sei $\lambda \in K$ ein Eigenwert von φ. Man berechnet folgendermaßen eine Basis des Unterraums $E(\varphi, \lambda)$ von V:
(1) Man wählt eine geordnete Basis $\{x_1, \ldots, x_n\}$ von V und bestimmt die Matrix $A \in M(n; K)$ von φ zu dieser Basis. Wegen $\mathrm{rang}(A - \lambda E_n) = \mathrm{rang}(\varphi - \lambda \, \mathrm{id}_V) < n$ ist $h := n - \mathrm{rang}(A - \lambda E_n) \geq 1$.
(2) Man berechnet eine Basis $\{y_1, \ldots, y_h\}$ des Unterraums $N_{A - \lambda E_n} = \{x \in K^n \mid (A - \lambda E_n)x = 0\}$ von K^n [vgl. (2.7.6)(3)].
(3) Für jedes $i \in \{1, \ldots, h\}$ setzt man $z_i := \eta_1^{(i)} x_1 + \cdots + \eta_n^{(i)} x_n$, falls $y_i = {}^t(\eta_1^{(i)}, \ldots, \eta_n^{(i)})$ ist. Dann ist $\{z_1, \ldots, z_h\}$ eine Basis von $E(\varphi, \lambda)$ [vgl. (2.4.6)(2)].

(4.3.20) Bemerkung: Wie man die Eigenwerte $\lambda \in K$ eines Endomorphismus $\varphi \in \mathrm{End}_K(V)$ berechnet, ist bisher noch nicht geklärt. Davon wird im nächsten Paragraphen die Rede sein.

Aufgaben

A(4.3.1) Es sei $\varphi \in \mathrm{End}_K(V)$, und es sei U ein Unterraum von V. Man zeige: Es ist $U_\varphi = \langle \{\varphi^i(x) \mid i \in \mathbb{N}_0, x \in U\}\rangle$.

A(4.3.2) Es sei V die Menge aller Funktionen $f \colon \mathbb{R} \to \mathbb{R}$, die in $\mathbb{R}$ beliebig oft differenzierbar sind, und es sei $\varphi \colon V \to V$ die Abbildung mit $\varphi(f) := f'$ für jedes $f \in V$.
(1) Man zeige: V ist ein Unterraum des $\mathbb{R}$-Vektorraums $\mathrm{Abb}(\mathbb{R}, \mathbb{R})$, und es ist $\varphi \in \mathrm{End}_\mathbb{R}(V)$.
(2) Man ermittle alle Eigenwerte $\lambda \in \mathbb{R}$ von φ und gebe zu jedem Eigenwert $\lambda \in \mathbb{R}$ von φ die Dimension und eine Basis des Eigenraums $E(\varphi, \lambda)$ an.

A(4.3.3) Es sei V der $\mathbb{R}$-Vektorraum aller Funktionen $f \colon \mathbb{R} \to \mathbb{R}$, die in $\mathbb{R}$ beliebig oft differenzierbar sind, und es sei $\varphi \colon V \to V$ die lineare Abbildung mit $\varphi(f) := f''$ für jedes $f \in V$. Man zeige, daß 1 und -1 Eigenwerte von φ sind, und gebe für jeden der Eigenräume $E(\varphi, 1)$ und $E(\varphi, -1)$ eine Basis an.

4 Minimalpolynom und charakteristisches Polynom

(4.4.1) In diesem Paragraphen ist K ein Körper, $K[T]$ ist der Polynomring über K in der Unbestimmten T, V ist ein endlichdimensionaler K-Vektorraum, und n ist eine natürliche Zahl.

(4.4.2) Bemerkung: (1) Es sei $\dim(V) = n$, und es sei $\varphi \in \mathrm{End}_K(V)$. Es ist $\dim(\mathrm{End}_K(V)) = n^2$ [vgl. (2.4.3)(4)], also sind $\varphi^0 = \mathrm{id}_V, \varphi^1 =$

$\varphi, \ldots, \varphi^{n^2}$ linear abhängig, und daher gibt es $\alpha_0, \ldots, \alpha_{n^2} \in K$, die nicht alle Null sind, mit $\alpha_0 \operatorname{id}_V + \alpha_1 \varphi + \cdots + \alpha_{n^2} \varphi^{n^2} = 0$. Für das Polynom $f := \alpha_0 + \alpha_1 T + \cdots + \alpha_{n^2} T^{n^2} \in K[T]$ gilt somit $f \neq 0$ und $f(\varphi) = 0$.
(2) Es sei $V = \{0\}$; mit $f = 1$ gilt $f(\varphi) = 0$.

(4.4.3) Hilfssatz: *Es sei $\varphi \in \operatorname{End}_K(V)$, und es sei U ein Unterraum von V. Dann ist*

$$\mathfrak{a}_\varphi(U) := \{ f \in K[T] \mid f(\varphi)(x) = 0 \text{ für jedes } x \in U \}$$

ein vom Nullideal verschiedenes Ideal in $K[T]$.

Beweis: Nach (4.4.2) gibt es ein Polynom $f \in K[T]$ mit $f \neq 0$ und mit $f(\varphi) = 0$. Für jedes $x \in U$ ist $f(\varphi)(x) = 0$, und daher ist $f \in \mathfrak{a}_\varphi(U)$. Also gilt $\mathfrak{a}_\varphi(U) \neq \{0\}$. Es seien $f, g \in \mathfrak{a}_\varphi(U)$ und $h \in K[T]$. Für jedes $x \in U$ gilt $f(\varphi)(x) = 0$ und $g(\varphi)(x) = 0$ und daher $(f+g)(\varphi)(x) = f(\varphi)(x) + g(\varphi)(x) = 0$, und somit ist $f + g \in \mathfrak{a}_\varphi(U)$. Für jedes $x \in U$ ist $(hf)(\varphi)(x) = h(\varphi) f(\varphi)(x) = 0$, und daher ist $hf \in \mathfrak{a}_\varphi(U)$.

(4.4.4) Definition: Es sei $\varphi \in \operatorname{End}_K(V)$.
(1) Nach (4.4.3) ist $\mathfrak{a}_\varphi(V) = \{ f \in K[T] \mid f(\varphi) = 0 \}$ ein Ideal $\neq \{0\}$ in $K[T]$, und daher gibt es nach (4.2.8) ein eindeutig bestimmtes normiertes Polynom $m_\varphi \in K[T]$ mit $\mathfrak{a}_\varphi(V) = (m_\varphi)$, nämlich das normierte Polynom kleinsten Grades in $\mathfrak{a}_\varphi(V)$. Dieses Polynom m_φ heißt das Minimalpolynom von φ.
(2) Es sei $x \in V$. Das normierte Polynom kleinsten Grades im Ideal $\mathfrak{a}_\varphi(\langle x \rangle) = \{ f \in K[T] \mid f(\varphi)(x) = 0 \}$ [vgl. (4.2.8)] heißt der φ-Annullator von x und wird mit $\operatorname{Ann}_\varphi(x)$ bezeichnet.

(4.4.5) Bemerkung: Es sei $\varphi \in \operatorname{End}_K(V)$, es sei $x \in V$, und es sei $f := \operatorname{Ann}_\varphi(x) \in K[T]$. f ist auch das normierte Polynom kleinsten Grades im Ideal $\mathfrak{a}_\varphi(\langle x \rangle_\varphi)$.
(1) Es ist $m_\varphi = 1$, genau wenn $V = \{0\}$, und $f = 1$, genau wenn $x = 0$.
(2) Für den Endomorphismus $\psi := \varphi | \langle x \rangle_\varphi$ von $\langle x \rangle_\varphi$ gilt $m_\psi = f$, denn zu jedem $z \in \langle x \rangle_\varphi$ gibt es nach (4.3.6)(4) ein $h \in K[T]$ mit $z = h(\varphi)(x)$, und es ist $f(\varphi)(z) = f(\varphi)(h(\varphi)(x)) = h(\varphi)(f(\varphi)(x)) = 0$.
(3) Es sei $g \in K[T]$ mit $\operatorname{ggT}(f, g) = 1$. Dann ist $f = \operatorname{Ann}_\varphi(g(\varphi)(x))$.
Beweis: Es gibt $u, v \in K[T]$ mit $1 = uf + vg$ [vgl. (4.2.12)(3)]. Es sei $h := \operatorname{Ann}_\varphi(g(\varphi)(x))$. Wegen $f(\varphi)(g(\varphi)(x)) = 0$ folgt $h \mid f$, und aus $x = u(\varphi) f(\varphi)(x) + v(\varphi) g(\varphi)(x) = v(\varphi) g(\varphi)(x)$ und $h(\varphi) g(\varphi)(x) = 0$ folgt $h(\varphi)(x) = 0$, also $f \mid h$. Also ist $f = h$.

4 Minimalpolynom und charakteristisches Polynom

(4.4.6) Bemerkung: Es sei $\varphi \in \mathrm{End}_K(V)$.
(1) Es sei U ein φ-invarianter Unterraum von V, und es sei $\psi := \varphi|U$. Dann gilt $m_\psi \mid m_\varphi$, denn wegen $m_\varphi(\psi)(x) = m_\varphi(\varphi)(x) = 0$ für jedes $x \in U$ ist $m_\varphi \in \mathfrak{a}_\psi(U) = (m_\psi)$.
(2) Es sei $x \in V$, und es sei $f := \mathrm{Ann}_\varphi(x)$.
(a) Wegen $m_\varphi(\varphi)(x) = 0$ ist $m_\varphi \in \mathfrak{a}_\varphi(\langle x \rangle) = (f)$, und daher gilt $f \mid m_\varphi$.
(b) Zu jedem $z \in \langle x \rangle_\varphi$ gibt es ein $g \in K[T]$ mit $\deg(g) < \deg(f)$ und mit $z = g(\varphi(x))$. Denn ist $z \in \langle x \rangle_\varphi$, so gibt es ein $h \in K[T]$ mit $z = h(\varphi(x))$ [vgl. (4.3.6)(4)], Division mit Rest liefert Polynome $q, g \in K[T]$ mit $h = qf + g$ und mit $\deg(g) < \deg(f)$, und wegen $f(\varphi)(x) = 0$ folgt $h(\varphi)(x) = g(\varphi)(x)$.
(3) Es sei $\lambda \in K$ ein Eigenwert von φ, und es sei $\psi := \varphi|E(\varphi, \lambda)$. Dann gilt $m_\psi = T - \lambda$, denn wegen $(\varphi - \lambda \mathrm{id}_V)(x) = 0$ für jedes $x \in E(\varphi, \lambda)$ ist $T - \lambda \in \mathfrak{a}_\varphi(E(\varphi, \lambda))$.

(4.4.7) Satz: Es sei $\varphi \in \mathrm{End}_K(V)$, es seien $U_1, \ldots, U_h$ φ-invariante Unterräume von V, und es gelte $V = U_1 + \cdots + U_h$; für jedes $i \in \{1, \ldots, h\}$ sei $\psi_i := \varphi|U_i$. Dann ist $m_\varphi = \mathrm{kgV}(m_{\psi_1}, \ldots, m_{\psi_h})$.

Beweis: Es sei $f := \mathrm{kgV}(m_{\psi_1}, \ldots, m_{\psi_h})$. Für jedes $x \in V$ gilt: Es gibt $y_1 \in U_1, \ldots, y_h \in U_h$ mit $x = y_1 + \cdots + y_h$, für jedes $i \in \{1, \ldots, h\}$ gilt $m_{\psi_i} \mid f$, also $f \in \mathfrak{a}_{\psi_i}(U_i)$, also $f(\varphi)(y_i) = f(\psi_i)(y_i) = 0$, und daher ist $f(\varphi)(x) = 0$. Also gilt $m_\varphi \mid f$. Aus (4.4.6)(1) folgt $m_{\psi_i} \mid m_\varphi$ für jedes $i \in \{1, \ldots, h\}$, und daher gilt $f \mid m_\varphi$. Damit ist gezeigt, daß $m_\varphi = f$ ist.

(4.4.8) Bezeichnung: Es sei $A \in M(n; K)$, und es sei $\varphi \colon K^n \to K^n$ die lineare Abbildung mit $\varphi(x) := Ax$ für jedes $x \in K^n$. Das Polynom $m_A := m_\varphi \in K[T]$ heißt das Minimalpolynom von A.

(4.4.9) Bemerkung: Es sei $A \in M(n; K)$.
(1) Es sei φ der Endomorphismus von K^n mit $\varphi(x) := Ax$ für jedes $x \in K^n$. Es ist $\mathfrak{a}_\varphi(K^n) = \{f \in K[T] \mid f(\varphi) = 0\} = \{f \in K[T] \mid f(A) = 0\}$, und das Minimalpolynom m_A von A ist das eindeutig bestimmte normierte Polynom in diesem Ideal. Insbesondere gilt für ein Polynom $f \in K[T]$: Es ist $f(A) = 0$, genau wenn f durch m_A teilbar ist.
(2) Es sei $P \in \mathrm{GL}(n; K)$, und es sei $B := P^{-1}AP$. Für jedes $f \in K[T]$ gilt $f(B) = P^{-1}f(A)P$, wie sofort aus Aufgabe A(1.7.1) folgt, und daher ist $f(B) = 0$, genau wenn $f(A) = 0$ ist.
(3) Jede zu A ähnliche Matrix hat das Minimalpolynom m_A [vgl. (2)].

(4) Die Matrix ^tA hat das Minimalpolynom m_A, denn für jedes $f \in K[T]$ gilt $f(^tA) = {^tf(A)}$ und daher $f(^tA) = 0$, genau wenn $f(A) = 0$ ist.

(4.4.10) Hilfssatz: *Es sei $A \in M(n;K)$, und es sei L ein Erweiterungskörper von K. Das Minimalpolynom von $A \in M(n;L)$ ist das Minimalpolynom von $A \in M(n;K)$.*

Beweis: Es sei $m_A \in K[T]$ das Minimalpolynom von A als Matrix über K. Das Minimalpolynom $h \in L[T]$ von A als Matrix über L ist das eindeutig bestimmte normierte Polynom im Ideal $\mathfrak{b} \subset L[T]$ aller Polynome $g \in L[T]$ mit $g(A) = 0$. Es gilt $m_A \in \mathfrak{b}$ und daher $\deg(m_A) \geq \deg(h)$. Es sei $r := \deg(h)$. Dann ist $\{\alpha h \mid \alpha \in L^\times\}$ die Menge aller Polynome $g \in L[T]$ mit $\deg(g) = r$ und $g(A) = 0$. Es sei $A = (\alpha_{ij})$, und für jedes $k \in \{0, \ldots, r\}$ sei $A^k = (\alpha_{ij}^{(k)})$. Es sei $C \in M(n^2, r+1; K)$ die Matrix mit den n^2 Zeilen $(\alpha_{ij}^{(0)}, \ldots, \alpha_{ij}^{(r)}) \in M(1, r+1; K)$, $i, j \in \{1, \ldots, n\}$ [auf die Reihenfolge der Zeilen kommt es hierbei nicht an]. Der Rang von C als Matrix in $M(n^2, r+1; K)$ ist auch der Rang von $C \in M(n^2, r+1; L)$ [vgl. (1.6.17)]. Für ein Polynom $g = \beta_0 + \beta_1 T + \cdots + \beta_r T^r \in L[T]$ vom Grad r gilt $g(A) = \beta_0 E_n + \beta_1 A + \cdots + \beta_r A^r = 0$, genau wenn

$$C \cdot {^t(\beta_0, \ldots, \beta_r)} = 0 \qquad (*)$$

gilt. $(*)$ ist ein lineares Gleichungssystem mit n^2 Gleichungen für die $r+1$ Koeffizienten $\beta_0, \ldots, \beta_r$. Der L-Vektorraum der Lösungen von $(*)$ in L^{r+1} ist eindimensional [weil h eindeutig bestimmt ist], also gilt $\text{rang}(C) = r$, und es gibt genau eine Lösung $(\beta_0', \ldots, \beta_r') \in L^{r+1}$ mit $\beta_r' = 1$, und dafür gilt $h = \beta_0' + \beta_1' T + \cdots + \beta_r' T^r$. Wegen $\text{rang}(C) < r+1$ gibt es auch in K^{r+1} Lösungen $\neq 0$ von $(*)$. Es sei $^t(\gamma_0, \ldots, \gamma_r) \in K^{r+1}$ eine von 0 verschiedene Lösung von $(*)$. Dann gibt es ein $\alpha \in L^\times$ mit $^t(\gamma_0, \ldots, \gamma_r) = \alpha \, ^t(\beta_0', \ldots, \beta_r')$, wegen $\beta_r' = 1$ ist $\alpha = \gamma_r$, und daher gilt $^t(\beta_0', \ldots, \beta_r') = {^t(\gamma_0/\gamma_r, \ldots, \gamma_{r-1}/\gamma_r, 1)} \in K^{r+1}$, also $h \in K[T]$. Wegen $h(A) = 0$ gilt $h \in \{f \in K[T] \mid f(A) = 0\}$ und daher $\deg(h) \geq \deg(m_A)$. Damit ist gezeigt, daß $m_A = h$ ist, also daß m_A auch das Minimalpolynom von A als Matrix über L ist.

(4.4.11) Bemerkung: Es sei $A = (\alpha_{ij})_{i,j} \in M(n;K)$. Für die Matrix

$$TE_n - A = \left(\delta_{ij}T - \alpha_{ij}\right)_{i,j}$$

4 Minimalpolynom und charakteristisches Polynom

$$= \begin{pmatrix} T - \alpha_{11} & -\alpha_{12} & \cdots & -\alpha_{1n} \\ -\alpha_{21} & T - \alpha_{22} & \cdots & -\alpha_{2n} \\ \vdots & \vdots & & \vdots \\ -\alpha_{n1} & -\alpha_{n2} & \cdots & T - \alpha_{nn} \end{pmatrix} \in M(n; K[T])$$

gilt

$$\det((\delta_{ij}T - \alpha_{ij})) = T^n + \gamma_{n-1}T^{n-1} + \cdots + \gamma_0 \in K[T]$$

mit

$$\gamma_{n-1} = -(\alpha_{11} + \cdots + \alpha_{nn}) = -\operatorname{spur}(A), \quad \gamma_0 = (-1)^n \det(A).$$

Es ist nämlich

$$\det((\delta_{ij}T - \alpha_{ij})) = \sum_{\sigma \in S_n} \operatorname{sgn}(\sigma) \prod_{i=1}^n (\delta_{i\sigma(i)}T - \alpha_{i\sigma(i)}).$$

Die in der Summe auftretenden Produkte sind Polynome in $K[T]$ vom Grad $\leq n$. Genau ein Produkt hat den Grad n, nämlich das für $\sigma = \varepsilon_n$ entstehende Produkt. Dieses hat 1 als höchsten Koeffizienten und $-\operatorname{spur}(A)$ als zweithöchsten Koeffizienten. Ist $\sigma \neq \varepsilon_n$, so ist $\sigma(i) \neq i$ für mindestens zwei verschiedene Zahlen $i \in \{1, \ldots, n\}$, und das entsprechende Produkt hat höchstens den Grad $n-2$. Daher hat $\det((\delta_{ij}T - \alpha_{ij}))$ die angegebene Form.

(4.4.12) Definition: Es sei $A \in M(n; K)$.
(1) Die Matrix $TE_n - A \in M(n; K[T])$ heißt die charakteristische Matrix von A.
(2) Das Polynom
$$p_A := \det(TE_n - A) \in K[T]$$
heißt das charakteristische Polynom der Matrix A. p_A ist ein normiertes Polynom vom Grad n [vgl. (4.4.11)].

(4.4.13) Bemerkung: (1) Es seien $A, B \in M(n; K)$ ähnliche Matrizen. Dann gilt $p_A = p_B$.
Beweis: Es gibt ein $P \in \operatorname{GL}(n; K)$ mit $B = P^{-1}AP$, und es gilt $p_B = \det(TE_n - B) = \det(TE_n - P^{-1}AP) = \det(P^{-1}(TE_n - A)P) = \det(P^{-1})\det(TE_n - A)\det(P) = \det(TE_n - A) = p_A$ [vgl. (3.2.9) und (3.2.17)].
(2) Es sei $A \in M(n; K)$. A und ${}^tA$ haben das gleiche charakteristische Polynom, denn nach (3.2.4) gilt $\det(TE_n - {}^tA) = \det({}^t(TE_n - A)) = \det(TE_n - A) = p_A$.

(4.4.14) Definition: (1) Es sei $V \neq \{0\}$, es sei $\varphi \in \mathrm{End}_K(V)$, und es sei A die Matrix von φ zu einer geordneten Basis von V. Dann heißt $p_\varphi := p_A$ das charakteristische Polynom von φ. [Nach (4.4.13) ist diese Definition sinnvoll, denn die Matrizen von φ zu geordneten Basen von V sind ähnlich, vgl. (2.4.4)(2).] p_φ ist ein normiertes Polynom vom Grad $\dim(V)$.
(2) Ist $V = \{0\}$, so wird $p_\varphi = 1$ gesetzt.

(4.4.15) Beispiel: Es sei $\dim(V) = n$. Die identische Abbildung id_V von V hat das charakteristische Polynom $(T-1)^n$ und das Minimalpolynom $T-1$. Die Nullabbildung von V hat das charakteristische Polynom T^n und das Minimalpolynom T.

(4.4.16) Bemerkung: Es sei $\dim(V) = n$, es sei $\varphi \in \mathrm{End}_K(V)$, und es sei
$$p_\varphi = T^n + \gamma_{n-1} T^{n-1} + \cdots + \gamma_0 \in K[T]$$
das charakteristische Polynom von φ. Dann gilt $\gamma_0 = (-1)^n \det(\varphi)$ und $\gamma_{n-1} = -\operatorname{spur}(\varphi)$.

(4.4.17) Satz: Es sei $\varphi \in \mathrm{End}_K(V)$, es seien $U_1, \ldots, U_r$ von $\{0\}$ verschiedene φ-invariante Unterräume von V mit $V = U_1 \oplus \cdots \oplus U_r$, und für jedes $i \in \{1, \ldots, r\}$ sei $\varphi_i := \varphi|U_i$. Dann ist $p_\varphi = p_{\varphi_1} \cdots p_{\varphi_r}$.

Beweis: Für jedes $i \in \{1, \ldots, r\}$ sei $n_i := \dim(U_i)$ und sei $A_i \in M(n_i; K)$ die Matrix von φ_i zu einer geordneten Basis von U_i. Dann ist $n := \dim(V) = n_1 + \cdots + n_r$, und die Matrix $\operatorname{diag}(A_1, \ldots, A_r) \in M(n; K)$ ist die Matrix von φ zu einer geordneten Basis von V [vgl. (4.3.7)]. Nach (3.2.14)(2) folgt

$$\det(TE_n - A) = \det(TE_{n_1} - A_1) \cdots \det(TE_{n_r} - A_r),$$

und hieraus folgt die Behauptung.

(4.4.18) Satz: (1) *Es seien $\varphi \in \mathrm{End}_K(V)$ und $\lambda \in K$. λ ist ein Eigenwert von φ, genau wenn λ eine Nullstelle des charakteristischen Polynoms p_φ von φ ist.*
(2) *Es seien $A \in M(n; K)$ und $\lambda \in K$. λ ist ein Eigenwert von A, genau wenn λ eine Nullstelle des charakteristischen Polynoms p_A von A ist.*

4 Minimalpolynom und charakteristisches Polynom

Beweis: (2) Es ist λ ein Eigenwert von A, genau wenn $\det(A - \lambda E_n) = (-1)^n \det(\lambda E_n - A) = 0$ gilt [vgl. (4.3.16)], also genau wenn λ eine Nullstelle des charakteristischen Polynoms $p_A = \det(TE_n - A)$ von A ist [vgl. (4.1.10)(2)].
(1) Ist $V = \{0\}$, so ist (1) richtig. Es sei $V \neq \{0\}$. Das charakteristische Polynom von φ ist das charakteristische Polynom einer Matrix B von φ zu einer geordneten Basis von V. Deshalb folgt (1) aus (2) und (4.3.18).

(4.4.19) Folgerung: *Es sei $A = (\alpha_{ij}) \in M(n; K)$ eine linke oder rechte Dreiecksmatrix. Die Eigenwerte von A sind die Elemente $\alpha_{11}, \ldots, \alpha_{nn}$.*

Beweis: Das folgt aus (4.4.18) und (3.2.8), (1) und (2).

(4.4.20) Folgerung: (1) *Ein Endomorphismus von V hat höchstens $\dim(V)$ verschiedene Eigenwerte.*
(2) *Eine Matrix $A \in M(n; K)$ hat höchstens n verschiedene Eigenwerte.*

Beweis: Das folgt unmittelbar aus (4.1.13) und (4.4.18).

(4.4.21) Definition: (1) Es sei $\varphi \in \text{End}_K(V)$, und es sei $\lambda \in K$ ein Eigenwert von φ.
(a) Die Dimension $d(\varphi, \lambda)$ des Eigenraums $E(\varphi, \lambda)$ heißt die geometrische Vielfachheit des Eigenwerts λ.
(b) Die Vielfachheit $e(\varphi, \lambda)$ der Nullstelle λ des charakteristischen Polynom $p_\varphi \in K[T]$ heißt die algebraische Vielfachheit des Eigenwerts λ. Ist $e(\varphi, \lambda) = 1$, so heißt λ ein einfacher Eigenwert von φ.
(2) Es sei $A \in M(n; K)$, und es sei $\lambda \in K$ ein Eigenwert von A.
(a) Die Dimension $d(A, \lambda)$ des Eigenraums $E(A, \lambda)$ heißt die geometrische Vielfachheit des Eigenwerts λ.
(b) Die Vielfachheit $e(A, \lambda)$ der Nullstelle λ des charakteristischen Polynoms $p_A \in K[T]$ heißt die algebraische Vielfachheit des Eigenwerts λ. Ist $e(A, \lambda) = 1$, so heißt λ ein einfacher Eigenwert von A.

(4.4.22) Satz: *Es sei $\dim(V) = n$, es sei $\varphi \in \text{End}_K(V)$, und es sei $\lambda \in K$ ein Eigenwert von φ. Dann gilt $d(\varphi, \lambda) \leq e(\varphi, \lambda)$. Insbesondere gilt: Ist $e(\varphi, \lambda) = 1$, so ist $d(\varphi, \lambda) = 1$.*

Beweis: Es sei $d := d(\varphi, \lambda) = \dim(E(\varphi, \lambda))$, es sei $\{x_1, \ldots, x_d\}$ eine Basis von $E(\varphi, \lambda)$, und es seien $x_{d+1}, \ldots, x_n \in V$ mit: $\{x_1, \ldots, x_n\}$ ist eine Basis von V. Für jedes $i \in \{1, \ldots, d\}$ ist $\varphi(x_i) = \lambda x_i$, und daher hat die

Matrix $A \in M(n; K)$ von φ zu der geordneten Basis $\{x_1, \ldots, x_n\}$ von V die Gestalt
$$A = \begin{pmatrix} \lambda E_d & B \\ 0 & C \end{pmatrix}$$
mit Matrizen $B \in M(n-d, d; K)$ und $C \in M(n-d; K)$, weshalb $p_\varphi = p_A = \det(TE_n - A) = \det(TE_d - \lambda E_d)\det(TE_{n-d} - C) = (T-\lambda)^d p_C$ gilt. [Ist $d = n$, so gilt $A = \lambda E_n$ und $p_\varphi = (T-\lambda)^n$.] Also ist p_φ durch $(T-\lambda)^d$ teilbar, und daher ist d nicht größer als die Vielfachheit $e(\varphi, \lambda)$ der Nullstelle λ von p_φ.

(4.4.23) Beispiel: Für die Matrix
$$A := \begin{pmatrix} 0 & 1 & 0 & -1 \\ -4/3 & 2/3 & 5/3 & -1/3 \\ -1 & 2 & 0 & 0 \\ -5/3 & 4/3 & 1/3 & 1/3 \end{pmatrix} \in M(4; \mathbb{Q})$$

gilt nach (4.4.34): Es ist
$$p_A = T^4 - T^3 - 3T^2 + T + 2 = (T+1)^2(T-1)(T-2).$$

Also hat A die Eigenwerte 1, 2 und -1, und es gilt $e(A, 1) = e(A, 2) = 1$ und $e(A, -1) = 2$. Man findet [vgl. (4.3.19)]
$$E(A, 1) = \langle {}^t(1, 1, 1, 0) \rangle, \quad E(A, 2) = \langle {}^t(0, 1, 1, 1) \rangle,$$
$$E(A, -1) = \langle {}^t(1, 0, 1, 1) \rangle, \quad U(A, -1, 2) = \langle {}^t(1, 0, 1, 1), {}^t(0, -1, 1, 0) \rangle.$$

Also gilt $d(A, 1) = d(A, 2) = d(A, -1) = 1$. Man findet weiter: Es gilt $U(A, 1) = E(A, 1)$, $U(A, 2) = E(A, 2)$ und $U(A, -1) = U(A, -1, 2)$ [vgl. (4.3.15) und (2.5.3)]. Es gilt
$$\mathbb{Q}^4 = E(A, 1) \oplus E(A, 2) \oplus U(A, -1, 2) = U(A, 1) \oplus U(A, 2) \oplus U(A, -1),$$

und $\mathbb{Q}^4$ hat keine Basis aus Eigenvektoren von A.

(4.4.24) Satz: [von A. Cayley (1821 – 1895) und W. R. Hamilton] *Für jedes $A \in M(n; K)$ gilt $p_A(A) = 0$.*

Beweis: Es sei $A = (\alpha_{ij}) \in M(n; K)$, und es sei $B = (\beta_{ij}) := TE_n - A \in M(n; K[T])$. Für alle $i, j \in \{1, \ldots, n\}$ ist $\beta_{ij} = \delta_{ij}T - \alpha_{ij}$ ein Polynom in $K[T]$, und es gilt $\beta_{ij}(A) = \delta_{ij}A - \alpha_{ij}E_n$. Für die Matrix $\text{adj}(B) =$

4 Minimalpolynom und charakteristisches Polynom   205

$(\widetilde{\beta}_{ij}) \in M(n; K[T])$ gilt $B \operatorname{adj}(B) = \det(B) E_n = p_A E_n$ [vgl. (3.2.16)].
Für alle $i, j \in \{1, \ldots, n\}$ gilt also: In $K[T]$ ist $\sum_{k=1}^{n} \beta_{ik} \widetilde{\beta}_{kj} = \delta_{ij} p_A$, und
in $M(n; K)$ ist daher $\sum_{k=1}^{n} \beta_{ik}(A) \widetilde{\beta}_{kj}(A) = \delta_{ij} p_A(A)$ [vgl. (4.3.3)(1)].
Es sei $\{e_1, \ldots, e_n\}$ die Standardbasis von K^n. Für jedes $j \in \{1, \ldots, n\}$
gilt $A e_j = \sum_{i=1}^{n} \alpha_{ij} e_i$ und daher

$$\sum_{i=1}^{n} \beta_{ij}(A) e_i = \sum_{i=1}^{n} (\delta_{ij} A - \alpha_{ij} E_n) e_i = A e_j - \sum_{i=1}^{n} \alpha_{ij} e_i = A e_j - A e_j = 0.$$

Für jedes $k \in \{1, \ldots, n\}$ gilt also

$$\begin{aligned}(p_A(A))_{\bullet k} &= p_A(A) e_k = \sum_{i=1}^{n} \delta_{ik} p_A(A) e_i = \sum_{i=1}^{n} \left(\sum_{j=1}^{n} \beta_{ij}(A) \widetilde{\beta}_{jk}(A) \right) e_i \\ &= \sum_{j=1}^{n} \widetilde{\beta}_{jk}(A) \left(\sum_{i=1}^{n} \beta_{ij}(A) e_i \right) = 0,\end{aligned}$$

und daher ist $p_A(A) = 0$.

(4.4.25) Folgerung: *Es sei $\varphi \in \operatorname{End}_K(V)$. Dann gilt $p_\varphi(\varphi) = 0$.*

Beweis: Es sei A die Matrix von φ zu einer geordneten Basis von V. Dann
ist $p_A(A)$ die Matrix von $p_\varphi(\varphi)$ zu dieser Basis [vgl. (2.4.8)], und nach
(4.4.14) ist $p_\varphi = p_A$. Nach (4.4.24) ist $p_A(A) = 0$, also ist $p_\varphi(\varphi) = 0$.

(4.4.26) Folgerung: (1) *Es sei $\varphi \in \operatorname{End}_K(V)$. Das Minimalpolynom
m_φ von φ ist ein Teiler des charakteristischen Polynoms p_φ von φ; insbesondere gilt $\deg(m_\varphi) \leq \dim(V)$.*
(2) *Es sei $A \in M(n; K)$. Das Minimalpolynom m_A von A ist ein Teiler
des charakteristischen Polynoms p_A von A.*

Beweis: Das folgt unmittelbar aus (4.4.25).

(4.4.27) Bezeichnung: Es sei $f = T^n + \gamma_{n-1} T^{n-1} + \cdots + \gamma_0 \in K[T]$.

$$B(f) := \begin{pmatrix} 0 & 0 & 0 & \ldots & 0 & -\gamma_0 \\ 1 & 0 & 0 & \ldots & 0 & -\gamma_1 \\ 0 & 1 & 0 & \ldots & 0 & -\gamma_2 \\ \vdots & \vdots & \vdots & & \vdots & \vdots \\ 0 & 0 & 0 & \ldots & 1 & -\gamma_{n-1} \end{pmatrix} \in M(n; K)$$

heißt die Begleitmatrix des Polynoms f.

Das folgende Resultat wird insbesondere in den Paragraphen 9 und 10 eine wichtige Rolle spielen.

(4.4.28) Satz: *Es sei $f = T^n + \gamma_{n-1}T^{n-1} + \cdots + \gamma_0 \in K[T]$. Dann ist f das charakteristische Polynom der Begleitmatrix $B(f)$ von f.*

Beweis: Die Aussage ist richtig im Falle $n = 1$. Es sei $n > 1$, und es sei bereits bewiesen: Ist $g \in K[T]$ normiert und vom Grad $n - 1$, so ist g das charakteristische Polynom der Begleitmatrix von g. Die Matrix, die aus $B(f)$ durch Streichen der ersten Zeile und der ersten Spalte entsteht, ist die Begleitmatrix von $g := T^{n-1} + \gamma_{n-1}T^{n-2} + \cdots + \gamma_1 \in K[T]$, und daher ist nach Induktionsvoraussetzung g ihr charakteristisches Polynom. Man berechnet die Determinante von $TE_n - B(f)$ durch Entwickeln nach der ersten Spalte und erhält

$$\begin{aligned}\det(TE_n - B(f)) &= \det(TE_{n-1} - B(g))T + (-1)^{n+1}(-1)^{n-1}\gamma_0 \\ &= (T^{n-1} + \gamma_{n-1}T^{n-2} + \cdots + \gamma_1)T + \gamma_0 = f.\end{aligned}$$

(4.4.29) In den folgenden Abschnitten wird ein Verfahren zur Berechnung des charakteristischen Polynoms einer Matrix $A \in M(n;K)$ beschrieben, das weniger Rechenaufwand erfordert als die Berechnung der Determinante von $TE_n - A$ mittels der Formel aus der Definition in (3.2.2) oder mittels Entwickeln nach Zeilen oder Spalten.

(4.4.30) Definition: Eine Matrix $A \in M(n;K)$ heißt eine (obere) Hessenberg-Matrix [nach K. Hessenberg (1942)], wenn gilt: Für alle $i, j \in \{1,\ldots,n\}$ mit $i > j + 1$ ist $A[i,j] = 0$.

(4.4.31) Bemerkung: Es sei $A \in M(n;K)$ eine Hessenberg-Matrix. Für jedes $k \in \{1,\ldots,n\}$ sei $g_k \in K[T]$ das charakteristische Polynom der Hessenberg-Matrix $A_k := (A[i,j])_{1 \leq i \leq k, 1 \leq j \leq k} \in M(k;K)$. Man kann das charakteristische Polynom $p_A = g_n$ von $A = A_n$ rekursiv berechnen: Ist

$$A = \begin{pmatrix} \alpha_{11} & \alpha_{12} & \alpha_{13} & \cdots & \cdots & \alpha_{1n} \\ \beta_2 & \alpha_{22} & \alpha_{23} & \cdots & \cdots & \alpha_{2n} \\ 0 & \beta_3 & \alpha_{33} & \cdots & \cdots & \alpha_{3n} \\ \vdots & \ddots & \ddots & \ddots & & \vdots \\ \vdots & & \ddots & \ddots & \ddots & \vdots \\ 0 & \cdots & \cdots & 0 & \beta_n & \alpha_{nn} \end{pmatrix},$$

4 Minimalpolynom und charakteristisches Polynom

so berechnet man der Reihe nach $g_1, \ldots, g_{n-1}$ und $g_n = p_A$ auf folgende Weise: Es ist $g_1 = T - \alpha_{11}$, und für jedes $k \in \{2, \ldots, n\}$ ist

$$\begin{aligned} g_k &= \det(TE_k - A) \\ &= (T - \alpha_{kk})g_{k-1} - \alpha_{k-1,k}\beta_k\, g_{k-2} - \alpha_{k-2,k}\beta_k\beta_{k-1}\, g_{k-3} \\ &\quad - \cdots - \alpha_{2k}\beta_k \cdots \beta_3\, g_1 - \alpha_{1k}\beta_k \cdots \beta_2, \end{aligned}$$

wie man durch Entwickeln der Determinante von $TE_k - A_k$ nach der letzten Spalte leicht sieht.

(4.4.32) Satz: *Zu jeder Matrix $A \in M(n; K)$ gibt es eine zu A ähnliche Hessenberg-Matrix.*

Beweis: (1) Die folgende MuPAD-Funktion liefert zu einer Matrix $A \in M(n; K)$ eine zu A ähnliche Hessenberg-Matrix. Sie verwendet neben den schon in (1.6.24) vorgestellten Funktionen iszero, linalg::nrows, linalg::swapRow, linalg::addRow zwei weitere Funktionen aus der MuPAD-Programm-Bibliothek linalg, nämlich linalg::swapCol und linalg::addCol. linalg::swapCol(A,i,k) liefert für $i, k \in \{1, \ldots, n\}$ die Matrix, die aus A durch Vertauschen der i-ten und der k-ten Spalte hervorgeht, und linalg::addCol(A,k,i,c) liefert für $i, k \in \{1, \ldots, n\}$ und $c \in K$ die Matrix, die aus A durch Addition des c-fachen der k-ten Spalte zur i-ten Spalte hervorgeht.

```
hessenberg := proc(A)
  local n, k, i, a;
begin
  n := linalg::nrows(A);
  for k from 1 to n - 2 do
    if iszero(A[k+1,k]) then
      for i from k + 2 to n do
        if (not iszero(A[i,k])) then
          A := linalg::swapRow(A,k+1,i);
          A := linalg::swapCol(A,k+1,i);
          # dieses A ist zur eingegebenen Matrix aehnlich #
          break
        end_if
      end_for
    end_if;
```

```
      if (not iszero(A[k+1,k])) then
        for i from k + 2 to n do
          a := A[i,k]/A[k+1,k];
          A := linalg::addRow(A,k+1,i,-a);
          A := linalg::addCol(A,i,k+1,a)
          # dieses A ist zur eingegebenen Matrix aehnlich #
        end_for
      end_if;
    end_for;
    # jetzt ist A eine Hessenberg-Matrix, die zur
      eingegebenen Matrix aehnlich ist #
    return(A)
end_proc:
```

(2) Es sei $A \in M(n; K)$.

(a) Man sieht, daß für jedes $k \in \{1, \ldots, n-2\}$ gilt: Nach dem k-ten Durchlaufen der äußeren for-Schleife in hessenberg haben die ersten k Spalten von A die Gestalt der ersten k Spalten einer Hessenberg-Matrix in $M(n; K)$. Also wird am Ende eine Hessenberg-Matrix $H \in M(n; K)$ abgeliefert.

(b) Daß diese Matrix H zu A ähnlich ist, sieht man folgendermaßen ein: Im Lauf der Rechnung werden auf eine Matrix aus $M(n; K)$, die in der Funktion hessenberg stets A heißt, fortgesetzt Zeilenumformungen ausgeübt, wie sie in (1.6.18)(3) beschrieben sind. Jede solche Zeilenumformung wird dadurch bewirkt, daß die Matrix A von links mit einer Elementarmatrix $F \in \mathrm{GL}(n; K)$ multipliziert wird [vgl. (1.6.4)(1) und (1.6.5)(5)]. Damit man nach jeder der notwendigen Zeilenumformungen eine zu A ähnliche Matrix erhält, multipliziert man FA von rechts mit F^{-1}: Die Matrix FAF^{-1} ist zu A ähnlich. Dabei ist F^{-1} wieder eine Elementarmatrix [vgl. (1.6.4)(4) und (1.6.5)(4)], und die Multiplikation von FA mit F^{-1} von rechts bewirkt eine Spaltenumformung in FA [vgl. (1.6.4)(2) und (1.6.5)(6)], wie sie in hessenberg durch die Anwendung von linalg::swapCol bzw. von linalg::addCol erreicht wird.

(4.4.33) **Rezept:** Es sei $A \in M(n; K)$. Die Berechnung des charakteristischen Polynoms p_A von A kann so geschehen: Man berechnet nach (4.4.32) zunächst eine zu A ähnliche Hessenberg-Matrix H und dann das charakteristische Polynom p_H der Matrix H mit dem in (4.4.31) angegebenen Rekursionsverfahren. Da A und H ähnlich sind, gilt $p_A = p_H$.

4 Minimalpolynom und charakteristisches Polynom

(4.4.34) Beispiel: Für die Matrix

$$A := \begin{pmatrix} 0 & 1 & 0 & -1 \\ -4/3 & 2/3 & 5/3 & -1/3 \\ -1 & 2 & 0 & 0 \\ -5/3 & 4/3 & 1/3 & 1/3 \end{pmatrix} \in M(4; \mathbb{Q})$$

[vgl. (4.4.8)] berechnet der in der Funktion **hessenberg** [vgl. (4.4.32)] realisierte Algorithmus zuerst die Matrix

$$\begin{pmatrix} 0 & -1/4 & 0 & -1 \\ -4/3 & 3/2 & 5/3 & -1/3 \\ 0 & 7/8 & -5/4 & 1/4 \\ 0 & 1/8 & -7/4 & 3/4 \end{pmatrix}$$

und im zweiten Durchlauf der **for**-Schleife die zu A ähnliche Hessenberg-Matrix

$$H := \begin{pmatrix} 0 & -1/4 & -1/7 & -1 \\ -4/3 & 3/2 & 34/21 & -1/3 \\ 0 & 7/8 & -17/4 & 1/4 \\ 0 & 0 & -72/49 & 5/7 \end{pmatrix}.$$

Das Rekursionsverfahren aus (4.4.31) zur Berechnung des charakteristischen Polynoms $p_A = p_H$ liefert zuerst $g_1 = T$ und dann der Reihe nach

$$g_2 = \left(T - \frac{3}{2}\right)g_1 - \frac{1}{3} = T^2 - \frac{3}{2}T - \frac{1}{3},$$

$$g_3 = \left(T + \frac{17}{14}\right)g_2 - \frac{34}{21} \cdot \frac{7}{8} g_1 - \frac{1}{7} \cdot \frac{4}{3} \cdot \frac{7}{8} = T^3 - \frac{2}{7}T^2 - \frac{25}{7}T - \frac{4}{7},$$

$$p_A = g_4 = \left(T - \frac{5}{7}\right)g_3 + \frac{1}{4} \cdot \frac{72}{49} g_2 - \frac{1}{3} \cdot \frac{72}{49} \cdot \frac{7}{8} g_1 + \frac{4}{3} \cdot \frac{7}{8} \cdot \frac{72}{49}$$

$$= T^4 - T^3 - 3T^2 + T + 2.$$

(4.4.35) Bemerkung: Das in (4.4.33) beschriebene Verfahren zur Berechnung des charakteristischen Polynoms einer Matrix $A \in M(n; K)$ erfordert etwa denselben Rechenaufwand wie der Gauß-Algorithmus, wenn man nur die Zahl der durchzuführenden Rechenoperationen zählt. Allerdings kann im Fall $K = \mathbb{Q}$ der Rechenaufwand dadurch anwachsen, daß die Länge der Zahlen bei der Berechnung der zu A ähnlichen Hessenberg-Matrix geradezu explosionsartig zunimmt. Zum Beispiel berechnet der Algorithmus in (4.4.32) zu der Matrix

$$A := \begin{pmatrix} 75 & 52 & 29 & 51 & 55 & 46 \\ 36 & 52 & 87 & 66 & 60 & 70 \\ 28 & 44 & 40 & 31 & 17 & 40 \\ 99 & 51 & 88 & 97 & 39 & 70 \\ 72 & 36 & 95 & 60 & 53 & 73 \\ 90 & 55 & 53 & 56 & 67 & 29 \end{pmatrix} \in M(6;\mathbb{Q})$$

eine Hessenberg-Matrix H mit

$$H[6,5] = \frac{3786493731298361776167760871773099650 17}{3822148258661795906576811981221268544}.$$

Das charakteristische Polynom von A ist übrigens

$$T^6 - 346T^5 + 1713T^4 + 209215T^3 + 7359724T^2 + 59117459T - 8293700144.$$

(4.4.36) MuPAD: Die Funktion linalg::charPolynomial aus der MuPAD-Programm-Bibliothek linalg berechnet zu einer quadratischen Matrix A deren charakteristisches Polynom, linalg::eigenValues berechnet Eigenwerte und linalg::eigenVectors Eigenvektoren.

Aufgaben

A(4.4.1) Es sei $\varphi \in \mathrm{End}_K(V)$, und es sei $\varphi^* \in \mathrm{End}_K(V^*)$ die zu φ gemäß Aufgabe A(2.3.8)(5) bestimmte lineare Abbildung. Man zeige: Es gilt $p_\varphi = p_{\varphi^*}$.

A(4.4.2) Es sei $\pi \in \mathrm{End}_K(V)$ eine Projektion. Man bestimme m_π und p_π.

A(4.4.3) Es sei $\varphi \in \mathrm{End}_K(V)$, es sei U ein φ-invarianter Unterraum von V, es sei U' ein Unterraum von V mit $V = U \bigoplus U'$, es sei $\pi: V \to V$ die Projektion auf U', und es sei $\varphi' \in \mathrm{End}_K(U')$ die lineare Abbildung mit $\pi \circ \varphi = \varphi' \circ \pi$ [vgl. Aufgabe A(2.5.4)]. Man zeige: Es gilt $p_\varphi = p_{\varphi|U} p_{\varphi'}$.

A(4.4.4) Es sei $\dim(V) = n$, es sei $\varphi \in \mathrm{End}_K(V)$, und es seien $p_\varphi = T^n + \alpha_{n-1}T^{n-1} + \cdots + \alpha_1 T + \alpha_0$, $m_\varphi = T^m + \beta_{m-1}T^{m-1} + \cdots + \beta_1 T + \beta_0$. Man zeige:
(1) Für jedes $\alpha \in K$ gilt $p_{\varphi - \alpha \mathrm{id}_V} = p_\varphi(T - \alpha)$.
(2) Für jedes $\alpha \in K^\times$ gilt $p_{\alpha\varphi}(\alpha T) = \alpha^n p_\varphi$.
(3) φ ist bijektiv, genau wenn $\alpha_0 \neq 0$ ist. Wenn φ bijektiv ist, so gilt $p_{\varphi^{-1}} = T^n + \alpha_1 \alpha_0^{-1} T^{n-1} + \cdots + \alpha_{n-1} \alpha_0^{-1} T + \alpha_0^{-1}$.
(4) φ ist bijektiv, genau wenn $\beta_0 \neq 0$ ist. Wenn φ bijektiv ist, so gilt $\varphi^{-1} = -\beta_0^{-1}\varphi^{m-1} - \beta_0^{-1}\beta_{m-1}\varphi^{m-2} - \cdots - \beta_0^{-1}\beta_1$ und $m_{\varphi^{-1}} = T^m + \beta_1\beta_0^{-1}T^{m-1} + \cdots + \beta_{m-1}\beta_0^{-1}T + \beta_0^{-1}$.

4 Minimalpolynom und charakteristisches Polynom

A(4.4.5) Es sei $\dim(V) = n$, und es sei $\varphi \in \mathrm{End}_K(V)$. Man zeige: Gilt $\mathrm{rang}(\varphi) = 1$, so ist $p_\varphi = T^n - \mathrm{spur}(\varphi)T^{n-1}$. [Hinweis: Man vgl. Aufgabe A(2.4.2).]

A(4.4.6) Es sei $m \geq 1$, es seien $A_0, \ldots, A_{n-1} \in M(m; K)$, und es sei

$$A := \begin{pmatrix} 0 & 0 & 0 & \cdots & 0 & -A_0 \\ E_m & 0 & 0 & \cdots & 0 & -A_1 \\ 0 & E_m & 0 & \cdots & 0 & -A_2 \\ \vdots & \ddots & \ddots & \ddots & \vdots & \vdots \\ 0 & \cdots & 0 & E_m & 0 & -A_{n-2} \\ 0 & \cdots & 0 & 0 & E_m & -A_{n-1} \end{pmatrix} \in M(mn; K).$$

Man zeige: Es ist $p_A = \det(T^n E_m + T^{n-1} A_{n-1} + \cdots + T A_1 + A_0)$.

A(4.4.7) Es sei $\varphi \in \mathrm{End}_K(V)$, und es sei $\Phi \colon \mathrm{End}_K(V) \to \mathrm{End}_K(V)$ die lineare Abbildung mit $\Phi(\psi) = \varphi\psi$ für jedes $\psi \in \mathrm{End}_K(V)$. Man zeige, daß $p_\Phi = (p_\varphi)^n$ ist, und folgere hieraus: Es gilt $\mathrm{spur}(\Phi) = n\,\mathrm{spur}(\varphi)$ und $\det(\Phi) = (\det(\varphi))^n$.

A(4.4.8) Es seien $\varphi \in \mathrm{End}_K(V)$ und $f \in K[T]$, und es sei $U := \ker(f(\varphi))$. Man zeige: Es ist $m_{\varphi|U} = \mathrm{ggT}(f, m_\varphi)$.

A(4.4.9) Man berechne die Eigenwerte der Matrix

$$A := \begin{pmatrix} 18 & 15 & -12 & -11 \\ 6 & 9 & -6 & -4 \\ 3 & 3 & 0 & -2 \\ 18 & 18 & -18 & -9 \end{pmatrix} \in M(4; \mathbb{C})$$

und gebe für jeden Eigenwert $\lambda \in \mathbb{C}$ von A eine Basis des Unterraums $E(A, \lambda)$ von $\mathbb{C}^4$ an.

A(4.4.10) Man berechne die Eigenwerte der Matrix

$$A := \begin{pmatrix} 5 & -2 & -1 & 5 \\ 13 & -6 & -4 & 22 \\ -7 & 4 & 4 & -12 \\ 0 & 0 & 0 & 2 \end{pmatrix} \in M(4; \mathbb{C})$$

und gebe für jeden Eigenwert $\lambda \in \mathbb{C}$ von A eine Basis des Unterraums $E(A, \lambda)$ von $\mathbb{C}^4$ an.

A(4.4.11) Man berechne die Eigenwerte der Matrix

$$A := \begin{pmatrix} -1 & 15 & -11 & 10 & -4 \\ 2 & 43 & -34 & 29 & -14 \\ 1 & 20 & -17 & 13 & -6 \\ -2 & -45 & 34 & -31 & 14 \\ 0 & 5 & -4 & 3 & -4 \end{pmatrix} \in M(5; \mathbb{C})$$

und gebe für jeden Eigenwert $\lambda \in \mathbb{C}$ von A eine Basis des Unterraums $E(A, \lambda)$ von $\mathbb{C}^5$ an.

5 Diagonalisierbare Endomorphismen

(4.5.1) In diesem Paragraphen ist K ein Körper, $K[T]$ ist der Polynomring über K in der Unbestimmten T, $V \neq \{0\}$ ist ein endlichdimensionaler K-Vektorraum, und n ist eine natürliche Zahl.

(4.5.2) Definition: (1) Ein Endomorphismus φ von V heißt diagonalisierbar, wenn es eine Basis von V gibt, deren Elemente Eigenvektoren von φ sind.
(2) Eine Matrix $A \in M(n; K)$ heißt diagonalisierbar, wenn der Endomorphismus $x \mapsto Ax : K^n \to K^n$ diagonalisierbar ist.

(4.5.3) Bemerkung: (1) Es sei $\dim(V) = n$.
(a) Es sei $\varphi \in \text{End}_K(V)$ diagonalisierbar. Dann gibt es eine Basis $\{x_1, \ldots, x_n\}$ von V, deren Elemente Eigenvektoren von φ sind, und dazu gibt es $\lambda_1, \ldots, \lambda_n \in K$ mit $\varphi(x_i) = \lambda_i x_i$ für jedes $i \in \{1, \ldots, n\}$. Die Matrix von φ zu der geordneten Basis $\{x_1, \ldots, x_n\}$ von V ist $\text{diag}(\lambda_1, \ldots, \lambda_n)$, und daher ist $p_\varphi = (T - \lambda_1) \cdots (T - \lambda_n)$. Daher gilt: p_φ zerfällt über K in Linearfaktoren, und $\{\lambda_1, \ldots, \lambda_n\}$ ist die Menge der Eigenwerte von φ in K [vgl. (4.4.18)(1)]. Sind $\mu_1, \ldots, \mu_h \in K$ die verschiedenen Eigenwerte von φ in K, so gilt: Für jedes $j \in \{1, \ldots, h\}$ ist $E(\varphi, \mu_j) = \langle \{x_i \mid 1 \leq i \leq n; \lambda_i = \mu_j\} \rangle$, und weil $\{x_1, \ldots, x_n\}$ eine Basis von V ist, gilt $V = E(\varphi, \mu_1) \oplus \cdots \oplus E(\varphi, \mu_h)$ [vgl. (4.3.14)]. Ferner gilt $m_\varphi = (T - \mu_1) \cdots (T - \mu_h)$ [vgl. (4.4.6)(3), (4.4.7) und (4.2.29)(8)].
(b) Sind $\mu_1, \ldots, \mu_h \in K$ paarweise verschiedene Eigenwerte von φ und gilt $V = E(\varphi, \mu_1) + \cdots + E(\varphi, \mu_h)$, so ist φ diagonalisierbar, und $\{\mu_1, \ldots, \mu_h\}$ ist die Menge aller Eigenwerte von φ in K, wie unmittelbar aus (4.3.14) folgt. Das charakteristische Polynom p_φ von φ zerfällt über K in Linearfaktoren.
(2) Es sei $A \in M(n; K)$ diagonalisierbar. Dann gibt es $x_1, \ldots, x_n \in K^n$ und $\lambda_1, \ldots, \lambda_n \in K$ mit $Ax_i = \lambda_i x_i$ für jedes $i \in \{1, \ldots, n\}$. Die Matrix der linearen Abbildung $x \mapsto Ax : K^n \to K^n$ zur Basis $\{x_1, \ldots, x_n\}$ ist die Matrix $D := \text{diag}(\lambda_1, \ldots, \lambda_n)$. A ist also zur Diagonalmatrix D ähnlich, und zwar gilt mit der Matrix $P := (x_1, \ldots, x_n) \in \text{GL}(n; K)$: Es ist $P^{-1}AP = D$.

(4.5.4) Satz: *Es sei $\varphi \in \text{End}_K(V)$. Folgende Aussagen sind äquivalent:*
(1) φ ist diagonalisierbar.
(2) Das charakteristische Polynom $p_\varphi \in K[T]$ zerfällt über K in Linearfaktoren, und für jeden Eigenwert $\lambda \in K$ von φ gilt $d(\varphi, \lambda) = e(\varphi, \lambda)$.

5 Diagonalisierbare Endomorphismen

Beweis: (1) Es sei φ diagonalisierbar. Es gilt $p_\varphi = (T-\lambda_1)^{e_1} \cdots (T-\lambda_r)^{e_r}$ mit den verschiedenen Eigenwerten $\lambda_1,\ldots,\lambda_r \in K$ von φ und mit $e_i := e(\varphi,\lambda_i)$ für jedes $i \in \{1,\ldots,r\}$, und es ist $V = E(\varphi,\lambda_1) \oplus \cdots \oplus E(\varphi,\lambda_r)$ [vgl. (4.5.3)(1)]. Also gilt [vgl. (2.5.8)]

$$\sum_{i=1}^r d(\varphi,\lambda_i) = \sum_{i=1}^r \dim(E(\varphi,\lambda_i)) = \dim(V)$$
$$= \deg(p_\varphi) = \sum_{i=1}^r e_i = \sum_{i=1}^r e(\varphi,\lambda_i).$$

Da $d(\varphi,\lambda_i) \leq e(\varphi,\lambda_i)$ für jedes $i \in \{1,\ldots,r\}$ gilt [vgl. (4.4.22)], folgt daraus, daß $d(\varphi,\lambda_i) = e(\varphi,\lambda_i)$ für jedes $i \in \{1,\ldots,r\}$ gilt.
(2) Es gelte $p_\varphi = (T - \lambda_1)^{e_1} \cdots (T - \lambda_r)^{e_r}$ mit paarweise verschiedenen $\lambda_1,\ldots,\lambda_r \in K$ und mit natürlichen Zahlen $e_1,\ldots,e_r$, und für jedes $i \in \{1,\ldots,r\}$ gelte $e(\varphi,\lambda_i) = d(\varphi,\lambda_i)$. Dann sind $\lambda_1,\ldots,\lambda_r$ die verschiedenen Eigenwerte von φ, und für jedes $i \in \{1,\ldots,r\}$ ist $d(\varphi,\lambda_i) = e_i$. Die Summe $U := E(\varphi,\lambda_1) + \cdots + E(\varphi,\lambda_r)$ ist direkt [vgl. (4.3.14)], und daher ist $\dim(U) = d(\varphi,\lambda_1) + \cdots + d(\varphi,\lambda_r) = e_1 + \cdots + e_r = \deg(p_\varphi) = \dim(V)$ [vgl. (2.5.8)]. Also ist $V = U$, d.h. V ist die direkte Summe der Eigenräume $E(\varphi,\lambda_1),\ldots,E(\varphi,\lambda_r)$ von φ, und daraus folgt, daß φ diagonalisierbar ist.

(4.5.5) Folgerung: (1) *Es sei* $\dim(V) = n$, *und es sei* $\varphi \in \text{End}_K(V)$. *Zerfällt das charakteristische Polynom von* φ *über* K *in* n *verschiedene Linearfaktoren, so ist* φ *diagonalisierbar.*
(2) *Es sei* $A \in M(n;K)$. *Zerfällt das charakteristische Polynom von* A *über* K *in* n *verschiedene Linearfaktoren, so ist* A *diagonalisierbar.*

Beweis: (1) Es gelte $p_\varphi = (T - \lambda_1) \cdots (T - \lambda_n) \in K[T]$ mit paarweise verschiedenen $\lambda_1,\ldots,\lambda_n \in K$. Dann gilt für jeden Eigenwert $\lambda \in K$ von φ: Es ist $e(\varphi,\lambda) = 1$ und daher auch $d(\varphi,\lambda) = 1$ [vgl. (4.4.22)]. Aus (4.5.4) folgt daher, daß φ diagonalisierbar ist.
(2) Man wendet (1) auf die lineare Abbildung $x \mapsto Ax : K^n \to K^n$ an.

(4.5.6) Satz: *Es sei* $\varphi \in \text{End}_K(V)$.
(1) *Es sei* φ *diagonalisierbar, es seien* $\lambda_1,\ldots,\lambda_h \in K$ *die paarweise verschiedenen Eigenwerte von* φ, *und für jedes* $i \in \{1,\ldots,h\}$ *sei* $\pi_i \in \text{End}_K(V)$ *die Projektion von* $V = E(\varphi,\lambda_1) \oplus \cdots \oplus E(\varphi,\lambda_h)$ *auf* $E(\varphi,\lambda_i)$. *Dann gilt* $\text{id}_V = \pi_1 + \cdots + \pi_h$ *und* $\varphi = \lambda_1\pi_1 + \cdots + \lambda_h\pi_h$, *und für alle* i, $j \in \{1,\ldots,h\}$ *mit* $i \neq j$ *ist* $\pi_i\pi_j = 0$.

(2) *Es gelte: Es gibt Endomorphismen $\pi_1, \ldots, \pi_h \in \operatorname{End}_K(V) \smallsetminus \{0\}$ und paarweise verschiedene $\lambda_1, \ldots, \lambda_h \in K$ mit $\operatorname{id}_V = \pi_1 + \cdots + \pi_h$ und $\varphi = \lambda_1 \pi_1 + \cdots + \lambda_h \pi_h$ und mit $\pi_i \pi_j = 0$ für alle $i, j \in \{1, \ldots, h\}$ mit $i \neq j$. Dann ist φ diagonalisierbar, $\lambda_1, \ldots, \lambda_h$ sind die verschiedenen Eigenwerte von φ in K, und für jedes $i \in \{1, \ldots, h\}$ ist π_i die Projektion von $V = E(\varphi, \lambda_1) \oplus \cdots \oplus E(\varphi, \lambda_h)$ auf $E(\varphi, \lambda_i)$.*

Beweis: (1) Vgl. (4.5.3)(1)(a).
(2) Es gilt $V = \operatorname{im}(\pi_1) \oplus \cdots \oplus \operatorname{im}(\pi_h)$, und $\pi_1, \ldots, \pi_h$ sind Projektionen [vgl. (2.5.16)]. Für jedes $i \in \{1, \ldots, h\}$ ist $\varphi \pi_i = (\lambda_1 \pi_1 + \cdots + \lambda_h \pi_h) \pi_i = \lambda_i \pi_i$, und daher gilt $\operatorname{im}(\pi_i) \subset \ker(\varphi - \lambda_i \operatorname{id}_V) = E(\varphi, \lambda_i)$, wegen $\pi_i \neq 0$ folgt $E(\varphi, \lambda_i) \neq \{0\}$, und somit ist λ_i ein Eigenwert von φ. Es gilt $V = \operatorname{im}(\pi_1) \oplus \cdots \oplus \operatorname{im}(\pi_h) \subset E(\varphi, \lambda_1) \oplus \cdots \oplus E(\varphi, \lambda_h) \subset V$ [vgl. (4.3.14)], also ist $\operatorname{im}(\pi_i) = E(\varphi, \lambda_i)$ für jedes $i \in \{1, \ldots, h\}$ [vgl. (2.5.3)], und $\{\lambda_1, \ldots, \lambda_h\}$ ist die Menge der Eigenwerte von φ in K.

(4.5.7) Folgerung: *Es sei φ diagonalisierbar, es seien $\lambda_1, \ldots, \lambda_h \in K$ die paarweise verschiedenen Eigenwerte von φ, und es sei $\pi_i \in \operatorname{End}_K(V)$ für jedes $i \in \{1, \ldots, h\}$ die Projektion von $V = E(\varphi, \lambda_1) \oplus \cdots \oplus E(\varphi, \lambda_h)$ auf $E(\varphi, \lambda_i)$. Für jedes $f \in K[T]$ gilt*

$$f(\varphi) = f(\lambda_1) \pi_1 + \cdots + f(\lambda_h) \pi_h.$$

Beweis: Es genügt zu zeigen: Für jedes $k \in \mathbb{N}$ ist $\varphi^k = \lambda_1^k \pi_1 + \cdots + \lambda_h^k \pi_h$. Dies ist nach (4.5.6) richtig für $k = 1$. Ist $k \in \mathbb{N}$ und ist bereits gezeigt, daß $\varphi^k = \lambda_1^k \pi_1 + \cdots + \lambda_h^k \pi_h$ gilt, so folgt

$$\varphi^{k+1} = (\lambda_1^k \pi_1 + \cdots + \lambda_h^k \pi_h)(\lambda_1 \pi_1 + \cdots + \lambda_h \pi_h) = \lambda_1^{k+1} \pi_1 + \cdots + \lambda_h^{k+1} \pi_h$$

[wegen $\pi_i \pi_j = \delta_{ij} \pi_i$ für alle $i, j \in \{1, \ldots, h\}$].

(4.5.8) Satz: *Es sei $\varphi \in \operatorname{End}_K(V)$. φ ist genau dann diagonalisierbar, wenn das Minimalpolynom m_φ von φ über K in paarweise verschiedene Linearfaktoren zerfällt.*

Beweis: (1) Es gelte: φ ist diagonalisierbar. Es seien $\lambda_1, \ldots, \lambda_h \in K$ die paarweise verschiedenen Eigenwerte von φ, und es sei $\pi_i \in \operatorname{End}_K(V)$ für jedes $i \in \{1, \ldots, h\}$ die Projektion von $V = E(\varphi, \lambda_1) \oplus \cdots \oplus E(\varphi, \lambda_h)$ auf $E(\varphi, \lambda_i)$. Für das Polynom $g := (T - \lambda_1) \cdots (T - \lambda_h) \in K[T]$ gilt nach (4.5.7) $g(\varphi) = g(\lambda_1) \pi_1 + \cdots + g(\lambda_h) \pi_h = 0$ und daher $m_\varphi \mid g$. Umgekehrt

5 Diagonalisierbare Endomorphismen

gilt für jedes $i \in \{1, \ldots, h\}$: Wegen (4.5.7) ist

$$\begin{aligned} 0 = m_\varphi(\varphi)\pi_i &= \bigl(m_\varphi(\lambda_1)\pi_1 + \cdots + m_\varphi(\lambda_h)\pi_h\bigr)\pi_i \\ &= m_\varphi(\lambda_i)\pi_i^2 = m_\varphi(\lambda_i)\pi_i, \end{aligned}$$

wegen $\pi_i \neq 0$ folgt $m_\varphi(\lambda_i) = 0$, und daher gilt $(T - \lambda_i) \mid m_\varphi$. Also gilt $g \mid m_\varphi$ [vgl. (4.2.31)(3)], und weil m_φ und g normiert sind, folgt $m_\varphi = g$.
(2) Es gelte $m_\varphi = (T - \lambda_1)\cdots(T - \lambda_h)$ mit paarweise verschiedenen $\lambda_1, \ldots, \lambda_h \in K$. Man setzt für jedes $j \in \{1, \ldots, h\}$

$$g_j := \prod_{i=1,\, i \neq j}^{h} \frac{T - \lambda_i}{\lambda_j - \lambda_i} \in K[T] \quad \text{und} \quad \pi_j := g_j(\varphi) \in \operatorname{End}_K(V).$$

Nach (4.1.17), angewandt auf die Polynome 1 und T aus $K[T]$, gilt $1 = g_1 + \cdots + g_h$ und $T = \lambda_1 g_1 + \cdots + \lambda_h g_h$, und daraus folgt $\operatorname{id}_V = \pi_1 + \cdots + \pi_h$ und $\varphi = \lambda_1 \pi_1 + \cdots + \lambda_h \pi_h$. Für alle $i, j \in \{1, \ldots, h\}$ mit $i \neq j$ gilt $m_\varphi \mid g_i g_j$ [denn für jedes $k \in \{1, \ldots, h\}$ gilt $g_i g_k(\lambda_k) = 0$ und daher $(T - \lambda_k) \mid g_i g_j$], und daher ist $\pi_i \pi_j = g_i(\varphi) g_j(\varphi) = 0$. Für jedes $i \in \{1, \ldots, h\}$ gilt $\deg(g_i) = h - 1 < h = \deg(m_\varphi)$ und daher $\pi_i = g_i(\varphi) \neq 0$. Nach (4.5.6) ist φ diagonalisierbar.

(4.5.9) Folgerung: *Es sei φ diagonalisierbar, es seien $\lambda_1, \ldots, \lambda_h \in K$ die paarweise verschiedenen Eigenwerte von φ, und es sei $\pi_i \in \operatorname{End}_K(V)$ für jedes $i \in \{1, \ldots, h\}$ die Projektion von $V = E(\varphi, \lambda_1) \oplus \cdots \oplus E(\varphi, \lambda_h)$ auf $E(\varphi, \lambda_i)$.*
(1) *Zu jedem $i \in \{1, \ldots, h\}$ gibt es ein $f_i \in K[T]$ mit $\pi_i = f_i(\varphi)$.*
(2) *Es sei $\psi \in \operatorname{End}_K(V)$. Es gilt $\varphi\psi = \psi\varphi$, genau wenn $\psi\pi_i = \pi_i\psi$ für jedes $i \in \{1, \ldots, h\}$ gilt.*

Beweis: (1) Dies wurde im Beweis von (4.5.8) gezeigt.
(2) Gilt $\psi\pi_i = \pi_i\psi$ für jedes $i \in \{1, \ldots, h\}$, so folgt $\psi\varphi = \varphi\psi$, denn es ist $\varphi = \lambda_1\pi_1 + \cdots + \lambda_h\pi_h$ [vgl. (4.5.6)]. Gilt umgekehrt $\psi\varphi = \varphi\psi$, so gilt für jedes $i \in \{1, \ldots, h\}$: Es gibt ein $f_i \in K[T]$ mit $\pi_i = f_i(\varphi)$, und es folgt $\psi\pi_i = \psi f_i(\varphi) = f_i(\varphi)\psi = \pi_i\psi$ [vgl. (4.3.2)(3)].

(4.5.10) Satz: *Es seien $\varphi, \psi \in \operatorname{End}_K(V)$ diagonalisierbar, und es gelte $\varphi\psi = \psi\varphi$. Dann gibt es eine Basis von V, deren Elemente Eigenvektoren von φ und von ψ sind.*

Beweis: (1) Es sei $\lambda \in K$ ein Eigenwert von φ. Für jedes $x \in E(\varphi, \lambda)$ gilt $\varphi(\psi(x)) = \psi(\varphi(x)) = \psi(\lambda x) = \lambda \psi(x)$ und daher $\psi(x) \in E(\varphi, \lambda)$. Also ist $E(\varphi, \lambda)$ ein ψ-invarianter Unterraum von V. Das Minimalpolynom m_ψ von ψ zerfällt über K in paarweise verschiedene Linearfaktoren [vgl. (4.5.8)]. Weil das Minimalpolynom des Endomorphismus $\psi|E(\varphi, \lambda)$ von $E(\varphi, \lambda)$ ein Teiler von m_ψ ist [vgl. (4.4.6)(1)], zerfällt es über K in paarweise verschiedene Linearfaktoren, und daher ist $\psi|E(\varphi, \lambda)$ diagonalisierbar [vgl. (4.5.8)]. Es gibt also eine Basis von $E(\varphi, \lambda)$, deren Elemente Eigenvektoren von ψ und als Elemente von $E(\varphi, \lambda)$ auch Eigenvektoren von φ sind.

(2) Es seien $\lambda_1, \ldots, \lambda_h \in K$ die verschiedenen Eigenwerte von φ. Zu jedem $i \in \{1, \ldots, h\}$ gibt es nach (1) eine Basis B_i von $E(\varphi, \lambda_i)$ aus Eigenvektoren von φ und von ψ, und wegen $V = E(\varphi, \lambda_1) \oplus \cdots \oplus E(\varphi, \lambda_h)$ [vgl. (4.5.3)(1)(a)] ist $B := B_1 \cup \cdots \cup B_h$ eine Basis von V [vgl. (2.5.8)]. Die Elemente von B sind Eigenwerte von φ und von ψ.

(4.5.11) **Folgerung:** *Es seien $A, B \in M(n; K)$ diagonalisierbar, und es gelte $AB = BA$. Dann können die Matrizen A und B simultan diagonalisiert werden, d.h. es gibt ein $P \in \mathrm{GL}(n; K)$ mit: $P^{-1}AP$ und $P^{-1}BP$ sind Diagonalmatrizen.*

Beweis: Man wendet (4.5.10) auf die Abbildungen $x \mapsto Ax : K^n \to K^n$ und $x \mapsto Bx : K^n \to K^n$ an.

Aufgaben

A(4.5.1) Es sei $\pi \in \mathrm{End}_K(V)$ eine Projektion. Man zeige, daß π diagonalisierbar ist. [Hinweis: Man benutze das Ergebnis von Aufgabe A(4.4.2).]

A(4.5.2) Man zeige, daß die Matrizen

$$A := \begin{pmatrix} -1 & 2 & -1 & -1 \\ 9 & -7 & 6 & 3 \\ 9 & -6 & 5 & 3 \\ 11 & -10 & 7 & 5 \end{pmatrix}, \quad B := \begin{pmatrix} 2 & 3 & -3 & 0 \\ -9 & -10 & 9 & 0 \\ -9 & -9 & 8 & 0 \\ -9 & -15 & 12 & 2 \end{pmatrix} \in M(4; \mathbb{R})$$

simultan diagonalisierbar sind, und finde eine Matrix $P \in \mathrm{GL}(4; \mathbb{C})$ mit: $P^{-1}AP$ und $P^{-1}BP$ sind Diagonalmatrizen.

A(4.5.3) Es seien $A_1, \ldots, A_m \in M(n; K)$ diagonalisierbar, und für alle $i, j \in \{1, \ldots, m\}$ gelte $A_i A_j = A_j A_i$. Man zeige, daß es ein $P \in \mathrm{GL}(n; K)$ gibt mit: Für jedes $i \in \{1, \ldots, m\}$ ist $P^{-1}AP$ eine Diagonalmatrix.

A(4.5.4) Es seien $a, b \in \mathbb{C}^\times$. Für $n = 1$ sei $D_1 = (0) \in M(1; \mathbb{C})$, und für $n \geq 2$ sei

$$D_n = \begin{pmatrix} 0 & a & 0 & 0 & \ldots & 0 & 0 & 0 \\ b & 0 & a & 0 & \ldots & 0 & 0 & 0 \\ 0 & b & 0 & a & \ldots & 0 & 0 & 0 \\ \vdots & \vdots & \vdots & \vdots & & \vdots & \vdots & \vdots \\ 0 & 0 & 0 & 0 & \ldots & b & 0 & a \\ 0 & 0 & 0 & 0 & \ldots & 0 & b & 0 \end{pmatrix} \in M(n; \mathbb{C}).$$

(1) Es sei $f_0 := 1$, und für jedes $n \in \mathbb{N}$ sei $f_n := p_{D_n}$. Man zeige: Es gilt $f_1 = T$, und für jedes $n \geq 2$ ist $f_n = T f_{n-1} - ab f_{n-2}$.

(2) Es sei $c \in \mathbb{C}$ mit $c^2 \neq 4ab$, und es seien $\alpha, \beta \in \mathbb{C}$ die beiden Nullstellen des Polynoms $g_c := T^2 - cT + ab \in \mathbb{C}[T]$. Man zeige: Es gilt $\alpha \neq \beta$ und $f_n(c) = (\alpha^{n+1} - \beta^{n+1})/(\alpha - \beta)$ für jedes $n \in \mathbb{N}_0$ [hierbei benutze man (1)].

(3) Es sei $n \in \mathbb{N}$, und es sei $\gamma \in \mathbb{C}$ mit $\gamma^2 = ab$.

(a) Für jedes $j \in \{1, \ldots, n\}$ sei $\lambda_j := 2\gamma \cos(\pi j/(n+1))$. Man zeige: $\lambda_1, \ldots, \lambda_n$ sind Eigenwerte von D_n. [Hinweis: Man überlege sich, daß es n paarweise verschiedene $c(1), \ldots, c(n) \in \mathbb{C} \smallsetminus \{4ab\}$ mit der folgenden Eigenschaft gibt: Für jedes $j \in \{1, \ldots, n\}$ gilt für die beiden Nullstellen α_j und β_j von $g_{c(j)}$: Es ist $\alpha_j^{n+1} = \beta_j^{n+1}$.] Man folgere, daß D_n diagonalisierbar ist.

(b) Es sei $j \in \{1, \ldots, n\}$, und es sei $\xi_{jk} := (\gamma/a)^{k-1} \sin(\pi jk/(n+1))$ für jedes $k \in \{1, \ldots, n\}$. Man beweise, daß $x_j := {}^t(\xi_{j1}, \ldots, \xi_{jn}) \in \mathbb{C}^n$ ein Eigenvektor von D_n zum Eigenwert λ_j ist.

6 Die Jordansche Normalform

(4.6.1) In diesem Paragraphen ist K ein Körper, $K[T]$ ist der Polynomring über K in der Unbestimmten T, $V \neq \{0\}$ ist ein endlichdimensionaler K-Vektorraum, und m und n sind natürliche Zahlen.

(4.6.2) Bemerkung: Das Ziel dieses Paragraphen ist, zu einem Endomorphismus $\varphi \in \operatorname{End}_K(V)$, dessen charakteristisches Polynom p_φ über K in Linearfaktoren zerfällt, eine geordnete Basis von V derart zu finden, daß die Matrix von φ zu dieser Basis eine besonders einfache Gestalt besitzt. Es gelte also

$$p_\varphi = (T - \lambda_1)^{e_1} \cdots (T - \lambda_r)^{e_r}$$

mit paarweise verschiedenen $\lambda_1, \ldots, \lambda_r \in K$ und mit natürlichen Zahlen $e_1, \ldots, e_r$. Für jedes $j \in \{1, \ldots, r\}$ sei $U(\varphi, \lambda_j)$ der Unterraum der Hauptvektoren von φ zum Eigenwert λ_j und sei $\varphi_j := (\varphi - \lambda_j \operatorname{id}_V)|U(\varphi, \lambda_j)$.

Zu jedem $j \in \{1,\ldots,r\}$ gibt es nach (4.3.13) ein $s_j \in \mathbb{N}$ mit $\varphi_j^{s_j} = 0$. Es wird sich herausstellen, daß gerade diese Eigenschaft von φ_j die Existenz einer Basis B_j von $U(\varphi, \lambda_j)$ für jedes $j \in \{1,\ldots,r\}$ sichert, für die gilt: Die Matrix von φ_j zu B_j hat eine besonders einfache Gestalt. Es wird sich weiter zeigen, daß $V = U(\varphi, \lambda_1) \oplus \cdots \oplus U(\varphi, \lambda_r)$ gilt. Daher ist $B_1 \cup \cdots \cup B_r$ eine Basis von V [vgl. (2.5.8)]. Die Matrix von φ zu dieser Basis wird die Matrix sein, die die gewünschte einfache Gestalt besitzt. Zur Vorbereitung dieses Ergebnisses werden Endomorphismen ψ eines endlichdimensionalen Vektorraums studiert, zu denen es ein $s \in \mathbb{N}$ mit $\psi^s = 0$ gibt [vgl. (4.6.7)].

(4.6.3) Definition: (1) Es sei $\lambda \in K$, und es seien $E_{11}, \ldots, E_{mm}$ die Basismatrizen in $M(m; K)$. Die Matrix

$$J(\lambda, m) := \lambda E_m + \sum_{i=1}^{m-1} E_{i,i+1}$$

$$= \begin{pmatrix} \lambda & 1 & 0 & \ldots & \ldots & 0 \\ 0 & \ddots & \ddots & \ddots & & \vdots \\ \vdots & \ddots & \ddots & \ddots & \ddots & \vdots \\ \vdots & & \ddots & \ddots & \ddots & 0 \\ \vdots & & & \ddots & \lambda & 1 \\ 0 & \ldots & \ldots & \ldots & 0 & \lambda \end{pmatrix} \in M(m; K)$$

heißt das Jordan-Kästchen der Zeilenzahl m für λ [nach C. Jordan, 1838 bis 1922].
(2) Es sei $d \in \mathbb{N}$, es seien $m_1, \ldots, m_d$ natürliche Zahlen mit $m_1 \geq \cdots \geq m_d$ und $m = m_1 + \cdots + m_d$, und es sei $\lambda \in K$. Die Matrix

$$J := \mathrm{diag}\bigl(J(\lambda, m_1), \ldots, J(\lambda, m_d)\bigr) \in M(m; K)$$

heißt eine Matrix in Jordanscher Normalform für λ oder eine Jordan-Matrix mit dem Eigenwert λ.

(4.6.4) Bemerkung: Es sei $\lambda \in K$, und es sei $J(\lambda, m) \in M(m; K)$ das Jordan-Kästchen der Zeilenzahl m für λ. Es sei $\{e_1, \ldots, e_m\}$ die Standardbasis von K^m.
(1) Für $m = 1$ ist $J(\lambda, 1) = (\lambda) \in M(1; K)$ $(= K)$.
(2) Ist $\lambda \neq 0$, so ist $\mathrm{rang}(J(\lambda, m)) = m$, und es ist $\mathrm{rang}(J(0, m)) = m - 1$.

6 Die Jordansche Normalform

(3) Für die Spalten von $J(\lambda,m)$ gilt: Es ist $J(\lambda,m)_{\bullet 1} = \lambda e_1$, und für jedes $j \in \{2,\ldots,m\}$ ist $J(\lambda,m)_{\bullet j} = e_{j-1} + \lambda e_j$.

(4) Man rechnet ohne Schwierigkeit nach: Es gilt

$$J(0,m)^k = (0, e_1, \ldots, e_{m-1})^k$$
$$= \begin{cases} (0,\ldots,0,e_1,\ldots,e_{m-k}) \neq 0 & \text{für jedes } k \in \{1,\ldots,m-1\}, \\ 0 & \text{für jedes } k \in \mathbb{N} \text{ mit } k \geq m. \end{cases}$$

Also gilt $J(0,m)^m = 0$ und $J(0,m)^k \neq 0$ für jedes $k \in \{1,\ldots,m-1\}$. Außerdem sieht man: Für jedes $k \in \{1,\ldots,m-1\}$ ist $\text{rang}(J(0,m)^k) = m-k$.

(5) Das charakteristische Polynom von $J(\lambda,m)$ ist $(T-\lambda)^m$; es zerfällt also über K in Linearfaktoren, λ ist der einzige Eigenwert von $J(\lambda,m)$, und seine algebraische Vielfachheit ist m. Wegen $J(\lambda,m)e_1 = \lambda e_1$ ist e_1 ein Eigenvektor von $J(\lambda,m)$ zum Eigenwert λ. Der Eigenraum $E(J(\lambda,m),\lambda) = \{x \in K^m \mid J(\lambda,m)x = \lambda x\} = \{x \in K^m \mid J(0,m)x = 0\}$ hat die Dimension $m - \text{rang}(J(0,m)) = 1$, und daher ist $E(J(\lambda,m),\lambda) = \langle e_1 \rangle$. Insbesondere ist λ ein Eigenwert von $J(\lambda,m)$ der geometrischen Vielfachheit 1.

(4.6.5) Bemerkung: Es sei $d \in \mathbb{N}$, und es seien $m_1,\ldots,m_d$ natürliche Zahlen mit $m_1 \geq \cdots \geq m_d$ und $m = m_1 + \cdots + m_d$; es sei $\lambda \in K$, es sei

$$J := \text{diag}(J(\lambda,m_1),\ldots,J(\lambda,m_d)),$$

und es sei $J_0 := J - \lambda E_m = \text{diag}(J(0,m_1),\ldots,J(0,m_d))$.
(1) Es gilt $\text{rang}(J) = m$, falls $\lambda \neq 0$ ist, und es gilt $\text{rang}(J_0) = \text{rang}(J(0,m_1)) + \cdots + \text{rang}(J(0,m_d)) = (m_1-1) + \cdots + (m_d-1) = m-d$.
(2) Für jedes $k \in \mathbb{N}$ ist $J_0^k = \text{diag}(J(0,m_1)^k,\ldots,J(0,m_d)^k)$; also gilt $J_0^k \neq 0$ für jedes $k \in \{1,\ldots,m_1-1\}$ und $J_0^k = 0$ für jedes $k \geq m_1$.
(3) Das charakteristische Polynom von J ist $p_J = (T-\lambda)^m$, also ist das Minimalpolynom m_J von J eine Potenz von $T-\lambda$ [vgl. (4.4.26)]. Wegen $\min(\{k \in \mathbb{N} \mid (J-\lambda E_m)^k = 0\}) = \min(\{k \in \mathbb{N} \mid J_0^k = 0\}) = m_1$ ist $m_J = (T-\lambda)^{m_1}$.
(4) Der einzige Eigenwert von J ist λ. Seine algebraische Vielfachheit ist $e(J,\lambda) = m$. Der Eigenraum

$$E(J,\lambda) = \{x \in K^m \mid Jx = \lambda x\} = \{x \in K^m \mid J_0 x = 0\}$$

hat die Dimension $m - \text{rang}(J_0) = d$. Ist $\{e_1,\ldots,e_m\}$ die Standardbasis von K^m, so ist offensichtlich $\{e_1, e_{m_1+1},\ldots,e_{m_1+\cdots+m_{d-1}+1}\}$ eine Basis von $E(J,\lambda)$. Insbesondere ist also λ ein Eigenwert von J der geometrischen Vielfachheit d.

(4.6.6) Hilfssatz: *Es sei $d \in \mathbb{N}$, und es seien $m_1, \ldots, m_d$ natürliche Zahlen mit $m_1 \geq \cdots \geq m_d$ und $m = m_1 + \cdots + m_d$; es sei $\lambda \in K$, und es sei $J := \mathrm{diag}(J(\lambda, m_1), \ldots, J(\lambda, m_d))$.*
(1) *Für jedes $p \in \mathbb{N}$ gilt: Die Anzahl der Jordan-Kästchen der Zeilenzahl p in der Matrix J ist*

$$\kappa_p = \mathrm{rang}((J - \lambda E_m)^{p-1}) - 2\,\mathrm{rang}((J - \lambda E_m)^p) + \mathrm{rang}((J - \lambda E_m)^{p+1}).$$

(2) *Ist $J' \in M(m; K)$ eine zu J ähnliche Jordan-Matrix mit dem Eigenwert λ, so ist $J' = J$.*

Beweis: Für jedes $p \in \mathbb{N}$ ist die Anzahl κ_p der Jordan-Kästchen der Zeilenzahl p, die in J vorkommen, gleich der Anzahl der Jordan-Kästchen der Zeilenzahl p in der Matrix $J_0 := J - \lambda E_m$.
(1) Für jedes $k \in \mathbb{N}_0$ ist

$$\mathrm{rang}(J_0^k) = \mathrm{rang}((J(0, m_1)^k) + \cdots + \mathrm{rang}((J(0, m_d)^k)$$
$$= \max(\{m_1 - k, 0\}) + \cdots + \max(\{m_d - k, 0\}) = \sum_{p \geq k+1}(p - k)\kappa_p.$$

Für jedes $p \in \mathbb{N}$ gilt daher $\mathrm{rang}(J_0^{p-1}) - 2\,\mathrm{rang}(J_0^p) + \mathrm{rang}(J_0^{p+1}) = \kappa_p$.
(2) Es sei $J' \in M(m; K)$ eine zu J ähnliche Jordan-Matrix mit dem Eigenwert λ, und es sei $P \in \mathrm{GL}(m; K)$ mit $J' = P^{-1}JP$. Für jedes $k \in \mathbb{N}_0$ gilt $(J' - \lambda E_m)^k = P^{-1}(J - \lambda E_m)^k P$ [vgl. Aufgabe A(1.7.1)(1)] und daher $\mathrm{rang}((J' - \lambda E_m)^k) = \mathrm{rang}((J - \lambda E_m)^k)$ [vgl. (1.7.10)(4)]. Also gilt nach (1) für jedes $p \in \mathbb{N}$: In J' kommen ebensoviele Jordan-Kästchen der Zeilenzahl p vor wie in J. Hieraus folgt $J' = J$.

(4.6.7) Definition: (1) Ein Endomorphismus $\varphi \in \mathrm{End}_K(V)$ heißt nilpotent, wenn es ein $s \in \mathbb{N}$ mit $\varphi^s = 0$ gibt.
(2) Eine Matrix $A \in M(n; K)$ heißt nilpotent, wenn es ein $s \in \mathbb{N}$ mit $A^s = 0$ gibt.

(4.6.8) Nilpotente Endomorphismen: Es sei $\dim(V) = n$.
(1) Es sei $\varphi \in \mathrm{End}_K(V)$ nilpotent. Dann hat φ nur 0 als Eigenwert, es gilt $m_\varphi = T^k$ mit einem $k \in \{1, \ldots, n\}$, und es gilt $p_\varphi = T^n$.
Beweis: Es sei $A \in M(n; K)$ die Matrix von φ zu einer geordneten Basis von V. Da φ nilpotent ist, gibt es ein $s \in \mathbb{N}$ mit $\varphi^s = 0$, also mit $A^s = 0$.

6 Die Jordansche Normalform

Das charakteristische Polynom $p_A \in K[T]$ von A zerfällt über einem algebraischen Abschluß $\overline{K}$ von K in Linearfaktoren. Ist $\lambda \in \overline{K}$ eine Nullstelle von p_A, so ist λ ein Eigenwert der Matrix $A \in M(n; \overline{K})$, also gibt es ein $x \in \overline{K}^n$ mit $x \neq 0$ und mit $Ax = \lambda x$, und wegen $\lambda^s x = A^s x = 0$ und $x \neq 0$ folgt $\lambda = 0$. Also gilt $p_A = T^n$. Wegen $p_\varphi = p_A$ gilt also $p_\varphi = T^n$, und somit ist 0 der einzige Eigenwert von φ. Wegen $m_\varphi \mid p_\varphi$ [vgl. (4.4.26)] folgt: Es ist $m_\varphi = T^k$ mit einem $k \in \{1, \ldots, n\}$.
(2) Aus (1) folgt: Ist $\varphi \in \mathrm{End}_K(V)$ nilpotent, so ist $\varphi^n = p_\varphi(\varphi) = 0$ [vgl. (4.4.24)], und es ist $\mathrm{spur}(\varphi) = 0$ [vgl. (4.4.16)].
(3) Es seien $\varphi, \psi \in \mathrm{End}_K(V)$ vertauschbar. Sind φ und ψ nilpotent, so ist auch $\varphi - \psi$ nilpotent.
Beweis: Wegen $\varphi \psi = \psi \varphi$ gilt

$$(\varphi - \psi)^{2n} = \sum_{i=0}^{2n} \binom{2n}{i} \varphi^{2n-i} \psi^i,$$

und wegen $\varphi^n = 0$ und $\psi^n = 0$ gilt: Für jedes $i \in \{0, \ldots, n\}$ ist $\varphi^{2n-i} = \varphi^{n-i}\varphi^n = 0$, und für jedes $i \in \{n+1, \ldots, 2n\}$ ist $\psi^i = \psi^{i-n}\psi^n = 0$, und daher ist $(\varphi - \psi)^{2n} = 0$.

(4.6.9) Bemerkung: Es seien X und Y Unterräume von V mit $X \subset Y$. Elemente $y_1, \ldots, y_k \in Y$ heißen linear unabhängig modulo X, wenn gilt: Sind $\beta_1, \ldots, \beta_k \in K$ und ist $\beta_1 y_1 + \cdots + \beta_k y_k \in X$, so gilt $\beta_i = 0$ für jedes $i \in \{1, \ldots, k\}$.
(1) Sind $y_1, \ldots, y_k \in Y$ linear unabhängig modulo X, so sind $y_1, \ldots, y_k$ linear unabhängig.
(2) Ist $X = \{0\}$, so sind $y_1, \ldots, y_k \in Y$ genau dann linear unabhängig modulo X, wenn $y_1, \ldots, y_k$ linear unabhängig sind.
(3) Es seien $y_1, \ldots, y_k \in Y$ linear unabhängig modulo X. Dann ist $k \leq \dim(Y) - \dim(X)$.
Beweis: Ist $X = \{0\}$, so folgt die Behauptung aus (2). Es sei $X \neq \{0\}$, und es sei $\{x_1, \ldots, x_h\}$ eine Basis von X. Dann sind $x_1, \ldots, x_h, y_1, \ldots, y_k$ linear unabhängig: Sind nämlich $\alpha_1, \ldots, \alpha_h, \beta_1, \ldots, \beta_k \in K$ und gilt $\alpha_1 x_1 + \cdots + \alpha_h x_h + \beta_1 y_1 + \cdots + \beta_k y_k = 0$, so ist $\beta_1 y_1 + \cdots + \beta_k y_k = -(\alpha_1 x_1 + \cdots + \alpha_h x_h) \in X$, also gilt $\beta_1 = \cdots = \beta_k = 0$, und weil $x_1, \ldots, x_h$ linear unabhängig sind, folgt $\alpha_1 = \cdots = \alpha_h = 0$. Also gilt $h + k \leq \dim(Y)$, und daraus folgt die Behauptung.
(4) Es gelte $m := \dim(Y) - \dim(X) > 0$. Dann gibt es $y_1, \ldots, y_m \in Y$, die linear unabhängig modulo X sind. [Man nennt dann die Menge $\{y_1, \ldots, y_m\}$ eine Basis von Y modulo X.]

Beweis: Ist $X = \{0\}$, so ist nichts zu beweisen. Es gelte $X \neq \{0\}$, und es sei $\{x_1, \ldots, x_h\}$ eine Basis von X. Nach dem Basisergänzungssatz [vgl. (2.2.28)] gibt es $y_1, \ldots, y_m \in Y$ so, daß $\{x_1, \ldots, x_h, y_1, \ldots, y_m\}$ eine Basis von Y ist. Wie in (3) zeigt man, daß $y_1, \ldots, y_m$ linear unabhängig modulo X sind.

(5) Es sei $m := \dim(Y) - \dim(X) > 0$, es seien $y_1, \ldots, y_k \in Y$ linear unabhängig modulo X, und es sei $k < m$.

(a) [„Basisergänzungssatz"] Es gibt $y_{k+1}, \ldots, y_m \in Y$ mit: $\{y_1, \ldots, y_m\}$ ist eine Basis von Y modulo X.

Beweis: Es sei $\{x_1, \ldots, x_h\}$ eine Basis von X. Weil $x_1, \ldots, x_h, y_1, \ldots, y_k$ linear unabhängig sind [vgl. (3)], gibt es nach dem Basisergänzungssatz [vgl. (2.2.28)] $y_{k+1}, \ldots, y_m \in Y$ so, daß $\{x_1, \ldots, x_h, y_1, \ldots, y_m\}$ eine Basis von Y ist. Dann ist $\{y_1, \ldots, y_m\}$ eine Basis von Y modulo X.

(b) [„Austauschsatz"] Es sei $\{z_1, \ldots, z_m\}$ eine Basis von Y modulo X. Dann gibt es $i_1, \ldots, i_{m-k} \in \{1, \ldots, m\}$ mit: $\{y_1, \ldots, y_k, z_{i_1}, \ldots, z_{i_{m-k}}\}$ ist eine Basis von Y modulo X.

Beweis: Es sei $\{x_1, \ldots, x_h\}$ eine Basis von X. Wendet man Satz (2.2.18) auf die Vektoren $x_1, \ldots, x_h, y_1, \ldots, y_k, z_1, \ldots, z_m$ in dieser Reihenfolge und die Basis $\{x_1, \ldots, x_h, z_1, \ldots, z_m\}$ von Y [vgl. (3)] an, so erhält man – weil $x_1, \ldots, x_h, y_1, \ldots, y_k$ linear unabhängig sind – $i_1, \ldots, i_{m-k} \in \{1, \ldots, m\}$ so, daß $\{x_1, \ldots, x_h, y_1, \ldots, y_k, z_{i_1}, \ldots, z_{i_{m-k}}\}$ eine Basis von Y ist [vgl. den Beweis von (2.2.26)]. Dann ist $\{y_1, \ldots, y_k, z_{i_1}, \ldots, z_{i_{m-k}}\}$ eine Basis von Y modulo X.

(6) Es sei Z ein weiterer Unterraum von V, und es gelte $Y \subset Z$. Es seien $z_1, \ldots, z_l \in Z$ linear unabhängig modulo Y, und es seien $y_1, \ldots, y_k \in Y$ linear unabhängig modulo X. Dann sind $y_1, \ldots, y_k, z_1, \ldots, z_l$ linear unabhängig modulo X.

Beweis: Es seien $\beta_1, \ldots, \beta_k, \gamma_1, \ldots, \gamma_l \in K$, und für $y := \beta_1 y_1 + \cdots + \beta_k y_k$ und $z := \gamma_1 z_1 + \cdots + \gamma_l z_l$ gelte $y + z \in X$. Wegen $X \subset Y$ und $y \in Y$ ist $z = (y + z) - y \in Y$, und daher gilt $\gamma_1 = \cdots = \gamma_l = 0$. Also ist $y \in X$, und daraus folgt $\beta_1 = \cdots = \beta_k = 0$.

(4.6.10) Hilfssatz: Es seien $\{0\} = U_0 \subset U_1 \subset \cdots \subset U_h \subset V$ Unterräume von V, und für jedes $i \in \{1, \ldots, h\}$ seien $x_{i1}, \ldots, x_{in_i} \in U_i$ linear unabhängig modulo U_{i-1}. Dann sind die $n_1 + \cdots + n_h$ Vektoren $x_{11}, \ldots, x_{1n_1}, \ldots, x_{h1}, \ldots, x_{hn_h} \in U_h$ linear unabhängig. Insbesondere gilt: Ist $\{x_{i1}, \ldots, x_{in_i}\}$ für jedes $i \in \{1, \ldots, h\}$ eine Basis von U_i modulo U_{i-1}, so ist $\{x_{11}, \ldots, x_{1n_1}, \ldots, x_{h1}, \ldots, x_{hn_h}\}$ eine Basis von U_h.

Beweis: Daß $x_{11}, \ldots, x_{hn_h}$ linear unabhängig sind, folgt durch Induk-

6 Die Jordansche Normalform

tion nach h aus (4.6.9)(6). Ist für jedes $i \in \{1, \ldots, h\}$ $\{x_{i1}, \ldots, x_{in_i}\}$ eine Basis von U_i modulo U_{i-1}, so gilt $n_i = \dim(U_i) - \dim(U_{i-1})$ für jedes $i \in \{1, \ldots, h\}$ [vgl. (4.6.9)(4)], also ist $n_1 + \cdots + n_h = (\dim(U_1) - \dim(U_0)) + \cdots + (\dim(U_h) - \dim(U_{h-1})) = \dim(U_h)$, und daher ist $\{x_{11}, \ldots, x_{1n_1}, \ldots, x_{h1}, \ldots, x_{hn_h}\}$ eine Basis von U_h [vgl. (2.2.29)(4)].

(4.6.11) Hilfssatz: *Es sei $\psi \in \mathrm{End}_K(V)$, und es sei $U_i := \ker(\psi^i)$ für jedes $i \in \mathbb{N}_0$.*
(1) *Es gilt $\{0\} = U_0 \subset U_1 \subset U_2 \subset \cdots$.*
(2) *Es sei $i \in \mathbb{N}$, und es seien $z_1, \ldots, z_m \in U_{i+1}$ linear unabhängig modulo U_i. Dann sind $\psi(z_1), \ldots, \psi(z_m) \in U_i$ linear unabhängig modulo U_{i-1}.*

Beweis: (1) vgl. Aufgabe A(2.3.4).
(2) Es seien $\beta_1, \ldots, \beta_m \in K$, und es gelte $y := \beta_1 \psi(z_1) + \cdots + \beta_m \psi(z_m) \in U_{i-1}$. Für $z := \beta_1 z_1 + \cdots + \beta_m z_m \in U_{i+1}$ gilt dann $\psi(z) = y \in U_{i-1}$, also $\psi^i(z) = \psi^{i-1}(\psi(z)) = 0$, also $z \in U_i$, und weil $z_1, \ldots, z_m$ linear unabhängig modulo U_i sind, folgt $\beta_1 = \cdots = \beta_m = 0$.

(4.6.12) Satz: *Es sei $\dim(V) = m$, es sei $\varphi \in \mathrm{End}_K(V)$ nilpotent, und es sei $d := \dim(\ker(\varphi))$.*
(1) *Es gibt durch φ eindeutig bestimmte natürliche Zahlen $m_1, \ldots, m_d$ mit $m_1 \geq m_2 \geq \cdots \geq m_d$ und mit $m_1 + \cdots + m_d = m$, und es gibt eine geordnete Basis von V mit: Die Matrix von φ zu dieser Basis ist die Jordan-Matrix*

$$J := \mathrm{diag}\bigl(J(0, m_1), \ldots, J(0, m_d)\bigr) \in M(m; K).$$

Für das Minimalpolynom m_φ von φ gilt $m_\varphi = T^{m_1}$.
(2) *Für jedes $p \in \mathbb{N}$ gilt: Die Anzahl $\kappa_p \in \mathbb{N}_0$ der in J auftretenden Jordan-Kästchen der Zeilenzahl p ist*

$$\begin{aligned}\kappa_p &= \mathrm{rang}(\varphi^{p-1}) - 2\,\mathrm{rang}(\varphi^p) + \mathrm{rang}(\varphi^{p+1}) \\ &= 2\dim\bigl(\ker(\varphi^p)\bigr) - \dim\bigl(\ker(\varphi^{p-1})\bigr) - \dim\bigl(\ker(\varphi^{p+1})\bigr).\end{aligned}$$

(3) *Es sei B' eine geordnete Basis von V, für die gilt: Die Matrix $J' \in M(m; K)$ von φ zu B' ist eine Jordan-Matrix mit dem Eigenwert $\lambda \in K$. Dann gilt $J' = J$; insbesondere ist also $\lambda = 0$.*

Beweis: (a) Für jedes $i \in \mathbb{N}_0$ seien $U_i := U(\varphi, 0, i) = \ker(\varphi^i)$ und $h_i := \dim(U_i)$, und für jedes $i \in \mathbb{N}$ sei $q(i) := h_i - h_{i-1}$. Weil φ nilpotent ist, gibt es ein $k \in \mathbb{N}$ mit $\varphi^k = 0$. Für $s := \min(\{k \in \mathbb{N} \mid \varphi^k = 0\})$ gilt

$\{0\} = U_0 \subset U_1 \subset \cdots \subset U_s = V$ und $0 = h_0 < h_1 < \cdots < h_s = m$ [vgl. (4.3.13)], und es ist $U_s = V$ der Unterraum $U(\varphi, 0)$ der Hauptvektoren von φ zum Eigenwert 0. Es ist $q(s+1) = 0$, und für jedes $i \in \{1, \ldots, s\}$ gilt: Jede Basis von U_i modulo U_{i-1} besteht aus genau $q(i)$ Elementen [vgl. (4.6.9)(4)].

(b) Es sei $B_s = \{x_{s,1}, \ldots, x_{s,q(s)}\}$ eine Basis von U_s modulo U_{s-1}. Ist $s = 1$, so ist B_1 eine Basis von V. Es sei $s \geq 2$. Für jedes $j \in \{1, \ldots, q(s)\}$ ist $x_{s-1,j} := \varphi(x_{s,j}) \in U_{s-1}$, und nach (4.6.11)(2) sind $x_{s-1,1}, \ldots, x_{s-1,q(s)}$ linear unabhängig modulo U_{s-2}. Also gilt $q(s) \leq q(s-1)$, und nach dem Austauschsatz in (4.6.9)(5) gibt es Elemente $x_{s-1,q(s)+1}, \ldots, x_{s-1,q(s-1)} \in U_{s-1}$ mit: $B_{s-1} := \{x_{s-1,1}, \ldots, x_{s-1,q(s-1)}\}$ ist eine Basis von U_{s-1} modulo U_{s-2}. Die Fortsetzung des Verfahrens liefert zu jedem $i \in \{1, \ldots, s\}$ eine Basis $B_i = \{x_{i,1}, \ldots, x_{i,q(i)}\}$ von U_i modulo U_{i-1}. Nach (4.6.10) ist $B := B_1 \cup \cdots \cup B_s = \{x_{i,j} \mid 1 \leq i \leq s, 1 \leq j \leq q(i)\}$ eine Basis von V. Es gilt $0 = q(s+1) < q(s) \leq \cdots \leq q(1) = \dim(U_1)$.

(c) Es sei $i \in \{1, \ldots, s\}$, und es sei $j \in \{q(i+1)+1, \ldots, q(i)\}$. Dann sind $x_{i,j}, x_{i-1,j} = \varphi(x_{i,j}), x_{i-2,j} = \varphi(x_{i-1,j}) = \varphi^2(x_{i,j}), \ldots, x_{2,j} = \varphi(x_{3,j}) = \varphi^{i-2}(x_{i,j}), x_{1,j} = \varphi(x_{2,j}) = \varphi^{i-1}(x_{i,j})$ als Elemente der Basis B linear unabhängig, und wegen $x_{i,j} \in U_i$ ist $\varphi(x_{1,j}) = \varphi^i(x_{i,j}) = 0$. Der Unterraum $L_{i,j} := \langle x_{1,j}, x_{2,j}, \ldots, x_{i,j} \rangle$ von V ist, wie man sogleich sieht, φ-invariant, und die Matrix von $\varphi | L_{i,j} \in \text{End}_K(L_{i,j})$ zu der geordneten Basis $\{x_{1,j}, x_{2,j}, \ldots, x_{i,j}\}$ von $L_{i,j}$ ist das Jordan-Kästchen $J(0, i)$.

(d) Die Konstruktion in (c) liefert zu jedem $i \in \{1, \ldots, s\}$ und jedem $j \in \{q(i+1)+1, \ldots, q(i)\}$ einen φ-invarianten Unterraum $L_{i,j}$ und eine geordnete Basis $\{x_{1,j}, \ldots, x_{i,j}\}$ von $L_{i,j}$, für die gilt: Die Matrix des Endomorphismus $\varphi | L_{i,j}$ von $L_{i,j}$ zu dieser Basis ist das Jordan-Kästchen $J(0, i)$. Bringt man die Elemente von $B = \{x_{i,j} \mid 1 \leq i \leq s, 1 \leq j \leq q(i)\}$ in die Reihenfolge

$$\begin{array}{ll} x_{1,j},\ x_{2,j}, \ldots,\ x_{s,j} & \text{für } j = 1, \ldots, q(s), \\ x_{1,j},\ x_{2,j}, \ldots,\ x_{s-1,j} & \text{für } j = q(s)+1, \ldots, q(s-1), \\ \cdots\cdots\cdots & \cdots\cdots\cdots \\ x_{1,j},\ x_{2,j} & \text{für } j = q(3)+1, \ldots, q(2), \\ x_{1,j} & \text{für } j = q(2)+1, \ldots, q(1), \end{array}$$

so erhält man eine geordnete Basis von V, und die Matrix $J \in M(m; K)$ von φ zu dieser Basis hat die Gestalt

$$J = \text{diag}(J(0, m_1), J(0, m_2), \ldots, J(0, m_{d'})),$$

mit einem $d' \in \mathbb{N}$ und natürlichen Zahlen $m_1, \ldots, m_{d'}$, für die gilt: Es ist $m_1 = s$, es gilt $m_1 \geq \cdots \geq m_{d'}$, und es ist $m_1 + \cdots + m_{d'} = m$; J ist also

6 Die Jordansche Normalform

eine Matrix in Jordanscher Normalform zum Eigenwert 0. Es gilt $d' = \dim(E(J,0)) = \dim(E(\varphi,0)) = \dim(\ker(\varphi)) = d$ [vgl. (4.6.5)(4)]. Also ist die Anzahl der Jordan-Kästchen in J die durch φ eindeutig bestimmte Zahl d.

(e) Für jedes $p \in \mathbb{N}$ sei κ_p die Anzahl der Jordan-Kästchen mit der Zeilenzahl p in der Matrix J, d.h. es sei $\kappa_p = \#(\{j \in \{1,\ldots,d\} \mid m_j = p\})$. Nach (4.6.6)(1) gilt für jedes $p \in \mathbb{N}$: Es ist

$$\kappa_p = \operatorname{rang}(J^{p-1}) - 2\operatorname{rang}(J^p) + \operatorname{rang}(J^{p+1})$$
$$= \operatorname{rang}(\varphi^{p-1}) - 2\operatorname{rang}(\varphi^p) + \operatorname{rang}(\varphi^{p+1}),$$

und daher ist κ_p durch φ eindeutig bestimmt. Also sind die Zeilenzahlen $m_1,\ldots,m_d$ [mit $m_1 \geq \cdots \geq m_d$] der Jordan-Kästchen in J durch φ eindeutig bestimmt.

Für jedes $k \in \mathbb{N}_0$ gilt $\operatorname{rang}(\varphi^k) = m - \dim(\ker(\varphi^k))$, und daher ist $\kappa_p = 2\dim(\ker(\varphi^p)) - \dim(\ker(\varphi^{p-1})) - \dim(\ker(\varphi^{p+1}))$ für jedes $p \in \mathbb{N}$.

(f) Es gilt $m_1 = s = \min(\{i \in \mathbb{N} \mid \varphi^i = 0\})$, und daher gilt für das Minimalpolynom m_φ von φ: Es ist $m_\varphi = T^{m_1}$.

(g) Es sei B' eine geordnete Basis von V, und es gelte: Die Matrix $J' \in M(m;K)$ von φ zu B' ist eine Jordan-Matrix mit dem Eigenwert $\lambda \in K$. Wegen $\varphi^s = 0$ ist $J'^s = 0$, also ist $\lambda = 0$, und J' ist daher wie J eine Jordan-Matrix mit dem Eigenwert 0. Da J' und J ähnliche Matrizen sind, folgt aus (4.6.6): Es ist $J' = J$.

(4.6.13) Bemerkung: Es sei $A \in M(m;K)$ nilpotent. Aus (4.6.12), angewandt auf die lineare Abbildung $x \mapsto Ax : K^m \to K^m$, folgt: Es gibt eine eindeutig bestimmte Matrix $J \in M(m;K)$ in Jordanscher Normalform mit dem Eigenwert 0, die zu A ähnlich ist. Diese Matrix J heißt *die Jordansche Normalform von A*.

(4.6.14) Bemerkung: Es sei $\dim(V) = n$, es sei $\varphi \in \operatorname{End}_K(V)$, und es sei $\lambda \in K$ ein Eigenwert von φ.

(1) Der Unterraum $U_\lambda := U(\varphi,\lambda)$ der Hauptvektoren von φ zum Eigenwert λ ist φ-invariant, und der Endomorphismus $\varphi_\lambda := (\varphi - \lambda \operatorname{id}_V)|U_\lambda$ von U_λ ist nilpotent. Es gilt $\ker(\varphi_\lambda) = E(\varphi_\lambda, 0) = E(\varphi, \lambda) \subset U_\lambda$, und daher gilt für die geometrische Vielfachheit $d_\lambda := d(\varphi,\lambda)$ des Eigenwerts λ von φ: Es ist $\nu_\lambda := \dim(U_\lambda) \geq d_\lambda$. Nach (4.6.12) gibt es eine geordnete Basis B_λ von U_λ und natürliche Zahlen $m_{\lambda 1},\ldots,m_{\lambda d_\lambda}$ mit $m_{\lambda 1} \geq \cdots \geq m_{\lambda d_\lambda}$ und $m_{\lambda 1}+\cdots+m_{\lambda d_\lambda} = \dim(U_\lambda) = \nu_\lambda$ so, daß die Matrix von φ_λ zu dieser Basis die Matrix $J_0 := \operatorname{diag}(J(0,m_{\lambda 1}),\ldots,J(0,m_{\lambda d_\lambda})) \in M(\nu_\lambda;K)$ ist.

Die Matrix des Endomorphismus $\varphi|U_\lambda$ von U_λ zur Basis B_λ ist dann die Matrix $J_\lambda := J_0 + \lambda E_{\nu_\lambda} = \mathrm{diag}(J(\lambda, m_{\lambda 1}), \ldots, J(\lambda, m_{\lambda d_\lambda}))$.
(2) Für die algebraische Vielfachheit $e(\varphi, \lambda)$ des Eigenwerts λ von φ gilt $\nu_\lambda \leq e(\varphi, \lambda)$.
Beweis: Es sei U' ein Unterraum von V mit $V = U_\lambda \oplus U'$ [vgl. (2.5.10)].
Nach (4.3.7)(1) gibt es eine geordnete Basis von V, für die gilt: Die Matrix A von φ zu dieser Basis hat die Gestalt

$$A = \begin{pmatrix} J_\lambda & B \\ 0 & C \end{pmatrix}$$

mit Matrizen $B \in M(\nu_\lambda, n - \nu_\lambda; K)$ und $C \in M(n - \nu_\lambda; K)$ [ist $\dim(V) = \nu_\lambda$, so ist $A = J_\lambda$]. Die Matrix J_λ hat das charakteristische Polynom $p_{J_\lambda} = (T - \lambda)^{\nu_\lambda}$, und es ist [vgl. (3.2.14)(1)] $p_\varphi = p_A = \det(TE_n - A) = \det(TE_{\nu_\lambda} - J_\lambda)\det(TE_{n-\nu_\lambda} - C) = p_{J_\lambda} p_C = (T - \lambda)^{\nu_\lambda} p_C$. Also gilt $\nu_\lambda \leq e(\varphi, \lambda)$.

(4.6.15) Satz: *Es sei $\varphi \in \mathrm{End}_K(V)$, und es zerfalle das charakteristische Polynom $p_\varphi \in K[T]$ von φ über K in Linearfaktoren; es gelte also*

$$p_\varphi = (T - \lambda_1)^{e_1} \cdots (T - \lambda_r)^{e_r}$$

mit paarweise verschiedenen $\lambda_1, \ldots, \lambda_r \in K$ und mit natürlichen Zahlen $e_1 := e(\varphi, \lambda_1), \ldots, e_r := e(\varphi, \lambda_r)$.
(1) Für jedes $i \in \{1, \ldots, r\}$ gilt $\dim(U(\varphi, \lambda_i)) = e_i$ und $U(\varphi, \lambda_i) = U(\varphi, \lambda_i, e_i)$.
(2) Es gilt $V = U(\varphi, \lambda_1) \oplus \cdots \oplus U(\varphi, \lambda_r)$.

Beweis: Für jedes $i \in \{1, \ldots, r\}$ wird $\psi_i := \varphi - \lambda_i \,\mathrm{id}_V$ und

$$g_i := \prod_{j=1, j \neq i}^{r} (T - \lambda_j)^{e_j} \in K[T]$$

gesetzt. Die Polynome $g_1, \ldots, g_r$ haben keinen gemeinsamen Teiler von positivem Grad, also ist $\mathrm{ggT}(g_1, \ldots, g_r) = 1$, und daher gibt es Polynome $h_1, \ldots, h_r \in K[T]$ mit $1 = h_1 g_1 + \cdots + h_r g_r$ [vgl. (4.2.12)(3)]. Es gilt dann $\mathrm{id}_V = h_1(\varphi)g_1(\varphi) + \cdots + h_r(\varphi)g_r(\varphi)$.
(a) Es sei $x \in V$. Für jedes $i \in \{1, \ldots, r\}$ gilt $p_\varphi = (T - \lambda_i)^{e_i} g_i$, also $\psi_i^{e_i} g_i(\varphi)(x) = p_\varphi(\varphi)(x) = 0$ [vgl. (4.4.24)], also $g_i(\varphi)(x) \in \ker(\psi_i^{e_i}) = U(\varphi, \lambda_i, e_i)$, und da $U(\varphi, \lambda_i, e_i)$ φ-invariant ist, folgt $h_i(\varphi)g_i(\varphi)(x) \in$

6 Die Jordansche Normalform

$U(\varphi, \lambda_i, e_i)$. Also ist $x = h_1(\varphi)g_1(\varphi) + \cdots + h_r(\varphi)g_r(\varphi)(x)$ ein Element von $U(\varphi, \lambda_1, e_1) + \cdots + U(\varphi, \lambda_r, e_r)$.
(b) Nach (a) und nach (4.3.14) gilt $V = U(\varphi, \lambda_1, e_1) \oplus \cdots \oplus U(\varphi, \lambda_r, e_r)$. Wegen $U(\varphi, \lambda_1, e_1) \subset U(\varphi, \lambda)$ für jedes $i \in \{1, \ldots, r\}$ folgt, daß auch $V = U(\varphi, \lambda_1) + \cdots + U(\varphi, \lambda_r)$ gilt, und nach (4.3.14) ist auch diese Summe direkt. Aus (2.5.3) folgt: Für jedes $i \in \{1, \ldots, r\}$ ist $U(\varphi, \lambda_i, e_i) = U(\varphi, \lambda_i)$. Weiter folgt aus (2.5.4)(2) und aus (4.6.14)(2), daß $\dim(V) = \dim(U(\varphi, \lambda_1)) + \cdots + \dim(U(\varphi, \lambda_r)) \leq e_1 + \cdots + e_r = \dim(V)$ gilt, und daraus folgt $\dim(U(\varphi, \lambda_i)) = e_i$ für jedes $i \in \{1, \ldots, r\}$.

(4.6.16) Definition: Eine Matrix $J \in M(n; K)$ heißt eine Matrix in Jordanscher Normalform oder eine Jordan-Matrix, wenn es paarweise verschiedene $\lambda_1, \ldots, \lambda_r \in K$ und natürliche Zahlen $e_1, \ldots, e_r$ mit $J = \mathrm{diag}(J_1(\lambda_1), \ldots, J_r(\lambda_r))$ gibt, worin für jedes $i \in \{1, \ldots, r\}$ $J_i(\lambda_i) = \mathrm{diag}(J(\lambda_i, m_{i1}), \ldots, J(\lambda_i, m_{id_i})) \in M(e_i; K)$ eine Jordan-Matrix mit dem Eigenwert λ_i ist. [Es ist dann $e_1 + \cdots + e_r = n$ und $m_{i1} + \cdots + m_{id_i} = e_i$ für jedes $i \in \{1, \ldots, r\}$.]

(4.6.17) Bemerkung: Es sei $J = \mathrm{diag}(J_1(\lambda_1), \ldots, J_r(\lambda_r)) \in M(n; K)$ wie in (4.6.16) eine Matrix in Jordanscher Normalform. Das charakteristische Polynom von J ist $p_J = (T - \lambda_1)^{e_1} \cdots (T - \lambda_r)^{e_r}$, das Minimalpolynom von J ist $m_J = (T - \lambda_1)^{m_{11}} \cdots (T - \lambda_r)^{m_{r1}}$, $\lambda_1, \ldots, \lambda_r$ sind die Eigenwerte von J, und für jedes $i \in \{1, \ldots, r\}$ ist $d(J, \lambda_i) = d(J_i(\lambda_i), \lambda_i) = d_i$. Nur die Aussage über m_J bedarf einer Begründung: Es ist $K^n = U(J, \lambda_1) \oplus \cdots \oplus U(J, \lambda_r)$ [vgl. (4.6.15)], und für jedes $i \in \{1, \ldots, r\}$ hat der Endomorphismus $x \mapsto Jx : U(J, \lambda_i) \to U(J, \lambda_i)$ das Minimalpolynom $(T - \lambda_i)^{m_{i1}}$ [vgl. (4.6.12)], und wegen (4.4.7) und (4.2.29)(3) folgt

$$m_J = \mathrm{kgV}((T - \lambda_1)^{m_{11}}, \ldots, (T - \lambda_r)^{m_{r1}}) = (T - \lambda_1)^{m_{11}} \cdots (T - \lambda_r)^{m_{r1}}.$$

(4.6.18) Hilfssatz: Es seien $\lambda_1, \ldots, \lambda_r \in K$ paarweise verschieden, es seien $e_1, \ldots, e_r \in \mathbb{N}$ mit $e_1 + \cdots + e_r = n$, und für jedes $i \in \{1, \ldots, r\}$ sei $J_i \in M(e_i; K)$ eine Jordan-Matrix mit dem Eigenwert λ_i. Dann gilt für die Jordan-Matrix $J := \mathrm{diag}(J_1, \ldots, J_r) \in M(n; K)$:
(1) Für jedes $i \in \{1, \ldots, r\}$ und jedes $p \in \mathbb{N}$ ist die Anzahl $\kappa_{i,p}$ der Jordan-Kästchen $J(\lambda_i, p)$ in der Matrix J

$$\kappa_{i,p} = \mathrm{rang}((J - \lambda_i E_n)^{p-1}) - 2\,\mathrm{rang}((J - \lambda_i E_n)^p) + \mathrm{rang}((J - \lambda_i E_n)^{p+1}).$$

(2) Ist $J' \in M(n; K)$ eine zu J ähnliche Jordan-Matrix, so gibt es eine Permutation $\sigma \in S_r$ mit $J' = \mathrm{diag}(J_{\sigma(1)}, \ldots, J_{\sigma(r)})$.

Beweis: (1)(a) Es seien $i \in \{1,\ldots,r\}$ und $p \in \mathbb{N}_0$. Für jedes $j \in \{1,\ldots,r\}$ mit $j \neq i$ gilt $\lambda_j \neq \lambda_i$ und daher $\mathrm{rang}((J_j - \lambda_i E_{e_j})^p) = e_j$. Wegen $(J - \lambda_i E_n)^p = \mathrm{diag}((J_1 - \lambda_i E_{e_i})^p, \ldots, (J_r - \lambda_i E_{e_r})^p)$ gilt

$$\begin{aligned}\mathrm{rang}((J - \lambda_i E_n)^p) &= \sum_{j=1}^{r} \mathrm{rang}((J_j - \lambda_i E_{e_j})^p) \\ &= \mathrm{rang}((J_i - \lambda_i E_{e_i})^p) + \sum_{j=1, j\neq i}^{r} e_j.\end{aligned}$$

(b) Es seien $i \in \{1,\ldots,r\}$ und $p \in \mathbb{N}$. Da $\lambda_1,\ldots,\lambda_r$ paarweise verschieden sind, ist die Anzahl $\kappa_{i,p}$ der Jordan-Kästchen $J(\lambda_i, p)$ in der Matrix J gleich der Anzahl der Jordan-Kästchen $J(\lambda_i, p)$ in der Matrix J_i, und daher gilt nach (4.6.6)

$$\kappa_{i,p} = \mathrm{rang}((J_i - \lambda_i E_{e_i})^{p-1}) - 2\,\mathrm{rang}((J_i - \lambda_i E_{e_i})^p) + \mathrm{rang}((J_i - \lambda_i E_{e_i})^{p+1}).$$

Nach (a) folgt daraus die Richtigkeit der Behauptung in (1).
(2) Es sei $J' \in M(n; K)$ eine zu J ähnliche Jordan-Matrix. Nach (4.4.13)(1) haben J und J' dasselbe charakteristische Polynom, also sind $\lambda_1, \ldots, \lambda_r$ auch die verschiedenen Eigenwerte von J', und für jedes $i \in \{1,\ldots,r\}$ ist e_i die algebraische Vielfachheit des Eigenwerts λ_i von J'. Für alle $i \in \{1,\ldots,r\}$ und $p \in \mathbb{N}$ sind die Matrizen $(J - \lambda_i E_n)^p$ und $(J' - \lambda_i E_n)^p$ ähnlich und haben daher denselben Rang. Nach (1) ist daher für jedes $i \in \{1,\ldots,r\}$ und jedes $p \in \mathbb{N}$ die Anzahl der Jordan-Kästchen $J(\lambda_i, p)$ in J' gleich der Anzahl $\kappa_{i,p}$ der Jordan-Kästchen $J(\lambda_i, p)$ in J. Hieraus folgt sogleich die Richtigkeit der Behauptung in (2).

(4.6.19) **Satz:** [über die Jordansche Normalform] *Es sei $\varphi \in \mathrm{End}_K(V)$, und es gelte: Das charakteristische Polynom $p_\varphi \in K[T]$ von φ zerfällt über K in Linearfaktoren, es ist also*

$$p_\varphi = (T - \lambda_1)^{e_1} \cdots (T - \lambda_r)^{e_r}$$

mit paarweise verschiedenen $\lambda_1, \ldots, \lambda_r \in K$ und mit natürlichen Zahlen $e_1, \ldots, e_r$.
(1) *Es gibt eine geordnete Basis B von V und zu jedem $i \in \{1,\ldots,r\}$ eine Jordan-Matrix $J_i \in M(e_i; K)$ mit dem Eigenwert λ_i derart, daß die Jordan-Matrix $J := \mathrm{diag}(J_1, \ldots, J_r)$ die Matrix von φ zur Basis B ist.*

6 Die Jordansche Normalform

(2) *Für jedes $i \in \{1, \ldots, r\}$ und jedes $p \in \mathbb{N}$ gilt: Die Anzahl $\kappa_{i,p}$ der Jordan-Kästchen $J(\lambda_i, p)$ in der Matrix J ist*

$$\kappa_{i,p} = 2 \dim\bigl(\ker((\varphi - \lambda_i \operatorname{id}_V)^p)\bigr)$$
$$- \dim\bigl(\ker((\varphi - \lambda_i \operatorname{id}_V)^{p-1})\bigr) - \dim\bigl(\ker((\varphi - \lambda_i \operatorname{id}_V)^{p+1})\bigr).$$

(3) *Die Jordan-Matrix J ist durch φ im wesentlichen eindeutig bestimmt: Ist B' eine geordnete Basis von V und ist die Matrix von φ zu B' eine Jordan-Matrix J', so gibt es eine Permutation $\sigma \in S_r$ mit $J' = \operatorname{diag}(J_{\sigma(1)}, \ldots, J_{\sigma(r)})$.*

Beweis: (a) Es sei $i \in \{1, \ldots, r\}$, es sei $U(\varphi, \lambda_i)$ der Unterraum von V, dessen Elemente die Hauptvektoren von φ zum Eigenwert λ_i sind, und es sei e_i die algebraische Vielfachheit von λ_i. Nach (4.6.14)(1) gibt es eine geordnete Basis $\{x_{i1}, \ldots, x_{ie_i}\}$ von $U(\varphi, \lambda_i)$, für die gilt: Die Matrix des Endomorphismus $\varphi|U(\varphi, \lambda_i)$ von $U(\varphi, \lambda_i)$ zu dieser Basis ist eine Jordan-Matrix $J_i \in M(e_i; K)$ mit dem Eigenwert λ_i.
(b) Nach (4.6.15)(2) gilt $V = U(\varphi, \lambda_1) \oplus \cdots \oplus U(\varphi, \lambda_r)$. Daher ist $\{x_{11}, \ldots, x_{1e_1}, \ldots, x_{r1}, \ldots, x_{re_r}\}$ eine Basis von V, und die Matrix von φ zu dieser geordneten Basis ist die Jordan-Matrix $J := \operatorname{diag}(J_1, \ldots, J_r) \in M(n; K)$.
(c) Für jedes $i \in \{1, \ldots, r\}$ und jedes $p \in \mathbb{N}_0$ gilt $\dim(\ker((\varphi - \lambda_i \operatorname{id}_V)^p)) = n - \operatorname{rang}((J - \lambda_i E_n)^p)$. Hieraus und aus (4.6.18)(1) folgt, daß (2) richtig ist.
(d) Es sei B' eine geordnete Basis von V, für die gilt: Die Matrix von φ zu B' ist eine Jordan-Matrix $J' \in M(n; K)$. Dann sind J und J' ähnlich, und aus (4.6.18)(2) folgt, daß es ein $\sigma \in S_r$ mit $J' = \operatorname{diag}(J_{\sigma(1)}, \ldots, J_{\sigma(r)})$ gibt.

(4.6.20) **Bemerkung:** Es sei $A \in M(n; K)$ eine Matrix, deren charakteristisches Polynom $p_A \in K[T]$ über K in Linearfaktoren zerfällt, und zwar sei $p_A = (T - \lambda_1)^{e_1} \cdots (T - \lambda_r)^{e_r}$ die Primzerlegung von p_A. Dann gibt es zu jedem $i \in \{1, \ldots, r\}$ eine Jordan-Matrix $J_i \in M(e_i; K)$ mit dem Eigenwert λ_i so, daß die Jordan-Matrix $J := \operatorname{diag}(J_1, \ldots, J_r) \in M(n; K)$ zu A ähnlich ist [dies folgt aus (4.6.19)(1), angewandt auf den Endomorphismus $x \mapsto Ax : K^n \to K^n$]. Außerdem gilt [vgl. (4.6.19)(3)]: Ist $J' \in M(n; K)$ eine zu A ähnliche Jordan-Matrix, so gibt es eine Permutation $\sigma \in S_r$ mit $J' = \operatorname{diag}(J_{\sigma(1)}, \ldots, J_{\sigma(r)})$. Die Jordan-Matrix J ist also durch A bis auf die Reihenfolge der Jordan-Matrizen $J_1, \ldots, J_r$ eindeutig bestimmt und heißt die [oder genauer eine] *Jordansche Normalform* von A.

(4.6.21) Folgerung: *Es sei $\varphi \in \text{End}_K(V)$, und es sei $\lambda \in K$ ein Eigenwert von φ. Dann gilt $\dim(U(\varphi, \lambda)) = e(\varphi, \lambda)$.*

Beweis: Es sei $\overline{K}$ ein algebraischer Abschluß von K, und es sei

$$p_\varphi = (T - \lambda_1)^{e_1} \cdots (T - \lambda_r)^{e_r} \in \overline{K}[T]$$

die Primzerlegung von p_φ in $\overline{K}[T]$. Es wird die Numerierung der Nullstellen von p_φ so gewählt, daß $\lambda = \lambda_1$ gilt; dann ist $e_1 = e(\varphi, \lambda)$. Es sei $\dim(V) = n$, und es sei $A \in M(n; K)$ die Matrix von φ zu einer geordneten Basis von V. Es sei $\psi \in \text{End}_{\overline{K}}(\overline{K}^n)$ die Abbildung $x \mapsto Ax$: $\overline{K}^n \to \overline{K}^n$; nach (4.6.19) gilt

$$\dim(U(\psi, \lambda_i)) = \dim(U(\psi, \lambda_i, e_i)) = e_i \quad \text{für jedes } i \in \{1, \ldots, r\}.$$

Nun ist $\dim(U(\psi, \lambda_i, e_i)) = n - \text{rang}((A - \lambda_i E_n)^{e_i})$ für jedes $i \in \{1, \ldots, r\}$. Der Rang der Matrix $(A - \lambda_1 E_n)^{e_1} \in M(n; K)$ ist auch der Rang der Matrix $(A - \lambda_1 E_n)^{e_1} \in M(n; \overline{K})$ [vgl. (1.6.17)]. Daher ist $\dim(U(\lambda, e(\varphi, \lambda))) = e(\varphi, \lambda)$.

Aufgaben

A(4.6.1) Es sei $\lambda \in K$, und es sei $J(\lambda, m) \in M(m; K)$ das Jordankästchen mit der Zeilenzahl m zu λ. Man zeige: Für jedes $s \in \mathbb{N}_0$ und alle $k, l \in \{1, \ldots, m\}$ gilt

$$J(\lambda, m)^s[k, l] = \begin{cases} \binom{s}{l-k} \lambda^{s-(l-k)}, & \text{falls } s \geq l-k \text{ und } l \geq k \text{ ist,} \\ 0, & \text{sonst.} \end{cases}$$

A(4.6.2) Man zeige, daß mit den Bezeichnungen aus (4.6.21) gilt: λ ist genau dann ein einfacher Eigenwert von φ, wenn $\dim(U(\varphi, \lambda, 2)) = 1$ gilt.

A(4.6.3) Es sei $\dim(V) = n$. Ein $\varphi \in \text{End}_K(V)$ heißt unipotent, wenn $\varphi - \text{id}_V$ nilpotent ist. Man zeige: Ist φ unipotent, so ist $p_\varphi = (T-1)^n$. [Hinweis: Man benutze Aufgabe A(4.4.4).]

A(4.6.4) (1) Es sei $N \in M(n; \mathbb{C})$ eine nilpotente Matrix. Man zeige: Es gibt ein $A \in M(n; \mathbb{C})$ mit $A^2 = E_n + N$. [Hinweis: Man denke an die binomische Reihe für $(1+x)^{1/2}$.]
(2) Es sei $\lambda \in \mathbb{C} \setminus \{0\}$, und es sei $N \in M(n; \mathbb{C})$ nilpotent. Man zeige: Es gibt ein $B \in M(n; \mathbb{C})$ mit $B^2 = \lambda E_n + N$.
(3) Es sei $A \in M(n; \mathbb{C})$ invertierbar. Man zeige: Es gibt ein $B \in M(n; \mathbb{C})$ mit $B^2 = A$. Gilt dies auch, wenn A nicht invertierbar ist?

(4) Man finde eine Matrix $B \in M(3; \mathbb{C})$ mit

$$B^2 = \begin{pmatrix} -1 & -5 & -6 \\ 2 & -6 & -3 \\ -1 & 3 & 1 \end{pmatrix}.$$

7 Praktische Berechnung der Jordanschen Normalform

(4.7.1) In diesem Paragraphen ist K ein Körper, und m und n sind jeweils natürliche Zahlen.

(4.7.2) Es sei $A \in M(n; K)$ eine Matrix, deren charakteristisches Polynom über K in Linearfaktoren zerfällt. Wenn man nur eine zu A ähnliche Jordan-Matrix $J \in M(n; K)$ bestimmen will, so wendet man (4.6.19)(2) auf den Endomorphismus $x \mapsto Ax : K^n \to K^n$ von K^n an: Man erhält damit alle in J vorkommenden Jordan-Kästchen durch Rangberechnungen. Wie man eine zu A ähnliche Jordan-Matrix J und auch eine Matrix $P \in \mathrm{GL}(n; K)$ mit $P^{-1}AP = J$ berechnen kann, wird in den nächsten Abschnitten gezeigt.

(4.7.3) Es sei $A \in M(m, n; K)$ eine Matrix vom Rang r mit $r < m$, und es sei $b \in K^m$. Es sei $P \in \mathrm{GL}(m; K)$ so, daß $T = PA$ eine Treppenmatrix ist, und es seien $j(1), \ldots, j(r)$ die charakteristischen Spaltenindizes von A.
(1) Es sei $K_A \in M(m-r, n; K)$ die Matrix mit den Zeilen $P_{r+1\bullet}, \ldots, P_{m\bullet}$. Nach (2.7.6)(2) gilt: Das lineare Gleichungssystem $Ax = b$ ist genau dann lösbar, wenn $K_A b = 0$ ist.
(2) Es sei $M_A \in M(n, m; K)$ die folgende Matrix: Für jedes $i \in \{1, \ldots, r\}$ ist $(M_A)_{j(i)\bullet} = P_{i\bullet}$, und alle übrigen Zeilen von M_A sind 0. Dann gilt: Ist $Ax = b$ lösbar, so ist $M_A b$ eine Lösung [vgl. (2.7.6)(2)(b)], d.h. es gilt dann $AM_A b = b$. Also gilt: Ist $K_A b = 0$, so ist $AM_A b = b$.

(4.7.4) Es sei $A \in M(n; K)$ eine Matrix, die 0 als Eigenwert hat, es sei $r := \mathrm{rang}(A)$, und es seien $U_i := U(A, 0, i)$ und $h_i := \dim(U_i)$ für jedes $i \in \mathbb{N}_0$. Es sei $s \in \mathbb{N}$ die kleinste natürliche Zahl mit $U_i = U_s$ für jedes $i > s$ [vgl. (4.3.15)(3)]. Dann gelten $\{0\} = U_0 \subset U_1 \subset \cdots \subset U_{s-1} \subset U_s$ und $0 = h_0 < h_1 < \cdots < h_{s-1} < h_s$, und nach (4.6.21) ist h_s die algebraische Vielfachheit $e(A, \lambda)$ des Eigenwerts 0 von A.
(1) Zuerst berechnet man zu jedem $i \in \{1, \ldots, s\}$ eine Basis von U_i modulo U_{i-1}. Dazu ermittelt man eine Matrix $Q \in \mathrm{GL}(n; K)$, für die

QA eine Treppenmatrix ist, und definiert damit die Matrizen K_A und M_A wie in (4.7.3). Dann berechnet man eine Basis $\{x_1, \ldots, x_{h_1}\}$ von $U_1 = \{x \in K^n \mid Ax = 0\}$ [es ist $h_1 = n - r$]. Wegen $U_0 = \{0\}$ ist dies eine Basis von U_1 modulo U_0 [vgl. (4.6.9)(2)].

Es sei $i \in \{1, \ldots, s-1\}$, und für jedes $j \in \{1, \ldots, i\}$ sei bereits eine Basis $\{x_{h_{j-1}+1}, \ldots, x_{h_j}\}$ von U_j modulo U_{j-1} gefunden. Auf folgende Weise findet man eine Basis von U_{i+1} modulo U_i:

(a) Man setzt $C_i := (x_1, \ldots, x_{h_i}) \in M(n, h_i; K)$ und definiert

$$V_i := \{z \in K^{h_i} \mid K_A C_i z = 0\} \quad \text{und} \quad W_i := \{M_A C_i z \mid z \in V_i\}.$$

V_i ist ein Unterraum von K^{h_i}, und W_i ist ein Unterraum von K^n.
Behauptung: Es gilt $U_{i+1} = U_i + W_i$.
Beweis: (i) Es sei $u \in U_{i+1}$. Dann ist $w := Au \in U_i$, also gibt es ein $y \in K^{h_i}$ mit $w = C_i y$. Das lineare Gleichungssystem $Ax = w$ hat eine Lösung, nämlich u, also ist $M_A w$ ebenfalls eine Lösung [vgl. (4.7.3)], und folglich ist $u' := u - M_A w \in U_1 \subset U_i$, und es gilt $K_A w = 0$. Daher ist $K_A C_i y = K_A w = 0$, also ist $y \in V_i$, und es folgt $M_A w = M_A C_i y \in W_i$. Also gilt $u = u' + M_A w \in U_i + W_i$.
(ii) Nach (i) gilt $U_{i+1} \subset U_i + W_i$. Für jedes $x \in W_i$ gilt: Es gibt ein $z \in V_i$ mit $x = M_A C_i z$, wegen $K_A C_i z = 0$ gilt $Ax = AM_A C_i z = C_i z \in U_i$ [vgl. (4.7.3)(2)], und daher ist $x \in U_{i+1}$. Also gilt $W_i \subset U_{i+1}$, und wegen $U_i \subset U_{i+1}$ folgt $U_i + W_i \subset U_{i+1}$.

(b) Es sei $\{z_1, \ldots, z_t\}$ ein Erzeugendensystem von V_i [ist $V_i = \{0\}$, so ist nichts zu tun]. Die Spalten der Matrix $D := M_A C_i (z_1, \ldots, z_t) \in M(n, t; K)$ bilden ein Erzeugendensystem von W_i, und nach (a) bilden die Spalten der Matrix $(C_i, D) \in M(n, h_i + t; K)$ ein Erzeugendensystem des Unterraums U_{i+1}. Der Gauß-Algorithmus, angewandt auf (C_i, D), findet daher Indizes $k(1), \ldots, k(h_{i+1} - h_i) \in \{1, \ldots, t\}$, für die gilt: Mit $x_{h_i+1} := D_{\bullet k(1)}, \ldots, x_{h_{i+1}} := D_{\bullet k(h_{i+1} - h_i)}$ ist $\{x_1, \ldots, x_{h_{i+1}}\}$ eine Basis von U_{i+1} [vgl. (2.2.18)]. Weil $\{x_1, \ldots, x_{h_i}\}$ eine Basis von U_i ist, ist $\{x_{h_i+1}, \ldots, x_{h_{i+1}}\}$ eine Basis von U_{i+1} modulo U_i.

(c) Man ist bei $i = s$ angekommen, wenn zum ersten Mal $\dim(U_i) = e(A, \lambda)$ ist. Dann hat man eine Basis $\{x_1, \ldots, x_{h_s}\}$ von U_s mit den gewünschten Eigenschaften gefunden. Man beachte, daß diese Rechnung für jedes $i \in \{1, \ldots, s\}$ die Dimension h_i des Unterraums U_i von K^n liefert.

(2) Das in (1) beschriebene Verfahren liefert für jedes $i \in \{1, \ldots, s\}$ eine Basis $\{x_{h_{i-1}+1}, \ldots, x_{h_i}\}$ von U_i modulo U_{i-1}. Es wird $q(s+1) := 0$ und $q(i) = h(i) - h(i-1)$ für jedes $i \in \{1, \ldots, s\}$ gesetzt.

7 Praktische Berechnung der Jordanschen Normalform

Für $x_{s,1} := x_{h_{s-1}+1}, \ldots, x_{s,q(s)} := x_{h_s}$ gilt: $B_s := \{x_{s,1}, \ldots, x_{s,q(s)}\}$ ist eine Basis von U_s modulo U_{s-1}. Ist $s = 1$, so ist nichts mehr zu tun: Die Matrix $P := (x_{1,1}, \ldots, x_{1,h_1}) \in M(n, h_1; K)$ hat den Rang h_1, und es gilt $AP = 0 = PJ(0, h_1)$. Es gelte $s \geq 2$. Für jedes $j \in \{1, \ldots, q(s)\}$ sei $x_{s-1,j} := Ax_{s,j}$. Nach (4.6.11)(2) sind $x_{s-1,1}, \ldots, x_{s-1,q(s)} \in U_{s-1}$ linear unabhängig modulo U_{s-2}. Die Spalten $x_1, \ldots, x_{h_{s-2}}$ der Matrix C_{s-2} bilden eine Basis von U_{s-2}, $x_1, \ldots, x_{h_{s-2}}, x_{s-1,1}, \ldots, x_{s-1,q(s)}$ sind linear unabhängig, und $\{x_{h_{s-2}+1}, \ldots, x_{h_{s-1}}\}$ ist eine Basis von U_{s-1} modulo U_{s-2}. Der Gauß-Algorithmus, angewandt auf die Matrix mit den Spalten $x_1, \ldots, x_{h_{s-2}}, x_{s-1,1}, \ldots, x_{s-1,q(s)}, x_{h_{s-2}+1}, \ldots, x_{h_{s-1}}$, liefert natürliche Zahlen $k(1), \ldots, k(q(s) - q(s-1))$ mit $h_{s-2} + 1 \leq k(1) < \cdots < k(q(s) - q(s-1)) \leq h_{s-1}$ so, daß für die Spalten $x_{s-1,q(s)+1} := x_{k(1)}, \ldots, x_{s-1,q(s-1)} := x_{k(q(s)-q(s-1))}$ gilt: $\{x_1, \ldots, x_{h_{s-2}}, x_{s-1,1}, \ldots, x_{s-1,q(s-1)}\}$ ist eine Basis von U_{s-1}. Weil $\{x_1, \ldots, x_{h_{s-2}}\}$ eine Basis von U_{s-2} ist, ist $\{x_{s-1,1}, \ldots, x_{s-1,q(s-1)}\}$ eine Basis von U_{s-1} modulo U_{s-2}.
Durch Fortsetzen des Verfahrens erhält man [vgl. (d) im Beweis von (4.6.12)] eine Basis $B := \{x_{ij} \mid 1 \leq i \leq s, 1 \leq j \leq q(i)\}$ von U_s. Für die Matrizen

$$P_{1,j} := (x_{1,j}, x_{2,j}, \ldots, x_{s,j}) \quad \text{für } j = 1, \ldots, q(s),$$
$$P_{2,j} := (x_{1,j}, x_{2,j}, \ldots, x_{s-1,j}) \quad \text{für } j = q(s) + 1, \ldots, q(s-1),$$
$$\cdots\cdots\cdots$$
$$P_{s-1,j} := (x_{1,j}, x_{2,j}) \quad \text{für } j = q(3) + 1, \ldots, q(2),$$
$$P_{s,j} := x_{1,j} \quad \text{für } j = q(2) + 1, \ldots, q(1)$$

gilt $P_{1,j} \in M(n, s; K)$ für jedes $j \in \{1, \ldots, q(s)\}$, $P_{2,j} \in M(n, s-1; K)$ für jedes $j \in \{q(s) + 1, \ldots, q(s-1)\}, \ldots, P_{s,j} \in M(n, 1; K)$ für jedes $j \in \{q(2) + 1, \ldots, q(1)\}$, und

$$P := \left(P_{1,1}, \ldots, P_{1,q(s)}, P_{2,q(s)+1}, \ldots, P_{2,q(s-1)}, \ldots, P_{s,q(2)+1}, \ldots, P_{s,q(1)}\right)$$

ist eine Matrix in $M(n, h_s; K)$, deren Spalten eine Basis von U_s bilden und die daher den Rang h_s besitzt. Ferner gilt $AP_{ij} = P_{ij}J(0, s - i + 1)$ für $i \in \{1, \ldots, s\}$ und $j \in \{q(i+1) + 1, \ldots, q(i)\}$, und daher gibt es ein $d \in \mathbb{N}$ und natürliche Zahlen $m_1, \ldots, m_d$ mit $m_1 \geq \cdots \geq m_d$ und $m_1 + \cdots + m_d = h_s$ und mit

$$AP = P \operatorname{diag}(J(0, m_1), \ldots, J(0, m_d)) \in M(h_s; K).$$

(3) Die Berechnung der Basis $\{x_1, \ldots, x_{h_s}\}$ des Unterraums U_s und der Hauptvektoren, aus denen sich am Ende die Matrix P ergibt, läßt

sich noch verbessern. Wie man sieht, wird in (1) und (2) der Gauß-Algorithmus immer wieder auf Matrizen angewandt, deren erste Spalten Spalten der Matrix C_s sind. Man braucht daher nicht jedesmal den Gauß-Algorithmus von Anfang durchzurechnen: Kennt man für $i \in \{1,\ldots,s\}$ bereits eine Matrix $Q_i \in \mathrm{GL}(n;K)$, für die $S_i := Q_i C_i$ eine (schwache) Treppenmatrix ist, so ist bei der Konstruktion von C_{i+1} aus C_i der Gauß-Algorithmus auf die Matrix $Q_i(C_i, D) = (S_i, Q_i D)$ anzuwenden, in der die ersten h_i Spalten bereits eine (schwache) Treppenmatrix bilden. Auch bei der Berechnung der Matrix P ergeben sich auf diese Weise Vereinfachungen beim konkreten Rechnen.

(4.7.5) Es sei $A \in M(n;K)$, und es zerfalle $p_A \in K[T]$ über K in Linearfaktoren. Es gilt also

$$p_A = (T - \lambda_1)^{e_1} \cdots (T - \lambda_r)^{e_r}$$

mit paarweise verschiedenen $\lambda_1, \ldots, \lambda_r \in K$ und natürlichen Zahlen $e_1, \ldots, e_r$.

(1) Es sei $i \in \{1, \ldots, r\}$, es sei $A_i := A - \lambda_i E_n$, und für jedes $j \in \mathbb{N}_0$ seien $U_{ij} := U(A_i, 0, j)$ und $h_{ij} := \dim(U_{ij})$. Es ist $s_i = e_i$ die kleinste Zahl mit $U_{is_i} = U_{i,s_i+1}$. Dann gelten

$$\{0\} = U_{i0} \subset U_{i1} \subset \cdots \subset U_{is_i} \quad \text{und} \quad 0 = h_{i0} < h_{i1} < \cdots < h_{is_i}.$$

Nach dem Verfahren in (4.7.4) werden $d_i \in \mathbb{N}$ und natürliche Zahlen $m_{i1}, \ldots, m_{id_i}$ mit $m_{i1} \geq \cdots \geq m_{id_i}$ und $m_{i1} + \cdots + m_{id_i} = h_{is_i}$ sowie eine Matrix $P_i \in M(n, h_{is_i}; K)$, deren Spalten eine Basis von U_{is_i} bilden und für die

$$A_i P_i = P_i \operatorname{diag}\bigl(J(0, m_{i1}), \ldots, J(0, m_{id_i})\bigr)$$

gilt, bestimmt. Für $J_i(0) := \operatorname{diag}(J(0, m_{i1}), \ldots, J(0, m_{id_i})) \in M(h_{is_i}; K)$ und $J_i(\lambda_i) = \operatorname{diag}(J(\lambda_i, m_{i1}), \ldots, J(\lambda_i, m_{id_i})) \in M(h_{is_i}; K)$ gilt $A_i P_i = P_i J_i(0)$ und $AP_i = (A_i + \lambda_i E_n)P_i = P_i J_i(0) + \lambda_i P_i = P_i(J_i(0) + \lambda_i E_{h_{is_i}}) = P_i J_i(\lambda_i)$ und daher

$$AP_i = P_i J_i(\lambda_i).$$

(2) Die Summe $U_{1s_1} + \cdots + U_{rs_r}$ ist direkt [vgl. (4.3.14)]. Für jedes $i \in \{1, \ldots, r\}$ bilden die Spalten von P_i eine Basis von U_{is_i}, und daher bilden die Spalten von $P = (P_1, \ldots, P_r) \in M(n;K)$ eine Basis von K^n [vgl. (2.5.8)]. Insbesondere gilt $P \in \mathrm{GL}(n;K)$. Es gilt

$$AP = P \operatorname{diag}\bigl(J_1(\lambda_1), \ldots, J_r(\lambda_r)\bigr).$$

7 Praktische Berechnung der Jordanschen Normalform

(4.7.6) Beispiel: Die Matrix

$$A := \begin{pmatrix} 1 & 1 & 1 & 1 \\ 0 & 1 & 2 & 0 \\ 0 & 0 & 1 & 0 \\ 0 & 1 & 1 & 2 \end{pmatrix} \in M(4;\mathbb{R})$$

hat das charakteristische Polynom $p_A = (T-1)^3(T-2)$. Also besitzt A die Eigenwerte 1 und 2.

(1) Behandlung des Eigenwertes $\lambda = 1$: Es sei $A' := A - E_4$. Der Unterraum $U(A', 0)$ hat die Dimension 3, da 1 ein Eigenwert von A mit der algebraischen Vielfachheit 3 ist [vgl. (4.6.15)]. Es gilt $T = QA'$ mit

$$T = \begin{pmatrix} 0 & 1 & 0 & 1 \\ 0 & 0 & 1 & 0 \\ 0 & 0 & 0 & 0 \\ 0 & 0 & 0 & 0 \end{pmatrix}, \quad Q = \begin{pmatrix} 1 & -1/2 & 0 & 0 \\ 0 & 1/2 & 0 & 0 \\ 0 & 0 & 1 & 0 \\ -1 & 0 & 0 & 1 \end{pmatrix}.$$

Also hat A' den Rang 2 und die charakteristischen Spaltenindizes $j(1) = 2$ und $j(2) = 3$, es ist $h_1 = 2$, und für $x_1 := {}^t(-1,0,0,0)$ und $x_2 := {}^t(0,1,0,-1)$ gilt: $\{x_1, x_2\}$ ist eine Basis von $U_1 = N_{A'}$. Es gilt

$$K_{A'} = \begin{pmatrix} 0 & 0 & 1 & 0 \\ -1 & 0 & 0 & 1 \end{pmatrix}, \quad M_{A'} = \begin{pmatrix} 0 & 0 & 0 & 0 \\ 1 & -1/2 & 0 & 0 \\ 0 & 1/2 & 0 & 0 \\ 0 & 0 & 0 & 0 \end{pmatrix}$$

und

$$C_1 = (x_1, x_2), \quad K_{A'}C_1 = \begin{pmatrix} 0 & 0 \\ 1 & -1 \end{pmatrix}, \quad M_{A'}C_1 = \begin{pmatrix} 0 & 0 \\ -1 & -1/2 \\ 0 & 1/2 \\ 0 & 0 \end{pmatrix}.$$

Für $z := {}^t(1,1)$ und $x_3 := M_{A'}C_1 z = {}^t(0, -3/2, 1/2, 0)$ gilt also: $\{{}^t(1,1)\}$ ist eine Basis von V_1, und $\{x_3\}$ ist eine Basis von W_1. Es gilt daher [mit den Bezeichnungen aus (4.7.4)] $D = x_3$ und $C_2 = (x_1, x_2, x_3)$. Die Spalten $x_{2,1} := x_3$, $x_{1,1} := A'x_{2,1} = {}^t(-1,1,0,-1)$ und $x_{1,2} := x_1$ sind linear unabhängig, und mit $P' := (x_{1,1}, x_{2,1}, x_{1,2}) \in M(4,3;\mathbb{R})$ gilt $AP' = P' \operatorname{diag}(J(0,2), J(0,1))$.

(2) Behandlung des Eigenwertes $\lambda = 2$: Ein Eigenvektor von A zum Eigenwert 2 ist $y := {}^t(-1, 0, 0, -1)$.

(3) Es ist

$$P := (x_{1,1}, x_{2,1}, x_{1,2}, y) = \begin{pmatrix} -1 & 0 & -1 & -1 \\ 1 & -3/2 & 0 & 0 \\ 0 & 1/2 & 0 & 0 \\ -1 & 0 & 0 & -1 \end{pmatrix} \in \mathrm{GL}(4;\mathbb{R}),$$

und damit gilt

$$P^{-1}AP = \mathrm{diag}\bigl(J(1,2), J(1,1), J(2,1)\bigr) = \begin{pmatrix} 1 & 1 & 0 & 0 \\ 0 & 1 & 0 & 0 \\ 0 & 0 & 1 & 0 \\ 0 & 0 & 0 & 2 \end{pmatrix}.$$

(4.7.7) Beispiel: Die Matrix

$$A := \begin{pmatrix} -5 & 0 & -3 & 8 & 1 & 2 \\ -2 & 2 & -1 & 2 & 0 & 1 \\ -5 & 0 & 0 & 6 & 1 & 1 \\ -7 & 0 & -3 & 10 & 1 & 2 \\ 3 & 0 & 1 & -3 & 2 & -1 \\ -4 & 0 & -2 & 5 & 1 & 3 \end{pmatrix} \in M(6;\mathbb{R})$$

hat das charakteristische Polynom

$$p_A = T^6 - 12\,T^5 + 60\,T^4 - 160\,T^3 + 240\,T^2 - 192\,T + 64 = (T-2)^6,$$

also ist 2 ein Eigenwert der algebraischen Vielfachheit 6 von A. Es sei $A' := A - 2E_6$. Für die Matrix

$$Q := \begin{pmatrix} 1 & -1 & 0 & 0 & 2 & 0 \\ 0 & -3 & 0 & 0 & -2 & 0 \\ 1 & -2 & 0 & 0 & 1 & 0 \\ -1 & 0 & 0 & 1 & 0 & 0 \\ -1 & 1 & 1 & 0 & 0 & 0 \\ -1 & 0 & 0 & 0 & -1 & 1 \end{pmatrix}$$

gilt:

$$QA' = \begin{pmatrix} 1 & 0 & 0 & 0 & 1 & -1 \\ 0 & 0 & 1 & 0 & 0 & -1 \\ 0 & 0 & 0 & 1 & 1 & -1 \\ 0 & 0 & 0 & 0 & 0 & 0 \\ 0 & 0 & 0 & 0 & 0 & 0 \\ 0 & 0 & 0 & 0 & 0 & 0 \end{pmatrix}$$

7 Praktische Berechnung der Jordanschen Normalform

ist die zu A gehörige Treppenmatrix. Also gilt rang$(A') = 3$, und $j(1) = 1$, $j(2) = 3$ und $j(3) = 4$ sind die charakteristischen Spaltenindizes von A'. Mit den Bezeichnungen aus (4.7.4) gilt

$$K_{A'} = \begin{pmatrix} -1 & 0 & 0 & 1 & 0 & 0 \\ -1 & 1 & 1 & 0 & 0 & 0 \\ -1 & 0 & 0 & 0 & -1 & 1 \end{pmatrix}, \quad M_{A'} = \begin{pmatrix} 1 & -1 & 0 & 0 & 2 & 0 \\ 0 & 0 & 0 & 0 & 0 & 0 \\ 0 & -3 & 0 & 0 & -2 & 0 \\ 1 & -2 & 0 & 0 & 1 & 0 \\ 0 & 0 & 0 & 0 & 0 & 0 \\ 0 & 0 & 0 & 0 & 0 & 0 \end{pmatrix}.$$

Das Verfahren aus (4.7.4) liefert: Es gilt $s = 3$ und $h_1 = \dim(U_1) = 3$, $h_2 = \dim(U_2) = 5$, $h_3 = \dim(U_3) = 6 = e(A, 2)$, und für die Matrix

$$C := \begin{pmatrix} 0 & -1 & 1 & 2 & 1 & -1/2 \\ 1 & 0 & 0 & 0 & 0 & 0 \\ 0 & 0 & 1 & 1 & 0 & -3/2 \\ 0 & -1 & 1 & 2 & 1 & -1 \\ 0 & 1 & 0 & 0 & 0 & 0 \\ 0 & 0 & 1 & 0 & 0 & 0 \end{pmatrix}$$

gilt: $\{C_{\bullet 1}, \ldots, C_{\bullet 6}\}$ ist eine Basis von $\mathbb{R}^6$, $\{C_{\bullet 1}, C_{\bullet 2}, C_{\bullet 3}\}$ ist eine Basis von U_1, $\{C_{\bullet 4}, C_{\bullet 5}\}$ ist eine Basis von U_2 modulo U_1, und $\{C_{\bullet 6}\}$ ist eine Basis von $U_3 = \mathbb{R}^6$ modulo U_2. Also ist

$$x := C_{\bullet 6} = {}^t(-1/2, 0, -3/2, -1, 0, 0)$$

ein Hauptvektor der Stufe 3 von A' zum Eigenwert 0, und damit sind $x_{1,1} := (A')^2 x$, $x_{2,1} := A'x$ und $x_{3,1} := x$ zu setzen. Die Anwendung des Gauß-Algorithmus auf die Matrix $(C_{\bullet 1}, C_{\bullet 2}, C_{\bullet 3}, x_{2,1}, C_{\bullet 4}, C_{\bullet 5})$ zeigt, daß $\{x_{2,1}, C_{\bullet 4}\}$ eine Basis von U_2 modulo U_1 ist. Mit

$$y := C_{\bullet 4} = {}^t(2, 0, 1, 2, 0, 0)$$

sind daher $x_{1,2} := A'y$ und $x_{2,2} := y$ zu setzen. Die Anwendung des Gauß-Algorithmus auf die Matrix $(x_{1,1}, x_{1,2}, C_{\bullet 1}, C_{\bullet 2}, C_{\bullet 3})$ ergibt: $\{x_{1,1}, x_{1,2}, C_{\bullet 1}\}$ ist eine Basis von U_1, und daher ist

$$x_{1,3} := C_{\bullet 1} = {}^t(0, 1, 0, 0, 0, 0)$$

zu setzen. Nach (4.7.4)(2) ist somit $\{x_{1,1}, x_{2,1}, x_{3,1}, x_{1,2}, x_{2,2}, x_{1,3}\}$ eine Basis von $\mathbb{R}^6$, die Matrix

$$P := (x_{1,1}, x_{2,1}, x_{3,1}, x_{1,2}, x_{2,2}, x_{1,3})$$

$$= \begin{pmatrix} 3/2 & 0 & -1/2 & -1 & 2 & 0 \\ 1/2 & 1/2 & 0 & -1 & 0 & 1 \\ 1 & -1/2 & -3/2 & 0 & 1 & 0 \\ 3/2 & 0 & -1 & -1 & 2 & 0 \\ -1/2 & 0 & 0 & 1 & 0 & 0 \\ 1 & 0 & 0 & 0 & 0 & 0 \end{pmatrix}$$

ist invertierbar, und es gilt $A'P = P\,\mathrm{diag}(J(0,3), J(0,2), J(0,1))$ und daher

$$P^{-1}AP = \mathrm{diag}(J(2,3), J(2,2), J(2,1)) = \begin{pmatrix} 2 & 1 & 0 & 0 & 0 & 0 \\ 0 & 2 & 1 & 0 & 0 & 0 \\ 0 & 0 & 2 & 0 & 0 & 0 \\ 0 & 0 & 0 & 2 & 1 & 0 \\ 0 & 0 & 0 & 0 & 2 & 0 \\ 0 & 0 & 0 & 0 & 0 & 2 \end{pmatrix}.$$

(4.7.8) MuPAD: Die Funktion `linalg::jordanForm` aus der MuPAD-Programm-Bibliothek `linalg` berechnet Jordansche Normalformen.

Aufgaben

A(4.7.1) Es sei V ein $\mathbb{R}$-Vektorraum mit $\dim(V) = 3$, und es sei $\{v_1, v_2, v_3\}$ eine Basis von V.
(1) Es sei $\varphi : V \to V$ der Endomorphismus von V mit $\varphi(v_1) = v_1 - 2v_2 - v_3$, $\varphi(v_2) = 2v_2$ und $\varphi(v_3) = v_1 + 2v_2 + 3v_3$. Man finde eine Basis von V, für die gilt: Die Matrix von φ zu dieser Basis ist eine Jordan-Matrix. Man ermittle das Minimalpolynom von φ.
(2) Es sei $\psi : V \to V$ der Endomorphismus von V mit $\psi(v_1) = -3v_1 + v_2 + 2v_3$, $\psi(v_2) = 7v_1 - 3v_3$ und $\psi(v_3) = -17v_1 + 4v_2 + 9v_3$. Man finde eine Basis von V, für die gilt: Die Matrix von ψ zu dieser Basis ist eine Jordan-Matrix. Man ermittle das Minimalpolynom von ψ.

A(4.7.2) Zu der Matrix

$$A := \begin{pmatrix} -8 & 4 & 1 & 4 & 1 & 2 \\ -2 & 0 & 0 & 1 & 0 & 1 \\ -5 & 3 & 0 & 3 & 1 & 1 \\ -7 & 4 & 1 & 3 & 1 & 2 \\ 3 & -2 & -1 & -1 & -1 & -1 \\ -4 & 3 & 1 & 2 & 1 & 0 \end{pmatrix} \in M(6; \mathbb{Q})$$

bestimme man eine Matrix $P \in \mathrm{GL}(6; \mathbb{R})$, für die $P^{-1}AP$ eine Jordan-Matrix ist. Man ermittle das Minimalpolynom von A.

A(4.7.3) Es sei

$$A := \begin{pmatrix} 0 & 0 & 0 & 0 & 0 & 1 \\ 2 & 1 & -1 & -1 & 0 & -1 \\ 0 & 0 & 2 & 1 & 0 & 0 \\ 0 & 0 & 0 & 2 & 0 & 0 \\ 0 & 0 & 0 & 0 & 2 & 0 \\ -1 & 0 & 0 & 0 & 0 & 2 \end{pmatrix} \in M(6;\mathbb{R}),$$

und es sei $\varphi: \mathbb{R}^6 \to \mathbb{R}^6$ die lineare Abbildung mit $\varphi(x) := Ax$ für jedes $x \in \mathbb{R}^6$. Man finde eine Basis von $\mathbb{R}^6$, für die gilt: Die Matrix von φ zu dieser Basis ist eine Jordan-Matrix. Man ermittle das Minimalpolynom von φ.

A(4.7.4) Es seien $A, B \in M(n;K)$ Matrizen, deren charakteristische Polynome über K in Linearfaktoren zerfallen. Man beweise: A und B sind genau dann ähnlich, wenn sie dieselbe Jordansche Normalform besitzen.

A(4.7.5) Man zeige, daß die Matrizen

$$A := \begin{pmatrix} 0 & -1 & 0 & 1 & 1 \\ 1 & -1 & 0 & 1 & 1 \\ -2 & 1 & -1 & -2 & -2 \\ 0 & 0 & 0 & -1 & 0 \\ -1 & 1 & 0 & -1 & -2 \end{pmatrix}, \quad B := \begin{pmatrix} -1 & 1 & 1 & 0 & 0 \\ 1 & -3 & -1 & 0 & 1 \\ 0 & 1 & 0 & 0 & 0 \\ 0 & -1 & -1 & -1 & 0 \\ 1 & -3 & -2 & 0 & 0 \end{pmatrix}$$

aus $M(5;\mathbb{R})$ ähnlich sind, und finde eine Matrix $P \in \mathrm{GL}(5;\mathbb{R})$ mit $B = P^{-1}AP$.

8 Die Smithsche Normalform

(4.8.1) In diesem Paragraphen ist K ein Körper, m und n sind natürliche Zahlen, und $R = K[T]$ ist der Polynomring über K in der Unbestimmten T. Die Elemente von R werden mit kleinen griechischen Buchstaben bezeichnet. Die Einheiten des Rings R sind die von Null verschiedenen Polynome vom Grad 0, also die Elemente von $K^\times$.

(4.8.2) Bezeichnung: Nach (3.2.17) ist eine Matrix $A \in M(n;R)$ genau dann eine Einheit in $M(n;R)$, wenn $\det(A)$ eine Einheit in R ist, wenn also $\det(A) \in K^\times$ gilt; solche Matrizen werden unimodular genannt. Die Einheitengruppe des Rings $M(n;R)$ besteht also aus den unimodularen Matrizen in $M(n;R)$. Insbesondere gilt: Für alle $k, l \in \{1,\ldots,n\}$ sind die Elementarmatrizen V_{kl}, $A_{kl}(\alpha)$ mit $k \neq l$ und $\alpha \in R$, und $D_k(\gamma)$ mit $\gamma \in K^\times$ unimodular.

(4.8.3) Definition: Matrizen $A, B \in M(m,n;R)$ heißen unimodular äquivalent, wenn es unimodulare Matrizen $P \in M(m;R)$, $Q \in M(n;R)$ gibt mit
$$PAQ = B. \qquad (*)$$

(4.8.4) Bemerkung: (1) Es seien $A, B \in M(m,n;K)$. In (1.7.8) wurden A und B äquivalent genannt, wenn es $P \in \mathrm{GL}(m;K)$, $Q \in \mathrm{GL}(n;K)$ gab mit $PAQ = B$, und es wurde gezeigt [vgl. (1.7.9)], daß damit eine Äquivalenzrelation auf der Menge $M(m,n;K)$ definiert wird. Wörtlich wie dort zeigt man, daß $(*)$ eine Äquivalenzrelation auf der Menge $M(m,n;R)$ ist.
(2) In (1.7.10) wurde gezeigt, daß Matrizen $A, B \in M(m,n;K)$ genau dann äquivalent sind, wenn sie den gleichen Rang haben. Jede Matrix $A \in M(m,n;K)$ ist zu genau einer der $r+1$ Matrizen $I_{m,n}(r)$, $r \in \{0,1,\ldots,\min(\{m,n\})\}$, äquivalent.
In diesem Paragraphen wird eine Verallgemeinerung dieses Resultats auf Matrizen in $M(m,n;R)$ behandelt.

(4.8.5) Determinantenteiler und Elementarteiler: Es sei $A = (\alpha_{ij}) \in M(m,n;R)$ von Null verschieden. Dann gibt es ein $i \in \{1,\ldots,m\}$ und ein $j \in \{1,\ldots,n\}$ mit $\alpha_{ij} \neq 0$, also gibt es einreihige Untermatrizen von A mit von Null verschiedener Determinante. Es sei $r \in \mathbb{N}$ die größte Zahl mit: A hat eine r-reihige Untermatrix mit von Null verschiedener Determinante. Es sei $r \geq 2$, und es sei B eine solche Untermatrix. Berechnet man die Determinante von B durch Entwickeln nach der ersten Zeile, so hat B eine $(r-1)$-reihige Untermatrix mit von Null verschiedener Determinante. Durch Fortsetzen dieses Verfahrens folgt: Für jedes $s \in \{1,\ldots,r\}$ hat A eine s-reihige Untermatrix mit von Null verschiedener Determinante.
(1) Für jedes $s \in \{1,\ldots,r\}$ sei $\delta_s \in R$ der größte gemeinsame Teiler aller s-reihigen Unterdeterminanten von A. Die normierten Polynome $\delta_1,\ldots,\delta_r$ heißen die Determinantenteiler der Matrix A.
Es sei $s \in \{2,\ldots,r\}$. Nach dem Entwicklungssatz [vgl. (3.2.12)] ist die Determinante einer s-reihigen Untermatrix von A eine Summe $\alpha_1\beta_1 + \cdots + \alpha_s\beta_s$ mit $\alpha_1,\ldots,\alpha_s \in R$ und Elementen $\beta_1,\ldots,\beta_s \in R$, welche Determinanten von $(s-1)$-reihigen Untermatrizen von A sind. Daher gilt
$$\delta_1 \mid \delta_2 \mid \cdots \mid \delta_r.$$
(2) Die normierten Polynome $\varepsilon_1 = \delta_1$, $\varepsilon_2 = \delta_2/\delta_1,\ldots,\varepsilon_r = \delta_r/\delta_{r-1} \in R$ heißen die Elementarteiler der Matrix A.

8 Die Smithsche Normalform

(4.8.6) Beispiel: (1) Es sei $r \in \{1,\ldots,\min(\{m,n\})\}$, und es seien $\varepsilon_1,\ldots,\varepsilon_r \in R$ normierte Polynome mit $\varepsilon_1 \mid \varepsilon_2 \mid \cdots \mid \varepsilon_r$. Es sei
$$A = \mathrm{diag}(\varepsilon_1,\varepsilon_2,\ldots,\varepsilon_r,0,\ldots,0) \in M(m,n;R).$$
Dann sind $\delta_i = \varepsilon_1 \cdots \varepsilon_i$, $i \in \{1,\ldots,r\}$, die Determinantenteiler von A [denn für $j \in \{1,\ldots,r\}$ sind $\varepsilon_{i_1} \cdots \varepsilon_{i_j}$ mit $1 \leq i_1 < \cdots < i_j \leq r$ sämtliche von Null verschiedene Determinanten von j-reihigen Untermatrizen von A]. Daher sind $\varepsilon_1,\ldots,\varepsilon_r$ die Elementarteiler von A.
(2) Es sei $f \in R$ ein normiertes Polynom von positivem Grad s, es sei $B(f) \in M(s;K)$ die Begleitmatrix von f, und es sei $A = (\alpha_{ij}) = TE_s - B(f) \in M(s;R)$. Für jedes $m \in \{2,\ldots,s\}$ ist $(\alpha_{ij})_{2 \leq i \leq m, 1 \leq j \leq m-1}$ eine obere Dreiecksmatrix mit Elementen -1 auf der Hauptdiagonalen, und ihre Determinante ist $(-1)^{m-1}$ [vgl. (3.2.8)(1)]; es ist $\det(A) = f$ [vgl. (4.4.28)]. Daher sind
$$\underbrace{1,1,\ldots,1}_{s-1},f$$
die Elementarteiler von A.

(4.8.7) Hilfssatz: *Es sei $A \in M(m,n;R)$.*
(1) Es seien $k,l \in \{1,\ldots,m\}$ mit $k \neq l$, und es sei $\gamma \in R$. Die Matrizen A, $V_{kl}A$ und $A_{kl}(\gamma)A$ haben die gleichen Determinantenteiler.
(2) Es sei $k \in \{1,\ldots,m\}$, und es sei $\gamma \in K^\times$. Die Matrizen A und $D_k(\gamma)A$ haben die gleichen Determinantenteiler.
(3) Es seien $k,l \in \{1,\ldots,n\}$ mit $k \neq l$, und es sei $\gamma \in R$. Die Matrizen A, AV_{kl} und $AA_{kl}(\gamma)$ haben die gleichen Determinantenteiler.
(4) Es sei $k \in \{1,\ldots,n\}$, und es sei $\gamma \in K^\times$. Die Matrizen A und $AD_k(\gamma)$ haben die gleichen Determinantenteiler.

Beweis: (1) Es sei $s \in \{1,\ldots,\min(\{m,n\})\}$, und es seien
$$\begin{aligned}\mathcal{I} &= \{(i_1,\ldots,i_s) \in \mathbb{N}^s \mid 1 \leq i_1 < \cdots < i_s \leq m\},\\ \mathcal{J} &= \{(j_1,\ldots,j_s) \in \mathbb{N}^s \mid 1 \leq j_1 < \cdots < j_s \leq n\}.\end{aligned}$$
Für jedes $I = (i_1,\ldots,i_s) \in \mathcal{I}$, $J = (j_1,\ldots,j_s) \in \mathcal{J}$ wird
$$A_{IJ} := (\alpha_{i_\kappa j_\lambda})_{1 \leq \kappa,\lambda \leq s}$$
gesetzt. Es sei $J \in \mathcal{J}$.
(a) Es seien $k,l \in \{1,\ldots,m\}$; es wird $B := V_{kl}A$ gesetzt. Es sei $I \in \mathcal{I}$. Gilt $k \notin I$, $l \notin I$, so ist $B_{IJ} = A_{IJ}$, gilt $k \in I$, $l \notin I$, so gibt es ein $I' \in \mathcal{I}$ mit $\det(B_{I'J}) = \pm \det(A_{IJ})$, und sind $k,l \in I$, so ist $\det(B_{IJ}) = -\det(A_{IJ})$.

(b) Es seien $k, l \in \{1, \ldots, m\}$, es gelte $k \neq l$, und es sei $\gamma \in R$; es wird $B := A_{kl}(\gamma)A$ gesetzt. Es sei $I \in \mathcal{I}$. Gilt $k \notin I$, so ist $B_{IJ} = A_{IJ}$, und gilt $k \in I$, so ist $\det(B_{IJ}) = \det(A_{IJ})$ [vgl. (3.2.6)].
(2) und (4) sind klar, und (3) beweist man ähnlich wie (1).

(4.8.8) Hilfssatz: *Es seien $\alpha, \beta, \gamma, \delta \in R$, und es sei*

$$A = \begin{pmatrix} \alpha & \beta \\ \gamma & \delta \end{pmatrix} \in M(2; R)$$

unimodular. Dann ist A ein Produkt von Elementarmatrizen.

Beweis: (1) Es gelte $\alpha \in K^\times$. Dann ist

$$A_{21}(-\gamma/\alpha) A A_{12}(-\beta/\alpha) = \begin{pmatrix} \alpha & 0 \\ 0 & \delta' \end{pmatrix} \quad \text{mit } \delta' = -\beta\gamma/\alpha + \delta$$

unimodular, also ist $\delta' \in K^\times$, und $A = A_{21}(\gamma/\alpha) \operatorname{diag}(\alpha, \delta') A_{12}(\beta/\alpha) = A_{21}(\gamma/\alpha) \operatorname{diag}(\alpha, 1) \operatorname{diag}(1, \delta') A_{12}(\beta/\alpha)$ ist ein Produkt von Elementarmatrizen.
(2) Durch Vertauschen von Zeilen und Spalten kann erreicht werden: $\alpha \neq 0$, $\deg(\alpha) \leq \deg(\beta)$, falls $\beta \neq 0$, und $\deg(\alpha) \leq \deg(\gamma)$, falls $\gamma \neq 0$.
(3) Es sei $n \in \mathbb{N}$, und es sei bereits bewiesen: Jede unimodulare Matrix der Form in (2) mit $\deg(\alpha) < n$ ist ein Produkt von Elementarmatrizen.
(4) Es sei A wie in (2), und es sei $\deg(\alpha) = n$. Division mit Rest liefert Elemente $\beta', \beta'', \gamma', \gamma'' \in R$ mit $\beta = \beta'\alpha + \beta''$, $\gamma = \gamma'\alpha + \gamma''$ und mit $\deg(\beta'') < \deg(\alpha)$, $\deg(\gamma'') < \deg(\alpha)$. Es ist

$$A_{21}(-\gamma') A A_{12}(-\beta') = \begin{pmatrix} \alpha & \beta'' \\ \gamma'' & \delta'' \end{pmatrix} =: A'$$

mit $\delta'' \in R$. Aus $\beta'' = \gamma'' = 0$ folgte, daß $\operatorname{diag}(\alpha, \delta'')$ unimodular wäre; dies ist aber wegen $\deg(\alpha) = n \geq 1$ nicht richtig. Daher ist mindestens eines der Elemente β'', γ'' von Null verschieden, und man kann aus A' durch Vertauschen von Zeilen und Spalten eine Matrix der Form

$$\begin{pmatrix} \alpha' & \beta' \\ \gamma' & \delta' \end{pmatrix}$$

wie in (2) erhalten, bei der $\alpha' \neq 0$ und $\deg(\alpha') < n$ ist. Daher ist diese Matrix nach Induktionsannahme ein Produkt von Elementarmatrizen. Da Vertauschen von Zeilen und Spalten durch Multiplikation mit Elementarmatrizen bewirkt wird, ist die Behauptung bewiesen.

8 Die Smithsche Normalform

(4.8.9) Hilfssatz: *Es seien $\alpha, \beta \in R$ von Null verschieden. Dann gibt es unimodulare Matrizen $P, Q \in M(2; R)$ so, daß*

$$P \cdot \begin{pmatrix} \alpha & 0 \\ 0 & \beta \end{pmatrix} \cdot Q = \begin{pmatrix} \alpha' & 0 \\ 0 & \beta' \end{pmatrix};$$

hier ist $\alpha' \in R$ ein größter gemeinsamer Teiler und $\beta' \in R$ ist ein kleinstes gemeinsames Vielfaches von α und β.

Beweis: Es sei $\delta \in R$ ein größter gemeinsamer Teiler von α und β. Es seien $\rho, \sigma \in R$ Elemente mit $\delta = \rho\alpha + \sigma\beta$ [vgl. (4.2.12)(3)]. Es seien $\lambda, \mu \in R$ die Elemente mit $\alpha = \delta\lambda$, $\beta = \delta\mu$; nun ist $1 = \rho\lambda + \sigma\mu$. Es wird

$$P := \begin{pmatrix} \rho & \sigma \\ -\mu & \lambda \end{pmatrix}, \quad Q := \begin{pmatrix} 1 & -\sigma\mu \\ 1 & \rho\lambda \end{pmatrix} \in M(2; R)$$

gesetzt. Dann gilt $\det(P) = \det(Q) = 1$, also sind P und Q unimodular, und es gilt

$$P \cdot \begin{pmatrix} \alpha & 0 \\ 0 & \beta \end{pmatrix} \cdot Q = \begin{pmatrix} \delta & 0 \\ 0 & \delta\lambda\mu \end{pmatrix},$$

denn es ist $\sigma\alpha\mu^2 + \rho\beta\lambda^2 = \lambda\delta\sigma\mu^2 + \rho\delta\mu\lambda^2 = \delta\lambda\mu(\sigma\mu + \rho\lambda) = \delta\lambda\mu$; $\delta\lambda\mu$ ist ein kleinstes gemeinsames Vielfaches von α und β.

(4.8.10) Definition: Eine Matrix $A \in M(m, n; R)$ ist in Smithscher Normalform [nach H. J. S. Smith, 1826 – 1882], wenn

$$A = \mathrm{diag}(\varepsilon_1, \varepsilon_2, \ldots, \varepsilon_r, 0, \ldots, 0)$$

mit einem $r \in \{0, \ldots, \min(\{m, n\})\}$ und mit normierten Polynomen $\varepsilon_1, \ldots, \varepsilon_r \in R$ gilt, welche $\varepsilon_1 \mid \varepsilon_2 \mid \cdots \mid \varepsilon_r$ erfüllen. Ist $r = 0$, so ist $A = 0$, ist $r > 0$, so sind $\varepsilon_1, \varepsilon_2, \ldots, \varepsilon_r$ die Elementarteiler der Matrix A [vgl. (4.8.6)].

(4.8.11) Satz: *Es sei $A \in M(m, n; R)$. Dann gibt es unimodulare Matrizen $P \in M(m; R)$, $Q \in M(n; R)$, welche Produkte von Elementarmatrizen sind, so daß*

$$PAQ = \mathrm{diag}(\varepsilon_1, \varepsilon_2, \ldots, \varepsilon_r, 0, \ldots, 0)$$

in Smithscher Normalform ist. Ist $r > 0$, so sind $\varepsilon_1, \ldots, \varepsilon_r$ die Elementarteiler der Matrix A, und daher ist die Smithsche Normalform von A eindeutig bestimmt.

Beweis: Ist $A = 0$, so ist nichts zu zeigen (es ist $r = 0$). Es sei $A \neq 0$.
(1) Es wird ein Algorithmus angegeben, der unimodulare Matrizen $P \in M(m; R)$, $Q \in M(n; R)$, welche Produkte von Elementarmatrizen sind, abliefert, so daß

$$PAQ = \text{diag}(\alpha_1, \ldots, \alpha_r, 0, \ldots, 0)$$

mit einem $r \in \{1, \ldots, \min(\{m, n\})\}$ und mit von Null verschiedenen Polynomen $\alpha_1, \ldots, \alpha_r \in R$ gilt. Die Bedingung $\alpha_1 \mid \alpha_2 \mid \cdots \mid \alpha_r$ ist hierbei im allgemeinen noch nicht erfüllt.
1. Schritt: Es sei $A = (\alpha_{ij})$; es werden $k \in \{1, \ldots, m\}$, $l \in \{1, \ldots, n\}$ gewählt mit $\alpha_{kl} \neq 0$ und mit

$\deg(\alpha_{kl}) \leq \deg(\alpha_{ij})$ für alle $i \in \{1, \ldots, m\}, j \in \{1, \ldots, n\}$ mit $\alpha_{ij} \neq 0$.

Es wird $A^{(1)} := V_{1k} A V_{1l} = (\alpha_{ij}^{(1)})$ gesetzt. Es gilt

$\deg(\alpha_{11}^{(1)}) \leq \deg(\alpha_{ij}^{(1)})$ für alle $i \in \{1, \ldots, m\}, j \in \{1, \ldots, n\}$ mit $\alpha_{ij}^{(1)} \neq 0$.

2. Schritt: [Nun ist $A = (\alpha_{ij})$ mit $\deg(\alpha_{11}) \leq \deg(\alpha_{ij})$ für alle $i \in \{1, \ldots, m\}, j \in \{1, \ldots, n\}$ mit $\alpha_{ij} \neq 0$.]
(a) Es gebe ein $k \in \{2, \ldots, m\}$ mit $\alpha_{11} \nmid \alpha_{k1}$. Es gilt

$\alpha_{k1} = \beta_k \alpha_{11} + \gamma_k \quad$ mit $\beta_k, \gamma_k \in R$, $\gamma_k \neq 0$ und $\deg(\gamma_k) < \deg(\alpha_{11})$.

Es wird $A^{(1)} := A_{k1}(-\beta_k)A = (\alpha_{ij}^{(1)})$ gesetzt; es ist $\alpha_{k1}^{(1)} = \gamma_k$. Nun wird zu Schritt 1 zurückgegangen. [Es kommt in $A^{(1)}$ ein von Null verschiedenes Element vor, das einen kleineren Grad als α_{11} hat.]
(b) Es gebe ein $l \in \{2, \ldots, n\}$ mit $\alpha_{11} \nmid \alpha_{1l}$. Es gilt

$\alpha_{1l} = \beta_l \alpha_{11} + \gamma_l \quad$ mit $\beta_l, \gamma_l \in R$, $\gamma_l \neq 0$ und $\deg(\gamma_l) < \deg(\alpha_{11})$.

Es wird $A^{(1)} := A A_{1l}(-\beta_l) = (\alpha_{ij}^{(1)})$ gesetzt; es ist $\alpha_{1l}^{(1)} = \gamma_l$. Nun wird zu Schritt 1 zurückgegangen. [Es kommt in $A^{(1)}$ ein von Null verschiedenes Element vor, das einen kleineren Grad als α_{11} hat.]
3. Schritt [Nun ist $A = (\alpha_{ij})$ mit $\alpha_{11} \neq 0$, $\alpha_{11} \mid \alpha_{i1}$ für jedes $i \in \{2, \ldots, m\}$, $\alpha_{11} \mid \alpha_{1j}$ für jedes $j \in \{2, \ldots, n\}$.] Es wird

$P_1 := A_{m1}(-\alpha_{m1}/\alpha_{11}) \cdots A_{21}(-\alpha_{21}/\alpha_{11}) \in M(m; R),$
$Q_1 := A_{12}(-\alpha_{12}/\alpha_{11}) \cdots A_{1n}(-\alpha_{1n}/\alpha_{11}) \in M(n; R)$

8 Die Smithsche Normalform

gesetzt; P_1 und Q_1 sind unimodular und Produkte von Elementarmatrizen. Für $A^{(1)} := P_1 A Q_1$ gilt

$$A^{(1)} = \begin{pmatrix} \alpha_1^{(1)} & 0 & \ldots & 0 \\ 0 & \beta_{21} & \ldots & \beta_{2n} \\ \vdots & \vdots & & \vdots \\ 0 & \beta_{m1} & \ldots & \beta_{mn} \end{pmatrix}$$

mit $\alpha_1^{(1)} = \alpha_{11}$. Ist $\min(\{m,n\}) = 1$, so hat $A^{(1)}$ die gewünschte Form. Andernfalls wird die Matrix $B := (\beta_{ij})_{2 \le i \le m, 2 \le j \le n} \in M(m-1, n-1; R)$ betrachtet. Ist $B = 0$, so hat $A^{(1)}$ die gewünschte Form. Es gelte $B \ne 0$. Man kann rekursiv annehmen: Es gibt unimodulare Matrizen $P' \in M(m-1; R)$, $Q' \in M(n-1; R)$, welche Produkte von Elementarmatrizen sind, so daß

$$P' B Q' = \mathrm{diag}(\alpha_2^{(1)}, \ldots, \alpha_r^{(1)}, 0, \ldots, 0)$$

mit einem $r \in \{2, \ldots, \min(\{m, n\})\}$ und mit von Null verschiedenen Elementen $\alpha_2^{(1)}, \ldots, \alpha_r^{(1)} \in R$ gilt. Es wird

$$P_1' := \begin{pmatrix} 1 & 0 \\ 0 & P' \end{pmatrix} \in M(m; R), \quad Q_1' := \begin{pmatrix} 1 & 0 \\ 0 & Q' \end{pmatrix} \in M(n; R)$$

gesetzt; P_1' und Q_1' sind unimodulare Matrizen, welche Produkte von Elementarmatrizen sind [was unmittelbar einzusehen ist]. Nun gilt mit $P := P_1 P_1' \in M(m; R)$, $Q := Q_1' Q_1 \in M(n; R)$: P und Q sind Produkte von Elementarmatrizen, und es ist

$$P A Q = \mathrm{diag}(\alpha_1^{(1)}, \alpha_2^{(1)}, \ldots, \alpha_r^{(1)}, 0, \ldots, 0)$$

mit einem $r \in \{1, \ldots, \min(\{m, n\})\}$ und mit von Null verschiedenen Elementen $\alpha_1^{(1)}, \ldots, \alpha_r^{(1)} \in R$.
Es ist klar, daß jeder der genannten Schritte nur endlich oft durchlaufen wird, so daß der Algorithmus abbricht.
(2) Ist $\min(\{m,n\}) = 1$, so gibt es nach (1) unimodulare Matrizen $P \in M(m; R)$ und $Q \in M(n; R)$, welche Produkte von Elementarmatrizen sind, und ein von Null verschiedenes $\alpha \in R$ mit

$$\begin{aligned} PA &= (\alpha, 0, \ldots, 0) \in M(m, 1; R) & \text{im Falle} \quad n = 1, \\ AQ &= {}^t(\alpha, 0, \ldots, 0) \in M(1, n; R) & \text{im Falle} \quad m = 1. \end{aligned}$$

Es wird $D := \mathrm{diag}(1/\mathrm{lcoeff}(\alpha), 1, \ldots, 1) \in M(m; R)$ gesetzt; dann ist DPA im Falle $n = 1$ und DAQ im Falle $m = 1$ in Smithscher Normalform, und DP ist eine unimodulare Matrix, welche ein Produkt von Elementarmatrizen ist.

(3) Es sei $\min(\{m, n\}) \geq 2$. Es wird ein Algorithmus angegeben, der zu einer Matrix

$$A = \mathrm{diag}(\alpha_1, \alpha_2, \ldots, \alpha_r, 0, \ldots, 0) \in M(m, n; R)$$

mit einem $r \in \{1, \ldots, \min(\{m, n\})\}$ und von Null verschiedenen Elementen $\alpha_1, \ldots, \alpha_r \in R$ unimodulare Matrizen $P \in M(m; R)$, $Q \in M(n; R)$ abliefert, welche Produkte von Elementarmatrizen sind, so daß

$$P \, \mathrm{diag}(\alpha_1, \alpha_2, \ldots, \alpha_r, 0, \ldots, 0) Q = \mathrm{diag}(\varepsilon_1, \varepsilon_2, \ldots, \varepsilon_r, 0, \ldots, 0)$$

in Smithscher Normalform ist.

1. Schritt: [Es sei A nicht in Smithscher Normalform.] Es wird ein $k \in \{1, \ldots, r\}$ mit

$$\deg(\alpha_k) \leq \deg(\alpha_i) \quad \text{für jedes } i \in \{1, \ldots, r\}$$

gewählt. Durch Vertauschen der ersten und k-ten Spalte und anschließendes Vertauschen der ersten und der k-ten Zeile erhält man aus A die Matrix

$$A' := \mathrm{diag}(\alpha_k, \alpha_2, \ldots, \alpha_{k-1}, \alpha_1, \alpha_{k+1}, \ldots, \alpha_r, 0, \ldots, 0).$$

2. Schritt [Nun ist $A = \mathrm{diag}(\alpha_1, \ldots, \alpha_r, 0, \ldots, 0)$ mit $\deg(\alpha_1) \leq \deg(\alpha_i)$ für jedes $i \in \{2, \ldots, r\}$.] Es gebe ein $k \in \{2, \ldots, r\}$ mit $\alpha_1 \nmid \alpha_k$. Es wird k minimal mit dieser Eigenschaft gewählt. Durch Vertauschen der zweiten und der k-ten Spalte und anschließendes Vertauschen der zweiten und der k-ten Zeile entsteht aus A die Matrix

$$\begin{aligned} A' &:= \mathrm{diag}(\alpha_1, \alpha_k, \alpha_3, \ldots, \alpha_{k-1}, \alpha_2, \alpha_{k+1}, \ldots, \alpha_r, 0, \ldots, 0), \\ &=: \mathrm{diag}(\alpha'_1, \alpha'_2, \ldots, \alpha'_r, 0, \ldots, 0) \quad \text{mit } \alpha'_1, \ldots, \alpha'_r \in R \smallsetminus \{0\} \end{aligned}$$

und mit $\alpha'_1 \nmid \alpha'_2$; es ist $\alpha'_1 = \alpha_1$. Es seien $P_1, Q_1 \in M(2; R)$ unimodulare Matrizen mit

$$P_1 \begin{pmatrix} \alpha'_1 & 0 \\ 0 & \alpha'_2 \end{pmatrix} Q_1 = \begin{pmatrix} \alpha''_1 & 0 \\ 0 & \alpha''_2 \end{pmatrix},$$

8 Die Smithsche Normalform

wobei $\alpha_1'' \in R$ ein größter gemeinsamer Teiler von α_1' und α_2' und $\alpha_2'' \in R$ ein kleinstes gemeinsames Vielfaches von α_1' und α_2' ist [vgl. (4.8.9)]. Es gilt $\alpha_1'' \neq 0$, $\alpha_2'' \neq 0$ und $\deg(\alpha_1'') < \deg(\alpha_1)$ [wegen $\alpha_1' \nmid \alpha_2'$]. Es wird

$$P := \begin{pmatrix} P_1 & 0 \\ 0 & E_{m-2} \end{pmatrix}, \quad Q := \begin{pmatrix} Q_1 & 0 \\ 0 & E_{n-2} \end{pmatrix}$$

gesetzt; P und Q sind Produkte von Elementarmatrizen. [Ist $m = 2$, so ist $P = P_1$, ist $n = 2$, so ist $Q = Q_1$.] Dann ist

$$P \operatorname{diag}(\alpha_1', \ldots, \alpha_r', 0, \ldots, 0) Q = \operatorname{diag}(\alpha_1'', \alpha_2'', \alpha_3', \ldots, \alpha_r', 0, \ldots, 0) =: A''$$

mit $\alpha_1'', \alpha_2'', \alpha_3', \ldots, \alpha_r' \in R \smallsetminus \{0\}$. Es gilt nun $\alpha_1'' \mid \alpha_2''$, $\deg(\alpha_1'') < \deg(\alpha_1)$ und $\deg(\alpha_1'') \leq \deg(\alpha_i')$ für jedes $i \in \{3, \ldots, k\}$. Das Element α_1'' in A'' hat einen kleineren Grad als alle Elemente in A.

3. Schritt [Nun ist $A = \operatorname{diag}(\alpha_1, \ldots, \alpha_r, 0, \ldots, 0)$ mit von Null verschiedenen Elementen $\alpha_1, \ldots, \alpha_r$, es gilt $\deg(\alpha_1) \leq \deg(\alpha_i)$ für jedes $i \in \{2, \ldots, r\}$, und es gibt ein $k \in \{2, \ldots, r\}$ mit $\alpha_1 \mid \alpha_i$ für jedes $i \in \{2, \ldots, k\}$ und $\alpha_1 \nmid \alpha_{k+1}$.] Ist $k < r$, so geht man zu Schritt 2 zurück.

4. Schritt [Nun ist $A = \operatorname{diag}(\alpha_1, \ldots, \alpha_r, 0, \ldots, 0)$ mit von Null verschiedenen Elementen $\alpha_1, \ldots, \alpha_r \in R$, für welche $\alpha_1 \mid \alpha_i$ für jedes $i \in \{2, \ldots, r\}$ gilt.] Es gelte $r \geq 2$, und es sei die Bedingung $\alpha_2 \mid \alpha_3 \mid \cdots \mid \alpha_r$ nicht erfüllt. Man kann rekursiv annehmen: Es gibt unimodulare Matrizen $P_1 \in M(m-1; R)$, $Q_1 \in M(n-1; R)$, welche Produkte von Elementarmatrizen sind, so daß

$$P_1 \operatorname{diag}(\alpha_2, \ldots, \alpha_r, 0, \ldots, 0) Q_1 = \operatorname{diag}(\alpha_2', \ldots, \alpha_r', 0, \ldots, 0)$$

mit von Null verschiedenen Elementen $\alpha_2', \ldots, \alpha_r' \in R$ gilt, und für diese Elemente gilt $\alpha_2' \mid \alpha_3' \mid \cdots \mid \alpha_r'$. Es wird

$$P := \begin{pmatrix} 1 & 0 \\ 0 & P_1 \end{pmatrix} \in M(m; R), \quad Q := \begin{pmatrix} 1 & 0 \\ 0 & Q_1 \end{pmatrix} \in M(n; R)$$

gesetzt; P und Q sind Produkte von Elementarmatrizen. Dann ist

$$P A Q = \operatorname{diag}(\alpha_1, \alpha_2', \ldots, \alpha_r', 0, \ldots, 0) =: A'.$$

Weil α_2' eine Linearkombination der Elemente $\alpha_2, \ldots, \alpha_r$ mit Koeffizienten in R ist, und weil $\alpha_1 \mid \alpha_i$ für jedes $i \in \{2, \ldots, r\}$ gilt, gilt $\alpha_1 \mid \alpha_2'$. Daher gilt $\alpha_1 \mid \alpha_2' \mid \cdots \mid \alpha_r'$.

5. Schritt [Nun ist $A = \mathrm{diag}(\alpha_1,\ldots,\alpha_r,0,\ldots,0)$ mit von Null verschiedenen Elementen $\alpha_1,\ldots,\alpha_r$, für welche $\alpha_1 \mid \alpha_2 \mid \cdots \mid \alpha_r$ gilt.] Es wird

$$D := \mathrm{diag}(\gamma_1,\gamma_2,\ldots,\gamma_r,1,\ldots,1) \in M(m;R)$$

mit $\gamma_i = 1/\mathrm{lcoeff}(\alpha_i)$ für jedes $i \in \{1,\ldots,r\}$ gesetzt. Dann ist DA in Smithscher Normalform.
Es ist klar, daß jeder der genannten Schritte nur endlich oft durchlaufen wird, so daß der Algorithmus abbricht.
(4) Nun sind unimodulare Matrizen $P \in M(m;R)$, $Q \in M(n;R)$, welche Produkte von Elementarmatrizen sind, und ein $r \in \{1,\ldots,\min(\{m,n\})\}$ so gefunden worden, daß

$$PAQ = \mathrm{diag}(\varepsilon_1,\varepsilon_2,\ldots,\varepsilon_r,0,\ldots,0) \qquad (*)$$

mit normierten Polynomen $\varepsilon_1,\ldots,\varepsilon_r \in R$ gilt, welche $\varepsilon_1 \mid \varepsilon_2 \mid \cdots \mid \varepsilon_r$ erfüllen. Nach (4.8.7) sind in $(*)$ die Elemente $\varepsilon_1,\ldots,\varepsilon_r$ die Elementarteiler der Matrix A; also ist die Smithsche Normalform von A eindeutig bestimmt.

(4.8.12) Bemerkung: (1) Es sei $A \in M(m,1;R)$ von Null verschieden. Dann ist A zu einer Matrix ${}^t(\varepsilon,0,\ldots,0) \in M(m,1;R)$ unimodular äquivalent; hier ist $\varepsilon \in R$ ein normiertes Polynom.
(2) Es sei $A \in M(1,n;R)$ von Null verschieden. Dann ist A zu einer Matrix $(\varepsilon,0,\ldots,0) \in M(1,n;R)$ unimodular äquivalent; hier ist $\varepsilon \in R$ ein normiertes Polynom.

(4.8.13) Folgerung: *Es sei $A \in M(m;R)$ unimodular. Dann ist A ein Produkt von Elementarmatrizen.*

Beweis: Es gibt nach (4.8.11) unimodulare Matrizen $P, Q \in M(m;R)$, welche Produkte von Elementarmatrizen sind, mit

$$PAQ = \mathrm{diag}(\varepsilon_1,\varepsilon_2,\ldots,\varepsilon_r,0,\ldots,0);$$

hierbei sind $\varepsilon_1,\ldots,\varepsilon_r$ normierte Polynome in R. Weil PAQ unimodular ist, ist $\det(\mathrm{diag}(\varepsilon_1,\ldots,\varepsilon_r,0,\ldots,0)) \in K^\times$, also ist $r = m$ und $\varepsilon_1 = \cdots = \varepsilon_m = 1$, und daher ist $A = P^{-1}Q^{-1}$.

(4.8.14) Folgerung: *Es seien $A, B \in M(m,n;R)$. Folgende Aussagen sind äquivalent:*

8 Die Smithsche Normalform

(1) A und B sind unimodular äquivalent.
(2) A und B haben die gleichen Determinantenteiler.
(3) A und B haben die gleichen Elementarteiler.
(4) A und B haben die gleiche Smithsche Normalform.

Beweis: (1) $\Rightarrow$ (2) folgt aus (4.8.7) und (4.8.13), (2) $\Rightarrow$ (3) ist klar, (3) $\Rightarrow$ (4) folgt aus (4.8.11), und (4) $\Rightarrow$ (1) folgt so: Es gibt unimodulare Matrizen P, $P_1 \in M(m; R)$, Q, $Q_1 \in M(n; R)$ mit $PAQ = P_1 B Q_1$ [vgl. (4.8.11)], also gilt $A = P^{-1} P_1 B Q_1 Q^{-1}$. Daher sind A und B unimodular äquivalent.

(4.8.15) Bemerkung: (1) Es sei $A \in M(m, n; R)$. Ist $A \neq 0$, so gibt es ein eindeutig bestimmtes $h \in \mathbb{N}_0$ und eindeutig bestimmte Matrizen $A_h, \ldots, A_0 \in M(m, n; K)$ mit $A_h \neq 0$ und mit

$$A = T^h A_h + T^{h-1} A_{h-1} + \cdots + A_0.$$

Man nennt dann h den Grad von A.
(2) Es sei $A \in M(n; K)$. Zu jedem $B \in M(m, n; R)$ gibt es eindeutig bestimmte $U \in M(m, n; R)$ und $V \in M(m, n; K)$ mit

$$B = U(TE_n - A) + V.$$

Beweis [Existenz]: Ist $B \in M(m, n; K)$, so setzt man $U = 0$ und $V = B$. Im anderen Fall gilt $B = T^h B_h + \cdots + B_0$ mit einem $h \in \mathbb{N}$ und Matrizen $B_0, \ldots, B_h \in M(m, n; K)$, und hierbei gilt $B_h \neq 0$. Man setzt

$$\begin{cases} U_{h-1} &= B_h, \\ U_{j-1} &= B_j + U_j A \quad \text{für } j = h-1, \ldots, 1, \\ V &= B_0 + U_0 A. \end{cases}$$

Wird $U = T^{h-1} U_{h-1} + \cdots + U_0 \in M(m, n; R)$ gesetzt, so gilt $B = U(TE_n - A) + V$ [vgl. (4.1.11)].
[Einzigkeit]: Es seien auch $U' \in M(m, n; R)$ und $V' \in M(m, n; K)$ mit $B = U'(TE_n - A) + V'$; dann ist $(U - U')(TE_n - A) = V' - V$. Ist $U - U' \neq 0$, so liegt die linke Seite dieser Gleichung nicht in $M(m, n; K)$, aber es gilt $V' - V \in M(m, n; K)$. Daher gilt $U = U'$, und folglich $V = V'$.
(3) Ähnlich zeigt man: Es sei $A \in M(n; K)$. Zu jedem $B \in M(n, m; R)$ gibt es eindeutig bestimmte $U \in M(n, m; R)$ und $V \in M(n, m; K)$ mit

$$B = (TE_n - A)U + V.$$

(4.8.16) Satz: [G. Frobenius, 1849 – 1917] *Es seien A, $B \in M(n; K)$. Folgende Aussagen sind äquivalent.*
(1) *A und B sind ähnlich.*
(2) *$TE_n - A$ und $TE_n - B \in M(n; R)$ sind unimodular äquivalent.*

Beweis: (a) Es gelte: Die Matrizen A und B sind ähnlich. Dann gibt es ein $P \in \mathrm{GL}(n; K)$ mit $B = P^{-1}AP$. Nun ist

$$TE_n - B = TE_n - P^{-1}AP = P^{-1}(TE_n - A)P,$$

also sind $TE_n - B$ und $TE_n - A \in M(n; R)$ unimodular äquivalent.
(b) Es gelte: Die Matrizen $TE_n - B$ und $TE_n - A$ sind unimodular äquivalent. Dann gibt es unimodulare Matrizen P, $Q \in M(n; R)$ mit $TE_n - B = P(TE_n - A)Q$. Nach (4.8.15) gibt es $U_1 \in M(n; R)$, $V_1 \in M(n; K)$ mit

$$Q = U_1(TE_n - B) + V_1.$$

Es wird
$$P' := P^{-1} - (TE_n - A)U_1 \in M(n; R)$$

gesetzt. Ist $U_1 = 0$, so ist $P' \neq 0$, und ist $U_1 \neq 0$, so gilt auch $P' \neq 0$, weil $(TE_n - A)U_1$ nicht unimodular ist. Es gibt daher ein eindeutig bestimmtes $h \in \mathbb{N}_0$ und eindeutig bestimmte Matrizen $P'_0, \ldots, P'_h \in M(n; K)$ mit $P'_h \neq 0$ und mit $P' = P'_0 + TP'_1 + \cdots + T^h P'_h$. Es gilt

$$\begin{aligned}
P'(TE_n - B) &= (TE_n - A)Q - (TE_n - A)U_1(TE_n - B) \\
&= (TE_n - A)(Q - U_1(TE_n - B)) = (TE_n - A)V_1;
\end{aligned}$$

hieraus folgt $h = 0$ und $P' = V_1$ [vgl. (4.8.15)(1)], und daher ist

$$V_1(TE_n - B) = (TE_n - A)V_1. \tag{$*$}$$

Entsprechend gibt es Matrizen $U_2 \in M(n; R)$, $V_2 \in M(n; K)$ mit $P = (TE_n - B)U_2 + V_2$, und für $Q' := Q^{-1} - U_2(TE_n - A)$ findet man wie eben $(TE_n - B)Q' = V_2(TE_n - A)$, also $Q' = V_2$. Nun ist

$$V_2 V_1 = E_n - (TE_n - B)(Q^{-1}U_1 + U_2 P^{-1} - U_2(TE_n - A)U_1);$$

die linke Seite liegt in $M(n; K)$, also ist auf der rechten Seite der zweite Faktor des Produktes 0. Folglich ist $V_2 V_1 = E_n$, und daher ist V_2 invertierbar und $V_2^{-1} = V_1$ [vgl. (1.7.7)]. Nun erhält man aus $(*)$ durch Linksmultiplikation mit V_1^{-1}

$$TE_n - B = V_1^{-1}(TE_n - A)V_1 = TE_n - V_1^{-1}AV_1,$$

also gilt $B = V_1^{-1}AV_1$, und daher sind A und B ähnlich.

8 Die Smithsche Normalform

(4.8.17) Definition: (1) Es sei $A \in M(n; K)$. Die Determinantenteiler von $TE_n - A \in M(n; R)$ heißen die Determinantenteiler von A, und die Elementarteiler von $TE_n - A$ heißen die Elementarteiler von A.
(2) Es sei V ein endlichdimensionaler K-Vektorraum, und es sei $\varphi \in \mathrm{End}_K(V)$. Es sei $\dim(V) = n$, und es sei $A \in M(n; K)$ die Matrix von φ zu einer geordneten Basis von V. Die Determinantenteiler von A heißen die Determinantenteiler von φ, und die Elementarteiler von A heißen die Elementarteiler von φ.

(4.8.18) Bemerkung: In der Situation von (4.8.17)(2) sei B die Matrix von φ zu einer weiteren geordneten Basis von V. Dann sind A und B ähnlich [vgl. (2.4.4)(2)], also sind $TE_n - A \in M(n; R)$ und $TE_n - B \in M(n; R)$ unimodular äquivalent [vgl. (4.8.16)] und haben daher die gleichen Elementar- und Determinantenteiler [vgl. (4.8.14)], und deshalb ist die Definition in (4.8.17)(2) sinnvoll.

(4.8.19) (1) Es seien $A, B \in M(n; K)$. Nach (4.8.14) und (4.8.16) sind die folgenden Aussagen äquivalent:

- A und B sind ähnlich.

- A und B haben die gleichen Determinantenteiler.

- A und B haben die gleichen Elementarteiler.

(2) Es seien $A, B \in M(n; K)$, und es sei L ein Erweiterungskörper von K. Der größte gemeinsame Teiler von endlich vielen Polynomen in $K[T]$ ist auch der größte gemeinsame Teiler dieser Polynome in $L[T]$ [vgl. (4.2.22)(7)]. Daher gilt nach (1):

- A und B sind ähnlich als Matrizen in $M(n; K)$, genau wenn A und B ähnlich sind als Matrizen in $M(n; L)$.

- Die Determinantenteiler und Elementarteiler von A, aufgefaßt als Matrix in $M(n; K)$, sind auch die Determinantenteiler und Elementarteiler von A, aufgefaßt als Matrix in $M(n; L)$.

Aufgaben

A(4.8.1) Es sei $k \in \mathbb{N}$, und es sei $P = T^k P_k + \cdots + P_0 \in M(n; R)$ mit Matrizen $P_0, \ldots, P_k \in M(n; K)$ und $P_k \in \mathrm{GL}(n; K)$. Man zeige: Zu jedem $B \in M(m, n; R)$ gibt es eindeutig bestimmte Matrizen $U, V \in M(m, n; R)$ mit $B = UP + V$, und mit: Es ist $V = 0$ oder der Grad von V ist kleiner als k. [Hinweis: Man behandle zunächst den Fall $P_k = E_n$.]

9 Zyklische Unterräume

(4.9.1) In diesem Paragraphen ist K ein Körper, $K[T]$ ist der Polynomring über K in der Unbestimmten T, $V \neq \{0\}$ ist ein endlichdimensionaler K-Vektorraum, und l, n sind natürliche Zahlen.

(4.9.2) Definition: Es sei $\varphi \in \operatorname{End}_K(V)$. Ein Unterraum $W \neq \{0\}$ von V heißt φ-zyklisch, wenn es ein $x \in W$ mit $W = \langle x \rangle_\varphi$ gibt.
Es ist klar, daß ein φ-zyklischer Unterraum von V ein φ-invarianter Unterraum von V ist.

(4.9.3) Satz: *Es sei $\varphi \in \operatorname{End}_K(V)$, und es sei $W = \langle x \rangle_\varphi$ ein φ-zyklischer Unterraum von V. Dann gelten:*
(1) *Ist $l \in \mathbb{N}$ die kleinste Zahl mit: $x, \varphi(x), \ldots, \varphi^{l-1}(x)$ sind linear unabhängig, so ist $\{x, \varphi(x), \ldots, \varphi^{l-1}(x)\}$ eine Basis von W.*
(2) *Es seien $\lambda_0, \ldots, \lambda_{l-1}$ die eindeutig bestimmten Elemente aus K mit*

$$\varphi^l(x) = -\lambda_0 x - \lambda_1 \varphi(x) - \cdots - \lambda_{l-1} \varphi^{l-1}(x).$$

Dann ist

$$f := \lambda_0 + \lambda_1 T + \cdots + \lambda_{l-1} T^{l-1} + T^l \in K[T]$$

das charakteristische Polynom und das Minimalpolynom von $\varphi|W$, und die Matrix von $\varphi|W$ zu der geordneten Basis $\{x, \varphi(x), \ldots, \varphi^{l-1}(x)\}$ von W ist die Begleitmatrix $B(f)$ des Polynoms f.

Beweis: (1) Es ist zu zeigen, daß $\{x, \varphi(x), \ldots, \varphi^{l-1}(x)\}$ ein Erzeugendensystem von W ist. Es sei $W' := \langle x, \varphi(x), \ldots, \varphi^{l-1}(x) \rangle \subset W$.
(a) Weil $x, \varphi(x), \ldots, \varphi^l(x)$ linear abhängig sind, aber $x, \varphi(x), \ldots, \varphi^{l-1}(x)$ linear unabhängig sind, gilt $\varphi^l(x) \in W'$. Es sei $h \geq l$, und es sei bereits gezeigt, daß $\varphi^h(x) \in W'$. Dann gibt es $\alpha_0, \ldots, \alpha_{l-1} \in K$ mit $\varphi^h(x) = \alpha_0 x + \alpha_1 \varphi(x) + \cdots + \alpha_{l-1} \varphi^{l-1}(x)$, also ist $\varphi^{h+1}(x) = \alpha_0 \varphi(x) + \cdots + \alpha_{l-1} \varphi^l(x)$, und wegen $\varphi^l(x) \in W'$ folgt $\varphi^{h+1}(x) \in W'$. Hieraus folgt sofort: Es gilt $\varphi^h(x) \in W'$ für jedes $h \in \mathbb{N}_0$.
(b) Es sei $y \in W$. Dann gibt es ein $f = \beta_0 + \beta_1 T + \cdots + \beta_h T^h \in K[T]$ mit $y = f(\varphi)(x)$ [vgl. (4.3.6)(4)]. Nach (a) gilt $\varphi^i(x) \in W'$ für jedes $i \in \{0, \ldots, h\}$, also ist $f(\varphi)(x) \in W'$. Daher ist $W' = W$, und $\{x, \varphi(x), \ldots, \varphi^{l-1}(x)\}$ ist ein Erzeugendensystem von W.

9 Zyklische Unterräume   253

(2) Es wird $x_i := \varphi^{i-1}(x)$ für jedes $i \in \{1,\ldots,l\}$ gesetzt. Dann ist $\{x_1,\ldots,x_l\}$ eine Basis von W [vgl. (1)], und es gilt

$$\varphi(x_i) = x_{i+1} \text{ für jedes } i \in \{1,\ldots,l-1\}, \varphi(x_l) = -\lambda_0 x_1 - \cdots - \lambda_{l-1} x_l.$$

Daher ist $B(f)$ die Matrix von $\varphi|W$ zu der geordneten Basis $\{x_1,\ldots,x_l\}$ von W. Das charakteristische Polynom von $\varphi|W$ ist daher $\lambda_0 + \lambda_1 T + \cdots + \lambda_{l-1} T^{l-1} + T^l$ [vgl. (4.4.28)]. Es sei $m_{\varphi|W} = \gamma_0 + \gamma_1 T + \cdots + \gamma_h T^h$ [mit $1 \leq h \leq l$, $\gamma_0,\ldots,\gamma_h \in K$ und $\gamma_h = 1$] das Minimalpolynom von $\varphi|W$. Dann ist $\varphi^h(x) = -\gamma_0 x - \gamma_1 \varphi(x) - \cdots - \gamma_{h-1} \varphi^{h-1}(x)$, also sind $x, \varphi(x), \ldots, \varphi^h(x)$ linear abhängig, und daher gilt $h = l$ nach Wahl von l; weil $m_{\varphi|W}$ das charakteristische Polynom von $\varphi|W$ teilt [vgl. (4.4.26)], stimmen Minimalpolynom und charakteristisches Polynom von $\varphi|W$ überein.

(4.9.4) Hilfssatz: *Es sei $W \neq \{0\}$ ein endlichdimensionaler K-Vektorraum, es sei $\dim(W) = l$, es sei $\varphi \in \mathrm{End}_K(W)$, und es gelte: $W = \langle x \rangle_\varphi$ ist φ-zyklisch. Es seien $f_0,\ldots,f_{l-1} \in K[T]$ mit $\deg(f_i) = i$ für jedes $i \in \{0,\ldots,l-1\}$. Dann ist $\{f_i(\varphi)(x) \mid i \in \{0,\ldots,l-1\}\}$ eine Basis von W.*

Beweis: Nach (4.9.3)(1) ist $\{\varphi^{i-1}(x) \mid i \in \{1,\ldots,l\}\}$ eine Basis von W. Mit den Bezeichnungen aus (4.1.6) gilt $U_{l-1} = V_{l-1}$, und daher gilt $W = \langle f_0(\varphi)(x),\ldots,f_{l-1}(\varphi(x))\rangle$; deshalb ist $\{f_i(\varphi)(x) \mid i \in 0,\ldots,l-1\}\}$ eine Basis von W [vgl (2.2.29)(2)].

(4.9.5) Bemerkung: Es sei $W \neq \{0\}$ ein endlichdimensionaler K-Vektorraum, es sei $\dim(W) = l$, es sei $\varphi \in \mathrm{End}_K(W)$, und es gebe eine geordnete Basis $\{x_1,\ldots,x_l\}$ von W so, daß die Matrix A von φ zu dieser Basis die Gestalt

$$A = \begin{pmatrix} 0 & 0 & 0 & \cdots & 0 & -\lambda_0 \\ 1 & 0 & 0 & \cdots & 0 & -\lambda_1 \\ 0 & 1 & 0 & \cdots & 0 & -\lambda_2 \\ \vdots & \vdots & \vdots & \ddots & \vdots & \vdots \\ 0 & 0 & 0 & \cdots & 1 & -\lambda_{l-1} \end{pmatrix} \in M(l;K) \quad \text{mit } \lambda_0,\ldots,\lambda_{l-1} \in K$$

hat. Dann ist $W = \langle x_1 \rangle_\varphi$, und $f = T^l + \lambda_{l-1} T^{l-1} + \cdots + \lambda_0$ ist das charakteristische Polynom und das Minimalpolynom von φ, wie man unmittelbar bestätigt [vgl. (4.4.28)].

(4.9.6) Satz: *Es sei $\varphi \in \operatorname{End}_K(V)$, es sei $x \in V$, $x \neq 0$, und es sei $\operatorname{Ann}_\varphi(x)$ der φ-Annullator von x. Dann gelten:*
(1) *Es ist $\deg(\operatorname{Ann}_\varphi(x)) = \dim(\langle x \rangle_\varphi)$.*
(2) *E sei l der Grad von $\operatorname{Ann}_\varphi(x)$; dann ist $\{x, \varphi(x), \ldots, \varphi^{l-1}(x)\}$ eine Basis von $\langle x \rangle_\varphi$.*

Beweis: Das folgt unmittelbar aus den vorhergehenden Überlegungen.

(4.9.7) Bemerkung: Es sei $\varphi \in \operatorname{End}_K(V)$, und es gebe ein $x \in V$ mit $\langle x \rangle_\varphi = V$. Ferner habe das Minimalpolynom von φ die Form p^e mit einem $p = T^s + \gamma_{s-1}T^{s-1} + \cdots + \gamma_0 \in K[T]$ und mit einem $e \in \mathbb{N}$. Es ist $\dim(V) = es$ [vgl. (4.9.6)].
(1) Es wird

$$x_{i+(j-1)s} := \varphi^{i-1}p(\varphi)^{j-1}(x) \quad \text{für } i \in \{1, \ldots, s\}, j \in \{1, \ldots, e\}$$

gesetzt. Dann ist nach (4.9.4) $\{x_1, \ldots, x_{se}\}$ eine Basis von V, denn die Grade der es Polynome $T^{i-1}p^{j-1}$, $i \in \{1, \ldots, s\}$, $j \in \{1, \ldots, e\}$, sind verschieden. Es ist $p(\varphi) = \varphi^s + \gamma_{s-1}\varphi^{s-1} + \cdots + \gamma_0 \operatorname{id}_V$. Daher ist

$$\begin{aligned}
\varphi(x_{js+l}) &= x_{js+l+1} \quad \text{für alle } j \in \{0, \ldots, e-1\}, l \in \{1, \ldots, s-1\}, \\
\varphi(x_{js}) &= x_{js+1} - \gamma_{s-1}x_{js} - \cdots - \gamma_0 x_{(j-1)s+1} \\
&\quad \text{für jedes } j \in \{1, \ldots, e-1\}, \\
\varphi(x_{es}) &= -\gamma_{s-1}x_{es} - \cdots - \gamma_0 x_{(e-1)s+1}.
\end{aligned}$$

Die zweite dieser Gleichungen erhält man so: Für jedes $j \in \{1, \ldots, e-1\}$ gilt

$$\begin{aligned}
\varphi(x_{js}) &= \varphi(\varphi^{s-1}p(\varphi)^{j-1})(x) \\
&= (p(\varphi) - \gamma_{s-1}\varphi^{s-1} - \cdots - \gamma_0 \operatorname{id}_V)p(\varphi)^{j-1}(x) \\
&= x_{js+1} - \gamma_{s-1}x_{js} - \cdots - \gamma_0 x_{(j-1)s+1}.
\end{aligned}$$

Entsprechend beweist man die dritte Gleichung [denn es ist $p(\varphi)^e(x) = 0$]. Die Matrix A von φ zu dieser geordneten Basis von V ist also

$$\operatorname{ratj}(p,e) := \begin{pmatrix} B(p) & 0 & 0 & \cdots & \cdots & 0 \\ E_{1s} & \ddots & \ddots & \ddots & & \vdots \\ \vdots & \ddots & \ddots & \ddots & \ddots & \vdots \\ \vdots & & \ddots & \ddots & \ddots & 0 \\ \vdots & & & \ddots & B(p) & 0 \\ 0 & \cdots & \cdots & \cdots & E_{1s} & B(p) \end{pmatrix} \in M(es; K)$$

mit e Blöcken $B(p)$; hier ist $E_{1s} \in M(s;K)$ die Basismatrix [mit $E_{1s}[1,s] = 1$].

(2) Es gelte: V hat eine Basis $\{y_1, \ldots, y_{es}\}$, und die Matrix von φ zu dieser Basis hat die Form $\mathrm{ratj}(p,e) \in M(es;K)$. Dann ist $V = \langle y_1 \rangle_\varphi$, wie man sofort bestätigt.

(4.9.8) Bemerkung: Es sei $p = T - \lambda$ mit einem $\lambda \in K$. Dann ist $\mathrm{ratj}(p,e) = {}^t J(\lambda, e)$ [$J(\lambda, e)$ und ${}^t J(\lambda, e)$ sind ähnlich, vgl. Aufgabe A(4.9.2)].

(4.9.9) Satz: *Es sei $p \in K[T]$ ein normiertes Polynom vom Grad s, und es sei $e \in \mathbb{N}$. Dann sind die Matrizen $B(p^e)$ und $\mathrm{ratj}(p,e) \in M(es;K)$ ähnlich.*

Aufgaben

A(4.9.1) Es sei $\dim(V) = n$, und es sei $\varphi \in \mathrm{End}_K(V)$. Es gelte $V = \langle x \rangle_\varphi$. Es sei $V^* = \mathrm{Hom}_K(V, K)$ der Dualraum von V. Man zeige: Ist $\{y_1, \ldots, y_n\}$ die zu $\{x, \varphi(x), \ldots, \varphi^{n-1}(x)\}$ duale Basis von V^* [vgl. Aufgabe A(2.3.8)(1)(b)], so ist $V^* = \langle y_n \rangle_{\varphi^*}$.

A(4.9.2) Es sei $\lambda \in K$. Man zeige: $J(\lambda, n)$ und ${}^t J(\lambda, n)$ sind ähnlich.

A(4.9.3) Es sei $\varphi \in \mathrm{End}_K(V)$, und es sei V φ-zyklisch. Es sei $\psi \in \mathrm{End}_K(V)$. Man zeige: Es gibt ein $f \in K[T]$ mit $\psi = f(\varphi)$, genau wenn ψ und φ vertauschbar sind.

A(4.9.4) Es sei $J(0,l) \in M(l;K)$, und es sei $A \in M(l;K)$. Man zeige: Es gilt $AJ(0,l) = J(0,l)A$, genau wenn A die Form $\alpha_0 E_l + \alpha_1 J(0,l) + \cdots + \alpha_{l-1} J(0,l)^{l-1}$ mit $\alpha_0, \ldots, \alpha_{l-1} \in K$ hat. [Hinweis: Man kann Aufgabe A(4.9.3) benutzen.]

10 Normalformen von Matrizen

(4.10.1) In diesem Paragraphen ist K ein Körper, $R = K[T]$ ist der Polynomring über K in der Unbestimmten T, und n ist eine natürliche Zahl.

(4.10.2) Bemerkung: Es seien $g_1, \ldots, g_h \in K[T]$ normierte Polynome von positivem Grad, es sei $n_i = \deg(g_i)$ für jedes $i \in \{1, \ldots, h\}$, und es sei $n_1 + \cdots + n_h = n$. Es wird

$$F(g_1,\ldots,g_h) := \mathrm{diag}(B(g_1),\ldots,B(g_h)) \in M(n;K),$$
$$C(g_1,\ldots,g_h) := \mathrm{diag}(\underbrace{1,1,\ldots,1}_{n-h},g_1,\ldots,g_h) \in M(n;R)$$

gesetzt. Die Matrizen $TE_n - F(g_1,\ldots,g_h)$ und $C(g_1,\ldots,g_h)$ in $M(n;R)$ sind unimodular äquivalent.
Beweis: (1) Es sei $i \in \{1,\ldots,h\}$. Nach (4.8.6)(2) sind

$$\underbrace{1,1,\ldots,1}_{n_i-1},g_i$$

die Elementarteiler von $TE_{n_i} - B(g_i)$, und nach (4.8.11) gibt es unimodulare Matrizen P_i, $Q_i \in M(n_i;R)$ mit

$$P_i(TE_{n_i} - B(g_i))Q_i = \mathrm{diag}(\underbrace{1,1,\ldots,1}_{n_i-1},g_i).$$

(2) Es wird $P := \mathrm{diag}(P_1,\ldots,P_h)$, $Q := \mathrm{diag}(Q_1,\ldots,Q_h)$ gesetzt; P und Q sind unimodulare Matrizen in $M(n;R)$. Dann gilt

$$P(TE_n - F(g_1,\ldots,g_h))Q = \mathrm{diag}(\underbrace{1,1,\ldots,1}_{n_1-1},g_1,\ldots,\underbrace{1,1,\ldots,1}_{n_h-1},g_h);$$

durch Vertauschen von Zeilen und Spalten erhält man hieraus die zu $TE_n - F(g_1,\ldots,g_h)$ unimodular äquivalente Matrix

$$\mathrm{diag}(\underbrace{1,1,\ldots,1}_{n-h},g_1,\ldots,g_h) = C(g_1,\ldots,g_h).$$

(4.10.3) Bemerkung: Es sei $A = (\alpha_{ij}) \in M(n;K)$, und es seien U, $V \in M(n;R)$ unimodulare Matrizen so, daß die Matrix $U(TE_n - A)V$ in Smithscher Normalform ist. Wegen $\deg(\det(TE_n - A)) = n$ ist daher

$$U(TE_n - A)V = \mathrm{diag}(g_1,\ldots,g_n)$$

mit normierten Polynomen $g_1,\ldots,g_n$, für die $g_1 \mid g_2 \mid \cdots \mid g_n$ und $\deg(g_1\cdots g_n) = n$ gilt. Es gibt genau ein $t \in \{1,\ldots,n-1\}$ mit $g_1 = \cdots = g_t = 1$ und mit $\deg(g_{t+j}) \geq 1$ für jedes $j \in \{1,\ldots,n-t\}$. Es wird $f_1 = g_{t+1},\ldots,f_h = g_n$ gesetzt; es ist also $h = n - t$. Dann gilt

$$U(TE_n - A)B = \mathrm{diag}(\underbrace{1,1,\ldots,1}_{n-h},f_1,\ldots,f_h) = C(f_1,\ldots,f_h),$$

und es sind $f_1, \ldots, f_h$ mit $f_1 \mid f_2 \mid \cdots \mid f_h$ die nichtkonstanten Elementarteiler der Matrix A. Diese werden die invarianten Faktoren der Matrix A genannt.

(4.10.4) Definition: Eine Matrix $A \in M(n; K)$ ist in Frobeniusscher Normalform [nach G. Frobenius], wenn es ein $h \in \mathbb{N}$ und normierte Polynome positiven Grades $f_1, \ldots, f_h \in K[T]$ mit $f_1 \mid f_2 \mid \cdots \mid f_h$ so gibt, daß
$$A = F(f_1, \ldots, f_h).$$

(4.10.5) Satz: *Es sei* $A \in M(n; K)$. *Dann ist* A *zu genau einer Matrix* $F(f_1, \ldots, f_h) \in M(n; K)$ *in Frobeniusscher Normalform ähnlich, und* $f_1, \ldots, f_h$ *sind die invarianten Faktoren von* A.

Beweis [Existenz]: Es seien $f_1, \ldots, f_h \in K[T]$ mit $f_1 \mid f_2 \mid \cdots \mid f_h$ die invarianten Faktoren von A. Dann ist die charakteristische Matrix $TE_n - A$ von A zu der Matriz $C(f_1, \ldots, f_h) \in M(n, R)$ unimodular äquivalent [vgl. (4.10.3)]. Nach (4.10.2) ist $TE_n - F(f_1, \ldots, f_h)$ ebenfalls zu $C(f_1, \ldots, f_h)$ unimodular äquivalent. Daher sind die Matrizen A und $F(f_1, \ldots, f_h)$ ähnlich [vgl. (4.8.16)].
[Einzigkeit]: Es seien $g_1, \ldots, g_k \in K[T]$ normierte Polynome positiven Grades mit $g_1 \mid g_2 \mid \cdots \mid g_k$ und mit $\deg(g_1) + \cdots + \deg(g_k) = n$, und es gelte: A und $F(g_1, \ldots, g_k)$ sind ähnlich. Dann sind die Matrizen $TE_n - A$ und $TE_n - F(g_1, \ldots, g_k)$ unimodular äquivalent [vgl. (4.8.16)]. Die Matrizen $TE_n - F(g_1, \ldots, g_k)$ und $C(g_1, \ldots, g_k)$ sind unimodular äquivalent [vgl. (4.10.2)]. Es ist $C(g_1, \ldots, g_k)$ eine Matrix in Smithscher Normalform, und daher sind $g_1, \ldots, g_k$ die invarianten Faktoren von A, also gilt $h = k$ und $f_1 = g_1, \ldots, f_h = g_h$.

(4.10.6) Smithsche und Frobeniussche Normalform: Es sei $A = (\alpha_{ij}) \in M(n; K)$, und es seien $U, V \in M(n; R)$ unimodulare Matrizen so, daß die Matrix $U(TE_n - A)V$ in Smithscher Normalform ist, daß also
$$U(TE_n - A)V = \operatorname{diag}(f_1, \ldots, f_n)$$
mit normierten Polynomen $f_1, \ldots, f_n$, für die $f_1 \mid f_2 \mid \cdots \mid f_n$ und $\deg(f_1 \cdots f_n) = n$ gilt. Es gibt genau ein $t \in \{1, \ldots, n-1\}$ mit $f_1 = \cdots = f_t = 1$ und mit $\deg(f_{t+j}) \geq 1$ für jedes $j \in \{1, \ldots, n-t\}$. Dann sind $f_{t+1}, \ldots, f_n$ die invarianten Faktoren von A. Für jedes $j \in$

$\{t+1,\ldots,n\}$ sei $m_j = \deg(f_j)$. Dann ist $m_{t+1} + \cdots + m_n = n$. Für jedes $j \in \{t+1,\ldots,n\}$ sei

$$f_j = \gamma_{0j} + \gamma_{1j}T + \cdots + \gamma_{m_j-1,j}T^{m_j-1} + T^{m_j}.$$

Es wird ein $P \in \mathrm{GL}(n; K)$ konstruiert mit

$$P^{-1}AP = \mathrm{diag}(B(f_{t+1}),\ldots,B(f_n)) = F(f_{t+1},\ldots,f_n);$$

die rechts stehende Matrix ist die Frobeniussche Normalform von A.

(1) In Anlehnung an (2.1.6)(2) wird $R^n = M(n,1;R)$ gesetzt; die Spalten von R^n werden mit $\mathbf{g}, \mathbf{h},\ldots$, bezeichnet. Es ist R^n ein K-Vektorraum, und K^n ist ein Unterraum von R^n. Es sei $\{e_1,\ldots,e_n\}$ die Standardbasis von K^n; dann ist $\{T^i e_j \mid i \in \mathbb{N}_0, j \in \{1,\ldots,n\}\}$ eine Basis von R^n.

(2) Die Abbildung $\alpha: R^n \to R^n$ mit $\alpha(\mathbf{g}) = (TE_n - A)\mathbf{g}$ für jedes $\mathbf{g} \in R^n$ ist linear; es wird $W := R^n/\mathrm{im}(\alpha)$ gesetzt, und es sei $\pi: R^n \to W$ die natürliche Abbildung. Dann ist $\ker(\pi) = \mathrm{im}(\alpha)$. Jedes $\mathbf{g} \in R^n$ hat genau eine Darstellung [vgl. (4.8.15)]

$$\mathbf{g} = (TE_n - A)\mathbf{q} + a \quad \text{mit } \mathbf{q} \in R^n \text{ und } a \in K^n;$$

es gilt daher $R^n = \mathrm{im}(\alpha) \oplus K^n$. Ordnet man dem Element $\pi(\mathbf{g}) \in W$ das Element $a \in K^n$ zu, so sieht man [vgl. (2.6.8)]: Die so definierte Abbildung $\varphi: W \to K^n$ ist ein Isomorphismus.

(3) Es sei $S = \mathrm{diag}(f_1,\ldots,f_n)$. Die Abbildung $\alpha': R^n \to R^n$ mit $\alpha'(\mathbf{g}) = S\mathbf{g}$ für jedes $\mathbf{g} \in R^n$ ist linear; es wird $W' := R^n/\mathrm{im}(\alpha')$ gesetzt, und es sei $\pi': R^n \to W'$ die natürliche Abbildung. Dann ist $\ker(\pi') = \mathrm{im}(\alpha')$. Es wird

$$\widetilde{e}_1 = e_{t+1}, \widetilde{e}_2 = Te_{t+1},\ldots,\widetilde{e}_{m_{t+1}} = T^{m_{t+1}-1}e_{t+1},$$
$$\widetilde{e}_{m_{t+1}+1} = e_{t+2}, \widetilde{e}_{m_{t+1}+2} = Te_{t+2},\ldots,\widetilde{e}_{m_{t+1}+m_{t+2}} = T^{m_{t+2}-1}e_{t+2},$$
$$\cdots\cdots\cdots\cdots\cdots\cdots\cdots\cdots\cdots\cdots\cdots\cdots\cdots\cdots\cdots\cdots\cdots\cdots\cdots\cdots$$
$$\widetilde{e}_{n-m_n+1} = e_n, \widetilde{e}_{n-m_n+2} = Te_n,\ldots,\widetilde{e}_n = T^{m_n-1}e_n$$

gesetzt. Die Spalten $\widetilde{e}_1,\ldots,\widetilde{e}_n$ sind linear unabhängig; es sei $\widetilde{W}$ der von diesen Spalten erzeugte Unterraum von R^n, und es sei $\widetilde{\varphi}: \widetilde{W} \to K^n$ die lineare Abbildung mit $\widetilde{\varphi}(\widetilde{e}_i) = e_i$ für jedes $i \in \{1,\ldots,n\}$. $\widetilde{\varphi}$ ist ein Isomorphismus.

Jedes $\mathbf{g} \in R^n$ hat genau eine Darstellung

$$\mathbf{g} = S\mathbf{q} + \widetilde{w} \quad \text{mit } \mathbf{q} \in R^n \text{ und } \widetilde{w} \in \widetilde{W}$$

10 Normalformen von Matrizen 259

[man schreibt jede Komponente g_i, $i \in \{1,\ldots,n\}$, von $\mathbf{g}$ in der Form $g_i = q_i f_i + r_i$ mit $q_i, r_i \in R$ und mit $\deg(r_i) < \deg(f_i)$ und beachtet $f_1 = \cdots = f_t = 1$]; es gilt daher $R^n = \operatorname{im}(\alpha') \oplus \widetilde{W}$. Ordnet man dem Element $\pi'(\mathbf{g}) \in W'$ das Element $\widetilde{w} \in \widetilde{W}$ zu, so sieht man [vgl. (2.6.8)]: Die so definierte Abbildung $\widetilde{\varphi}': W' \to \widetilde{W}$ ist ein Isomorphismus. Es wird $\varphi' := \widetilde{\varphi} \circ \widetilde{\varphi}'$ gesetzt; $\varphi': W' \to K^n$ ist ein Isomorphismus.

(4) Es sei $\mu: R^n \to R^n$ die lineare Abbildung $\mathbf{g} \mapsto U\mathbf{g}: R^n \to R^n$. Weil U unimodular ist, ist μ ein Isomorphismus. Es gilt $\mu(\ker(\pi)) = \ker(\pi')$. Beweis: Es sei $\mathbf{q} \in R^n$. Dann gilt $\mu(\ker(\pi)) \subset \ker(\pi')$, denn es ist

$$\mu((TE_n - A)\mathbf{q}) = U(TE_n - A)\mathbf{q} = S(V^{-1}\mathbf{q}) \subset \ker(\pi').$$

Aus $S\mathbf{q} = U(TE_n - A)V\mathbf{q} = \mu((TE_n - A)V\mathbf{q})$ und $(TE_n - A)V\mathbf{q} \in \ker(\pi)$ folgt $\ker(\pi') \subset \mu(\ker(\pi))$.
Es sei $\overline{\mu}: W \to W'$ die lineare Abbildung mit $\overline{\mu} \circ \pi = \pi' \circ \mu$ [vgl. Aufgabe A(2.6.1)]; $\overline{\mu}$ ist ein Isomorphismus.

(5) Es sei $\nu: R^n \to R^n$ die lineare Abbildung $\mathbf{f} \mapsto \operatorname{diag}(T,\ldots,T)\mathbf{f}: R^n \to R^n$. Es gilt $\mu \circ \nu = \nu \circ \mu$, und es gilt $\nu(\ker(\pi)) \subset \ker(\pi)$; es sei $\overline{\nu}: W \to W$ die lineare Abbildung mit $\overline{\nu} \circ \pi = \pi \circ \nu$ [vgl. Aufgabe A(2.6.1)]. Es gilt $\nu(\ker(\pi')) \subset \ker(\pi')$; es sei $\overline{\nu}': W' \to W'$ die lineare Abbildung mit $\overline{\nu}' \circ \pi' = \pi' \circ \nu$. Es ist klar, daß

$$\overline{\mu} \circ \overline{\nu} = \overline{\nu}' \circ \overline{\mu}.$$

(6) Es sei $\omega: K^n \to K^n$ die lineare Abbildung $x \mapsto Ax$, und es sei $\omega': K^n \to K^n$ die lineare Abbildung $x \mapsto \operatorname{diag}(B(f_{t+1}),\ldots,B(f_n))x$.
(a) Es gilt

$$\omega \circ \varphi = \varphi \circ \overline{\nu}.$$

Beweis: Es sei $\mathbf{g} \in R^n$. Dann gibt es Spalten $\mathbf{q} \in R^n$ und $a \in K^n$ mit $\mathbf{g} = (TE_n - A)\mathbf{q} + a$ [vgl. (2)]. Es gilt $\omega(\varphi(\pi(\mathbf{g}))) = \omega(a) = Aa$ und $\varphi(\overline{\nu}(\pi(\mathbf{g}))) = \varphi(\pi(\nu(\mathbf{g}))) = \varphi(\pi((TE_n - A)(T\mathbf{q} + a) + Aa)) = Aa$.
(b) Es gilt

$$\omega' \circ \varphi' = \varphi' \circ \overline{\nu}'.$$

Beweis: Es sei $\mathbf{g} \in R^n$; dann gibt es $\mathbf{q} \in R^n$ und $\widetilde{w} \in \widetilde{W}$ mit $\mathbf{g} = S\mathbf{q} + \widetilde{w}$. Es sei

$$\widetilde{w} = \sum_{i=t+1}^{n} \sum_{j=1}^{m_i} \lambda_{ij} T^{j-1} e_i \quad \text{mit } \lambda_{t+1,1},\ldots,\lambda_{n,m_n} \in K.$$

Dann ist

$$\varphi'(\pi'(\mathbf{g})) = \widetilde{\varphi}(\widetilde{w}) =$$
$${}^t(\lambda_{t+1,1},\ldots,\lambda_{t+1,m_{t+1}},\lambda_{t+2,1},\ldots,\lambda_{t+2,m_{t+2}},\ldots,\lambda_{n1},\ldots,\lambda_{n,m_n});$$

$\omega'(\widetilde{\varphi}(\widetilde{w}))$ besteht aus $n - t$ Blöcken $x_{t+1} \in K^{m_{t+1}},\ldots,x_n \in K^{m_n}$, und zwar ist

$$x_i = B(f_i)\,{}^t(\lambda_{i1},\ldots,\lambda_{i,m_i}) \quad \text{für jedes } i \in \{t+1,\ldots,n\}.$$

Für jedes $i \in \{t+1,\ldots,n\}$ ist die i-te Zeile von $\overline{\nu}'(\pi'(\mathbf{g})) = \pi'(\nu(\widetilde{w}))$

$$-\lambda_{i,m_i}\gamma_{0i} + (\lambda_{i1} - \lambda_{i,m_i}\gamma_{1i})T + \cdots + (\lambda_{i,m_i-1} - \lambda_{i,m_i}\gamma_{m_i-1,i})T^{m_i-1},$$

und daher besteht $\varphi'(\overline{\nu}'(\pi'(\mathbf{g})))$ aus $n - t$ Blöcken $x'_{t+1} \in K^{m_{t+1}},\ldots,$ $x'_n \in K^{m_n}$, und zwar ist

$$x'_i = B(f_i)\,{}^t(\lambda_{i1},\ldots,\lambda_{i,m_i}) \quad \text{für jedes } i \in \{t+1,\ldots,n\}.$$

Es gilt daher $x_i = x'_i$ für jedes $i \in \{t+1,\ldots,n\}$. Damit ist die Behauptung bewiesen.

(7) In (4), (5) und (6) ist also gezeigt worden, daß in dem folgenden Diagramm

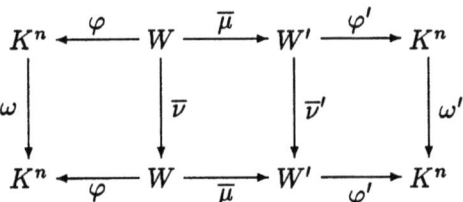

jedes Quadrat „kommutativ" ist.

(8) Es sei $\psi\colon K^n \to K^n$ die lineare Abbildung mit

$$\psi \circ \varphi' \circ \overline{\mu} = \varphi \qquad (*)$$

[man beachte, daß $\varphi\colon W \to K^n$, $\overline{\mu}\colon W \to W'$ und $\varphi'\colon W' \to K^n$ Isomorphismen sind]. Es sei P die Matrix von ψ zu der Standardbasis von K^n. Es wird gezeigt:

$$P^{-1}AP = \operatorname{diag}(B(f_{t+1}),\ldots,B(f_n)).$$

10 Normalformen von Matrizen 261

Beweis: Es sei $x \in K^n$; es gibt genau ein $y \in W'$ mit $\varphi'(y) = x$. Dann ist

$$\begin{aligned}
APx &= \omega(\psi(x)) = \omega(\psi(\varphi'(y))) \\
&\stackrel{(*)}{=} \omega(\varphi(\overline{\mu}^{-1}(y))) \stackrel{(6a)}{=} \varphi(\overline{\nu}(\overline{\mu}^{-1}(y))) \\
&\stackrel{(5)}{=} \varphi(\overline{\mu}^{-1}(\overline{\nu}'(y))) \stackrel{(*)}{=} \psi(\varphi'(\overline{\nu}'(y))) \\
&\stackrel{(6b)}{=} \psi(\omega'(\varphi'(y))) = \psi(\omega'(x)) \\
&= P\,\mathrm{diag}(B(f_{t+1}),\ldots,B(f_n))x.
\end{aligned}$$

(9) Hat man – etwa mittels des Verfahrens aus (4.8.11) – unimodulare Matrizen $U, V \in M(n;R)$ mit $U(TE_n - A)V = \mathrm{diag}(f_1,\ldots,f_n)$ berechnet, so kann man aus U alleine – ohne Kenntnis von V – eine Matrix $P \in \mathrm{GL}(n;K)$ so bestimmen, daß $P^{-1}AP$ die Frobeniussche Normalform von A ist.

(4.10.7) In Maple sind im linalg-Package ein Algorithmus zur Bestimmung der Smithschen Normalform, der Frobeniusschen Normalform und der Jordanschen Normalform implementiert. Andere Algorithmen hierzu sind in der share-Library von Maple [unter share/linalg/normform] implementiert; das oben vorgestellte Verfahren, aus der Smithschen Normalform der charakteristischen Matrix von $A \in M(n;K)$ die Frobeniussche Normalform von A zu gewinnen, geht hierauf zurück.

(4.10.8) **Definition:** Eine Matrix der Form

$$F(g_1,\ldots,g_h) = \mathrm{diag}(B(g_1),\ldots,B(g_h)),$$

in der $g_1,\ldots,g_h$ Potenzen von normierten, irreduziblen Polynomen sind, heißt eine Matrix in Weierstraßscher Normalform [nach K. Weierstraß, 1815 – 1897].

(4.10.9) **Hilfssatz:** *Es sei $\varphi \in \mathrm{End}_K(V)$, und es sei $x \in V$. Es sei der φ-Annullator von x ein Produkt $f_1 \cdots f_t$ von normierten, paarweise teilerfremden Polynomen $f_1,\ldots,f_t \in K[T]$ von positivem Grad.*
(1) *Es gibt $x_1,\ldots,x_t \in V$ mit $\langle x \rangle_\varphi = \langle x_1 \rangle_\varphi \oplus \cdots \oplus \langle x_t \rangle_\varphi$ und mit $f_i = \mathrm{Ann}_\varphi(x_i)$ für jedes $i \in \{1,\ldots,t\}$.*
(2) *Die Matrizen $F(f_1 \cdots f_t)$ und $F(f_1,\ldots,f_t)$ sind ähnlich.*

Beweis: Für jedes $i \in \{1,\ldots,t\}$ sei $g_i \in K[T]$ das Polynom mit $g_i f_i = f_1 \cdots f_t$. Dann sind $g_1,\ldots,g_t$ teilerfremd [vgl. Aufgabe A(4.2.4)], also

gibt es $u_1, \ldots, u_t \in K[T]$ mit $1 = u_1 g_1 + \cdots + u_t g_t$ [vgl. (4.2.12)(3)].
Es wird $x_i = u_i(\varphi) g_i(\varphi)(x)$ für jedes $i \in \{1, \ldots, t\}$ gesetzt. Dann ist
$x = x_1 + \cdots + x_t$, also gilt $\langle x \rangle_\varphi = \langle x_1 \rangle_\varphi + \cdots + \langle x_t \rangle_\varphi$.
(a) Für jedes $i \in \{1, \ldots, t\}$ wird $k_i = \text{Ann}_\varphi(x_i)$ gesetzt. Für jedes $i \in \{1, \ldots, t\}$ gilt $f_i g_i = \text{Ann}_\varphi(x)$, also gilt $f_i(\varphi)(x_i) = 0$, also gilt $k_i \mid f_i$.
Es gilt $k_1(\varphi) \cdots k_t(\varphi)(x) = 0$, also gilt $f_1 \cdots f_t \mid k_1 \cdots k_t$. Hieraus folgt $k_i = f_i$ für jedes $i \in \{1, \ldots, t\}$.
(b) Es seien $y_1 \in \langle x_1 \rangle_\varphi, \ldots, y_t \in \langle x_t \rangle_\varphi$, und es gelte $y_1 + \cdots + y_t = 0$.
Für jedes $i \in \{1, \ldots, t\}$ gibt es ein $v_i \in K[T]$ mit $y_i = v_i(\varphi)(x_i)$. Es sei $i \in \{1, \ldots, t\}$. Für jedes $j \in \{1, \ldots, t\}$ mit $j \neq i$ kommt f_j in $g_i g_j$ als Faktor vor, daher ist $g_i(\varphi)(x_j) = 0$ nach (a), also ist $g_i(\varphi)(v_j(\varphi)(x_j)) = 0$.
Folglich ist auch $g_i(\varphi)(v_i(\varphi)(x_i)) = 0$, also gilt $f_i \mid g_i v_i$, und wegen $\text{ggT}(f_i, g_i) = 1$ folgt $f_i \mid v_i$ [vgl. (4.2.31)(1)], also $y_i = v_i(\varphi)(x_i) = 0$.
Daher ist die Summe $\langle x_1 \rangle_\varphi + \cdots + \langle x_t \rangle_\varphi$ direkt [vgl. (2.5.4)].
(c) Damit ist (1) bewiesen; mittels (4.9.3) und (4.3.7)(2) folgt damit (2).

(4.10.10) Satz: *Es sei $A \in M(n; K)$.*
(1) *Es gibt normierte Polynome $g_1, \ldots, g_k \in K[T]$, welche positive Potenzen von normierten irreduziblen Polynomen sind, so daß A zu der Matrix $F(g_1, \ldots, g_k)$ ähnlich ist.*
(2) *Es seien $g_1', \ldots, g_l' \in K[T]$ normierte Polynome, welche positive Potenzen von irreduziblen Polynomen sind. Ist A zu $F(g_1', \ldots, g_l')$ ähnlich, so ist $k = l$, und nach einer Umnumerierung der Polynome $g_1', \ldots, g_k'$ gilt $g_i = g_i'$ für jedes $i \in \{1, \ldots, k\}$.*

Diser Satz besagt also: A ist zu einer Matrix $F(g_1, \ldots, g_k)$ in Weierstraßscher Normalform ähnlich, und die Polynome $g_1, \ldots, g_k$ sind durch A eindeutig bestimmt.
Beweis [Existenz]: Es seien $f_1, \ldots, f_h$ die invarianten Faktoren von A. Für jedes $i \in \{1, \ldots, h\}$ sei $f_i = \prod_{j=1}^{r_i} p_{ij}^{e_{ij}}$ die Primzerlegung von $f_i \in K[T]$, und es sei $n_i = \deg(f_i)$. Es sei $i \in \{1, \ldots, h\}$; die Matrizen $F(f_i)$ und $F(p_{i1}^{e_{i1}}, \ldots, p_{ir_i}^{e_{ir_i}})$ sind ähnlich [vgl. (4.10.9)(2)], also gibt es ein $P_i \in \text{GL}(n_i; K)$ mit $F(f_i) = P_i^{-1} F(p_{i1}^{e_{i1}}, \ldots, p_{ir_i}^{e_{ir_i}}) P_i$. Es wird $P := \text{diag}(P_1, \ldots, P_h)$ gesetzt. Dann ist $P \in \text{GL}(n; K)$, und es gilt

$$F(f_1, \ldots, f_h) = P^{-1} F(p_{11}^{e_{11}}, \ldots, p_{hr_h}^{e_{hr_h}}) P.$$

[Einzigkeit]: Es werden die Primpolynompotenzen $p_{11}^{e_{11}}, \ldots, p_{hr_h}^{e_{hr_h}}$ durchnumeriert als $g_1, \ldots, g_k$. Es wird $u_1 = \text{kgV}(g_1, \ldots, g_k)$ gesetzt. Nach einer geeigneten Umnumerierung der $g_1, \ldots, g_k$ gilt $u_1 = g_1 \cdots g_{l_1}$ mit einem $l_1 \in \{1,\ldots,k\}$; hierbei sind $g_1,\ldots,g_{l_1}$ paarweise teilerfremd. Es gelte $l_1 < k$. Dann wird $u_2 = \mathrm{kgV}(g_{l_1+1},\ldots,g_k)$ gesetzt. Nach einer Umnumerierung der $g_{l_1+1},\ldots,g_k$ gilt $u_2 = g_{l_1+1}\cdots g_{l_2}$ mit einem $l_2 \in \{l_1+1,\ldots,k\}$. Setzt man dieses Verfahren fort, so erhält man normierte Polynome $u_1,\ldots,u_m \in K[T]$ mit: Für jedes $i \in \{1,\ldots,m\}$ ist $u_i = g_{l_{i-1}+1}\cdots g_{l_i}$, die Polynome $g_{l_{i-1}+1},\ldots,g_{l_i}$ sind paarweise teilerfremd, und es gelten $u_m \mid u_{m-1} \mid \cdots \mid u_1$ sowie $u_1\cdots u_m = g_1\cdots g_k$. [Hier ist $l_0 = 1$ und $l_m = k$.] Es ist klar, daß man aus der Kenntnis der $u_1,\ldots,u_m$ – bis auf die Reihenfolge – die ursprünglichen $g_1,\ldots,g_k$ zurückgewinnen kann [man betrachte die Primzerlegungen der $u_1,\ldots,u_m$]. Für jedes $i \in \{1,\ldots,m\}$ sind $F(u_i)$ und $F(g_{l_{i-1}+1},\ldots,g_{l_i})$ ähnlich [vgl. (4.10.9)], also sind auch $F(u_1,\ldots,u_m)$ und $F(g_1,\ldots,g_k)$ ähnlich. Daher sind A und $F(u_1,\ldots,u_m)$ ähnlich. Nun ist $F(u_m,\ldots,u_1)$ eine zu A ähnliche Matrix in Frobeniusscher Normalform, und folglich sind $u_m,\ldots,u_1$ die invarianten Faktoren von A [vgl. (4.10.5)]. Daher ist die Weierstraßsche Normalform von A eindeutig bestimmt.

(4.10.11) Die bis auf die Reihenfolge eindeutig bestimmten Polynome $g_1,\ldots,g_h$ in (4.10.10) heißen die Weierstraßschen Elementarteiler von A. Sie ändern sich im allgemeinen bei einem Übergang zu einem Erweiterungskörper L von K [man beachte, daß bei einem solchen Übergang die Elementar- und Determinantenteiler von A sich nicht ändern, vgl. (4.8.19)(2)].

(4.10.12) Definition: Es seien $p_1,\ldots,p_t$ paarweise verschiedene, normierte, irreduzible Polynome, und für jedes $\tau \in \{1,\ldots,t\}$ seien $e_{\tau 1} \geq e_{\tau 2} \geq \cdots \geq e_{\tau h_\tau}$ natürliche Zahlen. Die Matrix

$$\mathrm{Jrat}((p_1;e_{11},\ldots,e_{1h_1}),\ldots,(p_t;e_{t1},\ldots,e_{th_t})) :=$$
$$\mathrm{diag}(\mathrm{ratj}(p_1,e_{11}),\ldots,\mathrm{ratj}(p_1,e_{1h_1}),\ldots,\mathrm{ratj}(p_t,e_{t1}),\ldots,\mathrm{ratj}(p_t,e_{th_t}))$$

heißt eine Matrix in rationaler Jordanscher Normalform [nach C. Jordan].

(4.10.13) Satz: *Es sei $A \in M(n;K)$. Dann ist A zu einer Matrix in rationaler Jordanscher Normalform ähnlich. Diese ist im wesentlichen eindeutig bestimmt: Ist A ähnlich zu*

$$\mathrm{Jrat}((p_1;e_{11},\ldots,e_{1h_1}),\ldots,(p_t;e_{t1},\ldots,e_{th_t})),$$

so sind $p_1,\ldots,p_t$ die irreduziblen Faktoren des Minimalpolynoms m_A von A, und es gilt $m_A = p_1^{e_{11}}\cdots p_t^{e_{t1}}$.

Beweis: Das folgt unmittelbar aus (4.10.10) und (4.9.7).

11 Direkte Zerlegungen in zyklische Unterräume

(4.11.1) In diesem Paragraphen ist K ein Körper, $K[T]$ ist der Polynomring über K in der Unbestimmten T, $V \neq \{0\}$ ist ein endlichdimensionaler K-Vektorraum, und n ist eine natürliche Zahl.

(4.11.2) Bemerkung: In §10 wurden für Matrizen $A \in M(n; K)$ die Frobeniussche und die Weierstraßsche Normalform hergeleitet. Es sei $\varphi \in \text{End}_K(V)$. In diesem Paragraphen wird gezeigt, daß jede dieser beiden Normalformen zu einer Darstellung von V als eine direkte Summe φ-zyklischer Unterräume führt.

(4.11.3) Satz: *Es sei $\varphi \in \text{End}_K(V)$.*
(1) Es gibt von 0 verschiedene $x_1, \ldots, x_h \in V$ mit

$$V = \langle x_1 \rangle_\varphi \oplus \cdots \oplus \langle x_h \rangle_\varphi \qquad (*)$$

und mit: Wird $f_j := \text{Ann}_\varphi(x_j)$ für jedes $j \in \{1, \ldots, h\}$ gesetzt, so gilt $f_1 \mid f_2 \mid \cdots \mid f_h$.
(2) Es seien $y_1, \ldots, y_k \in V$ von 0 verschieden. Es gelte

$$V = \langle y_1 \rangle_\varphi \oplus \cdots \oplus \langle y_k \rangle_\varphi,$$

und wird $g_l = \text{Ann}_\varphi(y_l)$ für jedes $l \in \{1, \ldots, k\}$ gesetzt, so gelte $g_1 \mid g_2 \mid \cdots \mid g_k$. Dann ist $h = k$, es gilt $f_j = g_j$ für jedes $j \in \{1, \ldots, h\}$, und es gibt einen Automorphismus $\psi: V \to V$ mit $\psi\varphi = \varphi\psi$ und $\psi(x_j) = y_j$ für jedes $j \in \{1, \ldots, h\}$.

Beweis: Es sei $\dim(V) = n$, und es sei $A \in M(n; K)$ die Matrix von φ zu einer geordneten Basis $\{z_1, \ldots, z_n\}$ von V. Es seien $f_1 \mid f_2 \mid \cdots \mid f_h$ die invarianten Faktoren von A, und es sei $n_j = \deg(f_j)$ für jedes $j \in \{1, \ldots, h\}$. Dann ist $n_1 + \cdots + n_h = n$. Nach (4.10.5) gibt es ein $P \in \text{GL}(n; K)$ mit $P^{-1}AP = F(f_1, \ldots, f_h)$. Es wird

$$x_j = \sum_{i=1}^n P[i, n_0 + \cdots + n_{j-1}] z_i \quad \text{für jedes } j \in \{1, \ldots, h\}$$

[mit $n_0 = 1$] gesetzt; dann gilt (*). Aus (4.10.5) folgt $k = h$ und $g_j = f_j$ für jedes $j \in \{1, \ldots, h\}$.

11 Direkte Zerlegungen in zyklische Unterräume 265

Für jedes $j \in \{1, \ldots, h\}$ ist $\{\varphi^{l-1}(x_j) \mid l \in \{1, \ldots, n_j\}\}$ eine Basis von $\langle x_j \rangle_\varphi$, und $\{\varphi^{l-1}(y_j) \mid l \in \{1, \ldots, n_j\}\}$ ist eine Basis von $\langle y_j \rangle_\varphi$ [vgl. (4.9.6)]. Durch die Festsetzung

$$\psi(\varphi^{l-1}(x_j)) = \varphi^{l-1}(y_j) \quad \text{für alle } j \in \{1, \ldots, h\}, l \in \{1, \ldots, n_j\}$$

wird ein Automorphismus ψ von V definiert [vgl. (2.3.13)]. Es wird $\psi\varphi = \varphi\psi$ gezeigt. Zunächst gilt für alle $j \in \{1, \ldots, h\}$ und $l \in \{1, \ldots, n_j - 1\}$

$$\psi\varphi(\varphi^{l-1}(x_j)) = \psi\varphi^l(x_j) = \varphi^l(y_j) = \varphi\psi(\varphi^{l-1}(x_j)).$$

Für jedes $j \in \{1, \ldots, h\}$ gilt

$$\psi\varphi(\varphi^{n_j-1}(x_j)) = \psi(\varphi^{n_j}(x_j)) = \varphi^{n_j}(y_j) = \varphi\psi(\varphi^{n_j-1}(x_j)),$$

denn wird $f_j = \alpha_{0j} + \alpha_{1j}T + \cdots + \alpha_{n_j-1,j}T^{n_j-1} + T^{n_j}$ geschrieben, so folgt aus $f_j(\varphi)(x_j) = f_j(\varphi)(y_j) = 0$, daß

$$\psi\varphi^{n_j}(x_j) = \psi\left(\sum_{l=0}^{n_j-1} -\alpha_{lj}\varphi^l(x_j)\right) = -\sum_{l=0}^{n_j-1} \alpha_{lj}\varphi^l(y_j) = \varphi^{n_j}(y_j)$$

gilt. Damit ist der Satz bewiesen.

(4.11.4) Bezeichnung: Man nennt häufig $f_1, \ldots, f_h$ die invarianten Faktoren von φ. [Zur Berechtigung dieser Bezeichnung vgl. man (4.8.18).] Die invarianten Faktoren von φ sind also die nichtkonstanten Elementarteiler von φ.

(4.11.5) Bemerkung: Mit den Bezeichnungen aus (4.11.3) gilt:
(1) f_h ist das Minimalpolynom von φ.
Beweis: Wegen $f_1 \mid f_2 \mid \cdots \mid f_h$ und $f_i(\varphi)(x_i) = 0$ für jedes $i \in \{1, \ldots, h\}$ gilt $f_h(\varphi)(x_i) = 0$ für jedes $i \in \{1, \ldots, h\}$, also $f_h(\varphi)(x) = 0$ für jedes $x \in V$. Daher ist f_h ein Vielfaches des Minimalpolynoms m_φ von φ. Andererseits ist f_h der φ-Annullator von x_h, und aus $m_\varphi(\varphi)(x_h) = 0$ folgt $f_h \mid m_\varphi$. Daher ist $m_\varphi = f_h$.
(2) Es ist $f_1 \cdots f_h$ das charakteristische Polynom von φ.
Beweis: Für jedes $i \in \{1, \ldots, h\}$ ist f_i das charakteristische Polynom von $\varphi\vert\langle x_i\rangle_\varphi$ [vgl. (4.9.3)], und daher ist $f_1 \cdots f_h$ das charakteristische Polynom von φ [vgl. (4.4.17)].
(3) Aus (1) folgt: Der φ-Annullator von x_h ist das Minimalpolynom von φ.

(4) Für jedes $x \in V$ gilt

$$\dim(\langle x \rangle_\varphi) \leq \deg(m_\varphi), \qquad (*)$$

und es gibt ein $x \in V$ mit $\dim(\langle x \rangle_\varphi) = \deg(m_\varphi)$.
Beweis: Die letzte Aussage folgt aus (2); es ist also nur $(*)$ zu beweisen.
Es sei $x \in V$, und es sei g der φ-Annullator von x. Dann ist $\dim(\langle x \rangle_\varphi) = \deg(g)$ [vgl. (4.9.6)]. Aus $m_\varphi(\varphi)(x) = 0$ folgt $g \mid m_\varphi$, also gilt $\deg(g) \leq \deg(m_\varphi)$.

(4.11.6) Folgerung: *Es sei $\dim(V) = n$, und es sei $\varphi \in \mathrm{End}_K(V)$. Das charakteristische Polynom und das Minimalpolynom von φ haben die gleichen irreduziblen Faktoren, und es gilt $p_\varphi \mid m_\varphi^n$.*

Beweis: Mit den Bezeichnungen aus (4.11.3) gilt: Es ist $f_1 \cdots f_h$ das charakteristische Polynom von φ [vgl. (4.11.5)(2)]. Andererseits ist f_h das Minimalpolynom von φ [vgl. (4.11.5)(1)], und aus $f_j \mid f_h$ für jedes $j \in \{1, \ldots, h\}$ folgt die Behauptung.

(4.11.7) Folgerung: *Es sei $\varphi \in \mathrm{End}_K(V)$. Es ist $V = \langle x \rangle_\varphi$ für ein $x \in V$, genau wenn Minimalpolynom und charakteristisches Polynom von φ übereinstimmen.*

Beweis: (1) Es gelte $m_\varphi = p_\varphi$. Dann ist $\dim(V) = \deg(m_\varphi)$. Nach (4.11.5)(4) gibt es ein $x \in V$ mit $\dim(\langle x \rangle_\varphi) = \deg(m_\varphi)$. Es ist also $\dim(\langle x \rangle_\varphi) = \dim(V)$, also ist $\langle x \rangle_\varphi = V$.
(2) Es gelte $\langle x \rangle_\varphi = V$ für ein $x \in V$. Der φ-Annullator von x ist das charakteristische Polynom von $\langle x \rangle_\varphi$ [vgl. (4.9.3)]; daher gilt $m_\varphi = p_\varphi$.

(4.11.8) Satz: *Es sei $\varphi \in \mathrm{End}_K(V)$, und es sei $m_\varphi = p_1^{e_1} \cdots p_t^{e_t}$ die Primzerlegung des Minimalpolynoms m_φ von φ in $K[T]$. Es gibt $x_{11}, \ldots, x_{1h_1}, \ldots, x_{t1}, \ldots, x_{th_t} \in V \setminus \{0\}$ so, daß gilt: Für jedes $\tau \in \{1, \ldots, t\}$ und $\sigma \in \{1, \ldots, h_\tau\}$ ist $\mathrm{Ann}_\varphi(x_{\tau\sigma}) = p_\tau^{e_{\tau\sigma}}$ mit einem $e_{\tau\sigma} \in \mathbb{N}$. Hierfür gilt $e_\tau = e_{\tau 1} \geq \cdots \geq e_{\tau h_\tau}$ für jedes $\tau \in \{1, \ldots, t\}$. Ferner ist*

$$V = \langle x_{11} \rangle_\varphi \oplus \cdots \oplus \langle x_{1h_1} \rangle_\varphi \oplus \cdots \oplus \langle x_{t1} \rangle_\varphi \oplus \cdots \oplus \langle x_{th_t} \rangle_\varphi.$$

Beweis: Das beweist man mittels (4.10.10) wie in (4.11.3).

(4.11.9) Definition: Es sei $\varphi \in \mathrm{End}_K(V)$. Es wird V φ-zerlegbar genannt, wenn es endlich viele von V und $\{0\}$ verschiedene, φ-invariante

11 Direkte Zerlegungen in zyklische Unterräume

Unterräume $V_1, \ldots, V_h$ von V gibt mit $V = V_1 \oplus \cdots \oplus V_h$. Es wird V φ-unzerlegbar genannt, wenn V nicht φ-zerlegbar ist. Ein φ-invarianter Unterraum $W \neq \{0\}$ von V heißt φ-unzerlegbar, wenn W $\varphi|W$-unzerlegbar ist.

(4.11.10) Satz: *Es sei $\varphi \in \mathrm{End}_K(V)$. Dann ist V φ-unzerlegbar, genau wenn $V = \langle x \rangle_\varphi$ mit einem $x \in V$ gilt und der φ-Annullator von x eine positive Potenz eines normierten, irreduziblen Polynoms in $K[T]$ ist.*

Beweis: (1) Es sei $V = \langle x \rangle_\varphi$, und der φ-Annullator von x habe die Form p^e mit einem normierten, irreduziblen Polynom $p \in K[T]$ und einer natürlichen Zahl e. Es wird angenommen, daß $V = U_1 \oplus U_2$ mit von Null verschiedenen, φ-invarianten Unterräumen U_1, U_2 von V gilt. Es sei q_1 das Minimalpolynom von $\varphi|U_1$, und es sei q_2 das Minimalpolynom von $\varphi|U_2$. Nach (4.4.6) gilt $q_1 \mid p^e$, $q_2 \mid p^e$, also gibt es natürliche Zahlen $e_1 \leq e$, $e_2 \leq e$ mit $q_1 = p^{e_1}$, $q_2 = p^{e_2}$. Ohne Einschränkung kann $e_2 \leq e_1$ angenommen werden. Nun ist $p^e = \mathrm{kgV}(p^{e_1}, p^{e_2})$ [vgl. (4.4.7)], also gilt $q_1 = p^e$. Es ist also p^e die kleinste Potenz von p mit $p(\varphi)^e(y) = 0$ für jedes $y \in U_1$; daher gibt es ein $x_1 \in U_1$, dessen φ-Annullator gerade p^e ist. Wegen $x_1 \in \langle x \rangle_\varphi$ gibt es ein $f \in K[T]$ mit $x_1 = f(\varphi)(x)$ [vgl. (4.3.6)(4)]. Es gilt $p \nmid f$ [andernfalls wäre $f = pf_1$ mit einem $f_1 \in K[T]$, und es folgte $p(\varphi)^{e-1}(x_1) = f_1(\varphi)(p(\varphi)^e(x)) = 0$ im Widerspruch zur Wahl von x_1]. Daher sind p^e und f teilerfremd; es gibt also $p_1, f_1 \in K[T]$ mit $1 = p_1 p^e + f_1 f$ [vgl. (4.2.12)(3)]. Folglich ist $x = f_1(\varphi)(f(\varphi)(x)) = f_1(\varphi)(x_1) \in U_1$, also gilt $V \subset U_1$, und daher ist $V = U_1$, also gilt $U_2 = \{0\}$, im Widerspruch zur Voraussetzung.

(2) Es sei V φ-unzerlegbar. Nach (4.11.8) ist V die direkte Summe von φ-invarianten Unterräumen der Form $\langle x \rangle_\varphi$, wobei $x \neq 0$ gilt und $\mathrm{Ann}_\varphi(x)$ Potenz eines normierten, irreduziblen Polynoms in $K[T]$ ist. Solche Unterräume sind nach (1) φ-unzerlegbar, also gilt $V = \langle x \rangle_\varphi$ und m_φ ist Potenz eines normierten, irreduziblen Polynoms in $K[T]$.

(4.11.11) Satz: *Es sei $\varphi \in \mathrm{End}_K(V)$.*
(1) Es gibt φ-unzerlegbare Unterräume $U_1, \ldots, U_h$ von V mit

$$V = U_1 \oplus \cdots \oplus U_h. \tag{$*$}$$

(2) Sind auch $W_1, \ldots, W_k$ φ-unzerlegbare Unterräume von V mit $V = W_1 \oplus \cdots \oplus W_k$, so ist $h = k$, und es gibt eine Umnummerierung der Unterräume $W_1, \ldots, W_h$ so, daß $m_{\varphi|U_i} = m_{\varphi|W_i}$ für jedes $i \in \{1, \ldots, h\}$ gilt.

Ferner gibt es einen Automorphismus ψ von V mit $\varphi\psi = \psi\varphi$ und mit $\psi(U_i) = W_i$ für jedes $i \in \{1,\ldots,h\}$.

Beweis: (1) Nach (4.11.8) und (4.11.10) ist V eine endliche direkte Summe φ-unzerlegbarer Unterräume von V.

(2) Es sei Z ein φ-unzerlegbarer Unterraum von V. Dann ist $Z = \langle x \rangle_\varphi$ mit einem $x \in Z$, und hierbei gilt $\text{Ann}_\varphi(x) = p^e$ mit einem normierten, irreduziblen Polynom $p \in K[T]$ vom Grad s und einem $e \in \mathbb{N}$. Die Matrix von $\varphi|Z$ zu der Basis $\{\varphi^{l-1}(x) \mid l \in \{1,\ldots,se-1\}\}$ von Z ist die Begleitmatrix $B(p^e)$. Daher liefert die Zerlegung $V = U_1 \oplus \cdots \oplus U_h$ in $(*)$ eine Basis von V so, daß die Matrix von φ zu dieser Basis eine Matrix in Weierstraßscher Normalform ist. Aus (4.10.10) folgt dann der erste Teil von (2). Den Beweis des zweiten Teils von (2) kann man wie den entsprechenden Beweis von (4.11.8) führen.

(4.11.12) Bemerkung: Es sei $\varphi \in \text{End}_K(V)$, und es sei das Minimalpolynom m_φ von φ von der Form p^e mit einem normierten, irreduziblen Polynom $p \in K[T]$ vom Grad s und einem $e \in \mathbb{N}$. Es sei $V = W_1 \oplus \cdots \oplus W_h$ die Zerlegung von V in eine direkte Summe φ-unzerlegbarer Unterräume $W_1 = \langle x_1 \rangle_\varphi, \ldots, W_h = \langle x_h \rangle_\varphi$ von V [vgl. (4.11.11)]. Für jedes $i \in \{1,\ldots,h\}$ gilt dann $\text{Ann}_\varphi(x_i) = p^{e_i}$ mit einem $e_i \in \mathbb{N}$ [vgl.(4.11.10)]; es wird die Numerierung so gewählt, daß $e_1 \geq \cdots \geq e_h$ gilt. Hierbei ist dann $e_1 = e$. Für jedes $j \in \{1,\ldots,e\}$ wird

$$\nu(j) = \#(\{i \in \{1,\ldots,h\} \mid e_i = j\})$$

gesetzt; dann gilt

$$\nu(j) = \frac{1}{s}\left(\text{rang}(p(\varphi)^{j-1}) - 2\,\text{rang}(p(\varphi)^j) + \text{rang}(p(\varphi)^{j+1})\right). \quad (*)$$

Beweis: (a) Das kleinste gemeinsame Vielfache der φ-Annullatoren von $x_1,\ldots,x_h$ ist das Minimalpolynom $m_\varphi = p^e$ von φ [vgl. (4.4.7)], also tritt p^e als φ-Annullator eines der $x_1,\ldots,x_h$ auf, und daher ist $e_1 = e$.
(b) Es sei $i \in \{1,\ldots,h\}$. Für jedes $j \in \mathbb{N}_0$ wird $U_{ij} = \ker(p(\varphi)^j|\langle x_i \rangle_\varphi)$ gesetzt. Dann gilt $\{0\} = U_{i0} \subset U_{i1} \subset \cdots \subset U_{ie_i} = U_{ie_i+1} = \cdots$. Nach (4.9.4) ist $\{p(\varphi)^j \varphi^\sigma(x_i) \mid j \in \{0,\ldots,e_i-1\}, \sigma \in \{0,\ldots,s-1\}\}$ eine Basis von U_{i,e_i}. Es sei $j \in \{0,\ldots,e_i-1\}$. Die s linear unabhängigen Elemente $p(\varphi)^j(x_i),\ldots,\varphi^{s-1}p(\varphi)^j(x_i)$ liegen in U_{i,e_i-j}. Daher gilt [vgl. (4.6.9)(3)] $\dim(U_{i,e_i-j}) - \dim(U_{i,e_i-j-1}) \leq s$. Wegen

$$se_i = \dim(U_{ie_i}) = (\dim(U_{ie_i}) - \dim(U_{i,e_i-1})) + \cdots + (\dim(U_{i1}) - \dim(U_{i0}))$$

11 Direkte Zerlegungen in zyklische Unterräume 269

folgt $\dim(U_{i,e_i-j}) - \dim(U_{i,e_i-j-1}) = s$. Für jedes $j \in \mathbb{N}$ gilt also

$$\dim(U_{ij}) - \dim(U_{i,j-1}) = \begin{cases} s, & \text{falls } j \in \{1,\ldots,e_i\}, \\ 0, & \text{sonst.} \end{cases}$$

Weiterhin gilt $\ker(p(\varphi)^j) = U_{1j} \oplus \cdots \oplus U_{hj}$ für jedes $j \in \mathbb{N}_0$. Für jedes $j \in \{1,\ldots,e\}$ gilt daher

$$\frac{1}{s}\bigl(\dim(\ker(p(\varphi)^j)) - \dim(\ker(p(\varphi)^{j-1}))\bigr) = \#(\{i \in \{1,\ldots,h\} \mid e_i \geq j\}).$$

(c) Für jedes $j \in \{1,\ldots,e\}$ gilt

$$\nu(j) + \nu(j+1) + \cdots + \nu(e) = \frac{1}{s}\bigl(\dim(\ker(p(\varphi)^j)) - \dim(\ker(p(\varphi)^{j-1}))\bigr).$$

Nach (2.3.9) gilt $\dim(V) = \dim(\ker(p(\varphi)^j)) + \operatorname{rang}(p(\varphi)^j)$ für jedes $j \in \mathbb{N}_0$, also gilt für jedes $j \in \mathbb{N}$

$$\dim(\ker(p(\varphi)^j)) - \dim(\ker(p(\varphi)^{j-1})) = \operatorname{rang}(p(\varphi)^{j-1}) - \operatorname{rang}(p(\varphi)^j).$$

Hieraus erhält man

$$\nu(e) = \frac{1}{s}\bigl(\operatorname{rang}(p(\varphi)^{e-1}) - \operatorname{rang}(p(\varphi)^e)\bigr),$$

und für $j = e-1,\ldots,1$ durch Rekursion

$$\nu(j) = \frac{1}{s}\bigl(\operatorname{rang}(p(\varphi)^{j-1}) - 2\operatorname{rang}(p(\varphi)^j) + \operatorname{rang}(p(\varphi)^{j+1})\bigr).$$

Das ist die zu beweisende Formel.
Ist insbesondere $p = T - \lambda$ mit einem $\lambda \in K$, so erhält man das in (4.6.12) bewiesene Resultat.

Aufgaben

A(4.11.1) Es sei $\varphi \in \operatorname{End}_K(V)$, und es sei $m_\varphi = p_1^{e_1} \cdots p_r^{e_r}$ die Primzerlegung des Minimalpolynoms von φ.
(a) Man zeige $\ker(p_i(\varphi)^j) = \{x \in \ker(p_i(\varphi)^{e_i}) \mid p_i(\varphi)^j(x) = 0\}$ für alle $j \in \mathbb{N}$ und $i \in \{1,\ldots,r\}$.
(b) Man formuliere und beweise ein zu (4.6.20)(1)(b) analoges Resultat.

A(4.11.2) Es sei $\dim(V) = n$, es sei $\varphi \in \mathrm{End}_K(V)$ nilpotent, und es sei $V = \langle x_1 \rangle_\varphi \oplus \cdots \oplus \langle x_r \rangle_\varphi$ die Zerlegung von V in eine direkte Summe φ-zyklischer Unterräume [vgl. (4.11.12)]. Für jedes $i \in \{1, \ldots, r\}$ sei $m_i = \dim(\langle x_i \rangle_\varphi)$.
(1) Es sei $i \in \{1, \ldots, r\}$. Man zeige: $\{y_{i1}, \ldots, y_{im_i}\}$ mit $y_{ij} = \varphi^{m_i - j}(x_i)$ für jedes $j \in \{1, \ldots, m_i - 1\}$ ist eine Basis von $\langle x_i \rangle_\varphi$, und man bestimme die Matrix von $\varphi \mid \langle x_i \rangle_\varphi$ zu dieser Basis von $\langle x \rangle_\varphi$.
(2) Man zeige: $\{\varphi^{m_1-1}(x_1), \ldots, \varphi^{m_r-1}(x_r)\}$ ist eine Basis von $\ker(\varphi)$.

A(4.11.3) Es sei $\varphi \in \mathrm{End}_K(V)$. Man zeige, daß die folgenden Aussagen äquivalent sind.
(i) p_φ ist irreduzibel.
(ii) $\{0\}$ und V sind die einzigen φ-invarianten Unterräume von V.
(iii) Für jedes $x \in V$, $x \neq 0$, gilt $V = \langle x \rangle_\varphi$.

A(4.11.4) Es sei $\varphi \in \mathrm{End}_K(V)$, und es sei $m_\varphi = p_1^{e_1} \cdots p_t^{e_t}$ die Primzerlegung des Minimalpolynoms m_φ von φ in $K[T]$. Für jedes $i \in \{1, \ldots, t\}$ wird $W_i = \ker(p_i(\varphi)^{e_i})$ gesetzt. Man zeige:
(1) Es ist $V = W_1 \oplus \cdots \oplus W_t$, und die Unterräume $W_1, \ldots, W_t$ von V sind φ-invariant.
(2) Für jedes $i \in \{1, \ldots, t\}$ ist $p_i^{e_i}$ das Minimalpolynom von $\varphi \mid W_i$.
[Hinweis: Man verwende (4.11.8).]
Man nennt die in dieser Aufgabe gewonnene Zerlegung von V die Primärzerlegung von V zu φ; für jedes $i \in \{1, \ldots, t\}$ heißt die Projektion π_i von V auf W_i eine zu der Primärzerlegung von V gehörige Projektion.
Zerfällt φ in $K[T]$ in Linearfaktoren, gilt also für jedes $i \in \{1, \ldots, t\}$ $p_i = T - \lambda_i$ mit einem $\lambda_i \in K$, so ist die Primärzerlegung von V zu φ die in (4.6.15) hergeleitete Zerlegung von V.

A(4.11.5) Es sei

$$A = \begin{pmatrix} -5 & 5 & -8 & 0 \\ 19 & -18 & 32 & 16 \\ 15 & -15 & 26 & 10 \\ 0 & 0 & 0 & 2 \end{pmatrix} \in M(4; \mathbb{R}).$$

Man bestimme die Primärzerlegung von $\mathbb{R}^4$ zu der linearen Abbildung $x \mapsto Ax: \mathbb{R}^4 \to \mathbb{R}^4$. Man gebe für jede zu der Primärzerlegung gehörige Projektion π ein $f \in K[T]$ mit $\pi = f(A)$ an.

V Euklidische und unitäre Vektorräume

1 Skalarprodukte

(5.1.1) In diesem Paragraphen ist K stets entweder der Körper $\mathbb{R}$ oder der Körper $\mathbb{C}$, V ist ein K-Vektorraum, und m, n sind natürliche Zahlen.

(5.1.2) Definition: Eine Abbildung

$$(x,y) \mapsto \langle x \mid y \rangle : V \times V \to K$$

heißt eine hermitesche Form auf V [nach Ch. Hermite, 1822 – 1901], wenn für alle x, x', $y \in V$ und für jedes $\alpha \in K$ gilt
(a) $\langle x + x' \mid y \rangle = \langle x \mid y \rangle + \langle x' \mid y \rangle$,
(b) $\langle \alpha x \mid y \rangle = \alpha \langle x \mid y \rangle$,
(c) $\langle y \mid x \rangle = \overline{\langle x \mid y \rangle}$.
[Im Fall $K = \mathbb{R}$ besagt (c), daß $\langle \ \mid \ \rangle$ „symmetrisch" ist, d.h. daß für alle $x, y \in V$ gilt: Es ist $\langle y \mid x \rangle = \langle x \mid y \rangle$.]

(5.1.3) Bemerkung: Es sei $\langle \ \mid \ \rangle : V \times V \to K$ eine hermitesche Form auf V. Für alle x, y, $y' \in V$ und jedes $\alpha \in K$ gilt:

$$\begin{aligned}\langle x \mid y + y' \rangle &= \overline{\langle y + y' \mid x \rangle} = \overline{\langle y \mid x \rangle + \langle y' \mid x \rangle} \\ &= \overline{\langle y \mid x \rangle} + \overline{\langle y' \mid x \rangle} = \langle x \mid y \rangle + \langle x \mid y' \rangle, \\ \langle x \mid \alpha y \rangle &= \overline{\langle \alpha y \mid x \rangle} = \overline{\alpha \langle y \mid x \rangle} = \overline{\alpha}\,\overline{\langle y \mid x \rangle} = \overline{\alpha} \langle x \mid y \rangle.\end{aligned}$$

Für jedes $x \in V$ gilt $\langle 0_V \mid x \rangle = \langle 0_K \cdot 0_V \mid x \rangle = 0_K \cdot \langle 0_V \mid x \rangle = 0$ und ebenso $\langle x \mid 0_V \rangle = 0$, und wegen $\langle x \mid x \rangle = \overline{\langle x \mid x \rangle}$ gilt $\langle x \mid x \rangle \in \mathbb{R}$.

(5.1.4) Definition: Eine Abbildung $(x,y) \mapsto \langle x \mid y \rangle : V \times V \to K$ heißt ein Skalarprodukt [oder ein inneres Produkt] auf V, wenn gilt:
(a) $\langle \ \mid \ \rangle$ ist eine hermitesche Form auf V,
(b) $\langle \ \mid \ \rangle$ ist positiv definit, d.h. für jedes $x \in V$ mit $x \neq 0$ ist $\langle x \mid x \rangle > 0$.

(5.1.5) Bezeichnung: (1) Es sei $\langle \ \mid \ \rangle$ ein Skalarprodukt auf V. Dann sagt man: $(V, \langle \ \mid \ \rangle)$ ist ein K-Vektorraum mit Skalarprodukt.
(2) Ein $\mathbb{C}$-Vektorraum mit Skalarprodukt heißt ein unitärer Vektorraum; ein $\mathbb{R}$-Vektorraum mit Skalarprodukt heißt ein euklidischer Vektorraum.

(5.1.6) Bemerkung: Es sei $(V, \langle \ | \ \rangle)$ ein K-Vektorraum mit Skalarprodukt. Für jeden Unterraum U von V ist $(x,y) \mapsto \langle x | y \rangle : U \times U \to K$ ein Skalarprodukt auf dem K-Vektorraum U.

(5.1.7) Bemerkung: Es sei $(V, \langle \ | \ \rangle)$ ein K-Vektorraum mit Skalarprodukt, und es seien $a, a' \in V$. Gilt $\langle x | a \rangle = \langle x | a' \rangle$ für jedes $x \in V$, so ist $a = a'$, denn es gilt $\langle a - a' | a - a' \rangle = \langle a - a' | a \rangle - \langle a - a' | a' \rangle = 0$.

(5.1.8) Satz: *Es sei $(V, \langle \ | \ \rangle)$ ein K-Vektorraum mit Skalarprodukt, und es seien $x, y \in V$.*
(1) [Ungleichung von A. L. Cauchy (1789 – 1857) und H. A. Schwarz (1843 – 1921)]: *Es gilt*
$$|\langle x | y \rangle|^2 \leq \langle x | x \rangle \langle y | y \rangle.$$

(2) *Es gilt $|\langle x | y \rangle|^2 = \langle x | x \rangle \langle y | y \rangle$, genau wenn x und y linear abhängig sind.*

Beweis: (a) Ist $y = 0$, so ist nichts zu beweisen.
(b) Es gelte $y \neq 0$. Dann ist $\langle y | y \rangle > 0$, und für $\lambda := \langle x | y \rangle / \langle y | y \rangle \in K$ gilt $\overline{\lambda} = \overline{\langle x | y \rangle} / \overline{\langle y | y \rangle} = \langle y | x \rangle / \langle y | y \rangle$ und

$$\begin{aligned} 0 &\leq \langle x - \lambda y | x - \lambda y \rangle = \langle x | x \rangle - \overline{\lambda} \langle x | y \rangle - \lambda \langle y | x \rangle + \lambda \overline{\lambda} \langle y | y \rangle \\ &= \frac{1}{\langle y | y \rangle} (\langle x | x \rangle \langle y | y \rangle - \langle x | y \rangle \langle y | x \rangle) \\ &= \frac{1}{\langle y | y \rangle} (\langle x | x \rangle \langle y | y \rangle - |\langle x | y \rangle|^2). \end{aligned}$$

Man sieht: Es ist $|\langle x | y \rangle|^2 \leq \langle x | x \rangle \langle y | y \rangle$, und wenn darin das Gleichheitszeichen steht, so gilt $x - \lambda y = 0$, also $x = \lambda y$. Andererseits gilt: Sind x und y linear abhängig, so gibt es ein $\alpha \in K$ mit $x = \alpha y$ [wegen $y \neq 0$], und es gilt $|\langle x | y \rangle|^2 = |\alpha|^2 \langle y | y \rangle^2 = \langle \alpha y | \alpha y \rangle \langle y | y \rangle = \langle x | x \rangle \langle y | y \rangle$.

(5.1.9) Definition: Es sei $(V, \langle \ | \ \rangle)$ ein K-Vektorraum mit Skalarprodukt. Für jedes $x \in V$ heißt

$$\|x\| := \sqrt{\langle x | x \rangle}$$

die Norm von x [bezüglich des Skalarprodukts $\langle \ | \ \rangle$].

1 Skalarprodukte

(5.1.10) Satz: *Es sei $(V, \langle \ | \ \rangle)$ ein K-Vektorraum mit Skalarprodukt. Die Abbildung $x \mapsto \|x\| : V \to \mathbb{R}$ hat die folgenden Eigenschaften:*
(1) *Es ist $\|0\| = 0$, und für jedes $x \in V \setminus \{0\}$ ist $\|x\| > 0$.*
(2) *Für jedes $\alpha \in K$ und jedes $x \in V$ ist $\|\alpha x\| = |\alpha| \, \|x\|$.*
(3) *Für alle $x, y \in V$ ist $|\langle x \ | \ y \rangle| \leq \|x\| \, \|y\|$.*
(4) [*Dreiecksungleichung:*] *Für alle $x, y \in V$ gilt*

$$\|x + y\| \leq \|x\| + \|y\|.$$

Beweis: (1) und (2) sind klar, und (3) folgt aus (5.1.8).
(4) Für alle $x, y \in V$ gilt [wegen $\operatorname{Re}(\langle x \ | \ y \rangle) \leq |\langle x \ | \ y \rangle|$ und wegen (3)]

$$\|x+y\|^2 = \langle x+y \ | \ x+y \rangle = \langle x \ | \ x \rangle + \langle x \ | \ y \rangle + \langle y \ | \ x \rangle + \langle y \ | \ y \rangle$$
$$= \|x\|^2 + (\langle x \ | \ y \rangle + \overline{\langle x \ | \ y \rangle}) + \|y\|^2 = \|x\|^2 + 2\operatorname{Re}(\langle x \ | \ y \rangle) + \|y\|^2$$
$$\leq \|x\|^2 + 2|\langle x \ | \ y \rangle| + \|y\|^2 = \|x\|^2 + 2\|x\|\,\|y\| + \|y\|^2 \leq (\|x\| + \|y\|)^2.$$

(5.1.11) Bemerkung: Es sei $(V, \langle \ | \ \rangle)$ ein K-Vektorraum mit Skalarprodukt. Die Abbildung

$$d : V \times V \to \mathbb{R} \quad \text{mit} \quad d(x, y) := \|x - y\| \ \text{für alle} \ x, y \in V$$

ist eine Metrik auf V, d.h. sie besitzt die folgenden Eigenschaften [die man von einer vernünftigen Abstandsmessung erwarten wird]:
(1) Für jedes $x \in V$ ist $d(x, x) = 0$, und für alle $x, y \in V$ mit $x \neq y$ ist $d(x, y) > 0$.
(2) Für alle $x, y \in V$ ist $d(x, y) = d(y, x)$.
(3) Für alle $x, y, z \in V$ gilt $d(x, z) \leq d(x, y) + d(y, z)$ [„Dreiecksungleichung"].
Beweis: (1) und (2) sind klar, und (3) folgt so: Für alle $x, y, z \in V$ gilt

$$d(x,z) = \|x-z\| = \|(x-y)+(y-z)\| \leq \|x-y\|+\|y-z\| = d(x,y)+d(y,z).$$

(5.1.12) Beispiel: (1) Für alle $x = {}^t(\xi_1, \ldots, \xi_n), y = {}^t(\eta_1, \ldots, \eta_n) \in K^n$ setzt man

$$\langle x \ | \ y \rangle := \sum_{j=1}^{n} \xi_j \overline{\eta}_j = {}^t x \cdot \overline{y} = y^* \cdot x.$$

$\langle \ | \ \rangle$ ist ein Skalarprodukt und heißt das Standardskalarprodukt auf K^n. Für die zugehörige Norm gilt: Für jedes $x = {}^t(\xi_1, \ldots, \xi_n) \in K^n$ ist

$$\|x\| = \sqrt{\langle x \ | \ x \rangle} = \sqrt{|\xi_1|^2 + \cdots + |\xi_n|^2}.$$

(2) Für alle $x = (\xi_1, \ldots, \xi_n)$, $y = (\eta_1, \ldots, \eta_n) \in M(1, n; K)$ setzt man

$$\langle x \mid y \rangle = \sum_{j=1}^{n} \xi_j \bar{\eta}_j = \bar{y} \cdot {}^t x = x \cdot y^*.$$

$\langle \mid \rangle$ ist ein Skalarprodukt und heißt das Standardskalarprodukt auf $M(1, n; K)$. Für die zugehörige Norm gilt: Für jedes $x = (\xi_1, \ldots, \xi_n) \in M(1, n; K)$ ist

$$\|x\| = \sqrt{\langle x \mid x \rangle} = \sqrt{|\xi_1|^2 + \cdots + |\xi_n|^2}.$$

Im folgenden denkt man sich $\mathbb{R}^n$, $\mathbb{C}^n$, $M(1, n; \mathbb{R})$ und $M(1, n; \mathbb{C})$ stets mit dem darauf erklärten Standardskalarprodukt und der zugehörigen Norm versehen, außer wenn ausdrücklich ein anderes Skalarprodukt genannt ist.

(3) Es seien $a, b \in \mathbb{R}$ mit $a < b$, es sei $I := [a, b] = \{x \in \mathbb{R} \mid a \leq x \leq b\}$, und es sei $\mathcal{C}(I)$ der $\mathbb{R}$-Vektorraum aller stetigen Funktionen $f: I \to \mathbb{R}$; es sei $w \in \mathcal{C}(I)$ mit $w \neq 0$ und mit $w(t) \geq 0$ für jedes $t \in I$. Für alle f, $g \in \mathcal{C}(I)$ setzt man

$$\langle f \mid g \rangle := \int_a^b w(t) f(t) g(t) \, dt.$$

Die Integralrechnung zeigt, daß $\langle \mid \rangle: \mathcal{C}(I) \times \mathcal{C}(I) \to \mathbb{R}$ ein Skalarprodukt ist. Für die zugehörige Norm gilt: Für jedes $f \in \mathcal{C}(I)$ ist

$$\|f\| = \left(\int_a^b w(t) f(t)^2 \, dt \right)^{1/2}.$$

(5.1.13) **Definition:** Es sei $(V, \langle \mid \rangle)$ ein K-Vektorraum mit Skalarprodukt.
(1) $S \subset V$ heißt ein Orthonormalsystem, wenn gilt: Für jedes $x \in S$ ist $\|x\| = 1$, und für alle $x, y \in S$ mit $x \neq y$ gilt $\langle x \mid y \rangle = 0$.
(2) $B \subset V$ heißt eine Orthonormalbasis von V [genauer: von $(V, \langle \mid \rangle)$], wenn B eine Basis von V und ein Orthonormalsystem ist.

(5.1.14) **Beispiel:** Die Standardbasis von K^n ist eine Orthonormalbasis von K^n [bezüglich des Standardskalarprodukts $\langle \mid \rangle$].

1 Skalarprodukte

(5.1.15) Bemerkung: Es sei $(V, \langle \ | \ \rangle)$ ein K-Vektorraum mit Skalarprodukt.
(1) Es sei $S \subset V$ ein Orthonormalsystem. Dann ist S frei.
Beweis: Es seien $x_1, \ldots, x_m \in S$ paarweise verschieden, und es seien $\alpha_1, \ldots, \alpha_m \in K$ mit $\sum_{i=1}^m \alpha_i x_i = 0$. Für jedes $j \in \{1, \ldots, m\}$ gilt

$$0 = \langle 0 \mid x_j \rangle = \Big\langle \sum_{i=1}^m \alpha_i x_i \, \Big| \, x_j \Big\rangle = \sum_{i=1}^m \alpha_i \langle x_i \mid x_j \rangle = \sum_{i=1}^m \alpha_i \delta_{ij} = \alpha_j.$$

Also sind $x_1, \ldots, x_m$ linear unabhängig.
(2) Aus (1) folgt: Ist $S \subset V$ ein Orthonormalsystem und gilt $\langle S \rangle = V$, so ist S eine Orthonormalbasis von V.
(3) Es sei B eine Orthonormalbasis von V. Für jedes $x \in V$ ist die Menge $\{b \in B \mid \langle x \mid b \rangle \neq 0\}$ endlich, und es gilt

$$x = \sum_{b \in B} \langle x \mid b \rangle \, b.$$

Beweis: Es sei $x \in V$. Dann gibt es eine endliche Teilmenge $E \subset B$ mit $x = \sum_{b \in E} \alpha_b b$ mit $\alpha_b \in K$ für jedes $b \in E$. Für jedes $c \in E$ gilt

$$\langle x \mid c \rangle = \Big\langle \sum_{b \in E} \alpha_b b \, \Big| \, c \Big\rangle = \sum_{b \in E} \alpha_b \langle b \mid c \rangle = \alpha_c \langle c \mid c \rangle = \alpha_c,$$

und für jedes $c \in B \smallsetminus E$ ist $\langle x \mid c \rangle = 0$.

(5.1.16) Bemerkung: Es sei $(V, \langle \ | \ \rangle)$ ein endlichdimensionaler K-Vektorraum mit Skalarprodukt, es sei $\dim(V) = n$, es sei $\{q_1, \ldots, q_n\}$ eine Orthonormalbasis von V, und es sei $\varphi \in \operatorname{End}_K(V)$. Für jedes $j \in \{1, \ldots, n\}$ ist

$$\varphi(q_j) = \sum_{i=1}^n \langle \varphi(q_j) \mid q_i \rangle \, q_i$$

[vgl. (5.1.15)(3)], und daher gilt:

$$\Big(\langle \varphi(q_j) \mid q_i \rangle \Big)_{1 \leq i \leq n, 1 \leq j \leq n} \in M(n; K)$$

ist die Matrix von φ zu der geordneten Basis $\{q_1, \ldots, q_n\}$.

(5.1.17) Das Orthonormalisierungsverfahren von E. Schmidt (1876 – 1959): Es sei $(V, \langle \ | \ \rangle)$ ein K-Vektorraum mit Skalarprodukt. Es seien $a_1, \ldots, a_m \in V$ linear unabhängig.
(1) Es werden rekursiv $q_1, \ldots, q_m \in V$ mit den folgenden Eigenschaften konstruiert:
(a) $\{q_1, \ldots, q_m\}$ ist ein Orthonormalsystem.
(b) Für jedes $k \in \{1, \ldots, m\}$ ist $\langle q_1, \ldots, q_k \rangle = \langle a_1, \ldots, a_k \rangle$.
Dies macht man so: Man setzt

$$q_1' := a_1 \quad \text{und} \quad q_1 := \frac{1}{\|q_1'\|} q_1'$$

und für jedes $j \in \{2, \ldots, m\}$

$$q_j' := a_j - \sum_{i=1}^{j-1} \langle a_j \ | \ q_i \rangle q_i = a_j - \sum_{i=1}^{j-1} \frac{\langle a_j \ | \ q_i' \rangle}{\|q_i'\|^2} q_i' \quad \text{und} \quad q_j := \frac{1}{\|q_j'\|} q_j'.$$

(2) Das Verfahren liefert $q_1, \ldots, q_m \in V$, für die (a) und (b) gelten.
Beweis: Da $a_1, \ldots, a_m$ linear unabhängig sind, ist $a_1 \neq 0$. Es gilt $\|q_1\| = 1$ und $\langle q_1 \rangle = \{\alpha q_1 \ | \ \alpha \in K\} = \langle a_1 \rangle$. Es sei $k \in \{1, \ldots, m-1\}$, und es sei bereits gezeigt: Das Verfahren liefert $q_1, \ldots, q_k \in V$ mit $\langle q_i \ | \ q_j \rangle = \delta_{ij}$ für alle $i, j \in \{1, \ldots, k\}$ und mit $\langle q_1, \ldots, q_j \rangle = \langle a_1, \ldots, a_j \rangle$ für jedes $j \in \{1, \ldots, k\}$. Es ist $q_{k+1}' \neq 0$, denn andernfalls wäre $a_{k+1} = \sum_{i=1}^{k} \langle a_{k+1} \ | \ q_i \rangle q_i \in \langle q_1, \ldots, q_k \rangle = \langle a_1, \ldots, a_k \rangle$, im Widerspruch zur linearen Unabhängigkeit von $a_1, \ldots, a_{k+1}$. Es ist $\|q_{k+1}\| = 1$, und für jedes $j \in \{1, \ldots, k\}$ gilt [wegen $\langle q_i \ | \ q_j \rangle = \delta_{ij}$ für jedes $i \in \{1, \ldots, k\}$]

$$\begin{aligned}
\langle q_{k+1} \ | \ q_j \rangle &= \frac{1}{\|q_{k+1}'\|} \langle q_{k+1}' \ | \ q_j \rangle \\
&= \frac{1}{\|q_{k+1}'\|} \left\langle a_{k+1} - \sum_{i=1}^{k} \langle a_{k+1} \ | \ q_i \rangle q_i \ \bigg| \ q_j \right\rangle \\
&= \frac{1}{\|q_{k+1}'\|} \left(\langle a_{k+1} \ | \ q_j \rangle - \sum_{i=1}^{k} \langle a_{k+1} \ | \ q_i \rangle \langle q_i \ | \ q_j \rangle \right) \\
&= \frac{1}{\|q_{k+1}'\|} \left(\langle a_{k+1} \ | \ q_j \rangle - \langle a_{k+1} \ | \ q_j \rangle \right) = 0
\end{aligned}$$

und daher auch $\langle q_j \ | \ q_{k+1} \rangle = \overline{\langle q_{k+1} \ | \ q_j \rangle} = 0$. Für alle $i, j \in \{1, \ldots, k+1\}$ gilt also $\langle q_i \ | \ q_j \rangle = \delta_{ij}$. Es gilt $q_{k+1}' - a_{k+1} \in \langle q_1, \ldots, q_k \rangle = \langle a_1, \ldots, a_k \rangle$

1 Skalarprodukte

und daher $\langle q_1, \ldots, q_k, q_{k+1}\rangle = \langle q_1, \ldots, q_k, q'_{k+1}\rangle = \langle a_1, \ldots, a_k, q'_{k+1}\rangle = \langle a_1, \ldots, a_k, a_{k+1}\rangle$.

(5.1.18) Satz: *Es sei $(V, \langle\ |\ \rangle)$ ein K-Vektorraum mit Skalarprodukt, und es sei $U \neq \{0\}$ ein endlichdimensionaler Unterraum von V.*
(1) *Es gibt eine Orthonormalbasis von U.*
(2) *Ist V endlichdimensional und gilt $\dim(V) = n$, so gibt es eine Orthonormalbasis $\{q_1, \ldots, q_n\}$ von V und ein $m \in \{1, \ldots, n\}$ mit: $\{q_1, \ldots, q_m\}$ ist eine Orthonormalbasis von U.*

Beweis: Es sei $\dim(U) = m$, und es sei $\{a_1, \ldots, a_m\}$ eine Basis von U.
(1) Das Verfahren aus (5.1.17) liefert, auf $\{a_1, \ldots, a_m\}$ angewandt, eine Orthonormalbasis von U.
(2) Es gelte $\dim(V) = n$. Nach (2.2.28) existieren $a_{m+1}, \ldots, a_n \in V$ mit: $\{a_1, \ldots, a_n\}$ ist eine Basis von V. Das Verfahren aus (5.1.17) liefert, auf $\{a_1, \ldots, a_n\}$ angewandt, eine Orthonormalbasis $\{q_1, \ldots, q_n\}$ von V mit $\langle q_1, \ldots, q_m\rangle = \langle a_1, \ldots, a_m\rangle = U$.

(5.1.19) Definition: (1) Eine Matrix $A \in M(n; \mathbb{C})$ heißt unitär, wenn $A^*A = E_n$ gilt.
(2) Eine Matrix $A \in M(n; \mathbb{R})$ heißt orthogonal, wenn A unitär ist, also wenn ${}^t\!AA = E_n$ gilt.

(5.1.20) Bemerkung: (1) Für eine Matrix $A \in M(n; K)$ sind die folgenden Aussagen äquivalent:
(a) A ist unitär.
(b) Es gilt $A \in \mathrm{GL}(n; K)$ und $A^{-1} = A^*$.
(c) Es gilt $AA^* = E_n$.
(d) $\{A_{\bullet 1}, \ldots, A_{\bullet n}\}$ ist eine Orthonormalbasis von K^n.
(e) $\{A_{1\bullet}, \ldots, A_{n\bullet}\}$ ist eine Orthonormalbasis von $M(1, n; K)$.
Beweis (a) $\Leftrightarrow$ (b) $\Leftrightarrow$ (c): vgl. (3.2.18).
(a) $\Leftrightarrow$ (d) und (c) $\Leftrightarrow$ (e): Für alle $i, j \in \{1, \ldots, n\}$ gilt $(A^*A)[i, j] = \langle A_{\bullet j}\ |\ A_{\bullet i}\rangle$ und $(AA^*)[i, j] = \langle A_{i\bullet}\ |\ A_{j\bullet}\rangle$.
(2) $\mathrm{U}(n) := \{A \in M(n; \mathbb{C})\ |\ A$ ist unitär$\}$ ist eine Untergruppe von $\mathrm{GL}(n; \mathbb{C})$.
Beweis: Es gilt $E_n \in \mathrm{U}(n)$ und $\mathrm{U}(n) \subset \mathrm{GL}(n; \mathbb{C})$. Für alle $A, B \in \mathrm{U}(n)$ gilt $(AB)^*(AB) = B^*(A^*A)B = B^*B = E_n$ und $(A^{-1})^*A^{-1} = (AA^*)^{-1} = E_n$ und daher $AB \in \mathrm{U}(n)$ und $A^{-1} \in \mathrm{U}(n)$.
(3) $\mathrm{O}(n) := \{A \in M(n; \mathbb{R})\ |\ A$ ist orthogonal$\}$ ist eine Untergruppe von $\mathrm{GL}(n; \mathbb{R})$. [Das zeigt man wie in (2).]

(4) Für jedes $A \in \mathrm{U}(n)$ gilt $|\det(A)| = 1$, denn es ist $A^*A = E_n$ und daher $1 = \det(E_n) = \det(A^*A) = \det(A^*)\det(A) = \det({}^t\overline{A})\det(A) = \det(\overline{A})\det(A) = \overline{\det(A)}\det(A) = |\det(A)|^2$.
(5) $\mathrm{SU}(n) := \{A \in \mathrm{U}(n) \mid \det(A) = 1\}$ ist eine Untergruppe von $\mathrm{U}(n)$.
(6) Für jedes $A \in \mathrm{O}(n)$ ist $\det(A) = 1$ oder $\det(A) = -1$ [vgl. (4)].
(7) $\mathrm{SO}(n) := \{A \in \mathrm{O}(n) \mid \det(A) = 1\}$ ist eine Untergruppe von $\mathrm{O}(n)$.

(5.1.21) Bezeichnung: Die Untergruppe $\mathrm{U}(n)$ von $\mathrm{GL}(n;\mathbb{C})$ heißt die unitäre Gruppe, und die Untergruppe $\mathrm{SU}(n)$ von $\mathrm{U}(n)$ heißt die spezielle unitäre Gruppe vom Grad n; eine Matrix in $\mathrm{SU}(n)$ heißt eine spezielle unitäre Matrix. Die Untergruppe $\mathrm{O}(n)$ von $\mathrm{GL}(n;\mathbb{R})$ heißt die orthogonale Gruppe vom Grad n, und die Untergruppe $\mathrm{SO}(n)$ von $\mathrm{O}(n)$ heißt die spezielle orthogonale Gruppe vom Grad n; eine Matrix in $\mathrm{SO}(n)$ heißt eine eigentlich orthogonale Matrix.

(5.1.22) Satz: *Es sei* $(V, \langle \ | \ \rangle)$ *ein endlichdimensionaler K-Vektorraum mit Skalarprodukt, es sei* $\dim(V) = n$, *und es sei* $\{q_1, \ldots, q_n\}$ *eine Orthonormalbasis von* V. *Es sei* $P \in \mathrm{GL}(n;K)$, *und für jedes* $j \in \{1, \ldots, n\}$ *sei* $v_j = \sum_{i=1}^n P[i,j]q_i$. *Genau dann ist* $\{v_1, \ldots, v_n\}$ *eine Orthonormalbasis von* V, *wenn* $P \in \mathrm{U}(n)$ *gilt.*

Beweis: Für alle $i, j \in \{1, \ldots, n\}$ gilt

$$\langle v_i \mid v_j \rangle = \sum_{k=1}^n \sum_{l=1}^n P[k,i]\overline{P}[l,j]\langle q_k \mid q_l \rangle = \sum_{k=1}^n P[k,i]\overline{P}[k,j] = \langle P_{\bullet i} \mid P_{\bullet j} \rangle.$$

(5.1.23) (1) Es sei $A \in \mathrm{GL}(n;K)$. Wendet man das Orthonormalisierungsverfahren von E. Schmidt auf $A_{\bullet 1}, \ldots, A_{\bullet n} \in K^n$ an, so erhält man eine Orthonormalbasis $\{q_1, \ldots, q_n\}$ von K^n, und dabei gilt für jedes $j \in \{1, \ldots, n\}$: Es ist

$$q_j = \|q'_j\|^{-1} q'_j \quad \text{mit} \quad q'_j = A_{\bullet j} - \sum_{i=1}^{j-1} \langle A_{\bullet j} \mid q_i \rangle q_i,$$

also

$$A_{\bullet j} = \sum_{i=1}^{j-1} \langle A_{\bullet j} \mid q_i \rangle q_i + \|q'_j\| q_j.$$

1 Skalarprodukte

Für die Matrix $R \in M(n;K)$ mit

$$R[i,j] := \begin{cases} \langle A_{\bullet j} \mid q_i \rangle, & \text{falls } 1 \leq i < j \leq n \text{ gilt,} \\ \|q'_j\|, & \text{falls } 1 \leq i = j \leq n \text{ gilt,} \\ 0, & \text{falls } 1 \leq j < i \leq n \text{ gilt,} \end{cases}$$

gilt $R \in \triangledown(n;K)$ und $R[i,i] > 0$ für jedes $i \in \{1,\ldots,n\}$, also insbesondere $R \in \mathrm{GL}(n;K)$. Die Matrix $Q := (q_1,\ldots,q_n) \in M(n;K)$ ist nach (5.1.20)(1) unitär, also im Fall $K = \mathbb{R}$ orthogonal, und es gilt $A = QR$. Man nennt eine derartige Faktorisierung von A eine QR-Zerlegung von A.
(2) Man kann QR-Zerlegungen beim Lösen linearer Gleichungssysteme verwenden: Es seien $A \in \mathrm{GL}(n;K)$ und $b \in K^n$, und es seien $Q \in \mathrm{U}(n)$ [bzw. $Q \in \mathrm{O}(n)$] und $R \in \triangledown(n;K)$ mit $A = QR$ [und mit $R[i,i] > 0$ für jedes $i \in \{1,\ldots,n\}$]. Für $x \in K^n$ gilt $Ax = b$, genau wenn $Rx = Q^{-1}b$ gilt, also genau wenn $Rx = Q^*b$ gilt.
(3) Die in (1) geschilderte Methode zur Herstellung von QR-Zerlegungen mit Hilfe des Orthogonalisierungsverfahrens von E. Schmidt ist zum numerischen Rechnen, d.h. zum Rechnen mit gerundeten Dezimalbrüchen, nicht geeignet, da sie empfindlich gegen Rundungsfehler ist. Andere Verfahren, die zum numerischen Rechnen geeigneter sind, findet man in Lehrbüchern der Numerik, z.B. in [7] oder in [10].

(5.1.24) Definition: Es sei $(V, \langle \mid \rangle)$ ein K-Vektorraum mit Skalarprodukt. Für jede Teilmenge M von V setzt man

$$\begin{aligned} M^\perp &:= \{ z \in V \mid \langle z \mid a \rangle = 0 \text{ für jedes } a \in M \} \\ &= \{ z \in V \mid \langle a \mid z \rangle = 0 \text{ für jedes } a \in M \}. \end{aligned}$$

(5.1.25) Satz: *Es sei $(V, \langle \mid \rangle)$ ein K-Vektorraum mit Skalarprodukt.*
(1) Für jedes $M \subset V$ ist $M^\perp$ ein Unterraum von V; sind M, $N \subset V$ mit $M \subset N$, so gilt $N^\perp \subset M^\perp$.
(2) Für jedes $M \subset V$ gilt $M^\perp = \langle M \rangle^\perp$ und $M \cap M^\perp = \{0\}$ und $M \subset \langle M \rangle \subset (M^\perp)^\perp =: M^{\perp\perp}$.
(3) Es gilt $V^\perp = \{0\}$ und $\{0\}^\perp = V$.

Beweis: (1) Es sei $M \subset V$. Ist $M = \emptyset$, so ist $M^\perp = V$. Es gelte $M \neq \emptyset$. Für jedes $a \in M$ ist $z \mapsto \langle z \mid a \rangle : V \to K$ eine lineare Abbildung, und ihr Kern $\{z \in V \mid \langle z \mid a \rangle = 0\}$ ist ein Unterraum von V. Also ist $M^\perp = \bigcap_{a \in M}\{z \in V \mid \langle z \mid a \rangle = 0\}$ ein Unterraum von V [vgl. (2.1.9)(3)]. Daß $N^\perp \subset M^\perp$ gilt, wenn $M \subset N \subset V$ gilt, ist klar.

(2) Es sei $M \subset V$. Es gilt $M^\perp \subset \langle M \rangle^\perp$, denn zu jedem $x \in \langle M \rangle$ existieren $a_1, \ldots, a_r \in M$ und $\alpha_1, \ldots, \alpha_r \in K$ mit $x = \sum_{i=1}^r \alpha_i a_i$, und für jedes $z \in M^\perp$ gilt daher

$$\langle z \mid x \rangle = \Big\langle z \;\Big|\; \sum_{i=1}^r \alpha_i a_i \Big\rangle = \sum_{i=1}^r \overline{\alpha_i} \langle z \mid a_i \rangle = \sum_{i=1}^r \overline{\alpha_i} \cdot 0 = 0.$$

Wegen $M \subset \langle M \rangle$ gilt nach (1) $\langle M \rangle^\perp \subset M^\perp$. Also gilt $M^\perp = \langle M \rangle^\perp$. Für jedes $x \in M \cap M^\perp$ gilt $\langle x \mid x \rangle = 0$ und daher $x = 0$, d.h. es gilt $M \cap M^\perp = \{0\}$. Für jedes $x \in \langle M \rangle$ gilt: Ist $z \in M^\perp = \langle M \rangle^\perp$, so ist $\langle z \mid x \rangle = 0$, d.h. es ist $x \in (M^\perp)^\perp$.
(3) Für jedes $x \in V \smallsetminus \{0\}$ gilt $\langle x \mid x \rangle \neq 0$, also $x \notin V^\perp$, und daher ist $V^\perp = \{0\}$. Für jedes $x \in V$ ist $\langle x \mid 0 \rangle = 0$, und daher ist $\{0\}^\perp = V$.

(5.1.26) Bezeichnung: Es sei $(V, \langle \mid \rangle)$ ein K-Vektorraum mit Skalarprodukt, und es sei U ein Unterraum von V. Der Unterraum $U^\perp$ von V heißt das orthogonale Komplement von U.

(5.1.27) Satz: *Es sei $(V, \langle \mid \rangle)$ ein K-Vektorraum mit Skalarprodukt, und es sei U ein endlichdimensionaler Unterraum von V.*
(1) *Es gilt $V = U \oplus U^\perp$ und $U^{\perp\perp} = U$.*
(2) *Für alle $u \in U$ und $v \in U^\perp$ ist $\|u+v\|^2 = \|u\|^2 + \|v\|^2$.*
(3) *Es sei $x \in V$. Dann ist $x = u + v$ mit eindeutig bestimmten $u \in U$ und $v \in U^\perp$, und es gilt $\|x - u'\| > \|x - u\|$ für jedes $u' \in U \smallsetminus \{u\}$.*
(4) *Ist V endlichdimensional, so gilt $\dim(U^\perp) = \dim(V) - \dim(U)$.*

Beweis: Ist $U = \{0\}$, so ist nichts zu beweisen. Es gelte von jetzt an $m := \dim(U) \geq 1$, und es sei $\{q_1, \ldots, q_m\}$ eine Orthonormalbasis von U.
(1) Für jedes $x \in V$ ist $y := \sum_{i=1}^m \langle x \mid q_i \rangle q_i \in U$, und für jedes $j \in \{1, \ldots, m\}$ gilt

$$\begin{aligned}\langle x - y \mid q_j \rangle &= \langle x \mid q_j \rangle - \sum_{i=1}^m \langle \langle x \mid q_i \rangle q_i \mid q_j \rangle \\ &= \langle x \mid q_j \rangle - \sum_{i=1}^m \langle x \mid q_i \rangle \langle q_i \mid q_j \rangle = \langle x \mid q_j \rangle - \sum_{i=1}^m \langle x \mid q_i \rangle \delta_{ij} = 0,\end{aligned}$$

also $x - y \in \{q_1, \ldots, q_m\}^\perp = \langle q_1, \ldots, q_m \rangle^\perp = U^\perp$ und $x = y + (x - y) \in U + U^\perp$. Also ist $V = U + U^\perp$. Wegen $U \cap U^\perp = \{0\}$ [vgl. (5.1.25)(2)] ist diese Summe direkt. Schließlich gilt für jedes $x \in U^{\perp\perp}$: Wegen $V =$

$U + U^\perp$ existieren $y \in U$ und $z \in U^\perp$ mit $x = y + z$, wegen $U \subset U^{\perp\perp}$ gilt $z = x - y \in U^{\perp\perp}$, und wegen $U^\perp \cap U^{\perp\perp} = \{0\}$ folgt $z = 0$, also $x = y \in U$. Also ist $U^{\perp\perp} = U$.
(2) Für alle $u \in U$ und $v \in U^\perp$ gilt $\langle u \mid v \rangle = 0$ und $\langle v \mid u \rangle = 0$ und daher $\|u+v\|^2 = \langle u+v \mid u+v \rangle = \langle u \mid u \rangle + \langle u \mid v \rangle + \langle v \mid u \rangle + \langle v \mid v \rangle = \|u\|^2 + \|v\|^2$.
(3) Es sei $x \in V$. Nach (1) gibt es eindeutig bestimmte $u \in U$ und $v \in U^\perp$ mit $x = u + v$. Für jedes $u' \in U \smallsetminus \{u\}$ ist $\|x - u'\|^2 = \|(u - u') + v\|^2 = \|u - u'\|^2 + \|v\|^2 > \|v\|^2 = \|x - u\|^2$.
(4) Ist V endlichdimensional, so ist nach (1) und nach (2.5.9) $\dim(U^\perp) = \dim(V) - \dim(U)$.

(5.1.28) MuPAD: Die Funktion linalg::onSystem aus der MuPAD-Programm-Bibliothek linalg führt das Orthonormalisierungsverfahren von E. Schmidt durch, und die Funktion factorQR berechnet QR-Zerlegungen. Beide Funktionen sind nicht für das numerische Rechnen, d.h. für das Rechnen mit gerundeten Dezimalbrüchen gedacht.

Aufgaben

A(5.1.1) Es sei V ein $\mathbb{C}$-Vektorraum, und es sei $\langle \mid \rangle : V \times V \to \mathbb{C}$ eine Abbildung mit den folgenden Eigenschaften: Für alle $x, x', y, y' \in V$ und für jedes $\alpha \in \mathbb{C}$ gilt $\langle x + x' \mid y \rangle = \langle x \mid y \rangle + \langle x' \mid y \rangle$, $\langle x \mid y + y' \rangle = \langle x \mid y \rangle + \langle x \mid y' \rangle$ und $\langle \alpha x \mid y \rangle = \alpha \langle x \mid y \rangle$, $\langle x \mid \alpha y \rangle = \overline{\alpha} \langle x \mid y \rangle$, und für jedes $x \in V$ ist $\langle x \mid x \rangle \in \mathbb{R}$. Man beweise: $\langle \mid \rangle : V \times V \to \mathbb{C}$ ist eine hermitesche Form. [Hinweis: Man zeige zuerst, daß $\langle a \mid b \rangle + \langle b \mid a \rangle = \overline{\langle a \mid b \rangle} + \overline{\langle b \mid a \rangle}$ für alle $a, b \in V$ gilt.]

A(5.1.2) Mit der Matrix

$$A := \begin{pmatrix} 2 & -3 & -1 \\ -3 & 5 & 1 \\ -1 & 1 & 3 \end{pmatrix} \in M(3;\mathbb{R})$$

setze man $\langle x \mid y \rangle := {}^t x A y$ für alle $x, y \in \mathbb{R}^3$. Man zeige: $\langle \mid \rangle : \mathbb{R}^3 \times \mathbb{R}^3 \to \mathbb{R}$ ist ein Skalarprodukt auf $\mathbb{R}^3$. Man ermittle eine Orthonormalbasis von $(\mathbb{R}^3, \langle \mid \rangle)$.

A(5.1.3) Es sei

$$A := \begin{pmatrix} 1 & 0 & -1 & 1 \\ -1 & -1 & 0 & 1 \\ -1 & 3 & 4 & -7 \\ 1 & 1 & 0 & -1 \end{pmatrix} \in M(4;\mathbb{R}).$$

Man finde eine Orthonormalbasis des Unterraums $U := \{x \in \mathbb{R}^4 \mid Ax = 0\}$ von $\mathbb{R}^4$ und ergänze sie zu einer Orthonormalbasis von $\mathbb{R}^4$.

A(5.1.4) Es sei $(V, \langle \ | \ \rangle)$ ein K-Vektorraum mit Skalarprodukt, und es seien $a_1, \ldots, a_n \in V$. Man zeige: Für die Matrix $X := (\langle a_i \ | \ a_j \rangle)_{i,j} \in M(n; K)$ gilt $\det(X) \geq 0$, und es ist $\det(X) = 0$, genau wenn $a_1, \ldots, a_n$ linear abhängig sind.
[Hinweis: Sind $a_1, \ldots, a_n$ linear unabhängig, so wähle man eine Orthonormalbasis $\{q_1, \ldots, q_n\}$ von $\langle a_1, \ldots, a_n \rangle$ und betrachte die Matrix $A \in M(n; K)$ mit $a_j = \sum_{i=1}^n A[i,j] q_i$ für jedes $j \in \{1, \ldots, n\}$.]

A(5.1.5) Es sei $(V, \langle \ | \ \rangle)$ ein K-Vektorraum mit Skalarprodukt, und sei $\{q_1, \ldots, q_m\}$ ein Orthonormalsystem in V.
(1) Man beweise die Besselsche Ungleichung [F. W. Bessel (1784 – 1846)]: Für jedes $x \in V$ gilt
$$\sum_{j=1}^m |\langle x \ | \ q_j \rangle|^2 \leq \|x\|^2,$$
und darin steht das Gleichheitszeichen, genau wenn $x \in \langle q_1, \ldots, q_m \rangle$ ist.
(2) Man zeige: $\{q_1, \ldots, q_m\}$ ist genau dann eine Basis von V, wenn gilt: Für alle $x, y \in V$ ist
$$\langle x \ | \ y \rangle = \sum_{j=1}^m \langle x \ | \ q_j \rangle \langle q_j \ | \ y \rangle.$$

A(5.1.6) Es sei $V := \{f \in \mathbb{R}[T] \ | \ \deg(f) \leq 3\}$ der $\mathbb{R}$-Vektorraum aller Polynome $f \in \mathbb{R}[T]$ vom Grad ≤ 3, und es sei $\langle \ | \ \rangle : V \times V \to \mathbb{R}$ das Skalarprodukt mit
$$\langle f \ | \ g \rangle := \int_{-1}^{1} f(t) g(t) \ dt \quad \text{für alle } f, g \in V.$$
Man ermittle eine Orthonormalbasis von V.

A(5.1.7) Für alle $A, B \in M(n; K)$ sei $\langle A \ | \ B \rangle := \operatorname{spur}(AB^*)$.
(1) Man beweise: $\langle \ | \ \rangle$ ist ein Skalarprodukt auf dem K-Vektorraum $M(n; K)$.
(2) Für $U := \{\operatorname{diag}(\alpha_1, \ldots, \alpha_n) \ | \ \alpha_1, \ldots, \alpha_n \in K\}$ ermittle man den Unterraum $U^\perp$ von $M(n; K)$.

A(5.1.8) Es sei $(V, \langle \ | \ \rangle)$ ein endlichdimensionaler K-Vektorraum mit Skalarprodukt, es sei $\dim(V) = n$, und es sei $\{a_1, \ldots, a_n\}$ eine Basis von V. Für jedes $k \in \{0, \ldots, n\}$ sei $U_k := \langle a_1, \ldots, a_k \rangle$, und es seien $q'_1, \ldots, q'_n$ wie in (5.1.17). Man zeige: Für jedes $k \in \{1, \ldots, n\}$ ist q'_k das Bild von a_k bei der Projektion von $V = U_{k-1} \oplus U_{k-1}^\perp$ auf $U_{k-1}^\perp$, und es gilt $\|q'_k\| \leq \|a_k\|$.

A(5.1.9) Es sei $(V, \langle \ | \ \rangle)$ ein K-Vektorraum mit Skalarprodukt, und es seien U_1 und U_2 endlichdimensionale Unterräume von V. Man zeige: Es gilt dann $(U_1 + U_2)^\perp = U_1^\perp \cap U_2^\perp$ und $(U_1 \cap U_2)^\perp = U_1^\perp + U_2^\perp$.

A(5.1.10) Es sei $(V, \langle \ | \ \rangle)$ ein euklidischer Vektorraum mit $\dim(V) = 3$, und es sei $\{q_1, q_2, q_3\}$ eine Orthonormalbasis von V. Für $a = \alpha_1 q_1 + \alpha_2 q_2 + \alpha_3 q_3$, $b = \beta_1 q_1 + \beta_2 q_2 + \beta_3 q_3 \in V$ heißt
$$a \times b := (\alpha_2 \beta_3 - \alpha_3 \beta_2) q_1 + (\alpha_3 \beta_1 - \alpha_1 \beta_3) q_2 + (\alpha_1 \beta_2 - \alpha_2 \beta_1) q_3$$

2 Der adjungierte Endomorphismus

das Vektorprodukt von a mit b bezüglich der Orthonormalbasis $\{q_1, q_2, q_3\}$. Es seien $a, b \in V$.
(1) Man zeige: Es gilt $b \times a = -(a \times b)$, $\langle a \mid a \times b \rangle = 0$ und $\langle b \mid a \times b \rangle = 0$, und es ist $\|a \times b\|^2 = \|a\|^2 \|b\|^2 - \langle a \mid b \rangle^2$.
(2) Man zeige: Es gilt $a \times b \neq 0$, genau wenn a und b linear unabhängig sind.
(3) Man zeige: Sind a und b linear unabhängig, so ist $\{a, b, a \times b\}$ eine Basis von V, und es gilt $\langle a, b \rangle^\perp = \langle a \times b \rangle$.
(4) Es sei $\{p_1, p_2, p_3\}$ ebenfalls eine Orthonormalbasis von V, und es sei $a \boxtimes b$ das Vektorprodukt von a mit b bezüglich $\{p_1, p_2, p_3\}$. Man finde einen Zusammenhang zwischen $a \times b$ und $a \boxtimes b$.

A(5.1.11) Es sei $Q \in U(n)$. Man zeige: Für jedes $x \in \mathbb{C}^n$ ist $\|Qx\| = \|x\|$.

A(5.1.12) Es sei $A \in GL(n; \mathbb{C})$, es seien $Q_1, Q_2 \in U(n)$ und $R_1, R_2 \in \nabla(n; \mathbb{C})$ mit $A = Q_1 R_1 = Q_2 R_2$ und mit: Für jedes $j \in \{1, \ldots, n\}$ gilt $R_1[j,j] > 0$ und $R_2[j,j] > 0$. Man beweise: Dann gilt $Q_1 = Q_2$ und $R_1 = R_2$.

A(5.1.13) Es sei $A \in M(n; \mathbb{C})$. Man beweise die folgenden Abschätzungen [J. Hadamard (1865 – 1963)]: Es gilt

$$|\det(A)| \leq \|A_{\bullet 1}\| \|A_{\bullet 2}\| \cdots \|A_{\bullet n}\| \quad \text{und} \quad |\det(A)| \leq \|A_{1\bullet}\| \|A_{2\bullet}\| \cdots \|A_{n\bullet}\|.$$

[Hinweis: Ist A invertierbar, so verwende man eine QR-Zerlegung von A.]

A(5.1.14) Es sei $(V, \langle \mid \rangle)$ ein K-Vektorraum mit Skalarprodukt, es sei U ein endlichdimensionaler Unterraum von V, und es sei π die Projektion von $V = U \oplus U^\perp$ auf U. Dann gilt $\pi \in \text{End}_K(V)$, $\pi^2 = \pi$ und $\text{im}(\pi) = U$, und für jedes $x \in V$ ist $\|\pi(x)\| \leq \|x\|$ [vgl. (5.1.27)]. Es sei $\varphi \in \text{End}_K(V)$, es gelte $\varphi^2 = \varphi$ und $\text{im}(\varphi) = U$, und für jedes $x \in V$ sei $\|\varphi(x)\| \leq \|x\|$. Man beweise: Dann ist $\varphi = \pi$. [Hinweis: Man zeige, daß $\varphi(y) = 0$ für jedes $y \in U^\perp$ gilt. Dazu nehme man an, daß dies nicht richtig ist, überlege sich, daß es dann ein $y \in U^\perp$ mit $\|\varphi(y)\| = 1$ gibt, setze $x := \varphi(y) + y$ und werte aus, daß $\|\varphi(x)\| \leq \|x\|$ und $\varphi(y) \in U$ gilt.]

2 Der adjungierte Endomorphismus

(5.2.1) In diesem Paragraphen ist stets entweder $K = \mathbb{R}$ oder $K = \mathbb{C}$; n ist jeweils eine natürliche Zahl, und $(V, \langle \mid \rangle)$ ist ein K-Vektorraum der Dimension n mit Skalarprodukt.

(5.2.2) Hilfssatz: *Zu jeder linearen Abbildung $\sigma: V \to K$ gibt es ein eindeutig bestimmtes $a \in V$ mit: Für jedes $x \in V$ ist $\sigma(x) = \langle x \mid a \rangle$.*

Beweis: Es sei $\sigma: V \to K$ linear, es sei $\{q_1, \ldots, q_n\}$ eine Orthonormalbasis von V, und es sei $a := \sum_{i=1}^n \overline{\sigma(q_i)} q_i$. Für jedes $x \in V$ gilt: Nach

(5.1.15)(3) ist $x = \sum_{i=1}^{n} \langle x \mid q_i \rangle q_i$, und daher ist

$$\sigma(x) = \sum_{i=1}^{n} \langle x \mid q_i \rangle \sigma(q_i) = \Big\langle x \mid \sum_{i=1}^{n} \overline{\sigma(q_i)}\, q_i \Big\rangle = \langle x \mid a \rangle.$$

Ist $a' \in V$ und gilt $\sigma(x) = \langle x \mid a' \rangle$ für jedes $x \in V$, so folgt aus (5.1.7): Es ist $a' = a$.

(5.2.3) Satz: *Zu jedem $\varphi \in \operatorname{End}_K(V)$ gibt es ein eindeutig bestimmtes $\varphi^* \in \operatorname{End}_K(V)$ mit: Für alle $x, y \in V$ gilt $\langle \varphi(x) \mid y \rangle = \langle x \mid \varphi^*(y) \rangle$.*

Beweis: Es sei $\varphi \in \operatorname{End}_K(V)$.
(a) Es sei $y \in V$. Die Abbildung $x \mapsto \langle \varphi(x) \mid y \rangle : V \to K$ ist linear, und daher existiert nach (5.2.2) ein eindeutig bestimmtes $y^* \in V$ mit: Für jedes $x \in V$ ist $\langle \varphi(x) \mid y \rangle = \langle x \mid y^* \rangle$.
(b) Die Abbildung $\varphi^* : V \to V$ mit $\varphi^*(y) := y^*$ für jedes $y \in V$ ist linear. Beweis: Es seien $y, z \in V$ und $\alpha \in K$. Für jedes $x \in V$ gilt

$$\begin{aligned}
\langle x \mid \varphi^*(y+z) \rangle &= \langle \varphi(x) \mid y+z \rangle = \langle \varphi(x) \mid y \rangle + \langle \varphi(x) \mid z \rangle \\
&= \langle x \mid \varphi^*(y) \rangle + \langle x \mid \varphi^*(z) \rangle = \langle x \mid \varphi^*(y) + \varphi^*(z) \rangle
\end{aligned}$$

und

$$\begin{aligned}
\langle x \mid \varphi^*(\alpha y) \rangle &= \langle \varphi(x) \mid \alpha y \rangle = \overline{\alpha} \langle \varphi(x) \mid y \rangle \\
&= \overline{\alpha} \langle x \mid \varphi^*(y) \rangle = \langle x \mid \alpha \varphi^*(y) \rangle,
\end{aligned}$$

und wegen (5.1.7) folgt $\varphi^*(y+z) = \varphi^*(y) + \varphi^*(z)$ und $\varphi^*(\alpha y) = \alpha \varphi^*(y)$.
[Einzigkeit]: Es sei auch $\psi \in \operatorname{End}_K(V)$ mit $\langle \varphi(x) \mid y \rangle = \langle x \mid \psi(y) \rangle$ für alle $x, y \in V$. Dann gilt für jedes $y \in V$: Für jedes $x \in V$ ist $\langle x \mid \psi(y) \rangle = \langle \varphi(x) \mid y \rangle = \langle x \mid \varphi^*(y) \rangle$, und daher ist $\psi(y) = \varphi^*(y)$ [wegen (5.1.7)]. Also ist $\psi = \varphi^*$.

(5.2.4) Definition: Es sei $\varphi \in \operatorname{End}_K(V)$. Der eindeutig bestimmte Endomorphismus $\varphi^* \in \operatorname{End}_K(V)$ mit

$$\langle \varphi(x) \mid y \rangle = \langle x \mid \varphi^*(y) \rangle \quad \text{für alle } x, y \in V$$

heißt der zu φ adjungierte Endomorphismus von V.

(5.2.5) Bemerkung: Aus der Definition des adjungierten Endomorphismus folgt unmittelbar: $(\operatorname{id}_V)^* = \operatorname{id}_V$.

2 Der adjungierte Endomorphismus

(5.2.6) Satz: *Es sei $\varphi \in \operatorname{End}_K(V)$. Dann gilt $\varphi^{**} := (\varphi^*)^* = \varphi$.*

Beweis: Es sei $y \in V$. Für jedes $x \in V$ gilt
$$\begin{aligned}\langle x \mid \varphi^{**}(y)\rangle &= \langle x \mid (\varphi^*)^*(y)\rangle = \langle \varphi^*(x) \mid y\rangle \\ &= \overline{\langle y \mid \varphi^*(x)\rangle} = \overline{\overline{\langle \varphi(y) \mid x\rangle}} = \langle x \mid \varphi(y)\rangle,\end{aligned}$$
und daher ist $\varphi^{**}(y) = \varphi(y)$ [vgl. (5.1.7)]. Also ist $\varphi^{**} = \varphi$.

(5.2.7) Satz: *Es sei $\varphi \in \operatorname{End}_K(V)$.*
(1) Es gilt $\ker(\varphi^*) = \operatorname{im}(\varphi)^\perp$ und $\operatorname{im}(\varphi^*) = \ker(\varphi)^\perp$.
(2) Es sei U ein φ-invarianter Unterraum von V.
(a) Dann ist $U^\perp$ ein φ^*-invarianter Unterraum von V, und daher ist $\varphi^*|U^\perp \in \operatorname{End}_K(U^\perp)$.
(b) Ist $U^\perp$ ein φ-invarianter Unterraum von V, so ist $\varphi|U^\perp \in \operatorname{End}_K(U^\perp)$, und es gilt $(\varphi|U^\perp)^* = \varphi^*|U^\perp$.

Beweis: (1)(a) Für $y \in V$ gilt $y \in \operatorname{im}(\varphi)^\perp$, genau wenn $\langle \varphi(x) \mid y\rangle = 0$ für jedes $x \in V$ ist, also genau wenn $\langle x \mid \varphi^*(y)\rangle = 0$ für jedes $x \in V$ ist, und dies ist damit äquivalent, daß $y \in \ker(\varphi^*)$ gilt. Also ist $\operatorname{im}(\varphi)^\perp = \ker(\varphi^*)$.
(b) Aus (a), angewandt auf φ^*, folgt: Es ist $\operatorname{im}(\varphi^*)^\perp = \ker((\varphi^*)^*) = \ker(\varphi)$ [denn nach (5.2.6) ist $\varphi^{**} = \varphi$]. Also gilt $\ker(\varphi)^\perp = (\operatorname{im}(\varphi^*)^\perp)^\perp = \operatorname{im}(\varphi^*)^{\perp\perp} = \operatorname{im}(\varphi^*)$ [vgl. (5.1.27)(1)].
(2)(a) Es sei $y \in U^\perp$. Für jedes $x \in U$ ist $\langle x \mid \varphi^*(y)\rangle = \langle \varphi(x) \mid y\rangle = 0$ [wegen $\varphi(x) \in U$], und daher ist $\varphi^*(y) \in U^\perp$. Also ist $U^\perp$ ein φ^*-invarianter Unterraum von V.
(b) Ist $U^\perp$ φ-invariant, so ist $\psi := \varphi|U^\perp \in \operatorname{End}_K(U^\perp)$, und es ist $\psi^* = \varphi^*|U^\perp$, denn für alle $x, y \in U^\perp$ ist
$$\langle x \mid \psi^*(y)\rangle = \langle \psi(x) \mid y\rangle = \langle \varphi(x) \mid y\rangle = \langle x \mid \varphi^*(y)\rangle = \langle x \mid (\varphi^*|U^\perp)(y)\rangle.$$

(5.2.8) Satz: *Es sei $\varphi \in \operatorname{End}_K(V)$. Ist $\{q_1, \ldots, q_n\}$ eine Orthonormalbasis von V und ist $A \in M(n;K)$ die Matrix von φ zu dieser Basis, so ist die zu A adjungierte Matrix $A^* = {}^t\overline{A} \in M(n;K)$ die Matrix von φ^* zu dieser Basis.*

Beweis: Es sei $\{q_1 \ldots, q_n\}$ eine Orthonormalbasis von V. Nach (5.1.16) ist $A := (\langle \varphi(q_j) \mid q_i\rangle)_{i,j}$ die Matrix von φ zu dieser Basis, und
$$\left(\langle \varphi^*(q_j) \mid q_i\rangle\right)_{i,j} \stackrel{(5.2.6)}{=} \left(\overline{\langle q_j \mid \varphi(q_i)\rangle}\right)_{i,j} = \left(\overline{\langle \varphi(q_i) \mid q_j\rangle}\right)_{i,j} = {}^t\overline{A} = A^*$$
ist die Matrix von φ^* zu dieser Basis.

(5.2.9) Folgerung: *Es seien φ, $\psi \in \mathrm{End}_K(V)$, und es sei $\lambda \in K$. Dann gilt*
$$(\varphi + \psi)^* = \varphi^* + \psi^*, \quad (\lambda\varphi)^* = \overline{\lambda}\varphi^*, \quad (\varphi\psi)^* = \psi^*\varphi^*.$$

Beweis: Es sei $\{q_1, \ldots, q_n\}$ eine Orthonormalbasis von V. Es seien $A \in M(n;K)$ die Matrix von φ und $B \in M(n;K)$ die Matrix von ψ zu dieser Basis. Dann sind $A+B$ die Matrix von $\varphi+\psi$, λA die Matrix von $\lambda\varphi$ und AB die Matrix von $\varphi\psi$ zu dieser Basis. Die Aussagen folgen aus (1.8.8), (2) und (3), sowie (5.2.8).

(5.2.10) Folgerung: *Es sei $\varphi \in \mathrm{End}_K(V)$.*
(1) *Es gilt $\mathrm{rang}(\varphi) = \mathrm{rang}(\varphi^*)$.*
(2) *Ist φ bijektiv, so ist φ^* bijektiv, und es gilt $(\varphi^*)^{-1} = (\varphi^{-1})^*$.*

Beweis: Das folgt unmittelbar aus (1.8.8), (5.2.8)(4) und (5.3.2).

Aufgaben

A(5.2.1) Es sei $V := \{f \in \mathbb{R}[T] \mid \deg(f) \leq 3\}$ der $\mathbb{R}$-Vektorraum aller Polynome $f \in \mathbb{R}[T]$ vom Grad ≤ 3, und es sei $\langle \ \mid \ \rangle$ das in Aufgabe A(5.1.6) definierte Skalarprodukt auf V. Die Abbildung $\sigma: V \to \mathbb{R}$ mit $\sigma(f) := f(1)$ für jedes $f \in V$ ist linear, und daher gibt es nach (5.2.2) ein eindeutig bestimmtes $g \in V$ mit $\varphi(f) = \langle f \mid g \rangle$ für jedes $f \in V$. Man ermittle dieses Polynom g.

A(5.2.2) Es sei $\langle \ \mid \ \rangle$ das in Aufgabe A(5.1.7) definierte Skalarprodukt auf dem K-Vektorraum $V := M(n;K)$. Es sei $P \in \mathrm{GL}(n;K)$, und es sei $\varphi: V \to V$ der Endomorphismus mit $\varphi(A) = P^{-1}AP$ für jedes $A \in V$. Man ermittle den adjungierten Endomorphismus φ^*.

3 Normale Endomorphismen

(5.3.1) In diesem Paragraphen ist stets entweder $K = \mathbb{R}$ oder $K = \mathbb{C}$, n ist jeweils eine natürliche Zahl, und $(V, \langle \ \mid \ \rangle)$ ist ein K-Vektorraum der Dimension n mit Skalarprodukt.

(5.3.2) Definition: (1) Ein Endomorphismus $\varphi \in \mathrm{End}_K(V)$ heißt normal, wenn $\varphi\varphi^* = \varphi^*\varphi$ gilt.
(2) Eine Matrix $A \in M(n;K)$ heißt normal, wenn $AA^* = A^*A$ gilt.

(5.3.3) Bemerkung: Es sei $\varphi \in \mathrm{End}_K(V)$ normal, und es sei U ein φ-invarianter Unterraum von V. Ist auch $U^\perp$ ein φ-invarianter Unterraum

3 Normale Endomorphismen

von V, so ist $\varphi|U \in \operatorname{End}_K(U)$ ein normaler Endomorphismus von U und $\varphi^*|U^\perp \in \operatorname{End}_K(U^\perp)$ ist ein normaler Endomorphismus von $U^\perp$.
Beweis: Es sei $\psi := \varphi|U$. Nach (5.2.7) ist $U^\perp$ ein φ^*-invarianter Unterraum von V, und es gilt $(\varphi|U^\perp)^* = \varphi^*|U^\perp$. Wegen $\varphi^*\varphi = \varphi\varphi^*$ gilt daher $\psi^*\psi = (\varphi|U)^*(\varphi|U) = (\varphi|U)(\varphi|U)^* = \psi\psi^*$, und daher ist ψ ein normaler Endomorphismus von U. Wegen $\varphi^{**} = \varphi$ [vgl. (5.2.6)] ergibt sich durch Vertauschen der Rollen von φ und φ^*, daß $\varphi^*|U^\perp \in \operatorname{End}_K(U^\perp)$ ein normaler Endomorphismus von $U^\perp$ ist.

(5.3.4) Bemerkung: (1) id_V ist normal.
(2) Es sei $\varphi \in \operatorname{End}_K(V)$, und es sei $\lambda \in K$. Ist φ normal, so sind φ^*, $\lambda\varphi$ und $\varphi + \lambda\operatorname{id}_V$ normal.
Beweis: (1) ist klar.
(2) Wegen $\varphi^{**} = \varphi$ [vgl. (5.2.6)] ist φ^* normal. Es gilt $(\lambda\varphi)(\lambda\varphi)^* = \lambda\overline{\lambda}\varphi\varphi^* = \lambda\overline{\lambda}\varphi^*\varphi = (\lambda\varphi)^*(\lambda\varphi)$, und es ist $(\varphi + \lambda\operatorname{id}_V)(\varphi + \lambda\operatorname{id}_V)^* = \varphi\varphi^* + \lambda\varphi + \overline{\lambda}\varphi^* + \lambda\overline{\lambda}\operatorname{id}_V = (\varphi + \lambda\operatorname{id}_V)^*(\varphi + \lambda\operatorname{id}_V)$. Daher sind $\lambda\varphi$ und $\varphi + \lambda\operatorname{id}_V$ normal.

(5.3.5) Satz: *Es sei $\{q_1, \ldots, q_n\}$ eine Orthonormalbasis von V, und es sei $\varphi \in \operatorname{End}_K(V)$. Folgende Aussagen sind äquivalent:*
(1) *φ ist normal.*
(2) *Für alle $x, y \in V$ ist $\langle \varphi^*(x) \mid \varphi^*(y) \rangle = \langle \varphi(x) \mid \varphi(y) \rangle$.*
(3) *Für jedes $x \in V$ ist $\|\varphi^*(x)\| = \|\varphi(x)\|$.*
(4) *Die Matrix von φ zu der Basis $\{q_1, \ldots, q_n\}$ ist eine normale Matrix.*

Beweis (1) $\Leftrightarrow$ (2): Für alle $x, y \in V$ gilt $\langle \varphi^*(x) \mid \varphi^*(y) \rangle = \langle x \mid \varphi\varphi^*(y) \rangle$ und $\langle \varphi(x) \mid \varphi(y) \rangle = \langle x \mid \varphi^*\varphi(y) \rangle$.
(2) $\Rightarrow$ (3): Das ist klar.
(3) $\Rightarrow$ (2): Es gelte (3).
(a) Es seien $a, b \in V$. Es gilt

$$\begin{aligned}
\|\varphi(a+b)\|^2 &= \|\varphi(a) + \varphi(b)\|^2 = \langle \varphi(a) + \varphi(b) \mid \varphi(a) + \varphi(b) \rangle \\
&= \|\varphi(a)\|^2 + \langle \varphi(a) \mid \varphi(b) \rangle + \langle \varphi(b) \mid \varphi(a) \rangle + \|\varphi(b)\|^2 \\
&= \|\varphi(a)\|^2 + 2\operatorname{Re}(\langle \varphi(a) \mid \varphi(b) \rangle) + \|\varphi(b)\|^2,
\end{aligned}$$

und genauso zeigt man, daß

$$\|\varphi^*(a+b)\|^2 = \|\varphi^*(a)\|^2 + 2\operatorname{Re}(\langle \varphi^*(a) \mid \varphi^*(b) \rangle) + \|\varphi^*(b)\|^2$$

ist. Nach (3) gilt $\|\varphi(a+b)\| = \|\varphi^*(a+b)\|$ und $\|\varphi(a)\| = \|\varphi^*(a)\|$ und $\|\varphi(b)\| = \|\varphi^*(b)\|$, und daher folgt

$$\mathrm{Re}(\langle \varphi(a) \mid \varphi(b) \rangle) = \mathrm{Re}(\langle \varphi^*(a) \mid \varphi^*(b) \rangle).$$

(b) Es sei $K = \mathbb{R}$. Nach (a) gilt dann $\langle \varphi(x) \mid \varphi(y) \rangle = \langle \varphi^*(x) \mid \varphi^*(y) \rangle$ für alle $x, y \in V$.

(c) Es sei $K = \mathbb{C}$. Für alle $x, y \in V$ gilt nach (a), angewandt auf $a := x$ und $b := y$,

$$\mathrm{Re}(\langle \varphi(x) \mid \varphi(y) \rangle) = \mathrm{Re}(\langle \varphi^*(x) \mid \varphi^*(y) \rangle),$$

und nach (a), angewandt auf $a := x$ und $b := iy$,

$$\begin{aligned}
\mathrm{Im}(\langle \varphi(x) \mid \varphi(y) \rangle) &= \mathrm{Re}(-i \langle \varphi(x) \mid \varphi(y) \rangle) \\
&= \mathrm{Re}(\langle \varphi(x) \mid i\,\varphi(y) \rangle) = \mathrm{Re}(\langle \varphi(x) \mid \varphi(iy) \rangle) \\
&= \mathrm{Re}(\langle \varphi^*(x) \mid \varphi^*(iy) \rangle) = \mathrm{Re}(\langle \varphi^*(x) \mid i\,\varphi^*(y) \rangle) \\
&= \mathrm{Re}(-i \langle \varphi^*(x) \mid \varphi^*(y) \rangle) = \mathrm{Im}(\langle \varphi^*(x) \mid \varphi^*(y) \rangle)
\end{aligned}$$

und daher $\langle \varphi(x) \mid \varphi(y) \rangle = \langle \varphi^*(x) \mid \varphi^*(y) \rangle$.

(1) $\Leftrightarrow$ (4): Es sei $A \in M(n; K)$ die Matrix von φ zu der Basis $\{q_1, \ldots, q_n\}$. Nach (5.2.8) ist A^* die Matrix von φ^* zu der Basis $\{q_1, \ldots, q_n\}$. Zu dieser Basis ist AA^* die Matrix von $\varphi\varphi^*$ und A^*A die Matrix von $\varphi^*\varphi$, und daher gilt $\varphi\varphi^* = \varphi^*\varphi$, genau wenn $AA^* = A^*A$ gilt.

(5.3.6) Folgerung: *Es sei $A \in M(n;K)$. Die folgende Aussagen sind äquivalent:*
(1) *A ist normal.*
(2) *Für alle $x, y \in K^n$ gilt $\langle A^*x \mid A^*y \rangle = \langle Ax \mid Ay \rangle$.*
(3) *Für jedes $x \in K^n$ gilt $\|A^*x\| = \|Ax\|$.*

Beweis: Man wendet (5.3.5) auf den Endomorphismus $x \mapsto Ax: K^n \to K^n$ von K^n an.

(5.3.7) Hilfssatz: *Es sei $\varphi \in \mathrm{End}_\mathbb{C}(V)$ normal, und es sei $\lambda \in \mathbb{C}$. Dann gilt $E(\varphi^*, \overline{\lambda}) = E(\varphi, \lambda)$. Insbesondere ist λ ein Eigenwert von φ, genau wenn $\overline{\lambda}$ ein Eigenwert von φ^* ist.*

Beweis: Es sei $\lambda \in \mathbb{C}$. Nach (5.3.4) ist $\varphi - \lambda \, \mathrm{id}_V$ ein normaler Endomorphismus von V, es ist $(\varphi - \lambda \, \mathrm{id}_V)^* = \varphi^* - \overline{\lambda} \, \mathrm{id}_V$ [vgl. (5.2.9)], und

3 Normale Endomorphismen

daher gilt nach (5.3.5): Für jedes $x \in V$ ist $\|\varphi^*(x) - \overline{\lambda} x\| = \|\varphi(x) - \lambda x\|$. Hieraus folgt

$$E(\varphi^*, \overline{\lambda}) = \{x \in V \mid \varphi^*(x) = \overline{\lambda} x\} = \{x \in V \mid \varphi(x) = \lambda x\} = E(\varphi, \lambda).$$

Es gilt also $E(\varphi^*, \overline{\lambda}) \neq \{0\}$, genau wenn $E(\varphi, \lambda) \neq \{0\}$ gilt.

(5.3.8) Satz: *Es sei V ein unitärer Vektorraum, und es sei $\varphi \in \mathrm{End}_{\mathbb{C}}(V)$. Die folgenden Aussagen sind äquivalent:*
(1) *φ ist normal.*
(2) *Es gibt eine Orthonormalbasis von V, deren Elemente Eigenvektoren von φ sind.*
(3) *Es gibt eine Orthonormalbasis von V mit: Die Matrix von φ zu dieser Basis ist eine Diagonalmatrix.*

Beweis (1) $\Rightarrow$ (2): Es gelte: φ ist normal. Es existieren $\lambda_1, \ldots, \lambda_n \in \mathbb{C}$ mit $p_\varphi = (T - \lambda_1) \cdots (T - \lambda_n)$. Ist $n = 1$, so ist nichts zu beweisen. Es gelte $n > 1$, und es sei bereits bewiesen: Ist $(W, \langle \mid \rangle)$ ein unitärer Vektorraum mit $\dim(W) = n - 1$, ist $\psi \in \mathrm{End}_{\mathbb{C}}(W)$ normal und sind $\mu_1, \ldots, \mu_{n-1} \in \mathbb{C}$ mit $p_\psi = (T - \mu_1) \cdots (T - \mu_{n-1})$, so gibt es eine Orthonormalbasis $\{w_1, \ldots, w_{n-1}\}$ von W mit $\psi(w_j) = \mu_j w_j$ für jedes $j \in \{1, \ldots, n-1\}$. Es sei $x_1 \in V$ ein Eigenvektor von φ zum Eigenwert λ_1. Dann ist auch $q_1 := \|x_1\|^{-1} x_1$ ein Eigenvektor zum Eigenwert λ_1 von φ, und es gilt $\|q_1\| = 1$ und $\varphi^*(q_1) = \overline{\lambda}_1 q_1$ [vgl. (5.3.7)]. Für die Unterräume $U := \langle q_1 \rangle$ und $U^\perp = \{q_1\}^\perp = \{v \in V \mid \langle v \mid q_1 \rangle = 0\}$ von V gilt $V = U \oplus U^\perp$, $\dim(U) = 1$ und $\dim(U^\perp) = n - 1$ [vgl. (5.1.27)]. Wegen $\varphi(q_1) = \lambda_1 q_1 \in U$ ist U ein φ-invarianter Unterraum von V, und auch $U^\perp$ ist ein φ-invarianter Unterraum von V, denn für jedes $v \in U^\perp$ gilt $\langle \varphi(v) \mid q_1 \rangle = \langle v \mid \varphi^*(q_1) \rangle = \langle v \mid \overline{\lambda}_1 q_1 \rangle = \lambda_1 \langle v \mid q_1 \rangle = 0$ und daher $\varphi(v) \in U^\perp$. Es gilt $\varphi | U \in \mathrm{End}_K(U)$ und $\psi := \varphi | U^\perp \in \mathrm{End}_K(U^\perp)$, $U^\perp$ ist ein φ^*-invarianter Unterraum von V, und es ist $\psi^* = \varphi^* | U^\perp$ [vgl. (5.2.7)]; weiterhin ist ψ ein normaler Endomorphismus von $U^\perp$ [vgl. (5.3.3)]. Wegen $\varphi(q_1) = \lambda q_1$ und $U = \langle q_1 \rangle$ ist $p_{\varphi|U} = T - \lambda_1$. Aus (4.4.17) folgt $p_\varphi = p_{\varphi|U} p_\psi$, also ist $p_\psi = (T - \lambda_2) \cdots (T - \lambda_n)$. Nach Induktionsvoraussetzung existiert eine Orthonormalbasis $\{q_2, \ldots, q_n\}$ von $U^\perp$ mit $\psi(q_j) = \lambda_j q_j$ für jedes $j \in \{2, \ldots, n\}$. Man sieht: $\{q_1, q_2, \ldots, q_n\}$ ist eine Orthonormalbasis von V, und für jedes $j \in \{1, \ldots, n\}$ ist $\varphi(q_j) = \lambda_j q_j$.
(2) $\Rightarrow$ (3): Diese Aussage ist klar.
(3) $\Rightarrow$ (1): Es sei $\{q_1, \ldots, q_n\}$ eine Orthonormalbasis von V, und es gelte: Die Matrix von φ zu dieser Basis ist eine Diagonalmatrix $A =$

diag($\alpha_1, \ldots, \alpha_n$) $\in M(n; \mathbb{C})$. Dann sind $A^* = \text{diag}(\overline{\alpha}_1, \ldots, \overline{\alpha}_n)$ die Matrix von φ^*, AA^* die Matrix von $\varphi\varphi^*$ und A^*A die Matrix von $\varphi^*\varphi$ zu dieser Basis. Wegen $AA^* = \text{diag}(|\alpha_1|^2, \ldots, |\alpha_n|^2) = A^*A$ gilt daher $\varphi\varphi^* = \varphi^*\varphi$, d.h. φ ist normal.

(5.3.9) Folgerung: *Es sei V ein unitärer Vektorraum. Jeder normale Endomorphismus von V ist diagonalisierbar.*

(5.3.10) Folgerung: *Es sei $A \in M(n; \mathbb{C})$ normal. Dann gibt es ein $Q \in \text{U}(n)$ und $\lambda_1, \ldots, \lambda_n \in \mathbb{C}$ mit $Q^*AQ = \text{diag}(\lambda_1, \ldots, \lambda_n)$.*

Beweis: Da A normal ist, ist der Endomorphismus $x \mapsto Ax : \mathbb{C}^n \to \mathbb{C}^n$ von $\mathbb{C}^n$ normal [vgl. (5.3.5)]. Nach (5.3.8) gibt es eine Orthonormalbasis $\{q_1, \ldots, q_n\}$ von $\mathbb{C}^n$ und $\lambda_1, \ldots, \lambda_n \in \mathbb{C}$ mit $Aq_i = \lambda_i q_i$ für jedes $i \in \{1, \ldots, n\}$. Für die unitäre Matrix $Q = (q_1, \ldots, q_n) \in \text{U}(n)$ gilt $AQ = Q \, \text{diag}(\lambda_1, \ldots, \lambda_n)$.

(5.3.11) Bemerkung: Es sei V unitär, und es sei $\varphi \in \text{End}_\mathbb{C}(V)$ ein normaler Endomorphismus. Nach (5.3.8) gibt es eine Orthonormalbasis $\{q_1, \ldots, q_n\}$ von V, deren Elemente Eigenvektoren von φ sind. Es gibt daher $\lambda_1, \ldots, \lambda_n \in \mathbb{C}$ mit $\varphi(q_i) = \lambda_i q_i$ für jedes $i \in \{1, \ldots, n\}$, und $\lambda_1, \ldots, \lambda_n$ sind die Eigenwerte von φ. Es seien $\mu_1, \ldots, \mu_r$ die verschiedenen Eigenwerte von φ, es sei $e_j := e(\varphi, \mu_j)$ für jedes $j \in \{1, \ldots, r\}$, und es sei die Numerierung von $q_1, \ldots, q_n$ so gewählt, daß $\lambda_1 = \cdots = \lambda_{e_1} = \mu_1$, $\lambda_{e_1+1} = \cdots = \lambda_{e_1+e_2} = \mu_2, \ldots, \lambda_{e_1+\cdots+e_{r-1}+1} = \cdots = \lambda_n = \mu_r$ gilt. Es ist $\dim(E(\varphi, \mu_j)) = e_j$ für jedes $j \in \{1, \ldots, r\}$ [vgl. (4.5.4) und (5.3.9)], und daher gilt: $\{q_1, \ldots, q_{e_1}\}$ ist eine Orthonormalbasis von $E(\varphi, \mu_1), \ldots, \{q_{n-e_r+1}, \ldots, q_n\}$ ist eine Orthonormalbasis von $E(\varphi, \mu_r)$. Es gilt $V = E(\varphi, \mu_1) \oplus \cdots \oplus E(\varphi, \mu_r)$, und die Summanden darin sind paarweise orthogonal zueinander, d.h.: Sind $j, k \in \{1, \ldots, r\}$ verschieden, so gilt $\langle x \mid y \rangle = 0$ für jedes $x \in E(\varphi, \mu_j)$ und jedes $y \in E(\varphi, \mu_k)$. Nach (5.3.7) gilt schließlich $E(\varphi, \mu_j) = E(\varphi^*, \overline{\mu}_j)$ für jedes $j \in \{1, \ldots, r\}$.

(5.3.12) Folgerung: *Es sei V unitär, es seien φ, ψ normale Endomorphismen von V, und es gelte $\varphi\psi = \psi\varphi$. Dann gibt es eine Orthonormalbasis von V, deren Elemente Eigenvektoren von φ und von ψ sind. Außerdem gilt: $\varphi + \psi$ und $\varphi\psi$ sind normal.*

Beweis: Nach (5.2.9) gilt $\varphi^*\psi^* = \psi^*\varphi^*$.
(a) Es sei $\mu \in \mathbb{C}$ ein Eigenwert von φ. Für jedes $x \in E(\varphi, \mu) = E(\varphi^*, \overline{\mu})$ gilt $\varphi(\psi(x)) = \psi(\varphi(x)) = \psi(\mu x) = \mu \psi(x)$ und $\varphi^*(\psi^*(x)) = \psi^*(\varphi^*(x)) =$

3 Normale Endomorphismen

$\psi^*(\overline{\mu}x) = \overline{\mu}\psi^*(x)$ und daher $\psi(x) \in E(\varphi, \mu)$ und $\psi^*(x) \in E(\varphi^*, \overline{\mu}) = E(\varphi, \mu)$. Also ist der Unterraum $E(\varphi, \mu)$ von V ψ-invariant und ψ^*-invariant. Daher ist der Endomorphismus $\psi|E(\varphi, \mu)$ von $E(\varphi, \mu)$ normal, und es ist $(\psi|E(\varphi, \mu))^* = \psi^*|E(\varphi, \mu)$. Nach (5.3.8) gibt es daher eine Orthonormalbasis von $E(\varphi, \mu)$, deren Elemente Eigenvektoren von $\psi|E(\varphi, \mu)$ und somit von ψ sind [und als Elemente von $E(\varphi, \mu)$ auch Eigenvektoren von φ].

(b) Es seien $\mu_1, \ldots, \mu_r \in \mathbb{C}$ die verschiedenen Eigenwerte von φ. Nach (a) gibt es zu jedem $j \in \{1, \ldots, r\}$ eine Orthonormalbasis B_j von $E(\varphi, \mu_j)$, deren Elemente Eigenvektoren von φ und von ψ sind. Da die Summanden in $V = E(\varphi, \mu_1) \oplus \cdots \oplus E(\varphi, \mu_r)$ paarweise orthogonal sind, ist $B_1 \cup \cdots \cup B_r$ eine Orthonormalbasis von V.

(c) Nach (b) gibt es eine Orthonormalbasis $\{q_1, \ldots, q_n\}$ von V, deren Elemente Eigenvektoren von φ und von ψ sind. Dann sind $q_1, \ldots, q_n$ auch Eigenvektoren von $\varphi + \psi$ und von $\varphi\psi$, und aus (5.3.8) folgt, daß $\varphi + \psi$ und $\varphi\psi$ normal sind.

(5.3.13) Hilfssatz: *Es sei $A \in M(n; \mathbb{R}) \subset M(n; \mathbb{C})$ normal, und es sei $\lambda \in \mathbb{C} \setminus \mathbb{R}$ ein Eigenwert von A. Dann gibt es $a, b \in \mathbb{R}^n$ mit $\|a\| = \|b\| = 1$, $\langle a \mid b \rangle = 0$, und mit $Aa = \operatorname{Re}(\lambda)a + \operatorname{Im}(\lambda)b$ und $Ab = -\operatorname{Im}(\lambda)a + \operatorname{Re}(\lambda)b$.*

Beweis: Es existieren $x, y \in \mathbb{R}^n$ mit: Für $z := x + iy \in \mathbb{C}^n$ gilt $\|z\| = 1$ und $Az = \lambda z$. Wegen $x, y \in \mathbb{R}^n$ gilt $\langle x \mid y \rangle \in \mathbb{R}$, also $\langle y \mid x \rangle = \overline{\langle x \mid y \rangle} = \langle x \mid y \rangle$ und

$$1 = \|z\|^2 = \langle x+iy \mid x+iy \rangle = \|x\|^2 - i\langle x \mid y \rangle + i\langle y \mid x \rangle + \|y\|^2 = \|x\|^2 + \|y\|^2.$$

Für $\overline{z} = x - iy \in \mathbb{C}^n$ gilt daher

$$\|\overline{z}\|^2 = \langle x-iy \mid x-iy \rangle = \|x\|^2 + i\langle x \mid y \rangle - i\langle y \mid x \rangle + \|y\|^2 = \|x\|^2 + \|y\|^2 = 1,$$

und wegen $\overline{A} = A$ gilt $A\overline{z} = \overline{A}\,\overline{z} = \overline{Az} = \overline{\lambda z} = \overline{\lambda}\,\overline{z}$. Der Endomorphismus $w \mapsto Aw : \mathbb{C}^n \to \mathbb{C}^n$ von $\mathbb{C}^n$ ist normal, und nach (5.3.7) ist daher $A^*z = \overline{\lambda}z$. Also gilt

$$\lambda \langle \overline{z} \mid z \rangle = \langle \overline{z} \mid \overline{\lambda}z \rangle = \langle \overline{z} \mid A^*z \rangle = \langle A\overline{z} \mid z \rangle = \langle \overline{\lambda}\,\overline{z} \mid z \rangle = \lambda \langle \overline{z} \mid z \rangle,$$

und wegen $\lambda \neq \overline{\lambda}$ folgt $\langle \overline{z} \mid z \rangle = 0$ und daher $\langle z \mid \overline{z} \rangle = \overline{\langle \overline{z} \mid z \rangle} = 0$. Für

$$a := \frac{1}{i\sqrt{2}}(z - \overline{z}) = \sqrt{2} \cdot y \in \mathbb{R}^n \quad \text{und} \quad b := \frac{1}{\sqrt{2}}(z + \overline{z}) = \sqrt{2} \cdot x \in \mathbb{R}^n$$

gilt

$$\|a\|^2 = \frac{1}{2}\langle z-\overline{z} \mid z-\overline{z}\rangle = \frac{1}{2}\left(\|z\|^2 - \langle z \mid \overline{z}\rangle - \langle \overline{z} \mid z\rangle + \|\overline{z}\|^2\right) = 1,$$

$$\|b\|^2 = \frac{1}{2}\langle z+\overline{z} \mid z+\overline{z}\rangle = \frac{1}{2}\left(\|z\|^2 + \langle z \mid \overline{z}\rangle + \langle \overline{z} \mid z\rangle + \|\overline{z}\|^2\right) = 1,$$

$$\langle a \mid b\rangle = \frac{1}{2i}\langle z-\overline{z} \mid z+\overline{z}\rangle = \frac{1}{2i}\left(\|z\|^2 + \langle z \mid \overline{z}\rangle - \langle \overline{z} \mid z\rangle - \|\overline{z}\|^2\right) = 0.$$

Mit $\alpha := \mathrm{Re}(\lambda)$ und $\beta := \mathrm{Im}(\lambda)$ gilt

$$Ax + i\,Ay = Az = \lambda z = (\alpha + i\beta)(x+iy) = (\alpha x - \beta y) + i(\beta x + \alpha y)$$

und daher

$$\begin{aligned} Aa &= \sqrt{2}\cdot Ay = \sqrt{2}(\beta x + \alpha y) = \alpha a + \beta b, \\ Ab &= \sqrt{2}\cdot Ax = \sqrt{2}(\alpha x - \beta y) = -\beta a + \alpha b. \end{aligned}$$

(5.3.14) Satz: *Es sei V ein euklidischer Vektorraum, es sei $\varphi \in \mathrm{End}_{\mathbb{R}}(V)$ normal, für das charakteristische Polynom p_φ von φ gelte*

$$p_\varphi = \prod_{j=1}^{r}(T-\lambda_j) \cdot \prod_{j=1}^{s}(T-\lambda_{r+j})(T-\overline{\lambda}_{r+j})$$

mit $r, s \in \mathbb{N}_0$ und $r+2s = n$, mit $\lambda_1, \ldots, \lambda_r \in \mathbb{R}$ und mit $\lambda_{r+1}, \ldots, \lambda_{r+s} \in \mathbb{C} \smallsetminus \mathbb{R}$ [vgl. (4.2.32)], und für jedes $j \in \{1, \ldots, s\}$ sei

$$A_j := \begin{pmatrix} \mathrm{Re}(\lambda_{r+j}) & -\mathrm{Im}(\lambda_{r+j}) \\ \mathrm{Im}(\lambda_{r+j}) & \mathrm{Re}(\lambda_{r+j}) \end{pmatrix} \in M(2;\mathbb{R}).$$

Es gibt eine Orthonormalbasis $\{q_1, \ldots, q_n\}$ von V mit: Die Matrix von φ zu dieser Basis ist

$$A = \mathrm{diag}(\lambda_1, \ldots, \lambda_r, A_1, \ldots, A_s).$$

Beweis: Ist $n = 1$, so ist nichts zu beweisen. Es gelte von jetzt an $n \geq 2$, und es sei der Satz bereits für normale Endomorphismen eines euklidischen Vektorraums einer Dimension $< n$ bewiesen.
(a) Es gelte $r \geq 1$. Man wählt ein $q_1 \in V$ mit $\|q_1\| = 1$ und mit $\varphi(q_1) = \lambda_1 q_1$ und setzt $U := \langle q_1 \rangle$. Wie im Beweis von (5.3.8) ergibt sich mit

3 Normale Endomorphismen

(5.2.7) und (5.3.3): U und $U^\perp$ sind φ-invariante Unterräume von V, es ist $V = U \oplus U^\perp$, es ist $\psi := \varphi \,|\, U^\perp \in \mathrm{End}_\mathbb{R}(U^\perp)$ normal, und es gilt

$$p_\psi = \prod_{j=2}^{r}(T - \lambda_j) \cdot \prod_{j=1}^{s}(T - \lambda_{r+j})(T - \overline{\lambda}_{r+j}).$$

Wegen $\dim(U^\perp) = n - 1$ gibt es nach Induktionsvoraussetzung eine Orthonormalbasis $\{q_2, \ldots, q_n\}$ von $U^\perp$ mit: $\mathrm{diag}(\lambda_2, \ldots, \lambda_r, A_1, \ldots, A_s) \in M(n-1; \mathbb{R})$ ist die Matrix von ψ zu dieser Basis. Dann ist $\{q_1, q_2, \ldots, q_n\}$ eine Orthonormalbasis von V, und die Matrix von φ zu dieser Basis ist die Matrix $\mathrm{diag}(\lambda_1, \lambda_2, \ldots, \lambda_r, A_1, \ldots, A_s) \in M(n; \mathbb{R})$.

(b) Es gelte $r = 0$. Es sei $\{v_1, \ldots, v_n\}$ eine Orthonormalbasis von V. Die Matrix $A \in M(n; \mathbb{R})$ von φ zu dieser Basis ist normal [vgl. (5.3.5)]. $\lambda_1 \in \mathbb{C} \smallsetminus \mathbb{R}$ ist ein Eigenwert von A, und daher existieren nach (5.3.13) $a = {}^t(\alpha_1, \ldots, \alpha_n) \in \mathbb{R}^n$ und $b = {}^t(\beta_1, \ldots, \beta_n) \in \mathbb{R}^n$ mit $\|a\| = \|b\| = 1$, $\langle a \mid b \rangle = 0$, und mit: Für $\alpha := \mathrm{Re}(\lambda_1)$ und $\beta := \mathrm{Im}(\lambda_1)$ gilt $Aa = \alpha a + \beta b$ und $Ab = -\beta a + \alpha b$. Für $q_1 := \sum_{i=1}^{n} \alpha_i v_i \in V$ und $q_2 := \sum_{i=1}^{n} \beta_i v_i \in V$ gilt

$$\langle q_1 \mid q_1 \rangle = \sum_{i=1}^{n}\sum_{j=1}^{n} \alpha_i \alpha_j \langle v_i \mid v_j \rangle = \sum_{i=1}^{n} \alpha_i^2 = \|a\| = 1,$$

und ebenso ergibt sich $\langle q_1 \mid q_2 \rangle = \langle a \mid b \rangle = 0$ und $\langle q_2 \mid q_2 \rangle = \|b\| = 1$. Der Unterraum $U := \langle q_1, q_2 \rangle$ von V hat die Dimension 2 und ist φ-invariant, denn es gilt $\varphi(q_1) = \alpha q_1 + \beta q_2$ und $\varphi(q_2) = -\beta q_1 + \alpha q_2$; $\{q_1, q_2\}$ ist eine Orthonormalbasis von U, und

$$A_1 = \begin{pmatrix} \alpha & -\beta \\ \beta & \alpha \end{pmatrix} = \begin{pmatrix} \mathrm{Re}(\lambda_1) & -\mathrm{Im}(\lambda_1) \\ \mathrm{Im}(\lambda_1) & \mathrm{Re}(\lambda_1) \end{pmatrix} \in M(2; \mathbb{R})$$

ist die Matrix von $\varphi \,|\, U$ zu dieser Basis. Es gilt

$$p_{\varphi|U} = p_{A_1} = T^2 - 2\alpha T + (\alpha^2 + \beta^2) = (T - \lambda_1)(T - \overline{\lambda}_1).$$

Ist $n = 2$, so ist $U = V$, und es ist nichts mehr zu zeigen. Ist $n > 2$, so ergibt sich wie im Beweis von (5.3.8): Es gilt $V = U \oplus U^\perp$, $U^\perp$ ist φ-invariant, $\varphi \,|\, U^\perp \in \mathrm{End}_\mathbb{R}(U^\perp)$ ist normal, und es ist

$$p_{\varphi|U^\perp} = \prod_{j=2}^{s}(T - \lambda_j)(T - \overline{\lambda}_j).$$

Wegen $1 \leq \dim(U^\perp) = n - 2 < n$ gibt es nach Induktionsvoraussetzung eine Orthonormalbasis $\{q_3, \ldots, q_n\}$ von $U^\perp$ mit: Die Matrix von $\varphi | U^\perp$ zu dieser Basis ist $\mathrm{diag}(A_2, \ldots, A_s) \in M(n-2; \mathbb{R})$. Man sieht: $\{q_1, q_2, q_3, \ldots, q_n\}$ ist eine Orthonormalbasis von V, und $A = \mathrm{diag}(A_1, \ldots, A_s)$ ist die Matrix von φ zu dieser Basis [vgl. (4.3.7)(2)]. Damit ist der Satz bewiesen.

(5.3.15) Bemerkung: Es sei $A \in M(n; \mathbb{R})$, und das charakteristische Polynom p_A von A habe in $\mathbb{C}[T]$ die in (5.3.14) angegebene Zerlegung.
(1) Ist A normal, so ist A als Matrix in $M(n; \mathbb{C})$ diagonalisierbar [vgl. (5.3.10)]. Aus (5.3.14) folgt weiter: Es gibt eine orthogonale Matrix $P \in O(n)$ mit ${}^t P A P = \mathrm{diag}(\lambda_1, \ldots, \lambda_r, A_1, \ldots, A_s)$.
(2) Ist A als Matrix in $M(n; \mathbb{C})$ diagonalisierbar, so gibt es ein $P \in \mathrm{GL}(n; \mathbb{R})$ mit $P^{-1} A P = \mathrm{diag}(\lambda_1, \ldots, \lambda_r, A_1, \ldots, A_s)$.

Aufgaben

A(5.3.1) Es seien $A, B \in M(n; K)$ normale Matrizen, und es gelte $AB = BA$.
(1) Man zeige: Es gibt ein $P \in U(n)$ so, daß $P^* A P$ und $P^* B P$ Diagonalmatrizen in $M(n; \mathbb{C})$ sind.
(2) Man zeige: A und B^* sind vertauschbar.

A(5.3.2) Es sei $A \in M(n; \mathbb{C})$ normal. Man beweise: Es gibt ein Polynom $f \in \mathbb{C}[T]$ mit $A^* = f(A)$. [Hinweis: Man zeige dies zuerst für eine Diagonalmatrix $A \in M(n; \mathbb{C})$.]

A(5.3.3) Es seien $\varphi, \psi \in \mathrm{End}_K(V)$ normal, und es gelte: Für alle $x, y \in V$ ist $\langle \varphi(x) \mid \psi(y) \rangle = 0$. Man zeige: Dann ist $\varphi + \psi$ normal.

A(5.3.4) Es sei $A \in M(n; \mathbb{C})$.
(1) Es sei $\lambda \in \mathbb{C}$ ein Eigenwert von A. Man überlege sich, daß es eine Orthonormalbasis $\{x_1, \ldots, x_n\}$ von $\mathbb{C}^n$ gibt, in der x_1 ein Eigenvektor von A zum Eigenwert λ ist, und berechne mit der Matrix $X := (x_1, \ldots, x_n) \in U(n)$ das Produkt $X^* A X$.
(2) Man zeige durch Induktion nach n: Es gibt ein $Q \in U(n)$, für das $Q^* A Q$ eine obere Dreiecksmatrix ist. [Hinweis: Man verwende (1).]
(3) Es sei $Q \in U(n)$, und es gelte $Q^* A Q \in \nabla(n; \mathbb{C})$. Man beweise: A ist genau dann normal, wenn $Q^* A Q$ eine Diagonalmatrix ist.

A(5.3.5) Es sei $A \in M(n; \mathbb{C})$, und es seien $\lambda_1, \ldots, \lambda_n \in \mathbb{C}$ mit: Für das charakteristische Polynom p_A von A gilt $p_A = (T - \lambda_1) \cdots (T - \lambda_n)$. Man beweise die Ungleichung von I. Schur (1875 – 1941): Es gilt

$$\sum_{k=1}^n |\lambda_k|^2 \leq \sum_{i=1}^n \sum_{j=1}^n |A[i,j]|^2.$$

4 Isometrien

Man zeige: Darin steht das Gleichheitszeichen, genau wenn A normal ist.
[Hinweis: Nach Aufgabe A(5.3.4) gibt es ein $Q \in U(n)$ mit $B := Q^*AQ \in \nabla(n; \mathbb{C})$. Man zeige, daß $\text{spur}(AA^*) = \text{spur}(BB^*)$ ist, und berechne $\text{spur}(AA^*)$ aus den Elementen von A und $\text{spur}(BB^*)$ aus den Elementen von B.]

4 Isometrien

(5.4.1) In diesem Paragraphen ist stets entweder $K = \mathbb{R}$ oder $K = \mathbb{C}$, n ist jeweils eine natürliche Zahl, und $(V, \langle \ | \ \rangle)$ ist ein K-Vektorraum der Dimension n mit Skalarprodukt.

(5.4.2) Definition: (1) Ein Endomorphismus φ von V heißt eine Isometrie, wenn für jedes $x \in V$ gilt: Es ist $\|\varphi(x)\| = \|x\|$.
(2) Die Isometrien eines unitären Vektorraums nennt man auch unitäre Endomorphismen, die Isometrien eines euklidischen Vektorraums nennt man auch orthogonale Endomorphismen.

(5.4.3) Satz: *Es sei $\varphi \in \text{End}_K(V)$. Folgende Aussagen sind äquivalent:*
(1) *φ ist eine Isometrie.*
(2) *Für alle $x, y \in V$ gilt $\langle \varphi(x) \ | \ \varphi(y) \rangle = \langle x \ | \ y \rangle$.*

Beweis (1) $\Rightarrow$ (2): Es gelte: φ ist eine Isometrie.
(a) Für alle $a, b \in V$ gilt $\|a+b\|^2 = \|a\|^2 + 2\,\text{Re}(\langle a \ | \ b \rangle) + \|b\|^2$ und $\|\varphi(a+b)\|^2 = \|\varphi(a)\|^2 + 2\,\text{Re}(\langle \varphi(a) \ | \ \varphi(b) \rangle) + \|\varphi(b)\|^2$ [vgl. den Beweis von (5.3.5)], und daher gilt $\text{Re}(\langle \varphi(a) \ | \ \varphi(b) \rangle) = \text{Re}(\langle a \ | \ b \rangle)$.
(b) Ist $K = \mathbb{R}$, so ist $\langle \varphi(x) \ | \ \varphi(y) \rangle = \langle x \ | \ y \rangle$ für alle $x, y \in V$ [vgl. (a)].
(c) Ist $K = \mathbb{C}$, so folgt aus (a) für alle $x, y \in V$: Es ist $\text{Re}(\langle \varphi(x) \ | \ \varphi(y) \rangle) = \text{Re}(\langle x \ | \ y \rangle)$ und

$$\begin{aligned}\text{Im}(\langle \varphi(x) \ | \ \varphi(y) \rangle) &= \text{Re}(-i\langle \varphi(x) \ | \ \varphi(y) \rangle) = \text{Re}(\langle \varphi(x) \ | \ \varphi(iy) \rangle) \\ &= \text{Re}(\langle x \ | \ iy \rangle) = \text{Re}(-i\langle x \ | \ y \rangle) = \text{Im}(\langle x \ | \ y \rangle),\end{aligned}$$

und daher ist $\langle \varphi(x) \ | \ \varphi(y) \rangle = \langle x \ | \ y \rangle$.
(2) $\Rightarrow$ (1): Das ist klar.

(5.4.4) Satz: *Es gilt:*

$$\text{Iso}_K(V) = \text{Iso}_K(V, \langle \ | \ \rangle) := \{\varphi \in \text{End}_K(V) \ | \ \varphi \text{ ist Isometrie}\}$$

ist eine Untergruppe der Gruppe $\text{Aut}_K(V)$ der Automorphismen von V.

Beweis: Es ist $\mathrm{id}_V \in \mathrm{Iso}_K(V)$, und daher ist $\mathrm{Iso}_K(V) \neq \emptyset$. Für jedes $\varphi \in \mathrm{Iso}_K(V)$ gilt: Ist $x \in \ker(\varphi)$, so gilt $\|x\| = \|\varphi(x)\| = \|0\| = 0$ und daher $x = 0$, also ist φ injektiv und somit bijektiv [vgl. (2.3.12)], d.h. es ist $\varphi \in \mathrm{Aut}_K(V)$. Sind $\varphi, \psi \in \mathrm{Iso}_K(V)$, so gilt für jedes $x \in V$ $\|\varphi\psi(x)\| = \|\varphi(\psi(x))\| = \|\psi(x)\| = \|x\|$ und $\|\varphi^{-1}(x)\| = \|\varphi(\varphi^{-1}(x))\| = \|x\|$, und daher sind $\varphi\psi$ und φ^{-1} Isometrien von V.

(5.4.5) Satz: *Es sei V ein unitärer Vektorraum, es sei $\varphi \in \mathrm{End}_{\mathbb{C}}(V)$, es sei $\{q_1, \ldots, q_n\}$ eine Orthonormalbasis von V, und es sei $A \in M(n; \mathbb{C})$ die Matrix von φ zu dieser Basis. Folgende Aussagen sind äquivalent:*
(1) *φ ist eine Isometrie.*
(2) *φ ist bijektiv, und es ist $\varphi^{-1} = \varphi^*$.*
(3) *Es gilt $\varphi^*\varphi = \mathrm{id}_V$.*
(4) *Es gilt $\varphi\varphi^* = \mathrm{id}_V$.*
(5) *$\{\varphi(q_1), \ldots, \varphi(q_n)\}$ ist eine Orthonormalbasis von V.*
(6) *Die Matrix A ist unitär.*

Beweis (1) $\Rightarrow$ (3): Es gelte $\varphi \in \mathrm{Iso}_{\mathbb{C}}(V)$. Für jedes $y \in V$ gilt dann $\langle x \mid \varphi^*\varphi(y)\rangle = \langle \varphi(x) \mid \varphi(y)\rangle = \langle x \mid y \rangle$ für jedes $x \in V$ und daher $\varphi^*\varphi(y) = y$ [vgl. (5.1.7)]. Also ist $\varphi^*\varphi = \mathrm{id}_V$.
(3) $\Rightarrow$ (1): Es gelte $\varphi^*\varphi = \mathrm{id}_V$. Dann ist für jedes $x \in V$

$$\|\varphi(x)\|^2 = \langle \varphi(x) \mid \varphi(x)\rangle = \langle x \mid \varphi^*\varphi(x)\rangle = \langle x \mid x\rangle = \|x\|^2,$$

und daher ist $\varphi \in \mathrm{Iso}_{\mathbb{C}}(V)$.
(3) $\Leftrightarrow$ (6): Es ist A^* die Matrix von φ^* und A^*A die Matrix von $\varphi^*\varphi$ zu der Basis $\{q_1, \ldots, q_n\}$.
(2) $\Leftrightarrow$ (6) und (4) $\Leftrightarrow$ (6): vgl. (5.1.20)(1).
(5) $\Leftrightarrow$ (6): Für alle $i, j \in \{1, \ldots, n\}$ gilt

$$\langle \varphi(q_i) \mid \varphi(q_j)\rangle = \Big\langle \sum_{k=1}^n A[k,i]\, q_k \,\Big|\, \sum_{l=1}^n A[l,j]\, q_l \Big\rangle$$
$$= \sum_{k=1}^n \sum_{l=1}^n A[k,i]\, \overline{A[l,j]} \langle q_k \mid q_l\rangle = \sum_{k=1}^n \sum_{l=1}^n A[k,i]\, \overline{A[l,j]}\, \delta_{kl}$$
$$= \sum_{k=1}^n A[k,i]\, \overline{A[k,j]} = \langle A_{\bullet i} \mid A_{\bullet j}\rangle.$$

4 Isometrien

(5.4.6) Satz: *Es sei V ein euklidischer Vektorraum, es sei $\varphi \in \mathrm{End}_\mathbb{R}(V)$, es sei $\{q_1,\ldots,q_n\}$ eine Orthonormalbasis von V, und es sei $A \in M(n;\mathbb{R})$ die Matrix von φ zu dieser Basis. Folgende Aussagen sind äquivalent:*
(1) *φ ist eine Isometrie.*
(2) *φ ist bijektiv, und es ist $\varphi^{-1} = \varphi^*$.*
(3) *Es gilt $\varphi^*\varphi = \mathrm{id}_V$.*
(4) *Es gilt $\varphi\varphi^* = \mathrm{id}_V$.*
(5) *$\{\varphi(q_1),\ldots,\varphi(q_n)\}$ ist eine Orthonormalbasis von V.*
(6) *Die Matrix A ist orthogonal.*

Beweis: ähnlich wie in (5.4.5).

(5.4.7) Folgerung: *Es sei $\varphi \in \mathrm{Iso}_K(V)$, und es sei U ein φ-invarianter Unterraum von V. Dann ist auch $U^\perp$ ein φ-invarianter Unterraum von V.*

Beweis: Für jedes $y \in U^\perp$ gilt: Ist $x \in U$, so ist $\varphi^{-1}(x) \in U$, denn U ist φ-invariant, und daher gilt $\langle x \mid \varphi(y)\rangle = \langle \varphi^*(x) \mid y\rangle = \langle \varphi^{-1}(x) \mid y\rangle = 0$, also $\varphi(y) \in U^\perp$.

(5.4.8) Bezeichnung: Es sei V ein euklidischer Vektorraum, und es sei $\varphi \in \mathrm{Iso}_\mathbb{R}(V)$. Nach (5.4.6) und (5.1.20)(6) gilt $\det(\varphi) = 1$ oder $\det(\varphi) = -1$. Man nennt φ eine eigentliche Isometrie, wenn $\det(\varphi) = 1$ ist. Die Menge der eigentlichen Isometrien von V ist eine Untergruppe von $\mathrm{Iso}_\mathbb{R}(V)$.

(5.4.9) Satz: *Es sei V ein unitärer Vektorraum, und es sei $\varphi \in \mathrm{End}_\mathbb{C}(V)$. Die folgenden Aussagen sind äquivalent:*
(1) *φ ist unitär.*
(2) *φ ist normal, und für jeden Eigenwert $\lambda \in \mathbb{C}$ von φ gilt $|\lambda| = 1$.*
(3) *Es gibt eine Orthonormalbasis von V, für die gilt: Die Matrix von φ zu dieser Basis ist eine Diagonalmatrix $\mathrm{diag}(\lambda_1,\ldots,\lambda_n) \in M(n;\mathbb{C})$ mit $|\lambda_1| = \cdots = |\lambda_n| = 1$.*

Beweis (1) $\Rightarrow$ (2): Es gelte $\varphi \in \mathrm{Iso}_\mathbb{C}(V)$. Dann gilt $\varphi^*\varphi = \mathrm{id}_V = \varphi\varphi^*$ [vgl. (5.4.5)], und somit ist φ normal. Ist $\lambda \in \mathbb{C}$ ein Eigenwert von φ und ist $x \in V$ ein Eigenvektor von φ zum Eigenwert λ, so gilt $x \neq 0$ und $|\lambda|\,\|x\| = \|\lambda x\| = \|\varphi(x)\| = \|x\|$, und daher ist $|\lambda| = 1$.
(2) $\Rightarrow$ (3): Dies folgt direkt aus (5.3.8).
(3) $\Rightarrow$ (1): Es sei $\{q_1,\ldots,q_n\}$ eine Orthonormalbasis von V, es seien $\lambda_1,\ldots,\lambda_n \in \mathbb{C}$ mit $|\lambda_1| = \cdots = |\lambda_n| = 1$, und es gelte: Die Matrix von φ zu $\{q_1,\ldots,q_n\}$ ist $A := \mathrm{diag}(\lambda_1,\ldots,\lambda_n)$. Es ist $A^* = \mathrm{diag}(\overline{\lambda}_1,\ldots,\overline{\lambda}_n)$

und $A^*A = \mathrm{diag}(|\lambda_1|^2, \ldots, |\lambda_n|^2) = E_n$. Also ist $A \in \mathrm{U}(n)$, und nach (5.4.5) folgt $\varphi \in \mathrm{Iso}_{\mathbb{C}}(V)$.

(5.4.10) **Satz:** *Es sei V ein euklidischer Vektorraum, und es sei $\varphi \in \mathrm{Iso}_{\mathbb{R}}(V)$. Dann gibt es eine Orthonormalbasis von V mit: Die Matrix $A \in M(n; \mathbb{R})$ von φ zu dieser Basis hat die Gestalt*

$$A = \mathrm{diag}(\lambda_1, \ldots, \lambda_r, A_1, \ldots, A_s),$$

worin gilt: Es sind r, $s \in \mathbb{N}_0$, es ist $r + 2s = n$, für jedes $j \in \{1, \ldots, r\}$ ist $\lambda_j = 1$ oder $\lambda_j = -1$, und zu jedem $j \in \{1, \ldots, s\}$ gibt es ein $t_j \in \mathbb{R}$ mit $0 \leq t_j < 2\pi$ und mit

$$A_j = \begin{pmatrix} \cos t_j & -\sin t_j \\ \sin t_j & \cos t_j \end{pmatrix} \in \mathrm{SO}(2).$$

Beweis: Nach (5.4.6) gilt $\varphi \varphi^* = \mathrm{id}_V = \varphi^* \varphi$, also ist φ normal. Nach (5.3.14) gibt es eine Orthonormalbasis von V so, daß die Matrix von φ zu dieser Basis die Gestalt

$$\mathrm{diag}(\lambda_1, \ldots, \lambda_r, A_1, \ldots, A_s) \in M(n; \mathbb{R})$$

hat, wobei gilt: Es sind r, $s \in \mathbb{N}_0$, es ist $r + 2s = n$, für jedes $j \in \{1, \ldots, r\}$ ist $\lambda_j \in \mathbb{R}$, und zu jedem $j \in \{1, \ldots, s\}$ existieren $\alpha_j, \beta_j \in \mathbb{R}$ mit

$$A_j = \begin{pmatrix} \alpha_j & -\beta_j \\ \beta_j & \alpha_j \end{pmatrix}.$$

Nach (5.4.6) ist $A \in \mathrm{O}(n)$, also ist $\langle A_{\bullet j} \mid A_{\bullet j} \rangle = 1$ für jedes $j \in \{1, \ldots, n\}$ [vgl. (5.1.20)]. Für jedes $j \in \{1, \ldots, r\}$ gilt daher $\lambda_j^2 = \langle A_{\bullet j} \mid A_{\bullet j} \rangle = 1$, also $\lambda_j = 1$ oder $\lambda_j = -1$, und für jedes $j \in \{1, \ldots, s\}$ gilt $\alpha_j^2 + \beta_j^2 = \langle A_{\bullet r+2j-1} \mid A_{\bullet r+2j-1} \rangle = 1$, und daher gibt es ein [eindeutig bestimmtes] $t_j \in \mathbb{R}$ mit $0 \leq t_j < 2\pi$ und mit $\cos t_j = \alpha_j$ und $\sin t_j = \beta_j$.

(5.4.11) **Bemerkung:** Es sei V ein euklidischer Vektorraum. In den letzten Abschnitten dieses Paragraphen wird die Gruppe $\mathrm{Iso}_{\mathbb{R}}(V)$ der Isometrien von V näher untersucht. Dazu werden besonders einfache Isometrien von V eingeführt, die sogenannten Spiegelungen [vgl. (5.4.14)], und dann wird gezeigt, daß diese Spiegelungen die Gruppe $\mathrm{Iso}_{\mathbb{R}}(V)$ erzeugen, d.h. daß jede Isometrie von V ein Produkt von Spiegelungen ist [vgl. (5.4.15)].

4 Isometrien

(5.4.12) Bemerkung: Es sei W ein Vektorraum über einem Körper, und es sei φ ein Endomorphismus von W. Dann ist

$$\operatorname{Fix}(\varphi) := \{x \in W \mid \varphi(x) = x\} = \ker(\varphi - \operatorname{id}_W) = E(\varphi, 1)$$

ein φ-invarianter Unterraum von W.

(5.4.13) Bemerkung: Es sei V ein euklidischer Vektorraum, und es sei U ein Unterraum von V mit $\dim(U) = n - 1$. Es gibt ein eindeutig bestimmtes $\sigma \in \operatorname{Iso}_{\mathbb{R}}(V)$ mit $\operatorname{Fix}(\sigma) = U$, und hierfür gilt $\sigma^2 = \operatorname{id}_V$.
Beweis: Es ist $U^\perp$ ein eindimensionaler Unterraum von V, und es gilt $V = U \oplus U^\perp$ [vgl. (5.1.27)]. Es sei $z \in U^\perp$ mit $z \neq 0$. Dann gilt $U^\perp = \langle z \rangle$.
(1) Es sei $\varphi \in \operatorname{Iso}_{\mathbb{R}}(V)$, und es gelte $\operatorname{Fix}(\varphi) = U$. Für jedes $y \in U$ gilt $\langle \varphi(z) \mid y \rangle = \langle \varphi(z) \mid \varphi(y) \rangle = \langle z \mid y \rangle = 0$, also $\varphi(z) \in U^\perp = \langle z \rangle$, und daher gibt es ein $\alpha \in \mathbb{R}$ mit $\varphi(z) = \alpha z$. Wegen $\|z\| = \|\varphi(z)\| = |\alpha| \|z\|$ gilt $\alpha = 1$ oder $\alpha = -1$. Wäre $\alpha = 1$, so wäre $\varphi(y + \lambda z) = \varphi(y) + \lambda \varphi(z) = y + \lambda z$ für jedes $y \in U$ und jedes $\lambda \in \mathbb{R}$, und wegen $V = U \oplus \langle z \rangle$ wäre daher $\varphi = \operatorname{id}_V$, im Widerspruch zu $\operatorname{Fix}(\varphi) = U$. Also ist $\varphi(z) = -z$. Für jedes $x \in U$ gilt: Es gibt ein $y \in U$ und ein $\lambda \in \mathbb{R}$ mit $x = y + \lambda z$, wegen $\langle x \mid z \rangle = \langle y \mid z \rangle + \lambda \langle z \mid z \rangle = \lambda \langle z \mid z \rangle$ ist $\lambda = \langle x \mid z \rangle / \langle z \mid z \rangle$, und daher ist

$$\varphi(x) = y - \lambda z = (y + \lambda z) - 2\lambda z = x - 2 \frac{\langle x \mid z \rangle}{\langle z \mid z \rangle} z.$$

(2) Es sei $\sigma: V \to V$ die Abbildung mit

$$\sigma(x) := x - 2 \frac{\langle x \mid z \rangle}{\langle z \mid z \rangle} z \quad \text{für jedes } x \in V.$$

Man rechnet ohne Schwierigkeiten nach, daß σ eine Isometrie ist und daß $\operatorname{Fix}(\sigma) = U$ und $\sigma^2 = \operatorname{id}_V$ gilt. Nach (1) ist σ die einzige Isometrie von V mit $\operatorname{Fix}(\sigma) = U$.

(5.4.14) Definition: Es sei V ein euklidischer Vektorraum. Eine Isometrie σ von V heißt eine Spiegelung, wenn der Unterraum $\operatorname{Fix}(\sigma)$ von V die Dimension $n - 1$ besitzt. Ist U ein Unterraum der Dimension $n - 1$ von V, so heißt die nach (5.4.13) eindeutig bestimmte Isometrie σ von V mit $\operatorname{Fix}(\sigma) = U$ die Spiegelung von V an U.

(5.4.15) Satz: *Es sei V ein euklidischer Vektorraum, es sei $\varphi \in \operatorname{Iso}_{\mathbb{R}}(V)$, und es sei $d := \dim(\operatorname{Fix}(\varphi))$. Dann ist φ das Produkt von höchstens n Spiegelungen von V. Genauer gilt: φ ist das Produkt von $n - d$ und nicht von weniger als $n - d$ Spiegelungen von V.*

Beweis: (1) Durch Induktion nach $n - d$ wird gezeigt: Es gibt ein $k \in \mathbb{N}_0$ und Spiegelungen $\sigma_1,\ldots,\sigma_k \in \mathrm{Iso}_{\mathbb{R}}(V)$ mit $k \leq n - d$ und mit $\varphi = \sigma_1 \cdots \sigma_k$.

Ist $d = n$, so ist $\varphi = \mathrm{id}_V$, und die Behauptung gilt mit $k = 0$, und ist $d = n - 1$, so ist φ eine Spiegelung, und die Behauptung gilt mit $k = 1$. Es sei $d \leq n - 2$, und es sei bereits bewiesen: Zu jedem $\psi \in \mathrm{Iso}_{\mathbb{R}}(V)$ mit $\dim(\mathrm{Fix}(\psi)) > d$ gibt es ein $l \in \mathbb{N}_0$ und Spiegelungen $\tau_1,\ldots,\tau_l \in \mathrm{Iso}_{\mathbb{R}}(V)$ mit $l \leq n - \dim(\mathrm{Fix}(\psi))$ und mit $\psi = \tau_1 \cdots \tau_l$. $\mathrm{Fix}(\varphi)^\perp$ ist ein Unterraum der Dimension $n - d > 0$ [vgl. (5.1.27)]. Es sei $a \in \mathrm{Fix}(\varphi)^\perp \setminus \{0\}$. Dann ist $\varphi(a) \neq a$ [denn sonst wäre $a \in \mathrm{Fix}(\varphi) \cap \mathrm{Fix}(\varphi)^\perp = \{0\}$], also ist $z := a - \varphi(a) \neq 0$. Es sei $\sigma \in \mathrm{Iso}_{\mathbb{R}}(V)$ die Spiegelung an $\langle z \rangle^\perp$. Dann gilt $\mathrm{Fix}(\sigma) = \langle z \rangle^\perp$ und $\sigma\varphi \in \mathrm{Iso}_{\mathbb{R}}(V)$.

Für jedes $x \in \mathrm{Fix}(\varphi)$ gilt $\langle x \mid a \rangle = 0$, also $\langle x \mid z \rangle = \langle x \mid a \rangle - \langle x \mid \varphi(a) \rangle = -\langle x \mid \varphi(a) \rangle = -\langle \varphi(x) \mid \varphi(a) \rangle = -\langle x \mid a \rangle = 0$, also $x \in \langle z \rangle^\perp = \mathrm{Fix}(\sigma)$, und daher ist $\sigma\varphi(x) = \sigma(x) = x$. Es gilt somit $\mathrm{Fix}(\varphi) \subset \mathrm{Fix}(\sigma\varphi)$.

Es gilt $\langle a + \varphi(a) \mid z \rangle = \langle a + \varphi(a) \mid a - \varphi(a) \rangle = \langle a \mid a \rangle - \langle \varphi(a) \mid \varphi(a) \rangle = 0$, also ist $a + \varphi(a) \in \langle z \rangle^\perp = \mathrm{Fix}(\sigma)$, und daher gilt $a + \varphi(a) = \sigma(a + \varphi(a)) = \sigma(a) + \sigma\varphi(a)$. Also gilt

$$\sigma\varphi(a) = a + \varphi(a) - \sigma(a). \qquad (*)$$

Wegen $\sigma(a - \varphi(a)) = \sigma(z) = -z = -(a - \varphi(a))$ gilt andererseits

$$\sigma\varphi(a) = a - \varphi(a) + \sigma(a). \qquad (**)$$

Aus $(*)$ und $(**)$ folgt $\sigma\varphi(a) = a$, also $a \in \mathrm{Fix}(\sigma\varphi)$, und wegen $a \notin \mathrm{Fix}(\varphi)$ und $\mathrm{Fix}(\varphi) \subset \mathrm{Fix}(\sigma\varphi)$ folgt $\dim(\mathrm{Fix}(\sigma\varphi)) > \dim(\mathrm{Fix}(\varphi)) = d$. Nach Induktionsvoraussetzung gibt es daher ein $l \in \mathbb{N}_0$ und Spiegelungen $\tau_1,\ldots,\tau_l \in \mathrm{Iso}_{\mathbb{R}}(V)$ mit $l \leq n - \dim(\mathrm{Fix}(\sigma\varphi))$ und mit $\sigma\varphi = \tau_1 \cdots \tau_l$. Wegen $\sigma^2 = \mathrm{id}_V$ ist $\sigma^{-1} = \sigma$, und daher ist $\varphi = \sigma\tau_1 \cdots \tau_l$. Also ist φ das Produkt von $l + 1 \leq n - \dim(\mathrm{Fix}(\sigma\varphi)) + 1 \leq n - d$ Spiegelungen von V.

(2) Nach (1) gibt es ein $k \in \mathbb{N}_0$ mit $k \leq n - d$ und Spiegelungen $\sigma_1,\ldots,\sigma_k \in \mathrm{Iso}_{\mathbb{R}}(V)$ mit $\varphi = \sigma_1 \cdots \sigma_k$. Ist $k = 0$, so ist $\varphi = \mathrm{id}_V$, und es gilt $d = n$ und $k = n - d$. Ist $k \geq 1$, so gilt $\mathrm{Fix}(\sigma_1) \cap \cdots \cap \mathrm{Fix}(\sigma_k) \subset \mathrm{Fix}(\varphi)$, wie man sogleich sieht, und daher ist

$$d = \dim(\mathrm{Fix}(\varphi)) \geq \dim(\mathrm{Fix}(\sigma_1) \cap \cdots \cap \mathrm{Fix}(\sigma_k)) \geq n - k$$

[vgl. Aufgabe A(2.2.9)]. Also gilt $k \geq n - d$, und daher ist $k = n - d$. Damit ist der Satz bewiesen.

4 Isometrien

Aufgaben

A(5.4.1) Es sei $\varphi: V \to V$ eine Abbildung mit $\langle \varphi(x) \mid \varphi(y) \rangle = \langle x \mid y \rangle$ für alle $x, y \in V$. Man beweise: φ ist eine Isometrie von V. [Man beachte: Hier ist nicht vorausgesetzt, daß φ linear ist.]

A(5.4.2) (1) Man zeige: Zu jeder Matrix $A \in \mathrm{SO}(2)$ gibt es ein eindeutig bestimmtes $t \in \mathbb{R}$ mit $0 \leq t < 2\pi$ und mit
$$A = \begin{pmatrix} \cos t & -\sin t \\ \sin t & \cos t \end{pmatrix}.$$

(2) Man folgere aus (1), daß die Gruppe $\mathrm{SO}(2)$ abelsch ist.

(3) Man zeige: Zu jedem $A \in \mathrm{O}(2) \smallsetminus \mathrm{SO}(2)$ gibt es ein $t \in \mathbb{R}$ mit $0 \leq t < 2\pi$ und mit
$$A = \begin{pmatrix} \sin t & \cos t \\ \cos t & -\sin t \end{pmatrix}.$$

A(5.4.3) Es sei V ein zweidimensionaler euklidischer Vektorraum, und es sei $\varphi \neq \mathrm{id}_V$ eine Isometrie von V. Man zeige: φ ist genau dann eine eigentliche Isometrie, wenn φ keinen Eigenwert (in $\mathbb{R}$) hat.

A(5.4.4) Es sei V ein euklidischer Vektorraum, es sei U ein $(n-1)$-dimensionaler Unterraum von V, und es sei $\sigma \in \mathrm{End}_K(V)$ die Spiegelung an U. Man zeige: Es gelten $p_\sigma = (T-1)^{n-1}(T+1)$, $m_\sigma = (T-1)(T+1)$ und $\det(\sigma) = -1$.

A(5.4.5) Es sei V ein euklidischer Vektorraum, und es sei $\varphi \in \mathrm{Iso}_{\mathbb{R}}(V)$. Man beweise:
(1) Ist $\det(\varphi) = 1$ und ist $\dim(V)$ ungerade, so ist 1 ein Eigenwert von φ.
(2) Ist $\det(\varphi) = -1$ und ist $\dim(V)$ gerade, so ist 1 ein Eigenwert von φ.

A(5.4.6) Es sei $\{q_1, \ldots, q_n\}$ eine Orthonormalbasis von V, es sei σ ein Element der symmetrischen Gruppe S_n, und es sei φ der Endomorphismus von V mit $\varphi(q_j) = q_{\sigma(j)}$ für jedes $j \in \{1, \ldots, n\}$. Man beweise, daß φ eine Isometrie von V ist, und ermittle $\det(\varphi)$.

A(5.4.7) Es sei V ein euklidischer Vektorraum, es sei $\{q_1, \ldots, q_n\}$ eine Orthonormalbasis von V, es sei φ der Endomorphismus von V mit $\varphi(q_j) = q_{j+1}$ für jedes $j \in \{1, \ldots, n-1\}$ und mit $\varphi(q_n) = q_1$. Man ermittle $d := \dim(\mathrm{Fix}(\varphi))$ und finde Spiegelungen $\sigma_1, \ldots, \sigma_{n-d} \in \mathrm{Iso}_{\mathbb{R}}(V)$ mit $\varphi = \sigma_1 \cdots \sigma_{n-d}$.

A(5.4.8) (1) Man zeige: Zu jedem $\alpha \in \mathbb{R}$ gibt es ein $\beta \in \mathbb{R}$ mit
$$\begin{pmatrix} -\cos\alpha & \sin\alpha \\ \sin\alpha & \cos\alpha \end{pmatrix} = \begin{pmatrix} \cos\beta & \sin\beta \\ -\sin\beta & \cos\beta \end{pmatrix} \begin{pmatrix} -1 & 0 \\ 1 & 1 \end{pmatrix} \begin{pmatrix} \cos\beta & -\sin\beta \\ \sin\beta & \cos\beta \end{pmatrix}.$$

(2) Es sei V ein euklidischer Vektorraum mit $\dim(V) = 2$, und es seien σ_1 und σ_2 Spiegelungen von V. Man zeige: Es gibt eine Isometrie φ von V mit $\det(\varphi) = 1$ und $\sigma_2 = \varphi^{-1}\sigma_1\varphi$. [Hinweis: Man wähle eine Orthonormalbasis $\{q_1, q_2\}$ von V mit $\mathrm{Fix}(\sigma_1) = \langle q_1 \rangle$.]

(3) Es sei V ein euklidischer Vektorraum, und es sei φ eine Isometrie von V. Man zeige: Es gibt Spiegelungen σ_1 und σ_2 von V mit $\sigma_2 = \varphi^{-1}\sigma_1\varphi$.

5 Selbstadjungierte Endomorphismen

(5.5.1) In diesem Paragraphen ist stets entweder $K = \mathbb{R}$ oder $K = \mathbb{C}$; n ist jeweils eine natürliche Zahl, und $(V, \langle \ | \ \rangle)$ ist ein K-Vektorraum der Dimension n mit Skalarprodukt.

(5.5.2) Definition: (1) $\varphi \in \mathrm{End}_K(V)$ heißt selbstadjungiert, wenn gilt: Für alle $x, y \in V$ ist $\langle \varphi(x) \ | \ y \rangle = \langle x \ | \ \varphi(y) \rangle$.
(2) $A \in M(n; \mathbb{C})$ heißt eine hermitesche Matrix, wenn $A^* = A$ ist.

(5.5.3) Bemerkung: Eine Matrix $A \in M(n; \mathbb{R})$ ist hermitesch, genau wenn sie symmetrisch ist, also genau wenn ${}^t A = A$ ist.

(5.5.4) Satz: *Es sei $\{q_1, \ldots, q_n\}$ eine Orthonormalbasis von V, es sei $\varphi \in \mathrm{End}_K(V)$, und es sei $A \in M(n; K)$ die Matrix von φ zu der Basis $\{q_1, \ldots, q_n\}$. Folgende Aussagen sind äquivalent:*
(1) *φ ist selbstadjungiert.*
(2) *Es gilt $\varphi^* = \varphi$.*
(3) *A ist eine hermitesche Matrix.*

Beweis: Das ist klar [vgl. (5.2.8)].

(5.5.5) Satz: *Es sei V ein unitärer Vektorraum, und es sei $\varphi \in \mathrm{End}_{\mathbb{C}}(V)$. Folgende Aussagen sind äquivalent:*
(1) *φ ist selbstadjungiert.*
(2) *Jeder Eigenwert von φ ist reell, und es gibt eine Orthonormalbasis von V, deren Elemente Eigenvektoren von φ sind.*
(3) *Es gibt eine Orthonormalbasis von V mit: Die Matrix von φ zu dieser Basis ist eine Diagonalmatrix $D \in M(n; \mathbb{R})$.*

Beweis (1) $\Rightarrow$ (2): Es gelte: φ is selbstadjungiert. Dann gilt $\varphi^* \varphi = \varphi \varphi = \varphi \varphi^*$. Also ist φ normal, und daher gibt es nach (5.3.8) eine Orthonormalbasis von V, deren Elemente Eigenvektoren von φ sind. Es sei $\lambda \in \mathbb{C}$ ein Eigenwert von φ, und es sei $x \in V$ ein Eigenvektor von φ zum Eigenwert λ. Dann gilt

$$\lambda \|x\|^2 = \langle \lambda x \ | \ x \rangle = \langle \varphi(x) \ | \ x \rangle = \langle x \ | \ \varphi(x) \rangle = \langle x \ | \ \lambda x \rangle = \overline{\lambda} \|x\|^2,$$

und wegen $x \neq 0$ folgt $\lambda = \overline{\lambda}$, also $\lambda \in \mathbb{R}$.
(2) $\Rightarrow$ (3): Das ist klar.

5 Selbstadjungierte Endomorphismen

(3) ⇒ (1): Es sei $\{q_1, \ldots, q_n\}$ eine Orthonormalbasis von V, und es gelte: Die Matrix von φ zu dieser Basis ist eine Diagonalmatrix $D \in M(n; \mathbb{R})$. Dann ist $D^* = D$ die Matrix von φ^* zu der Basis $\{q_1, \ldots, q_n\}$, und daher ist $\varphi^* = \varphi$. Also ist φ selbstadjungiert.

(5.5.6) Folgerung: *Eine Matrix $A \in M(n; \mathbb{C})$ ist genau dann eine hermitesche Matrix, wenn es ein $Q \in U(n)$ und $\lambda_1, \ldots, \lambda_n \in \mathbb{R}$ gibt, für die gilt: Es ist*
$$Q^* A Q = Q^{-1} A Q = \operatorname{diag}(\lambda_1, \ldots, \lambda_n).$$

Beweis: Man wendet (5.5.5) auf $x \mapsto Ax : \mathbb{C}^n \to \mathbb{C}^n$ an.

(5.5.7) Satz: *Es sei V ein euklidischer Vektorraum, und es sei $\varphi \in \operatorname{End}_\mathbb{R}(V)$. Folgende Aussagen sind äquivalent:*
(1) *φ ist selbstadjungiert.*
(2) *Das charakteristische Polynom p_φ von φ zerfällt über $\mathbb{R}$ in Linearfaktoren, und es gibt eine Orthonormalbasis von V, deren Elemente Eigenvektoren von φ sind.*
(3) *Es gibt eine Orthonormalbasis von V mit: Die Matrix von φ zu dieser Basis ist eine Diagonalmatrix $D \in M(n; \mathbb{R})$.*

Beweis (1) ⇒ (2): Es gelte: φ ist selbstadjungiert. Es sei $\{v_1, \ldots, v_n\}$ eine Orthonormalbasis von V, und es sei $A \in M(n; \mathbb{R})$ die Matrix von φ zu dieser Basis. Dann gilt $A = A^* = {}^t\!A$ [vgl. (5.5.4)], und somit zerfällt das charakteristische Polynom $p_\varphi = p_A$ von φ über $\mathbb{R}$ in Linearfaktoren [vgl. (5.5.6)]. Da φ normal ist, existieren daher [nach (5.3.8)] eine Orthonormalbasis $\{q_1, \ldots, q_n\}$ von V und $\lambda_1, \ldots, \lambda_n \in \mathbb{R}$ mit: $\operatorname{diag}(\lambda_1, \ldots, \lambda_n)$ ist die Matrix von φ zu dieser Basis. Es ist also $\varphi(q_j) = \lambda_j q_j$ für jedes $j \in \{1, \ldots, n\}$. Also sind $q_1, \ldots, q_n$ Eigenvektoren von φ.
(2) ⇒ (3) und (3) ⇒ (1): Das folgt aus (5.5.4).

(5.5.8) Folgerung: *Eine Matrix $A \in M(n; \mathbb{R})$ ist genau dann symmetrisch, wenn es ein $Q \in O(n)$ und $\lambda_1, \ldots, \lambda_n \in \mathbb{R}$ gibt, für die gilt: Es ist*
$${}^t\!Q A Q = Q^{-1} A Q = \operatorname{diag}(\lambda_1, \ldots, \lambda_n).$$

Beweis: Man wendet (5.5.7) auf $x \mapsto Ax : \mathbb{R}^n \to \mathbb{R}^n$ an.

(5.5.9) Bemerkung: Es sei $A \in M(n; K)$, und für alle $x, y \in K^n$ sei
$$\langle x \mid y \rangle_A := y^* A x = \langle Ax \mid y \rangle.$$

Man rechnet ohne Schwierigkeit nach: $\langle \ | \ \rangle_A : K^n \times K^n \to K$ ist genau dann eine hermitesche Form, wenn A eine hermitesche Matrix ist. In den folgenden Abschnitten werden die Matrizen A charakterisiert, für die $\langle \ | \ \rangle_A$ ein Skalarprodukt auf K^n ist.

(5.5.10) Definition: Eine hermitesche Matrix $A \in M(n; K)$ heißt positiv definit, wenn gilt: Für jedes $x \in K^n \setminus \{0\}$ ist $x^* A x > 0$.

(5.5.11) Satz: *Es sei $A \in M(n; K)$ eine hermitesche Matrix. Folgende Aussagen sind äquivalent:*
(1) *A ist positiv definit.*
(2) *$(x, y) \mapsto y^* A x : K^n \times K^n \to K$ ist ein Skalarprodukt auf K^n.*
(3) *Jeder Eigenwert von A ist positiv.*
(4) *Es gibt ein $C \in \mathrm{GL}(n; K)$ mit $A = C^* C$.*

Beweis: Da A hermitesch ist, ist A diagonalisierbar, und alle Eigenwerte von A sind reell [vgl. (5.5.6)].
(1) $\Rightarrow$ (2): Das ist klar wegen (5.5.9).
(2) $\Rightarrow$ (3): Es gelte (2). Ist $\lambda \in \mathbb{R}$ ein Eigenwert von A und ist $x \in K^n$ ein Eigenvektor von A zum Eigenwert λ, so gilt $0 < x^* A x = x^* \cdot \lambda x = \lambda \cdot x^* x = \lambda \langle x \mid x \rangle$, und wegen $\langle x \mid x \rangle > 0$ folgt $\lambda > 0$.
(3) $\Rightarrow$ (4): Nach (5.5.6) [bzw. nach (5.5.7)] gibt es ein $Q \in \mathrm{U}(n)$ [bzw. ein $Q \in \mathrm{O}(n)$, falls $K = \mathbb{R}$ ist] und reelle Zahlen $\lambda_1, \ldots, \lambda_n$ mit $Q^* A Q = \mathrm{diag}(\lambda_1, \ldots, \lambda_n)$. Gilt $\lambda_i > 0$ für jedes $i \in \{1, \ldots, n\}$, so gilt $C := \mathrm{diag}(\sqrt{\lambda_1}, \ldots, \sqrt{\lambda_n}) Q^* \in \mathrm{GL}(n; K)$ und $C^* C = A$.
(4) $\Rightarrow$ (1): Es gelte: Es gibt ein $C \in \mathrm{GL}(n; K)$ mit $A = C^* C$. Für jedes $x \in K^n$ mit $x \neq 0$ gilt $Cx \neq 0$ und daher $x^* A x = x^* C^* C x = (Cx)^*(Cx) = \langle Cx \mid Cx \rangle > 0$. Also ist A positiv definit.

(5.5.12) Bezeichnung: (1) Man setzt

$$\nabla_1(n; K) := \{ A \in \nabla(n; K) \mid A[1,1] = \cdots = A[n,n] = 1 \}.$$

[$\nabla_1(n; K)$ ist eine Untergruppe von $\mathrm{GL}(n; K)$.]
(2) Ist $A \in M(n; K)$, so setzt man für jedes $p \in \{1, \ldots, n\}$

$$d_p(A) := \det\left((A[i,j])_{1 \leq i \leq p, 1 \leq j \leq p} \right)$$

und, falls $d_p(A) \neq 0$ für jedes $p \in \{1, \ldots, n\}$ gilt,

$$D(A) := \mathrm{diag}\left(d_1(A), \frac{d_2(A)}{d_1(A)}, \frac{d_3(A)}{d_2(A)}, \ldots, \frac{d_n(A)}{d_{n-1}(A)} \right) \in M(n; K)$$

und nennt $d_1(A), \ldots, d_n(A)$ die Hauptminoren oder Haupt-Unterdeterminanten der Matrix A.

(5.5.13) Hilfssatz: *Es sei $A \in M(n; K)$ eine hermitesche Matrix, und es sei $d_p(A) \neq 0$ für jedes $p \in \{1, \ldots, n\}$. Dann gibt es ein $P \in \nabla_1(n; K)$ mit $A = P^* D(A) P$.*

Beweis: Ist $n = 1$, so ist nichts zu zeigen. Es gelte von jetzt an $n \geq 2$, und es sei bereits gezeigt: Ist $\widetilde{A} \in M(n-1; K)$ hermitesch und ist $d_p(\widetilde{A}) \neq 0$ für jedes $p \in \{1, \ldots, n-1\}$, so gibt es ein $\widetilde{P} \in \nabla_1(n-1; K)$ mit $\widetilde{A} = \widetilde{P}^* D(\widetilde{A}) \widetilde{P}$. Die Matrix

$$B := \bigl(A[i,j]\bigr)_{1 \leq i \leq n-1, 1 \leq j \leq n-1} \in M(n-1; K)$$

ist hermitesch, und mit $b := {}^t(A[1,n], \ldots, A[n-1,n]) \in K^{n-1}$ und $\beta := A[n,n] \in K$ gilt

$$A = \begin{pmatrix} B & b \\ b^* & \beta \end{pmatrix};$$

außerdem gilt $d_p(B) = d_p(A) \neq 0$ für jedes $p \in \{1, \ldots, n-1\}$. Insbesondere ist $\det(B) = d_{n-1}(A) \neq 0$, und daher ist $B \in \mathrm{GL}(n-1; K)$ [vgl. (3.2.17)(2)]. Für

$$Q_0 := \begin{pmatrix} E_{n-1} & B^{-1} b \\ 0 & 1 \end{pmatrix} \in \nabla_1(n; K)$$

und für $\gamma := \beta - b^* B^{-1} b \in K$ gilt

$$Q_0^* \begin{pmatrix} B & 0 \\ 0 & \gamma \end{pmatrix} Q_0 = A.$$

Es gilt daher $\det(A) = \det(Q_0^*) \cdot \det(B) \cdot \gamma \cdot \det(Q_0) = \det(B) \cdot \gamma$, denn es ist $\det(Q_0) = 1 = \det(Q_0^*)$, und daher ist $\gamma = \det(A)/\det(B) = d_n(A)/d_{n-1}(A)$. Nach Induktionsvoraussetzung existiert eine Matrix $\widetilde{P} \in \nabla_1(n-1; K)$, für die gilt: Mit

$$D(B) = \mathrm{diag}\bigl(d_1(A), d_2(A)/d_1(A), \ldots, d_{n-1}(A)/d_{n-2}(A)\bigr) \in M(n-1; K)$$

gilt $D(A) = \mathrm{diag}(D(B), \gamma)$ und $B = \widetilde{P}^* D(B) \widetilde{P}$. Es gilt

$$P := \begin{pmatrix} \widetilde{P} & 0 \\ 0 & 1 \end{pmatrix} Q_0 \in \nabla_1(n; K)$$

und

$$P^*D(A)P = Q_0^* \begin{pmatrix} \widetilde{P}^* & 0 \\ 0 & 1 \end{pmatrix} \begin{pmatrix} D(B) & 0 \\ 0 & \gamma \end{pmatrix} \begin{pmatrix} \widetilde{P} & 0 \\ 0 & 1 \end{pmatrix} Q_0 =$$
$$= Q_0^* \begin{pmatrix} \widetilde{P}^*D(B)\widetilde{P} & 0 \\ 0 & \gamma \end{pmatrix} Q_0 = Q_0^* \begin{pmatrix} B & 0 \\ 0 & \gamma \end{pmatrix} Q_0 = A.$$

Damit ist der Hilfssatz bewiesen.

(5.5.14) Satz: [C. G. J. Jacobi, 1804 – 1851] *Es sei $A \in M(n; K)$ hermitesch. A ist genau dann positiv definit, wenn alle Hauptminoren $d_1(A), d_2(A), \ldots, d_n(A)$ von A positiv sind.*

Beweis: (1) Es gelte: A ist positiv definit. Es sei $p \in \{1, \ldots, n\}$. Die Matrix

$$A_p := \bigl(A[i,j]\bigr)_{1 \le i \le p, 1 \le j \le p} \in M(p; K)$$

ist hermitesch, und für jedes $a = {}^t(\alpha_1, \ldots, \alpha_p) \in K^p$ mit $a \ne 0$ gilt: Es ist $x_a := {}^t(\alpha_1, \ldots, \alpha_p, 0, \ldots, 0) \in K^n \setminus \{0\}$, und daher ist $a^*A_p a = x_a^* A x_a > 0$. Also ist A_p positiv definit. Nach (5.5.11) gibt es daher eine Matrix $C \in \mathrm{GL}(p; K)$ mit $A_p = C^*C$. Es folgt: Es gilt

$$d_p(A) = \det(A_p) = \det(C^*C) = \det(C^*)\det(C) = \det({}^t\overline{C})\det(C)$$
$$= \det(\overline{C})\det(C) = \overline{\det(C)}\det(C) = |\det(C)|^2 > 0.$$

(2) Es gelte $d_p(A) > 0$ für jedes $p \in \{1, \ldots, n\}$. Nach (5.5.13) gibt es ein $P \in \mathrm{GL}(n; K)$ mit $A = P^*D(A)P$. Es gilt

$$C := \mathrm{diag}\left(\sqrt{d_1(A)}, \sqrt{\frac{d_2(A)}{d_1(A)}}, \ldots, \sqrt{\frac{d_n(A)}{d_{n-1}(A)}}\right) \cdot P \in \mathrm{GL}(n; K)$$

und $A = C^*C$, und daher ist A nach (5.5.11) positiv definit

(5.5.15) Definition: Eine hermitesche Matrix $A \in M(n; K)$ heißt *negativ definit*, wenn für jedes $x \in K^n \setminus \{0\}$ gilt: Es ist $x^*Ax < 0$.

(5.5.16) Satz: *Es sei $A \in M(n; K)$ eine hermitesche Matrix. Folgende Aussagen sind äquivalent:*
(1) *A ist negativ definit.*
(2) *$-A$ ist positiv definit.*
(3) *Jeder Eigenwert von A ist negativ.*
(4) *Für jedes $p \in \{1, \ldots, n\}$ gilt $(-1)^p d_p(A) > 0$.*

5 Selbstadjungierte Endomorphismen

Beweis: Daß (2) aus (1) folgt, ist klar. Der Rest folgt aus (5.5.11) und (5.5.14).

Aufgaben

A(5.5.1) Es sei $(x, y) \mapsto [\,x \mid y\,] : V \times V \to K$ eine hermitesche Form auf V. Man beweise:
(1) Es gibt ein eindeutig bestimmtes $\varphi \in \operatorname{End}_K(V)$ mit $[\,x \mid y\,] = \langle \varphi(x) \mid y \rangle$ für alle $x, y \in V$, und dieses φ ist selbstadjungiert.
(2) Es gibt eine Orthonormalbasis $\{q_1, \ldots, q_n\}$ von V mit $[\,q_i \mid q_j\,] = 0$ für alle $i, j \in \{1, \ldots, n\}$ mit $i \neq j$.

A(5.5.2) Es sei $A \in M(n; \mathbb{C})$ eine hermitesche Matrix. Aus (5.5.6) folgt: Es gibt $\lambda_1, \ldots \lambda_n \in \mathbb{R}$ und ein $Q \in \mathrm{U}(n)$ mit $\lambda_1 \geq \cdots \geq \lambda_n$ und mit $Q^*AQ = \operatorname{diag}(\lambda_1, \ldots, \lambda_n)$.
(1) Es sei $x \in \mathbb{C}^n$ mit $\|x\| = 1$. Man zeige: Für $y := Qx$ gilt $y^*Qy \leq \lambda_1$. [Hinweis: Man benutze Aufgabe A(5.1.11).]
(2) Man zeige, daß es ein $x \in \mathbb{C}$ mit $\|x\| = 1$ und mit $x^*Ax = \lambda_1$ gibt. [Hinweis: Man betrachte einen Eigenvektor von A zum Eigenwert λ_1.]
(3) Aus (1) und (2) folgt: Es ist $\lambda_1 = \max(\{x^*Ax \mid x \in \mathbb{C}^n, \|x\| = 1\})$. Man beweise: Es gilt $\lambda_n = \min(\{x^*Ax \mid x \in \mathbb{C}^n, \|x\| = 1\})$.

A(5.5.3) Es sei $A \in M(n; K)$ hermitesch. Man beweise:
(1) A ist genau dann positiv definit, wenn es eine hermitesche Matrix $B \in \mathrm{GL}(n; K)$ mit $A = B^2$ gibt.
(2) A ist genau dann positiv definit, wenn es eine hermitesche Matrix $P \in \mathrm{GL}(n; K)$ mit $P^*AP = E_n$ gibt.
(3) A ist genau dann negativ definit, wenn es eine hermitesche Matrix $P \in \mathrm{GL}(n; K)$ mit $P^*AP = -E_n$ gibt.

A(5.5.4) Es seien $A, B \in M(n; \mathbb{R})$ die Matrizen mit

$$A[i,j] := \frac{1}{i+j} \quad \text{und} \quad B[i,j] := \min(\{i,j\}) \quad \text{für alle } i, j \in \{1, \ldots, n\}.$$

Man beweise, daß A und B positiv definit sind. [Hinweis: Bei der Untersuchung von A dürfte es nützlich sein, zuerst für jedes ${}^t(\xi_1, \ldots, \xi_n) \in \mathbb{R}^n$ das Integral

$$\int_0^\infty \left(\sum_{k=1}^n \xi_k e^{-kt} \right)^2 dt$$

zu berechnen.]

A(5.5.5) Es sei $A \in M(n; \mathbb{R})$ eine positiv definite symmetrische Matrix.
(1) Man zeige: Ist $A = \begin{pmatrix} \alpha & {}^t a \\ a & B \end{pmatrix}$ mit $\alpha \in \mathbb{R}$, $a \in \mathbb{R}^{n-1}$ und $B \in M(n-1; \mathbb{R})$, so ist $\alpha > 0$, und für $R := \begin{pmatrix} \sqrt{\alpha} & (1/\sqrt{\alpha})\,{}^t a \\ 0 & E_{n-1} \end{pmatrix} \in M(n; \mathbb{R})$ gilt: Es gibt eine

positiv definite symmetrische Matrix $C \in M(n-1; \mathbb{R})$ mit

$$A = {}^t R \begin{pmatrix} 1 & 0 \\ 0 & C \end{pmatrix} R.$$

(2) Man zeige: Es gibt eine eindeutig bestimmte Matrix $P \in \nabla(n; \mathbb{R})$ mit $P[i,i] > 0$ für jedes $i \in \{1, \ldots, n\}$ und mit $A = {}^t PP$. [Hinweis: Man führe den Existenzbeweis durch Induktion nach n und verwende dabei (1).]

A(5.5.6) Man beweise, daß die Matrix

$$A := \begin{pmatrix} 1 & 1/2 & 1/3 & 1/4 \\ 1/2 & 1 & 2/3 & 1/2 \\ 1/3 & 2/3 & 1 & 3/4 \\ 1/4 & 1/2 & 3/4 & 1 \end{pmatrix} \in M(4; \mathbb{R})$$

positiv definit ist und finde die [nach Aufgabe A(5.5.5) eindeutig bestimmte] Matrix $P \in \nabla(n; \mathbb{R})$ mit $P[i,i] > 0$ für jedes $i \in \{1,2,3,4\}$ und mit $A = {}^t PP$.

A(5.5.7) Es sei $A \in M(n;\mathbb{R})$ eine positiv definite symmetrische Matrix, es seien $\lambda_1, \ldots, \lambda_s \in \mathbb{R}$ die verschiedenen Eigenwerte von A, und es sei $f \in \mathbb{R}[T]$ das Polynom mit $f(\lambda_j) = \sqrt{\lambda_j}$ für jedes $j \in \{1, \ldots, s\}$ und mit $\deg(f) \le s - 1$ [vgl. (4.1.16)].
(1) Man beweise: Die Matrix $B := f(A) \in M(n; \mathbb{R})$ ist symmetrisch und positiv definit, und es ist $A = B^2$.
(2) Man zeige: Ist $C \in M(n;\mathbb{R})$ eine positiv definite symmetrische Matrix mit $A = C^2$, so ist $B = A$.

A(5.5.8) Es sei $A \in \mathrm{GL}(n;\mathbb{R})$, und es sei $B \in M(n;\mathbb{R})$ die positiv definite symmetrische Matrix mit $B^2 = {}^t AA$. [Man vgl. dazu (5.5.11) und Aufgabe A(5.5.7).]
(1) Man beweise: Es gibt eine Matrix $Q \in \mathrm{O}(n)$ mit $A = QB$.
(2) Es sei $P \in \mathrm{O}(n)$, es sei $C \in M(n;\mathbb{R})$ symmetrisch und positiv definit, und es gelte $A = PC$. Man zeige, daß dann $P = Q$ und $C = B$ gilt.

6 Abstände und Lote

(5.6.1) In Kapitel II, §8 wurden in einem Vektorraum V über einem Körper K lineare Varietäten eingeführt und ihre gegenseitigen Lagebeziehungen untersucht. In diesem Paragraphen wird der $\mathbb{R}$-Vektorraum $\mathbb{R}^n$, versehen mit dem Standardskalarprodukt, als euklidischer Raum betrachtet: Man kann dann darin Abstände messen und Lote fällen.

(5.6.2) Bemerkung: (1) Es seien $p, q \in \mathbb{R}^n$. Dann heißt

$$d(p,q) := \|p - q\| = \sqrt{\langle p - q \mid p - q \rangle}$$

6 Abstände und Lote

der Abstand des Punktes p vom Punkt q.
(2) Für die Abstandsfunktion $d: \mathbb{R}^n \to \mathbb{R}^n$ gilt [vgl. (5.1.11)]:
(a) Für jedes $p \in \mathbb{R}^n$ ist $d(p,p) = 0$, und für alle $p, q \in \mathbb{R}^n$ mit $p \neq q$ ist $d(p,q) > 0$.
(b) Für alle $p, q \in \mathbb{R}^n$ gilt $d(p,q) = d(q,p)$.
(c) [Dreiecksungleichung:] Für alle $p, q, r \in \mathbb{R}^n$ gilt $d(p,q) \leq d(p,r) + d(r,q)$.

(5.6.3) Satz: *Es gelte $K = \mathbb{R}$ oder $K = \mathbb{C}$, und es seien $A \in M(m,n;K)$ und $b \in K^m$. Dann gilt:*
(1) *Das lineare Gleichungssystem $A^*Ax = A^*b$ ist lösbar.*
(2) *Für jede Lösung $\widehat{x} \in K^n$ des linearen Gleichungssystems in (1) ist*

$$\|A\widehat{x} - b\| \leq \|Ax - b\| \quad \text{für jedes } x \in K^n.$$

Beweis: Es gilt $A^*A \in M(n;K)$ und $A^*b \in K^n$.
(1) Für jedes $v \in M(1,n;K)$ mit $vA^*A = 0$ gilt: Es ist $\langle vA^* \mid vA^* \rangle = vA^*Av^* = 0 \cdot v^* = 0$, also gilt $vA^* = 0$ und $v(A^*b) = (vA^*)b = 0 \cdot b = 0$. Nach (2.7.12) ist daher das lineare Gleichungssystem $A^*Ax = A^*b$ lösbar.
(2) Es sei $\widehat{x} \in K^n$ mit $A^*A\widehat{x} = A^*b$, es sei $x \in K^n$, und es sei $y := x - \widehat{x}$. Dann gilt [wegen $A^*A\widehat{x} - A^*b = 0$]

$$\begin{aligned}
\|Ax - b\|^2 &= \langle Ax - b \mid Ax - b \rangle = \langle A(\widehat{x} + y) - b \mid A(\widehat{x} + y) - b \rangle \\
&= \|A\widehat{x} - b\|^2 + \langle A\widehat{x} - b \mid Ay \rangle + \langle Ay \mid A\widehat{x} - b \rangle + \|Ay\|^2 \\
&= \|A\widehat{x} - b\|^2 + (Ay)^*(A\widehat{x} - b) + (A\widehat{x} - b)^*Ay + \|Ay\|^2 \\
&= \|A\widehat{x} - b\|^2 + y^*A^*(A\widehat{x} - b) + ((Ay)^*(A\widehat{x} - b))^* + \|Ay\|^2 \\
&= \|A\widehat{x} - b\|^2 + y^*(A^*A\widehat{x} - A^*b) + (y^*(A^*A\widehat{x} - A^*b))^* + \|Ay\|^2 \\
&= \|A\widehat{x} - b\|^2 + \|Ay\|^2 \geq \|A\widehat{x} - b\|^2.
\end{aligned}$$

(5.6.4) Hilfssatz: *Es sei $\mathcal{A}$ eine nichtleere lineare Varietät in $\mathbb{R}^n$, und es seien $p \in \mathbb{R}^n$ und $q \in \mathcal{A}$. Folgende Aussagen sind äquivalent:*
(1) *Für jedes $x \in \mathcal{A}$ ist $\|p - q\| \leq \|p - x\|$.*
(2) *Für jedes $x \in \mathcal{A}$ ist $\langle p - q \mid q - x \rangle = 0$.*

Beweis: (a) Für jedes $z \in \mathbb{R}^n$ ist

$$\begin{aligned}
\|p - z\|^2 &= \langle p - z \mid p - z \rangle = \langle p - q + q - z \mid p - q + q - z \rangle \\
&= \|p - q\|^2 + \|q - z\|^2 + 2\langle p - q \mid q - z \rangle.
\end{aligned}$$

(b) Für jedes $x \in \mathcal{A}$ mit $\langle p - q \mid q - x \rangle = 0$ ist nach (a) $\|p - q\|^2 \leq \|p - x\|^2$.
(c) Es gelte: Es gibt ein $y \in \mathcal{A}$ mit $\langle p - q \mid q - y \rangle \neq 0$. Dann gilt $q \neq y$ und daher $\|q - y\| \neq 0$. Es ist $\alpha := -\langle p - q \mid q - y \rangle / (2 \cdot \|q - y\|^2) \neq 0$, und für

$z := (1-\alpha)q + \alpha y \in \mathcal{A}$ gilt nach (a)

$$\begin{aligned}\|p-z\|^2 &= \|p-q\|^2 + \|q-z\|^2 + 2\langle p-q \mid q-z\rangle \\ &= \|p-q\|^2 + \alpha^2 \|q-y\|^2 + 2\alpha \langle p-q \mid q-y\rangle \\ &= \|p-q\|^2 - 3\alpha^2 \|q-y\|^2 < \|p-q\|^2.\end{aligned}$$

Damit ist gezeigt, daß (2) aus (1) folgt.

(5.6.5) Satz: *Es sei $\mathcal{A} \subset \mathbb{R}^n$ eine nichtleere lineare Varietät, und es sei $p \in \mathbb{R}^n$. Dann gibt es genau einen Punkt $q \in \mathcal{A}$ mit $\|p-q\| \leq \|p-x\|$ für jedes $x \in \mathcal{A}$.*

Beweis [Existenz]: Es sei $x_0 \in \mathcal{A}$, es sei $\{b_1, \ldots, b_d\}$ eine Basis von $U_\mathcal{A}$, und es sei $B \in M(n,d;\mathbb{R})$ die Matrix mit den Spalten $b_1, \ldots, b_d$. Nach (5.6.3) existieren $\eta_1, \ldots, \eta_d \in \mathbb{R}$ mit

$$\|B^t(\eta_1, \ldots, \eta_d) - (p - x_0)\| \leq \|B^t(\zeta_1, \ldots, \zeta_d) - (p - x_0)\|$$

für alle $\zeta_1, \ldots, \zeta_d \in \mathbb{R}$. Dann ist $q := x_0 + \sum_{i=1}^d \eta_i b_i \in \mathcal{A}$, und für jedes $x = x_0 + \sum_{i=1}^d \zeta_i b_i \in \mathcal{A}$ gilt $\|p-q\| \leq \|p-x\|$. [Ist $d=0$, so ist $q = x_0$.]
[Einzigkeit]: Sind q und q' Punkte in $\mathcal{A}$ mit $\|p-q\| \leq \|p-x\|$ und mit $\|p-q'\| \leq \|p-x\|$ für jedes $x \in \mathcal{A}$, so gilt nach (5.6.4) $\langle p-q \mid q-q'\rangle = 0$ und $\langle p-q' \mid q'-q\rangle = 0$ und daher $\langle q-q' \mid q-q'\rangle = 0$, also $q = q'$.

(5.6.6) Bezeichnung: Es sei $\mathcal{A} \subsetneq \mathbb{R}^n$ eine nichtleere lineare Varietät, es sei $p \in \mathbb{R}^n \setminus \mathcal{A}$, und es sei $q \in \mathcal{A}$ der Punkt mit $\|p-q\| \leq \|p-x\|$ für jedes $x \in \mathcal{A}$.
(a) Die Gerade $\mathcal{L} := [p,q]$ heißt das Lot von p auf $\mathcal{A}$ oder auch die Senkrechte auf $\mathcal{A}$ durch p, und der Punkt $q \in \mathcal{A}$ heißt der Fußpunkt des Lotes $\mathcal{L}$. Die Zahl $d(p,\mathcal{A}) := \|p-q\|$ nennt man den Abstand von p und $\mathcal{A}$.
(b) Es gilt $U_\mathcal{L} = \langle p-q \rangle$ und $U_\mathcal{A} = \{q-x \mid x \in \mathcal{A}\}$, und daher ist $\langle u \mid v \rangle = 0$ für alle $u \in U_\mathcal{L}$ und $v \in U_\mathcal{A}$. Hieran sieht man, daß im Fall $n=2$ und $\dim(\mathcal{A}) = 1$, wie auch im Fall $n=3$ und $\dim(\mathcal{A}) = 2$ die Gerade $\mathcal{L} = [p,q]$ wirklich das aus der anschaulichen Geometrie vertraute Lot von p auf $\mathcal{A}$ ist.

(5.6.7) Satz: *Es seien $\mathcal{A}$ und $\mathcal{B}$ nichtleere lineare Varietäten in $\mathbb{R}^n$. Dann gibt es Punkte $\widehat{x} \in \mathcal{A}$ und $\widehat{y} \in \mathcal{B}$ mit $\|\widehat{x} - \widehat{y}\| \leq \|x-y\|$ für alle $x \in \mathcal{A}$ und $y \in \mathcal{B}$.*

Beweis: Es seien $\mathcal{A} = x_0 + \langle x_1, \ldots, x_r \rangle$ und $\mathcal{B} = y_0 + \langle y_1, \ldots, y_s \rangle$. Mit Hilfe von (5.6.3) erhält man reelle Zahlen $\widehat{\lambda}_1, \ldots, \widehat{\lambda}_r$ und $\widehat{\mu}_1, \ldots, \widehat{\mu}_s$ mit: Für alle $\lambda_1, \ldots, \lambda_r, \mu_1, \ldots, \mu_s \in \mathbb{R}$ ist

$$\left\| \sum_{i=1}^r \widehat{\lambda}_i x_i - \sum_{j=1}^s \widehat{\mu}_j y_j + x_0 - y_0 \right\| \leq \left\| \sum_{i=1}^r \lambda_i x_i - \sum_{j=1}^s \mu_j y_j + x_0 - y_0 \right\|.$$

Dann gilt die Behauptung für die beiden Punkte $\widehat{x} := x_0 + \sum_{i=1}^r \widehat{\lambda}_i x_i \in \mathcal{A}$ und $\widehat{y} := y_0 + \sum_{j=1}^s \widehat{\mu}_j y_j \in \mathcal{B}$.

6 Abstände und Lote

(5.6.8) Bezeichnung: Es seien $\mathcal{A}$ und $\mathcal{B}$ nichtleere lineare Varietäten in $\mathbb{R}^n$, und es seien $\widehat{x} \in \mathcal{A}$ und $\widehat{y} \in \mathcal{B}$ Punkte mit $\|\widehat{x} - \widehat{y}\| \leq \|x - y\|$ für alle $x \in \mathcal{A}$ und $y \in \mathcal{B}$. Dann heißt $d(\mathcal{A}, \mathcal{B}) := \|\widehat{x} - \widehat{y}\|$ der Abstand von $\mathcal{A}$ und $\mathcal{B}$.

(5.6.9) Bemerkung: Die Existenzbeweise in (5.6.5) und (5.6.7) liefern mit Hilfe von (2.7.12) auch Rechenverfahren zur Ermittlung von Loten und Lotfußpunkten und zur Berechnung des Abstandes zweier Varietäten.

(5.6.10) Bemerkung: Es sei $\mathcal{A} \subset \mathbb{R}^n$ eine lineare Varietät der Dimension d, und es gelte $1 \leq d \leq n-1$; es sei $p \in \mathbb{R}^n \setminus \mathcal{A}$. Ist eine Parameterdarstellung von $\mathcal{A}$ bekannt, so wird man das Lot von p auf $\mathcal{A}$ zweckmäßig mit der im Beweis von (5.6.5) beschriebenen Methode berechnen. Ist aber $\mathcal{A}$ als Lösungsmenge eines linearen Gleichungssystems gegeben, so kann man auch folgendermaßen vorgehen:
(a) Es sei $\mathcal{A} = \{x \in \mathbb{R}^n \mid Ax = b\}$ mit $A \in M(m,n;\mathbb{R})$ und $b \in \mathbb{R}^m$. Dann ist $U_{\mathcal{A}} = \{u \in \mathbb{R}^n \mid Au = 0\}$. Man setzt $w_i := {}^t(A_{i\bullet})$ für jedes $i \in \{1,\ldots,m\}$ und $W := \langle w_1,\ldots,w_m \rangle$. Nach (2.2.20) ist $\dim(W) = \text{rang}({}^tA) = \text{rang}(A) = n - \dim(U_{\mathcal{A}}) = n - d$, und es gilt $\langle w \mid u \rangle = 0$ für alle $w \in W$ und $u \in U_{\mathcal{A}}$. Hieraus folgt $U_{\mathcal{A}} \cap W = \{0\}$, denn für jedes $x \in U_{\mathcal{A}} \cap W$ gilt $\langle x \mid x \rangle = 0$ und daher $x = 0$. Nach (2.2.32) folgt $\dim(U_{\mathcal{A}}+W) = \dim(U_{\mathcal{A}})+\dim(W)-\dim(U_{\mathcal{A}} \cap W) = d+(n-d)-0 = n$.
(b) Für die lineare Varietät $\mathcal{B} := p+W$ gilt $U_{\mathcal{B}} = W$, und es ist $\mathcal{A} \cap \mathcal{B} \neq \emptyset$. Denn wäre $\mathcal{A} \cap \mathcal{B} = \emptyset$, so wäre $\mathcal{V} := [\mathcal{A} \cup \mathcal{B}]$ eine lineare Varietät in $\mathbb{R}^n$ der Dimension $\dim(\mathcal{V}) = \dim(\mathcal{A})+\dim(\mathcal{B})-\dim(U_{\mathcal{A}} \cap U_{\mathcal{B}})+1 = d+(n-d)-0+1 = n+1$ [vgl. (2.8.18)(2)], aber das ist nicht möglich. Nach (2.8.18)(1) gilt daher $\dim([\mathcal{A} \cup \mathcal{B}]) = \dim(U_{\mathcal{A}}+W) = n$, und wegen $\dim(\mathcal{A} \cap \mathcal{B}) = \dim(\mathcal{A})+\dim(\mathcal{B})-\dim(\mathcal{V}) = d+(n-d)-n = 0$ besteht $\mathcal{A} \cap \mathcal{B}$ aus genau einem Punkt q. Wegen $p,q \in \mathcal{B}$ ist $p-q \in U_{\mathcal{B}} = W$. Für jedes $x \in \mathcal{A}$ gilt $q-x \in U_{\mathcal{A}}$ und daher $\langle p-q \mid q-x \rangle = 0$. Nach (5.6.4) ist somit q der Fußpunkt des Lotes von p auf $\mathcal{A}$, und die Gerade $\mathcal{L} := [p,q]$ ist dieses Lot.
(c) Den Schnittpunkt q von $\mathcal{A}$ und $\mathcal{B}$ berechnet man so: Wegen $q \in \mathcal{B} = p+W$ gibt es reelle Zahlen $\lambda_1,\ldots,\lambda_m$ mit $q = p+\sum_{i=1}^{m} \lambda_i w_i$. Durch Einsetzen in $Aq = b$ erhält man ein lineares Gleichungssystem für $\lambda_1,\ldots,\lambda_m$.

(5.6.11) Es sei $\mathcal{H}$ eine Hyperebene in $\mathbb{R}^n$. Dann gibt es ein von 0 verschiedenes $a = (\alpha_1,\ldots,\alpha_n) \in M(1,n;\mathbb{R})$ und ein $\beta \in \mathbb{R}$ mit $\mathcal{H} = \{{}^t(\xi_1,\ldots,\xi_n) \in \mathbb{R}^n \mid \alpha_1 \xi_1 + \cdots + \alpha_n \xi_n = \beta\}$ [vgl. (2.8.28)]. Man kann ohne Einschränkung annehmen, daß $\alpha_1^2 + \cdots + \alpha_n^2 = 1$ gilt [sogenannte Hessesche Normalform nach L. O. Hesse, 1811 - 1874]. Es sei $p = {}^t(\zeta_1,\ldots,\zeta_n)$ ein Punkt in $\mathbb{R}^n$, der nicht in $\mathcal{H}$ liegt. Um den Abstand dieses Punktes von $\mathcal{H}$ zu bestimmen, berechnet man nach (5.6.10) den Schnittpunkt von $\mathcal{G} := \{p + \mu\,{}^ta \mid \mu \in \mathbb{R}\}$ und $\mathcal{H}$: Dieser Schnittpunkt ist $p + \mu_0\,{}^ta$ mit $\mu_0 := \alpha_1 \zeta_1 + \cdots + \alpha_n \zeta_n - \beta$, und es ist $|\mu_0|$ der Abstand des Punkts p von $\mathcal{H}$.

Literaturverzeichnis

[1] S. Bosch, Algebra (Springer-Lehrbuch). Springer, Berlin-Heidelberg-New York, 2. Auflage 1996

[2] Euclides, Elementa (Bibliotheca Scriptorum Graecorum et Romanorum Teubneriana), herausgegeben von J. L. Heiberg und E. S. Stamatis. B. G. Teubner, Stuttgart, 2. Auflage 1969–1973. Übersetzung ins Deutsche von C. Thaer: Die Elemente von Euklid (Ostwalds Klassiker der exakten Wissenschaften). Harri Deutsch, Thun-Frankfurt am Main, Reprint 1997

[3] K. Kiyek, F. Schwarz, Mathematik für Informatiker I, II (Leitfäden der Informatik). B. G. Teubner, Stuttgart, Band I: 3. Auflage 1996, Band II: 2. Auflage 1994

[4] H.-J. Kowalsky, G. O. Michler, Lineare Algebra (de Gruyter-Lehrbuch). Walter de Gruyter, Berlin-New York, 11. Auflage 1998

[5] E. Lamprecht, Lineare Algebra I, II. Birkhäuser, Basel-Stuttgart, 2. Auflage 1993

[6] F. Lorenz, Lineare Algebra I, II. Spektrum Akademischer Verlag, Heidelberg-Berlin-Oxford, 3. Auflage 1992

[7] W. Oevel, Einführung in die Numerische Mathematik (Spektrum-Hochschultaschenbuch). Spektrum Akademischer Verlag, Heidelberg-Berlin-Oxford 1996

[8] W. Oevel, F. Postel, G. Rüscher, St. Wehmeier, Das MuPAD-Tutorium. SciFace Software, Paderborn 1998

[9] G. Scheja, U. Storch, Lehrbuch der Algebra II (Mathematische Leitfäden). B. G. Teubner, Stuttgart 1988

[10] H. R. Schwarz, Numerische Mathematik. B. G. Teubner, Stuttgart, 4. Auflage 1997

[11] U. Storch, H. Wiebe, Lehrbuch der Mathematik I. B.I. Wissenschaftsverlag, Mannheim-Wien-Zürich 1989

[12] H. Zieschang, Lineare Algebra und Geometrie (Mathematische Leitfäden). B. G. Teubner, Stuttgart 1997

Index

$\in, \notin$, 9
$\subset, \supset$, 10
$\not\subset$, 10
$\subsetneq$, 10
$\emptyset$, 9
$\cup, \cap$, 11
$\bigcup, \bigcap$, 11
$\#(M)$, 11
$\vee$, 139
$\Leftrightarrow$, 15
${}^t A$, 41
$\overline{A}$, 74
A^*, 74
$A[i,j]$, 37
$A_{\bullet j}$, 37
$A_{i\bullet}$, 37
$A_{kl}(\lambda)$, 50
$C(g_1, \ldots, g_h)$, 256
$D_k(\alpha)$, 48
$E(A, \lambda)$, 195
$E(R)$, 33
$E(\varphi, \lambda)$, 193
E_n, 42
E_{kl}, 41
$F(g_1, \ldots, g_h)$, 256
$I_{m,n}(r)$, 66
$M(m, n; R)$, 37
$M(n; R)$, 37
$M \smallsetminus N$, 11
$M^\perp$, 279
N_A, 125
S_n, 28
$U(A, \lambda, k)$, 196
$U(A, \lambda)$, 196
$U(\varphi, \lambda)$, 194
$U(\varphi, \lambda, k)$, 194
U_φ, 192
V/U, 121
V^*, 105
V_{kl}, 50

$[Z]$, 139
Abb, 16
$\mathrm{Ann}_\varphi(x)$, 198
$\mathrm{Aut}_K(V)$, 104
$\mathrm{End}_K(V)$, 102
Fix, 299
$GL(K)$, 44
$\mathrm{Hom}_K(V, W)$, 102
$\mathrm{Im}(x)$, 72
$\mathrm{Iso}_K(V)$, 295
Jrat, 263
$O(n)$, 277, 278
$\mathrm{Re}(x)$, 72
$SO(n)$, 278
$SU(n)$, 278
$U(n)$, 277, 278
diag, 47
$\dim(V)$, 86
$\dim(\mathcal{A})$, 140
$\varepsilon(f)$, 186
$\mathrm{ggT}(f_1, \ldots, f_n)$, 182
id_M, 17
$\mathrm{im}(\varphi)$, 99
$\ker(\varphi)$, 99
lcoeff, 171
$\mathrm{rang}(A)$, 57
$\mathrm{rang}(\varphi)$, 110
$\mathrm{ratj}(p, e)$, 254
$\mathrm{spur}(A)$, 98
$\mathrm{spur}(\varphi)$, 109
$\triangle(n; R), \nabla(n; R)$, 45
a^{-1}, 24
$d(A, \lambda)$, 203
$d(\varphi, \lambda)$, 203
$d(\mathcal{A}, \mathcal{B})$, 311
$e(A, \lambda)$, 203
$e(\varphi, \lambda)$, 203
$f \,\mathrm{div}\, g$, 181
$f(A)$, 191
$f(\varphi)$, 191

$f(\varphi)|U$ 191
$f \bmod g$, 181
$f \mid g$, 181
$f \nmid g$, 181
f^{-1}, 19
$g \circ f$, 17
m_A, 199
m_φ, 198
p_A, 201
p_φ, 202
$v_p(f)$, 186
$|x|$, 17, 73
$\bar{x}$, 72
$\langle x \rangle_\varphi$, 192
$\mathbb{C}$, 72
$\mathbb{N}$, 9
$\mathbb{N}_0$, 9
$\mathbb{P}$, 186
$\mathbb{Q}$, 9
$\mathbb{Q}^\times$, 27
$\mathbb{R}$, 9
$\mathbb{R}^\times$, 27
$\mathbb{R}_{>0}$, 17
$\mathbb{R}_{\geq 0}$, 20
$\mathbb{Z}$, 9
$\mathcal{P}(M)$, 11
$\mathfrak{a}_\varphi(U)$, 198

Abbildung, 16
    bijektive, 18
    identische, 17
    injektive, 18
    natürliche, 122
    surjektive, 18
abelsch, 26
Ableitung, formale, 177
Absolutbetrag, 73
Abstand
    linearer Varietäten, 311
    zweier Punkte, 309
Additionsmatrix, 50
adjungierte Matrix, 74
adjungierter Endomorphismus, 284

Adjunkte, 163
Äquivalenzklasse, 14
Äquivalenzrelation, 14
Algebra, 103
    kommutative, 103
Algebra-Homomorphismus, 103
Algebra-Isomorphismus, 103
algebraisch abgeschlossen, 176
algebraische Struktur, 22
algebraischer Abschluß, 177
alternierende Gruppe, 150
φ-Annullator, 198
assoziativ, 22
Assoziativgesetz, 22
Austauschsatz, 91
Automorphismus, 104

baryzentrische Koordinaten, 143
Basis, 83
    duale, 105
    geordnete, 107
    modulo eines Unterraums, 221
Basisergänzungssatz, 92
Basismatrizen, 41
Basisvektoren, 42
Begleitmatrix eines Polynoms, 205
Bessel, F. W., 282
Besselsche Ungleichung, 282
Betrag, 17, 73
    absoluter, 17
bijektiv, 18
Bild, 99
    einer Menge, 20
    eines Elements, 16
    eines Vektorrraums, 99
Binet, J. Ph. M, 46

cartesisches Produkt, 13
Cauchy, A. L., 272
Charakteristik eines Körpers, 35
charakteristische Spaltenindizes, 57
charakteristisches Polynom
    einer Matrix, 201

Index

eines Endomorphismus, 202
Cramer, G., 166
Cramersche Regel, 166

Descartes (Cartesius), R., 13
Determinante, 151
    einer Matrix, 151
    eines Endomorphismus, 165
Determinantenteiler
    einer Matrix, 251
    eines Endomorphismus, 251
Diagonale, 14
diagonalisierbar, 212
Diagonalmatrix, 47
Differenzmenge, 11
Dimension
    einer linearen Varietät, 140
    eines Vektorraums, 86
direkte Summe, 114
Distributivgesetz, allgemeines, 32
Distributivgesetze, 31
Division mit Rest, 180
Dreiecksmatrix
    linke, 44
    obere, 45
    rechte, 45
    untere, 44
Dreiecksungleichung, 273, 309
duale Basis, 105
dualer Vektorraum, 105
Dualraum, 105
Durchschnitt, 11

Ebene, 141
Eigenraum
    einer Matrix, 195
    eines Endomorphismus, 193
Eigenvektor
    einer Matrix, 195
    eines Endomorphismus, 193
Eigenwert
    einer Matrix, 195
    eines Endomorphismus, 193

einfacher, 203
Einheit, 32, 43
Einheitengruppe, 33
Einheitsmatrix, 42
Einschränkung, 20
Einselement eines Rings, 32
Einsetzungshomomorphismus, 172
Element einer Menge, 9
Element, invertierbares, 24
Elementarmatrix, 51, 239
Elementarteiler
    einer Matrix, 240, 251
    eines Endomorphismus, 251
endlich erzeugt, 82
Endomorphismus, 97
    adjungierter, 284
    Determinantenteiler eines, 251
    diagonalisierbarer, 212
    Eigenraum eines, 193
    Eigenvektor eines, 193
    Eigenwert eines, 193
    Elemenarteiler eines, 251
    Hauptvektoren eines, 194
    idempotenter, 117
    invariante Faktoren eines, 265
    nilpotenter, 220
    normaler, 286
    orthogonaler, 295
    selbstadjungierter, 302
    Spur eines, 109
    unipotenter, 230
    unitärer, 295
erweiterte Matrix eines linearen Gleichungssystems, 124
Erweiterungskörper, 34
Erzeugendensystem, 82
Euklid, 184
Euklidischer Algorithmus, 183, 185
euklidischer Vektorraum, 271

Fermat, P., 13
Fibonacci, 46
Fibonacci-Zahlen, 46

formale Ableitung, 177
freie Menge, 82
Frobenius, G., 250, 257
Frobeniussche Normalform, 257
Fundamentalsatz der Algebra, 177
Funktion, 16

Gauß, C. F., 58
Gauß-Algorithmus, 58
geordnete Basis, 107
Gerade, 141
Grad
    einer Matrix, 249
    eines Polynoms, 171
Gruppe, 26
    abelsche, 26
    alternierende, 150
    orthogonale, 278
    spezielle orthogonale, 278
    spezielle unitäre, 278
    symmetrische, 28
    unitäre, 278
    Zentrum einer, 31
größter gemeinsamer Teiler, 182

höchster Koeffizient, 171
Hadamard, J., 283
Halbgruppe, 22
Hamilton, W. R., 106, 204
Haupt-Unterdeterminanten, 305
Hauptideal, 179
Hauptidealring, 179
Hauptminoren, 305
Hauptvektoren, 194, 196
    der Stufe k, 194, 196
Hermite, Ch., 271
hermitesche Form, 271
hermitesche Matrix, 302
Hesse. L. O., 311
Hessenberg, K., 206
Hessenberg-Matrix, 206
Hintereinanderausführung, 17
Homomorphiesatz, 123

Homomorphismus, 97
Horner, W. G., 174
Horner-Schema, 174
Hyperebene, 141

Ideal, 178
idempotent, 117
identische Abbildung, 17
Imaginärteil, 72
injektiv, 18
inneres Produkt, 271
Integritätsring, 33
Interpolationspolynom, 175
invariante Faktoren
    einer Matrix, 257
    eines Endomorphismus, 265
Inverses eines Elements, 24
Inversionspaar, 148
Inversionszahl, 148
invertierbar, 24
Isometrie, 295
    eigentliche, 297
isomorph, 98
Isomorphismus, 98

Jacobi, C. G. J., 306
Jordan, C., 218, 263
Jordan-Kästchen, 218
Jordan-Matrix, 218, 227
Jordansche Normalform, 227
    einer nilpotenten Matrix, 225
Jordansche Normalform zu λ, 218

K-Algebra, 103
k-reihige Unterdeterminante, 164
k-reihiger Minor, 164
Kern, 99
kleinstes gemeinsames Vielfaches, 187
Koeffizienten eines Polynoms, 171
kommutativ, 22
kommutativer Ring, 32
Kommutativgesetz, 22

Index

Komplement, 11
 orthogonales, 280
Komposition, 17
konjugierte komplexe Zahl, 72
Kronecker, L., 41
Kronecker-Symbol, 41
Körper, 33
 algebraisch abgeschlossener, 176
Körper der komplexen Zahlen, 72

Lagrange, J. L., 176
Laplace de, P. S., 160
Leitkoeffizient, 171
Leonardo von Pisa, 46
linear abhängig, 82
linear unabhängig, 82
lineare Abbildung, 97
 Bild einer, 99
 Kern einer, 99
 Rang einer, 110
lineare Varietät, 136
lineares Gleichungssystem
 erweiterte Matrix eines, 124
 homogenes, 124
 inhomogenes, 124
 lösbares, 124
 Matrix eines, 124
 Standardlösung eines, 127
Linearkombination, 80

Matrix, 37
 adjungierte, 74
 Adjunkte einer, 163
 antisymmetrische, 41
 charakteristische, 201
 charakteristisches Polynom einer, 201
 Determinantenteiler einer, 251
 diagonalisierbare, 212
 Eigenraum einer, 195
 eigentlich orthogonale, 278
 Eigenvektor einer, 195

Eigenwert einer, 195
 eines linearen Gleichungssystems, 124
Elementarteiler einer, 240, 251
Frobeniussche Normalform einer, 257
Hauptvektoren einer, 196
hermitesche, 302
invariante Faktoren einer, 257
invertierbare, 43
nilpotente, 220
normale, 286
orthogonale, 277
Rang einer, 57
rationale Jordansche Normalform einer, 263
Smithsche Normalform einer, 243
Spaltenrang einer, 90
spezielle unitäre, 278
Spur einer, 98
symmetrische, 41
transponierte, 41
unimodulare, 239
unitäre, 277
Weierstraßsche Normalform einer, 261
Zeilenrang einer, 90
Menge, 9
 leere, 9
 Partition einer, 15
Metrik, 273
Minimalpolynom
 einer Matrix, 199
 eines Endomorphismus, 198
Minor, 164
Monoid, 22
Multiplikativgruppe eines Körpers, 33

natürliche Abbildung, 122
negativ definit, 306
neutrales Element, 22

nilpotent, 36, 220
Norm, 272
normale Matrix, 286
normaler Endomorphismus, 286
Normalform
    Frobeniussche, 257
    Jordansche, 227
    rationale Jordansche, 263
    Smithsche, 243
    Weierstraßsche, 261
Nullelement eines Rings, 31
Nullmatrix, 38
Nullstelle eines Polynoms, 174

Oberring, 34
orthogonal, 277
orthogonale Gruppe, 278
orthogonale Matrix, 277
orthogonaler Endomorphismus, 295
orthogonales Komplement, 280
Orthonormalbasis, 274
Orthonormalisierungsverfahren von
    E. Schmidt, 276
Orthonormalsystem, 274

parallel, 140
parallele Unterräume, 140
Parallelenaxiom von Euklid, 147
Parameterdarstellung
    einer Ebene, 141
    einer Geraden, 141
    einer linearen Varietät, 143
Partition, 15
Permutation, 28
Polynom, 170
    Grad eines, 171
    höchster Koeffizient eines, 171
    irreduzibles, 185
    Koeffizienten eines, 171
    Leitkoeffizient eines, 171
    normiertes, 171
    Nullstelle eines, 174
Polynomfunktion, 173

Polynomring, 170
positiv definit, 271, 304
Potenzen in einem Monoid, 23
Potenzmenge, 11
Primpolynom, 185
Primzerlegung, 186
Primärzerlegung, 270
Produkt
    cartesisches, 13
    inneres, 271
Projektion, 117

QR-Zerlegung, 279
Quaternionen, 106
Quaternionengruppe, 75
Quotientenraum, 121

Rang
    einer linearen Abbildung, 110
    einer Matrix, 57
    einer Treppenmatrix, 51
rationale Jordansche Normalform,
    263
Realteil, 72
Regel von Sarrus, 152
Relation, 14
    reflexive, 14
    symmetrische, 14
    transitive, 14
Restriktion, 20
Ring, 31
    kommutativer, 32

Sarrus, P. F., 152
Schmidt, E., 276
Schur, I., 294
Schwarz, H. A., 272
selbstadjungiert, 302
Signatur einer Permutation, 148
Skalar, 76
Skalarprodukt, 271
Smith, H. J. S., 243
Smithsche Normalform, 243

Index

Spaltenrang einer Matrix, 90
spezielle orthogonale Gruppe, 278
spezielle unitäre Gruppe, 278
Spiegelung, 299
Spur
    einer Matrix, 98
    eines Endomorphismus, 109
Stützstelle, 175
Standardbasis, 83, 84
Standardlösung
    eines linearen Gleichungssystems, 127
Standardskalarprodukt, 273, 274
Standardtransposition, 148
Steinitz, E., 91
Summe
    von Unterräumen, 79
    direkte, 114
surjektiv, 18
symmetrische Gruppe, 28, 148

Teiler, 181
teilerfremd, 183
Teilkörper, 34
Teilmenge, 10
    echte, 10
transponierte Matrix, 41
Transposition, 148
Treppenmatrix, 51
    Rang einer, 51
    schwache, 52
    zu einer Matrix gehörige, 53

Umkehrabbildung, 19
Ungleichung
    von A. L. Cauchy, 272
    von J. Hadamard, 283
    von F. W. Bessel, 282
    von I. Schur, 294
unitär, 277
unitäre Gruppe, 278
unitäre Matrix, 277
unitärer Endomorphismus, 295

unitärer Vektorraum, 271
Unterdeterminante, 164
Untergruppe, 29
Unterraum, 79
    φ-invarianter, 191
    φ-unzerlegbarer, 267
    φ-zyklischer, 252
    der Hauptvektoren, 194
Unterring, 34
φ-unzerlegbar, 267
Urbild einer Menge, 20

Vandermonde, A. Th., 161
Vandermondesche Matrix, 161
Varietät, 136
Vektor, 76
Vektorprodukt, 283
Vektorraum, 76
    φ-unzerlegbarer, 267
    φ-zerlegbarer, 266
    Basis eines, 83
    Dimension eines, 86
    endlich erzeugter, 82
    endlichdimensionaler, 86
    endliches Erzeugendensystem eines, 82
    Erzeugendensystem eines, 82
    euklidischer, 271
    freie Teilmenge eines, 82
    unendlichdimensionaler, 86
    unitärer, 271
Verbindungsraum, 139
Vereinigung, 11
Verknüpfung, 22
vertauschbare Endomorphismen, 191
vertauschbare Matrizen, 191
Vertauschungsmatrix, 50
Vielfaches, 181
Vielfachheit
    algebraische, 203
    geometrische, 203
Vielfachheit einer Nullstelle, 176

Weierstraß, K., 261
Weierstraßsche Elementarteiler, 263
Weierstraßsche Normalform, 261
windschief, 142

Zeilenrang einer Matrix, 90
Zeilenumformungen, 59
Zentrum einer Gruppe, 31
φ-zerlegbar, 266

MIX
Papier aus verantwortungsvollen Quellen
Paper from responsible sources
FSC® C105338

If you have any concerns about our products,
you can contact us on
ProductSafety@springernature.com

In case Publisher is established outside the EU,
the EU authorized representative is:
**Springer Nature Customer Service Center GmbH
Europaplatz 3, 69115 Heidelberg, Germany**

Printed by Libri Plureos GmbH
in Hamburg, Germany